U0929707

中国国家标准汇编

2006年修订-22

中国标准出版社　编

中国标准出版社
北京

图书在版编目（CIP）数据

中国国家标准汇编：2006年修订. 22/中国标准出版社编. —北京：中国标准出版社，2007

ISBN 978-7-5066-4597-3

Ⅰ. 中…　Ⅱ. 中…　Ⅲ. 国家标准-汇编-中国-2006
Ⅳ. T-652. 1

中国版本图书馆CIP数据核字（2007）第105014号

中国标准出版社出版发行
北京复兴门外三里河北街16号
邮政编码：100045
网址 www. spc. net. cn
电话：68523946　68517548
中国标准出版社秦皇岛印刷厂印刷
各地新华书店经销

*

开本 880×1230　1/16　印张 38.5　字数 1 149 千字
2007年8月第一版　2007年8月第一次印刷

*

定价 180.00 元

如有印装差错　由本社发行中心调换
版权专有　侵权必究
举报电话：(010)68533533

出 版 说 明

1.《中国国家标准汇编》是一部大型综合性国家标准全集，自 1983 年起，按国家标准顺序号以精装本、平装本两种装帧形式陆续分册汇编出版。《汇编》在一定程度上反映了我国建国以来标准化事业发展的基本情况和主要成就，是各级标准化管理机构，工矿企事业单位，农林牧副渔系统，科研、设计、教学等部门必不可少的工具书。

2. 由于标准的动态性，每年有相当数量的国家标准被修订，这些国家标准的修订信息无法在已出版的《汇编》中得到反映。为此，自 1995 年起，新增出版在上一年度被修订的国家标准的汇编本。

3. 修订的国家标准汇编本的正书名、版本形式、装帧形式与《中国国家标准汇编》相同，视篇幅分设若干册，但不占总的分册号，仅在封面和书脊上注明“2006 年修订-1，-2，-3……”等字样，作为对《中国国家标准汇编》的补充。读者配套购买则可收齐前一年新制定和修订的全部国家标准。

4. 修订的国家标准汇编本的各分册中的标准，仍按顺序号由小到大排列（不连续）；如有遗漏的，均在当年最后一分册中补齐。

5. 2006 年度发布的修订国家标准分 27 册出版。本分册为“2006 年修订-22”，收入新修订的国家标准 34 项。

中国标准出版社

2007 年 6 月

目　录

ICS 35.240.15
A 11

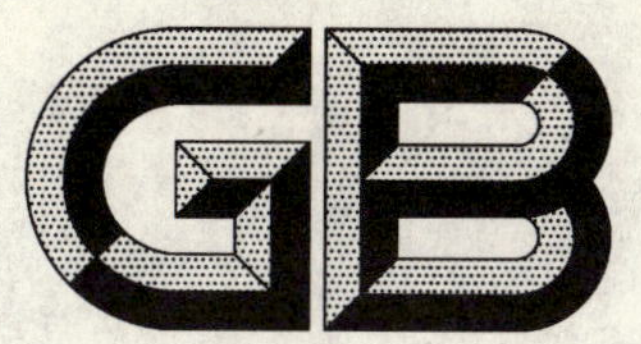

中华人民共和国国家标准

GB/T 16790.5—2006/ISO 10202-5:1998

金融交易卡 使用集成电路卡的金融交易系统的安全体系 第5部分:算法应用

Financial transaction cards—Security architecture of financial transaction systems using integrated circuit cards—Part 5: Use of algorithms

(ISO 10202-5:1998,IDT)

STANDARDS PRESS OF CHINA

2006-09-18 发布 2007-03-01 实施

中华人民共和国国家质量监督检验检疫总局
中国国家标准化管理委员会 发布

ICS 35.240.15
A 11

中华人民共和国国家标准

GB/T 16790.5—2006/ISO 10202-5:1998

金融交易卡 使用集成电路卡的金融交易系统的安全体系 第5部分：算法应用

Financial transaction cards—Security architecture of financial transaction systems using integrated circuit cards—Part 5: Use of algorithms

(ISO 10202-5:1998,IDT)

2006-09-18 发布　　2007-03-01 实施

中华人民共和国国家质量监督检验检疫总局
中国国家标准化管理委员会　发布

前　言

GB/T 16790《金融交易卡　使用集成电路卡的金融交易系统的安全体系》分成以下 8 个部分：

——第 1 部分：卡生命周期

——第 2 部分：交易过程

——第 3 部分：密钥关系

——第 4 部分：安全应用模块

——第 5 部分：算法应用

——第 6 部分：持卡人身份验证

——第 7 部分：密钥管理

——第 8 部分：通用原则及概要

本部分为 GB/T 16790 的第 5 部分。

本部分等同采用 ISO 10202-5:1998《金融交易卡　使用集成电路卡的金融交易系统的安全体系　第 5 部分：算法应用》(英文版)。

为便于使用，本部分删除了 ISO 前言；

本部分的附录 A 到附录 H 均为资料性附录。

本部分由中国人民银行提出。

本部分由全国金融标准化技术委员会归口管理。

本部分负责起草单位：中国金融电子化公司。

本部分参加起草单位：中国人民银行、中国银行、中国建设银行、中国光大银行、中国银联股份有限公司、北京启明星辰公司。

本部分主要起草人：谭国安、杨竑、陆书春、李曙光、刘运、杜宁、刘志军、张艳、张德栋、戴宏、张晓东、马云、李红建、王威、王沁、孙卫东、李春欢。

本部分为首次制定。

引 言

《金融交易卡 使用集成电路卡的金融交易系统的安全体系》分成以下8部分：

——第1部分:卡生命周期

——第2部分:交易过程

——第3部分:密钥关系

——第4部分:安全应用模块

——第5部分:算法应用

——第6部分:持卡人身份验证

——第7部分:密钥管理

——第8部分:通用原则及概要

本部分描述了可供使用的密码过程,可用来实现第2、4和6部分定义的需要密码算法的安全功能。

GB/T 16790可采用对称或非对称算法执行所有安全功能。GB/T 16790未涉及零点知识技术,该技术可能在以后阶段并入。

参与给定密码过程的每一节点应能执行所要求的密码功能。

执行安全功能所必需的密码过程通过选项进行说明。在每个密码过程中,为每个算法类型规定了一单独选项。还为需要额外通信步骤的密码过程的每个变量规定了一单独选项。

第5章将安全功能映射到可用来实现这些安全功能的密码过程。

第6章规定了密码过程细节,本部分不是实施规格说明书,但它确实指出了为确保按照要求的安全程序完成密码过程双方节点所需的那些数据元素。

金融交易卡　使用集成电路卡的金融交易系统的安全体系　第5部分:算法应用

1　范围

本部分适用于密码交换,其中至少一个节点是IC卡(集成电路卡)或SAM,其他系统节点之间的交换不属于本部分的范围。

任何安全功能的规定均是可选的,其使用取决于系统要求。需要采用的功能应以本部分说明的方法实行。

2　规范性引用文件

下列文件中的条款通过GB/T 16790的本部分的引用而成为本部分的条款。凡是注日期的引用文件,其随后所有的修改单(不包括勘误的内容)或修订版均不适用于本部分,然而,鼓励根据本部分达成协议的各方研究是否可使用这些文件的最新版本。凡是不注日期的引用文件,其最新版本适用于本部分。

GB 15851—1995　信息技术　安全技术　带消息恢复的数字签名方案(idt ISO/IEC 9796:1991)

GB/T 16790.1—1997　金融交易卡　使用集成电路卡的金融交易系统的安全结构　第1部分:卡的生命周期(idt ISO 10202-1:1991)

GB/T 16790.6　金融交易卡　使用集成电路卡的金融交易系统的安全体系　第6部分:持卡人身份验证(GB/T 16790.6—2006,ISO 10202-6:1994,IDT)

GB/T 16790.7　金融交易卡　使用集成电路卡的金融交易系统的安全体系　第7部分:密钥管理(GB/T 16790.7—2006,ISO 10202-7,1998,IDT)

ISO 4909　银行卡　第3磁道数据内容

ISO 9564-1　银行业务　个人识别码管理和安全　第1部分:PIN保护原理和技术

ISO 10202-2　金融交易卡　使用集成电路卡的金融交易系统的安全体系　第2部分:交易过程

ISO 10202-3　金融交易卡　使用集成电路卡的金融交易系统的安全体系　第3部分:密钥关系

ISO 10202-4　金融交易卡　使用集成电路卡的金融交易系统的安全体系　第4部分:安全应用模块

ISO 10202-8　金融交易卡　使用集成电路卡的金融交易系统的安全体系　第8部分:通用原则及概要

3　术语和定义

下列术语和定义适用于本部分。

3.1

非对称算法　asymmetric algorithm

一种加密密钥和解密密钥不同的算法,并且对于该算法不能由一个密钥计算推导出另一个密钥。

3.2

证书　certificate

见3.24“公钥证书”。

STANDARDS PRESS OF CHINA

3.3

证书标识符　certificate identifier

能够正确验证密钥证书的证书信息。

3.4

密文　ciphertext

加密的明文。

3.5

抗冲突性　collision resistant

任何两个不同的输入值均产生不同的输出结果的功能被称为“抗冲突性”。

3.6

凭证　credentials

指定给每一实体并用于对实体进行认证的数据项集。

3.7

密码链　cryptographic link

预先同意交换数据并具有密钥关系的两个逻辑实体(节点)。

3.8

密码节点　cryptographic node

密码链中的一个逻辑实体(节点)。

3.9

解密　decipherment

将密文转换成明文的过程。

3.10

数字签名　digital signature

发起者使用非对称算法中的私钥执行密码转换的结果,提供数据源的不可否认性和签名数据的完整性。

3.11

唯一识别名称　distinguishing name

在一次过程中唯一标识一个实体的名称。

3.12

加密　encipherment

将明文转换成密文的过程。

3.13

实体鉴别　entity authentication

确认实体(节点)的身份是其所声称的身份。

3.14

显式密钥标识符　explicit key identifier

见3.18“密钥标识符”。

3.15

散列/哈希函数　hash-function

将位串映射为定长位串的函数,它具有以下两个特性:

——对于一个给定的输出不可能推导出与之相对应的输入。

——对于一个给定的输入不可能推导出第2个具有同一输出的输入。

注1:该主题的文献资料包括与哈希函数有相同或类似意义的各种术语。压缩编码和凝聚函数即为部分实例。

注2:计算可行性取决于用户特定安全要求和环境。

3.16

发起者 initiator

开始某一过程的节点或实体。

3.17

密钥 key

与密码算法连用,执行密码转换的参数。

3.18

密钥标识符 key identifier

使接收者可以确定与某交易相关联的适当密钥的密钥信息。

3.19

报文鉴别 message authentication

提供证明报文未以非授权的方式被更改或破坏的报文密码证据过程。

3.20

报文鉴别码 MAC,message authentication code

其内容可用于验证报文或选定报文元素的完整性的数据域。

3.21

不可否认性 non-repudiation

均以不可伪造的关系对数据完整性和起源提供永久密码证据的安全服务,第三方可以随时进行验证。

3.22

单向函数 one-way function

一种数学函数,它将输入值以不可逆的方式映射为输出值。

3.23

明文 plaintext

有意义的、不经转换即可阅读或操作的可理解数据。

3.24

公钥证书 public key certificate(证书,certificate)

一组由用户凭证(包括公钥)连同可信第三方对这些凭证的数字签名组成的集合。

3.25

反射攻击 reflection attack

由假冒响应者发起的攻击,由此攻击者在一单独的对话中,用相同的随机值向发起者发起质询,该随机值与在并发的会话中发起者已经发出用来鉴别真实响应者的值相同。

3.26

响应者 respondent

对一过程的发起者作出响应的节点或实体。

3.27

对称算法 symmetric algorithm

用相同的保密密钥进行加密和解密的一种密码方法。

3.28

时效性 timeliness

一种防止有效报文在以后的时间被重放的方法,例如采用信息探针作为质询请求,要求正确和及时的响应。

3.29

令牌 token

为一个实体向另一个实体发送的每次数据交换而形成的一组数据项。

3.30

交易认证码 transaction certification code

交易认证过程产生电子签名的结果,该结果可以是 MAC(基于对称算法),或者是数字签名(基于非对称算法)。

3.31

交易认证 transaction certification

提供交易数据起源和完整性的密码证据的过程,该过程可由第三方进行验证。

3.32

可信第三方 trusted third party

被通信实体了解并信任的通常可访问的实体。

4 符号

本部分全文中使用了以下符号:

4.1 值和实体

值和实体采用斜体字:

A	实体 A 的唯一名。
$Cert_x$	实体 X 的证书。
CID_x	实体 X 的证书标识符(参见附录 B)。
$Cred_x$	实体 X 的凭证(参见附录 A)。
k_x	与实体 X 相关的密钥(K_x, S_x, P_x)。
K_x	与实体 X 相关的,用于对称算法的密钥。
KID_{kx}	实体 X 的密钥 k 的显式密钥标识符(参见附录 B)。
KID_{Px}	实体 X 的密钥对 S_x/P_x 的显式密钥标识符(参见附录 B)。
$PBF0$	符合 ISO 9564-1 规定的 PIN 分组格式 0。
$PBF1$	符合 ISO 9564-1 规定的 PIN 分组格式 1。
Rx	实体 X 发布的随机值。
S_x/P_x	与实体 X 相关的、用于非对称算法的公私密钥对。
TP	可信第三方的唯一名。
T_{val}	凭证有效期。
T_x	实体 X 发布的时间戳。
$Z//Z^*$	位串 Z 和 Z^* 的连接。
<>|<>	域分隔。

4.2 过程

过程标识符采用大写字母:

EA	实体鉴别
KE	密钥交换
MA	报文鉴别
ME	报文加密/解密
PV	PIN 验证

TC　　交易认证

4.3 选项列表

选项标识符采用小写字母：

a　　非对称

s　　对称

m　　双向

t　　时效

4.4 函数

函数标识符采用小写字母的斜体字：

c　　比较

d　　解密

e　　加密

g　　产生随机值

h　　哈希

m　　鉴别报文

o　　应用单向函数

s　　签名

v　　验证

函数符号与密钥值和实体标记结合使用。

$c(Y,Z)$　　两个位串 Y 和 Z 的比较，结果为状态代码。

$dK(Z)$　　由对称算法使用密钥 K，对数据 Z 的解密。

$dS_x(Z)$　　由非对称算法使用保密密钥 S_x，对数据 Z 的解密。

$eK(Z)$　　由对称算法使用密钥 K，对数据 Z 的加密。

$eP_x(Z)$　　由非对称算法使用公开密钥 P_x，对数据 Z 的加密。

$R=g()$　　随机值 R 的生成。

$h(Z)$　　抗冲突的单向函数的应用，使用公开参数（哈希）将数据项 Z 映射到固定长度的输出值，哈希结果是 $h(Z)$。

$mK(Z)$　　使用作为单向函数的对称算法通过密钥 K 产生报文鉴别码（MAC-ing）；结果是报文鉴别码 MAC。

$vK(MAC)$　　使用作为单向函数的对称算法通过密钥 K 验证 MAC，结果是状态码。

$oK(Z)$　　单向函数的应用，使用算法通过保密密钥 K 将数据 Z 映射为固定长度的输出值。

$sS_x(Z)$　　使用保密密钥 S_x 将数字签名用于数据 Z（签字），结果是签名 Sig。

$vP_x(Sig)$　　使用公开密钥 P_x 对 Sig 的验证过程，结果是状态码。

4.5 数字签名

传输未签名的 Z（待传送数据）是强制性的，除非当使用带报文恢复的数字签名方案（见 GB 15851—1995）时。这种情况下，签名的数据要组成其结构参数可被验证并且可以从中恢复出 Z 的形式。这要求 Z 足够短并且非对称算法可逆。

整个本部分中，符号 $sS_A(Z)$ 同时用于带数据恢复的签名或使用哈希函数的签名，这意味 $sS_A(Z)$ 既可代表 $sS_A(Z)$ 又可代表 $sS_A(h(Z))//Z$，其中 $h(Z)$ 可以指 Z。

4.6 安全报文格式

安全报文是标准化安全功能的逻辑命令。这些安全报文的信息可以在 8583 报文中与 IC 卡（集成电路卡）相关的域中传输，或者由 SAM 或应用程序解释，产生适合于 IC 卡的命令。

安全报文标识如下：

STANDARDS PRESS OF CHINA

报文指示器：　　逻辑报文标识符；以下元素的连接：

过程：过程标识符(见 4.2)

选项列表：选项标识符列表(见 4.3)

号码：报文序列号

示例：KEss1

安全报文包括一个或多个安全报文子域。必选子域使用粗体字。在每个报文中＜操作＞子域至少出现一次。

报文子域：＜发起者＞|＜响应者＞|＜操作＞|＜操作＞

＜发起者＞：源实体的唯一名

＜响应者＞：目标实体的唯一名

＜操作＞=＜Z＞|＜KID＞|＜$f(Z)$＞

＜Z＞：可选的数据字段

＜KID＞：密钥标识符

＜$f(Z)$＞：数据 Z 进行函数 f 运算的结果(见第 4.4)

示例：A | B | KID_K | $KID_K{}^*$ | e $K^*(KID_K{}^*)$ | $eK(K^*)$

5　安全功能到过程类型的映射

ISO 10202-2、10202-4 和 GB/T 16790.6 定义的安全功能到过程类型集的映射见表 1。

表 1　安全功能对过程类型的映射

安全功能	过程类型		密　钥
IC 卡(集成电路卡)制造加工			
制造加工	初始密钥装载		$kMprd_{M\text{-}P}$
嵌入和初始化	初始密钥装载		$kEprd_{E\text{-}P}$
IC 卡个性化			
个性化	初始密钥装载		$kIctl_{I\text{-}C}$
卡会话初始化			
IC 兼容性检查	非密码过程		
CDF 参数更新			
CDF(激活/停用/再激活/终止)	密钥交换	KE	$kIctl_{I\text{-}C}$
ADF 分配	密钥交换	KE	$kIctl_{I\text{-}C}$
CDF 特定鉴别和验证			
持卡人验证	PIN 验证	PV	$kIenc_{I\text{-}C}$ 1)
CDF 静态鉴别	实体鉴别	EA	$kIaut_I$
CDF 动态鉴别	实体鉴别	EA	$kIaut_C$
发卡行主机动态鉴别	实体鉴别	EA	$kIaut_{I\text{-}C}$
CDF 交易处理			
交易授权	报文鉴别	MA	$kImac_{I\text{-}C}$
数据保密性	报文加密	ME	$kIenc_{I\text{-}C}$ 1)
交易认证	交易认证	TC	$kIcer_{I\text{-}C}$

表 1(续)

安全功能	过程类型		密　钥
ADF 选择			
ADF 选择	非密码过程		
ADF 参数更新			
ADF $KActl_{A\text{-}C}$ 装载 ADF 激活/停用/再激活/终止	密钥交换 密钥交换	KE KE	$kIkex_{I\text{-}A}$ $kActl_{A\text{-}C}$
ADF 特定鉴别和验证			
持卡人验证 ADF 静态鉴别 ADF 动态鉴别 SAM 鉴别 应用供应商鉴别	PIN(个人身份标识号)验证 实体鉴别 实体鉴别 实体鉴别 实体鉴别	PV EA EA EA EA	$kAenc_{A\text{-}C}$ 2) $kAaut_{A}$ $kAaut_{C}$ $kAaut_{S\text{-}C}$ $kAaut_{A\text{-}C}$
ADF 交易处理			
交易授权 数据保密性 交易认证	报文鉴别 报文加密 交易认证	MA ME TC	$kAmac_{A\text{-}C}$ $kAenc_{A\text{-}C}$ 2) $kAcer_{A\text{-}C}$
卡会话终止			
卡会话终止	非密码过程		

1) 根据发卡行的判断,可以单独生成或导出这些密钥。

2) 根据提供者的判断,可以单独生成或导出这些密钥。

6 过程规范

本章规定了可用于不同安全功能的过程。每个过程可独自使用或根据需要与其他的过程结合使用。

每个过程均允许使用多个选项,它们防范不同的威胁,例如侦听、伪装、重放、篡改或否认。选项的选择应基于对来自具体环境中威胁的风险分析。有关该章的详细指南参见附录 H。

当要求保证报文是唯一的并且/或者是在特定的时间发送时,这些过程要包括提供时效性的选项。实现时效性的不同方法参见附录 E。

在实体鉴别中,时效性是固有的,与这样的过程结合则自动保证时效性。

如果密码过程建立在对称算法基础上,该过程必需的保密密钥应同时在两个参与节点建立。如果属于同一组的两个以上实体之间共享保密密钥,在这些实体之间加以区分是密码方法不可能做到的。

如果加密过程建立在非对称算法基础上,就应在每个节点生成密钥信息,保密密钥应在该节点以安全的方法存储,并且对应的公开信息应由提供证书的可信第三方进行鉴别(参见附录 A)。

目标节点上的报文的所有数据元必须被了解,以便能执行过程中的下一步骤。在过程期间,如果动态生成数据元,其传输就是强制性的。如果数据元已为目标节点所知,其传输就可以省略。

用黑体字印刷的操作和参数是强制性的。所有强制使用的元素均在图中用箭头表示。角色中描述的可选步骤并不总是与图中描述的步骤直接对应。

6.1 过程 1:密钥交换(KE)

发往或来自集成电路卡或 SAM 的密钥 K 或 S_B 的安全电子传输应依据本章说明的选项之一执行。假设发起者和响应者之间已建立密码链。

待交换的保密密钥总是从 A 发送至 B，但若密钥是由通信双方双向产生时例外。

6.1.1 KE—对称—对称

使用对称算法交换用于对称算法的密钥 K^*（见图 1）。

$\boldsymbol{KEss}1 = A \mid B \mid KID_K \mid KID_{K^*} \mid eK^*(KID_{K^*}) \mid \boldsymbol{eK(K^*)}$

K　　通用保密密钥。

K^*　　被交换的保密密钥。

KID_K　　密钥 K 的密钥标识符。

KID_{K^*}　　密钥 K^* 的密钥标识符。

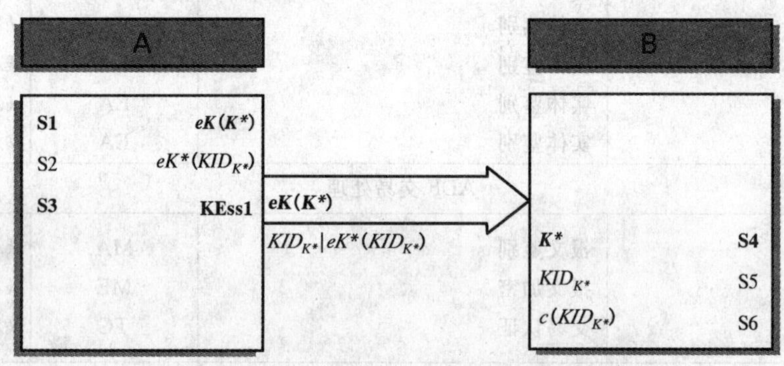

图 1　密码交换—对称—对称

S1　　**A 计算 $eK(K^*)$。**

S2　　选项 1：A 计算 $eK^*(KID_{K^*})$。

S3　　**A 向 B 发送 KEss1。**

S4　　**B 计算 $dK(eK(K^*))$，以得到 K^*。**

S5　　选项 1：B 计算 $dK^*(eK^*(KID_{K^*}))$，以得到 KID_{K^*}。

S6　　选项 1：B 用比较 KID_{K^*} 的方法验证 K^* 的正确性。

注 1：步骤 5 中的解密可以使用比较加密的密钥标识符 KID_{K^*} 的方法替代。

S5　选项 1：B 计算 $eK^*(KID_{K^*})$

S6　选项 1：B 比较 $eK^*(KID_{K^*})$

注 2：另一可选择的方法是，可在选项 1 中使用单向函数。

S2　选项 1：A 计算 $oK^*(KID_{K^*})$

S5　选项 1：B 计算 $oK^*(KID_{K^*})$

S6　选项 1：B 比较 $oK^*(KID_{K^*})$

6.1.2 KE—对称—对称—双向—时效

用对称算法双向地产生用于对称算法的密钥 K^*（见图 2），实体 A 的实体鉴别是隐式的。

KEssmt1 $= B|A|KID_{K^*}|R_B$

KEssmt2 $= A|B|KID_K|eK^*(KID_{K^*})|eK(R_A)$

K　　通用保密密钥。

K^*　　双向生成的保密密钥。

KID_K　　密钥 K 的密钥标识符。

KID_{K^*}　　密钥 K^* 的密钥标识符。

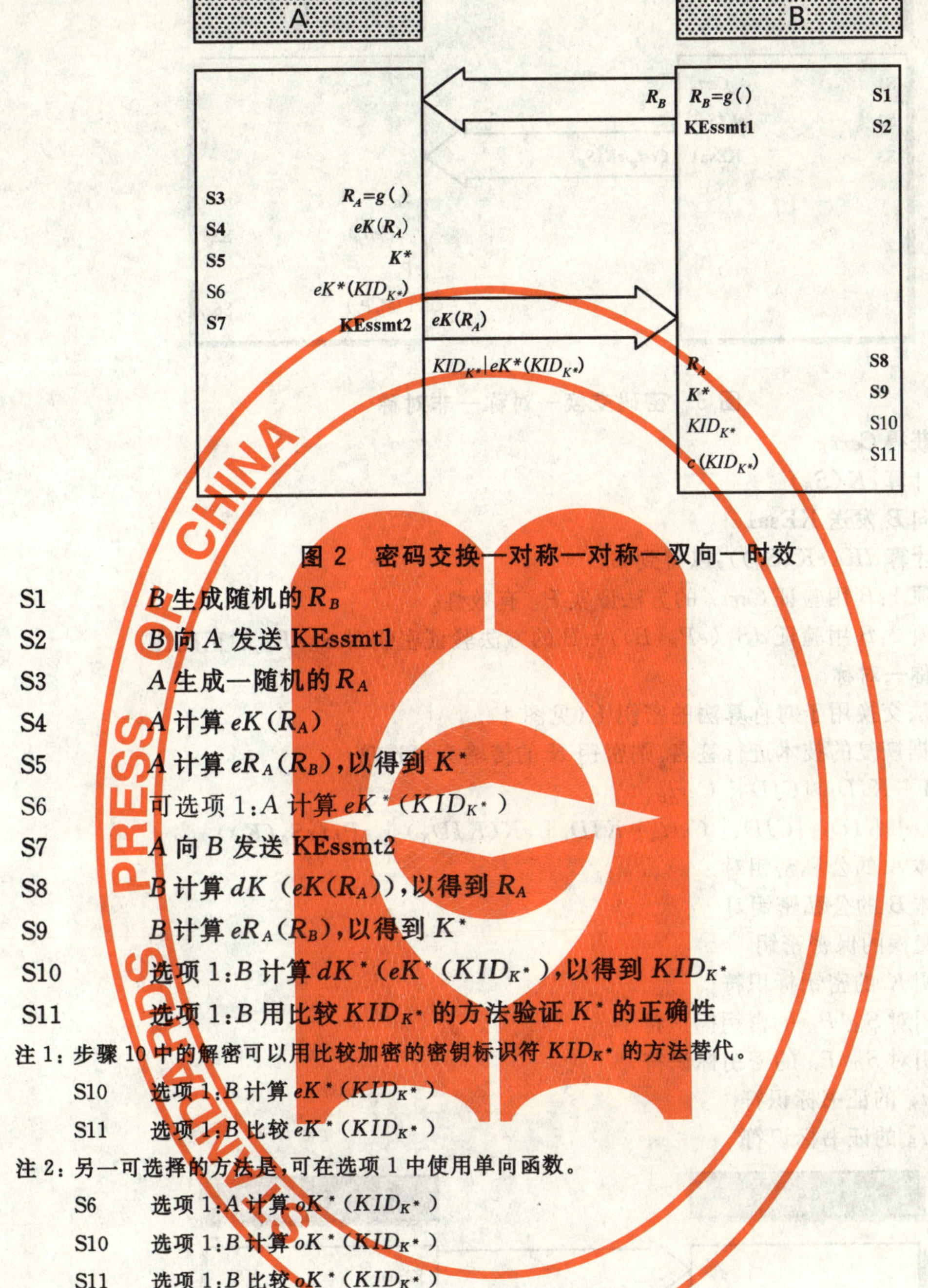

图 2 密码交换—对称—对称—双向—时效

S1	B 生成随机的 R_B
S2	B 向 A 发送 KEssmt1
S3	A 生成一随机的 R_A
S4	A 计算 $eK(R_A)$
S5	A 计算 $eR_A(R_B)$，以得到 K^*
S6	可选项 1:A 计算 $eK^*(KID_{K^*})$
S7	A 向 B 发送 KEssmt2
S8	B 计算 $dK\ (eK(R_A))$，以得到 R_A
S9	B 计算 $eR_A(R_B)$，以得到 K^*
S10	选项 1:B 计算 $dK^*(eK^*(KID_{K^*}))$，以得到 KID_{K^*}
S11	选项 1:B 用比较 KID_{K^*} 的方法验证 K^* 的正确性

注 1：步骤 10 中的解密可以用比较加密的密钥标识符 KID_{K^*} 的方法替代。

S10　选项 1:B 计算 $eK^*(KID_{K^*})$

S11　选项 1:B 比较 $eK^*(KID_{K^*})$

注 2：另一可选择的方法是，可在选项 1 中使用单向函数。

S6　选项 1:A 计算 $oK^*(KID_{K^*})$

S10　选项 1:B 计算 $oK^*(KID_{K^*})$

S11　选项 1:B 比较 $oK^*(KID_{K^*})$

6.1.3 KE—对称—非对称

使用对称算法交换用于非对称算法的私钥 S_B（见图 3）。

以数字签名为目的而使用该选项将私钥装载集成电路卡的实体应负责相应公钥的真实性，如果共享了私钥的信息，则将失去不可否认的特性。

KEsa1 $=A|B|KID_K|KID_{PB}|CID_B|Cert_B|eK(S_B)$

K	通用的私钥
S_B/P_B	被交换的实体 B 的公私密钥对
KID_K	密钥 K 的密钥标识符
KID_{PB}	密钥对 S_B/P_B 的密钥标识符
CID_B	$Cert_B$ 的证书标识符

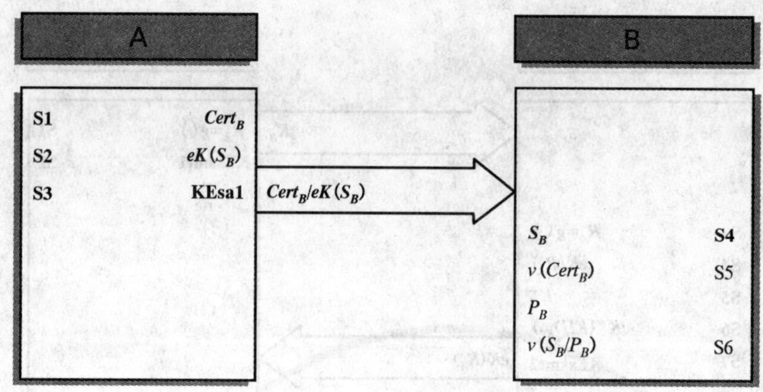

图 3 密码交换—对称—非对称

S1　　A 获得 $Cert_B$

S2　　A 计算 $eK(S_B)$

S3　　A 向 B 发送 KEsa1

S4　　B 计算 $dK(eK(S_B))$，以得到 S_B

S5　　选项 1：B 用验证 $Cert_B$ 的方法证实 P_B 有效性

S6　　选项 2：B 用验证 $dS_B(eP_B(B))=B$ 的方法验证密钥对 S_B/P_B 的正确性

6.1.4 KE—非对称—对称

使用非对称算法交换用于对称算法的密钥 K（见图 4）。

如果使用带数据恢复的技术进行签名，则密钥 K 的传输为可选项。

KEas1 $=B \mid A \mid KID_{PB} \mid CID_B \mid Cert_B$

KEas2 $=A \mid B \mid KID_{PA} \mid CID_A \mid Cert_A \mid KID_K \mid eK(KID_K) \mid \boldsymbol{eP_B(sS_A(K))}$

S_A/P_A　　实体 A 的公私密钥对

S_B/P_B　　实体 B 的公私密钥对

K　　被交换的保密密钥

KID_K　　密钥 K 的密钥标识符

KID_{PA}　　密钥对 S_A/P_A 的密钥标识符

KID_{PB}　　密钥对 S_B/P_B 的密钥标识符

CID_A　　$Cert_A$ 的证书标识符

CID_B　　$Cert_B$ 的证书标识符

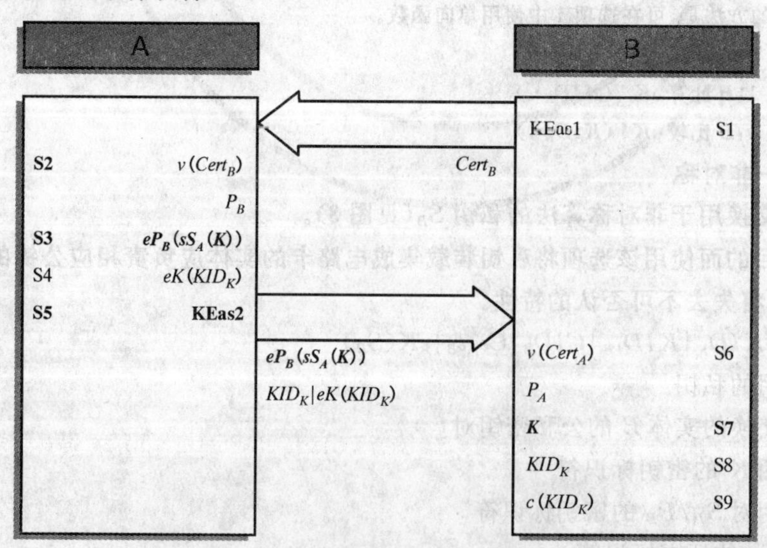

图 4 密钥交换—非对称—对称

S1　选项 1:B 发送 KEas1

S2　选项 1:A 通过验证 $Cert_B$ 来验证 P_B 的有效性

S3　A 计算 $eP_B(sS_A(K))$

S4　选项 2:A 计算 $eK(KID_K)$

S5　A 发送 KEas2

S6　选项 3:B 通过验证 $Cert_A$ 来验证 P_A 的有效性

S7　B 计算 $vP_A(dS_B(eP_B(sS_A(K))))$,以得到 K

S8　选项 2:B 计算 $dK(eK(KID_K))$,以得到 KID_K

S9　选项 2:B 用比较 KID_K 的方法验证 K 的正确性

注 1:步骤 8 中的解密可以用比较加密的密钥标识符 KID_K 的方法替代。

S8　选项 2:B 计算 $eK(KID_K)$

S9　选项 2:B 比较 $eK(KID_K)$

注 2:另一可选择的方法是,在选项 2 中使用单向函数。

S4　选项 2:A 计算 $oK(KID_K)$

S8　选项 2:B 计算 $oK(KID_K)$

S9　选项 2:B 比较 $oK(KID_K)$

6.1.5　KE—非对称—对称—双向

使用非对称算法双向地产生用于对称算法的密钥 K(见图 5),算法 f 应满足以下关系,其中 b 是公共基数:

$P_X = f(b, S_X)$

$f(P_X, S_Y) = f(P_Y, S_X)$

实体鉴别应在可使用该技术建立密钥之前发生。

KEasm1 $= B \mid A \mid KID_{PRB} \mid \boldsymbol{P_{RB}}$

KEasm2 $= A \mid B \mid KID_{PRA} \mid \boldsymbol{P_{RA}} \mid KID_K \mid eK(KID_K)$

S_{RA}/P_{RA}　实体 A 的随机公私密钥对

S_{RB}/P_{RB}　实体 B 的随机公私密钥对

K　双向生成的保密密钥

KID_K　密钥 K 的密钥标识符

KID_{PRA}　密钥对 S_{RA}/P_{RA} 的密钥标识符

KID_{PRB}　密钥对 S_{RB}/P_{RB} 的密钥标识符

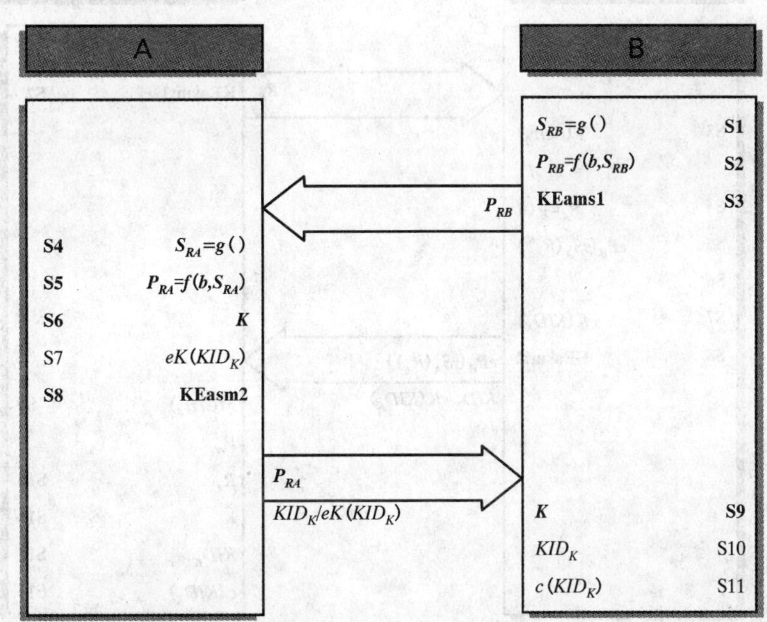

图 5　密钥交换—非对称—对称—双向

S1　B 生成 $S_{RB}=g()$

S2　B 计算 $P_{RB}=f(b, S_{RB})$

S3　B 发送 KEasm1

S4　A 生成 $S_{RA}=g()$

S5　A 计算 $P_{RA}=f(b, S_{RA})$

S6　A 计算 $f(P_{RB}, S_{RA})$，以得到 K

S7　选项 1:A 计算 $eK\ (KID_K)$

S8　A 发送 KEasm2

S9　B 计算 $f(P_{RA}, S_{RB})$ 以得到 K

S10　选项 1:B 计算 $dK\ (eK\ (KID_K))$，以得到 KID_K

S11　选项 1:B 用比较 KID_K 的方法验证 K 的正确性

注：另一可选择的方法是，在选项 1 中使用单向函数。

S7　选项 1:A 计算 $oK\ (KID_K)$

S10　选项 1:B 计算 $oK\ (KID_K)$

S11　选项 1:B 比较 $oK\ (KID_K)$

6.1.6　KE—非对称—对称—双向—时效

使用非对称算法双向地生成用于对称算法的密钥 K（见图 6）。实体 A 的实体鉴别是隐式的。

KEasmt1 $=B \mid A \mid KID_{PB} \mid CID_B \mid Cert_B \mid \boldsymbol{R_B}$

KEasmt2 $=A \mid B \mid KID_{PA} \mid CID_A \mid Cert_A \mid KID_K \mid eK(KID_K) \mid \boldsymbol{eP_B(sS_A(R_A))}$

S_A/P_A　实体 A 的公私密钥对

S_B/P_B　实体 B 的公私密钥对

K　双向生成的保密密钥

KID_K　密钥 K 密钥标识符

KID_{PA}　密钥对 S_A/P_A 密钥标识符

KID_{PB}　密钥对 S_B/P_B 的密钥标识符

CID_A　$Cert_A$ 的证书标识符

CID_B　$Cert_B$ 的证书标识符

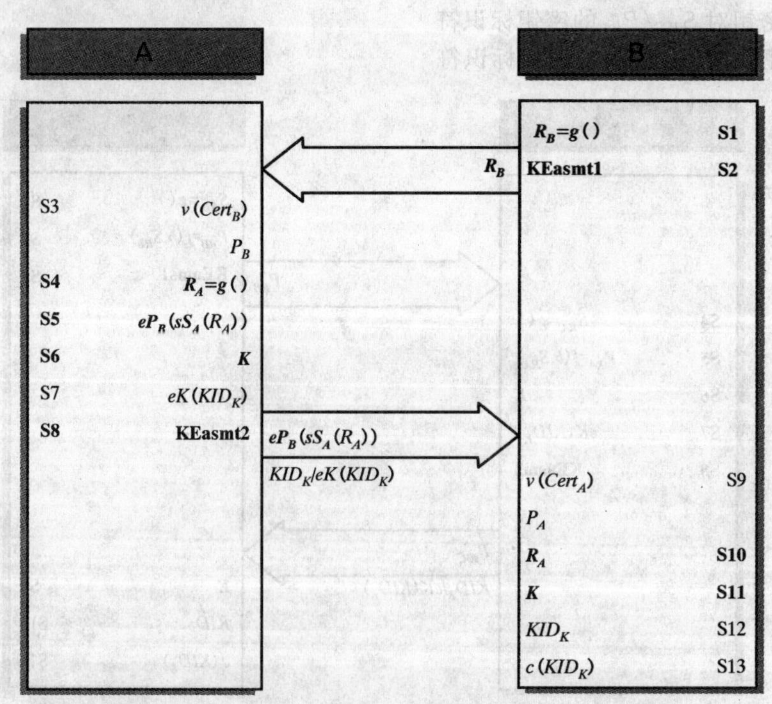

图 6　密钥交换—非对称—对称—双向—时效

S1　　B 生成随机的 R_B

S2　　B 发送 KEasmt1

S3　　选项 1:A 通过验证 $Cert_B$ 来证实 P_B 的有效性

S4　　A 生成随机的 R_A

S5　　A 计算 $eP_B(sS_A(R_A))$

S6　　A 计算 $eR_A(R_B)$,以得到 K

S7　　选项 2:A 计算 eK (KID_K)

S8　　A 发送 KEasmt2

S9　　选项 3:B 通过验证 $Cert_A$ 来证实 P_A 的有效性

S10　　B 计算 $vP_A(dS_B(eP_B(sS_A(R_A))))$,以得到 R_A

S11　　B 计算 $eR_A(R_B)$,以得到 K

S12　　选项 2:B 计算 dK $(eK$ $(KID_K))$,以得到 KID_K

S13　　选项 2:B 通过比较 KID_K 来验证 K 的正确性

注:另一可选择的方法是,在选项 2 中使用单向函数。

S7　　选项 1:A 计算 oK (KID_K)

S12　　选项 2:B 计算 oK (KID_K)

S13　　选项 2:B 比较 oK (KID_K)

6.1.7 KE—非对称—非对称

使用非对称算法交换用于非对称算法的私钥 S_B(见图 7)。

以数字签名为目的使用该选项将保密密钥装载集成电路卡的实体应负责相应公开密钥的真实性。

KEaa1 $=B \mid A \mid KID_{PB} \mid CID_B \mid Cert_B$

KEaa2 $=A \mid B \mid KID_{PA} \mid CID_A \mid Cert_A \mid KID_{PB^*} \mid CID_{B^*} \mid Cert_{B^*} \mid eP_B(sS_A(S_{B^*}))$

S_A/P_A　　实体 A 的公私密钥对

S_B/P_B　　实体 B 的公私密钥对

S_{B^*}/P_{B^*}　　交换的实体 B 公私密钥对

KID_{PA}　　密钥对 S_A/P_A 的密钥标识符

KID_{PB}　　密钥对 S_B/P_B 的密钥标识符

CID_A　　$Cert_A$ 的证书标识符

CID_B　　$Cert_B$ 的证书标识符

CID_{B^*}　　$Cert_{B^*}$ 的证书标识符

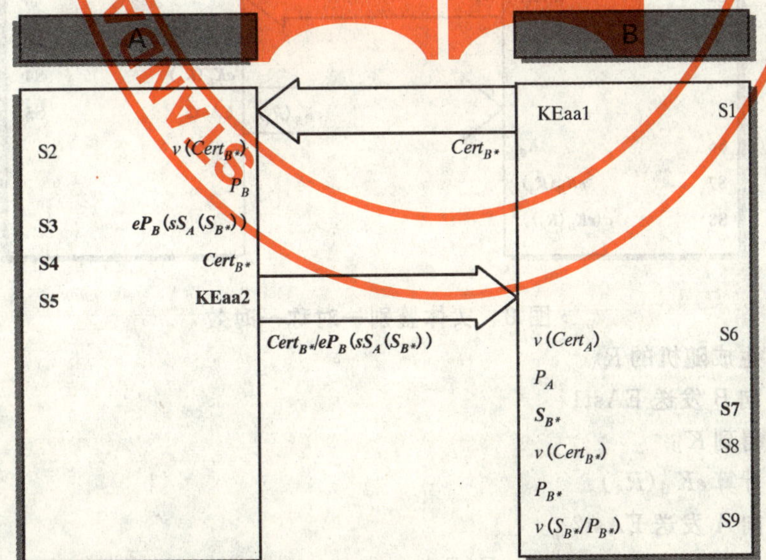

图 7　密钥交换—非对称—非对称

STANDARDS PRESS OF CHINA

S1　选项1:B 发送 KEaa1

S2　选项1:A 通过验证 $Cert_B$ 来证实 P_B 的有效性

S3　A 计算 $eP_B(sS_A(S_{B^*}))$

S4　A 计算 $Cert_{B^*}$

S5　A 发送 KEaa2

S6　选项2:B 通过验证 $Cert_A$ 来证实 P_A 的有效性

S7　B 计算 $vP_A(dS_B(eP_B(sS_A(S_{B^*}))))$,以得到 S_{B^*}

S8　选项3:B 通过验证 $Cert_{B^*}$ 来证实 P_{B^*} 的有效性

S9　选项3:B 通过验证 $dS_{B^*}(eP_{B^*}(B))=B$ 来验证密钥对 S_{B^*}/P_{B^*} 的正确性

6.2 过程2:实体鉴别(EA)

对加密节点的验证应依据本章节描述的选项之一进行,假设发起者和响应者之间已建立密码链,节点之一是集成电路卡或SAM。

响应者 B 由发起者 A 进行鉴别,目的是进行双向鉴别的情况除外。

待鉴别的节点通过出示保密密钥信息来证明其身份。

实体鉴别选项包括时效性和质询/应答方案,但6.2.3例外。

实体鉴别本身不能保证随后的报文来自同一数据源。质询在被鉴别实体的控制之外生成的要求是充分的,质询可以是从质询实体可信的中间实体获得的计数器值,具体情况取决于实施方法。

6.2.1 EA—对称—时效

采用对称算法对实体 B 使用质询应答方案进行的鉴别(见图8)。

EAst1 $=A \mid B \mid KID_{KB} \mid R_A$

EAst2 $=B \mid A \mid eK_B(R_A)$

K　保密根密钥

K_B　实体 B 唯一的(导出的)保密密钥

KID_{KB}　密钥 K_B 的密钥标识符

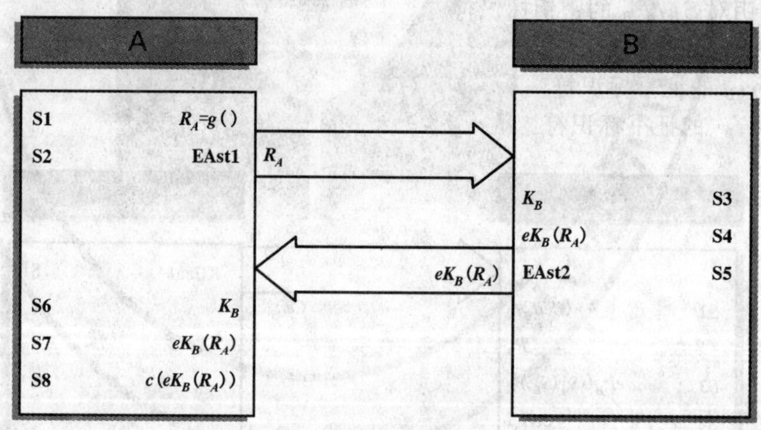

图8　实体鉴别—对称—时效

S1　A 生成随机的 R_A

S2　A 向 B 发送 EAst1

S3　B 得到 K_B

S4　B 计算 $eK_B(R_A)$

S5　B 向 A 发送 EAst2

S6　A 得到 K_B 或计算 $K_B=eK(B)$

S7　A 计算 $eK_B(R_A)$

S8　　A 验证 $eK_B(R_A)$

注 1：使用通过导出过程生成的单向密钥实现防反射攻击。通过采用加密技术导出 K_B 的方法，在实体 B 等级实现密钥分离。

当通用密钥 K 用于实体鉴别时，采用将实体标识符 A 与质询相连接的方法实现防反射攻击。

EAst1 $=A \mid B \mid KID_K \mid R_A$

EAst2 $=B \mid A \mid eK(R_A//A)$

S7　A 计算 $eK_B(R_A//A)$

S8　A 验证 $eK_B(R_A//A)$

注 2：通过使用实体 A 唯一的导出密钥 K_A 对质询进行加密来防范选择明文攻击。

EAst1 $=A \mid B \mid KID_K \mid eK_A(R_A)$

EAst2 $=B \mid A \mid eK_B(R_A)$

S1　　选项 1：A 计算 $K_A=eK(A)$

S2　　A 生成随机的 R_A

S3　　A 计算 $eK_A(R_A)$

S4　　A 向 B 发送 EAst1

S5　　B 计算 $K_A=eK(A)$

S6　　B 计算 $dK_A(eK_A(R_A))$，以得到 R_A

S7　　B 得到 K_B

S8　　B 计算 $eK_B(R_A)$

S9　　B 向 A 发送 EAst2

S10　　A 得到 K_B 或计算 $K_B=eK(B)$

S11　　A 计算 $eK_B(R_A)$

S12　　A 验证 $eK_B(R_A)$

注 3：在对每一报文唯一的参数值(例如，时间戳 T_B)被视作是安全的，足以阻止重放攻击时，可以使用从 B 向 A 发送的单个报文实现鉴别。

EAst1 $=B \mid A \mid KID_{KB} \mid eK_B(T_B)$

S1　　B 得到 K_B

S2　　B 得到 T_B

S3　　B 计算 $eK_B(T_B)$

S4　　B 向 A 发送 EAst1

S5　　A 得到 K_B 或计算 $K_B=eK(B)$

S6　　A 计算 $dK_B(eK_B(T_B))$，以得到 T_B

S7　　A 验证 T_B

注 4：将从 B 收到的质询应答与发起者 A 预期的计算结果进行比较的方法可以用将从 B 收到的解密后的质询应答与发起者 A 生成的质询进行比较的方法替代。

S7　　A 计算 $dK_B(eK_B(R_A))$，以得到 R_A

S8　　A 验证 R_A

注 5：另一可选的方法是，使用单向函数。

S4　　B 计算 $oK_B(R_A)$

S7　　A 计算 $oK_B(R_A)$

S8　　A 验证 $oK_B(R_A)$

6.2.2 EA—对称—时效—双向

实体 A 和 B 采用对称算法，使用质询应答方案进行的双向鉴别(见图 9)。

EAstm1 $=A \mid B \mid KID_{KB} \mid R_A$

EAstm2 $=B \mid A \mid KID_{KA} \mid eK_B(R_A) \mid R_B$

EAstm3 $=A \mid B \mid eK_A(R_B)$

K　　　保密的根密钥

K_A　　实体 A 唯一的(导出的)密钥

K_B　　实体 B 唯一的(导出的)密钥

KID_{KA}　　密钥 K_A 的密钥标识符

KID_{KB}　　密钥 K_B 的密钥标识符

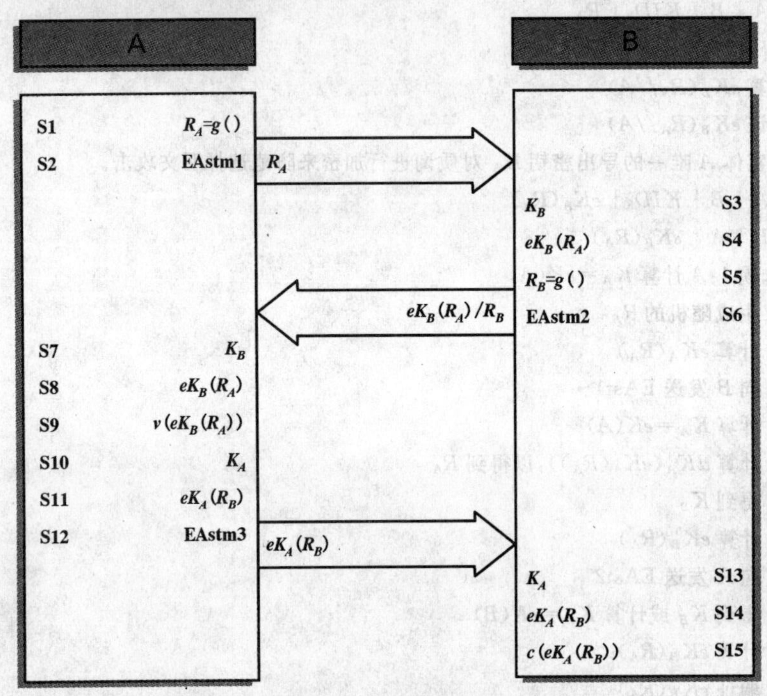

图 9　实体鉴别—对称—时效—双向

S1　　A 生成随机的 R_A

S2　　A 向 B 发送 EAstm1

S3　　B 获得 K_B

S4　　B 计算 $eK_B(R_A)$

S5　　B 生成随机的 R_B

S6　　B 向 A 发送 EAstm2

S7　　A 得到 K_B 或计算 $K_B=eK(B)$

S8　　A 计算 $eK_B(R_A)$

S9　　A 验证 $eK_B(R_A)$

S10　　A 得到 K_A

S11　　A 计算 $eK_A(R_B)$

S12　　A 向 B 发送 EAstm3

S13　　B 得到 K_A 或计算 $K_A=eK(A)$

S14　　B 计算 $eK_A(R_B)$

S15　　B 比较 $eK_A(R_B)$

注 1：使用通过导出过程生成的单向密钥实现防反射攻击。通过采用加密技术衍生 K_B 的方法，在实体 B 等级实现密钥分离。

当通用保密的密钥 K 用于实体鉴别时，采用将实体标识符 A 与质询相连接的方法实现防反射攻击。

EAstm1 $=A \mid B \mid KID_K \mid R_A$

EAstm2 $=B \mid A \mid eK(R_A//A) \mid R_B$

EAstm3 $=A \mid B \mid eK(R_B//B)$

S8　　A 计算 $eK_B(R_A//A)$

S9 A 验证 $eK_B(R_A//A)$

S14 B 计算 $eK_A(R_B//B)$

S15 B 比较 $eK_A(R_B//B)$

注 2：通过使用实体 A 唯一的导出密钥 K_A 对质询进行加密来防范已选的明文攻击。

EAstm1 $= A \mid B \mid KID_{KB} \mid eK_A(R_A)$

EAstm2 $= B \mid A \mid KID_KA \mid eK_B(R_A) \mid eK_B(R_B)$

EAstm3 $= A \mid B \mid eK_A(R_B)$

S1 A 得到 K_A

S2 A 生成随机的 R_A

S3 A 计算 $eK_A(R_A)$

S4 A 向 B 发送 EAstm1

S5 B 得到 K_A 或计算 $K_A = eK(A)$

S6 B 计算 $dK_A(eK_A(R_A))$，以得到 R_A

S7 B 得到 K_B

S8 B 计算 $eK_B(R_A)$

S9 B 生成随机的 R_B

S10 B 计算 $eK_B(R_B)$

S11 B 向 A 发送 EAstm2

S12 A 得到 K_B 或计算 $K_B = eK(B)$

S13 A 计算 $eK_B(R_A)$

S14 A 验证 $eK_B(R_A)$

S15 A 计算 $dK_B(eK_B(R_B))$，以得到 R_B

S16 A 计算 $eK_A(R_B)$

S17 A 向 B 发送 EAstm3

S18 B 计算 $eK_A(R_B)$

S19 B 比较 $eK_A(R_B)$

注 3：在每一报文唯一的参数值(例如，时间戳 T_A，T_B)被视作是安全的，足以阻止重放攻击时，可以使用两个连续的单个实体鉴别报文实现双向鉴别。

EAstm1 $= A \mid B \mid KID_{KA} \mid eK_A(T_A)$

EAstm2 $= B \mid A \mid KID_{KB} \mid eK_B(T_B)$

S1 A 得到 K_A

S2 A 得到 T_A

S3 A 计算 $eK_A(T_A)$

S4 A 向 B 发送 EAstm1

S5 B 得到 K_A 或计算 $K_A = eK(A)$

S6 B 计算 $dK_A(eK_A(T_A))$，以得到 T_A

S7 B 验证 T_A

S8 B 得到 K_B

S9 B 得到 T_B

S10 B 计算 $eK_B(T_B)$

S11 B 向 A 发送 EAstm2

S12 A 得到 K_B 或计算 $K_B = eK(B)$

S13 A 计算 $dK_B(eK_B(T_B))$，以得到 T_B

S14 A 验证 T_B

注 4：将质询应答与发起者预期的计算结果进行比较的方法可以用将解密后的质询应答与发起者生成的质询进行比较的方法替代。

S7 A 计算 $dK_B(eK_B(R_A))$，以得到 R_A

STANDARDS PRESS OF CHINA

S8 A 验证 R_A

S14 B 计算 $Dk_A(eK_A(R_B))$，以得到 R_B

S15 B 比较 R_B

注 5：另一可选的方法是，使用单项函数。

S4 B 计算 $oK_B(R_A)$

S8 A 计算 $oK_B(R_A)$

S9 A 验证 $oK_B(R_A)$

S11 A 计算 $oK_A(R_B)$

S14 B 计算 $oK_A(R_B)$

S15 B 比较 $oK_A(R_B)$

6.2.3 EA—非对称

通过非对称算法验证存储在 IC 卡内的预先计算的数字签名而进行的实体鉴别（见图 10）。

通过 EA—非对称的方法，实体 A 可以验证实体 B（假定是 IC 卡）是否拥有只能由密钥所有者产生的数字签名。

EAa1 $= B \mid A \mid KID_{PB} \mid CID_B \mid Cert_B \mid Z \mid sS_B(Z)$

Z 待鉴别的，与实体 B 有关的数据

S_B/P_B 实体 B 的公私密钥对

KID_{PB} 密钥对 S_B/P_B 的密钥标识符

CID_B $Cert_B$ 的证书标识符

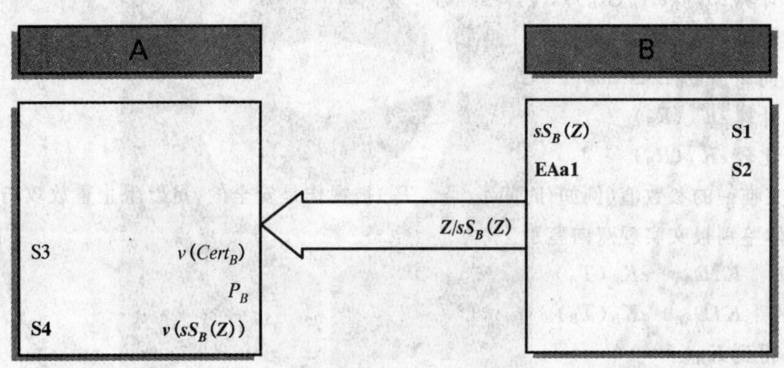

图 10 实体鉴别—非对称

S1 B 从存贮器得到数字签名 $sS_B(Z)$

S2 B 向 A 发送 EAa1

S3 A 使用鉴别机构的公开密钥验证 $Cert_B$，以证实 P_B 的有效性

S4 A 通过计算 $vP_B(sS_B(Z))$ 来验证数字签名

6.2.4 EA—非对称—时效

通过采用非对称算法的质询应答方案而对实体 B 进行的鉴别（见图 11）。

EAat1 $= A \mid B \mid R_A$

EAat2 $= B \mid A \mid KID_{PB} \mid CID_B \mid Cert_B \mid sS_B(A//R_A)$

S_B/P_B 实体 B 的公私密钥对

KID_{PB} 密钥对 S_B/P_B 的密钥标识符

CID_B $Cert_B$ 的证书标识符

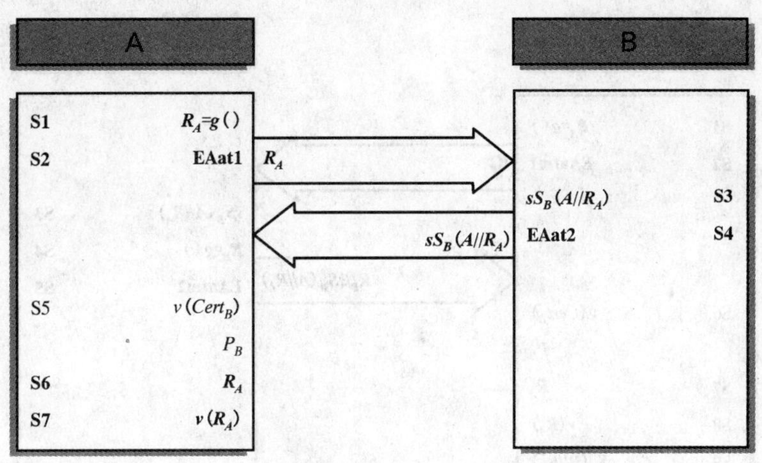

图 11 实体鉴别—非对称—时效

S1 　　A 生成随机的 R_A

S2 　　A 向 B 发送 EAat1

S3 　　B 计算 $sS_B(A//R_A)$

S4 　　B 向 A 发送 EAat2

S5 　　选项 1:A 通过验证 $Cert_B$ 而证实 P_B 的有效性

S6 　　A 计算 $vP_B(sS_B(A//R_A))$,以得到 R_A

S7 　　A 验证 R_A

注 1:为了避免签名后用于实体鉴别的质询被误用为交易证书,实体 B 在签名以前将质询者 A 的身份附加在 RA。

注 2:在对每一报文唯一的参数值(例如,时间戳 TB)被视作是安全的,足以阻止重放攻击时,可以使用从 B 向 A 发送的单个报文实现鉴别。

EAat1 $= B \mid A \mid KID_{PB} \mid CID_B \mid Cert_B \mid sS_B(T_B)$

S1 　　B 得到 T_B

S2 　　B 计算 $sS_B(T_B)$

S3 　　B 向 A 发送 EAat1

S4 　　选项 1:A 通过验证 $Cert_B$ 来证实 P_B 的有效性

S5 　　A 计算 $vP_B(sS_B(T_B))$,以得到 T_B

S6 　　A 验证 T_B

6.2.5 EA—非对称—时效—双向

通过使用非对称算法的质询应答方案实现的实体 A 和 B 的双向鉴别(见图 12)。

EAatm1 $= A \mid B \mid R_A$

EAatm2 $= B \mid A \mid KID_{PB} \mid CID_B \mid Cert_B \mid R_B \mid sS_B(A//R_A)$

EAatm3 $= A \mid B \mid KID_{PA} \mid CID_A \mid Cert_A \mid sS_A(B//R_B)$

S_A/P_A 　　实体 A 的公私密钥对

S_B/P_B 　　实体 B 的公私密钥对

KID_{PA} 　　密钥对 S_A/P_A 的密钥标识符

KID_{PB} 　　密钥对 S_B/P_B 的密钥标识符

CID_A 　　$Cert_A$ 的证书标识符

CID_B 　　$Cert_B$ 的证书标识符

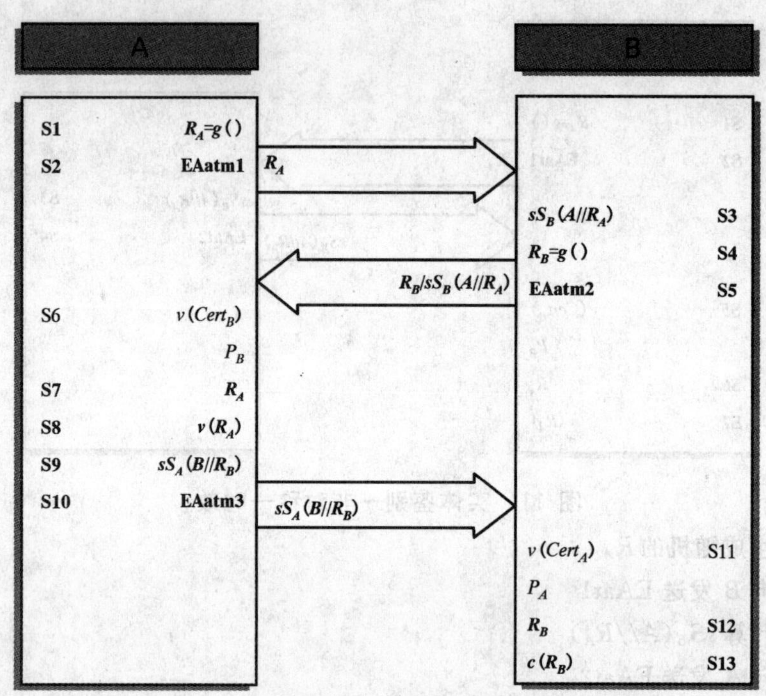

图 12 实体鉴别—非对称—时效—双向

S1　　A 生成随机的 R_A

S2　　A 向 B 发送 EAatm1

S3　　B 计算 $sS_B(A//R_A)$

S4　　B 生成随机的 R_B

S5　　B 向 A 发送 EAatm2

S6　　选项 1:A 通过验证 $Cert_B$ 来证实 P_B 的有效性

S7　　A 计算 $vP_B(sS_B(A//R_A))$，以得到 R_A

S8　　A 验证 R_A

S9　　A 计算 $sS_A(B//R_B)$

S10　　A 向 B 发送 EAatm3

S11　　选项 1:B 通过验证 $Cert_A$ 来证实 P_A 的有效性

S12　　B 计算 $vP_A(sS_A(B//R_B))$，以得到 R_B

S13　　B 比较 R_B

注 1：为了避免签名后用于实体鉴别的质询被误用为交易证书，实体 B 在签名之前将质询者 A 的身份附加在 R_A 上，而实体 A 在签名之前将质询者 B 的身份附加在 R_B 上。

注 2：在对每一报文唯一的参数值(例如，时间印记 T_A 和 T_B)被视作是安全的，足以阻止重放攻击时，可以使用两个连续的单个实体鉴别报文实现双向鉴别。

EAatm1 $= B \mid A \mid KID_{PB} \mid CID_B \mid Cert_B \mid sS_B(T_B)$

EAatm2 $= A \mid B \mid KID_{PA} \mid CID_A \mid Cert_A \mid sS_A(T_A)$

S1　　B 得到 T_B

S2　　B 计算 $sS_B(T_B)$

S3　　B 向 A 发送 EAatm1

S4　　选项 1:A 通过验证 $Cert_B$ 来证实 P_B 的有效性

S5　　A 计算 $vP_B(sS_B(T_B))$，以得到 T_B

S6　　A 验证 T_B

S7　　A 得到 T_A

S8　　A 计算 $sS_A(T_A)$

S9　　A 向 B 发送 EAatm2

S10　　选项 1：B 通过验证 $Cert_A$ 来证实 P_A 的有效性

S11　　B 计算 $vP_A(sS_A(T_A))$，以得到 T_A

S12　　B 验证 T_A

6.3 过程 3：报文鉴别(MA)

如果传输中发往或来自集成电路卡的数据 Z 要求具有完整性，则应依据本节的选项之一进行传输。假设发起者和响应者之间已经建立了密码链。

需要鉴别的报文 Z 从 A 传输至 B。

6.3.1 MA—对称

采用对称算法的报文鉴别(见图 13)。该选项与 6.5.1 中描述的使用对称算法的交易认证相同。

MAs1 $= A \mid B \mid KID_{KA} \mid Z \mid mK_A(Z)$

Z　　待鉴别的数据

K　　保密的根密钥

K_A　　实体 A 唯一的导出密钥

KID_{KA}　　密钥 K_A 的密钥标识符

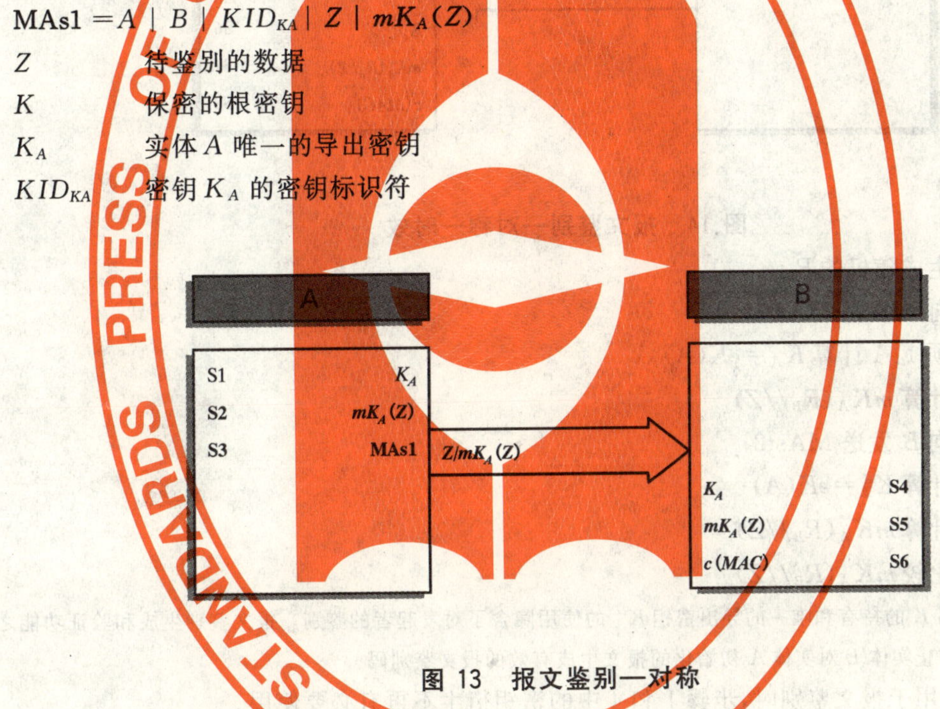

图 13　报文鉴别—对称

S1　　选项 1：A 计算 $K_A = eK(A)$

S2　　A 计算 $mK_A(Z)$

S3　　A 向 B 发送 MAs1

S4　　B 计算 $K_A = eK(A)$

S5　　B 计算 $mK_A(Z)$

S6　　B 比较 $mK_A(Z)$

注：对保密的根密钥 K 的持有和对唯一的导出密钥 K_A 的使用隐含了对发起者的鉴别。报文鉴别生成和验证函数之间的密码分离防止实体 B 对实体 A 初始化的报文生成有效的报文鉴别码。

当通用密钥 K 用于报文鉴别时，步骤 1 和 4 中的密钥衍生不再有必要使用。

MAs1 $= A \mid B \mid KID_K \mid Z \mid mK(Z)$

6.3.2 MA—对称—时效

采用对称算法预防重放攻击的报文鉴别(见图 14)。

MAst1 $=B \mid A \mid R_B$

MAst2 $=A \mid B \mid KID_{KA} \mid Z \mid mK_A(R_B//Z)$

Z 待鉴别的数据

K 保密的根密钥

K_A 实体 A 的唯一的导出密钥

KID_{KA} 密钥 K_A 的密钥标识符

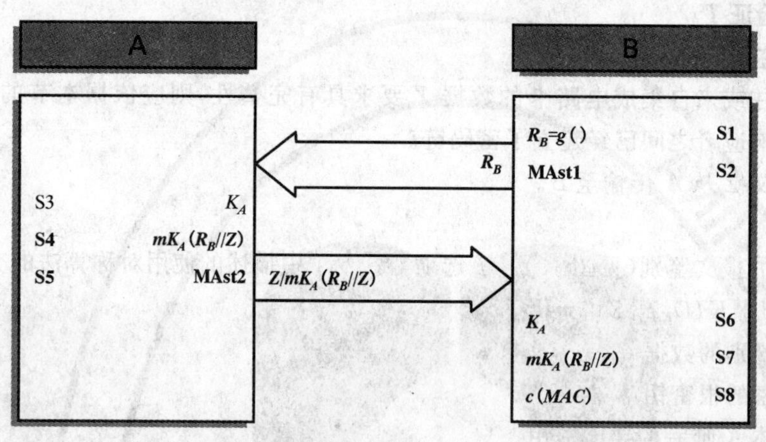

图 14 报文鉴别—对称—时效

S1 B 生成随机的 R_B

S2 B 向 A 发送 MAst1

S3 选项 1:A 计算 $K_A=eK(A)$

S4 A 计算 $mK_A(R_B//Z)$

S5 A 向 B 发送 MAst2

S6 B 计算 $K_A=eK(A)$

S7 B 计算 $mK_A(R_B//Z)$

S8 B 比较 $mK_A(R_B//Z)$

注:保密的根密钥 K 的持有和唯一的导出密钥 K_A 的使用隐含了对发起者的鉴别。报文鉴别生成和验证功能之间的密码分离防止实体 B 对实体 A 初始化的报文生成有效的报文鉴别码。

当普通密钥 K 用于报文鉴别时,步骤 1 和 4 中的密钥衍生不再有必要使用。

MAst1 $=B \mid A \mid R_B$

MAst2 $=A \mid B \mid KID_K \mid Z \mid mK(R_B//Z)$

6.3.3 MA—非对称

通过非对称算法计算数字签名进行的报文鉴别(见图 15)。

响应者获得密码证据,即发起者已发送报文(来源的不可否认)。该选项与 6.5.2 中描述的采用非对称算法的交易认证相同。

MAa1 $=A \mid B \mid KID_{PA} \mid CID_A \mid Cert_A \mid Z \mid sS_A(Z)$

Z 待鉴别的数据

S_A/P_A 实体 A 的公私密钥对

KID_{PA} 密钥对 S_A/P_A 的密钥标识符

CID_A $Cert_A$ 的证书标识符

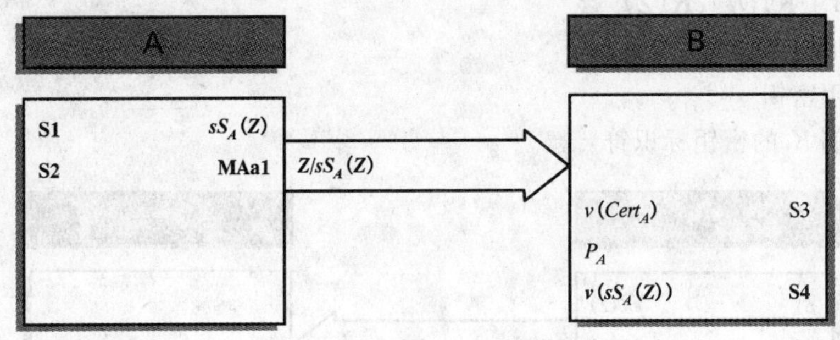

图 15 报文鉴别—非对称

S1　　A 计算数字签名 $sS_A(Z)$

S2　　A 向 B 发送 MAa1

S3　　选项 1:B 通过验证 $Cert_A$ 来证实 P_A 的有效性

S4　　B 通过计算 $vP_A(sS_A(Z))$ 来验证数字签名

6.3.4 MA—非对称—时效

通过采用带数字签名的非对称算法防止重放攻击的报文鉴别(见图 16)。

$\text{MAat1} = B \mid A \mid R_B$

$\text{MAat2} = A \mid B \mid KID_{PA} \mid CID_A \mid Cert_A \mid Z \mid sS_A(R_B//Z)$

Z　　待鉴别的数据

S_A/P_A　　实体 A 的公私密钥对

KID_{PA}　　密钥对 S_A/P_A 的密钥标识符

CID_A　　$Cert_A$ 的证书标识符

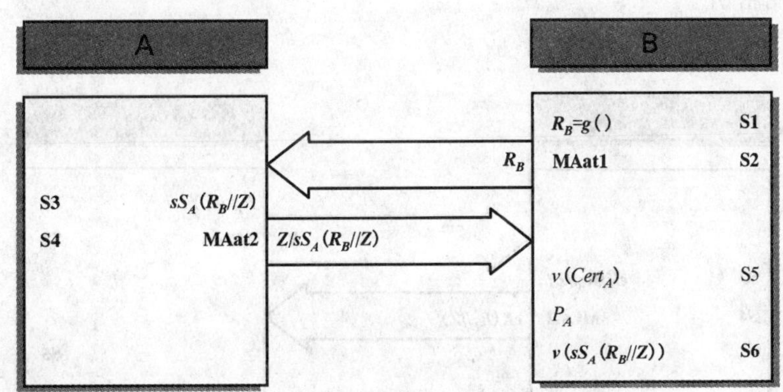

图 16 报文鉴别—非对称—时效

S1　　B 生成随机的 R_B

S2　　B 向 A 发送 MAat1

S3　　A 计算数字签名 $sS_A(R_B//Z)$

S4　　A 向 B 发送 MAat2

S5　　选项 1:B 通过验证 $Cert_A$ 来证实 P_A 的有效性

S6　　B 通过计算 $vP_A(sS_A(R_B//Z))$ 来验证数字签名

6.4 过程 4:报文加密(ME)

对送入或来自集成电路卡的保密数据的加密应依据本节描述的选项之一进行实施。假设发起者和响应者之间已经建立密码链。

具有保密性要求的报文 Z 从 A 发送至 B。

6.4.1 ME—对称

采用对称算法的报文加密(见图 17)。

MEs1 $=A \mid B \mid KID_K \mid eK(Z)$

Z　　待加密的数据

K　　通用密钥

KID_K　　密钥 K 的密钥标识符

A

B

S1　$eK(Z)$

S2　MEs1　$eK(Z)$

Z　S3

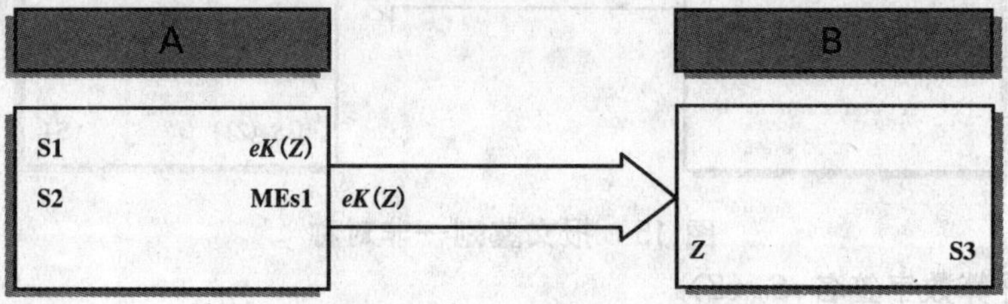

图 17　报文加密—对称

S1　　A 计算 $eK(Z)$

S2　　A 向 B 发送 MEs1

S3　　B 计算 $dK(eK(Z))$，以得到 Z

注：报文的来源隐含在保密密钥 K 的信息的证据中。

6.4.2　ME—对称—时效

采用对称算法防止重放攻击的报文加密（见图 18）。

MEst1 $=B \mid A \mid R_B$

MEst2 $=A \mid B \mid KID_K \mid eK(R_B//Z)$

Z　　待加密的数据

K　　通用密钥

KID_K　　密钥 K 的密钥标识符

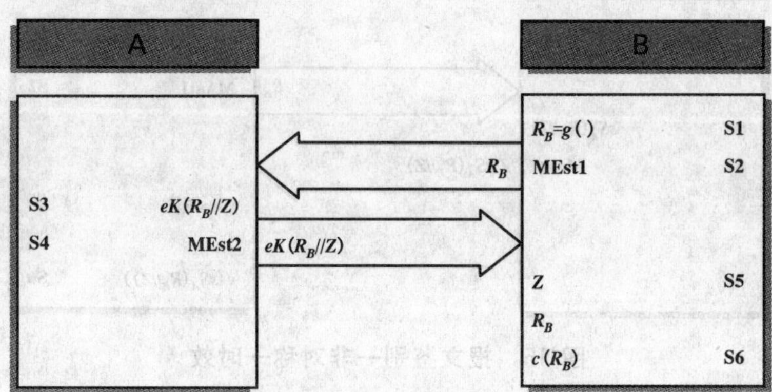

图 18　报文加密—对称—时效

S1　　B 生成随机的 R_B

S2　　B 向 A 发送 MEst1

S3　　A 计算 $eK(R_B//Z)$

S4　　A 向 B 发送 MEst2

S5　　B 计算 $dK(eK(R_B//Z))$，以得到 R_B 和 Z

S6　　B 比较 R_B

注：报文的来源隐含在保密密钥 K 的信息的证据中。

6.4.3　ME—非对称

采用非对称算法的报文加密（见图 19）。

MEa1 $=B \mid A \mid CID_R \mid Cert_B$

$MEa2 = A \mid B \mid KID_{PB} \mid eP_B(Z)$

Z 待加密的数据

S_B/P_B 实体 B 的公私密钥对

KID_{PB} 密钥对 S_B/P_B 的密钥标识符

CID_B $Cert_B$ 的证书标识符

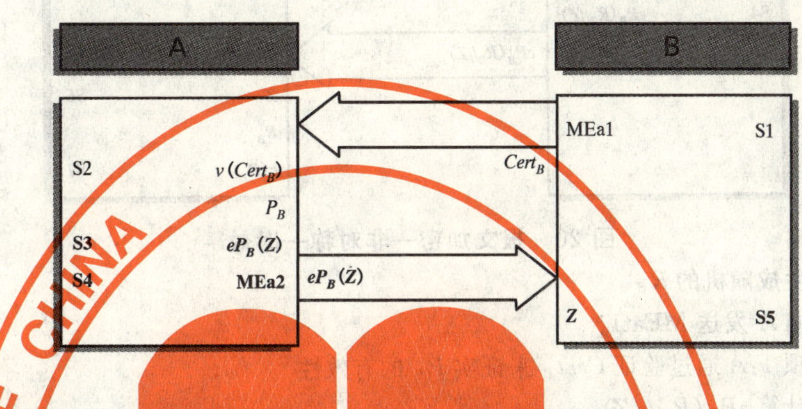

图 19 报文加密—非对称

S1 选项 1:B 发送 MEa1

S2 选项 1:A 通过验证 $Cert_B$ 来证实 P_B 的有效性

S3 A 计算 $eP_B(Z)$

S4 A 向 B 发送 MEa2

S5 B 计算 $dS_B(eP_B(Z))$,以得到 Z

注:报文来源未知,除非被加密的报文也进行了签名。为此,应在加密前对数据进行签名。

$MEa1 = B \mid A \mid CID_B \mid Cert_B$

$MEa2 = A \mid B \mid KID_{PB} \mid eP_B(sS_A(Z)//Z)$

S1 选项 1:B 发送 MEa1

S2 选项 1:A 通过验证 $Cert_B$ 来证实 P_B 的有效性

S3 A 计算数字签名 $sS_A(Z)$

S4 A 计算 $eP_B(sS_A(Z)//Z)$

S5 A 向 B 发送 MEa2

S6 选项 2:B 通过验证 $Cert_A$ 来证实 P_A 的有效性

S7 B 计算 $dS_B(eP_B(sS_A(Z)//Z))$,以得到 $sS_A(Z)//Z$

S8 B 通过计算 $vP_A(sS_A(Z))$ 来验证数字签名并确认 Z 的有效性

6.4.4 ME—非对称—时效

采用非对称算法防止重放攻击的报文加密(见图 20)。

$MEat1 = B \mid A \mid CID_B \mid Cert_B \mid R_B$

$MEat2 = A \mid B \mid KID_{PB} \mid eP_B(R_B//Z)$

Z 待加密的数据

S_B/P_B 实体 B 的公私密钥对

KID_{PB} 密钥对 S_B/P_B 的密钥标识符

CID_B $Cert_B$ 的证书标识符

STANDARDS PRESS OF CHINA

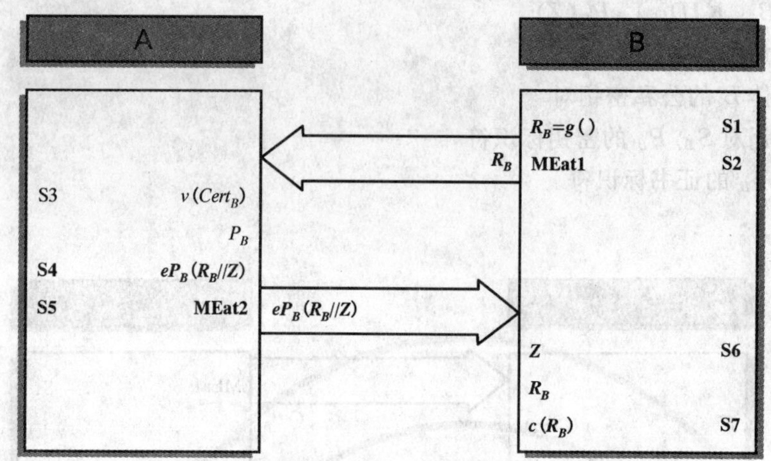

图 20 报文加密—非对称—时效

S1　　B 生成随机的 R_B

S2　　B 向 A 发送 MEat1

S3　　选项 1:A 通过验证 $Cert_B$ 来证实 P_B 的有效性

S4　　A 计算 $eP_B(R_B//Z)$

S5　　A 向 B 发送 MEat2

S6　　B 计算 $dS_B(eP_B(R_B//Z))$,以得到 R_B 和 Z

S7　　B 比较 R_B

注:报文来源未知,除非被加密的报文也进行了签名。为此,应在加密前对数据进行签名。

MEat1 $=B \mid A \mid CID_B \mid Cert_B \mid R_B$

MEat2 $=A \mid B \mid KID_{PB} \mid eP_B(sS_A(R_B//Z)//R_B//Z)$

S1　　B 生成随机的 R_B

S2　　B 向 A 发送 MEat1

S3　　选项 1:A 通过验证 $Cert_B$ 来证实 P_B 的有效性

S4　　A 计算数字签名 $sS_A(R_B//Z)$

S5　　A 计算 $eP_B(sS_A(R_B//Z)//R_B//Z)$

S6　　A 向 B 发送 MEat2

S7　　选项 2:B 通过验证 $Cert_A$ 来证实 P_A 的有效性

S8　　B 计算 $dS_B(eP_B(sS_A(R_B//Z)//R_B//Z))$,以得到 $sS_A(R_B//Z)//R_B//Z$

S9　　B 通过计算 $vP_A(sS_A(R_B//Z))$来验证数字签名并确认 R_B 和 Z 的有效性

S10　　B 比较 R_B

6.5 过程 5:交易认证(TC)

必要时,应依据本节的选项之一执行 TC。交易认证提供交易数据的完整性和来源的加密证据,之后可由第三方对这些数据进行验证。因此,重放不会影响此安全功能的有效性。交易认证由集成电路卡或 SAM 执行。

如果基于数字签名,则该过程提供不可否认服务。如果基于对称算法,则通过可信硬件或共同信任的第三方提供通用密钥的完整性。

假设发起者和响应者之间已经建立密码链。

6.5.1 TC—对称

采用对称算法的交易认证(见图 21),该选项与 6.3.1 描述的采用对称算法的报文鉴别相同。

TCs1 $=A \mid B \mid KID_{KA} \mid Z \mid mK_A(Z)$

Z　　待认证的数据

K　　保密的根密钥

K_A　　实体 A 唯一的导出密钥

KID_{KA}　　密钥 K_A 的密钥标识符

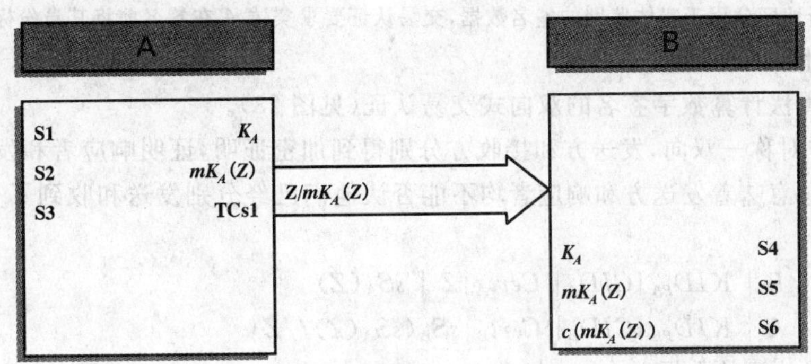

图 21　交易认证一对称

S1　　选项 1:A 计算 $K_A = eK(A)$

S2　　A 计算 $mK_A(Z)$

S3　　A 向 B 发送 TCs1

S4　　B 计算 $K_A = eK(A)$

S5　　B 计算 $mK_A(Z)$

S6　　B 比较 $mK_A(Z)$

注：交易证书生成和验证功能(例如通过单向密钥的方式)之间的密码分离防止实体 B 对实体 A 初始化的报文生成有效的证书。

当通用密钥 K 用于报文鉴别时，步骤 1 和 4 中的密钥衍生不再有必要使用。

$TCs1 = A \mid B \mid KID_K \mid Z \mid mK(Z)$

6.5.2　TC—非对称

使用非对称算法计算数字签名的交易认证(见图 22)。该选项与 6.3.3 描述的使用非对称算法的报文鉴别相同。

使用 TC—非对称，响应者取得密码证据，表明发起者已经发送交易数据(来源的不可否认)。

$TCa1 = A \mid B \mid KID_{PA} \mid CID_A \mid Cert_A \mid Z \mid sS_A(A//Z)$

Z　　待鉴别的数据

S_A/P_A　　实体 A 的公私密钥对

KID_{PA}　　密钥对 S_A/P_A 的密钥标识符

CID_A　　$Cert_A$ 的证书标识符

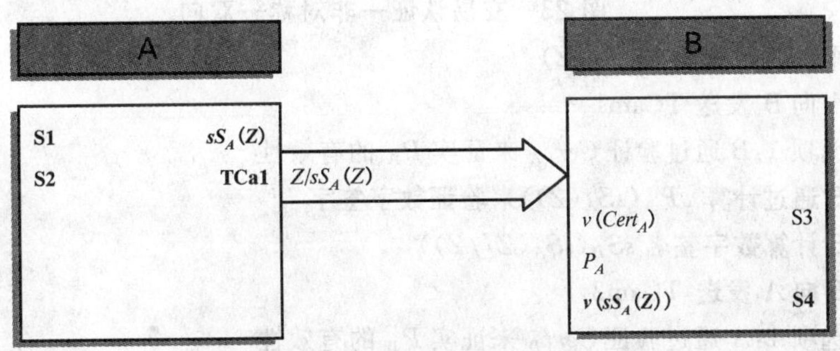

图 22　交易认证一非对称

S1 **A 计算数字签名 $sS_A(A//Z)$**

S2 **A 向 B 发送 TCa1**

S3 选项 1:B 通过验证 $Cert_A$ 来证实 P_A 的有效性

S4 **B 通过计算 $vP_A(sS_A(A//Z))$ 来验证数字签名**

注：为能够清晰地区分用于实体鉴别的签名数据，交易认证要求实体 A 在签名前将其身份标识加入到数据中。

6.5.3 TC—非对称—双向

使用非对称算法计算数字签名的双向式交易认证(见图 23)。

使用 TC—非对称—双向，发送方和接收方分别得到加密证明，证明响应者和发送方已经分别收到和发出了报文。这意味着发送方和响应者均不能否认他们已经分别发送和收到了交易数据(来源和响应的不可否认)。

TCam1 $=A \mid B \mid KID_{PA} \mid CID_A \mid Cert_A \mid Z \mid sS_A(Z)$

TCam2 $=B \mid A \mid KID_{PB} \mid CID_B \mid Cert_B \mid sS_B(sS_A(Z)//Z)$

Z 待认证的数据

S_A/P_A 实体 A 的公私密钥对

S_B/P_B 实体 B 的公私密钥对

KID_{PA} 密钥对 S_A/P_A 的密钥标识符

KID_{PB} 密钥对 S_B/P_B 的密钥标识符

CID_A $Cert_A$ 的证书标识符

CID_B $Cert_B$ 的证书标识符

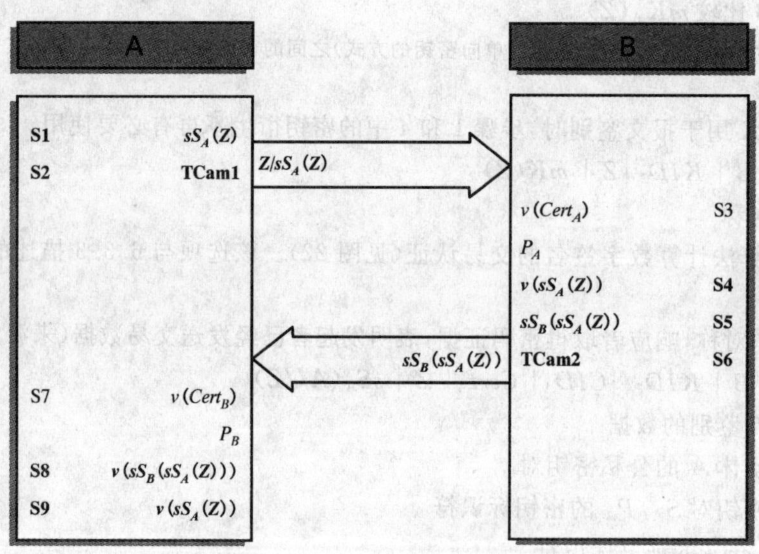

图 23 交易认证—非对称—双向

S1 **A 计算数字签名 $sS_A(Z)$**

S2 **A 向 B 发送 TCam1**

S3 选项 1:B 通过验证 $Cert_A$ 来证实 P_A 的有效性

S4 **B 通过计算 $vP_A(sS_A(Z))$ 来验证数字签字**

S5 **B 计算数字签名 $sS_B(sS_A(Z//Z))$**

S6 **B 向 A 发送 TCam2**

S7 选项 1:A 通过验证 $Cert_B$ 来证实 P_B 的有效性

S8 **A 计算 $vP_B(sS_B(sS_A(Z)//Z))$**

S9 **A 验证 $sS_A(Z)$**

6.6 过程6:PIN验证(PV)

GB/T 16790.6详细说明了PIN作为验证过程的一部分是否必须进行加密。本节规定了作为验证过程的一部分由IC卡或SAM对PIN数据进行的加密。

6.6.1 PV—对称

采用对称算法的PIN验证(见图24)。

为了避免穷举攻击,在进行PIN验证之前,应该通过带时效性选项的密钥交换在通信两端建立唯一的密钥 K。

PVs1 $= A \mid B \mid KID_K \mid PAN \mid eK(PBF0)$

$PBF0$	含 PIN 的PIN分组格式0
K	通用保密密钥
KID_K	密钥 K 的密钥标识符

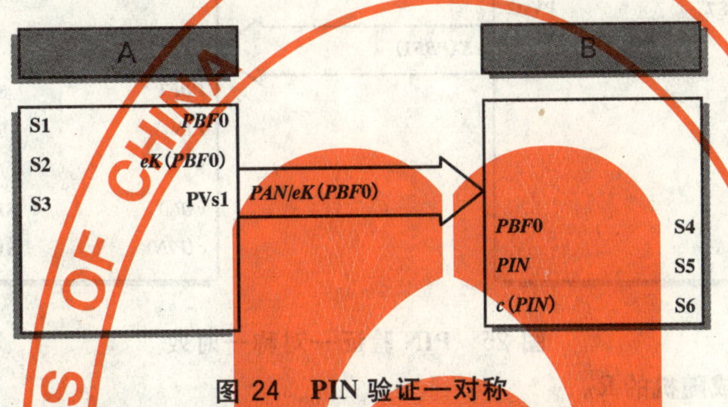

图24 PIN验证—对称

S1	A 使用 PIN 和 PAN 计算 $PBF0$
S2	A 计算 $eK(PBF0)$
S3	A 向 B 发送 $PVs1$
S4	B 计算 $dK(eK(PBF0))$,以得到 $PBF0$
S5	B 由 $PBF0$ 和 PAN 计算 PIN
S6	B 将该 PIN 与参考 PIN 进行比较

注1:另一可选的方法是比较加密的 $PBF0$。

S4	B 重新计算 $eK(PBF0)$
S5	B 比较 $eK(PBF0)$

注2:为了每次传输都能获得不同的加密的 PIN 分组,即使在密钥 K 不变时,应该用 $PBF1$ 来替代。采用非循环计数器值或者日期/时间值 RA 构建 $PBF1$ 即可满足要求。

PVs1 $= A \mid B \mid KID_K \mid PAN \mid eK(PBF1)$

S1	A 生成 R_A
S2	A 由 PIN 和 R_A 计算出 $PBF1$
S3	A 计算 $eK(PBF1)$
S4	A 向 B 发送 $PVs1$
S5	B 计算 $dK(eK(PBF1))$,以得到 $PBF1$
S6	B 由 $PBF1$ 计算 PIN
S7	B 将该 PIN 与参考 PIN 进行比较

6.6.2 PV—对称—时效

采用对称算法防止重放攻击的 PIN 验证(见图25)。

PVst1 $= B \mid A \mid eK(R_B)$

PVst2 $= A \mid B \mid KID_K \mid eK(PBF1)$

*PBF*1　　含 *PIN* 的 *PIN* 分组格式 1

K　　通用保密密钥

KID_K　　密钥 *K* 的密钥标识符

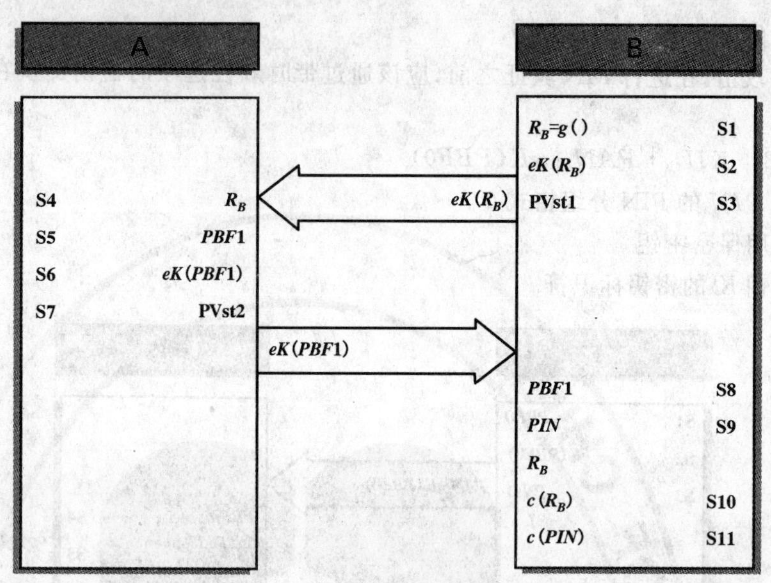

图 25　PIN 验证—对称—时效

S1　　*B* 生成随机的 R_B

S2　　*B* 计算 $eK(R_B)$

S3　　*B* 向 *A* 发送 PVst1

S4　　*A* 计算 $dK(eK(R_B))$，以得到 R_B

S5　　*A* 由 *PIN* 和 R_B 计算 *PBF*1

S6　　*A* 计算 *eK*(*PBF*1)

S7　　*A* 向 *B* 发送 PVst2

S8　　*B* 计算 *dK*(*eK*(*PBF*1))，以得到 *PBF*1

S9　　*B* 由 *PBF*1 计算出 *PIN* 和 R_B

S10　　*B* 比较 R_B

S11　　*B* 将该 *PIN* 与参考 *PIN* 进行比较

注 1：用于构建 *PBF*1 的 R_B 采用非循环计数器值或日期/时间即可满足要求。

注 2：对密钥 *K* 的持有隐含了对实体 *A* 的鉴别。

6.6.3　PV—非对称

采用非对称算法的 *PIN* 验证(见图 26)。

PVa1 $= B \mid A \mid CID_B \mid Cert_B$

PVa2 $= A \mid B \mid KID_{PB} \mid eP_B(PBF1)$

*PBF*1　　含 *PIN*(个人身份标识号)的 PIN 分组格式 1

S_B/P_B　　实体 *B* 的公私密钥对

KID_{PB}　　密码对 S_B/P_B 的密钥标识符

CID_B　　$Cert_B$ 的证书标识符

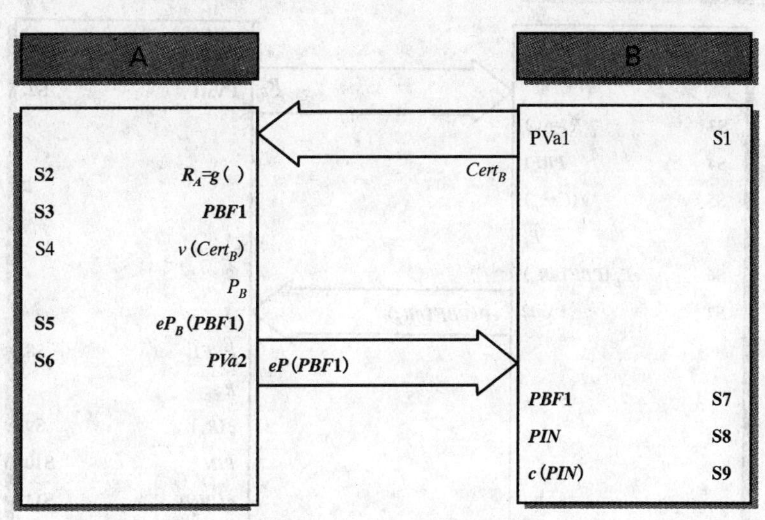

图 26 PIN 验证—非对称

S1	选项 1:B 向 A 发送 PVa1
S2	**A 生成随机的 R_A**
S3	**A 由 PIN 和 R_A 计算 $PBF1$**
S4	可选项 1:A 通过验证 $Cert_B$ 来证实 P_B 的有效性
S5	**A 计算 $eP_B(PBF1)$**
S6	**A 向 B 发送 PVa2**
S7	**B 计算 $dS_B(eP_B(PBF1))$,以得到 $PBF1$**
S8	**B 由 $PBF1$ 计算出 PIN**
S9	**B 将该 PIN 与参考 PIN 进行比较**

注:为了实现防穷举攻击,使用了 PIN 分组格式 1,用于构建 $PBF1$ 的 R_A 采用非循环计数器值或日期/时间即可满足要求。

6.6.4 PV—非对称—时效

采用非对称算法防止重放攻击的 PIN 验证(见图 27)。

PVat1 $= B \mid A \mid CID_B \mid Cert_B \mid R_B$

PVat2 $= A \mid B \mid KID_{PB} \mid eP_B(PBF1//R_B)$

$PBF1$	含 PIN 的 PIN 分组格式 1
S_B/P_B	实体 B 的公私密钥对
KID_{PB}	密钥对 S_B/P_B 的密钥标识符
CID_B	$Cert_B$ 的证书标识符

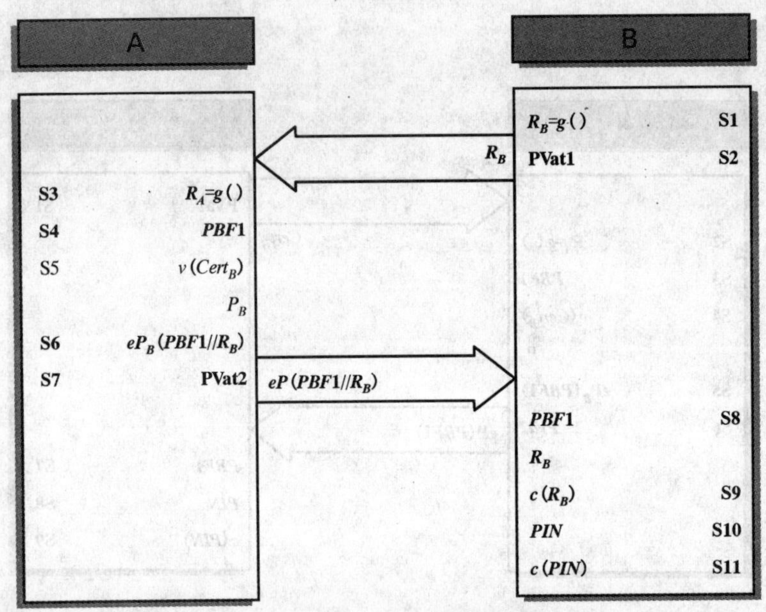

图 27 PIN 验证—非对称—时效

S1 B 生成随机的 R_B

S2 B 向 A 发送 PVat1

S3 A 生成随机的 R_A

S4 A 由 PIN 和 R_A 计算 $PBF1$

S5 选项 1:A 通过验证 $Cert_B$ 来证实 P_B 的有效性

S6 A 计算 $eP_B(PBF1//R_B)$

S7 A 向 B 发送 PVat2

S8 B 计算 $dS_B(eP_B(PBF1//R_B))$,以得到 $PBF1$ 和 R_B

S9 B 比较 R_B

S10 B 由 $PBF1$ 计算 PIN

S11 B 将该 PIN 与参考 PIN 进行比较

注 1:为了实现防穷举攻击,使用 PIN 分组格式 1。用于构建 $PBF1$ 的 R_A 采用非循环的计数器值或日期/时间即可满足要求。

注 2:随机值 R_B 的产生不受控于实体 A 这一要求是充分的。R_B 可以是从质询实体信任的中间实体得到的计数器值,具体值取决于实施方法。

注 3:通过对随机的质询值 R_B 加密,随机值 R_A 不再有必要使用。

PVat1 $= A \mid B \mid CID_A \mid Cert_A$

PVat2 $= B \mid A \mid CID_B \mid Cert_B \mid eP_A(R_B)$

PVat3 $= A \mid B \mid KID_{PB} \mid eP_B(PBF1)$

S1 选项 1:A 向 B 发送 PVat1

S2 B 生成随机的 R_B

S3 选项 1:B 通过验证 $CertA$ 来证实 P_A 的有效性。

S4 B 计算 $eP_A(R_B)$

S5 B 向 A 发送 PVat2

S6 A 计算 $dS_B(eP_B(R_B))$,以得到 R_B

S7 A 由 PIN 和 R_B 计算出 $PBF1$

S8 选项 2:A 通过验证 $Cert_B$ 来证实 P_B 的有效性

S9	A 计算 $eP_B(PBF1)$
S10	A 向 B 发送 $PVat3$
S11	B 计算 $dS_B(eP_B(PBF1))$，以得到 $PBF1$
S12	B 由 $PBF1$ 计算出 PIN 和 R_B
S13	B 比较 R_B
S14	B 将该 PIN 与参考 PIN 作比较

附 录 A
（资料性附录）
公 钥 认 证

实体 X 的凭证（$Cred_x$）应含有将实体 X 的公钥 P_X 与其经过验证的唯一名 X、凭证有效期 T_{val} 以及可能与 X 公钥的有效性和真实性有关的其他信息相绑定所需的全部信息，例如可信第三方 TP 的唯一名和功能标识符 KID_{PX}。

另外，在特定应用中认为必要时，还可以包括凭证序列号。

$Cred_x$ 内容应按如下所示组成：

$Cred_x = \mathbf{X} \mid \mathbf{P_X} \mid \mathbf{T_{val}} \mid TP \mid KID_{PX}$

实体 X 的证书（$Cert_x$）通过可信第三方对它们的签名来保证凭证的真实性。X 的证书包括经过验证的 X 的凭证和可信第三方对这些凭证的签名，即：

$Cert_x = sS_{TP}(Cred_x)//Cred_x$

在 $Cert_x$ 中，如果用于 $Cert_x$ 的签名算法是不可逆非对称签名算法，就仅需包括凭证 $Cred_x$。

当证书传给另一实体时，可能需要提供额外的信息，例如可信第三方名称 TP 及其功能标识符 KID_{TP}。

证书确认包括验证证书中包含的可信第三方的签名，还可选择检验证书是否仍然有效。

可通过计算 $vP_{TP}(sS_{TP}(Cred_x)//Cred_x)$ 验证 $Cert_x$ 的方法来证实实体 X 的公钥的有效性。

附 录 B
（资料性附录）
密钥和证书标识符

B.1 密钥标识符

显式密钥标识符 KID 包含所有关于正确使用密钥的密码算法和密钥管理的必要信息：

<*KID*>＝<格式>/<用途>/<算法>/<技术>/<编号>

· <格式>：ISO，非 ISO

· <用途>＝例如：aut，mac，enc，cer，prd，ctl，kex。

· <算法>＝<密码算法>/<模式>/<参数>

<加密算法>：例如：DES，MAA，RSA

<模式>：例如：ECB，CBC，CFB

<参数>：例如：密钥长度，轮数

· <技术>：例如：非对称密钥，非对称—对称结合，静态数据密钥，会话密钥，唯一数据密钥，主密钥，KEK，根密钥。

· <编号>：密钥集号

注：为了进行密钥交换，每一个加密密钥和交换的密钥都有其自身的密钥标识符。在密钥加密密钥受到进一步限制的情况下，可能需要根据使用的技术在密钥标识符上附加额外的信息。

B.2 证书标识符

证书标识符 CID 包含可信方正确验证证书所使用的有关加密算法和密钥管理的所有必要信息。

<*CID*> ＝<*TP*>｜<KID_{TP}>

- <TP> :可信方的唯一名
- <KID_{TP}>:密钥对 S_{TP}/P_{TP} 的密钥标识符

附 录 C
(资料性附录)
威 胁 矩 阵

表 C.1 指出了本部分描述的安全机制在零售银行业务环境中如何依靠采取的选项预防不同的威胁。

注:威胁矩阵显示了典型过程的保护特性。然而,这种保护取决于已选的选项(对称/非对称,时效,双向)。例如,通过 EA 和 MA 的时效性选项来提供抗重放攻击。

表 C.1 威胁矩阵

	实体鉴别	报文鉴别	报文加密	交易认证	PIN 验证
威胁	EA	MA	ME	TC	PV
身份窃听	√				√
数据窃听			√		
伪装	√				
重放	√	√			
篡改		√		√	
否认				√	

附 录 D
(资料性附录)
ISO 安全服务和安全机制

在所有与安全相关的 JTC 1 ISO 标准和绝大多数与 EDI 相关的文件中均参考了 GB/T 9387.2。因此,本附录将着重说明 GB/T 9387.2 的基本安全体系摘要。

注:该附录仅摘要说明了与集成电路相关的 GB/T 9387.2 子集的安全体系。

GB/T 9387.2 中的安全服务将与本部分包含的安全功能进行比较。GB/T 9387.2 中用于实现安全功能的技术被称作"安全机制",安全机制将与本部分中的"过程"进行比较。表 D.1 指出了 GB/T 9387.2中的名称与本部分的名称之间的关系。

本部分比 GB/T 9387.2 更为具体,原因是为每一安全机制(过程)提供了详细的技术说明(过程选项)。

表 D.1 安全功能和过程对 ISO 安全服务和机制的映射

安全服务(安全功能)		安全机制(安全过程)			
GB/T 9387.2	本部分	GB/T 9387.2	本部分		
安全服务	安全功能	安全机制	安全过程		选项
	IC 卡参数更新 ADF 参数更新		密钥交换	KE	对称 非对称 时效
访问控制	持卡人确认	访问控制	PIN/口令确认	PV	明文形式的 加密的
实体鉴别	IC 卡鉴别 SAM/主机鉴别 CAD 鉴别 ADF 鉴别	数字签字 鉴别	实体鉴别	EA	对称 非对称 双向 时效
数据完整性	交易授权 交易确认	数据完整性	报文鉴别	MA	对称 非对称 时效
不可否认性	交易认证 交易记录	数字签名 公证	交易认证	TC	对称 非对称 双向
数据保密性	数据保密性	加密	报文加密	ME	对称 非对称 时效

附 录 E
（资料性附录）
时 效 性

E.1 原则

可由以下几点提供时效性：

——在报文中增加一些唯一参数，例如，序列号，时间戳或随机数。在使用时间戳或序列号时，通信各方应预先建立同步。

——由发起者生成质询；如果预先未在各方之间建立同步，就必需使用该方法。对质询的应答应该不可预测，这使采用重放进行的假冒被接收的概率很小。响应者应使用质询作为应答报文的计算的输入。这最后一方法需要额外的通信并被作为单独的选项。

——对称算法专门的密钥管理技术，它为每个报文产生唯一的密钥。

E.2 技术

有不同的方法可以使基于质询应答方案的时效性选项与其他任何的过程相结合。

在两种技术同时适用于对数据进行签字或加密的对称和非对称算法：

a) 随机质询与待签名或加密的数据 $sS(R//Z)$或 $eK(R//Z)$连接。这种情况下，随机质询加密连接到数据。响应者应在执行过程前验证随机质询。该技术的优点是时效性和报文鉴别（或密钥验证）同时实现。

b) 随机质询独立于数据（$sS(Z)$和 $sS(R)$或 $eK(Z)$和 $eK(R)$）进行签名或加密。这种情况下，它应是硬件或软件系统在继续执行数据处理之前验证随机质询的整体组成部分。在密钥交换过程中，使用待交换密钥对随机质询加密可以同时实现时效性和密钥完整性。

对于对称算法，基于密钥管理技术的其他三个替代方案是可能的：

c) 提供安全功能的工作密钥可以从根密钥 $K(eK(R))$加密的随机质询导出。当该工作密钥用来提供保密性服务时，该技术应与报文鉴别（密钥确认）连用。

任何工作密钥的泄露均不会泄露根密钥。

d) 提供安全功能的工作密钥通过根密钥 K 和随机质询的异或运算获得（K 异或 R）。当该工作密钥用来提供保密性服务时，该技术应与报文鉴别（密钥确认）连用。

使用异或代替加密的缺点是，根据同一根密钥变形而得到的所有密钥由一个计算出另一个是可能的。如果任何一个这样的密钥泄露，其他所有密钥都将泄露。因此，不推荐使用密钥变形。

e) 提供安全功能的工作密钥通过这样一种方法计算，它使每个报文均是唯一的。对每一个报文密钥管理方案的唯一密钥的描述见 GB/T 16790.7。

附 录 F
（资料性附录）
参 考 文 献

GB/T 9387.2—1995 信息处理系统 开放系统互连 基本参考模型 第2部分:安全体系结构(idt ISO 7498-2:1989)

GB/T 15843.1—1999 信息技术 安全技术 实体鉴别 第1部分:概述(idt ISO/IEC 9798-1:1997)

GB/T 15843.2—1997 信息技术 安全技术 实体鉴别 第2部分:采用对称加密算法的机制(idt ISO/IEC 9798-2:1994)

GB/T 15843.3—1998 信息技术 安全技术 实体鉴别 第3部分:用非对称签名技术的机制(idt ISO/IEC DIS 9798-3:1997)

GB/T 15843.4—1999 信息技术 安全技术 实体鉴别 第4部分:采用密码校验函数的机制(idt ISO/IEC 9798-4:1995)

GB 15852—1995 信息技术 安全技术 用块密码算法作密码校验函数的数据完整性机制(idt ISO/IEC 9797:1994)

GB/T 16791.1—1997 金融交易卡 集成电路卡与卡接受设备之间的报文 第1部分:概念与结构(idt ISO 9992-1:1990)

GB/T 17964—2000 信息技术 安全技术 n位块密码算法的操作方式(idt ISO/IEC 10116:1997)

GB/T 18238.1—2000 信息技术 安全技术 散列函数 第1部分:概述(idt ISO/IEC 10118-1:1994)

GB/T 18238.2—2002 信息技术 安全技术 散列函数 第2部分:采用n位块密码的散列函数(idt ISO/IEC FDIS 10118-2:2000)

ISO 9807:1991 Banking and related financial services—Requirements for message authentication (retail)。

ISO 9992-2:1998 ,Financial transaction cards—Messages between the integrated circuit card and the card accepting device—Part 2: Functions, messages (commands and responses), data elements and structures

附 录 G
（资料性附录）
过程选项和功能

表G.1说明对称和非对称两种类型的算法均能满足所有的安全过程要求。

表G.2提供了两个实体使用给定的算法选项执行安全过程所需的不同运算和密钥的概述。

表G.1 算法对安全功能的映射

算法		安全功能					
类型	选项	KE	EA	MA	ME	TC	PV
对称	—	√	√	√	√	√	√
	双向	√	√				
	时效	√	√	√	√		√
非对称	—	√	√	√	√	√	√
	双向	√	√			√	
	时效	√	√	√	√		√

表G.2 过程选项和功能的规范

安全功能类型	过程类型		算法类型	选项	技术A	技术B	密钥A	密钥B
IC卡/ADF参数更新	密钥交换	KE	对称	对称	eK	dK	K	K
				对称,双向	$g(\ )$, eK	$g(\ )$, dK,eK	K	K
				非对称	$eK(S)$	$dK\ (S)$	K	K
			非对称	对称	eP, sS	vP, dS	P_B,S_A	P_A,S_B
				对称,双向	$g(\ )$, eP, sS, eK	$g(\ )$,vP,dS, eK	P_B,S_A	P_A,S_B
				非对称	eP, sS, h	vP, dS, h	P_B,S_A	P_A,S_B
IC卡/ADF/CAD/SAM/主机鉴别	实体鉴别	EA	对称	时效	$g(\ )$, eK, dK, c	eK	K	K
				时效,双向	$g(\ )$, eK, dK, c	eK,$g(\ )$,dK,c	K	K
			非对称	—	vP, c	sS	P_B	S_B
				时效	$g(\ )$, vP, c	$g(\ )$,sS	P_B	S_B
				时效,双向	$g(\ )$, vP, c, sS	sS,$g(\ )$,vP,c	P_B,S_A	S_B,P_A
交易授权/确认	报文鉴别	MA	对称	—	mK	eK,mK,c	K	K
				时效	mK	$g(\ )$,eK,mK,c	K	K
			非对称	—	sS, h	vP,h	S_A	P_A
				时效	sS, h	$g(\ )$,vP,h	S_A	P_A

表 G.2(续)

安全功能类型	过程类型		算法类型	选项	技术 A	技术 B	密钥 A	密钥 B
数据保密性	报文加密	ME	对称	—	*eK*	*dK*	*K*	*K*
				时效	*eK*	g( ),*dK*,*c*	*K*	*K*
			非对称	—	*eP*	*dS*	P_B	S_B
				时效	*eP*	g( ),*dS*,*c*	P_B	S_B
交易认证/记录	交易认证	TC	对称	—	*mK*	*mK*,*c*	*K*	*K*
			非对称	—	*sS*, *h*	*vP*,*h*	S_A	P_A
				双向	*sS*, *h*, *vP*, *c*	*vP*,*h*,*sS*	S_A,P_B	P_A,S_B
IC 卡确认			非对称	—	*sS*, *h*	*vP*,*h*	S_A	P_A
持卡人确认	PIN(个人身份标识号)验证	PV	对称	—	*eK*	*dK*,*c*	*K*	*K*
				时效	*dK*, *eK*	g( ),*eK*,*dK*,*c*	*K*	*K*
			非对称		g( ), *eP*	*dS*,*c*	P_B	S_B
				时效	g( ), *eP*	g( ),*dS*,*c*	P_B	S_B

附 录 H
（资料性附录）
IC 卡类型对过程选项的映射

为了提高互操作性，第 6 章说明的过程选项被分成包括每一过程类型选项的子集，见表 H.1。选项按类型分组，这些类型说明它们是否可在具有动态对称或非对称计算能力的 IC 卡中实行：

类型 1：仅对称加密算法

类型 2：对称密码和非对称非密码算法

类型 3：对称和非对称密码算法

以此方法，可以在具有不同复杂程度和成本的 IC 卡范围中进行选择。

在最简化的形式中，类型 1 的 IC 卡应只适应过程：

6.1.1 KEss

6.2.1 EAst 或 6.2.3 EAa

6.3.1 MAs

6.5.1 TCs

其中 MAs 和 TCs 基本上是相同的功能，且 IC 卡不必生成随机号。

表 H.1 IC 卡类型对过程选项的映射

类型	特性	考虑事项	过程选项	
类型 1	使用对称密码算法执行。	1. 在假设 IC 卡是物理安全时，可以支持过程 KE，EA，MA，ME，TC 和 PV。 2. IC 卡可不通过计算得到 EAa。 3. TC 与 MA 等同。 4. 可以使用 8-位 CPU 实现程序。	6.1.1 6.1.2 6.2.1 6.2.2 6.2.3 6.3.1 6.3.2 6.4.1 6.4.2 6.5.1 6.6.1 6.6.2	KEss KEssmt EAst EAstm EAa MAs MAst MEs MEst TCs PVs PVst
类型 2	使用对称密码算法和数字签名算法执行。	1. 可支持过程 KE，EA，MA，ME，TC 和 PV。 2. 由对称密码算法支持加密功能。通过数字签名支持 EA 和 TC。 3. TC 用于不可否认性。 4. 可以使用 8-位 CPU 实现程序。	6.1.1 6.1.2 6.1.3 6.2.4 6.2.5 6.3.1 6.3.2 6.4.1 6.4.2 6.5.2 6.5.3 6.6.1 6.6.2	KEss KEssmt KEsa EAat EAatm MAs MAst MEs MEst TCa TCam PVs PVst

STANDARDS PRESS OF CHINA

表 H.1(续)

类型	特性	考虑事项	过程选项	
类型 3	使用对称密码算法(例如,哈希函数)和非对称密码算法执行。	1. 可支持过程 KE,EA,MA,ME,TC 和 PV。 2. TC 用于不可否认性。 3. 执行需要具有 RSA/EI Gamal 硬件逻辑的 IC 卡。	6.1.4	KEas
			6.1.5	KEasm
			6.1.6	KEasmt
			6.1.7	KEaa
			6.2.4	EAat
			6.2.5	EAatm
			6.3.1	MAs
			6.3.2	MAst
			6.4.3	MEa
			6.4.4	MEat
			6.5.2	TCa
			6.5.3	TCam
			6.6.3	PVa
			6.6.4	PVat

ICS 35.240.15
A 11

中华人民共和国国家标准

GB/T 16790.6—2006/ISO 10202-6:1994

金融交易卡 使用集成电路卡的金融交易系统的安全体系 第6部分:持卡人身份验证

Financial transaction cards—Security architecture of financial transaction systems using integrated circuit cards—Part 6:Cardholder verification

(ISO 10202-6:1994,IDT)

2006-09-18 发布 2007-03-01 实施

中华人民共和国国家质量监督检验检疫总局
中国国家标准化管理委员会 发布

前　言

GB/T 16790《金融交易卡　使用集成电路卡的金融交易系统的安全体系》包括以下 8 个部分：

——第 1 部分：卡生命周期

——第 2 部分：交易过程

——第 3 部分：密钥关系

——第 4 部分：安全应用模块

——第 5 部分：算法应用

——第 6 部分：持卡人身份验证

——第 7 部分：密钥管理

——第 8 部分：通用原则及概要

本部分为 GB/T 16790—2006 第 6 部分。

本部分等同采用 ISO 10202-6:1994《金融交易卡　使用集成电路卡的金融交易系统的安全体系　第 6 部分：持卡人身份验证》(英文版)。

为便于使用，本部分做了下列编辑性修改：

a)　删除 ISO 前言；

b)　第 2 章中，原标准漏掉了“ISO 10202-1　金融交易卡　使用集成电路卡的金融交易系统的安全体系　第 1 部分：卡生命周期”，现补上等同采用的 GB/T 16790.1—1997。

本部分的附录 A 为规范性附录，附录 B、附录 C 为资料性附录。

本部分由中国人民银行提出。

本部分由全国金融标准化技术委员会归口管理。

本部分负责起草单位：中国金融电子化公司。

本部分参加起草单位：中国人民银行、中国银行、中国建设银行、中国光大银行、中国银联股份有限公司、北京启明星辰公司。

本部分主要起草人：谭国安、杨竑、陆书春、李曙光、刘运、杜宁、刘志军、张艳、张德栋、戴宏、张晓东、马云、李红建、王威、王沁、孙卫东、李春欢。

本部分为首次制定。

金融交易卡　使用集成电路卡的金融交易系统的安全体系　第6部分:持卡人身份验证

1　范围

本部分规定了当离散的持卡人身份识别值(CIV),如个人识别码(PIN),在集成电路卡(IC卡)(可以含有或不含有磁条)中使用时,对持卡人确认的安全要求。持卡人确认的目的是确定卡的出示者是卡的持有人。ISO 9564-1适用于本部分,除本部分中涉及使用IC卡特定方面的条款外。

本部分的规定不用来防止伪造的卡接收装置(CADs)的使用。

本部分适用于任何负责对CIV和IC卡连用而实施安全程序的组织。

本部分涉及关于持卡人持有的实物(如一张IC卡卡片)和持卡人了解的信息(即一个CIV,诸如PIN)相匹配的安全问题。同时也说明了IC卡和CAD相关的安全要求,其中IC卡和CAD可能只有一个集成电路(IC)或者同时包含磁条和IC功能。这里强调的是只有IC的系统。

注1:术语IC指嵌入IC卡中的IC。持卡人身份验证可在通用数据文件(CDF)或应用数据文件(ADF)级上执行。

注2:术语“发卡行”和“应用供应商”包括其各自的代理。

2　规范性引用文件

下列文件中的条款通过GB/T 16790的本部分的引用而成为本部分的条款。凡是注日期的引用文件,其随后所有的修改单(不包括勘误的内容)或修订版均不适用于本部分,然而,鼓励根据本部分达成协议的各方研究是否可使用这些文件的最新版本。凡是不注日期的引用文件,其最新版本适用于本部分。

GB/T 16790.1—1997　金融交易卡　使用集成电路卡的金融交易系统的安全结构　第1部分:卡的生命周期(idt ISO 10202-1:1991)

GB/T 16790.5　金融交易卡　使用集成电路卡的金融交易系统的安全体系　第5部分:算法应用(GB/T 16790.5—2006,ISO 10202-5:1998,IDT)

ISO 9564-1:1991　银行业务　个人识别码管理和安全　第1部分:PIN保护原理和技术

ISO 10202-2　金融交易卡　使用集成电路卡的金融交易系统的安全体系　第2部分:交易过程

3　术语和定义

GB/T 16790.1—1997中给出的定义和下列定义适用于本部分。

3.1

生物特征验证　biometric verification

一种对被观察的生物特征和参考值相比较的持卡人确认形式。

3.2

持卡人　cardholder

和主帐户关联并从受理卡片的机构请求交易的客户。

3.3

持卡人身份识别值　CIV,Cardholder Identification Value

用来确认持卡人身份的值。

注3:持卡人了解的离散的CIV(即PIN或口令)。生物特征验证的CIV是被观察到的持卡人生物特征的表现。

STANDARDS PRESS OF CHINA

3.4

单一 IC 系统 IC-only system

仅依赖 IC 技术和相应的接口设备的卡系统。

3.5

混合 CAD mixed CAD

接收 IC 卡和磁条卡的 CAD。

3.6

混合系统 mixed system

接收 IC 和磁条卡组合技术的系统。

3.7

口令 password

由唯一表示的字母和数字组成的离散的 CIV。

3.8

参考 CIV reference CIV

用来验证交易 CIV 的 CIV。

3.9

交易 CIV transaction CIV

交易中由卡出示人提供的 CIV。

4 离散值方法

本章规定了同时使用离散的 CIV 和 IC 卡的最低安全要求。这些离散值可以是如 ISO 9564-1:1991 中定义的 PIN，也可以是口令(参见附录 B)。

4.1 一般安全原则

本部分提供的安全程序应受以下一般原则制约：

a) ISO 9564-1:1991 中规定的 PIN 管理的基本原则。
b) 对通用数据文件(CDF)级的持卡人确认的要求应由发卡行规定，而在应用数据文件(ADF)级上，应由应用供应商规定。
c) 离散参考 CIV 应以可控制的方式安全地装载到 IC 中。
d) 离散参考 CIV 应以能防止外部读操作的方式存储到 IC 中。
e) 如果有 CDF 级 CIV，应由发卡行控制离散参考 CIV 的装载、重载和更改过程。
f) CDF 级 CIV 的验证过程宜适用于卡中的任何应用程序。
g) 如果有 ADF 级的 CIV，应由应用供应商控制离散参考 CIV 的装载、重载和更改过程。
h) IC 卡系统的持卡人确认过程应以不危害该系统或任何其他 IC 卡或磁条卡系统的安全的方式执行。
i) IC 卡系统的持卡人确认过程应以一个 IC 的泄露不会导致任何其他 IC 泄露的方式执行。
j) 离散 CIV 的校验过程应在 IC 中进行。
k) 如果离散交易 CIV 已被校验，那么 IC 应能防止对离散参考 CIV 的穷举搜索攻击。

4.2 个人识别码(PIN)

如果 PIN 被用在采用 IC 卡技术的系统中，则 ISO 9564-1:1991 的要求应适用并受本部分条款的约束。

4.2.1 PIN 的装载与重载

初始参考 PIN 装载或参考 PIN 重载到 IC(例如，更换遗忘的 PIN)应在物理安全环境中实施，或使用 GB/T 16790 中规定的适当密钥进行密码保护。

4.2.2 PIN 更改

对 CDF 的参考 PIN 或 ADF 的参考 PIN 的更改可由持卡人来实施,但是应采用分别由发卡行或应用供应商提供的并包括当前 PIN 确认的程序。

4.2.3 PIN 存储

存储在 IC 中的参考 PIN 应能防止来自外部的读操作。如果 IC 卡满足了以下条件,IC 中的参考 PIN 可以作为明文存储:

a) 对存储在 IC 中的参考 PIN 的非授权确认应导致 IC 的破坏,以至该 IC 不能重新提供服务。而且,IC 中已使用或将使用的参考 PIN 的确认要求使用专业设备和技术,而这些设备和技术通常情况下不可利用。

b) 对 IC 卡的侵入不应泄露足够的信息以推断出任何其他 IC 卡的参考 PIN。

在单一 IC 系统中,PIN 确认应在 IC 中进行。而且参考 PIN 不应由发卡行或应用供应商来保留或重新生成并应只能存储在 IC 中。

4.2.4 PIN 传输

IC 卡交易 PIN 应被传输到 IC 且 IC 卡参考 PIN 不应离开 IC。

在混合的 CAD 中,交易 PIN 在离开 PIN 键盘时,应对其进行密码保护。但如果 IC 读卡机和 PIN 键盘之间的连接是物理安全的,则 PIN 可以用明文形式传输到 IC 中(见 GB/T 16790.5 有关密码保护的细节。)

注 4:更可取的方案是 PIN 键盘和 IC 卡读卡机实现物理集成。

在单一 IC 系统中以及在 IC 卡中不包含使用相同 PIN 的磁条的情况下,PIN 键盘和 IC 之间 PIN 的密码安全传输不是强制性的。

4.2.5 PIN 确认

交易 PIN 应在 IC 中与参考 PIN 进行校验。来自 IC 的关于 PIN 确认的输出的响应不必密码保护(见 ISO 10202-2)。

IC 卡应通过限制对 PIN 的连续尝试次数来防止对参考 PIN 的穷举搜索攻击。发卡行或应用供应商有权决定 IC 在 CDF 级或 ADF 级所允许的 PIN 验证连续失败的次数和随后所采取的处理。

直到 IC 已经记录或可以保证它能记录确认结果时,IC 才应给出持卡确认结果的指示。

附 录 A
（规范性附录）
CIV 表 示

当CIV是一组以明文表示的4到12位的数字集时，在IC卡中它应以ISO 9564-1:1991中8.3.1.1（明文域）中定义的PIN分组格式表示，并且控制域C应为2(即0010)。

附 录 B
（资料性附录）
口令和生物特征验证法

B.1 口令

IC卡使用典型的6到12个字符的口令是可行的。如果在国际交换中IC卡口令的使用成为可行的建议，那么可以考虑将其并入到本部分。

B.2 生物特征验证法

IC卡允许使用生物特征验证法。

附 录 C
（资料性附录）
参 考 文 献

[1] GB/T 16790.1—1997 金融交易卡 使用集成电路卡的金融交易系统的安全结构 第1部分:卡的生命周期(idt ISO 10202-1:1991)

[2] GB/T 16791.1—1997 金融交易卡 集成电路卡与卡接受设备之间的报文 第1部分:概念与结构(idt ISO 9992-1:1990)

[3] GB/T 17552—1998 识别卡 金融交易卡(idt ISO/IEC 7813:1995)

[4] GB/T 16790.7—2006 金融交易卡 使用集成电路卡的金融交易系统的安全体系 第7部分:密钥管理(ISO 10202-7:1998,IDT)

[5] ISO 10202-4 Financial transaction cards—Security architecture of financial transaction systems using integrated cards—Part 4:Secure application modules

ICS 35.240.15
A 11

中华人民共和国国家标准

GB/T 16790.7—2006/ISO 10202-7:1998

金融交易卡 使用集成电路卡的金融交易系统的安全体系 第7部分:密钥管理

Financial transaction cards—Security architecture of financial transaction systems using integrated circuit cards—Part 7:Key management

(ISO 10202-7:1998,IDT)

STANDARDS PRESS OF CHINA

2006-09-18 发布 2007-03-01 实施

中华人民共和国国家质量监督检验检疫总局
中国国家标准化管理委员会 发布

前言

GB/T 16790《金融交易卡　使用集成电路卡的金融交易系统的安全体系》包括以下 8 个部分：

——第 1 部分：卡生命周期

——第 2 部分：交易过程

——第 3 部分：密钥关系

——第 4 部分：安全应用模块

——第 5 部分：算法应用

——第 6 部分：持卡人身份验证

——第 7 部分：密钥管理

——第 8 部分：通用原则及概要

本部分为 GB/T 16790 第 7 部分。

本部分等同采用 ISO 10202-7:1998《金融交易卡　使用集成电路卡的金融交易系统的安全体系　第 7 部分：密钥管理》(英文版)。

为便于使用，本部分删除了 ISO 前言。

本部分的附录 A 到附录 E 均为资料性附录。

本部分由中国人民银行提出。

本部分由全国金融标准化技术委员会归口管理。

本部分负责起草单位：中国金融电子化公司。

本部分参加起草单位：中国人民银行、中国银行、中国建设银行、中国光大银行、中国银联股份有限公司、北京启明星辰公司。

本部分主要起草人：谭国安、杨竑、陆书春、李曙光、刘运、杜宁、刘志军、张艳、张德栋、戴宏、张晓东、马云、李红建、王威、王沁、孙卫东、李春欢。

本部分为首次制定。

金融交易卡　使用集成电路卡的金融交易系统的安全体系　第7部分:密钥管理

1　范围

本部分规定了使用集成电路卡的金融交易系统的密钥管理要求。它对集成电路卡环境中在卡生命周期内和交易处理过程中所用密钥的安全管理的程序和过程作出了定义。本部分描述了对称与非对称密钥管理方案,并规定了最低密钥管理要求。

密钥管理是这样一种过程,在这过程中,密钥被用在授权的通信各方之间,这些密钥在被销毁之前一直受安全程序保护。被加密的数据的安全取决于对密钥的泄露以及未经授权的密钥的更改、替换、插入或删除的防范。因此,密钥管理与密钥生成、存储、分发、使用及销毁程序有关。同样,通过对这些程序的规范,可以制定审计跟踪的条例。

本部分适用于联机和脱机交易处理环境中的IC卡和SAM之间,以及联机(端对端)环境下的IC卡和SAM或主机安全模块之间。

2　规范性引用文件

下列文件中的条款通过GB/T 16790的本部分的引用而成为本部分的条款。凡是注日期的引用文件,其随后所有的修改单(不包括勘误的内容)或修订版均不适用于本部分,然而,鼓励根据本部分达成协议的各方研究是否可使用这些文件的最新版本。凡是不注日期的引用文件,其最新版本适用于本部分。

GB/T 15694.1—1995　识别卡　发卡者标识　第1部分:编号系统(idt ISO/IEC 7812-1:1993)

GB 15851—1995　信息技术　安全技术　带消息恢复的数字签名方案(idt ISO/IEC 9796:1991)

GB/T 16649.3—1996　识别卡　带触点的集成电路卡　第3部分:电信号和传输协议(idt ISO/IEC 7816-3:1989)

GB/T 16790.1—1997　金融交易卡　使用集成电路卡的金融交易系统的安全结构　第1部分:卡的生命周期(idt ISO 10202-1:1991)

GB/T 16791.1—1997　金融交易卡　集成电路卡与卡接受设备之间的报文　第1部分:概念与结构(idt ISO 9992-1:1990)

GB/T 16790.5—2006　金融交易卡　使用集成电路卡的金融交易系统的安全体系　第5部分:算法应用(ISO 10202-5:1998,IDT)

GB/T 16790.6—2006　金融交易卡　使用集成电路卡的金融交易系统的安全体系　第6部分:持卡人身份确认(ISO 10202-6:1994,IDT)

ISO/IEC 7812-2　识别卡　发卡者标识　第2部分:申请和注册流程

ISO 7816-4　信息技术　识别卡　带触点的集成电路卡　第4部分　行业间交换用命令

ISO 7816-5　识别卡　带触点的集成电路卡　第5部分　应用标识符的编号系统和注册程序

ISO 8732　银行业务　密钥管理(批发)

ISO 8908　银行业和相关金融服务业　词汇和数据元

ISO 9992-2　金融交易卡　集成电路卡及其接收装置间的报文　第2部分:功能、报文(指令和响应)、数据元和结构

ISO 10202-2　金融交易卡　使用集成电路卡的金融交易系统的安全体系　第2部分:交易过程

ISO 10202-3 金融交易卡 使用集成电路卡的金融交易系统的安全体系 第3部分:密钥关系

ISO 10202-4 金融交易卡 使用集成电路卡的金融交易系统的安全体系 第4部分:安全应用模块

ISO 10202-8 金融交易卡 使用集成电路卡的金融交易系统的安全体系 第8部分:通用原则及概要

ISO 11568(所有部分) 银行业务 密钥管理(零售)

ISO 13491(所有部分) 银行业务 安全密码设备(零售)

3 术语和定义及缩略语

3.1 术语和定义

下列术语和定义适用于本部分。

3.1.1

应用数据文件 application data file

支持一个或多个服务的文件。

3.1.2

非对称算法 asymmetric algorithm

一种加密密钥和解密密钥不同的算法,通过这种算法,不能由一个密钥计算推导出另一个密钥。

3.1.3

鉴别 authentication

用来确保数据完整性和进行数据来源证明的过程。

3.1.4

证书 certificate

见3.1.38"交易认证码"和3.1.33"公钥证书"。

3.1.5

证书标识符 certificate identifier

能够正确验证密钥证书的证书信息。

3.1.6

认证机构 certification authority

由所有用户信任的用来创建和分配证书的机构。

3.1.7

通用数据文件 common data file

包含用来描述卡、发卡行和持卡人通用数据元的强制性文件。

3.1.8

密码函数 cryptographic function

使用密码算法进行处理的过程(例如:加密、鉴别、认证)。

3.1.9

密码密钥 cryptographic key(密钥,key)

与执行密码转换函数的密码算法联合使用的参数。

3.1.10

密码有效期 cryptoperiod

某一密钥被授权可用或密钥对于给定系统可保持有效的一段特定时间。

3.1.11

数据密钥　data key

用来对数据加密、解密或鉴别的密钥。

3.1.12

解密　decipherment

将密文转换成明文的过程。

3.1.13

根密钥　derivation key

用来生成导出密钥的密钥。

3.1.14

导出密钥　derived key

由根密钥和非保密可变数据生成的对称密钥。

注：根密钥用来生成大量密钥(导出密钥)。

3.1.15

多样性密钥　diversified key

见3.1.14"导出密钥"。

3.1.16

双重控制　dual control

用两个或更多独立的实体(通常为人)同步操作从而保护敏感功能或信息的过程，由此可阻止单个实体访问或利用密码材料(例如：密钥)。

3.1.17

基本文件　elementary file

可包含数据和/或文件控制信息的文件。

3.1.18

显式密钥标识符　explicit key identifier

见3.1.25"密钥标识符"。

3.1.19

加密　encipherment

把明文转换成密文的过程。

3.1.20

主机/SAM根密钥　host/SAM derivation key

用来导出IC卡或SAM密钥的根密钥。

3.1.21

主机安全模块　host security module

用来支持密码功能和在主机系统上实现SAM功能的物理安全设备。

3.1.22

IC卡根密钥　ICC derivation key

用来导出唯一报文数据密钥的IC卡(CDF或ADF)根密钥。

3.1.23

密钥加密密钥　key enciphering key

用来对另一个密钥加密的密钥。

3.1.24

密钥生成模块　key generation module

用来生成和导出密钥的一种密码设备。

3.1.25

密钥标识符 key identifier

规定了 IC 卡基本的安全要求。

3.1.26

密钥装载模块 key loading module

至少能存储一个密钥,并能在请求时将密钥传送到如 IC 卡或 SAM 这样密码设备独立的电子元件。

3.1.27

密钥同步 key synchronization

两个节点验证它们使用相同密钥进行通信的过程。

3.1.28

密钥要素 keying material

建立和维护密钥关系的必要数据。

3.1.29

主根密钥 master derivation key

由银行卡公司或另一组织用来导出唯一的发卡行或应用供应商密钥的根密钥。

3.1.30

物理安全设备 physically secure device

(见 ISO 13491)。

3.1.31

物理安全环境 physically secure environment

(见 ISO 11568)。

3.1.32

公钥 public key

非对称密钥集中向除了生成方以外其他方公布的密钥。

3.1.33

公钥证书 public key certificate

包含一组用户凭证(包括公钥)以及可信第三方对这些凭证的数字签名。

3.1.34

安全密码设备 secure cryptographic device

为诸如密钥这样的保密信息提供安全存储和为基于这一保密信息提供安全服务的设备。

3.1.35

安全应用模块 secure application module

包含算法、相关密钥、安全程序及信息,用来防止对应用程序未授权访问的物理模块(或 CAD 中的逻辑功能组件)。

注:为实现此目的,该模块应受物理和逻辑保护。

3.1.36

对称算法 symmetric algorithm

使用同一个保密密钥进行加密和解密的密码方法。

3.1.37

抗破坏性 tamper resistance

为了防止成功攻击而为敏感数据提供的物理保护。

3.1.38

交易认证码　transaction certification code

产生电子签名的转换认证过程的结果，它可以是MAC(基于对称算法)也可是数字签名(基于非对称算法)。

3.2　缩略语

ADF	应用数据文件
CAD	卡接收设备
CDF	通用数据文件
CID	证书标识符
e(..)	加密
EF	基本文件
IC	集成电路
ICC	集成电路卡
KCD	IC卡(CDF或ADF)根密钥
KD	数据密钥
Kx	x是I或者A
KEK	加密密钥的密钥
KHD	主机或SAM根密钥
KID	密钥标识符
KMD	主根密钥
KSN	密钥顺序号
KVC	密钥验证码;
S(..)	签名;
SAM	安全应用模块

4　一般安全原则

使用集成电路卡的金融交易系统中的密钥管理应遵循以下基本原则:

a)　为一个可包括SAM的IC卡系统所采取的密钥管理不应破坏任何其他这样系统的安全。

b)　为一个ADF中的一个应用所采取的密钥管理不应破坏任何其它ADF中的其它任何应用的安全。

c)　IC卡和SAM应基于ISO 10202-2和ISO 10202-4中描述的原则提供抗破坏性。

d)　建立密钥关系应按照ISO 10202-3。

e)　为实现密码功能所使用的密码算法应符合GB/T 16790.5—2006。

f)　应对IC卡、SAM的密钥管理、密钥生成和装载模块、主机安全模块和其它在使用集成电路卡的金融交易系统中的任何密码设备进行强制的控制和审计。

附录A(资料性附录)提供了卡生命周期密钥管理的实例。

附录B和C(资料性附录)提供了交易处理中对称密钥管理技术的实例。

附录D和E(资料性附录)提供了非对称密钥管理的实例。

5　IC卡系统密钥管理要求

5.1　IC卡和SAM生命周期

在IC卡和SAM生命周期内，手工或自动密钥管理过程在实现这些密钥管理功能一方的控制下，应提供装载、更新和废止密钥的能力。所使用的密钥管理过程应满足ISO 10202-3中定义的密钥关系要求。

当使用密钥时，在IC卡和SAM生命周期的所有步骤中，应提供对对称和非对称密钥管理方案的保密密钥的保护。在卡生命周期内用来保护密钥的手工程序和自动过程应满足本部分所定义的要求。

5.2 密钥生命周期保护

密钥生命周期以及对密钥的生成、存储、备份、分发、装载、使用、更换、销毁、删除、归档和终止等的保护要求应符合本部分的规定。

5.3 密钥分散

在IC卡、SAM和主机安全模块中，不同的密钥名称应以加密形式相互分离，以确保密码处理过程只能用本部分描述的特定功能密码名称进行操作。

应通过使用为每一个功能单独生成或导出的密钥来实现密钥分离。IC卡或SAM中某一名称的密钥不应是一个变形密钥、转换密钥或不应由另一个名称的密钥导出。

5.4 密钥管理服务

所使用的密钥管理服务应执行本部分描述的确保密钥分离、替换、保护、身份识别、完整性和保密性的技术。

5.5 密钥关系

密钥关系应在双方分享至少一个密钥时存在。图1描述了使用IC卡的金融交易系统中的密码关系，并且指明了本部分的适用范围。

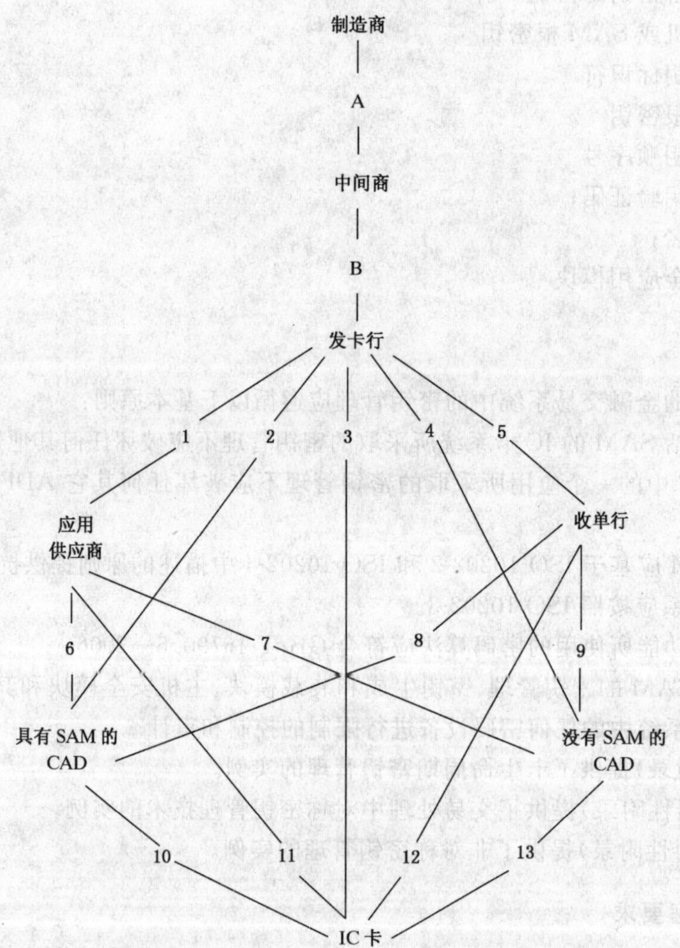

本部分包含的密钥关系：A、B、2、3、6、8、10、11、12、13。

本部分不包含的密钥关系：1和5。

仅使用非对称密钥管理的密钥关系：4、7、9、13。

图1 使用IC卡的金融交易系统中的密钥关系

密钥关系的密钥管理程序和过程应得到通信各方的同意。规定对于密钥有保护义务的各方责任的合同约定不在本部分范围内。

在没有 SAM 的 CAD 中实现的公钥管理功能应基于 CAD 中可获得的安全性进行选择并满足本部分的要求。

在密钥关系中使用的不包含在本部分(图 1,关系 1 至 5)的密钥管理程序和过程,可以是使用 IC 卡金融交易系统的一部分,应符合 ISO 11568。在这些关系中,密钥编号应使用 ISO 7812 定义的应用标识符(AID)。

注:AID 可被限于 ISO 7816-5 定义的注册标识符。

5.6 联机交易处理

联机交易处理过程中,自动密钥管理过程应确保在 IC 卡、SAM 或者主机安全模块之间密钥的创建、传输和使用期间的安全。

被转输到 IC 卡的密钥应在 SAM 或主机安全模块和 IC 卡之间进行进行端对端加密,并在责任方的控制之下。

5.7 使用 SAM 的脱机交易处理

在使用 SAM 的脱机处理过程中,自动密钥管理过程应有能力在使用保密密钥的 IC 卡和 SAM 之间建立和维护安全密钥关系。

5.8 CDF 和 ADF 密钥

在 CDF 或 ADF 中使用的密钥不应故意与另一个 ADF 使用的密钥相同。ADF 分配时,CDF 和 ADF 应按ISO 10202-3规定的那样进行密码分离,在它们同属一个发卡行或应用供应商的情况下除外。

5.9 物理安全

IC 卡和 SAM 提供的抗破坏性应以 ISO 10202-2 和 ISO 10202-4 描述的安全原则为基础。虽然 IC 卡和 SAM 的目的不是作为物理安全设备,但它们必须提供高级别的抗破坏性。

5.10 不含 SAM 的 CAD

IC 卡鉴别和交易证书确认可在不含 SAM 的 CAD 中实施。CAD 使用公钥进行鉴别或证书确认。这些公钥的完整性可以通过使用属于诸如发卡行或应用供应商密钥认证中心这样更高一级机构的公钥来验证。

当 CAD 作为通讯设备与发卡行、应用供应商或收单行进行联机鉴别时,密钥关系 3、11 或 12 应适用。

6 IC 卡系统密钥

本章定义了在可包含 SAM 的 IC 卡系统中可以使用的密钥。

6.1 密钥的定义

密钥名称定义如下:

密钥名称	用途
kMprd,*kEprd*	在控制之下的 IC 更换及防止 IC 在非授权下的替换(生产商、中间商);
kIctl,*kActl*	装载 CDF 或 ADF 密钥;
kIaut,*kAaut*	认证 CDF 或 ADF;
kImac,*kAmac*	认证 CDF 或 ADF 交易命令和数据;
kIenc,*kAenc*	对 CDF 或 ADF 交易数据加密;
kIcer,*kAcer*	生成 CDF 或 ADF 交易证书;
$kI(i)kex$	为 ADF 装载 $kA(i,j)ctl$;
$kA(i,j)ctl$	装载 ADF 密钥;
$kA(i,j)aut$	认证 ADF;

STANDARDS PRESS OF CHINA

kA(i,j)mac　　　　认证 ADF 交易指令和数据；

kA(i,j)enc　　　　对 ADF 交易数据加密；

kA(i,j)cer　　　　生成 ADF 交易证书。

k 是密钥(*K*,*P* 或 *S*)的一般符号，它可以是对称或非对称算法中表示的密钥。对称密钥由 *K*(例如：*KIctl*)表示。上面的密钥名称的公私密钥对可加前缀 *P* 和 *S*(如：*Plctl*/*Slctl*)。

标记 *i* 表示特定的 ADF，标记 *j* 表示特定的密钥或与一个 ADF 相关的密钥集。

上述每个密钥的密钥关系在 ISO 10202-3 中进行了描述。

6.2 密钥层次

IC 卡和 SAM 密钥应按 ISO 10202-3 装载。以下层次可被适用：

a) 生产密钥：生产密钥是用来保护装载控制密钥的加密密钥和防止 IC 被替换的密钥。*kMprd* 和 *kEprd* 应是唯一的用来装载控制密钥的密钥。

b) 控制密钥：控制密钥是用来在 IC 卡或 SAM 中装载其他密钥和参数的密钥加密密钥。*kIctl* 和 *kActl* 应是唯一用作控制密钥的密钥。

c) 密钥交换密钥：密钥交换密钥是用来在装载 ADF 时提供密钥隔离的密钥。*KIkex* 应是唯一用来在 ADF 中装载 *kActl* 的密钥。

d) 数据密钥：数据密钥是用来对 SAM、主机安全模块、IC 卡和 ADF(*kIaut*,*kAuat*)进行加密和解密(*kIenc*,*kAenc*)，以及对数据(*kImac*,*kAmac*)和证书(*kIcer*,*kAcer*)进行认证的密钥。

SAM 密钥名称可以是：

a) 根密钥：用来导出 IC 卡密钥的密钥。

b) 导出的根密钥：从主根密钥导出的用于导出 IC 卡密钥的密钥。导出密钥用 *K′*(如：*KI′aut*)表示。

c) 非对称密钥或密钥对。

IC 卡密钥名称可是：

a) 加密密钥：在 IC 卡中用来加密交换会话密钥而使用加密密钥，该密钥是由 SAM 根密钥导出或 SAM 导出的根密钥(*K′*)。

b) 导出密钥：由 SAM 根密钥导出的密钥。导出密钥用 *K′*(如：*KI′aut*)表示。

c) 双重导出密钥：使用 SAM 导出的根密钥导出的用于导出数据密钥的密钥，双重导出密钥用 *K″*(如：*KI″aut*)来表示。

d) 非对称密钥或密钥对。

数据密钥名称可以是：

a) 导出密钥：由 SAM 根密钥导出的密钥。导出密钥用 *K′*(如：*KI′aut*)表示。

b) 双重导出密钥：由导出的 SAM 密钥(*K′*)导出的密钥。双重导出密钥用 *K″*(如：*KI″aut*)表示。

c) 三重导出密钥：由双重导出的 SAM 和 IC 卡密钥(*K″*)导出的密钥。三重导出密钥用 *K‴*(如：*KI‴aut*)表示。

d) 非对称密钥或密钥对。

7 密钥生命周期

密钥管理涉及恰当的密钥生成、存储、对授权接收方的分发和密钥的使用以及当密钥不再需要时的终止。为了保护生存期内的密钥，通过被称为生命周期(GB/T 16790.1—1997 和 ISO 10202-3)的一系列阶段对密钥进行处理。本条款描述了 IC 卡和 SAM 系统中密钥生命周期保护要求。

7.1 密钥生成

在 IC 卡、SAM 和主机安全模块中使用的密钥应随机或伪随机地生成，或者按本部分的规定由其他密钥用密码方式导出。

7.2 密钥存储

在密钥存储期间，应保护IC卡、SAM和主机安全模块的密钥。驻留在IC卡、SAM、主机安全模块和其它安全密码设备之外的密钥应在双重控制和密钥分割情况下来多段存储，或用存储密钥进行加密存储。

7.3 密钥备份

密钥备份指在密钥的操作使用过程中，存储一个被保护的密钥副本。本部分定义的对密钥的安全保护要求适用于备份密钥。

7.4 密钥分发和装载

密钥分发和装载是将密钥手工地或自动地传输到安全密码设备内的过程。

用于IC卡、SAM和主机安全模块密钥上的密钥分发过程不应泄露任何私钥，并且应防止公钥被替换。

仅当已经确信IC卡系统中使用的IC卡、SAM、主机安全模块和其他安全密码设备以前从未受到可能导致密钥或敏感数据泄露或替换的破坏时，才应将明文私钥载入这些设备。

IC卡和SAM密钥装载程序应满足本部分定义的要求。

7.5 密钥使用

密钥使用是指密钥被用于指定加密目的的用途，应防止未指定的密码用法，因此：

1) 一个密钥应只被用于一种用途(见6.1)。

2) 一个密钥应只被用于它的限定用途(见6.1)。

3) SAM和主机安全模块密钥应处于与系统操作一致的位置。

在本部分中定义的密钥管理服务应用来提供所需的安全保障。

7.6 密钥更换

密钥更换是指当确定或怀疑原始密钥已被泄露或其生命周期已结束时，由另一个密钥代替原有密钥。密钥更换是不可逆的。

在IC卡系统中使用的IC卡、SAM和主机安全模块的密钥应在被认为对以该密钥进行加密的数据实施字典攻击可行的时间内被更换，或者在被认为需要确定遭受穷举攻击的密钥的时间内被更换。可作为选择的是，IC卡密钥的生存期应比卡的生存期长。

密钥的密码期限应综合考虑信息的敏感度、废弃正在使用的密钥的成本和IC卡、SAM和/或主机安全模块所提供的抗破坏程度，按照密钥的潜在误用情况和所要求的安全等级进行设置。

对确定或怀疑将被泄露的密钥更换应只能通过分发一个新的密钥的方式实施。

一个已经到达其操作生命终点的密钥的更换可以按照本部分的规定，通过分发一个新密钥或用一个新密钥导出的密钥更换来实施。

如果确信已经对保密密钥进行了未授权替换，那么一旦相关密码设备已被安全保护则所有相关的密钥应更换。

如果发现在未经授权的情况下，公钥被人添加或替换了，可使用的与这些IC卡、SAM、主机安全模块和CAD相关的原有公钥及证书替换被伪造的密钥，这样即可保证CAD的安全，可使用更高层的公钥验证重新安装的证书。

被更换的保密密钥不应重新操作使用。

7.7 密钥破坏

密钥破坏是指在规定的位置密钥不再存在了，但有关信息仍然保留在该位置，通过这些信息，密钥可以被重建而继续使用。

当SAM和主机安全模块中的密钥不再需要时，其中的密钥应被销毁。而对于IC卡中密钥，则没有此必要。

为了防止误用已经停用的密钥，应采取密钥标识符的核对，保留有关已失去副本文档及已丢失IC

卡和 SAM 的记录等等的措施。

7.8 密钥删除

密钥删除是指在密钥的操作/使用位置上消除不再需要的密钥及重建这些密钥所需的信息的过程。一个密钥可以从一个位置删除，但在另一个位置继续存在。

在 IC 卡系统中使用的不再需要的主机安全模块密钥应被删除。

任何时候只要 IC 卡 和 SAM 密钥可能不再需要时应实施密钥删除。IC 卡中所有的数据应被重新设置为它被要求的状态。为了防止误用已经停用的密钥，应采取密钥标识符的核对，保留有关已失去副本文档及已丢失 IC 卡和 SAM 的记录等等的措施。

7.9 密钥归档

密钥归档是指在任何位置上不再操作使用的密钥被存储的过程。

已归档的密钥应只用来验证发生在归档前交易的合法性。在验证后，实施这样验证需要的密钥实例应被销毁。

已归档的密钥不应重新操作使用。为了所有数据或以这类密钥加密的密钥的生存，已归档的密钥仍应安全存储。

7.10 密钥终止

密钥终止是指密钥不再用于任何用途，且这个密钥的所有副本及再生或重建这个密钥需要的信息已被从曾经存在的所有位置上删除。

密钥终止应对所有可能包括 SAM 的 IC 卡系统的安全性和完整性所依赖的密钥实施（见 GB/T 16790.1—1997和ISO 10202-4）。

7.11 备用密钥

为方便计划之中或意料之外的密钥改变而保留在 IC 卡或 SAM 中的密钥，该密钥应与当前使用的密钥受相同级别的保护。

8 密钥管理服务

密钥管理服务应用于使用集成电路卡的金融交易系统中，以确保密钥分离、防止密钥替换或添加、提供密钥鉴定、确保密钥同步、确保密钥的完整性和保密性。

本章节描述了在 IC 卡和 SAM 中可以用来提供密钥管理服务的技术。

8.1 密钥加密

密钥加密是用一个密钥加密另一个密钥的技术。用来完成这种加密的密钥称为密钥加密密钥（KEK）。

使用单长度或双长度密钥对单长度密钥进行对称加密以及使用另一个双长度密钥对双长度密钥进行加密应按 ISO 11568 的描述执行。

保密密钥在非安全通道上传输或存储在 IC 卡、SAM、主机安全模块以及其他安全密码设备之外时，应对其加密。

8.2 密钥衍生

密钥衍生是一种由称为根密钥的单个密钥生成大量对称密钥的技术。当使用密钥衍生时，应按 10.1 描述的执行。

8.3 密钥偏移

密钥偏移是一种适用于对称算法来从初始 KEK 计算新 KEK 的技术。每次 KEK 被用来对传输或存储的密钥进行加密。

8.4 密钥公证

密钥公证可用来鉴定通信各方，并且防止密钥在传输时被替换。

8.5 密钥标记

IC卡和SAM中的密钥应只用于指定用途。这应通过密钥分离和密钥鉴定来执行，以使密钥不能被有意或无意误用。

密钥标记可用于SAM和主机安全模块中，以防止当密钥在这些设备之外存储或加密时被误用。

当显示标识的密钥的密钥标记在SAM中执行时，密钥标记应在有效密钥被加密存储前，通过使用该密钥的密钥标识符对其进行模2加法来实现。

在主机安全模块中，密钥标记应按照ISO 11568执行。

8.6 密钥验证

密钥验证码(KVC)是一个与密钥和一些非保密信息相关的加密数值。KVC被用来检测：密钥已被正确地载入IC卡、SAM、主机安全模块或其他密码设备；密钥已被正确地接收；或者未被改变。

如果KVC被使用，应通过加密二进制零和截断产生的明文来计算KVC，例如，取最左边二十四位(6位十六进制数)。

8.7 密钥鉴定

IC卡密钥可以用隐式鉴定或显式鉴定。

8.7.1 隐式密钥鉴定

使用隐式密钥鉴定，密钥鉴定就不会被交换。与交易相关的密钥通过其他交易信息来确定。

当使用隐式密钥鉴定时，所使用的IC卡、SAM和主机安全模块的设计应确保防止密钥替换和密钥误用。

8.7.2 显式密钥鉴定

显式密钥鉴定允许交易接收方使用密钥标识符来确定和交易相关的适当的密钥。

被显式鉴定的IC卡密钥应有一个密钥标识符。密钥标识符(KID)包含所有关于密钥功能、密码算法以及允许正确使用密钥的密钥的必要信息。

使用在IC卡和SAM中的KID可定义如下：

＜KID＞=＜格式＞|＜用途＞|＜算法＞|＜技术＞|＜号码＞

＜格式＞：　ISO，非-ISO
＜用途＞：　如，aut，mac，enc，cer，prd，ctl，kex
＜算法＞：　＜密码＞|＜模式＞|＜参数＞
＜密码＞：　如：DES，MAA，RSA
＜格式＞：　如：ECB，CBC，CFB
＜参数＞：　如：密钥长度，循环
＜技术＞：　如：非对称、非对称—对称结合、静态数据密钥、会议密钥、唯一数据密钥、主密钥、KEK、根密钥
＜号码＞：　密钥集号码

注：| 表示域的分离。

8.8 控制和审计

所描述的审计和控制应由负责IC卡SAM生命周期和交易处理的各方来执行，以防止密钥泄露、替换、修改、删除和插入。

对应用集成电路卡的金融交易系统中使用的IC卡、SAM、密钥生成和装载模块、主机安全模块和其他密码设备的控制和审计应由发卡行来进行。

对SAM的控制和审计应比IC卡更加严格，因为前者的危害造成的影响比后者更为严重。

当认为IC卡、SAM和密钥生成及装载模块中的密钥被认为已经泄露时，应适当采取必要的程序来终止它们的使用。

被盗或丢失的IC卡和SAM的详细目录应由各自发卡行负责维护。

STANDARDS PRESS OF CHINA

控制和审计也应施加给管理密钥和/或设备的个人。

9 IC 卡和 SAM 密钥装载过程

IC 卡和 SAM 密钥应按本部分的要求装载。使用对称密钥管理将密钥载入 IC 卡的实例可参看附录 A。

9.1 初始对称密钥的装载

在 IC 卡和 SAM(产生密钥,9.2;或发卡行控制密钥,9.3)中使用的初始对称密钥可以在至少双重保管或信息分散存放、或使用密钥装载模块或密钥生成模块下作为明文部分装载。这些模块的使用必须在至少双重保管的控制下。

初始密钥装载程序应在物理安全环境中实施。应采取多种努力来确保初始密钥在没有被截获的可能性下被载入 IC 卡和 SAM 中。

9.2 产生密钥的装载

使用对称算法(*kMprd*,*kEprd*)的产生密钥应按照 9.1 装载。

当使用对称算法时,每个 IC 卡唯一的 *kMprd* 和 *kEprd* 可以按照 10.1 所示来导出,然后 IC 序列号应被用来导出 IC 卡的 *kMprd* 和 *kEprd*(附录 A)。

对于非对称算法,唯一的公私密钥对(*PMprd*/*SMprd* 或 *PEprd*/*SEprd*)可以被载入 IC 卡或由 IC 卡生成。

9.3 发卡行密钥的装载

除非控制密钥可以以发卡行和卡持有人同意的物理保护方式装载,发卡行 *kIctl* 密钥才应在 IC 卡中在发卡行的控制下装载,其中 IC 卡使用先前访问过 IC 卡(见 ISO 10202-3)的实体的 *kMprd* 和 *kEprd* 密钥来加密。在成功地对 IC 卡鉴别和装载 *kIctl* 后,*kMprd* 或 *kEprd* 应不可撤销地被 *kIctl* 替换。所有其他 CDF 密钥应使用 CDF *kIctl* 密钥加密装载。

对每个 IC 卡,*kIctl* 应是唯一的。对于对称算法,密钥管理技术 1 或 2(见第 10 章)可以用来导出唯一的 IC 卡 *kIctl*。

对于非对称算法,唯一的公私密钥对(*Plctl* 和 *Slctl*)必须被载入 IC 卡中,或由 IC 卡生成。

9.4 ADF 密钥的装载

如 ISO 10202-3 所述,应使用 *kIctl* 来装载 *kIkex*。然后在应用供应商的控制下,*kActl* 密钥应在 *kIkex* 下加密后装载,并且在成功地对 IC 卡鉴别和 *kActl* 装载之后,*kIkex* 应被 *kActl* 替换。所有其他 ADF 密钥应使用 ADF *kActl* 密钥加密后装载。

对于 SAM,*kActl* 应在先前 ISO 10202-3 所描述的 *kMprd* 或 *kEprd* 密钥下加密后装载。所有其他密钥应使用 *kActl* 加密后装载。

kIkex、*kActl* 和使用 *kActl* 装载的所有其他密钥对每一个 IC 卡应是唯一的。对于对称算法,可以使用密钥管理技术 1 或 2 来导出这些密钥。

对于非对称算法,上述密钥必须使用唯一的公私密钥对。如果密钥是由密钥生成模块生成的,那么密钥对中的一个或两个密钥应按如上所述被载入 IC 卡中。类似地,被载入 SAM 中的公私密钥对应按如上所述被装载。

9.5 公钥的装载

用于密钥认证由非对称算法使用的,被装载在 IC 卡或 SAM 中的公钥(如密钥认证中心的公钥)应使用能保证公钥完整性和真实性的过程来装载。

应通过验证密钥的证书,在密码上确保被载入 SAM 中的其他公钥的完整性与真实性。

9.6 非对称算法中私钥的装载

被载入 IC 卡或 SAM 中的非对称密码算法中的私钥应按照本部分的要求载入 IC 卡或 SAM 中。应使用安全密钥生成模块生成公私密钥对。

9.7 非对称公私密钥对的生成

如 GB 15851—1995 所述，公私密钥对可由 IC 卡、SAM 和安全密钥生成模块生成。

生成公私密钥对的 SAM 和 IC 卡应由更高一级的认证机构以安全方式提供用于认证的公钥以确保其真实性。

由密钥生成模块生成的并传输到 IC 卡或 SAM 的公私密钥对应按本部分的要求装载。

9.8 测试密钥

测试密钥生成和管理在本部分范围之外，测试密钥应仅用于测试用途。

10 对称密钥管理技术

在 IC 卡系统中使用的对称密钥管理技术应确保符合 ISO 10202-3 中描述的唯一的 IC 卡密钥的要求。SAM 或主机根密钥应对每个被使用的密钥名称都是唯一的。

单独的保密 SAM 或主机根密钥应被用来导出载入 IC 卡的每个不同的密钥名称(6.1)。这些密钥可以是数据密钥(KD)、密钥加密密钥(KEK)或者 IC 卡根密钥(KCD)，KD、KEK 和 KCD 被用来为交易处理执行以下密钥管理技术的其中之一：

技术 1：静态数据密钥。

技术 2：会话密钥。

技术 3：唯一报文密钥。

以上技术中的每一个可使用显式或隐式密钥鉴定来执行。

IC 卡(CDF 和 ADF)或 SAM 中维护的密钥密码周期应在选择上述密钥管理技术之一时加以考虑。

每个密钥管理技术的实例在附录 B 中说明。

10.1 IC 卡和 SAM 密钥的导出

应为在 SAM 或主机安全模块中维护的的每个密钥(KHD)名称从不同的 SAM 或主机根密钥中导出 IC 卡数据密钥(KD)、IC 卡密钥加密密钥(KEK)及 IC 卡根密钥(KCD)。这种方法允许对从单个 SAM 或主机安全模块密钥计算大量的 IC 卡密钥。

IC 卡和 SAM 密钥的获得过程如图 2 进行。

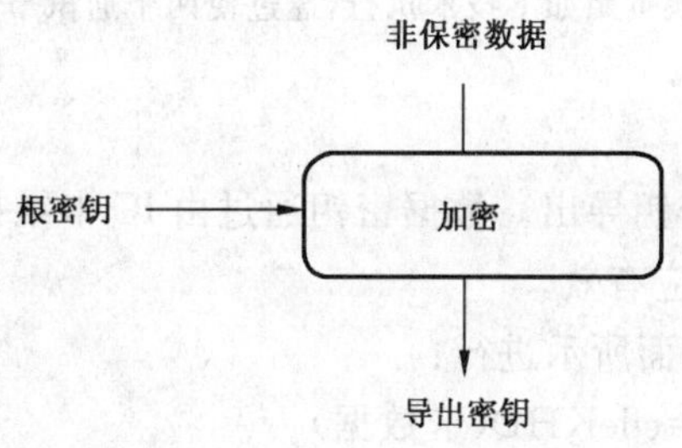

图 2 密钥导出

单一加密过程(e)，或者加密—解密—加密(ede)过程可以用来导出密钥。

用于 IC 卡(CDF 和 ADF)根密钥里的非保密数据应确保能生成唯一的 IC 卡密钥。对于使用集成电路卡的金融交易系统而言，非保密数据应是：

1) 唯一的持卡人相关数据(卡数据)，如 PAN 和有效日期，以及卡序列号，和唯一的报文数据密钥是否要导出。

2) 密钥序号由 IC 卡维护。

可选的，属于发卡行或应用供应商的 SAM 和主机根密钥(KHD)可以从主根密钥(KMD)导出。非保密数据应是：

1) 唯一的银行鉴定数据(银行数据)；

2) 导出可选的发卡行根密钥的其他发卡行相关数据。

根密钥应仅用来导出以下之一：

——其他根密钥；

——密钥加密密钥；

——数据密钥。

它们将被用于由根密钥所示的相同目的(名称)。因此，用于不同目的或功能的密钥不应由通用密钥导出。这并不妨碍用于不同用途的根密钥可以从系统密钥生成的可能性。

10.2 密钥管理技术1：静态数据密钥

如果静态IC卡(CDF和ADF)密钥的密码周期超过了IC卡的生命期，则它们可用作数据密钥。静态密钥是从属于发卡行或应用供应商的SAM或主机安全模块导出的。

静态IC卡数据密钥(KD)的导出应按如下所示执行：

KDx＝eKHD(卡数据)，或KDx＝edeKHD(卡数据)

如：$KI'mac$ ＝ $eKImac$(卡数据)

$KI'mac$ 是导出的数据密钥(KD)

$KImac$ 是根密钥(KHD)

如果要求防止重放攻击，报文序号或者每个报文唯一的数据应在鉴别交易时使用。

10.3 密钥管理技术2：会话密钥

会话数据密钥可为交易处理随机生成并且被传输到和传自于IC卡，该IC卡是在开始就已经被载入该IC卡的密钥加密密钥下进行加密的。新的会话密钥在每次IC卡重新设置时被交换。

IC卡密钥加密密钥(KEK)的导出应按如下所示执行：

KEKx＝eKHD(卡数据)，或KEK＝edeKHD(卡数据)

如：$KI'mac$＝$eKImac$(卡数据)

如果要求防止重放攻击，报文序号或者每个报文唯一的数据应在鉴别交易时使用。

随机生成的会话密钥应按GB/T 16790.5的规定在适当密钥名称下加密传输。如GB/T 16790.5—2006的描述，密钥交换(KE)对称—对称和对称—对称—交互—实时中的一个可以被使用。

注：用IC卡/SAM/主机鉴别的密钥交换可用如下技术执行，通过使两个通讯节点参与到数据密钥(未在本部分中规定)的生成。

10.4 密钥管理技术3：唯一报文密钥

唯一报文数据密钥可从IC卡根密钥导出。数据密钥通过由IC卡维护的密钥序号(KSN)导出。唯一报文密钥只对指定的IC卡命令/响应有效。

IC卡获得密钥(KCD)的取得应下面所示进行：

KCD＝eKHD(卡数据)，或KCD＝edeKHD(卡数据)

如：$KI'mac$＝$eKImac$(卡数据)

唯一报文密钥(IC卡命令—响应对)的导出应按如下所示执行：

KDx＝eKCD(KSN)，然后KSN＝KSN＋1

如：$KI'mac$＝$eKI'mac$(KSN)

KSN应由IC卡维护并在数据密钥每次被导出之后增加。

为了导出唯一报文密钥，KSN被传送到包含会话期内的所有SAM或主机安全模块中。

唯一报文数据密钥的使用防止了报文重放攻击和穷举密钥搜索，因此，报文中不需包括额外的唯一数据。

具有隐式密钥鉴定的密钥管理技术3的实例在附录C中说明。

10.5 密钥长度

在SAM和主机安全模块中作为根密钥使用的密钥的密钥长度应比IC卡静态密钥、IC卡密钥加密密钥及IC卡根密钥的密钥长度长。例如这样的密钥可以是在加密—解密—加密(ede)模式下运行的双长度密钥或两个单长度密钥。

当使用静态数据密钥技术(技术1)需要更高级的保护时,应考虑较长长度的数据密钥。

11 非对称密钥管理技术

在IC卡系统中使用的非对称密钥管理技术应确保符合ISO 10202-3中描述的唯一的IC卡密钥的要求。对于在CDF和ADF中使用的每个密钥名称,每个IC卡和SAM应有唯一公私密钥对中的一个或两个(见6.1)。

11.1 在含有SAM的CAD中非对称密钥管理的使用

当在IC卡系统中使用非对称密钥管理时,IC卡保密密钥对应的公钥通常由IC卡维护,并且在需要时提供给SAM。在使用前SAM对IC卡公钥证书进行验证。

类似地,SAM保密的密钥对应的公钥通常由SAM维护,并且在需要时提供给IC卡。在使用前IC卡对公钥证书进行验证。

因为IC卡、SAM和主机安全模块消除了维护大量公钥的要求,因此上述公钥的管理方法是首选的。

在含有SAM的CAD中使用非对称密钥管理的实例在附录D中说明。

11.2 在不含SAM的CAD中非对称密钥管理的使用

如果CAD按本部分的定义对公钥的真实性提供物理或逻辑的保护并且防止对密钥未授权的添加,在不含SAM的CAD中可以使用非对称密钥管理。

在不含SAM的CAD中可以实施IC卡鉴别和交易证书确认。由CAD使用公钥进行鉴别和证书确认。这些公钥的完整性可以用属于更高级别机构(例如发卡行或应用供应商密钥认证中心)的公钥进行验证。

在不含SAM的CAD中使用非对称密钥管理的实例在附录E中说明。

11.3 公钥认证要求

诸如发卡行密钥认证中心这样的认证机构应用来对存储在IC卡和SAM里的公钥进行验证。当有必要对证书进行验证的公钥不在IC卡或SAM中时,认证机构应有权验证被交换的密钥证书。

公钥证书应至少包含可信认证机构的性质、经验证的公钥和其标识符。

公钥证书标识符(CID)可用来鉴定公钥证书。证书标识符包含可信认证机构的名称和经验证的公钥的密钥标识符。

公钥认证应按GB/T 16790.5—2006描述的执行。

11.4 私钥的安全存储

使用非对称密钥管理方案的存储在IC卡、SAM或主机安全模块中私钥及相关的保密数据应按本部分定义的私钥保护原则来防止泄露。

11.5 公钥的安全存储

存储在IC卡、SAM或主机安全模块中的公钥的完整性和真实性应在设备中得到物理或逻辑保护。存储在IC卡、SAM或主机安全模块之外的公钥应以经验证的形式保存。

11.6 经验证的公钥的交换

为了交易处理,存储在IC卡中的、与IC卡密钥相对应的公钥应以经验证的形式出现在SAM或主机安全模块中。SAM或主机安全模块应在交易处理前验证证书。

为了交易处理,存储在SAM中的、与SAM或主机安全模块私钥相对应的公钥应已经验证的形式出现在IC卡中。IC卡应在交易处理前验证证书。

11.7 密钥长度

公私密钥对的长度应如下选择,这些密钥的密码周期超过IC卡或SAM的生命期。

STANDARDS PRESS OF CHINA

11.8 安全协议

安全协议应用于密钥交换、鉴别和在非对称密钥管理环境中执行的证书确认过程。应使用GB/T 16790.5—2006中描述的过程。

12 非对称/对称密钥管理的结合

非对称和对称密钥管理方案的结合可用于使用集成电路卡的金融交易卡。例如，对称算法的保密密钥可使用非对称密钥管理方案生成或分发。

非对称算法也可作为对称算法功能性的补充，如签名功能的执行，或在不含SAM的CAD中鉴别功能的执行。

12.1 基本要求

对称/非对称密钥管理方案的结合使用应满足对称和非对称密钥管理的安全要求。

12.2 对称密钥的交换

使用非对称算法已交换的对称密钥应按GB/T 16790.5—2006定义的技术之一被交换。

附 录 A
（资料性附录）
使用对称密钥管理的卡生命周期的实例

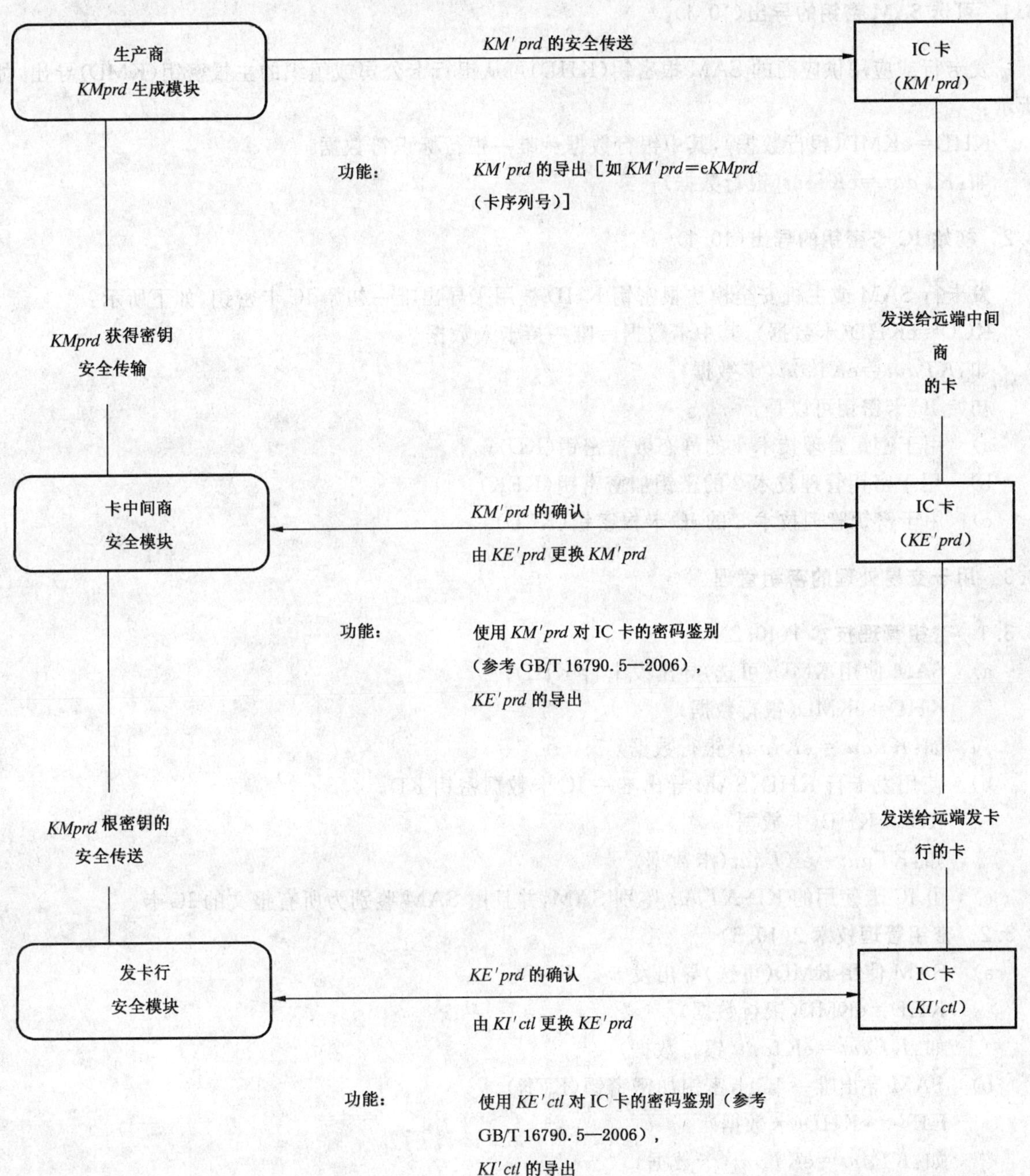

附 录 B
（资料性附录）
对称密钥管理技术1、2及3的实例

B.1 可选SAM密钥的导出(10.1)

发卡行或应用供应商的SAM根密钥(KHD)可从银行卡公司或组织的主根密钥(KMD)导出，如下所示：

KHD＝eKMD(银行数据)，其中银行数据＝唯一银行标识符数据

如：$KI'aut$＝e$KIaut$(银行数据)

B.2 初始IC卡密钥的导出(10.1)

发卡行SAM或主机安全模块根密钥KHD被用来导出唯一初始IC卡密钥，如下所示：

KCD＝eKHD(卡数据)，其中卡数据＝唯一持卡人数据

如：$KI''aut$＝e$KI'aut$(卡数据)

初始IC卡密钥可以是：

a) 用于密钥管理技术1的静态数据密钥(KD)；

b) 用于密钥管理技术2的密钥加密密钥(KEK)；

c) 用于密钥管理技术3的IC卡根密钥(KCD)。

B.3 用于交易处理的密钥管理

B.3.1 密钥管理技术1(10.2)

a) SAM使用KMD(可选)导出发卡行KHD。

KHD＝eKMD(银行数据)

如：$KI'aut$＝e$KIaut$(银行数据)

b) 使用发卡行KHD，SAM导出唯一IC卡数据密钥KD。

KD＝eKHD(卡数据)

如：$KI''aut$＝e$KI'aut$(卡数据)

c) 由IC卡使用的KD $KI''aut$ 鉴别SAM，并且由SAM鉴别为所有报文的IC卡。

B.3.2 密钥管理技术2(10.3)

a) SAM使用KMD(可选)导出发卡行KHD。

KHD＝eKMD(银行数据)

如：$KI'aut$＝e$KIaut$(银行数据)

b) SAM导出唯一IC卡密钥加密密钥(KEK)。

KEK＝eKHD(卡数据)

如：$KI''aut$＝e$KI'aut$(卡数据)

c) IC卡和SAM交换唯一会话密钥(KD)。

如：KD对称—对称(GB/T 16790.5—2006)

d) 由IC卡使用的已交换的数据密钥鉴别SAM，并且在一次会话期间由SAM鉴别为所有报文的IC卡。

B.3.3 密钥管理技术3(10.4)

a) SAM使用KMD(可选)导出发卡行KHD。

KHD＝eKMD(银行数据)

如:$KI'aut$＝e$KIaut$(银行数据)

b) SAM 导出唯一 IC 卡根密钥(KCD)。

KCD＝eKHD(卡数据)

如:$KI''aut$＝e$KIaut$(卡数据)

c) IC 卡和 SAM 使用 IC 卡密钥序号导出唯一报文密钥(KD)。

KD＝ eKCD(KSN),其中 KSN＝密钥序号

如:$KI'''aut$＝e$KI''aut$(KSN)

在导出 $KI'''aut$ 后 IC 卡使 KSN 增加。

d) 由 IC 卡使用而导出的 $KI'''aut$ 鉴别 SAM,或由 SAM 鉴别为一个报文的 IC 卡(命令/响应对)。

e) 具有隐式密钥鉴定的对称密钥管理技术 3 的实例在附录 C 中说明。

附　录　C
（资料性附录）
使用隐式密钥鉴定的对称密钥管理技术3的交易处理密钥管理实例

使用 $KIaut$ 的IC卡鉴别：

发卡行在CDF初始化期间已将CDF根密钥 $KI'aut$ 载入IC卡。

IC卡 CDF包含KCD $KI'aut$		应用供应商SAM SAM包含KHD $KIaut$
	← 复位	
	复位响应 →	
	← 访问CDF	
	卡数据、KSN →	生成RN
	← 鉴别IC卡、RN	
IC卡导出KD $KI''aut$ $KI''aut = eKI'aut(KSN)$		SAM导出IC卡KCD $KI'aut$ $KI'aut = eKIaut$（卡数据）
IC卡计算预期的SAM 响应 $eKI''aut(RN)$		SAM导出KD $KI''aut$ $KI''aut = eKI'aut(KSN)$
		SAM计算 $eKI''aut(RN)$
	$eKI''aut(RN)$ →	
		SAM比较IC卡响应和SAM计算的值

附　录　D
（资料性附录）
在具有SAM的CAD中使用公钥管理的交易处理密钥管理实例

使用 *KIaut* 的 IC 卡鉴别：

IC卡有一个初始私钥 *SIaut* 和与其对应的已认证的包括公钥 *PIaut* 的公钥证书 Cert*PIaut*。SAM有用于验证IC卡公钥证书的发卡行公钥。

IC卡

CDF包含私钥 *SIaut*、对应的公钥证书 Cert*PIaut*

应用供应商SAM

SAM包含用于验证IC卡公钥证书的发卡行公钥

复位 ←

复位响应 →

访问CDF ←

卡数据 →

生成RN

鉴别IC卡、RN ←

IC卡使用 *SIaut* 对卡数据和RN进行签名，来计算预期的SAM响应。
响应＝s*SIaut*(卡数据、RN)

Cert*PIaut*，s*SIaut*(卡数据、RN) →

SAM使用发卡行公钥验证 Cert*PIaut*。SAM验证IC卡响应，即 s*SIaut*(卡数据、RN)。

附　录　E
（资料性附录）
在没有 SAM 的 CAD 中使用公钥管理的交易处理密钥管理实例

用单一发卡行公钥的 CDF 静态鉴别：

发卡行生成公私密钥对 *PIaut*/*SIaut* 并且从更高机构获得它的公钥证书 cert*PIaut*。使用发卡行私钥 IC 卡装载发卡行公钥证书和签过名的卡数据 s*SIaut*(卡数据)。

IC 卡		CAD
IC 卡包含卡数据，cert*PIaut* 及 s*SIaut*（卡数据）。		CAD 包含更高机构公钥。
	← 复位	
	复位响应 →	
	← 访问 CDF	
	卡数据、cert*PIaut*、s*SIaut*(卡数据) →	
		CAD 用更高机构的公钥来验证公钥证书 cert*PIaut*。CAD 用 *PIaut* 验证已签名的卡数据。

注：静态鉴别仅鉴别 CDF 数据，而不是 IC 卡，并且不会防止卡复制或交易重放。

ICS 13.220.20
C 81

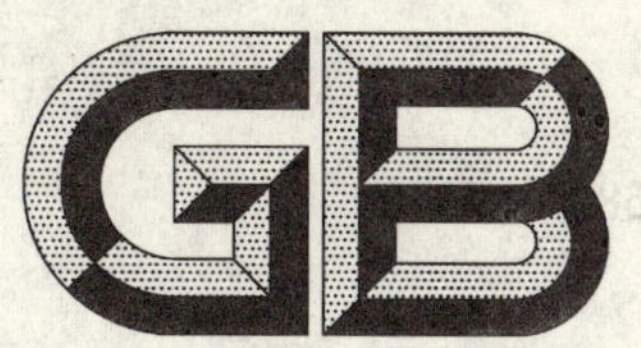

中华人民共和国国家标准

GB 16806—2006
代替 GB 16806—1997

消防联动控制系统

Automatic control system for fire protection

2006-07-17 发布　　　　2007-04-01 实施

中华人民共和国国家质量监督检验检疫总局
中国国家标准化管理委员会　发布

前言

本标准的第4、5、6、7章内容为强制性，其余为推荐性。

本标准代替GB 16806—1997《消防联动控制设备通用技术条件》。

本标准与GB 16806—1997相比主要变化如下：

——将原标准的基本功能试验分解为消防联动控制器基本性能试验、气体灭火控制器基本性能试验、消防电气控制装置基本性能试验、消防设备应急电源基本性能试验、消防应急广播设备基本性能试验、消防电话基本性能试验、传输设备基本性能试验、消防控制室图形显示装置基本性能试验、模块基本性能试验、消火栓按钮基本性能试验、消防电动装置基本性能试验等几个部分；

——用泄漏电流试验和电气强度代替耐压试验来考察安全性能；

——新增加了恒定湿热(耐久)试验、浪涌(冲击)抗扰度试验、射频场感应的传导骚扰抗扰度试验、电压暂降、短时中断和电压变化的抗扰度试验；

——取消了一些原有的检验项目，如通电试验、高温试验、低温贮存试验。

本标准由中华人民共和国公安部提出。

本标准由全国消防标准化技术委员会第六分技术委员会归口。

本标准负责起草单位：公安部沈阳消防研究所。

本标准参加起草单位：沈阳消防电子设备厂、西安盛赛尔电子有限公司、上海市松江电子仪器厂、北京世宗智能有限公司、深圳市赋安安全系统有限公司、北京利达华信电子有限公司、北京狮岛消防电子有限公司、海湾安全技术有限公司、西安莱科思电子工程有限公司、北京市崇正华盛应急照明系统有限责任公司、大连国彪应急电源有限公司、合肥阳光电源有限公司、广东志成冠军集团有限公司、青岛创统科技集团、北京恒业世纪电气技术有限公司、北京原杰电子有限责任公司、秦皇岛海湾报警网络有限公司。

本标准主要起草人：宋希伟、郭铁男、朱力平、丁宏军、张颖琮、刘程、张德成、张学军、王学来、孙爽、隋虎林、仝瑞涛、王军、杨波、吕欣驰、卢韶然、刘美华、王艳娥、杨颖、李海涛、王玉祥、郭春雷、林强、刘长安、康卫东、孙珍慧、郭立治、刘子巍、郭锐、马青波、马莉、李惠菁、李丁、陈映雄、赵英然、栾军、李宁、蔡钧、孙毅彪、曹仁贤、隋学礼、严志明。

本标准所代替标准的历次版本发布情况为：

——GB 16806—1997。

消防联动控制系统

1 范围

本标准规定了消防联动控制系统的定义、一般要求、要求和试验方法、检验规则和标志。

本标准适用于一般工业与民用建筑中安装使用的消防联动控制系统及组成系统的各类设备，包括消防联动控制器、气体灭火控制器、消防电气控制装置、消防设备应急电源、消防应急广播设备、消防电话、传输设备、消防控制室图形显示装置、模块、消防电动装置、消火栓按钮等。

其他环境中安装的具有特殊性能的消防联动控制系统及组成系统的各类设备，除特殊要求由有关标准规定外，亦应执行本标准。

2 规范性引用文件

下列文件中的条文通过本标准的引用而成为本标准的条文。凡是注日期的引用文件，其随后所有的修改单(不包括勘误的内容)或修订版均不适用于本标准，然而，鼓励根据本标准达成协议的各方研究是否可使用这些文件的最新版本。凡是不注日期的引用文件，其最新版本适用于本标准。

GB 156—2003 标准电压

GB 3380 电话自动交换网铃流和信号音

GB 4706.1—1998 家用和类似用途用电器的安全 第一部分：通用要求(eqv IEC 335-1：1991)

GB 9969.1 工业产品使用说明书 总则

GB 12978 消防电子产品检验规则

GB/T 14716—1993 程控模拟用户自动交换机通用技术条件

GB/T 15279—2002 自动电话机技术条件

GB 16838 消防电子产品环境试验方法及严酷等级

GB/T 17626.2—1998 电磁兼容 试验和测量技术 静电放电抗扰度试验(idt IEC 61000-4-2：1995)

GB/T 17626.3—1998 电磁兼容 试验和测量技术 射频电磁场辐射抗扰度试验(idt IEC 61000-4-3：1995)

GB/T 17626.4—1998 电磁兼容 试验和测量技术 电快速瞬变脉冲群抗扰度试验(idt IEC 61000-4-4：1995)

GB/T 17626.5—1999 电磁兼容 试验和测量技术 浪涌(冲击)抗扰度试验(idt IEC 61000-4-5：1995)

GB/T 17626.6—1998 电磁兼容 试验和测量技术 射频场感应的传导骚扰抗扰度(idt IEC 61000-4-6：1996)

GB 19880 手动火灾报警按钮

3 术语和定义

下列术语和定义适用于本标准。

消防联动控制系统 automatic control system for fire protection

火灾自动报警系统中，接收火灾报警控制器发出的火灾报警信号，按预设逻辑完成各项消防功能的控制系统。通常由消防联动控制器、模块、气体灭火控制器、消防电气控制装置、消防设备应急电源、消防应急广播设备、消防电话、传输设备、消防控制室图形显示装置、消防电动装置、消火栓按钮等全部或部分设备组成。

4 一般要求

4.1 消防联动控制系统通用要求

4.1.1 总则

组成消防联动控制系统的各类设备若要符合 GB 16806，应首先满足本章相关要求，然后按第 5 章规定进行试验，并满足试验的要求。

4.1.2 操作功能要求

消防联动控制系统各类设备的操作功能应符合表 1 规定的操作级别要求。

表 1 操作级别划分表

序号	操作项目	Ⅰ	Ⅱ	Ⅲ	Ⅳ
1	查询信息	M	M	M	M
2	消除声信号	O	M	M	M
3	复位	P	M	M	M
4	手动操作	P	M	M	M
5	进入自检、屏蔽和解除屏蔽等工作状态	P	M	M	M
6	调整计时装置	P	M	M	M
7	开、关电源	P	M	M	M
8	输入或更改数据	P	P	M	M
9	延时功能设置	P	P	M	M
10	报警区域编程	P	P	M	M
11	修改或改变软、硬件	P	P	P	M

注 1：P——禁止；O——可选择；M——本级人员可操作。

注 2：进入Ⅱ、Ⅲ级操作功能状态应采用钥匙、操作号码，用于进入Ⅲ级操作功能状态的钥匙或操作号码可用于进入Ⅱ级操作功能状态，但用于进入Ⅱ级操作功能状态的钥匙或操作号码不能用于进入Ⅲ级和Ⅳ级操作功能状态。

4.1.3 主要部件性能要求

4.1.3.1 基本要求

消防联动控制系统各类设备的主要部件，应采用符合国家有关标准的定型产品，同时应满足以下各有关条的要求。

4.1.3.2 指示灯

4.1.3.2.1 应以颜色标识，红色指示火灾报警、设备动作反馈、启动和延时等；黄色指示故障、屏蔽、回路自检等；绿色表示主电源和备用电源工作。

4.1.3.2.2 指示灯应标注功能。

4.1.3.2.3 在 5 lx～500 lx 环境光条件下，在正前方 22.5°视角范围内，指示灯应在 3 m 处清晰可见。

4.1.3.2.4 采用闪动方式的指示灯每次点亮时间不应小于 0.25 s，其启动信号指示灯闪动频率不应小于 1 Hz，故障指示灯闪动频率不应小于 0.2 Hz。

4.1.3.2.5 用一个指示灯同时显示故障、屏蔽和自检三项功能时，故障指示应为闪亮，屏蔽和自检指示应为常亮。

4.1.3.3 字母(符)-数字显示器

4.1.3.3.1 在 5 lx～500 lx 环境光条件下，显示字符应在正前方 22.5°视角内，0.8 m 处可读。

4.1.3.3.2 采用视窗显示信息的消防联动控制器应至少有一个视窗。消防联动控制器仅有一个视窗时，应将该视窗至少分为2个界限分明的显示区域。

4.1.3.4 音响器件

4.1.3.4.1 在正常工作条件下，音响器件在其正前方1 m处的声压级（A计权）应大于65 dB，小于115 dB。

4.1.3.4.2 在85%额定工作电压供电条件下应能发出音响。

4.1.3.5 熔断器

用于电源线路的熔断器或其他过流保护器件，其额定电流值一般应不大于最大工作电流的2倍。当最大工作电流大于6 A时，熔断器电流值可取其1.5倍。在靠近熔断器或其他过流保护器件处应清楚地标注其参数值。

4.1.3.6 接线端子及保护接地

每一接线端子上都应清晰、牢固地标注编号或符号，相应用途应在有关文件中说明。采用交流供电的消防联动控制系统各类设备应有保护接地。

4.1.3.7 备用电源及蓄电池

4.1.3.7.1 电源正极连接导线应为红色，负极连接导线应为黑色或蓝色。

4.1.3.7.2 在不超过生产厂规定的极限放电情况下，应能将蓄电池在24 h内充至额定容量80%以上，再充48 h后应能充满。

4.1.3.7.3 蓄电池应能保证消防联动控制系统各类设备的应急工作时间不低于额定应急工作时间，且应满足附录A的要求。

4.1.3.8 开关和按键（钮）

开关和按键（钮）（或靠近的位置上）应清楚地标注功能。

4.1.3.9 导线及线槽

消防联动控制系统各类设备的主电路配线应采用工作温度参数大于105℃的阻燃导线（或电缆），且接线牢固；连接线槽应选用不燃材料或难燃材料（氧指数不小于28）制造。

4.1.3.10 元件温升

消防联动控制系统各类设备内部主要电子、电气元件的最大温升不应大于60℃。环境温度为(25±3)℃条件下的内置变压器、镇流器等发热元部件的表面最大温度不应超过90℃。电池周围（不触及电池）环境最高温度不应超过45℃。

4.1.4 使用说明书

消防联动控制系统各类设备应有相应的中文说明书。说明书的内容应满足GB 9969.1的要求，并与产品性能一致。

4.1.5 软件要求（仅适于软件实现控制功能的消防联动控制系统内各类设备）

4.1.5.1 软件控制功能

4.1.5.1.1 程序应贮存在ROM、EPROM、E^2PROM等不易丢失信息的存储器中。

4.1.5.1.2 每个贮存文件的存储器上均应标注文件号码。

4.1.5.1.3 手动或程序输入数据时，不论原状态如何，都不应引起程序的意外执行。

4.1.5.1.4 软件应能防止非专门人员改动。

4.1.5.2 软件文件

4.1.5.2.1 制造商应提交软件设计资料，资料内容应能充分证明软件设计符合标准要求并应至少包括以下内容：

a) 主程序的功能描述（如流程图或结构图），包括：

1) 各模块及其功能的主要描述；

2) 各模块相互作用的方式；

3） 程序的全部层次；

4） 软件与消防联动控制系统各类设备硬件相互作用的方式；

5） 模块调用的方式，包括中断过程。

b） 存储器地址分配情况（如程序、特定数据和运行数据）。

c） 软件及其版本唯一识别标识。

4.1.5.2.2 若检验需要，制造商应能提供至少包含以下内容的详细设计文件：

a） 系统总体配置概况，包括所有软件和硬件部分。

b） 程序中每个模块的描述，包括：

1） 模块名称；

2） 执行任务的描述；

3） 接口的描述，包括数据传输方式、有效数据的范围和验证。

c） 全部源代码清单，包括全局变量和局部变量、常量和注释、充分的程序流程说明。

d） 设计和执行过程中使用的应用软件。

4.1.5.2.3 为确保可靠性，软件设计应满足下述要求：

a） 软件应为模块化结构；

b） 手动和自动产生数据接口的设计应禁止无效数据导致程序运行错误；

c） 软件设计应避免产生程序锁死。

4.1.5.2.4 程序和数据的存贮应满足下述要求：

a） 满足本标准要求的程序和出厂设置等预置数据应存贮在不易丢失信息的存储器中。改变上述存储器内容应通过特殊工具或密码实现，并且不允许在消防联动控制系统各类设备正常运行时进行；

b） 现场设置的数据应被存贮在消防联动控制系统各类设备无外部供电情况下信息至少能被保存 14 d 的存储器中，除非有措施在电源恢复后 1 h 内对该数据进行恢复。

4.2 消防联动控制器

4.2.1 通用要求

4.2.1.1 消防联动控制器应能为其连接的部件供电，直流工作电压应符合 GB 156—2003 规定，可优先采用直流 24 V。

4.2.1.2 消防联动控制器主电源应采用 220 V，50 Hz 交流电源，电源线输入端应设接线端子。

4.2.1.3 消防联动控制器应具有中文功能标注，用文字显示信息时应采用中文。

4.2.2 控制功能

4.2.2.1 消防联动控制器应能按设定的逻辑直接或间接控制其连接的各类受控消防设备（以下称受控设备），并设独立的启动总指示灯；只要有受控设备启动信号发出，该启动总指示灯应点亮。

4.2.2.2 消防联动控制器在接收到火灾报警信号后，应在 3 s 内发出启动信号，发出启动信号后，应有光指示，指示启动设备名称和部位，记录启动时间和启动设备总数。光指示应保持至消防联动控制器复位。

4.2.2.3 消防联动控制器应能显示所有受控设备的工作状态。消防联动控制器应在受控设备动作后 10 s 内收到反馈信号，并应有反馈光指示，指示设备名称和部位，显示相应设备状态，光指示应保持至受控设备恢复。消防联动控制器在发出启动信号后 10 s 内未收到要求的反馈信号，应使启动光信号闪亮，并显示相应的受控设备，保持到消防联动控制器收到反馈信号。

4.2.2.4 消防联动控制器应能接收来自相关火灾报警控制器的火灾报警信号，显示报警区域，发出火灾报警声、光信号，报警声信号应能手动消除，报警光信号应保持至消防联动控制器复位。

4.2.2.5 消防联动控制器应能接收连接的消火栓按钮、水流指示器、报警阀、气体灭火系统启动按钮等触发器件发出的报警（动作）信号，显示其所在的部位，发出报警（动作）声、光信号，声信号应能手动消除，光信号应保持至消防联动控制器复位。

4.2.2.6 消防联动控制器应能以手动和自动两种方式完成控制功能，并指示状态，控制状态应不受复位操作的影响。

4.2.2.7 消防联动控制器应具有对每个受控设备进行手动控制的功能。

4.2.2.8 消防联动控制器的直接手动控制单元应满足下列要求：

a) 应至少有六组独立的手动控制开关，每个控制开关对应一个直接控制输出。控制输出的启动光指示应在相应的控制开关表面(或附近)单独指示；

b) 直接手动控制单元不能独立使用时，受控设备除启动状态外的其他工作状态可以在手动控制开关旁单独指示，也可以在联动控制器的共用显示器上显示；

c) 直接手动控制单元能独立使用时，受控设备的启动、反馈等各种工作状态均应在手动控制开关旁单独显示；

d) 直接手动控制对应的输出特性应符合制造商的规定。

4.2.2.9 消防联动控制器应能通过手动或通过程序的编写输入启动的逻辑关系。消防联动控制器在自动方式下，如接收到火灾报警信号，并在规定的逻辑关系得到满足的条件下，应在3 s内发出预先设定的启动信号。

4.2.2.10 消防联动控制器在自动方式下，手动插入操作优先。

4.2.2.11 消防联动控制器可以对特定的控制输出功能设置延时，并应满足下述要求：

a) 延时时间应不超过10 min，每次增加延时时间应不超过1 min；

b) 延时期间，应能手动插入而立即启动控制输出；

c) 任一延时输出均不应影响其他控制功能的正常工作；

d) 延时期间应有延时光指示。

4.2.2.12 消防联动控制器对管网气体灭火系统的控制和显示还应满足下述要求：

a) 接收并显示气体灭火控制器的手动和自动工作状态；

b) 接收并显示设置在保护区域的手动/自动转换装置的手动和自动工作状态；

c) 接收并显示保护区域内的启动控制信号、延时和喷洒各阶段的状态信息；

d) 能向气体灭火控制器发出联动控制信号。

4.2.2.13 消防联动控制器复位后，仍保持原工作状态的受控设备的相关信息应保持或在20 s内重新建立。

4.2.2.14 消防联动控制器计时装置的日计时误差不应超过30 s，使用打印机记录时间时，应打印出月、日、时、分等信息，但不能仅使用打印机记录时间。

4.2.2.15 具有传输信息功能的消防联动控制器，在信息传输期间应有光指示，并保持至信息传输结束，如有反馈信号输入，应能接收并显示。

4.2.2.16 具有信息记录功能的消防联动控制器应能至少记录999条相关信息，且在消防联动控制器断电后能保持14 d。

4.2.2.17 消防联动控制器应对控制输出有相应的输入“或”逻辑和/或“与”逻辑编程功能。

4.2.3 故障报警功能

4.2.3.1 消防联动控制器应设独立的故障总指示灯，该故障总指示灯在有故障存在时应点亮。

4.2.3.2 当发生下列故障时，消防联动控制器应在100 s内发出与火灾报警信号有明显区别的故障声、光信号，故障声信号应能手动消除，再有故障信号输入时，应能再启动；故障光信号应保持至故障排除。

a) 消防联动控制器与火灾报警控制器之间的连接线断路、短路和影响功能的接地；

b) 消防联动控制器与触发器件之间的连接线断路、短路和影响功能的接地(短路时发出报警信号除外)；

c) 消防联动控制器与独立使用的直接手动控制单元之间的连接线断路、短路和影响功能的接地；

d) 总线式消防联动控制器与输出/输入模块间连接线断路、短路和影响功能的接地；

e) 给备用电源充电的充电器与备用电源间连接线的断路、短路；

f) 备用电源与其负载间连接线的断路、短路；

g) 消防联动控制器主电源欠压。

对于 b)、d)类故障，应能指示出部位，对于 a)、c)、e)、f)、g)类故障应能指示出类型。

4.2.3.3 当主电源断电，备用电源不能保证消防联动控制器正常工作时，消防联动控制器应发出故障声信号，并保持 1 h 以上。

4.2.3.4 消防联动控制器的故障信号在故障排除后，可以自动或手动复位。手动复位后，消防联动控制器应在 100 s 内重新显示存在的故障。

4.2.3.5 对于软件控制实现各项功能的消防联动控制器，消防联动控制器应有执行程序监视功能并应有单独的故障指示灯显示系统故障，当主要功能程序不执行时或存储器内容出错时，消防联动控制器应在 100 s 内发出系统故障信号，且该故障信号应不受不执行程序的影响。

4.2.3.6 任一故障均不得影响非故障部分的正常工作。

4.2.3.7 总线式消防联动控制器应设有总线短路隔离器，一个短路隔离器保护的部件不应超过 32 个。当短路隔离器动作时，消防联动控制器应显示被隔离部件的部位。

4.2.4 屏蔽功能(仅适于具有此项功能的消防联动控制器)

4.2.4.1 消防联动控制器应有独立的屏蔽总指示灯，屏蔽存在时，该屏蔽总指示灯应点亮。

4.2.4.2 消防联动控制器应仅能通过手动方式完成对受控设备的单独屏蔽或单独解除屏蔽。

4.2.4.3 消防联动控制器应在屏蔽操作完成后 2 s 内启动屏蔽指示，显示被屏蔽部位、屏蔽时间等信息。在消防联动控制器显示启动、反馈或报警信息时，屏蔽信息可不显示但应可查。

4.2.4.4 消防联动控制器应能显示所有屏蔽信息，在不能同时显示所有屏蔽信息时，则应显示最新屏蔽信息，其他屏蔽信息应手动可查。

4.2.4.5 总线式消防联动控制器在同一个回路内所有部位均被屏蔽的情况下，才能显示该回路被屏蔽。

4.2.4.6 屏蔽状态应不受消防联动控制器复位等操作的影响。

4.2.5 自检功能

4.2.5.1 消防联动控制器应能检查本机的功能(以下称自检)，在执行自检功能期间，其受控设备均不应动作。自检时间超过 1 min 或不能自动停止自检功能时，消防联动控制器的自检功能应不影响非自检部位的正常工作。

4.2.5.2 消防联动控制器应能手动检查其音响器件、面板所有指示灯和显示器的功能。

4.2.6 信息显示与查询功能

消防联动控制器采用数字和/或字母(符)显示时，还应满足下述要求：

a) 按时间顺序显示信息，当显示区域不足以显示全部信息时，应采用循环显示方式，且应有手动查询功能，每手动查询一次，只能查询一个信息；

b) 启动(反馈)信息显示与报警信息应在不同分区同时显示，不能互相影响也不能交错显示；

c) 启动(反馈)信息显示与报警信息显示优先于故障、屏蔽等其他信息的显示，但未显示的故障、屏蔽等信息应手动可查。

4.2.7 电源功能

4.2.7.1 消防联动控制器的电源部分应具有主电源和备用电源转换装置。当主电源断电时，能自动转换到备用电源；当主电源恢复时，能自动转换到主电源；主、备电源的工作状态应有指示，主电源应有过流保护措施。主、备电源的转换不应使消防联动控制器误动作。

4.2.7.2 消防联动控制器在至少一个回路按设计容量连接真实负载，其他回路连接等效负载时，其主电源容量应能保证在下列条件下，连续工作 8 h 以上：

a) 消防联动控制器所连接的由其供电的设备数量不超过 50 个时，所有设备均处于动作状态；

b) 消防联动控制器所连接的由其供电的设备数量超过 50 个时，20%的设备（但不少于 50 个）处于动作状态。

4.2.7.3 消防联动控制器至少一个回路按设计容量连接真实负载，其他回路连接等效负载。备用电源在放电至终止电压条件下，充电 24 h，其容量应可提供消防联动控制器在监视状态下工作 8 h 后，在下述条件下工作 30 min：

a) 总线式消防联动控制器所连接的输入/输出模块的数量不超过 50 个时，所有模块均处于动作状态，所连接的输入/输出模块数量超过 50 个时，20%的模块（但不少于 50 个）处于动作状态；

b) 多线式消防联动控制器所连接的负载的数量不超过 50 个时，所有负载均处于动作状态，所连接的负载数量超过 50 个时，20%的负载（但不少于 50 个）处于动作状态。

4.2.7.4 当交流供电电压变动幅度在额定电压（220 V）的 85%～110%范围内，频率偏差不超过标准频率（50 Hz）的±1%时，消防联动控制器应能正常工作。其输出直流电压的电压稳定度和负载稳定度应不大于 5%。

4.2.7.5 总线式消防联动控制器至少一个回路（该回路用于连接真实负载的导线为长度 1 000 m，截面积 1.0 mm^2 的铜质绞线，或生产企业声明的连接条件）按设计容量连接真实负载，其他回路连接等效负载，在同时启动部位数量不少于 10 个条件下应能正常工作。

4.3 气体灭火控制器

4.3.1 通用要求

4.3.1.1 气体灭火控制器主电源应采用 220 V，50 Hz 交流电源，电源线输入端应设接线端子。

4.3.1.2 气体灭火控制器不应直接接收火灾报警触发器件的火灾报警信号。

4.3.1.3 气体灭火控制器应具有中文功能标注，用文字显示信息时应采用中文。

4.3.2 控制和显示功能

4.3.2.1 气体灭火控制器应能直接或间接控制其连接的气体灭火设备和相关设备。

4.3.2.2 气体灭火控制器接收启动控制信号后，应能按预置逻辑完成以下功能：

a) 发出声、光信号，记录时间，声信号应能手动消除，当再次有启动控制信号输入时，应能再次启动；

b) 启动声光警报器；

c) 进入延时，延时期间应有延时光指示，显示延时时间和保护区域，关闭保护区域的防火门、窗和防火阀等，停止通风空调系统；

d) 延时结束后，发出启动喷洒控制信号，并有光指示，启动保护区域的喷洒光警报器；

e) 气体喷洒阶段应发出相应的声、光信号并保持至复位，记录时间。

4.3.2.3 气体灭火控制器的延时启动功能应满足下述要求：

a) 延时时间应在 0 s～30 s 内可调；

b) 延时期间，应能手动停止后续动作。

4.3.2.4 气体灭火控制器应有手动和自动控制功能，并有控制状态指示，控制状态应不受复位操作的影响。气体灭火控制器在自动状态下，手动插入操作优先；手动停止后，如再有启动控制信号，应按预置逻辑工作。

4.3.2.5 气体灭火控制器的气体喷洒声信号应优先于启动控制声信号和故障声信号；启动控制声信号应优先于故障声信号。

4.3.2.6 气体灭火控制器应能接收消防联动控制器的联动信号。

4.3.2.7 气体灭火控制器应具有分别启动和停止保护区域声光警报器的功能。

4.3.2.8 气体灭火控制器每个保护区域应设独立的工作状态指示灯。

STANDARDS PRESS OF CHINA

4.3.2.9 气体灭火控制器应能向消防联动控制器发送启动控制信号、延时信号、启动喷洒控制信号、气体喷洒信号、故障信号、选择阀和瓶头阀动作信息。

4.3.2.10 气体灭火控制器的输出特性应满足制造商规定的要求。

4.3.2.11 气体灭火控制器应设复位按键(按钮),操作复位按键(按钮)后,仍然存在的状态和信息均应保持或在 20 s 内重新建立。

4.3.2.12 气体灭火控制器的日计时误差不应超过 30 s,使用打印机记录时间时应打印出月、日、时、分等信息,但不能仅使用打印机记录时间。

4.3.3 故障报警功能

4.3.3.1 气体灭火控制器应设故障指示灯,该故障指示灯在有故障存在时应点亮。

4.3.3.2 当发生下列故障时,气体灭火控制器应在 100 s 内发出相应的故障声、光信号,故障声信号应能手动消除,再有故障信号输入时,应能再启动;故障光信号应保持至故障排除。

a) 气体灭火控制器与声光警报器之间的连接线断路、短路和影响功能的接地;
b) 气体灭火控制器与驱动部件、现场启动和停止按键(按钮)等之间的连接线断路、短路和影响功能的接地;
c) 给备用电源充电的充电器与备用电源间连接线的断路、短路;
d) 备用电源与其负载间连接线的断路、短路;
e) 主电源欠压。

其中 a)、b)项故障应指示出部位,c)、d)、e)项故障应指示出类型。

4.3.3.3 气体灭火控制器的故障信号在故障排除后,可以自动或手动复位。手动复位后,气体灭火控制器应在 100 s 内重新显示存在的故障。

4.3.4 自检功能

4.3.4.1 气体灭火控制器应具有本机检查的功能(以下称自检),气体灭火控制器在执行自检功能期间,受控制的外接设备和输出接点均不应动作。气体灭火控制器自检时间超过 1 min 或不能自动停止自检功能时,气体灭火控制器的自检功能应不影响非自检部位和气体灭火控制器本身的灭火控制功能。

4.3.4.2 气体灭火控制器应具有手动检查其音响器件、面板所有指示灯和显示器的功能。

4.3.5 电源功能

4.3.5.1 气体灭火控制器应具有主电源和备用电源转换装置。当主电源断电时,能自动转换到备用电源;主电源恢复时,能自动转换到主电源;主、备电源的工作状态应有指示,主电源应有过流保护措施。主、备电源的转换不应使气体灭火控制器误动作。备用电源的电池容量应保证气体灭火控制器正常监视状态下连续工作 8 h 后,在启动状态下连续工作 30 min。

4.3.5.2 当交流供电电压变动幅度在额定电压(220 V)的 110% 和 85% 范围内,频率偏差不超过标准频率(50 Hz)的 ±1% 时,气体灭火控制器应能正常工作。

4.4 消防电气控制装置

4.4.1 控制功能

4.4.1.1 消防电气控制装置应具有手动和自动控制方式,并能接收来自消防联动控制器的联动控制信号,在自动工作状态下,执行预定的动作,控制受控设备进入预定的工作状态。

4.4.1.2 消防电气控制装置仅可配接启动器件,配接启动器件的消防电气控制装置应能接收启动器件的动作信号,并在 3 s 内将启动器件的动作信号发送给消防联动控制器。处于自动工作状态的消防电气控制装置在接收到启动器件的动作信号后,应执行预定的动作,控制受控设备进入预定的工作状态。

4.4.1.3 消防电气控制装置应能以手动方式控制受控设备进入预定的工作状态。在自动工作状态下或延时启动期间,手动插入控制应优先。

4.4.1.4 消防电气控制装置应能接收受控设备的工作状态信息,并在 3 s 内将信息传送给消防联动控制器。

4.4.1.5 消防电气控制装置的各控制、设置功能的操作级别应符合表1规定。

4.4.1.6 消防电气控制装置在接收到控制信号后，应在3 s内执行预定的动作，控制受控设备进入预定的工作状态(有延时要求除外)。

4.4.1.7 消防电气控制装置在自动工作状态下可设置延时功能，延时时间应不大于10 min，延时期间应有延时光指示。

4.4.1.8 采用三相交流电源供电的消防电气控制装置在电源缺相、错相时应发出故障声、光信号；具备自动纠相功能的消防电气控制装置，在电源错相能自动完成纠相时，可不发出故障声、光信号。消防电气控制装置在电源发生缺相、错相时不应使受控设备产生误动作。

4.4.1.9 如果受控设备为一用、一备相互切换设备，在用的受控设备发生故障时，消防电气控制装置应能在3 s内自动切换至备用设备，同时发出相应的指示信号。

4.4.2 指示功能

4.4.2.1 消防电气控制装置应设绿色主电源指示灯，在主电源正常时，该指示灯应点亮。

4.4.2.2 消防电气控制装置应设红色启动指示灯，在执行启动动作后，该指示灯应点亮。

4.4.2.3 消防电气控制装置应设绿色自动/手动工作状态指示灯，在处于自动工作状态时，指示灯应点亮。指示灯附近应用中文标注其功能。

4.4.2.4 具有故障报警功能的消防电气控制装置应设音响器件和黄色故障指示灯。当有故障发生时，该指示灯应点亮，音响器件应发出故障声信号。

4.4.2.5 具有延时启动功能的消防电气控制装置应设红色延时指示灯。在消防电气控制装置延时启动期间，该指示灯应点亮。

4.4.2.6 消防电气控制装置应设红色受控设备启动指示灯，受控设备启动后指示灯应点亮。

4.4.2.7 消防电气控制装置应设红色联动控制指示灯。配接启动器件的消防电气控制装置应设红色启动器件动作指示灯，也可共用联动控制指示灯。当有联动信号输入或启动器件动作时，指示灯应点亮，并应发出与故障声有明显区别的声信号。

4.5 消防设备应急电源

4.5.1 通用要求

4.5.1.1 系列型谱

4.5.1.1.1 交流输出消防设备应急电源的额定输出功率应符合表2的规定。

表2 额定输出功率

单位为kVA

额定输出功率	
单相交流输出(220 V)	三相交流输出(380 V)
0.5～10	3～400

4.5.1.1.2 直流输出消防设备应急电源的额定输出电压应满足GB 156—2003的要求。

4.5.1.2 型号编制方法

4.5.1.2.1 交流输出消防设备应急电源的型号编制如图1所示。

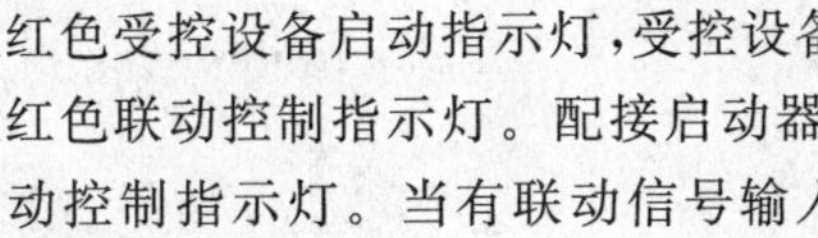

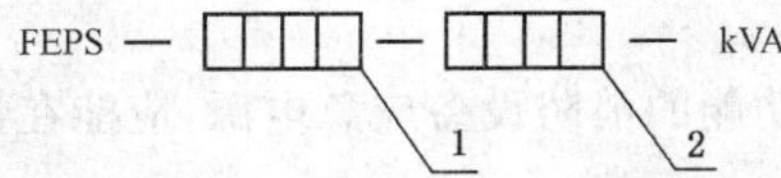

1——企业代码；

2——产品输出功率。

图1 交流输出消防设备应急电源型号示意图

4.5.1.2.2 直流输出消防设备应急电源的型号编制如图2所示。

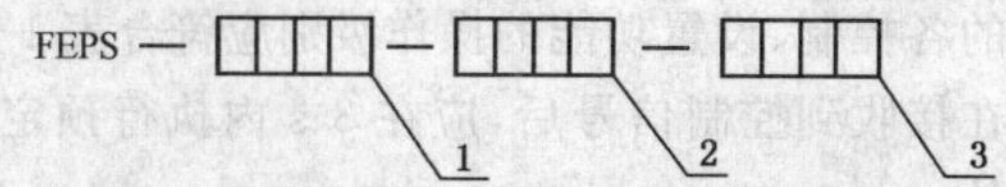

1——企业代码；

2——直流标称电压；

3——直流额定电流。

图 2 直流输出消防设备应急电源型号示意图

4.5.2 供电功能

4.5.2.1 消防设备应急电源应能按标称的输出特性为消防设备供电。

4.5.2.2 能接收联动信号的消防设备应急电源，应能在接收到联动信号后按预先设定的联动功能供电。

4.5.3 显示功能

4.5.3.1 交流输出消防设备应急电源应能显示以下信息：

a) 输入电压和输出电压；

b) 输出电流；

c) 主电工作状态；

d) 应急工作状态；

e) 充电状态；

f) 电池组电压。

4.5.3.2 直流输出消防设备应急电源应能显示以下信息：

a) 输出电压；

b) 输出电流；

c) 主电工作状态；

d) 应急工作状态。

4.5.4 保护功能

4.5.4.1 电源输出回路的应急输出电流大于标称额定电流的120％（或制造商允许的工作极限条件）时，应能发出声、光故障报警信号，大于标称额定电流的150％（或制造商允许的工作极限条件）时，应能自动停止输出，且应能在过流情况解除后恢复到正常工作状态。

4.5.4.2 消防设备应急电源任一输出回路保护动作不应影响其他输出回路的正常输出和消防设备应急电源的正常工作。

4.5.4.3 交流三相输出的消防设备应急电源若仅配接三相负载，其输出的任一相的缺相应能使三相负载回路自动停止输出，发出声、光故障报警信号，在故障解除后应能恢复到正常工作状态。

4.5.4.4 交流三相输出的消防设备应急电源若配接单相负载，其三相抗不平衡性能应满足制造商的要求。

4.5.5 控制功能

4.5.5.1 具有手动控制电源输出功能的消防设备应急电源，应能通过手动启动或停止消防设备应急电源的输出。

4.5.5.2 具有自动控制电源输出功能的消防设备应急电源，应能在接收相应控制信号后自动启动和停止消防设备应急电源。

4.5.5.3 同时具有手动和自动控制功能的消防设备应急电源，应设有手动/自动转换开关和手动/自动状态指示。在自动状态下，应能优先插入手动控制。处于手动状态下，应用密码或钥匙才能转换到自动状态。

4.5.6 转换功能

4.5.6.1 消防设备应急电源在主电源断电自动转换到电池组供电时，应发出声提示信号，声信号应能手动消除；当主电源恢复正常时，应自动转换到主电源供电；转换过程不应影响消防设备应急电源的正常工作。

4.5.6.2 应急输出的转换时间不应大于 5 s。

4.5.6.3 消防设备应急电源转入电池组供电的主电电压应在额定工作电压的 60%～85%范围内；恢复到主电工作状态的主电电压不应大于额定工作电压的 85%。

4.5.7 **充电功能**

消防设备应急电源应能对蓄电池进行充电。当消防设备应急电源蓄电池放电中止后，充电 24 h，消防设备应急电源的应急工作时间应大于额定应急工作时间的 80%；当消防设备应急电源蓄电池放电中止后，连续充电 48 h，电池组电压不应小于额定电压且应急工作时间不应小于额定应急工作时间。

4.5.8 **放电功能**

4.5.8.1 消防设备应急电源在额定负载的条件下应急工作时间不应小于标称的额定应急工作时间。

4.5.8.2 配接消防水泵、喷淋泵等灭火设备的消防设备应急电源，其在满负载的条件下应急工作时间不应小于 3 h，且不小于标称的额定应急工作时间。

4.5.8.3 消防设备应急电源应有过放电保护，电池组的放电终止电压不应小于额定电压的 90%，且静态泄放电流不应大于 $10^{-5}C_{20}$ A。

4.5.8.4 消防设备应急电源应有受密码或钥匙控制的强制应急启动装置，该装置启动后，消防设备应急电源的应急工作不受过放电保护的影响。

4.5.9 **故障报警功能**

消防设备应急电源在下述情况下，应在 100 s 内发出故障声、光信号，并指示出故障类型。故障声信号能手动消除，当有新的故障时，故障声信号应能再启动，故障光信号在故障排除前应保持。手动复位后，消防设备应急电源应在 100 s 内重新显示尚存在的故障。

a) 蓄电池电压小于额定电压的 90%；

b) 充电器与电池组之间的连接线断线；

c) 输出回路的保护动作；

d) 电池间连接线的断线。

其中 c)类故障还应指示回路的部位。

4.5.10 **主电工作极限条件**

4.5.10.1 直流输出的消防设备应急电源在制造商允许的主电工作极限条件内应能保持正常主电工作状态，其输出应满足制造商规定的要求。

4.5.10.2 交流输出的消防设备应急电源在主电额定工作电压的 85%～110%范围内应能保持主电工作状态，其输出应满足制造商规定的要求。

4.5.11 **应急状态的输出特性**

4.5.11.1 **交流输出消防设备应急电源的输出特性**

4.5.11.1.1 处于应急状态的消防设备应急电源在其负载发生变化的条件下输出电压不应超出额定输出电压的 85%～110%。

4.5.11.1.2 处于应急状态的消防设备应急电源在其负载发生变化的条件下输出频率不应超出额定输出频率的 95%～105%(变频输出的除外)；变频输出特性应符合制造商的规定。

4.5.11.1.3 处于应急状态的交流输出消防设备应急电源的输出应为正弦波形。

注：负载变化条件为制造商规定的最大极限变化条件，且不应使消防设备应急电源的应急输出大于额定输出功率的 150%。

4.5.11.2 **直流输出消防设备应急电源的输出特性**

当主电工作电压变动幅度在额定电压(220 V)的 110%和 85%范围内，频率为 50 Hz±1 Hz 时，其输出直流电压稳定度和负载稳定度应不大于 5%。

4.6 消防应急广播设备

4.6.1 通用要求

4.6.1.1 消防应急广播设备应具有中文功能标注，用文字显示信息时应采用中文。

4.6.1.2 消防应急广播设备应设绿色工作状态指示灯。

4.6.1.3 消防应急广播设备应设红色应急广播状态指示灯，当设备进行应急广播时，该指示灯应点亮。

4.6.1.4 消防应急广播设备应设黄色故障状态指示灯，当设备存在故障时，该指示灯应点亮。

4.6.2 应急广播功能

4.6.2.1 消防应急广播设备应能同时向一个或多个指定区域广播信息，广播语音应清晰，距扬声器正前方 3m 处，应急广播声压级(A 计权)不应小于 65 dB，且不应大于 115 dB。

4.6.2.2 消防应急广播设备应具有广播监听功能。

4.6.2.3 当有启动信号输入时，消防应急广播设备应立即停止非应急广播功能，进入应急广播状态。

4.6.2.4 消防应急广播设备应能显示处于应急广播状态的广播分区。

4.6.2.5 消防应急广播设备应能分别通过手动和自动控制实现下述功能，且手动操作优先：

a) 启动或停止应急广播；

b) 选择广播分区。

4.6.2.6 消防应急广播设备进入应急广播状态后，应在 10 s 内发出广播信息，且声频功率放大器的输出功率应不能被改变。

4.6.2.7 消防应急广播设备中任一扬声器故障不应影响其他扬声器的应急广播功能。

4.6.2.8 消防应急广播设备应能预设广播信息，预设广播信息应贮存在内置的固态存储器或硬盘中。

4.6.2.9 消防应急广播设备应能通过传声器进行应急广播并应自动对广播内容进行录音，录音时间不应少于 30 min。当使用传声器进行应急广播时，应自动中断其他信息广播、故障声信号和广播监听；停止使用传声器进行应急广播后，消防应急广播设备应在 3 s 内自动恢复到传声器广播前的状态。

4.6.2.10 消防应急广播设备使用的声频功率放大器应满足下述要求：

a) 失真限制的有效频率范围为 80 Hz～8 kHz；

b) 总谐波失真不大于 5%；

c) 信噪比不小于 70 dB。

4.6.3 故障报警功能

4.6.3.1 消防应急广播设备发生故障时，应在 100 s 内发出故障声、光信号，故障声信号应能手动消除，再有故障发生时，应能再启动；故障光信号应保持至故障排除。

4.6.3.2 消防应急广播设备发生下述故障时应能显示故障的类型及 a)项故障的部位：

a) 广播信息传输线路断路、短路；

b) 主电源欠压；

c) 给备用电源充电的充电器与备用电源间连接线的断路、短路(如有备用电源)；

d) 备用电源与其负载间连接线的断路、短路(如有备用电源)。

4.6.4 自检功能

消防应急广播设备应能手动检查本机所有指示灯、显示器和音响器件的功能。

4.6.5 电源性能

4.6.5.1 消防应急广播设备主电源应采用 220 V，50 Hz 交流电源，电源线输入端应设接线端子。

4.6.5.2 消防应急广播设备应具有备用电源或备用电源接口。

4.6.5.3 消防应急广播设备的电源部分应具有主电源和备用电源转换装置，当主电源断电时，能自动转换到备用电源；主电源恢复时，能自动转换到主电源；主、备电源的工作状态应有指示，主电源应有过流保护措施。主、备电源的转换不应影响消防应急广播设备的正常工作。

4.6.5.4 当交流供电电压变动幅度在额定电压(220 V)的 110% 和 85% 范围内，频率为 50 Hz±1 Hz

时，消防应急广播设备应能正常工作。

4.6.5.5 消防应急广播设备的备用电源在放电至终止电压条件下，充电 24 h，其容量应能提供消防应急广播设备在监视状态下工作 8 h 后，在制造商规定的最大容量满负载条件下工作 30 min。

4.7 消防电话

4.7.1 消防电话总机性能

4.7.1.1 消防电话总机应能为消防电话分机和消防电话插孔供电。消防电话总机应能与消防电话分机进行全双工通话。

4.7.1.2 在线路条件为环路电阻不大于 300 Ω(不含话机电阻)、线间绝缘电阻不小于 20 kΩ、线间电容不大于 0.7 μF 条件下，消防电话总机和消防电话分机之间应能清晰通话，无振鸣现象。

4.7.1.3 收到消防电话分机呼叫时，消防电话总机应在 3 s 内发出呼叫声、光信号，显示该消防电话分机的呼叫状态，声信号应能手动消除。消防电话总机与消防电话分机接通后，呼叫声、光信号应自动消除，消防电话总机显示该消防电话分机为通话状态。消防电话总机或消防电话分机挂机后，显示通话状态的光信号应自动消除。

4.7.1.4 处于通话状态的消防电话总机，在有其他消防电话分机呼入时，应发出呼叫声、光信号，通话不应受呼叫影响。呼叫的消防电话分机挂机后，呼叫声、光信号应自动消除。当消防电话分机再次呼叫消防电话总机时，消防电话总机应能再次发出呼叫声、光信号。消防电话总机在通话状态下应具有允许或拒绝其他呼叫消防电话分机加入通话的功能。

4.7.1.5 多部消防电话分机(不少于两部)同时呼叫消防电话总机时，消防电话总机应能选择与任意一部或多部消防电话分机通话。

4.7.1.6 示闲状态的消防电话总机摘机后，消防电话总机受话器应有拨号音提示，拨号音应符合 GB 3380的要求。

4.7.1.7 消防电话总机应能呼叫任意一部消防电话分机，并能同时呼叫至少两部消防电话分机。呼叫时，消防电话总机应能显示出被呼叫消防电话分机的状态和位置，消防电话总机受话器应有回铃音提示。任一被呼叫消防电话分机摘机后，回铃音应停止，进入通话状态。消防电话总机应显示该消防电话分机为通话状态，未摘机的被呼叫消防电话分机应保持被呼叫状态；回铃音应符合 GB 3380 的要求。

4.7.1.8 处于通话状态的消防电话总机，应能呼叫其他消防电话分机，被呼叫的消防电话分机摘机后，应能自动加入通话。

4.7.1.9 消防电话总机应能终止与任意消防电话分机的通话，且不影响与其他消防电话分机的通话。当与消防电话总机通话的所有消防电话分机挂机后，消防电话总机话机应有忙音提示，忙音应符合 GB 3380的要求。

4.7.1.10 消防电话总机应具有记录和显示呼叫、应答时间的功能；并应能向前查询、显示不少于 100 条的消防电话总机与消防电话分机呼叫、应答时间的记录；其时钟日计时误差应不超过 30 s。

4.7.1.11 消防电话总机在进行查询等操作时，不应影响系统正常工作。

4.7.1.12 消防电话总机应有包括对其显示器件和音响器件进行功能检查的自检功能。自检期间，如非自检消防电话分机呼叫消防电话总机，消防电话总机应能发出呼叫声、光信号。

4.7.1.13 在发生下列故障时，消防电话总机应能在 100 s 内发出与其他信号有明显区别的故障声、光信号：

a) 消防电话总机的主电源欠压；
b) 给备用电源充电的充电器与备用电源之间连接线断线、短路；
c) 备用电源向消防电话总机供电的连接线断线、短路；
d) 消防电话总机与消防电话分机或消防电话插孔间连接线断线、短路(短路时显示通话状态除外)；
e) 消防电话总机与消防电话分机间连接线接地，影响消防电话总机与消防电话分机正常通话。

对于 a)、b)、c)类故障仅适用于采用内部供电方式工作的消防电话总机，应能指示出类型；对于 d)和 e)类故障应能指示出部位。故障声信号应能手动消除，当再有故障发生时，应能再次启动；故障光信号应保持至故障排除。故障期间，如非故障消防电话分机呼叫消防电话总机，消防电话总机应能发出呼叫声、光信号，并能与消防电话总机正常通话。

4.7.1.14 故障排除后，故障信号可自动或手动复位。复位后，消防电话总机应在 100 s 内重新显示尚存在的故障。

4.7.1.15 消防电话总机应有通话录音功能。系统进行通话时，录音自动开始，并有光信号指示；通话结束，录音自动停止。消防电话总机可存储的录音时间应不少于 20 min。当剩余存储空间不足额定容量的 10%时，消防电话总机应发出存储容量不足的声、光信号，声信号应能手动消除，光信号应保持至消防电话总机删除录音记录或更换存储介质。消防电话总机应能向前分次或分时查询和播放消防电话总机与消防电话分机的通话录音记录。

4.7.1.16 消防电话总机传输损耗应满足 GB/T 14716—1993 中 5.6.4.1 的要求。

4.7.2 消防电话分机性能

4.7.2.1 消防电话分机的正常监视状态应有光指示。

4.7.2.2 消防电话分机与消防电话总机应能进行全双工通话。通话应清晰，无振鸣现象。

4.7.2.3 消防电话分机摘机即自动呼叫消防电话总机，呼叫时受话器应有回铃音，回铃音应符合 GB 3380的要求。消防电话分机在消防电话总机退出通话状态时，应有忙音提示，忙音应符合 GB 3380的要求。

4.7.2.4 在收到消防电话总机呼叫时，消防电话分机应能在 3 s 内发出声、光指示信号。

4.7.2.5 消防电话分机之间不能通话(由消防电话总机参与的多方通话除外)。

4.7.2.6 消防电话分机通话传输特性应满足 GB/T 15279—2002 中 4.2.1、4.2.7 的要求。

4.7.3 消防电话插孔性能

4.7.3.1 消防电话插孔正常状态时应有光指示。

4.7.3.2 消防电话插孔接上消防电话分机后，消防电话分机应能与消防电话总机进行全双工通话。

4.7.4 电源性能

4.7.4.1 消防电话可采用内部供电和外部供电的供电方式。

4.7.4.2 采用内部供电方式工作的消防电话总机主电源应有过压、过流保护措施。

4.7.4.3 采用内部供电方式的消防电话总机电源应满足以下要求：

a) 消防电话总机主电源应能保证消防电话总机总容量 30%消防电话分机(不少于 10 部，但不超过 30 部)同时摘机工作。消防电话分机总数少于 10 部时，消防电话总机主电源应能保证所有消防电话分机同时摘机工作。

b) 备用电源在放电终止条件下，充电 24 h，其容量应能满足消防电话总机在正常满负载待机状态工作 8 h 后，与一部消防电话分机连续通话 3 h。

c) 消防电话总机应具有主、备电源自动转换功能。当主电源断电时，应能自动转换到备用电源；当主电源恢复时，应能自动转换到主电源。主、备电源的转换不应影响消防电话总机与消防电话分机间的通话。主、备电源的工作状态应有指示。

d) 主电源供电时，当交流供电电压变动幅度在额定电压(220 V)的 110%和 85%范围内，频率偏差不超过标准频率(50 Hz)的±1%时，系统应能正常工作。

4.7.4.4 采用外部供电方式的消防电话总机，供电直流电压的电压变动幅度在额定电压的 110%和 85%范围内时，系统应能正常工作。

4.8 传输设备

4.8.1 火灾报警信息的接收与传输功能

4.8.1.1 传输设备应能接收来自火灾报警控制器的火灾报警信息，并发出火灾报警光信号。

4.8.1.2 传输设备应在10 s内将来自火灾报警控制器的火灾报警信息传送给“建筑消防设施远程监控中心”(以下简称监控中心)。

4.8.1.3 传输设备在处理和传输火灾报警信息时,火灾报警状态指示灯应闪亮,在得到监控中心的正确接收确认后,该指示灯应常亮并保持直至该状态被确认或接收并处理新的火灾报警信息。当信息传送失败时应发出声、光信号。

4.8.1.4 传输设备在传输监管、故障、屏蔽或自检信息期间,如火灾报警控制器发出火灾报警信息,传输设备应能优先接收并传输火灾报警信息。

4.8.1.5 对传输设备进行的操作(手动报警操作除外)不应影响传输设备接收和传输来自火灾报警控制器的火灾报警信息。

4.8.2 监管报警信息的接收与传输功能

4.8.2.1 传输设备应能接收来自火灾报警控制器的监管报警信息,并发出指示监管报警的光信号。

4.8.2.2 传输设备应能在10 s内将来自火灾报警控制器的监管报警信息传送给监控中心。

4.8.2.3 传输设备在处理和传输监管报警信息时,监管报警状态指示灯应闪亮,在得到监控中心的正确接收确认后,该指示灯应常亮并保持直至该状态被确认或接收并处理新的监管报警信息。当信息传送失败时应发出声、光信号。

4.8.3 故障报警信息的接收与传输功能

4.8.3.1 传输设备应能接收来自火灾报警控制器的故障报警信息,并发出指示故障报警状态的光信号。

4.8.3.2 传输设备应在10 s内将来自火灾报警控制器的故障报警信息传送给监控中心。

4.8.3.3 传输设备在处理和传输故障报警信息时,故障报警状态指示灯应闪亮,在得到监控中心的正确接收确认后,该指示灯应常亮并保持直至该状态被确认或接收并处理新的故障报警信息。当信息传送失败时应发出声、光信号。

4.8.4 屏蔽信息的接收与传输功能

4.8.4.1 传输设备应能接收来自火灾报警控制器的屏蔽信息,并发出指示屏蔽状态的光信号。

4.8.4.2 传输设备应在10 s内将来自火灾报警控制器的屏蔽信息传送给监控中心。

4.8.4.3 传输设备在处理和传输屏蔽信息时,屏蔽状态指示灯应闪亮,在得到监控中心的正确接收确认后,该指示灯应常亮并保持直至该状态被确认或接收并处理新的屏蔽信息。当信息传送失败时应发出声、光信号。

4.8.5 手动报警功能

4.8.5.1 传输设备应设手动报警按键(钮),当手动报警按键(钮)动作时,应发出指示手动报警状态的光信号。

4.8.5.2 传输设备应在10 s内将手动报警信息传送给监控中心。

4.8.5.3 传输设备在手动报警操作并传输信息时,手动报警指示灯应闪亮,在得到监控中心的正确接收确认后,该指示灯应常亮并保持60 s。当信息传送失败时应发出声、光信号。

4.8.5.4 传输设备在传输火灾报警、监管、故障、屏蔽或自检信息期间,应能优先进行手动报警操作和手动报警信息传输。

4.8.6 本机故障报警功能

4.8.6.1 传输设备应设本机故障指示灯,只要传输设备存在本机故障信号,该故障指示灯(器)均应点亮。

4.8.6.2 当发生下列故障时,传输设备应在100 s内发出与火灾报警和手动报警有明显区别的本机故障声、光信号,并指示出类型,本机故障声信号应能手动消除,再有故障发生时,应能再启动;本机故障光信号应保持至故障排除。

a) 传输设备与监控中心间的通信线路(或信道)不能进行正常通信;

STANDARDS PRESS OF CHINA

b) 给备用电源充电的充电器与备用电源间连接线的断路、短路；

c) 备用电源与其负载间连接线的断路、短路。

4.8.6.3 采用字母(符)-数字显示器时，当显示区域不足以显示全部故障信息时，应有手动查询功能。

4.8.6.4 传输设备的本机故障信号在故障排除后，可以自动或手动复位。手动复位后，传输设备应在100 s内重新显示存在的故障。

4.8.7 **自检功能**

传输设备应能手动检查本机面板所有指示灯、显示器和音响器件的功能。

4.8.8 **电源性能**

4.8.8.1 传输设备应有主、备电源的工作状态指示，主电源应有过流保护措施。当交流电网供电电压变动幅度在额定电压(220 V)的110%和85%范围内，频率偏差不超过标准频率(50 Hz)的±1%时，传输设备应能正常工作。

4.8.8.2 传输设备应有主电源与备用电源之间的自动转换装置。当主电源断电时，能自动转换到备用电源；主电源恢复时，能自动转换到主电源。主、备电源的转换不应使传输设备产生误动作。备用电源的电池容量应能提供传输设备在正常监视状态下至少工作8 h。

4.9 **消防控制室图形显示装置**

4.9.1 **消防控制室图形显示装置通用要求**

4.9.1.1 消防控制室图形显示装置应至少采用中文标注和中文界面；接通电源后应直接进入操作界面，期间任何中断均不能影响操作界面的弹出和运行；界面关闭时电源应自动关闭，期间任何中断均不能影响界面和电源的关闭。

4.9.1.2 消防控制室图形显示装置应用红色指示报警、联动状态，黄色指示故障状态，绿色指示正常状态。

4.9.1.3 消防控制室图形显示装置应能接收火灾报警控制器和消防联动控制器(以下称控制器)发出的火灾报警信号和/或联动控制信号，并能在3 s内进入火灾报警和/或联动状态，显示相应信息。

4.9.1.4 消防控制室图形显示装置应能查询并显示监视区域中监控对象系统内各个消防设备(设施)的物理位置及其对应的实时状态信息，并能在发出查询信号后15 s内显示相应信息。

4.9.1.5 消防控制室图形显示装置应能监视并显示与控制器通信的工作状态。

4.9.1.6 消防控制室图形显示装置在制造商规定的最长通信距离条件下应能正常通信。

4.9.1.7 消防控制室图形显示装置与控制器的信息应同步，且在通信中断并恢复通信后，应能重新接收并正确显示。

4.9.1.8 消防控制室图形显示装置应具有远程传送信息和接受远程查询的功能，传送和接受远程查询过程中应有状态指示。

4.9.1.9 消防控制室图形显示装置不能对控制器进行复位、系统设定以及联动设备的启动和停止等控制操作。

4.9.2 **状态显示**

4.9.2.1 **显示要求**

4.9.2.1.1 消防控制室图形显示装置应能显示建筑总平面布局图、每个保护对象的建筑平面图、系统图。

4.9.2.1.2 建筑的总平面布局图应能用一个界面完整显示。

4.9.2.1.3 保护区域的建筑平面图应能显示每个保护对象及主要部位的名称和疏散路线；并能显示火灾自动报警和联动控制系统及其控制的各类消防设备(设施)的名称、物理位置和各消防设备(设施)的动态信息。

4.9.2.1.4 系统图应包括火灾自动报警及消防联动控制系统、自动喷水灭火系统、消火栓系统、气体灭火系统、水喷雾灭火系统、泡沫和干粉灭火系统、防烟排烟系统、消防应急照明和疏散指示系统等内容。

4.9.2.1.5 用图标表示各个消防设备(设施)的名称时,应采用图例对每个图标加以说明。

4.9.2.1.6 显示应至少采用中文标注和中文界面,界面不小于17″。

4.9.2.1.7 当有火灾报警信号、监管报警信号、反馈信号、屏蔽信号、故障信号输入时,消防控制室图形显示装置应有相应状态的专用总指示,显示相应部位对应总平面布局图中的建筑位置、建筑平面图,在建筑平面图上指示相应部位的物理位置,记录时间和部位等信息。

4.9.2.1.8 消防控制室图形显示装置在火灾报警信号、反馈信号输入 10 s 内显示相应状态信息,其他信号输入 100 s 内显示相应状态信息。

4.9.2.2 火灾报警和联动状态显示

4.9.2.2.1 当有火灾报警信号、联动信号输入时,消防控制室图形显示装置应能显示报警部位对应的建筑位置、建筑平面图,在建筑平面图上指示报警部位的物理位置,记录报警时间、报警部位等信息。

4.9.2.2.2 消防控制室图形显示装置处于报警、联动状态时应有专用总指示,且该指示不受消防控制室图形显示装置复位操作以外的任何操作的影响。

4.9.2.2.3 消防控制室图形显示装置应单独显示首火警部位。首火警平面图应有首火警标注。消防控制室图形显示装置在处于其他状态下应能直接切换到首火警平面图。

4.9.2.2.4 后续报警部位应连续显示。同时应能手动查询火灾报警部位及相关信息。

4.9.2.2.5 在火灾报警或联动状态下,消防控制室图形显示装置应优先显示报警平面图。若需显示多个报警平面图时,应能自动或手动循环显示,且应显示报警平面图的总数和其序号。

4.9.2.2.6 在火灾报警或联动状态下,消防控制室图形显示装置显示非报警平面图时,应能手动或在设定的时间内自动直接切换到报警平面图。

4.9.2.2.7 消防控制室图形显示装置应能手动复位,复位后,应能在 100 s 内重新显示控制器仍然存在的状态及相关信息。

4.9.2.2.8 对于可以安装在非消防控制室的消防控制室图形显示装置,在发出光报警信号的同时还应发出声报警信号,声信号应能手动消除,当再有报警信号输入时,应能再次启动。在正常条件下,音响器件在其正前方 1 m 处的声压级(A 计权)应大于 65 dB,小于 115 dB;并在消防控制室图形显示装置额定工作电压 85%条件下应能正常工作。

4.9.2.3 故障状态显示

4.9.2.3.1 消防控制室图形显示装置应能接收控制器及其他消防设备(设施)发出的故障信号,并在故障信号输入 100 s 内显示故障状态信息。

4.9.2.3.2 在火灾报警或联动状态条件下,消防控制室图形显示装置可以显示故障状态信息,但不能影响火灾和联动报警状态信息的显示。

4.9.3 通信故障报警功能

消防控制室图形显示装置在与控制器及其他消防设备(设施)之间不能正常通信时,应在 100 s 内发出与火灾报警信号有明显区别的故障声、光信号,故障声信号应能手动消除,故障光信号应保持至故障排除。

4.9.4 信息记录功能

4.9.4.1 消防控制室图形显示装置应具有火灾报警和消防联动控制的历史记录功能,记录应包括报警时间、报警部位、复位操作、消防联动设备的启动和动作反馈等信息,存储记录容量不应少于 10 000 条,记录备份后方可被覆盖。

4.9.4.2 消防控制室图形显示装置应记录值班及操作人员、产品维护保养记录、保护区域中监控对象系统内各个消防设备(设施)的动态信息,记录包括操作人员的代码、产品维护保养的内容和时间、各类设备(设施)的动态信息和时间、系统程序的进入和退出时间等内容,存储记录容量不应少于 10 000 条,记录备份后方可被覆盖。

4.9.4.3 消防控制室图形显示装置应具有保护区域中监控对象系统内各个消防设备(设施)的制造商、

产品有效期的历史记录功能,存储记录容量不应少于1 000条,记录备份后方可被覆盖。

4.9.4.4 消防控制室图形显示装置应具有接受远程查询历史记录的功能。

4.9.4.5 消防控制室图形显示装置应具有记录打印或刻录存盘功能,对历史记录应打印存档或刻录存盘归档。

4.9.5 信息传输要求

4.9.5.1 消防控制室图形显示装置在接收到系统的火灾报警信号后10 s内将报警信息按规定的通讯协议格式传送给监控中心。

4.9.5.2 消防控制室图形显示装置应能接收监控中心的查询指令并能按规定的通讯协议格式按以下规定的内容将相应信息传送到监控中心。

a) 消防控制室管理信息:消防控制室的管理机构、系统竣工图纸、各分系统控制逻辑关系说明、设备使用说明书、系统操作规程、应急预案、值班制度、维护保养制度及记录;

b) 火灾探测报警系统:火灾报警信息、屏蔽信息、监管报警信息、故障信息、可燃气体探测报警系统报警信息、电气火灾监控系统报警信息;

c) 消防联动控制器、模块、消防电气控制装置、消防电动装置:联动控制信息、屏蔽信息、故障信息、受控现场设备的联动控制信息和反馈信息;

d) 自动喷水灭火系统、水喷雾灭火系统:系统的手动、自动工作状态,喷淋泵电源工作状态、启停状态、故障状态,水流指示器、信号阀、报警阀、压力开关的正常状态、动作状态,消防水箱(池)水位、管网压力报警信息;

e) 消火栓系统:系统的手动、自动工作状态,消防水泵电源的工作状态,消防水泵的启、停状态和故障状态,消防水箱(池)水位、管网压力报警信息;

f) 气体灭火系统、水喷雾灭火系统:系统的手动、自动工作状态及故障状态,阀驱动装置的正常状态和动作状态,防护区域中的防火门窗、防火阀、通风空调等设备的正常工作状态和动作状态,系统的启动和停止信息、延时状态信号、压力反馈信号,喷洒各阶段的动作状态;

g) 泡沫灭火系统:系统的手动、自动工作状态,消防水泵、泡沫液泵电源的工作状态,系统的手动、自动工作状态及故障状态,消防水泵、泡沫液泵、管网电磁阀的正常工作状态和动作状态;

h) 干粉灭火系统:系统的手动、自动工作状态及故障状态,阀驱动装置的正常状态和动作状态,延时状态信号、压力反馈信号,喷洒各阶段的动作状态;

i) 防烟排烟系统:系统的手动、自动工作状态,防烟排烟风机、防火阀、排烟防火阀、常闭送风口、排烟口、电控挡烟垂壁的工作状态、动作状态;

j) 防火门及卷帘系统:防火卷帘控制器、防火门监控器的工作状态和故障状态,用于公共疏散的各类防火门的工作状态和故障状态等动态信息;

k) 电梯:火灾时电梯停于首层的反馈信号和运行的动态信息;

l) 消防电话:消防电话分机的通话状态及消防电话总机的通话状态;

m) 消防应急广播:处于应急广播状态的广播分区、应急广播的启动或停止信息;

n) 消防应急照明和疏散指示系统:消防应急照明和疏散指示系统的主电工作状态和应急工作状态;

o) 消防电源:系统内各消防设备的供电电源(包括交流和直流电源)和备用电源工作状态。

4.9.5.3 消防控制室图形显示装置应有专用的信息传输指示灯,在处理和传输信息时,该指示灯应闪亮,在得到监控中心的正确接收确认后,该指示灯应常亮并保持直至该状态复位。当信息传送失败时应有明确声、光指示。

4.9.5.4 在信息传输过程中,火灾报警信息应主动传输,且优先于其他信息传输。

4.9.5.5 消防控制室图形显示装置的信息传输应不受保护区域内各类系统设备任何操作的影响。

4.10 模块

4.10.1 基本性能

4.10.1.1 输入模块

4.10.1.1.1 输入模块在接收到制造商规定的输入信号后应在 3 s 内动作,并点亮动作指示灯。

4.10.1.1.2 输入模块在与提供输入信号部件之间的连接线发生断路或短路(短路时发出输入信号除外)时,应能将故障信号发送到所连接的消防联动控制器。

4.10.1.1.3 输入模块在制造商规定的供电范围下应能正常工作。

4.10.1.2 输出模块

4.10.1.2.1 输出模块在接收到制造商规定的控制信号后应在 3 s 内动作,并点亮动作指示灯。

4.10.1.2.2 输出模块在与连接部件之间的连接线发生断路或短路(短路时发出输出信号除外)时,应能将故障信号发送到所连接的消防联动控制器。

4.10.1.2.3 输出模块在制造商规定的供电范围下应能正常工作。

4.10.1.2.4 输出模块的输出性能应满足制造商规定的要求。

4.10.1.3 输入/输出模块

输入/输出模块应同时满足 4.10.1.1 和 4.10.1.2 的要求。

4.10.1.4 中继模块

4.10.1.4.1 中继模块在制造商规定的条件下应能正常工作。

4.10.1.4.2 中继模块的性能应满足制造商规定的要求。

4.11 消防电动装置

4.11.1 基本性能

4.11.1.1 消防电动装置在制造商规定的供电条件下应能正常工作。

4.11.1.2 消防电动装置应能接收制造商规定的启动信号,并在 3 s 内执行驱动。具有延时功能的消防电动装置,延时功能应满足下述要求:

a) 延时时间应在 0~30 s 内可调;

b) 延时期间,应有相应的延时声、光信号和时间显示。

4.11.1.3 同时具有手动和自动控制功能的消防电动装置应有手动或自动控制状态光指示。消防电动装置在自动状态下,手动插入操作优先。

4.11.1.4 对具有机械操作部件的消防电动装置施加制造商规定的额定动作推力 80% 的推力,消防电动装置不应动作。

4.12 消火栓按钮

4.12.1 基本功能

4.12.1.1 消火栓按钮的工作电压应采用不大于 36 V 的安全电压。

4.12.1.2 消火栓按钮应具有向消火栓水泵控制器或消防联动控制器发送启动控制信号,并接收水泵启动回答信号的功能。

4.12.1.3 消火栓按钮的正常监视状态应可通过其前面板外观清晰识别,启动零件不应破碎、变形或移位。

4.12.1.4 消火栓按钮从正常监视状态进入启动状态可以通过击碎启动零件或使启动零件移位完成,进入启动状态的消火栓按钮应能从前面板外观变化清晰识别且与正常监视状态有明显区别。

4.12.1.5 消火栓按钮应设红色启动确认灯,消火栓按钮启动零件动作后,启动确认灯应点亮,并保持至启动状态被复位。

4.12.1.6 消火栓按钮应设绿色回答确认灯,水泵启动并给出回答信号后,回答确认灯应点亮,并保持至水泵停止工作。

4.12.1.7 如通过启动、回答确认灯显示消火栓按钮其他工作状态,被显示的状态应与启动、回答指示的状态有明显区别。

4.12.1.8 具有火灾报警功能的消火栓按钮可通过点亮启动确认灯同时指示启动和报警状态，且还应满足 GB 19880 的要求

4.12.1.9 消火栓按钮动作后应仅能使用工具通过下述方法进行复位：

a) 对启动零件不可重复使用的，更换新的启动零件；

b) 对启动零件可重复使用的，复位启动零件。

4.12.1.10 启动零件不可重复使用的消火栓按钮应有专门测试手段，在不击碎启动零件的情况下进行模拟启动及复位测试。

4.12.2 结构与外观

4.12.2.1 消火栓按钮外壳的边角应钝化，减少使人受伤的可能性。操作启动零件时不应对操作者产生伤害。

4.12.2.2 消火栓按钮的操作面板应符合下述要求：

a) 在前面板垂直中心线的正中间；

b) 可以设计成允许与前面板水平中心线有垂直偏差。

消火栓按钮的操作面板应与前面板在同一水平面或嵌入前面板里，但不能凸出前面板外。消火栓按钮按制造商规定的安装方式安装后，前面板应与安装面平行，且凸出安装面至少 15 mm。

4.12.2.3 消火栓按钮前面板面积应大于 6 400 mm^2，操作面板面积应大于 1 000 mm^2。

4.12.2.4 消火栓按钮按制造商规定的安装方式安装后，除下述部位外，可视的表面颜色应为红色：

a) 操作面板；

b) 4.12.2.5、4.12.2.6、4.12.2.7 中规定的符号和文字。

4.12.2.5 消火栓按钮前面板上的符号和文字均应在前面板水平中心线下方。非红色标识部分总面积不应超过前面板面积的 5%。

4.12.2.6 消火栓按钮的操作面板上应标注图 3a)或图 3b)所示的图形符号。图形标识可附有补充性文字(如：按下启动)。符号和文字总面积不应超过操作面板总面积的 10%。

图 3 消火栓按钮标识

4.12.2.7 消火栓按钮操作面板上的其他符号、文字不应影响 4.12.2.6 中规定的图形标识，且限制在操作面板上部和/或下部 25%区域内。除 4.12.2.6 中规定的图形标识外，操作面板上的标识与操作面板的颜色应有明显区别且总面积不应超过操作面板面积的 5%。

4.12.2.8 消火栓按钮应至少具有一常开或常闭接点，接点容量应在使用说明书中说明。

4.12.2.9 消火栓按钮的指示灯点亮时，在其正前方 2 m 处，光照度不超过 500 lx 的环境条件下，应清晰可见。

5 要求和试验方法

5.1 总则

5.1.1 试验的大气条件

除在有关条文另有说明外，各项试验均在下述大气条件下进行：

——温度：15℃～35℃；

——湿度：25%RH～75%RH；

——大气压力：86 kPa～106 kPa。

5.1.2 试验的正常监视状态

如试验方法中要求试样处于正常监视状态，应将试样与制造商提供的负载和/或控制和指示设备连接且保持正常工作状态；在有关条文中没有特殊要求时，应保证其工作电压为额定工作电压，并在试验期间保持工作电压稳定。

5.1.3 容差

除在有关条文另有说明外，各项试验数据的容差均为±5%；环境条件参数偏差应符合 GB 16838 要求。

5.1.4 试样

试样数量应符合下述要求，并在试验前予以编号：

a) 消防联动控制器为 2 台(由消防联动控制器的所有部分组成，包括需要配接的负载和受控设备)；

b) 气体灭火控制器为 2 台(由气体灭火控制器的所有部分组成，包括需要配接的负载和受控设备)；

c) 消防电气控制装置为 2 台；

d) 消防设备应急电源为 1 台；

e) 消防应急广播设备为 2 套(每套消防应急广播设备包括控制和指示设备、传声器、声频功率放大器、5 只扬声器、试验用等效负载等部分)；

f) 消防电话为 2 套(每套消防电话包括 1 台消防电话总机、3 部消防电话分机和 3 个消防电话插孔)；

g) 传输设备为 2 台(制造商应同时提供与其配接的火灾报警控制器)；

h) 消防控制室图形显示装置为 1 台；

i) 模块为 2 个；

j) 消防电动装置为 2 台；

k) 消火栓按钮为 13 个。

5.1.5 试验前检查

5.1.5.1 试样在试验前应进行外观检查，并符合下述要求：

a) 表面无腐蚀、涂覆层脱落和起泡现象，无明显划伤、裂痕、毛刺等机械损伤；

b) 紧固部位无松动。

5.1.5.2 在试验前应按第 4 章中 4.1 及联动控制系统各类设备的通用要求、软件文件的有关要求对试样进行检查，并符合相应要求。

5.1.6 试验程序

5.1.6.1 消防联动控制器的试验程序见表 3。

表 3 消防联动控制器试验程序

序　号	章　条	试验项目	试样编号
1	5.2.1	控制功能试验	1、2
2	5.2.2	故障报警功能试验	1、2
3	5.2.3	屏蔽功能试验(选择性)	1、2
4	5.2.4	自检功能试验	1、2
5	5.2.5	信息显示与查询功能试验	1、2
6	5.2.6	电源功能试验	1、2
7	5.13	绝缘电阻试验	1

表 3（续）

序　号	章　条	试验项目	试样编号
8	5.14	泄漏电流试验	1
9	5.15	电气强度试验	1
10	5.16	射频电磁场辐射抗扰度试验	1
11	5.17	射频场感应的传导骚扰抗扰度试验	1
12	5.18	静电放电抗扰度试验	1
13	5.19	电快速瞬变脉冲群抗扰度试验	1
14	5.20	浪涌(冲击)抗扰度试验	1
15	5.21	电源瞬变试验	1
16	5.22	电压暂降、短时中断和电压变化的抗扰度试验	1
17	5.23	低温(运行)试验	1
18	5.24	恒定湿热(运行)试验	1
19	5.25	恒定湿热(耐久)试验	2
20	5.26	振动(正弦)(运行)试验	1
21	5.27	振动(正弦)(耐久)试验	1
22	5.28	碰撞试验	1

5.1.6.2　气体灭火控制器的试验程序见表 4。

表 4　气体灭火控制器试验程序

序　号	章　条	试验项目	试样编号
1	5.3.1	控制和显示功能试验	1、2
2	5.3.2	故障报警功能试验	1、2
3	5.3.3	自检功能试验	1、2
4	5.3.4	电源功能试验	1、2
5	5.13	绝缘电阻试验	1
6	5.14	泄漏电流试验	1
7	5.16	射频电磁场辐射抗扰度试验	2
8	5.17	射频场感应的传导骚扰抗扰度试验	2
9	5.18	静电放电抗扰度试验	2
10	5.19	电快速瞬变脉冲群抗扰度试验	2
11	5.20	浪涌(冲击)抗扰度试验	2
12	5.21	电源瞬变试验	1
13	5.22	电压暂降、短时中断和电压变化的抗扰度试验	1
14	5.23	低温(运行)试验	2
15	5.24	恒定湿热(运行)试验	1
16	5.26	振动(正弦)(运行)试验	2
17	5.28	碰撞试验	1

5.1.6.3 消防电气控制装置的试验程序见表5。

表5 消防电气控制装置试验程序

序号	章条	试验项目	试样编号
1	5.4.1	功能试验	1、2
2	5.4.2	电压波动试验	1
3	5.4.3	重复动作试验	1、2
4	5.4.4	机械操作性能试验	1、2
5	5.4.5	负载能力试验	1、2
6	5.13	绝缘电阻试验	1
7	5.15	电气强度试验	1
8	5.16	射频电磁场辐射抗扰度试验	2
9	5.17	射频场感应的传导骚扰抗扰度试验	2
10	5.18	静电放电抗扰度试验	2
11	5.19	电快速瞬变脉冲群抗扰度试验	2
12	5.20	浪涌(冲击)抗扰度试验	2
13	5.23	低温(运行)试验	1
14	5.24	恒定湿热(运行)试验	2
15	5.26	振动(正弦)(运行)试验	1
16	5.27	振动(正弦)(耐久)试验	1
17	5.28	碰撞试验	2

5.1.6.4 消防设备应急电源的试验程序见表6。

表6 消防设备应急电源试验程序

序号	章条	试验项目	试样编号
1	5.5.1	供电功能试验	1
2	5.5.2	显示功能试验	1
3	5.5.3	保护功能试验	1
4	5.5.4	控制功能试验	1
5	5.5.5	转换试验	1
6	5.5.6	充、放电试验	1
7	5.5.7	故障报警功能试验	1
8	5.5.8	输出性能试验	1
9	5.13	绝缘电阻试验	1
10	5.14	电气强度试验	1
11	5.18	静电放电抗扰度试验	1
12	5.20	浪涌(冲击)抗扰度试验	1
13	5.21	电源瞬变试验	1
14	5.22	电压暂降、短时中断和电压变化的抗扰度试验	1

STANDARDS PRESS OF CHINA

表 6（续）

序　　号	章　　条	试验项目	试样编号
15	5.23	低温(运行)试验	1
16	5.24	恒定湿热(运行)试验	1
17	5.28	碰撞试验	1

5.1.6.5　消防应急广播设备的试验程序见表 7。

表 7　消防应急广播设备试验程序

序　　号	章　　条	试验项目	试样编号
1	5.6.1	基本功能试验	1、2
2	5.6.2	电源性能试验	2
3	5.13	绝缘电阻试验	2
4	5.15	电气强度试验	2
5	5.16	射频电磁场辐射抗扰度试验	1
6	5.17	射频场感应的传导骚扰抗扰度试验	1
7	5.18	静电放电抗扰度试验	1
8	5.19	电快速瞬变脉冲群抗扰度试验	1
9	5.20	浪涌(冲击)抗扰度试验	1
10	5.21	电源瞬变试验	2
11	5.22	电压暂降、短时中断和电压变化的抗扰度试验	2
12	5.23	低温(运行)试验	1
13	5.24	恒定湿热(运行)试验	2
14	5.26	振动(正弦)(运行)试验	1
15	5.28	碰撞试验	2

5.1.6.6　消防电话的试验程序见表 8。

表 8　消防电话试验程序

序　　号	章　　条	试验项目	试样编号
1	5.7.1	消防电话总机性能试验	1、2
2	5.7.2	消防电话分机性能试验	1、2
3	5.7.3	消防电话插孔性能试验	1、2
4	5.7.4	电源性能试验	1、2
5	5.13	绝缘电阻试验	1
6	5.14	泄漏电流试验	1
7	5.16	射频电磁场辐射抗扰度试验	1
8	5.17	射频场感应的传导骚扰抗扰度试验	1
9	5.18	静电放电抗扰度试验	1
10	5.19	电快速瞬变脉冲群抗扰度试验	1
11	5.20	浪涌(冲击)抗扰度试验	1

表 8（续）

序　号	章　条	试验项目	试样编号
12	5.21	电源瞬变试验	2
13	5.22	电压暂降、短时中断和电压变化的抗扰度试验	2
14	5.23	低温(运行)试验	1
15	5.24	恒定湿热(运行)试验	2
16	5.25	恒定湿热(耐久)试验	2
17	5.26	振动(正弦)(运行)试验	1
18	5.27	振动(正弦)(耐久)试验	1
19	5.28	碰撞试验	2

5.1.6.7　传输设备的试验程序见表 9。

表 9　传输设备试验程序

序　号	章　条	试验项目	试样编号
1	5.8.1	火灾报警信息的接收与传输功能试验	1、2
2	5.8.2	监管报警信息的接收与传输功能试验	1、2
3	5.8.3	故障报警信息的接收与传输功能试验	1、2
4	5.8.4	屏蔽信息的接收与传输功能试验	1、2
5	5.8.5	手动报警功能试验	1、2
6	5.8.6	本机故障报警功能试验	1、2
7	5.8.7	自检功能试验	1、2
8	5.8.8	电源性能试验	1、2
9	5.13	绝缘电阻试验	1
10	5.15	电气强度试验	1
11	5.16	射频电磁场辐射抗扰度试验	2
12	5.17	射频场感应的传导骚扰抗扰度试验	2
13	5.18	静电放电抗扰度试验	2
14	5.19	电快速瞬变脉冲群抗扰度试验	2
15	5.20	浪涌(冲击)抗扰度试验	2
16	5.22	电压暂降、短时中断和电压变化的抗扰度试验	1
17	5.23	低温(运行)试验	1
18	5.24	恒定湿热(运行)试验	2
19	5.26	振动(正弦)(运行)试验	1
20	5.29	冲击试验	2

5.1.6.8 消防控制室图形显示装置的试验程序见表10。

表10 消防控制室图形显示装置试验程序

序号	章条	试验项目	试样编号
1	5.9.1	基本功能试验	1
2	5.9.2	状态显示试验	1
3	5.9.3	通讯故障报警功能试验	1
4	5.9.4	信息记录功能试验	1
5	5.9.5	信息传输功能试验	1
6	5.16	静电放电抗扰度试验	1
7	5.17	电快速瞬变脉冲群抗扰度试验	1
8	5.18	射频电磁场辐射抗扰度试验	1
9	5.19	射频场感应的传导骚扰抗扰度试验	1
10	5.20	浪涌(冲击)抗扰度试验	1
11	5.21	电源瞬变试验	1
12	5.22	电压暂降、短时中断和电压变化的抗扰度试验	1
13	5.23	低温(运行)试验	1
14	5.24	恒定湿热(运行)试验	1
15	5.26	振动(正弦)(运行)试验	1

5.1.6.9 模块的试验程序见表11。

表11 模块试验程序

序号	章条	试验项目	试样编号
1	5.10	基本性能试验	1、2
2	5.13	绝缘电阻试验	1、2
3	5.16	射频电磁场辐射抗扰度试验	1
4	5.17	射频场感应的传导骚扰抗扰度试验	1
5	5.18	静电放电抗扰度试验	1
6	5.19	电快速瞬变脉冲群抗扰度试验	1
7	5.20	浪涌(冲击)抗扰度试验	1
8	5.23	低温(运行)试验	1
9	5.24	恒定湿热(运行)试验	2
10	5.25	恒定湿热(耐久)试验	2
11	5.26	振动(正弦)(运行)试验	1

5.1.6.10 消防电动装置的试验程序见表 12。

表 12 消防电动装置试验程序

序　号	章　条	试验项目	试样编号
1	5.11.1	基本性能试验	1、2
2	5.11.2	重复动作试验	1、2
3	5.13	绝缘电阻试验	2
4	5.16	射频电磁场辐射抗扰度试验	1
5	5.17	射频场感应的传导骚扰抗扰度试验	1
6	5.18	静电放电抗扰度试验	1
7	5.19	电快速瞬变脉冲群抗扰度试验	1
8	5.20	浪涌(冲击)抗扰度试验	1
9	5.23	低温(运行)试验	1
10	5.24	恒定湿热(运行)试验	2
11	5.25	恒定湿热(耐久)试验	2
12	5.26	振动(正弦)(运行)试验	1

5.1.6.11 消火栓按钮的试验程序见表 13。

表 13 消火栓按钮试验程序

序　号	章　条	试验项目	试样编号
1	5.12.1	动作性能试验	1~13
2	5.12.2	测试手段检查	1
3	5.12.3	电源参数波动试验	1
4	5.16	射频电磁场辐射抗扰度试验	9
5	5.17	射频场感应的传导骚扰抗扰度试验	10
6	5.18	静电放电抗扰度试验	8
7	5.19	电快速瞬变脉冲群抗扰度试验	11
8	5.20	浪涌(冲击)抗扰度试验	12
9	5.23	低温(运行)试验	1
10	5.25	恒定湿热(耐久)试验	3
11	5.26	振动(正弦)(运行)试验	7
12	5.27	振动(正弦)(耐久)试验	7
13	5.29	冲击(运行)试验	5
14	5.30	雨淋试验	13
15	5.31	高温(运行)试验	2
16	5.32	交变湿热(运行)试验	3
17	5.33	SO_2 腐蚀(耐久)试验	4
注：仅具有电阻、二极管等类电子元件的试样不进行 5.16 至 5.20 五项试验。			

STANDARDS PRESS OF CHINA

5.2 消防联动控制器基本性能试验

5.2.1 控制功能试验

5.2.1.1 目的

检验消防联动控制器的控制功能。

5.2.1.2 试验方法

5.2.1.2.1 将试样配接制造商提供的火灾报警控制器，并在试样至少两个不同部位或不同报警区域配接有反馈功能的负载，接通电源，使试样处于正常监视状态。分别在自动和手动工作方式下，使试样发出启动信号，观察并记录试样状态和负载启动情况；恢复被启动负载，观察并记录试样状态；使试样复位，观察并记录试样状态。

5.2.1.2.2 启动一个负载并发出反馈信号，观察并记录试样状态；启动其他负载但不发出反馈信号，保持 20 s 以上，观察并记录试样状态，然后发出反馈信号，观察并记录试样状态。

5.2.1.2.3 设定启动条件，使试样处于正常监视状态。在自动状态下，使火灾报警控制器发出火灾报警信号，开始记时，观察并记录试样状态和负载启动情况；手动消除报警声信号，观察并记录试样状态；手动控制负载，观察并记录试样状态和负载启动情况；手动复位试样，观察并记录试样状态。

5.2.1.2.4 将试样配接制造商提供的触发器件，接通电源，使试样处于正常监视状态。使触发器件发出报警信号，观察并记录试样状态；手动消除报警声信号，观察并记录试样状态；手动复位试样，观察并记录试样状态。

5.2.1.2.5 手动控制每一负载的启动和停止，观察并记录试样及负载的状态。

5.2.1.2.6 将试样的直接手动控制单元配接直接控制的负载，接通电源，使试样处于正常监视状态。操作手动控制开关，观察并记录试样状态显示情况及负载状态；根据制造商规定检查输出信号。

5.2.1.2.7 对具有延时功能的试样，接通电源，设置延时，检查并记录延时时间的设置情况。用自动方式启动设定延时的负载并开始记时，观察并记录试样状态和负载启动情况；延时期间，启动未设延时的受控设备，观察并记录试样状态和负载启动情况。再用自动方式启动设定延时的负载，延时期间，手动启动该负载，观察并记录试样状态和负载启动情况。

5.2.1.2.8 将试样配接管网气体灭火系统，接通电源，使试样处于正常监视状态。分别使管网气体灭火系统处于手动、自动工作状态，观察并记录试样的显示情况；使管网气体灭火系统处于报警及喷射阶段，观察并记录试样的显示情况；手动消除声警报信号，观察并记录试样的显示情况；手动复位试样，观察并记录试样的显示情况；手动恢复启动设备和试样，观察记录试样的显示情况。

5.2.1.2.9 接通电源，使试样处于正常监视状态。控制受控设备的启动，保持受控设备状态不变，手动复位试样并开始记时，观察并记录试样状态。

5.2.1.2.10 接通电源，使试样处于正常监视状态，记录试样计时装置的当前时间并开始记时。24 小时后，记录计时误差；启动受控设备，检查打印情况。

5.2.1.2.11 具有传输火灾报警信息功能的试样，使试样处于启动状态，观察并记录试样状态和信息输出情况，手动复位试样，观察并记录试样状态；向试样输入信号，观察并记录试样接收情况。

5.2.1.2.12 接通电源，使试样处于正常监视状态，检查试样的现场设置数据。断电保持 14 d 后，接通电源，使试样处于正常监视状态，检查试样的现场设置数据。

5.2.1.3 要求

试样应满足 4.2.2 的要求。

5.2.2 故障报警功能试验

5.2.2.1 目的

检验消防联动控制器的故障报警功能。

5.2.2.2 试验方法

5.2.2.2.1 接通电源，使试样处于正常监视状态。分别按 4.2.3.2 条 a)～g) 的要求，对试样各项故障功能进行测试，观察并记录试样故障声、光信号、故障总指示灯、故障时间及部位和类型区分情况。

5.2.2.2.2 手动消除故障声信号，并使另一部位处于故障状态，检查试样消音功能、故障声信号再启动功能和显示功能。

5.2.2.2.3 手动复位试样，记录试样发出尚未排除故障信号的时间；排除所有输入的故障信号，手动复位试样后(故障自动恢复时不复位)，观察并记录试样的显示情况。

5.2.2.2.4 当备用电源单独工作至不足以保证试样正常工作时，观察并记录试样故障声信号及其保持时间。

5.2.2.2.5 对由程序实现各项功能的试样，使程序不能正常运行或存储器内容出错，检查试样故障显示情况。

5.2.2.2.6 使任一部件或部位处于故障状态，检查并记录试样非故障部分工作状态。

5.2.2.2.7 对采用总线工作方式的试样，使总线某点处于短路故障状态，观察并记录隔离器动作及隔离部件的显示情况。

5.2.2.3 要求

试样应满足 4.2.3 的要求。

5.2.3 屏蔽功能试验(选择性试验)

5.2.3.1 目的

检验消防联动控制器的屏蔽功能。

5.2.3.2 试验方法

5.2.3.2.1 接通电源，使试样处于正常监视状态。手动操作试样的屏蔽功能，对受控设备进行屏蔽，观察并记录试样屏蔽指示灯启动情况、屏蔽完成并启动屏蔽指示的时间及屏蔽信息显示和手动查询情况。

5.2.3.2.2 操作处于屏蔽状态试样的手动复位机构，观察并记录试样显示情况。

5.2.3.2.3 手动操作试样屏蔽解除功能，分别解除所有屏蔽操作，观察并记录试样显示情况。

5.2.3.3 要求

试样应满足 4.2.4 的要求。

5.2.4 自检功能试验

5.2.4.1 目的

检验消防联动控制器的自检功能。

5.2.4.2 试验方法

5.2.4.2.1 接通电源，使试样处于正常监视状态。手动操作试样自检机构，观察并记录试样及受控设备状态；对于自检时间超过 1 min 或不能自动停止自检功能的试样，在自检期间，使任一非自检回路处于启动状态，观察并记录试样状态及显示情况。

5.2.4.2.2 手动操作试样指示灯、显示器和音响器件自检功能，观察并记录所有指示灯和显示器的显示情况和音响器件的情况。

5.2.4.3 要求

试样应满足 4.2.5 的要求。

5.2.5 信息显示与查询功能试验

5.2.5.1 目的

检验消防联动控制器的信息显示与查询功能。

5.2.5.2 试验方法

接通电源，使试样处于正常监视状态。使试样处于启动状态、报警状态、故障状态、自检状态及试样可能具有的屏蔽状态，观察并记录试样信息的显示及查询情况。

5.2.5.3 要求

试样应满足 4.2.6 的要求。

5.2.6 电源功能试验

5.2.6.1 目的

检验消防联动控制器的电源功能。

5.2.6.2 试验方法

5.2.6.2.1 主、备电转换试验

接通电源,使试样处于正常监视状态。切断试样的主电源,使试样由备用电源供电,再恢复主电源,检查并记录试样状态的显示情况。

5.2.6.2.2 主电源试验

5.2.6.2.2.1 将试样一个回路按设计容量连接真实负载,其他回路连接等效负载。

5.2.6.2.2.2 按4.2.7.2条a)、b)要求,使试样处于启动状态4 h,观察并记录试样工作情况,然后使试样恢复到正常监视状态,按5.2.1～5.2.5进行功能试验。

5.2.6.2.2.3 对于输出电压为直流电压的试样,将试样一个回路按设计容量连接真实负载,其他回路连接等效负载:

a) 按4.2.7.2的a)、b)要求,使试样处于启动状态。使试样的输入电压为220 V(50 Hz)。测量并记录试样输出直流电压值U_0。

b) 使试样的输入电压为187 V(50 Hz),在试样输出直流电压达到稳定后,测量并记录该电压值U_{01}。使试样的输入电压为242 V(50 Hz),在试样输出直流电压达到稳定后,测量并记录该电压值U_{01}。

c) 将试样复位,使其处于正常监视状态,重复5.2.6.2.2.3的b)项试验。

按下式计算出试样输出直流电压的相对变化量,取其最大值。

$$S_0 = |\Delta U_0/U_0|$$

式中:$\Delta U_0 = U_0 - U_{01}$。

d) 按4.2.7.2条a)、b)要求,使试样处于启动状态。使试样的输入电压为242 V(50 Hz),在试样输出直流电压达到稳定后,测量并记录该电压值U_0。然后使试样的等效负载阶跃变化到监视状态下的数值,在试样输出直流电压达到稳定后,测量并记录该电压值U_{01}。

e) 使试样的输入电压为187 V(50 Hz),重复5.2.6.2.2.3的d)项试验。

按下式计算出电压的相对变化量,取其最大值。

$$S_1 = |\Delta U_0/U_0|$$

式中:$\Delta U_0 = U_0 - U_{01}$。

5.2.6.2.3 对于采用总线控制方式的试样进行的试验

a) 将试样一个回路按设计容量连接真实负载(该回路连接线长度为1 000 m,截面积为1.0 mm^2的铜质绞线,或生产企业声明的条件),回路末端连接10只输入/输出模块(容量少于10只按实际数量连接),其他回路连接等效负载,使其处于正常监视状态。

b) 使试样的输入电压分别为220 V(50 Hz)、187 V(50 Hz)、242 V(50 Hz),使末端的10只模块(容量少于10只按实际数量)处于动作状态。观察并记录试样状态。

5.2.6.2.4 备用电源试验

5.2.6.2.4.1 将试样一个回路按设计容量连接真实负载,其他回路连接等效负载。将试样的备用电源放电至终止电压,再对其进行24 h充电。

5.2.6.2.4.2 关闭试样主电源持续8 h,观察并记录试样状态。

5.2.6.2.4.3 按4.2.7.3中a)、b)要求,使试样处于启动状态30 min,观察并记录试样状态,然后使试样恢复到正常监视状态,按5.2.1～5.2.5进行功能试验。

5.2.6.3 要求

试样应满足4.2.7的要求。

5.3 气体灭火控制器基本性能试验

5.3.1 控制和显示功能试验

5.3.1.1 目的

检验气体灭火控制器的控制和显示功能。

5.3.1.2 试验方法

5.3.1.2.1 将试样与下列设备相连，接通电源，使试样处于正常监视状态：

a) 消防联动控制器、现场启动和停止按键(按钮)；

b) 受其控制设备或负载。

5.3.1.2.2 试样处于正常监视状态，分别通过消防联动控制器、启动和停止按键(按钮)使试样接收启动控制信号后，观察并记录试样状态(启动控制信号、延时信号、启动喷洒控制信号、气体喷洒信号)、显示延时时间和保护区域、负载启动、记录时间情况并检查试样是否能按预置逻辑工作；恢复被启动负载，使试样复位，观察并记录试样的气体喷洒声、光信号情况。

5.3.1.2.3 试样处于正常监视状态，使试样接收启动控制信号后，手动消除启动控制声信号，再次启动控制信号输入，检查试样的消音功能和再启动功能。

5.3.1.2.4 试样处于正常监视状态，设置延时，检查并记录延时时间的设置和延时时间调整情况。使试样接收启动控制信号后，进入延时，手动停止输出，观察并记录试样状态和负载启动情况。

5.3.1.2.5 试样处于正常监视状态，操作手动和自动装置并复位，检查并记录试样控制状态指示情况；自动状态下，使试样接收启动控制信号，手动插入操作停止按键(按钮)后，使试样再次接收启动控制信号，观察并记录试样手动和自动优先情况及再启动情况。

5.3.1.2.6 使试样分别处于启动控制声信号、气体喷洒声信号、故障声信号，检查并记录声信号优先情况。

5.3.1.2.7 使消防联动控制器发出启动控制信号，观察并记录试样启动情况。

5.3.1.2.8 观察并记录每个保护区域声、光警报装置启动和停止情况。

5.3.1.2.9 观察并记录每个保护区域的指示灯显示情况。

5.3.1.2.10 检查并记录试样向消防联动控制器发送启动控制信号、延时信号、启动喷洒控制信号、气体喷洒信号、故障信号、选择阀和瓶头阀动作信息情况。

5.3.1.2.11 检查并记录试样输出接点容量。

5.3.1.2.12 使试样处于正常监视状态，控制受控设备或负载的启动，保持受控设备或负载状态不变，手动复位试样并开始记时，观察并记录试样状态。

5.3.1.2.13 使试样处于正常监视状态，记录试样记时装置的当前时间并开始记时，24 h 后，记录计时误差；启动受控设备或负载，检查打印情况。

5.3.1.3 要求

试样的控制和显示功能应满足 4.3.2 的要求。

5.3.2 故障报警功能试验

5.3.2.1 目的

检验气体灭火控制器的故障报警功能。

5.3.2.2 试验方法

5.3.2.2.1 将试样与下列设备相连，接通电源，使试样处于正常监视状态：

a) 消防联动控制器、现场启动和停止按键(按钮)；

b) 受其控制设备或负载。

5.3.2.2.2 当试样分别处于启动控制、延时、启动喷洒控制、气体喷洒状态时，使试样处于故障状态，观察并记录试样故障指示灯情况；使试样处于故障状态，再使试样分别处于启动控制、延时、启动喷洒控制、气体喷洒状态，观察并记录试样故障指示灯情况。

5.3.2.2.3 分别按 4.3.3.2 a)～e)的要求，对试样各项故障功能进行测试，观察并记录试样的故障声信号、故障指示灯、故障响应时间情况。

5.3.2.2.4 手动消除故障声信号，并使另一部位发出故障信号，检查试样的消音功能、故障声信号的再启动功能和故障信号的显示功能。

5.3.2.2.5 手动复位试样，记录试样接收未排除的故障信号发出的时间；排除试样所有故障信号，手动复位后（故障自动恢复除外），观察并记录试样的指示情况。

5.3.2.3 要求

试样的故障报警功能应满足 4.3.3 的要求。

5.3.3 自检功能试验

5.3.3.1 目的

检查气体灭火控制器的自检功能。

5.3.3.2 试验方法

5.3.3.2.1 将试样与下列设备相连，接通电源，使试样处于正常监视状态：

a) 消防联动控制器、现场启动和停止按键（按钮）；

b) 受其控制设备或其部件。

5.3.3.2.2 手动操作试样的自检机构，观察并记录试样的声、光信号及输出接点动作情况；对于自检时间超过 1 min 或不能自动停止自检功能的试样，在自检期间，使任一非自检部位处于启动状态，观察并记录试样的情况。

5.3.3.2.3 手动操作试样的音响器件、指示灯和显示器的自检机构，观察并记录音响器件的声响和所有指示灯、显示器的指示情况。

5.3.3.3 要求

试样的自检功能应满足 4.3.4 的要求。

5.3.4 电源功能试验

5.3.4.1 目的

检验气体灭火控制器的电源功能。

5.3.4.2 试验方法

5.3.4.2.1 在试样处于正常监视状态下，切断试样的主电源，使试样由备用电源供电，再恢复主电源，检查并记录试样主、备电源的转换、状态的指示情况及其主电源过流保护情况。

5.3.4.2.2 使试样处于正常监视状态，关闭试样主电源，让备用电源连续工作 8 h，启动状态下再连续工作 30 min，观察并记录试样工作情况。

5.3.4.2.3 使试样的输入电压分别为 220 V(50 Hz)、187 V(50 Hz)、242 V(50 Hz)，观察并记录试样工作情况。

5.3.4.3 要求

试样的电源功能应满足 4.3.5 的要求。

5.4 消防电气控制装置基本性能试验

5.4.1 功能试验

5.4.1.1 目的

检查消防电气控制装置的功能。

5.4.1.2 试验方法

5.4.1.2.1 将试样与下列设备连接，接通电源，使其处于正常工作状态：

a) 消防电气控制装置模拟试验装置；

b) 容量与试样的额定功率相同的真实负载（或模拟负载）。

5.4.1.2.2 通过操作检查并记录试样防止非授权人员对其进行操作的措施及自动、手动控制方式的设置方式。

5.4.1.2.3 将试样设定为自动控制方式，操作模拟试验装置向试样发出启动器件动作（如具备）信号、联动控制信号，观察并记录试样执行预定动作情况、负载的运行情况、声、光指示情况。

5.4.1.2.4 将试样设定为手动控制方式，通过手动操作向试样发出各种控制信号，观察并记录试样执行预定动作情况、负载的运行情况和相应指示灯的点亮情况。

5.4.1.2.5 将试样设定为自动控制方式，按照不同的先后顺序对试样进行自动控制操作与手动控制操作，观察并记录试样执行预定动作情况及手动控制功能优先情况。

5.4.1.2.6 通过自动或手动的方式操作试样使其执行各预定动作、检查并记录试样对受控设备的各状态信息的接收情况、将接收到的信息向消防联动控制器反馈的情况、相应指示灯的工作情况、试样在接收到受控设备的状态信息与将此信息传送给消防联动控制器的间隔时间。

5.4.1.2.7 对于配接启动器件的试样，将试样设定在制造厂规定的工作方式，使启动器件动作，观察并记录试样执行预定动作的情况、相应的声、光器件的工作情况、试样接收到启动器件动作信号与执行预定动作的间隔时间。

5.4.1.2.8 测量并记录试样从接收到控制信号（包括手动控制信号和自动控制信号）至执行预定动作之间的间隔时间。

5.4.1.2.9 对于具有延时功能的试样，检查并记录其延时时间、延时时间设置的方式和范围、延时期间延时指示灯的工作情况。

5.4.1.2.10 当受控设备为一用、一备相互切换设备时，对在用设备模拟故障，观察并记录试样的指示信号情况、自动切换情况、切换时间。

5.4.1.2.11 对采用三相交流电源供电的试样，模拟电源的缺相、错相情况并对其进行操作，观察并记录试样的声、光故障信号情况、自动保护情况、自动纠相情况（仅限于具备自动纠相功能的试样）、执行预定动作情况。

5.4.1.2.12 对具备故障报警功能的试样，模拟各故障现象，观察并记录试样的声、光指示信号情况。

5.4.1.3 要求

试样的功能应满足4.4.1、4.4.2的要求。

5.4.2 电压波动试验

5.4.2.1 目的

检验消防电气控制装置在工作电压波动条件下工作的适应性。

5.4.2.2 试验方法

5.4.2.2.1 将试样与电源及模拟负载相连接并将电源调整至额定电压，检查并记录试样的功能情况；

5.4.2.2.2 调节试验装置，使试样的输入电压为额定电压的85％，检查并记录试样的功能情况；

5.4.2.2.3 调节试验装置，使试样的输入电压为额定电压的110％，检查并记录试样的功能情况；

5.4.2.2.4 对于接收的上一级消防联动控制设备的联动控制信号为电压信号的试样，调整模拟试验装置使其输出的控制信号电压在标称电压的（85％～110％）范围内进行波动，同时对试样进行操作，观察并记录试样执行预定动作的情况；

5.4.2.2.5 使试样动作并启动模拟（或真实）负载，连续调低试样的供电电压直至试样的接触器件断开，记录断开时试样的供电电压。

5.4.2.3 要求

当试样的供电电压在其额定工作电压的85％～110％范围内波动时，试样应能正常工作。试样的脱扣电压应在额定电压的20％～75％之间。

5.4.2.4 试验设备

能连续输出预定的功率及电压电源试验装置。

5.4.3 重复动作试验

5.4.3.1 目的

检验消防电气控制装置的重复动作能力。

5.4.3.2 试验方法

将试样与模拟试验装置、真实负载/模拟负载相连接，通过手动或自动、联动的方式对其进行50次完整的“启动～停止～启动”循环操作。然后，按5.4.1的规定进行功能试验。

5.4.3.3 要求

a) 试样在配接额定负载的条件下，应能连续正确执行50次“启动～停止～启动”循环操作；

b) 试验后，试样的功能应满足5.4.1.3要求。

5.4.3.4 试验设备

满足本项试验要求的模拟试验装置、真实负载或模拟负载。

5.4.4 机械操作性能试验

5.4.4.1 目的

检验消防电气控制装置手动机械操作部件的性能。

5.4.4.2 试验方法

将试样与真实负载或模拟负载相连接，通过测力装置对试样的各机械部分进行应力测试并记录。通过手动方式对其机械部分进行50次完整的“启动～停止～启动”循环操作。再次通过测力装置对试样的各机械部分进行应力测试并记录。

5.4.4.3 要求

对于带有手动机械操作部件的试样，其机械操作应力应在20 N～100 N之间。对其进行50次重复操作，试样应能可靠工作，其应力变化范围不应超过初始值的20%。

5.4.4.4 试验设备

测力装置：其量程至少应为0 N～200 N，测力结构应能满足试样机械结构的要求。

5.4.5 负载能力试验

5.4.5.1 目的

检查消防电气控制装置的带载能力及其内部部件的温升。

5.4.5.2 试验方法

5.4.5.2.1 将试样与容量为其额定功率的负载相连接，测量并记录试样机壳内表面的温度，启动负载并连续运行8 h，观察并记录试样的运行情况，试验结束前测量并记录试样内部的温度最高的部件及其温升值。

5.4.5.2.2 将试样与容量为其额定电流值的115%的负载相连接，启动负载并连续运行30 min，观察并记录试样的运行情况。

5.4.5.2.3 将试样与容量为其额定电流值的150%的负载相连接，启动负载并使其正常运行，观察并记录试样的运行情况及执行保护动作的时间。

5.4.5.3 要求

5.4.5.3.1 试样在配接额定负载的条件下应能连续正常工作8 h，其内部各部件的最高温升不应超过60℃。

5.4.5.3.2 试样在配接容量为其额定电流值115%的负载条件下，设备应能够正常运行30 min，且不应对其功能和元件造成任何损害。

5.4.5.3.3 试样的负载电流为其额定电流的150%的条件下，在1 min的时间内应执行过载保护动作。

5.4.5.4 试验设备

满足要求的负载及测温仪器。

5.5 消防应急电源基本性能试验

5.5.1 供电功能试验

5.5.1.1 目的

检查消防设备应急电源的供电功能。

5.5.1.2 试验方法

5.5.1.2.1 按试样标称的额定输出容量为试样配接负载，接通主电源，使试样处于正常监视状态20 min。

5.5.1.2.2 断开试样主电电源，观察并记录试样状态和负载工作情况。

5.5.1.2.3 对于能接收联动信号的试样，接通其主电源，设定其联动功能，使其处于正常监视状态20 min。输入联动信号，观察并记录试样状态，检查试样是否按预先设定的联动功能进行供电。

5.5.1.3 要求

试样应能满足4.5.2的要求。

5.5.2 显示功能试验

5.5.2.1 目的

检查消防设备应急电源的显示功能。

5.5.2.2 试验方法

5.5.2.2.1 接通试样主电源，使其处于正常监视状态20 min。观察并记录试样的显示情况。

5.5.2.2.2 断开试样主电电源，观察并记录试样显示情况。

5.5.2.3 要求

试样应能满足4.5.3的要求。

5.5.3 保护功能试验

5.5.3.1 目的

检查消防设备应急电源的保护功能。

5.5.3.2 试验方法

5.5.3.2.1 接通试样主电源，使其处于正常监视状态20 min，断开试样主电源。

5.5.3.2.2 分别使试样某一输出回路输出电流持续大于标称额定电流的120%和150%，观察并记录试样状态，检查试样该输出回路的输出和其他输出回路的输出；降低输出电流至标称额定电流，观察并记录试样状态，检查试样该输出回路的输出和其他输出回路的输出。

5.5.3.2.3 若试样为交流三相输出，使其输出的任一相发生故障，观察并记录试样状态，检查试样该相输出和其他两相输出；解除故障，观察并记录试样状态，检查试样该相输出和其他两相输出。

5.5.3.2.4 若试样为交流三相输出且能配接单相负载，按制造商的要求检查其三相抗不平衡性能。

5.5.3.3 要求

试样应能满足4.5.4的要求。

5.5.4 控制功能试验

5.5.4.1 目的

检查消防设备应急电源的控制功能。

5.5.4.2 试验方法

5.5.4.2.1 接通试样主电源，使其处于正常监视状态20 min。试样若具有手动控制功能，手动控制电源输出的启动和停止，观察并记录试样状态，检查试样的输出。

5.5.4.2.2 断开主电源，使试样处于备用电源工作状态，手动控制电源输出的启动和停止，观察并记录试样状态，检查试样的输出。

5.5.4.2.3 接通试样主电源，使其处于正常监视状态20 min。试样若具有自动控制功能，输入控制信号控制电源输出的启动和停止，观察并记录试样状态，检查试样的输出。

5.5.4.2.4 断开主电源,使试样处于备用电源工作状态,试样若具有自动控制功能,输入控制信号控制电源输出的启动和停止,观察并记录试样状态,检查试样的输出。

5.5.4.2.5 试样若具有手动和自动控制功能,使试样处于自动控制方式,手动控制电源输出的启动和停止,观察并记录试样状态,检查试样的输出;输入控制信号启动电源输出,手动控制电源输出的停止和再启动,观察并记录试样状态,检查试样的输出。

5.5.4.3 要求

试样应能满足 4.5.5 的要求。

5.5.5 转换试验

5.5.5.1 目的

检查消防设备应急电源的转换功能。

5.5.5.2 试验方法

5.5.5.2.1 接通试样主电源,使其处于正常监视状态 20 min。

5.5.5.2.2 断开试样主电源,观察并记录试样状态,记录转换时间,检查试样的输出。

5.5.5.2.3 接通试样主电源,观察并记录试样状态,检查试样的输出。

5.5.5.2.4 降低试样主电电压,观察试样状态,记录转换电压;升高试样主电电压,观察试样状态,记录转换电压。

5.5.5.3 要求

试样应能满足 4.5.6 的要求。

5.5.6 充、放电试验

5.5.6.1 目的

检查消防设备应急电源的充电、放电功能。

5.5.6.2 试验方法

5.5.6.2.1 在满负载条件下,使试样放电至终止状态,接通主电源开始充电并记时;24 h 后断开主电源开始放电,记时并测量试样电池电压,记录试样应急工作时间,放电终止后测量静态泄放电流;接通主电源再次充电并记时;48 h 后断开主电源开始放电,记时并测量试样电池电压,记录试样应急工作时间,放电终止后测量静态泄放电流。

5.5.6.2.2 启动强制应急启动装置,在满负载条件下,使试样放电,观察试样状态,记时并测量试样电池电压,记录试样应急工作时间。

5.5.6.3 要求

试样应能满足 4.5.7、4.5.8 的要求。

5.5.7 故障报警功能试验

5.5.7.1 目的

检查消防设备应急电源的故障报警功能。

5.5.7.2 试验方法

5.5.7.2.1 分别按 4.5.9 的 a)～d)要求,对试样各项故障功能进行测试,观察并记录试样故障声、光信号及部位和类型区分情况。

5.5.7.2.2 使试样一部位处于故障状态,手动消除故障声信号,并使另一部位发出故障信号,检查消音功能、故障声信号再启动功能和故障信号显示功能。

5.5.7.2.3 手动复位试样,记录试样发出尚未排除故障信号的时间;排除所有输入的故障信号,手动复位试样后(故障自动恢复除外),观察并记录试样的指示情况。

5.5.7.3 要求

试样应能满足 4.5.9 的要求。

5.5.8 输出性能试验

5.5.8.1 目的

检查消防设备应急电源的输出特性。

5.5.8.2 试验方法

5.5.8.2.1 接通试样主电源,使其处于正常监视状态 20 min。在主电工作极限条件下调节试样的主电电压,观察记录试样状态,并测量试样输出。

5.5.8.2.2 断开试样主电源,观察并记录试样状态,试样若为交流输出,观察其输出波形。调节试样负载使其在制造商提供的最大极限变换条件下变化,测量试样的输出性能。

5.5.8.2.3 调节直流输出的消防设备应急电源的主电电压,测量其电压稳定度和负载稳定度。

5.5.8.3 要求

试样应能满足 4.5.10、4.5.11 的要求。

5.6 消防应急广播设备基本性能试验

5.6.1 基本功能试验

5.6.1.1 目的

检验消防应急广播设备的状态指示、应急广播、故障报警和自检功能。

5.6.1.2 试验方法

5.6.1.2.1 将试样与消防联动控制器连接,接通电源,使试样处于正常监视状态。观察试样的状态指示。

5.6.1.2.2 如试样具有其他业务(非应急)广播功能,首先使试样处于业务广播状态。分别通过自动和手动控制方式启动试样的应急广播和选择两个以上广播分区,观察试样的状态转换情况并记录试样进入应急广播状态至发出广播信息之间的时间间隔。距扬声器正前方 3 m 处测量应急广播声压级(A 计权)。检查试样的状态指示、广播分区的显示情况、广播监听功能和声频功率放大器的输出功率可调性。

5.6.1.2.3 停止试样的应急广播,使试样一扬声器处于故障,在此状态下启动试样应急广播,检查其他扬声器的应急广播功能。

5.6.1.2.4 检查试样预设广播信息的贮存器件及安全性。

5.6.1.2.5 在试样处于各种状态下,通过传声器进行应急广播 5 min 以上,然后停止使用传声器进行应急广播,观察试样的状态转换情况,检查广播录音回放情况。

5.6.1.2.6 测量试样使用的声频功率放大器的失真限制的有效频率范围、总谐波失真和信噪比。

5.6.1.2.7 使试样出现下述故障,观察并记录试样故障声、光信号、状态指示情况、故障时间及部位和类型区分情况:

a) 广播信息传输线路断路、短路;

b) 主电源欠压;

c) 给备用电源充电的充电器与备用电源间连接线的断路、短路(如有备用电源);

d) 备用电源与其负载间连接线的断路、短路(如有备用电源)。

5.6.1.2.8 手动操作试样自检机构,观察并记录试样指示灯、显示器和音响器件的状态。

5.6.1.3 要求

试样的状态指示、应急广播、故障报警和自检功能应满足 4.6.1、4.6.2、4.6.3、4.6.4 的要求。

5.6.2 电源性能试验

5.6.2.1 目的

检验消防应急广播设备对交流电网供电电压波动的适应能力及主、备电源转换功能。

5.6.2.2 试验方法

5.6.2.2.1 在试样处于正常监视状态下,切断试样的主电源,使试样由备用电源供电,再恢复主电源,检查并记录试样主、备电源的转换、状态的指示情况。同时检查主电源过流保护情况。

5.6.2.2.2 使试样的输入电压分别为187 V和242 V,按5.6.1规定进行基本功能试验。

5.6.2.2.3 切断试样的主电源,使试样由备用电源供电的情况下按5.6.1规定进行基本功能试验。

5.6.2.2.4 如试样具有备用电源,将试样的备用电源放电至终止电压,再充电24 h后,在监视状态下工作8 h后,再在制造商规定的最大容量满负载条件下放电至终止电压,观察试样状态并记录放电时间。

5.6.2.3 **要求**

试样的电源性能应满足4.6.5的要求。

5.7 消防电话基本性能试验

5.7.1 消防电话总机性能试验

5.7.1.1 **目的**

检验消防电话总机的性能。

5.7.1.2 **试验方法**

5.7.1.2.1 将消防电话总机与三部消防电话分机按4.7.1.2要求的线路条件连接,使消防电话总机与所连的消防电话分机处于正常监视状态。

5.7.1.2.2 将一部消防电话分机摘机,操作消防电话总机,建立通话,检查并记录通话情况。

5.7.1.2.3 将一部消防电话分机摘机,使消防电话总机与消防电话分机处于通话状态,观察并记录声、光指示情况以及消防电话分机部位显示情况;将消防电话分机挂机,观察并记录消防电话总机的显示情况。再将消防电话分机摘机呼叫消防电话总机,操作消音机构,观察并记录消防电话总机的声、光指示情况。

5.7.1.2.4 使消防电话总机处于与一部消防电话分机通话状态,将另一部消防电话分机摘机,呼叫消防电话总机,然后挂机,观察并记录消防电话总机的声、光指示情况,将该消防电话分机再摘机,观察并记录消防电话总机的声、光指示情况。操作消防电话总机,使该呼叫消防电话分机加入通话,检查并记录通话情况。

5.7.1.2.5 使两部消防电话分机处于摘机状态,观察并记录消防电话总机声、光指示情况。操作消防电话总机,使消防电话总机接通其中一部消防电话分机,观察并记录通话与指示情况。使消防电话总机接通两部消防电话分机,观察并记录通话与指示情况。

5.7.1.2.6 使消防电话总机处于摘机状态,检测消防电话总机的拨号音。

5.7.1.2.7 操作消防电话总机,呼叫其中一部消防电话分机,观察并记录消防电话总机受话器的回铃音以及呼叫指示情况。将该消防电话分机摘机,检查并记录通话情况以及消防电话分机状态显示情况。呼叫两部消防电话分机,观察并记录消防电话总机的呼叫指示情况。分别将这两部消防电话分机摘机进行通话,检测并记录回铃音、通话情况以及消防电话分机部位显示情况。

5.7.1.2.8 将消防电话总机置于与其中一部消防电话分机通话状态,操作消防电话总机,呼叫另一部消防电话分机,该消防电话分机摘机后,观察并记录消防电话总机与两部消防电话分机通话情况.

5.7.1.2.9 使消防电话总机处于与其中两部消防电话分机通话状态,操作消防电话总机,终止与其中一部消防电话分机的通话,观察并记录消防电话总机与另一部消防电话分机的通话情况。使与主机通话的消防电话分机全部挂机,观察主机的通话状态显示情况,检测消防电话总机受话器的忙音。

5.7.1.2.10 查询和显示消防电话总机的呼叫、应答记录,观察并记录消防电话总机的显示和记录情况。记录消防电话总机的日计时误差。

5.7.1.2.11 操作消防电话总机使之处于查询或其他设置操作,将一消防电话分机摘机呼叫消防电话总机,操作消防电话总机与其通话,观察并记录消防电话总机的声、光指示情况和通话情况。

5.7.1.2.12 操作消防电话总机的自检装置,观察并记录消防电话总机的指示灯、显示器以及声响器件的状态。在自检期间,将一消防电话分机摘机呼叫消防电话总机,观察并记录消防电话总机的声、光指示情况。

5.7.1.2.13 分别按 4.7.1.13 中 a)～e)的要求，对试样的各类故障进行试验，观察并记录消防电话总机的声、光故障信号以及故障的类型、部位显示情况。手动消除故障声信号，并在另一部位设置故障，检查消防电话总机的消音、故障声信号的再启动和故障信号的显示功能。在消防电话总机处于 4.7.1.13 中 a)～e)的任一种故障状态时，使非故障消防电话分机呼叫消防电话总机，观察并记录消防电话总机的指示情况，接通消防电话分机进行通话，检查并记录通话情况。

5.7.1.2.14 手动复位消防电话总机，记录消防电话总机发出尚未排除故障信号的时间；排除所有故障后，手动复位消防电话总机(故障信号自动复位除外)，观察并记录消防电话总机的显示情况。

5.7.1.2.15 使消防电话总机呼叫任一消防电话分机和任一消防电话分机呼叫主机，并进行通话，观察并记录通话录音情况；结束通话，观察并记录通话录音情况；记录录音装置的最长录音时间；观察并记录录音存储容量不足时消防电话总机的声、光指示信号以及声信号消音和光信号保持情况。操作通话录音查询机构，检查录音查询功能。

5.7.1.2.16 按 GB/T 14716—1993 中 7.4.1.4 的方法测试并记录消防电话总机的传输损耗。

5.7.1.3 要求

消防电话总机的性能应满足 4.7.1 的要求。

5.7.2 消防电话分机性能试验

5.7.2.1 目的

检验消防电话分机的性能。

5.7.2.2 试验方法

5.7.2.2.1 按 5.7.1.2.1 的连接方法将消防电话分机与消防电话总机相连，使消防电话分机与消防电话总机处于正常监视状态，观察试样监视状态下的光指示情况。

5.7.2.2.2 使任一部消防电话分机与消防电话总机通话，检查并记录通话情况。

5.7.2.2.3 使一消防电话分机摘机，检测消防电话分机受话器的回铃音，观察呼叫情况；消防电话总机应答呼叫，检查并记录消防电话分机与消防电话总机的通话情况；使消防电话总机挂机，检查并记录消防电话分机的忙音信号。

5.7.2.2.4 消防电话总机呼叫任一消防电话分机，观察并记录消防电话分机发出声、光信号的情况以及时间间隔。

5.7.2.2.5 检查消防电话分机之间能否进行通话。在消防电话总机与其中两部消防电话分机同时通话时，检查消防电话分机之间的通话情况。

5.7.2.2.6 按 GB/T 15279—2002 中的 5.2 和 5.6 所述的试验方法测试消防电话分机的通话传输特性。

5.7.2.3 要求

消防电话分机的性能应满足 4.7.2 的要求。

5.7.3 消防电话插孔功能试验

5.7.3.1 目的

检验消防电话插孔的性能。

5.7.3.2 试验方法

5.7.3.2.1 将消防电话插孔按实际工作要求与消防电话总机连接，接通电源，使其处于正常工作状态。检查消防电话插孔的光指示情况。

5.7.3.2.2 将消防电话分机插入消防电话插孔后，检查消防电话总机与消防电话分机的通话情况。

5.7.3.3 要求

消防电话插孔的性能应满足 4.7.3 的要求。

5.7.4 电源性能试验

STANDARDS PRESS OF CHINA

5.7.4.1 目的

检验消防电话总机电源性能。

5.7.4.2 试验方法

5.7.4.2.1 对于采用内部供电方式的消防电话总机，在消防电话总机处于正常监视状态下，切断消防电话总机的主电源，使消防电话总机由备用电源供电，再恢复主电源，检查并记录消防电话总机主、备电源转换、状态指示情况；在处于通话状态时，重复以上操作，检查并记录消防电话总机主、备电源转换、状态指示和通话情况。检查主电源的过压、过流保护措施。

5.7.4.2.2 按 4.7.4.3 中 a)的消防电话分机数量要求，接入消防电话分机(或模拟负载)，使消防电话分机处于摘机状态，并使消防电话总机与其中两部消防电话分机通话，观察并记录工作情况。

5.7.4.2.3 在备用电源放电终止的条件下，充电 24 h。关闭主电源，由备电供电，使消防电话总机处于监视状态，按消防电话总机总容量接入消防电话分机(或模拟负载)，运行 24 h，再使消防电话总机与一部消防电话分机处于通话状态 3 h，观察并记录试验现象。

5.7.4.2.4 对由交流电压供电的消防电话总机，分别将供电电压调至电压额定值(220 V)的 110%和 85%，按 5.7.1～5.7.3 的方法对其进行性能试验，观察并记录试验现象；将供电电压的频率调节在标准频率(50 Hz)偏差的±1%，按 5.7.1～5.7.3 的方法对其进行性能试验，观察并记录试验现象。

5.7.4.2.5 对于采用外部供电方式的消防电话总机，将消防电话总机的供电电压调整为系统直流供电电压额定值的 110%和 85%，按照 5.7.1～5.7.3 的方法对消防电话总机进行性能试验，观察并记录试验现象。

5.7.4.3 要求

消防电话总机的电源性能应满足 4.7.4 的要求。

5.8 传输设备基本性能试验

5.8.1 火灾报警信息的接收与传输功能试验

5.8.1.1 目的

检验传输设备接收与传输火灾报警信息的功能。

5.8.1.2 试验方法

5.8.1.2.1 按照试样的正常工作要求，将试样配接制造商提供的火灾报警控制器，接通试样和火灾报警控制器的电源，使试样与火灾报警控制器处于正常监视状态，并在试样与模拟监控中心设备之间建立正常传输连接。

5.8.1.2.2 使火灾报警控制器发出火灾报警信息，测量从火灾报警控制器发出火灾报警信息至试样将接收到的火灾报警信息向模拟监控中心传送的时间间隔，观察并记录试样发出的火灾报警光信号、信息传输成功指示情况。

5.8.1.2.3 切断试样与模拟监控中心设备之间的正常传输连接，使火灾报警控制器发出火灾报警信息，观察并记录试样在信息传送失败时的声、光信号指示情况。

5.8.1.2.4 依次使试样分别处于传输监管、故障、屏蔽状态，使火灾报警控制器发出火灾报警信息，观察并记录试样优先传输火灾报警信息的功能和状态指示情况。

5.8.1.3 要求

试样应满足 4.8.1 的要求。

5.8.2 监管报警信息的接收与传输功能试验

5.8.2.1 目的

检验传输设备接收与传输监管报警信息的功能。

5.8.2.2 试验方法

5.8.2.2.1 使试样处于正常监视状态、火灾报警控制器发出监管报警信息，测量从火灾报警控制器发出监管报警信息至试样将接收到的监管报警信息向模拟监控中心传送的时间间隔，观察并记录试样发出的监管报警光信号、信息传输成功指示情况。

5.8.2.2.2 切断试样与模拟监控中心设备之间的正常传输连接，使火灾报警控制器发出监管报警信息，观察并记录试样在信息传送失败时的声、光信号指示情况。

5.8.2.3 **要求**

试样应满足4.8.2的要求。

5.8.3 **故障报警信息的接收与传输功能试验**

5.8.3.1 **目的**

检验传输设备接收与传输故障报警信息的功能。

5.8.3.2 **试验方法**

5.8.3.2.1 使试样处于正常监视状态、火灾报警控制器发出故障报警信息，测量从火灾报警控制器发出故障报警信息至试样将接收到的故障报警信息向模拟监控中心传送的时间间隔，观察并记录试样发出的故障报警光信号、信息传输成功指示情况。

5.8.3.2.2 切断试样与模拟监控中心设备之间的正常传输连接，使火灾报警控制器发出故障报警信息，观察并记录试样在信息传送失败时的声、光信号指示情况。

5.8.3.3 **要求**

试样应满足4.8.3的要求。

5.8.4 **屏蔽信息的接收与传输功能试验**

5.8.4.1 **目的**

检验传输设备接收与传输屏蔽信息的功能。

5.8.4.2 **试验方法**

5.8.4.2.1 使试样处于正常监视状态、火灾报警控制器发出屏蔽信息，测量从火灾报警控制器发出屏蔽信息至试样将接收到的屏蔽信息向模拟监控中心传送的时间间隔，观察并记录试样发出的屏蔽光信号、信息传输成功指示情况。

5.8.4.2.2 切断试样与模拟监控中心设备之间的正常传输连接，使火灾报警控制器发出屏蔽信息，观察并记录试样在信息传送失败时的声、光信号指示情况。

5.8.4.3 **要求**

试样应满足4.8.4的要求。

5.8.5 **手动报警功能试验**

5.8.5.1 **目的**

检验传输设备的手动报警功能。

5.8.5.2 **试验方法**

5.8.5.2.1 使试样处于正常监视状态，启动手动报警按键(钮)，测量从手动报警按钮(键)启动至试样将手动报警信息向模拟监控中心传送的时间间隔，观察并记录试样发出的手动报警指示、信息传输成功指示情况。

5.8.5.2.2 切断试样与模拟监控中心设备之间的正常传输连接，启动手动报警按键(钮)，观察并记录试样在信息传送失败时的声、光信号指示情况。

5.8.5.2.3 使试样分别处于传输火灾报警、监管、故障、屏蔽、或自检信息的状态，对试样进行手动报警操作，观察并记录试样的手动报警信息优先传输和指示情况。

5.8.5.3 **要求**

试样应满足4.8.5的要求。

5.8.6 **本机故障报警功能试验**

5.8.6.1 **目的**

检验传输设备的本机故障报警功能。

5.8.6.2 **试验方法**

5.8.6.2.1 接通电源，使试样处于正常监视状态。分别按 4.8.6.2 的 a)～c)的要求，对试样各项本机故障报警功能进行测试，观察并记录试样本机故障声、光信号、本机故障指示灯、故障响应时间、故障信息显示情况。

5.8.6.2.2 手动消除本机故障声信号，并使试样发出另一故障，检查试样消音功能、本机故障声信号再启动功能和显示功能。

5.8.6.2.3 手动复位试样，记录试样发出尚未排除故障信号的时间；排除所有输入的故障信号，手动复位试样后(本机故障自动恢复除外)，观察并记录试样的显示情况。

5.8.6.3 **要求**

试样应满足 4.8.6 的要求。

5.8.7 **自检功能试验**

5.8.7.1 **目的**

检查传输设备的自检功能。

5.8.7.2 **试验方法**

手动操作试样自检功能，观察并记录试样面板上所有指示灯、显示器的指示情况和音响指示情况。

5.8.7.3 **要求**

试样应满足 4.8.7 的要求。

5.8.8 **电源性能试验**

5.8.8.1 **目的**

检验传输设备对供电电压波动的适应能力以及电源的容量。

5.8.8.2 **试验方法**

5.8.8.2.1 **主电源试验**

在试样处于正常监视状态下，切断试样的主电源，使试样由备用电源供电，再恢复主电源，检查并记录试样主、备电源的转换、状态的指示情况及其主电源过流保护情况。

5.8.8.2.2 **备用电源试验**

使试样在正常状态下工作 24 h 后，切断试样主电源，使试样在备用电源供电状态下工作 12 h，观察并记录试样工作情况。

5.8.8.3 **要求**

试样应满足 4.8.8 的要求。

5.9 **消防控制室图形显示装置基本性能试验**

5.9.1 **基本功能试验**

5.9.1.1 **目的**

检验消防控制室图形显示装置的基本功能。

5.9.1.2 **试验方法**

5.9.1.2.1 将试样与制造商提供的控制器配接，接通电源，使其处于正常监视状态，使控制器发出火灾报警信号和/或联动控制信号，期间观察试样显示状态、信息查询及显示状态，并记录时间；关闭试样，观察试样显示状态。

5.9.1.2.2 检查试样与控制器通信的工作状态。

5.9.1.2.3 在制造商规定的最长通信距离条件下检查试样通信状态。

5.9.1.2.4 使通信中断并恢复通信，检查试样与控制器的信息是否同步。

5.9.1.2.5 模拟监控中心发出查询指令，检查试样远程传输信息功能和状态显示。

5.9.1.2.6 检查试样的操作功能。

5.9.1.3 要求

试样应满足4.9.1的要求。

5.9.2 状态显示试验

5.9.2.1 目的

检验消防控制室图形显示装置的状态显示。

5.9.2.2 试验方法

5.9.2.2.1 将试样与制造商提供的控制器配接，使其处于正常监视状态，观察试样状态。

5.9.2.2.2 输入控制器发出的火灾报警信号、监管报警信号、反馈信号、屏蔽信号、故障信号，观察试样状态。

5.9.2.3 要求

试样应满足4.9.2的要求。

5.9.3 通信故障报警功能

5.9.3.1 目的

检验消防控制室图形显示装置的通信故障报警功能。

5.9.3.2 试验方法

将试样与制造商提供的控制器配接，使其处于正常监视状态，使其与控制器之间通信发生故障，观察试样状态。

5.9.3.3 要求

试样应满足4.9.3的要求。

5.9.4 信息记录功能试验

5.9.4.1 目的

检验消防控制室图形显示装置的信息记录功能。

5.9.4.2 试验方法

5.9.4.2.1 将试样与制造商提供的控制器配接，使其处于正常监视状态，检查试样信息记录、远程查询和记录存储功能。

5.9.4.2.2 输入控制器发出的火灾报警信号、联动信号，观察试样状态，检查试样记录功能。

5.9.4.3 要求

试样应满足4.9.4的要求。

5.9.5 信息传输功能试验

5.9.5.1 目的

检验消防控制室图形显示装置的信息传输功能。

5.9.5.2 试验方法

5.9.5.2.1 将试样与模拟的监控中心连接，使其处于正常监视状态，输入查询指令，检查试样信息传输功能。

5.9.5.2.2 输入控制器发出的火灾报警信号、联动信号，检查试样传输功能。

5.9.5.3 要求

试样应满足4.9.5的要求。

5.10 模块基本性能试验

5.10.1 目的

检验模块基本性能。

5.10.2 试验方法

5.10.2.1 将试样处于正常监视状态，对输入模块输入制造商规定的输入信号，记录时间并观察试样状态；对输出模块输入制造商规定的输出信号，记录时间并观察试样状态，按制造商的规定检查其输出性能。

5.10.2.2 使中继模块处于正常监视状态，按制造商规定要求检查其性能。

5.10.2.3 使输入模块与提供输入信号部件之间的连接线发生断路或短路，观察试样状态。

5.10.3 要求

试样应满足 4.10.1 的要求。

5.11 消防电动装置基本性能试验

5.11.1 基本性能试验

5.11.1.1 目的

检验消防电动装置的基本性能。

5.11.1.2 试验方法

5.11.1.2.1 使试样处于正常监视状态后，给试样施加制造商规定的启动信号，观察并记录试样的工作状态和动作时间；如有延时，还应观察并记录延时指示和时间显示情况。

5.11.1.2.2 使试样分别处于手动和自动控制状态，观察并记录试样的手动和自动控制情况。

5.11.1.2.3 使有机械操作部件的试样和真实负载或模拟负载连接，使其处于正常监视状态，然后对试样施加 80%额定动作推力的推力，观察并记录试样的工作状态。

5.11.1.3 要求

试样应满足 4.11.1 的要求。

5.11.2 重复动作试验

5.11.2.1 目的

检验消防电动装置的重复动作性能。

5.11.2.2 试验方法

5.11.2.2.1 使试样和真实负载或模拟负载连接，施加制造商规定的额定动作推力和额定电压进行 500 次完整的“启动—停止”循环操作。

5.11.2.2.2 试验期间，观察并记录试样工作状态。

5.11.2.2.3 试验后，按 5.11.2 的要求检查试样的基本性能。

5.11.2.3 要求

试样在配接额定负载的条件下，应能重复动作 500 次；试验后，应满足 5.11.1.3 的要求。

5.12 消火栓按钮基本性能试验

5.12.1 动作性能试验

5.12.1.1 目的

检验消火栓按钮的动作性能。

5.12.1.2 试验方法

5.12.1.2.1 不动作试验

将试样按制造商的规定安装在图 4 所示设备上，并使试样处于正常监视状态。以不大于 5 N/s 的速率向启动零件操作标识两箭头之间中心位置施加水平方向的力，达到 22.5 N±2.5 N 时，保持 5 s，然后以不大于 5 N/s 的速率释放，观察并记录试样状态。

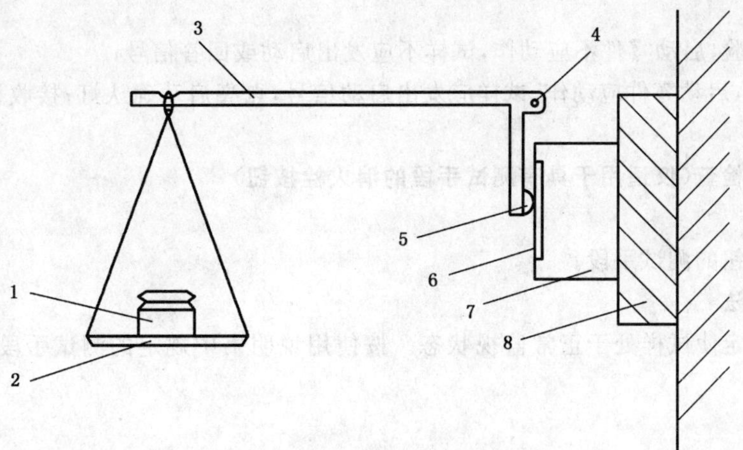

1——砝码；

2——托盘；

3——金属杆；

4——支点；

5——橡胶；

6——启动零件；

7——消火栓按钮；

8——固定在硬质结构上的按钮安装板。

图 4　非动作试验装置

5.12.1.2.2　动作试验

将试样按制造商的规定安装在图 5 所示设备上，并使试样处于正常监视状态。把铜球拉至其中心距试样启动零件操作标识两箭头之间中心位置垂直距离 $350_{-10}^{\ 0}$ mm 处，然后自由摆动落下，撞击启动零件一次，观察并记录试样状态。

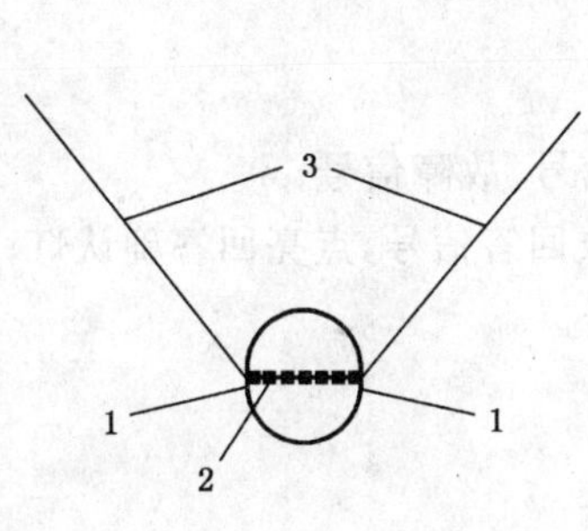

a）总质量为 85 g±1 g 的黄铜球

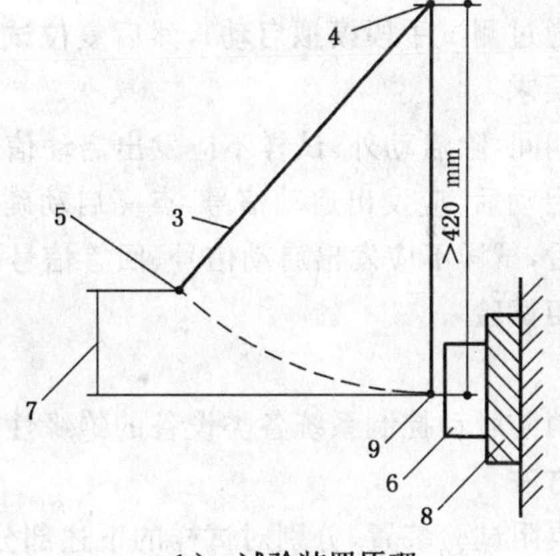

b）试验装置原理

1——用于调节质量的平面；

2——直径为 $1.2_{0}^{+0.2}$ mm 的黄铜球钻孔；

3——直径 1.2 mm 的线绳；

4——悬挂点；

5——黄铜球的质量中心；

6——消火栓按钮；

7——黄铜球摆高：$350_{-10}^{\ 0}$ mm（动作试验）；

8——固定在硬质结构上的按钮安装板；

9——启动零件的中心点。

图 5　动作试验装置

5.12.1.3 要求

a) 不动作试验,启动零件不应动作,试样不应发出启动或回答信号;

b) 动作试验,启动零件应动作,试样应发出启动信号,点亮启动确认灯;接收回答信号,点亮回答确认灯。

5.12.2 测试手段检查(仅适用于具有测试手段的消火栓按钮)

5.12.2.1 目的

检验消火栓按钮的测试手段。

5.12.2.2 试验方法

按制造商的规定使试样处于正常监视状态。按使用说明书中规定的测试手段对试样进行测试并记录。

5.12.2.3 要求

a) 进行测试时,试样应发出启动信号,接收回答信号,启动回答指示灯;

b) 复位后,试样应恢复到正常监视状态。

5.12.3 电源参数波动试验

5.12.3.1 目的

检验消火栓按钮在电源参数波动条件下工作的适应性。

5.12.3.2 方法

5.12.3.2.1 按制造商规定的供电参数上、下限值(如未规定,则上、下限参数分别为额定参数110%和85%)给试样供电,分别稳定5 min,在稳定时间结束时启动试样(具有测试手段的试样通过测试手段模拟启动试样),然后复位试样。

5.12.3.2.2 如试样采用脉动电压供电,将试样通过长度为1 000 m、截面积为1.0 mm^2的铜质双绞导线(或按照制造商提供的条件)与电源和监视设备连接,使其处于正常监视状态。将电源和监视设备的输入电压调至187 V(50 Hz)和242 V(50 Hz),分别稳定5 min,在稳定时间结束时启动试样(具有测试手段的试样应通过测试手段模拟启动),然后复位试样。

5.12.3.2.3 要求

a) 试验期间,除启动外,试样不应发出启动信号、回答信号、故障信号;

b) 试样启动后,应发出启动信号,点亮启动确认灯,接收回答信号,点亮回答确认灯;

c) 复位后,试样不应发出启动信号、回答信号、故障信号。

5.13 绝缘电阻试验

5.13.1 目的

检验组成消防联动控制系统各类设备的绝缘性能。

5.13.2 试验方法

通过绝缘电阻试验装置,分别对试样的下述部分施加500 V±50 V直流电压,持续60 s±5 s后,测量其绝缘电阻值。

a) 有绝缘要求的外部带电端子与机壳之间;

b) 电源插头(或电源接线端子)与机壳之间(电源开关置于接通位置,但电源插头不接入电网)。

5.13.3 要求

试样有绝缘要求的外部带电端子与机壳间的绝缘电阻值不应小于20 MΩ;试样的电源输入端与机壳间的绝缘电阻值不应小于50 MΩ。

5.13.4 试验设备

满足下述技术要求的绝缘电阻试验装置(也可用兆欧表或摇表测试)

试验电压:500 V±50 V;

测量范围:0 MΩ~500 MΩ;

最小分度:0.1 MΩ;

记时:60 s±5 s。

5.14 泄漏电流试验

5.14.1 目的

检验组成消防联动控制系统各类设备抗泄漏电流的能力。

5.14.2 试验方法

将试样处于正常监视状态,调节主电供电电压为试样额定电压的1.06倍,测量并记录其总泄漏电流值。

5.14.3 要求

试样在1.06倍额定电压工作时,泄漏电流应不超过0.5 mA。

5.14.4 试验设备

符合GB 4706.1—1998附录G测量泄漏电流的电路。

5.15 电气强度试验

5.15.1 目的

检验组成消防联动控制系统各类设备的电气强度。

5.15.2 试验方法

试验前,将试样的接地保护元件拆除。通过试验装置,以100 V/s~500 V/s的升压速率,对试样的电源线与机壳间施加50 Hz,1 250 V(有效值)的试验电压。持续60 s±5 s,观察并记录试验中所发生的现象。试验后,以100 V/s~500 V/s的降压速率使电压降至低于额定电压值后,方可断电。接通试样电源,进行基本性能试验。

5.15.3 要求

试样的电源插头与机壳间应能耐受频率为50 Hz,有效值电压为1 250 V的交流电压历时1 min的电气强度试验,试验期间试样不应发生击穿现象,试验后,试样基本性能应与试验前的基本性能保持一致。

5.15.4 试验设备

满足下述条件的试验装置:

a) 试验电压:电压0~1 250 V(有效值)连续可调,频率50 Hz,短路电流10 A(有效值);

b) 升、降压速率:100 V/s~500 V/s;

c) 计时:60 s±5 s。

5.16 射频电磁场辐射抗扰度试验

5.16.1 目的

检验组成消防联动控制系统各类设备在射频电磁场辐射环境下工作的适应性。

5.16.2 试验方法

5.16.2.1 将试样按GB/T 17626.3—1998中7.1的规定进行试验布置,接通电源,使试样处于正常监视状态20 min。

5.16.2.2 按GB/T 17626.3—1998中第8章规定的试验方法对试样施加表14所示条件下的干扰试验,期间观察并记录试样状态。试验后,进行基本性能试验。

表14 射频电磁场辐射抗扰度试验条件

场强/(V/m)	10
频率范围/MHz	80~1 000
扫频速率/(10 oct/s)	$\leqslant 1.5\times 10^{-3}$
调制幅度	80%(1 kHz,正弦)

5.16.3 要求

试验期间，试样应保持正常监视状态；试验后，试样基本性能应与试验前的基本性能保持一致。

5.16.4 试验设备

试验设备应满足 GB/T 17626.3—1998 的要求。

5.17 射频场感应的传导骚扰抗扰度试验

5.17.1 目的

检验组成消防联动控制系统各类设备对射频场感应的传导骚扰的适应性。

5.17.2 试验方法

5.17.2.1 将试样按 GB/T 17626.6—1998 中第 7 章规定进行试验配置，接通电源，使试样处于正常监视状态 20 min。

5.17.2.2 按 GB/T 17626.6—1998 中第 8 章规定的试验方法对试样施加表 15 所示条件下的干扰试验，期间观察并记录试样状态。试验后，进行基本性能试验。

表 15 射频场感应的传导骚扰抗扰度试验条件

频率范围/MHz	0.15～100
电压/dBμV	140
调制幅度	80%(1 kHz，正弦)

5.17.3 要求

试验期间，试样应保持正常监视状态；试验后，试样基本性能应与试验前的基本性能保持一致。

5.17.4 试验设备

试验设备应满足 GB/T 17626.6—1998 的要求。

5.18 静电放电抗扰度试验

5.18.1 目的

检验组成消防联动控制系统各类设备对带静电人员、物体接触造成的静电放电的适应性。

5.18.2 试验方法

5.18.2.1 将试样按 GB/T 17626.2—1998 中 7.1.1 条规定进行试验布置，接通电源，使试样处于正常监视状态 20 min。

5.18.2.2 按 GB/T 17626.2—1998 中第 8 章规定的试验方法对试样及耦合板施加表 16 所示条件下的干扰试验，期间观察并记录试样状态。试验后，进行基本性能试验。

表 16 静电放电抗扰度试验条件

放电电压/kV	空气放电(外壳为绝缘体) 8
	接触放电(外壳为导体) 6
放电极性	正、负
放电间隔/s	≥1
每点放电次数	10

5.18.3 要求

试验期间，试样应保持正常监视状态；试验后，试样基本性能应与试验前的基本性能保持一致。

5.18.4 试验设备

试验设备应满足 GB/T 17626.2—1998 的要求。

5.19 电快速瞬变脉冲群抗扰度试验

5.19.1 目的

检验组成消防联动控制系统各类设备抗电快速瞬变脉冲群干扰的能力。

5.19.2 **试验方法**

5.19.2.1 将试样按 GB/T 17626.4—1998 中 7.2 的规定进行试验配置，接通电源，使其处于正常监视状态 20 min。

5.19.2.2 按 GB/T 17626.4—1998 中第 8 章规定的试验方法对试样施加表 17 所示条件下的干扰试验，期间观察并记录试样状态。试验后，进行基本性能试验。

表 17 电快速瞬变脉冲群抗扰度试验条件

瞬变脉冲电压/kV	AC 电源线 2×(1±0.1)
	其他连接线 1×(1±0.1)
重复频率/kHz	AC 电源线 2.5×(1±0.2)
	其他连接线 5×(1±0.2)
极性	正、负
时间	每次 1 min

5.19.3 **要求**

试验期间，试样应保持正常监视状态；试验后，试样基本性能应与试验前的基本性能保持一致。

5.19.4 **试验设备**

试验设备应满足 GB/T 17626.4—1998 的要求。

5.20 **浪涌(冲击)抗扰度试验**

5.20.1 **目的**

检验组成消防联动控制系统各类设备对附近闪电或供电系统的电源切换及低电压网络、包括大容性负载切换等产生的电压瞬变(电浪涌)干扰的适应性。

5.20.2 **试验方法**

5.20.2.1 将试样按 GB/T 17626.5—1999 中第 7 章规定进行试验配置，接通电源，使其处于正常监视状态 20 min。

5.20.2.2 按 GB/T 17626.5—1999 中第 8 章规定的试验方法对试样施加表 18 所示条件下的干扰试验，期间观察并记录试样状态。试验后，进行基本性能试验。

表 18 浪涌(冲击)抗扰度试验条件

浪涌(冲击)电压/kV	AC 电源线	线—线 1×(1±0.1)
		线—地 2×(1±0.1)
	其他连接线	线—地 1×(1±0.1)
极性		正、负
试验次数		5

5.20.3 **要求**

试验期间，试样应保持正常监视状态；试验后，试样基本性能应与试验前的基本性能保持一致。

5.20.4 **试验设备**

试验设备应满足 GB/T 17626.5—1999 的要求。

5.21 **电源瞬变试验**

5.21.1 **目的**

检验组成消防联动控制系统各类设备抗电源瞬变干扰的能力。

5.21.2 **试验方法**

5.21.2.1 按正常监视状态要求，将试样与等效负载连接，连接试样到电源瞬变试验装置上，使其处于正常监视状态。

5.21.2.2 开启试验装置,使试样主电源按“通电(9 s)～断电(1 s)”的固定程序连续通断500次,试验期间,观察并记录试样的工作状态;试验后,进行基本性能试验。

5.21.3 要求

试验期间,试样应保持正常监视状态;试验后,试样基本性能应与试验前的基本性能保持一致。

5.22 电压暂降、短时中断和电压变化的抗扰度试验

5.22.1 目的

检验组成消防联动控制系统各类设备在电压暂降、短时中断和电压变化(如主配电网络上,由于负载切换和保护元件的动作等)情况下的抗干扰能力。

5.22.2 试验方法

5.22.2.1 按正常监视状态要求,将试样与等效负载连接,连接试样到主电压下滑和中断试验装置上,使其处于正常监视状态。

5.22.2.2 使主电压下滑至40%,持续20 ms,重复进行十次;再将使主电压下滑至0 V,持续10 ms,重复进行十次。试验期间,观察并记录试样的工作状态;试验后,进行基本性能试验。

5.22.3 要求

试验期间,试样应保持正常监视状态;试验后,试样基本性能应与试验前的基本性能保持一致。

5.22.4 试验设备

试验设备应满足GB 16838的要求。

5.23 低温(运行)试验

5.23.1 目的

检验组成消防联动控制系统各类设备在低温条件下工作的适应性。

5.23.2 试验方法

5.23.2.1 试验前,将试样在正常大气条件下放置2 h～4 h。然后按正常监视状态要求,将试样与等效负载连接,接通电源。

5.23.2.2 调节试验箱温度,使其在20℃±2℃温度下保持30±5 min,然后,以不大于1℃/ min的速率降温至0℃±3℃。

5.23.2.3 在0℃±3℃温度下,观察并记录试样的工作状态;保持16 h后,立即进行基本性能试验。

5.23.2.4 调节试验箱温度,使其以不大于1℃/ min的速率升温至20℃±2℃,并保持30 min±5 min。

5.23.2.5 取出试样,在正常大气条件下放置1 h～2 h后,检查试样表面涂覆情况,进行基本性能试验。

5.23.3 要求

试验期间,试样应保持正常监视状态;试验后,试样无破坏涂覆和腐蚀现象,基本性能应与试验前的基本性能保持一致。

5.23.4 试验设备

试验设备应符合GB 16838的要求。

5.24 恒定湿热(运行)试验

5.24.1 目的

检验组成消防联动控制系统各类设备在相对湿度高(无凝露)的环境下正常工作的能力。

5.24.2 试验方法

5.24.2.1 试验前,将试样在正常大气条件下放置2 h～4 h。然后按正常监视状态要求,将试样与等效负载连接,接通电源,使其处于正常监视状态。

5.24.2.2 调节试验箱,使温度为40℃±2℃,相对湿度90%～95%(先调节温度,当温度达到稳定后再加湿),观察并记录试样的工作状态;连续保持4 d后,立即进行基本性能试验。

5.24.2.3 取出试样,在正常大气条件下,处于正常监视状态1 h～2 h后,检查试样表面涂覆情况,进

行基本性能试验。

5.24.3 要求

试验期间,试样应保持正常监视状态;试验后,试样无破坏涂覆和腐蚀现象,基本性能应与试验前的基本性能保持一致。

5.24.4 试验设备

试验设备应符合 GB 16838 的相关规定。

5.25 恒定湿热(耐久)试验

5.25.1 目的

检验组成消防联动控制系统各类设备长时间承受使用环境中湿度影响的能力。

5.25.2 试验方法

5.25.2.1 在不通电的情况下,将试样置于试验箱内。

5.25.2.2 调节试验箱,使温度为 40℃±2℃,相对湿度 90%~95%(先调节温度,当温度达到稳定后再加湿),连续保持 21 d。

5.25.2.3 取出试样,在正常大气条件下,恢复 12 h 后,检查试样表面涂覆情况,并接通试样电源,进行基本性能试验。

5.25.3 要求

试验后,试样无破坏涂覆和腐蚀现象,基本性能应与试验前的基本性能保持一致。

5.25.4 试验设备

试验设备应符合 GB 16838 的要求。

5.26 振动(正弦)(运行)试验

5.26.1 目的

检验组成消防联动控制系统各类设备承受振动影响的能力。

5.26.2 试验方法

5.26.2.1 将试样按正常安装方式刚性安装,使同方向的重力作用像其使用时一样(重力影响可忽略时除外),试样在上述安装方式下可放于任何高度,试验期间试样处于正常监视状态。

5.26.2.2 依次在三个互相垂直的轴线上,在 10 Hz~150 Hz 的频率循环范围内,以 0.981 m/s^2 的加速度幅值,1 倍频程每分的扫频速率,各进行 1 次扫频循环,期间观察并记录试样的工作状态。

5.26.2.3 试验后,立即检查试样外观及紧固部位,并进行基本性能试验。

5.26.3 要求

试验期间,试样应保持正常监视状态;试验后,试样不应有机械损伤和紧固部位松动现象,基本性能应与试验前的基本性能保持一致。

5.26.4 试验设备

试验设备(振动台及夹具)应符合 GB 16838 的要求。

5.27 振动(正弦)(耐久)试验

5.27.1 目的

检验组成消防联动控制系统各类设备长时间承受振动影响的能力。

5.27.2 试验方法

5.27.2.1 将试样按正常安装方式刚性安装(重力影响可忽略时除外),试样在上述安装方式下可放于任何高度,试验期间试样不通电。

5.27.2.2 依次在三个互相垂直的轴线上,在 10 Hz~150 Hz 的频率循环范围内,以 4.905 m/s^2 的加速度幅值,1 倍频程每分的扫频速率,各进行 20 次扫频循环。

5.27.2.3 试验后,立即检查试样外观及紧固部位,并接通试样电源,进行基本性能试验。

5.27.3 要求

试验后,试样不应有机械损伤和紧固部位松动现象,基本性能应与试验前的基本性能保持一致。

5.27.4 试验设备

试验设备(振动台及夹具)应符合 GB 16838 的要求。

5.28 碰撞试验

5.28.1 目的

检验组成消防联动控制系统各类设备表面部件在经受碰撞时的可靠性。

5.28.2 试验方法

5.28.2.1 按正常监视状态要求,将试样与等效负载连接,接通电源,使其处于正常监视状态。

5.28.2.2 对试样表面上的每个易损部件(如指示灯、显示器等)施加 3 次能量为 0.5 J±0.04 J 的碰撞。在进行试验时应小心进行,以确保上一组(3 次)碰撞的结果不对后续各组碰撞的结果产生影响。试验期间,观察并记录试样的工作状态;试验后,进行基本性能试验。

5.28.3 要求

试验期间,试样应保持正常监视状态;试验后,试样不应有机械损伤和紧固部位松动现象,基本性能应与试验前的基本性能保持一致。

5.28.4 试验设备

试验设备应符合 GB 16838 的要求。

5.29 冲击试验

5.29.1 目的

检验组成消防联动控制系统各类设备经受非多次重复性冲击的适应性及其结构的完好性。

5.29.2 试验方法

5.29.2.1 将试样按刚性安装在冲击试验台上,启动冲击试验台,对质量为 M(kg)的试样,以峰值加速度为$(100-20\times M)\times 10\ m/s^2$,脉冲持续时间为 6 ms 的半正弦波脉冲,对试样的 3 个相互垂直的轴线中的每个方向连续冲击 3 次,总计 18 次。

5.29.2.2 冲击结束后,立即检查试样外观及紧固部位,并进行基本性能试验。

5.29.3 要求

试验后,试样不应有机械损伤和紧固部位松动现象,基本性能应与试验前的基本性能保持一致。

5.29.4 试验设备

试验设备应满足 GB 16838 的要求。

5.30 雨淋试验

5.30.1 目的

检验消火栓按钮在消火栓漏水时工作的适应性。

5.30.2 试验方法

5.30.2.1 将试样按制造商的规定安装于试验箱内,按规定使试样处于正常监视状态,然后启动试样,使系统处于启动工作状态。

5.30.2.2 按 GB 16838 中规定的雨淋试验方法对试样施加雨淋试验,期间观察并记录试样及其监控设备的状态。

5.30.2.3 雨淋试验后,复位试样并按 5.12.1 的规定进行动作性能试验。

5.30.3 要求

a) 雨淋试验期间,试样及其监控设备的状态不应发生变化;

b) 复位后,试样不应发出启动信号、回答信号、故障信号;

c) 动作性能试验结果应满足 5.12.1.3 的要求;

5.30.4 试验设备

试验设备应满足 GB 16838 的规定。

5.31 高温(运行)试验

5.31.1 目的

检验消火栓按钮在高温条件下工作的适应性。

5.31.2 试验方法

5.31.2.1 将试样放入试验箱内,按制造商的规定使试样处于正常监视状态。在正常大气条件下保持 1 h,然后以不大于 1℃/ min 的升温速率,使试验箱内温度升至 55℃±2℃,在此条件下稳定 16 h,观察并记录试样状态。在稳定期间最后 30 min 内,启动试样(具有测试手段的试样通过测试手段模拟启动)。

5.31.2.2 关断监控设备,取出试样,在正常大气条件下恢复 1 h 以上。然后复位试样,按 5.12.1 的规定进行动作性能试验。

5.31.3 要求

a) 高温环境期间,除启动外,试样不应发出启动信号、回答信号、故障信号;

b) 试样启动后,应发出启动信号,点亮启动确认灯,接收回答信号,点亮回答确认灯;

c) 复位后,试样不应发出启动信号、回答信号、故障信号;

d) 动作性能试验结果应满足 5.12.1.3 的要求。

5.31.4 试验设备

试验设备应满足 GB 16838 的规定。

5.32 交变湿热(运行)试验

5.32.1 目的

检验消火栓按钮在相对湿度高(无凝露)的环境下正常工作的能力。

5.32.2 试验方法

5.32.2.1 将试样放入试验箱内,按制造商的规定使试样处于正常监视状态。

5.32.2.2 按 GB 16838 中相应条款规定的试验方法,对试样进行高温温度为 40℃±2℃、2 个循环周期的交变湿热(运行)试验。期间观察并记录试样状态。

5.32.2.3 关断电源和监视设备,取出试样,在正常大气条件下恢复 1 h 以上。然后按 5.12.1 的规定进行动作性能试验。

5.32.3 要求

a) 湿热环境期间,试样不应发出启动信号、回答信号、故障信号;

b) 动作性能试验结果应满足 5.12.1.3 的要求;

5.32.4 试验设备

试验设备应满足 GB 16838 的相关规定。

5.33 SO_2 腐蚀(耐久)试验

5.33.1 目的

检验消火栓按钮抗 SO_2 腐蚀的能力。

5.33.2 试验方法

5.33.2.1 试样连接足够长的非镀锡铜导线,以保证腐蚀环境后可直接进行动作性能试验。腐蚀环境期间试样不通电。

5.33.2.2 将试样按制造商的规定安装在一个温度为 25℃±2℃、SO_2 浓度为 $(25\pm5)\times10^{-6}$(体积比)、相对湿度为 93%±3%的试验箱中,持续 21 d。

5.33.2.3 腐蚀环境后,将试样放置在温度为 40℃±2℃、相对湿度低于 50%的试验箱中干燥 16 h 后,再将试样取出,在正常大气条件下恢复 1 h 以上,按规定连接,并接通电源,观察并记录试样状态。若试样能处于正常监视状态，然后按 5.12.1 的规定进行动作性能试验。

5.33.3 要求

a) 腐蚀环境后，接通电源和监视设备，试样不应发出启动信号、回答信号、故障信号；

b) 动作性能试验结果应满足 5.12.1.3 的要求；

5.33.4 试验设备

试验设备应满足 GB 16838 的规定。

6 检验规则

6.1 产品出厂检验

制造商在产品出厂前应对消防联动控制系统各类设备按 5.1.5 条要求进行检查，并至少进行下述试验项目的检验：

a) 基本性能试验；

b) 绝缘电阻试验；

c) 泄漏电流试验或电气强度试验。

制造商应规定抽样方法、检验和判定规则。

6.2 型式检验

6.2.1 型式检验项目为本标准第 5 章规定的试验项目。在出厂检验合格的产品中抽取检验样品。

6.2.2 有下列情况之一时，应进行型式检验：

a) 新产品或老产品转厂生产时的试制定型；

b) 正式生产后，产品的结构、主要部(器)件或元器件、生产工艺等有较大的改变，可能影响产品性能或正式投产满 5 年；

c) 产品停产一年以上，恢复生产；

d) 出厂检验结果与上次型式检验结果差异较大；

e) 发生重大质量事故。

6.2.3 按 GB 12978 规定的型式检验结果判定方法进行判定。

7 标志

7.1 产品标志

消防联动控制系统各类设备应有清晰、耐久的产品标志，产品标志应包括以下内容：

a) 产品名称；

b) 产品型号；

c) 制造商名称或商标；

d) 产地；

e) 制造日期及产品编号；

f) 本标准标准号。

7.2 质量检验标志

消防联动控制系统各类设备应有质量检验合格标志。

附　录　A
（规范性附录）
电磁性能要求

A.1　范围

本附录规定了用于消防联动控制系统的密封可充蓄电池（以下简称电池）的要求及检验方法。

A.2　试验样品及试验程序

A.2.1　试验样品

试验前，制造商应提供每种规格电池10支作为试验样品，并由检测人员随机编号（1#～10#）。

A.2.2　试验程序

表 A.1　试验程序

项目编号	试验项目	试样编号
A.3.1	电池外观及结构试验	1#～10#
A.3.2	电压一致性试验	1#～6#
A.3.3	电池容量试验	1#～3#
A.3.4	容量保存性能试验	7#
A.3.5	循环充放电性能试验	8#～10#
A.3.6	过放电性能试验	4#
A.3.7	最大放电电流试验	3#、5#
A.3.8	密闭反应效率试验	6#
A.3.9	防爆性能试验	1#
A.3.10	防沫性能试验	2#
A.3.11	耐冲击性能试验	3

A.3　试验

A.3.1　电池外观及结构试验

A.3.1.1　目的

根据电池外观、内部结构，考察电池是否满足用于消防应急照明和疏散指示系统长期浮充电的特殊要求。

A.3.1.2　试验方法

A.3.1.2.1　用游标卡尺检测电池外形尺寸、端子外形尺寸是否符合制造商提供的标称尺寸。

A.3.1.2.2　用电压表测量电池两极极性是否与极性标志一致。

A.3.1.2.3　检查电池的外观。

A.3.1.3　要求

a)　电池外形尺寸、端子外形尺寸是应符合制造商提供的标称尺寸；

b)　电池两极极性应与极性标志一致且正负极端子便于用螺栓连接；

c)　电池外观应规整，不应有裂纹、变型及爬碱、漏液等现象。

A.3.2　电压一致性试验

STANDARDS PRESS OF CHINA

A.3.2.1 目的

检查电池组完全充电后电池电压的一致性。

A.3.2.2 试验方法

将编号为1#～6#的电池串联成电池组，依据制造商规定的充电条件对电池充电48 h，然后开路并保持24 h。测量每节电池的开路电压。

A.3.2.3 要求

电池开路电压的最大与最小电压差值不应大于表A.2的规定的。

表 A.2 开路电压

标称电压/V	开路电压的最大与最小电压差值/V
2	0.03
6	0.04
12	0.06

A.3.3 电池容量试验

A.3.3.1 目的

检查电池在常温条件下的容量与标称容量是否一致，检查在低温条件下电池的容量变化。

A.3.3.2 试验方法

将编号为1#～3#的电池，依据制造商规定的充电条件对电池充电48 h。将1#～2#电池在25℃±3℃的环境下静置12 h，以0.5 C_{20} A恒流放电至电池终止电压为1.8 V，测量放电时间。将3#电池在−10℃±3℃的环境下静置12 h，然后以0.5 C_{20} A恒流放电至电池终止电压为1.8 V，测量放电时间。

A.3.3.3 要求

常温条件下电池的放电时间应不小于90 min。低温条件下电池的放电时间应不小于50 min。

A.3.4 容量保存性能试验

A.3.4.1 目的

检测电池容量的保存性能。

A.3.4.2 试验方法

将7#电池依据制造商规定的充电条件对电池充电48 h，以0.5C_{20} A恒流放电至电池终止电压1.8 V，测量放电时间，计算电池容量并用Ca表示。然后再依据制造商规定的充电条件对电池充电48 h，将电池65℃±3℃的环境下静置11 d，以0.5C_{20} A恒流放电至电池终止电压1.8 V，测量放电时间，计算电池容量并用Cr表示。

A.3.4.3 要求

Cr与Ca的比值应不小于0.6。

A.3.5 循环充放电性能试验

A.3.5.1 目的

检测电池在循环充放电条件下的容量保存性能。

A.3.5.2 试验方法

取8#～10#电池串联为电池组，依据制造商规定的充电条件对电池充电48 h，在大气环境下静置12 h，以0.5C_{20} A恒流放电至电池终止电压1.8 V，测量放电时间，计算电池容量并用C_1表示。以0.1C_{20} A恒流充电48 h，在大气环境下静置12 h，以0.5C_{20} A恒流放电至电池终止电压1.8 V测量放电时间，计算电池容量并用C_2表示，依次类推循环10次。

A.3.5.3 要求

其中C_1～C_{10}中的最小值不得低于标称容量的90%。

A.3.6　过放电性能试验

A.3.6.1　目的

检查电池在过放电条件下容量的变化范围。

A.3.6.2　试验方法

将4#电池依据制造商规定的充电条件对电池充电48 h,以$0.5C_{20}$ A恒流放电至电池终止电压为1.8 V,测量放电时间,计算电池容量并用Ca表示。继续以$0.02C_{20}$ A恒流放电至电池终止电压为1 V。将电池正负级用1 Ω、200 W的电阻连接并保持24 h,然后以开路状态保持7 d。再以$0.1C_{20}$ A恒流充电48 h,以$0.5C_{20}$ A恒流放电至电池终止电压为1.8 V,测量放电时间,计算电池容量并用Cr表示。

A.3.6.3　要求

容量保存性能Cr与Ca的比值不应小于0.9。

A.3.7　最大放电电流试验

A.3.7.1　目的

检验电池承受大电流放电的性能。

A.3.7.2　试验方法

将编号为3#、5#电池依据制造商规定的充电条件对电池充电48 h。将3#电池在25℃±3℃的环境下静置12 h,将5#电池在−10℃±3℃的环境下静置12 h。分别以$5C_{20}$ A的恒流持续放电30 s。检查电池及极柱外观,测量电池电压。

A.3.7.3　要求

a)　电池外观应无显著变形,极柱无熔断痕迹;

b)　常温条件下的电池放电后电压不应小于1.83 V,低温条件下的电池放电后电压不应小于1.67 V。

A.3.8　密闭反应效率试验

A.3.8.1　目的

检验电池的密闭反应效率。

A.3.8.2　试验方法

A.3.8.2.1　将6#电池依据制造商规定的充电条件对电池充电48 h。然后以$0.01C_{20}$ A的恒流充电96 h,安装排放气体收集装置,以$0.005C_{20}$ A的恒流充电24 h,然后保持电池充电并收集1 h的排放气体。

A.3.8.2.2　按照下列公式计算气体排放量,其中V代表气体排放量,单位mL/A·h;P代表当前的大气压,单位kPa;P_0代表标准大气压,单位kPa;t代表当前温度,单位℃;v代表收集的气体量,单位mL;Q代表收集气体期间的充电量,单位A·h。

$$V=(P/P_0)\times[298/(t+273)]\times(v/Q)$$

A.3.8.2.3　按照下列公式计算密闭效率。

$$\eta=(1-V/684)\times100\%$$

A.3.8.3　要求

密闭反应效率η值不应小于95%。

A.3.9　防爆性能试验

A.3.9.1　目的

检验电池的防爆性能。

A.3.9.2　试验方法

将编号为1#电池依据制造商规定的充电条件对电池充电48 h。在以$0.05C_{20}$ A的恒流充电1 h,保持充电状态。在电池排气孔上方2 mm处放置一个1 A的保险丝,用24 V直流电源熔断保险丝,重复两次。期间观察电池外观是否有破裂,端子是否有酸化痕迹。

A.3.9.3 要求

电池不应产生破裂现象，端子无酸化痕迹。

A.3.10 防沫性能试验

A.3.10.1 目的

检验电池的防沫性能。

A.3.10.2 试验方法

将编号为 2# 电池依据制造商规定的充电条件对电池充电 48 h。在以 $0.05C_{20}$ A 的恒流充电 4 h，保持充电状态。在电池排气孔上方放置一个浸湿的 pH 试纸，观察试纸变化情况。

A.3.10.3 要求

试纸不应产生酸化反应。

A.3.11 耐冲击性能试验

A.3.11.1 目的

检验电池的耐冲击性能。

A.3.11.2 试验方法

将编号为 3# 电池依据制造商规定的充电条件对电池充电 48 h，测量电池开路电压和内阻。使电池在 20 cm 的高度自由下落 3 次，观察电池外观变化并测量电池开路电压和内阻。

A.3.11.3 要求

电池不应产生漏液现象，电池极柱不应有断裂现象；试样开路电压和内阻的变化值不应大于 10%。

ICS 13.220.50
C 82

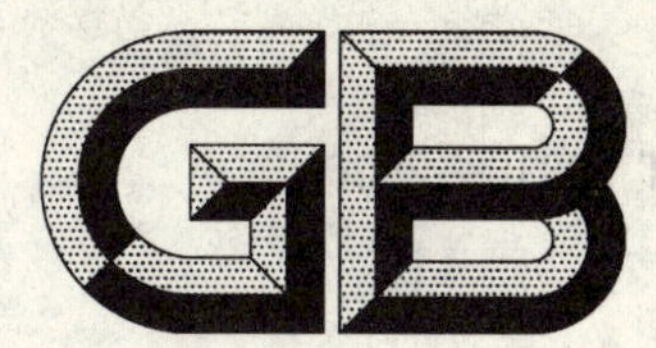

中华人民共和国国家标准

GB/T 16810—2006
代替 GB 16810—1997

保险柜耐火性能要求和试验方法

Tests and requirements for fire resistance of record protection containers

(UL 72:2001,Tests for fire resistance of record protection equipment,MOD)

2006-03-14 发布　　2006-10-01 实施

中华人民共和国国家质量监督检验检疫总局
中国国家标准化管理委员会　发布

前　言

本标准修改采用 UL72:2001《档案保护装置耐火试验》(英文版)。

本标准根据 UL72:2001 重新起草。为了方便比较,在资料性附录 A 中列出了本标准章条编号与 UL72:2001 章条编号对照一览表。

考虑到我国国情,本标准在采用 UL72:2001 时进行了修改。有关技术性差异已编入正文中并在它们所涉及的条款的页边空白处用垂直单线标识。在附录 B 中给出了这些技术性差异及其原因的一览表以供参考。

为方便使用,对于 UL72:2001 本标准还做了下列编辑性修改:

——“本 UL 标准”一词改为“本标准”;

——删除 UL72:2001 的前言;

——删除 UL72:2001 的英制单位;

——将 UL72:2001 的部分文字叙述转换成图示或表格形式。

本标准代替 GB 16810—1997《保险柜耐火性能试验方法》。

本标准与 GB 16810—1997 相比主要变化如下:

——范围扩大,1997 版只适用于一般用途的保险柜,本版适用于 3 种不同类型的保险柜(1997 版第 1 章;本版第 1 章);

——增加了术语和定义(见第 3 章);

——增加了分类与代号(见第 4 章);

——修改了耐火性能要求(1997 版第 8 章;本版第 5 章);

——修改了试件内部测温点的布置(1997 版 7.2.2;本版 8.1);

——增加了耐火耐跌落试验(见第 9 章);

——增加了防爆试验(见第 10 章);

——修改了防爆兼耐火耐跌落试验(1997 版的 7.4;本版第 11 章);

——增加了标牌要求(见第 13 章);

——增加了资料性附录“本标准章条编号与 UL72:2001 章条编号对照”(见附录 A);

——增加了资料性附录“本标准与 UL72:2001 技术性差异及其原因”(见附录 B)。

本标准附录 A 和附录 B 是资料性附录。

本标准由中华人民共和国公安部提出。

本标准由全国消防标准化技术委员会第八分技术委员会(SAC/TC113/SC8)归口。

本标准由公安部天津消防研究所负责起草。

本标准参编单位:广东省东莞市公安消防支队。

本标准主要起草人:刘晓慧、李博、张桂芳、孙甲斌、罗云庆、李希全。

本标准 1997 年 5 月第一次发布,2006 年 3 月第一次修订。

保险柜耐火性能要求和试验方法

1 范围

本标准规定了保险柜的分类与代号、耐火性能要求、试件要求、试验装置和测试仪器、标准耐火试验、耐火耐跌落试验、防爆试验、防爆兼耐火耐跌落试验、试验报告和标牌等内容。

本标准适用于保护纸张、磁带和计算机存储设备等保险柜的耐火试验。

2 规范性引用文件

下列文件中的条款通过本标准的引用而成为本标准的条款。凡是注日期的引用文件，其随后所有的修改单(不包括勘误的内容)或修订版均不适用于本标准，然而，鼓励根据本标准达成协议的各方研究是否可使用这些文件的最新版本。凡是不注日期的引用文件，其最新版本适用于本标准。

GB/T 9978 建筑构件耐火试验方法[GB/T 9978—1999,neq ISO/FDIS834-1:1997(E)]

3 术语和定义

下列术语和定义适用于本标准。

3.1

标准耐火试验 fire endurance test

耐火试验炉按标准时间-温度曲线升温，保险柜内部温度不超过规定值的能力。

3.2

耐火耐跌落试验 fire and impact test

保险柜先进行第一阶段标准加热试验，再从一定高度处冲击落下，然后再进行第二阶段的标准加热试验，检测保险柜保护内部物品免受损坏的能力。

3.3

防爆试验 explosion test

保险柜突然置于高温中，检测其防止因水汽或其他气体集聚而爆炸的能力。

3.4

冷却阶段 cooling period

耐火试验炉停止加热后，在不开启耐火试验炉门的条件下，试件内部温度降到49℃的时间段或在耐火试验过程中，试件内部温度未达到49℃，在耐火试验炉停止加热后，试件内部温度降低2℃的时间段为冷却阶段。

4 分类与代号

4.1 按保护档案的类型分类

按保护档案的类型分类见表1。

表1 按保护档案的类型分类

保险柜类型	保护档案类型	代　号
P类保险柜	纸张等档案	P
D类保险柜	磁带、电子数据和照片等档案	D
DIS类保险柜	计算机存储设备等档案	DIS

4.2 按耐火试验类型分类

4.2.1 按耐火试验类型分类(见表 2)

表 2 按耐火试验类型分类

耐火试验类型	代号
标准耐火试验	B
耐火耐跌落试验	N
防爆试验	F
防爆兼耐火耐跌落试验	FN

4.2.2 标准耐火试验按耐火时间分类

标准耐火试验的耐火时间等级为 4h、3h、2h、1h、0.5h，代号分别为 4B、3B、2B、1B、0.5B 。

4.3 按结构型式分类

保险柜按门扇数量可分为单扇门和双扇门。保险柜可以是整体结构,也可以是组合体。对组合体其内部的独立结构或抽屉等允许保护不同类型的档案,如一台抽屉式保险柜,可以是保护 P 类、D 类和 DIS 类档案抽屉的组合,但对保险柜组合体的母体及保护不同类型档案的抽屉应具有相同的耐火时间等级。

4.4 耐火性能代号示例

保险柜耐火性能代号为:

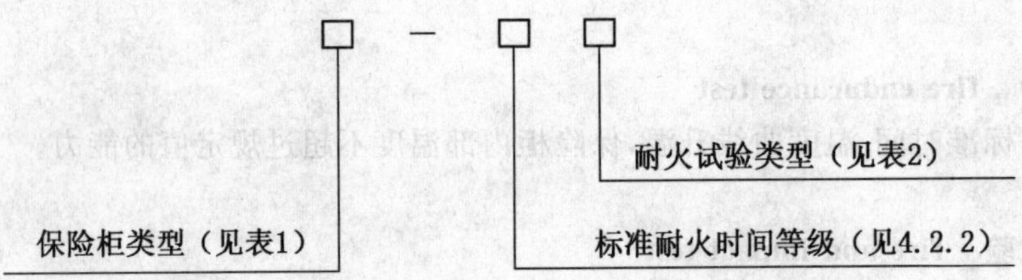

示例 1:P-3B:表示 P 类保险柜,标准耐火试验的耐火时间为 3 h。

示例 2:D-1BN:表示 D 类保险柜,标准耐火试验的耐火时间为 1 h,并进行了耐火耐跌落试验。

示例 3:DIS-0.5BFN:表示 DIS 类保险柜,标准耐火试验的耐火时间为 0.5 h,并进行了防爆兼耐火耐跌落试验。

5 耐火性能要求

5.1 耐火性能要求(见表 3)

表 3 耐火性能要求

保险柜类型	耐火试验类型[a]	性能要求
P 类保险柜	标准耐火试验(包括冷却阶段)	试件内部任一点温度不应超过 177℃,锁具完整,无影响隔热性和密封性的开裂,新闻纸具有可用性
	耐火耐跌落试验	试件保持锁闭状态,新闻纸具有可用性
	防爆试验	锁具完整,试件未爆炸,新闻纸具有可用性
	防爆兼耐火耐跌落试验	锁具完整,试件未爆炸,能保持锁闭状态,新闻纸具有可用性
D 类保险柜	标准耐火试验(包括冷却阶段)	试件内部任一点温度不应超过 66℃,锁具完整,无影响隔热性和密封性的开裂,新闻纸具有可用性
	耐火耐跌落试验	试件保持锁闭状态,新闻纸具有可用性
	防爆试验	锁具完整,试件未爆炸,新闻纸具有可用性
	防爆兼耐火耐跌落试验	锁具完整,试件未爆炸,能保持锁闭状态,新闻纸具有可用性

表 3（续）

保险柜类型	耐火试验类型[a]	性 能 要 求
DIS类保险柜	标准耐火试验(包括冷却阶段)	试件内部任一点温度不应超过 52℃,锁具完整,无影响隔热性和密封性的开裂,新闻纸具有可用性
	耐火耐跌落试验	试件保持锁闭状态,新闻纸具有可用性
	防爆试验	锁具完整,试件未爆炸,新闻纸具有可用性
	防爆兼耐火耐跌落试验	锁具完整,试件未爆炸,能保持锁闭状态,新闻纸具有可用性
注：试件指保险柜。		
[a] 耐火试验类型中,必须进行标准耐火试验,其他试验可根据要求选择。		

5.2 新闻纸的可用性

5.2.1 装入保险柜内部试验用的新闻纸是指普通新闻纸、带封面或不带封面的杂志纸。不带封面的杂志纸表面 pH 值应小于 7.0。

5.2.2 耐火试验后,保险柜内的新闻纸满足以下条件被认为具有可用性:

a) 新闻纸未破碎、未开裂、未粘贴在一起而无法分开、无明显的变色、变质;

b) 不借助辅助工具新闻纸字迹应清楚、易读。

6 试件要求

6.1 取样

同一型号的产品选择有代表性的试件进行试验。对于结构、材料、壁厚、铰链及门扇数量等均相同,只是尺寸不同的产品,选择其中最大尺寸的为试件。

6.2 试件数量

只进行标准耐火试验,试件数量为 1 台。进行标准耐火试验和耐火耐跌落试验、标准耐火试验和防爆试验、标准耐火试验和防爆兼耐火耐跌落试验,试件数量均为 2 台,2 台试件应完全相同。

7 试验装置和测试仪器

7.1 耐火试验炉

耐火试验炉应满足本标准规定的标准耐火试验、耐火耐跌落试验和防爆试验的不同升温条件的要求。

7.2 测量耐火试验炉内温度的热电偶

7.2.1 测量耐火试验炉内温度的热电偶的结构、允许误差应符合 GB/T 9978 的规定。

7.2.2 耐火试验炉内温度热电偶的数量不应少于 4 个,均匀布置在试件周围。热电偶的热端与试件受火面的距离应为 50 mm。

7.2.3 试验过程中耐火试验炉内单点温度、平均温度应每分记录一次。

7.3 测量试件内部温度的热电偶

7.3.1 测量试件内部温度的热电偶丝径为 0.5 mm,最大允许偏差不低于Ⅲ级。

7.3.2 试验过程中试件内部温度应每分记录一次。

7.4 试件提升装置

在耐火耐跌落试验中,提升装置应能将试件提升到 9.1 m 高处。

8 标准耐火试验

8.1 试件内部测温点的布置

试件内部测温点的布置不应影响试件的密封性,布置测温点的定位最大允许误差为±2 mm。

8.1.1 **P类试件内部测温点的布置**

8.1.1.1 对单扇门的试件，其内部每个独立结构布置4个测温点，均距内顶部150 mm，距内侧壁25 mm。前面2个测温点距门扇内表面25 mm，后面2个测温点距内后壁150 mm，见图1。

单位为毫米

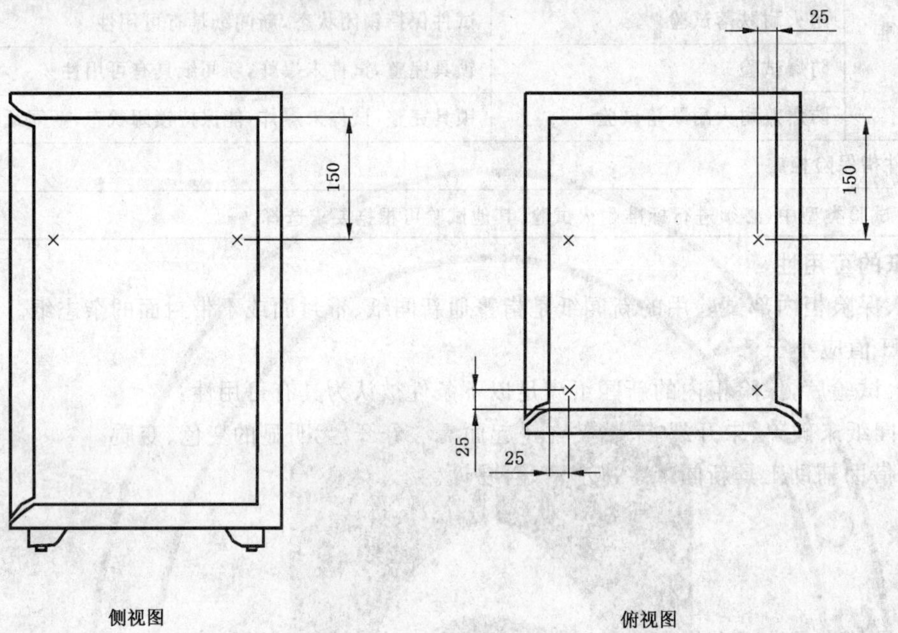

150
150
25
25
25
侧视图
俯视图

图1 P类单扇门试件内部测温点布置示意图

8.1.1.2 对双扇门的试件，除按8.1.1.1布置4个测温点外，还应正对门扇中缝布置第5个测温点，该测温点距内顶部150 mm，距门扇内表面25 mm。

8.1.1.3 对抽屉式的试件，每个隔热抽屉的测温点布置如下：

a) 顶抽屉即第1层抽屉内布置3个测温点，均距抽屉内顶部150 mm。前角2个测温点距内侧壁和抽屉前面板内表面均为25 mm，中后部的1个测温点距抽屉的内后壁150 mm，见图2；

单位为毫米

150
150
25
25
25
侧视图
俯视图

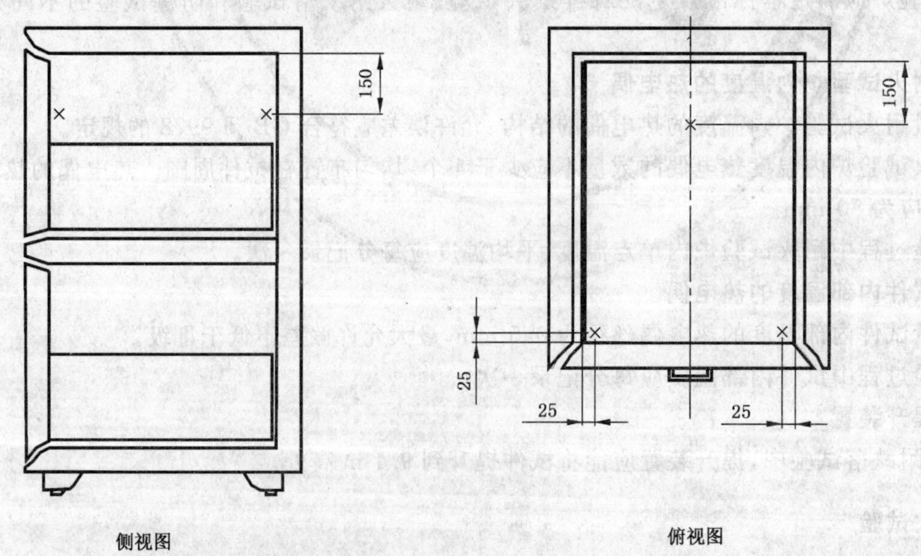

图2 P类试件第1层抽屉测温点布置示意图

b) 顶抽屉下面的第 2 层抽屉在左前角布置 1 个测温点，距抽屉内顶部 150 mm，距内侧壁和抽屉前面板内表面均为 25 mm，见图 3；

单位为毫米

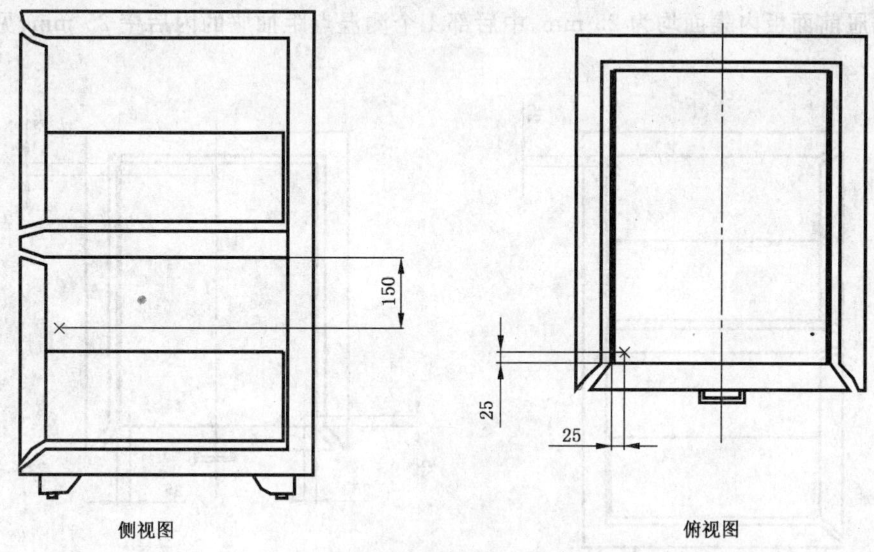

图 3 P 类试件第 2 层抽屉测温点布置示意图

c) 第 3 层抽屉在右前角布置 1 个测温点，距抽屉内顶部 150 mm，距内侧壁和抽屉前面板内表面均为 25 mm；

d) 以下各层抽屉均在前角布置 1 个测温点，其位置与上一层的测温点交错布置。

8.1.1.4 试件内部净高不足 300 mm 时，可在内部净高二分之一处参照 8.1.1.1～8.1.1.3 布置测温点。

8.1.2 D 类和 DIS 类试件内部测温点的布置

8.1.2.1 对单扇门的试件，其内部每个独立结构布置 4 个测温点，测温点分布在内上部，距内顶部、内侧壁、内后壁和门扇内表面均为 25 mm，见图 4。

单位为毫米

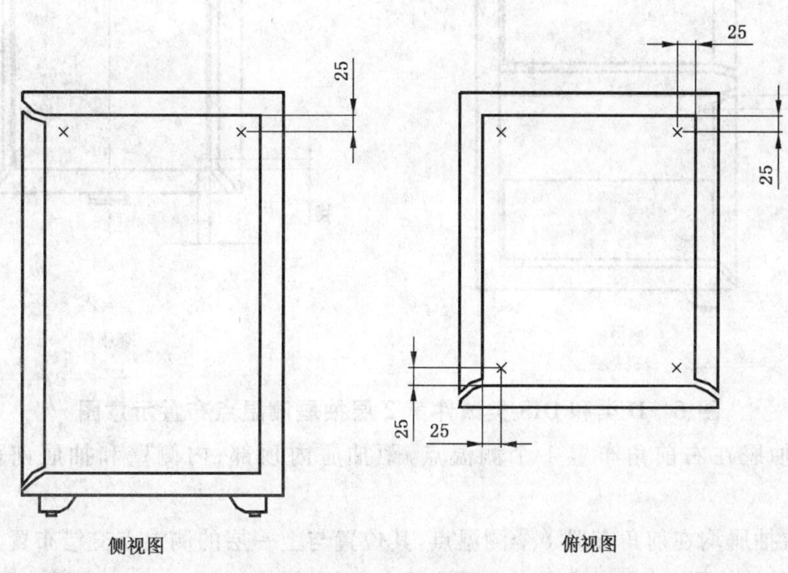

图 4 D 类和 DIS 类单扇门试件内部测温点布置示意图

8.1.2.2 对双扇门的试件，除按 8.1.2.1 布置 4 个测温点外，还应正对门扇中缝布置第 5 个测温点，该测温点距内顶部和门扇内表面均为 25 mm。

8.1.2.3 对抽屉式的试件，每个隔热抽屉的测温点布置如下：

a) 顶抽屉即第 1 层抽屉内布置 3 个测温点，均距抽屉内顶部 25 mm。前角 2 个测温点距内侧壁和抽屉前面板内表面均为 25 mm，中后部 1 个测温点距抽屉的内后壁 25 mm，见图 5；

单位为毫米

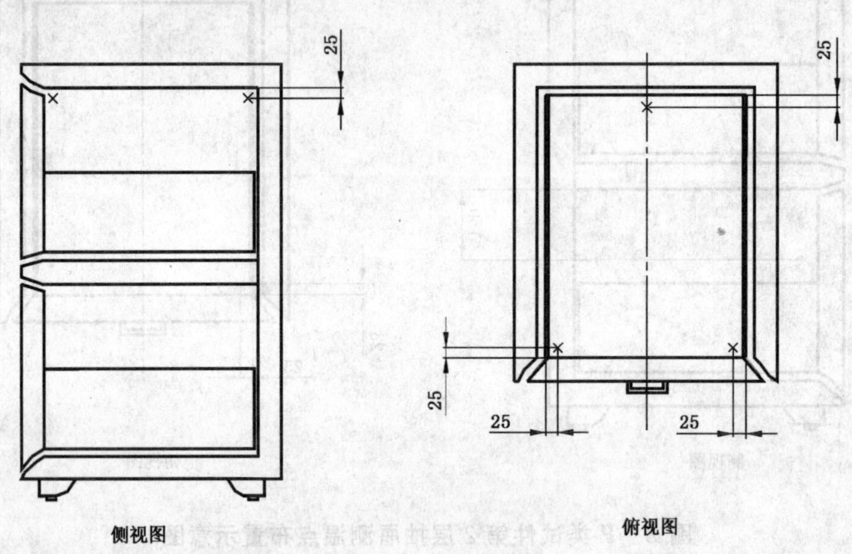

图 5 D 类和 DIS 类试件第 1 层抽屉测温点布置示意图

b) 顶部下面的第 2 层抽屉在左前角布置 1 个测温点，距抽屉内顶部、内侧壁和抽屉前面板内表面均为 25 mm，见图 6；

单位为毫米

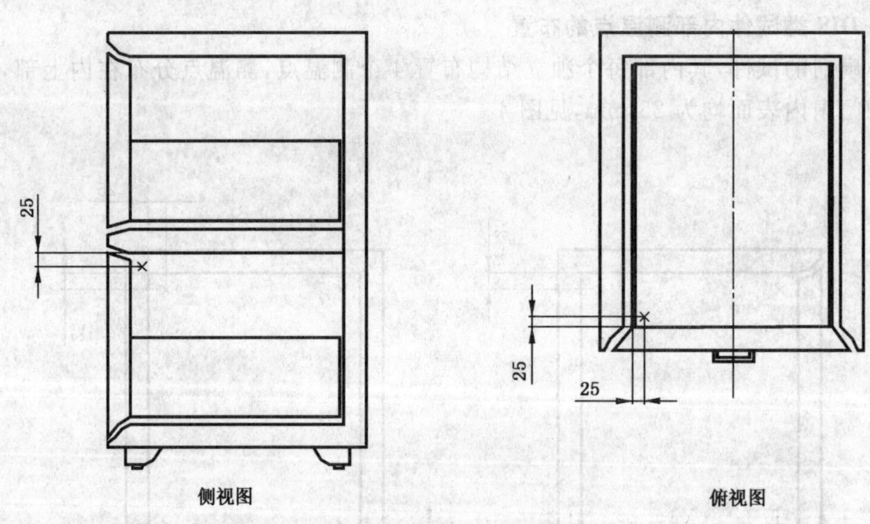

图 6 D 类和 DIS 类试件第 2 层抽屉测温点布置示意图

c) 第 3 层抽屉在右前角布置 1 个测温点，距抽屉内顶部、内侧壁和抽屉前面板内表面均为 25 mm；

d) 以下各层抽屉均在前角布置 1 个测温点，其位置与上一层的测温点交错布置。

8.1.3 如果因试件结构限制，不能按要求布置测温点，可参照 8.1.1～8.1.2 布置。

8.2 试件内装新闻纸

在试件的每个独立结构或抽屉靠内壁和底部填充新闻纸团，如有必要可用胶带固定纸团，将揉皱的蓬松新闻纸团均匀地填充在独立结构或抽屉内。纸团填充的体积至少为其容积的25%，最大不超过50%。

8.3 耐火试验炉内温度条件

标准耐火试验的炉内温度按GB/T 9978规定的标准时间-温度曲线进行升温。允许控温偏差应符合GB/T 9978的规定。耐火试验炉内火焰不应直接冲击试件表面。

8.4 耐火试验炉内压力条件

耐火试验炉内压力条件应符合GB/T 9978的规定。

8.5 试验程序

a) 将符合第6章要求的试件置于耐火试验炉内，锁闭试件；

b) 按标准时间-温度曲线进行升温；

c) 记录试件内部温度；

d) 超过表3温度的极限值或达到预计的耐火时间，停止加热；

e) 不开启耐火试验炉门冷却试件，试件内部温度应继续记录，直到试件内部温度达到冷却阶段要求的温度为止；

f) 当试件冷却到可以操作时，检查锁具的完整性及有无影响隔热性和密封性的开裂。打开试件门、抽屉，检查试件内部新闻纸，其可用性应符合5.2.2的要求。

9 耐火耐跌落试验

9.1 试件要求

试件应符合第6章的要求。其结构、材质等均应与进行标准耐火试验的试件相同。试件内部不布置测温热电偶。按8.2的要求填充新闻纸团。

9.2 耐火耐跌落试验的标准加热时间(见表4)

表4 耐火耐跌落试验的标准加热时间

试件耐火时间等级	耐火耐跌落试验的标准加热时间	
	第一阶段标准加热时间/min	第二阶段标准加热时间/min
4 B	60	60
3 B	60	60
2 B	45	45
1 B	30	30
0.5 B	20	20

9.3 试验程序

a) 将符合9.1要求的试件置于耐火试验炉中，锁闭试件；

b) 按GB/T 9978规定的标准时间-温度曲线进行升温；

c) 达到表4规定的第一阶段标准加热时间后，停止加热；

d) 尽快取出试件，将试件提升到其底部距地面9.1 m高处，然后使其落到以砼为基础，上面平铺一层砖砌块的地面上；

e) 试件自然冷却到可以操作时，将其重新放回耐火试验炉；

f) 按GB/T 9978规定的标准时间-温度曲线开始重新升温；

g) 达到表4规定的第二阶段标准加热时间后，停止加热；

h) 当试件自然冷却到可以操作时，检查试件是否保持锁闭状态。打开试件门、抽屉，检查试件内部新闻纸，其可用性应符合5.2.2的要求。

STANDARDS PRESS OF CHINA

10 防爆试验

10.1 试件要求

防爆试验对试件的要求与9.1相同。

10.2 试件的防爆试验恒温时间(见表5)

表5 防爆试验恒温时间

试件耐火时间等级	耐火试验炉的温度/℃	恒温时间/min
4 B、3B 、2B 或 1B	1 090	30
0.5 B	1 090	20

10.3 试验程序

a) 加热使耐火试验炉内温度10 min内达到(1 090±5)℃,保持此温度的恒温时间见表5。试验过程中,观察试件是否爆炸,若试件发生爆炸则终止试验。若试件未发生爆炸,使试件自然冷却;

b) 当试件冷却到可以操作时,检查锁具的完整性。打开试件门、抽屉,检查试件内部新闻纸,其可用性应符合5.2.2的要求。

11 防爆兼耐火耐跌落试验

11.1 试件要求

试件要求与9.1相同。用1台试件进行防爆兼耐火耐跌落试验。

11.2 试验程序

11.2.1 防爆试验

按10.3的规定进行防爆试验,若试件未发生爆炸,则继续进行以下试验。

11.2.2 耐火耐跌落试验

a) 停止加热,使耐火试验炉内温度降到(843±5)℃时,按GB/T 9978规定的标准时间-温度曲线,从(843±5)℃开始进行耐火试验,达到表6规定的追加耐火试验时间后,停止加热,取出试件;

表6 追加耐火试验时间

试件耐火时间等级	追加耐火试验时间/min
4B 、3B	30
2B	15
1B 、0.5B	0

b) 按9.3 d)～h)的要求进行耐跌落试验。

12 试验报告

试验报告应包括以下内容:

a) 试件委托单位名称;

b) 试件制造单位名称和试件名称;

c) 试件型号、规格;

d) 试验日期;

e) 试件的构造、所用材料的技术数据及其他有关说明;

f) 试件内部温度的数据及说明;

g) 耐火试验炉内温度的数据及说明；

h) 观察记录；

i) 试验过程的照片记录；

j) 新闻纸的可用性说明；

k) 达到的耐火时间等级；

l) 试验主检及试验单位负责人签字，试验单位盖章。

13 标牌

每台保险柜都应在其明显位置固有永久性标牌，标牌上应包括以下内容：

a) 产品名称、商标或识别码；

b) 制造厂名称或制造厂标记；

c) 出厂日期及产品编号或生产批号；

d) 按本标准试验测定的耐火时间等级和耐火试验类型代号；

e) 对于由不同耐火类型的独立结构或抽屉组装的组合体，其每个独立结构或每个抽屉的明显位置应固定有标牌标明其耐火类型。在组合体保险柜的母体上应给出这些标牌的目录；

f) 执行标准。

附 录 A
(资料性附录)
本标准章条编号与 UL72:2001 章条编号对照

表 A.1 给出了本标准章条编号与 UL72:2001 章条编号对照一览表。

表 A.1 本标准章条编号与 UL72:2001 章条编号对照

本标准章条编号	对应的 UL 标准章条编号
1	1.1
—	1.3、1.5、1.8
—	2.1
2	2.2
3.1～3.3	1.4
3.4	5.1.2
4.1	1.6
4.2.1	1.4
4.2.2	3.4
4.3	1.2、3.2
4.4	—
5.1	3.1、3.3、5.1.1、5.1.2、6.1.1、7.1.1
5.2.1	4.1
5.2.2	4.2
6.1	5.1.3
6.2	—
—	5.3.3
7.1	—
7.2.1	5.3.5
7.2.2	5.3.5 第 1 句、5.3.6
7.2.3	5.3.7
7.3.1	5.1.4
7.3.2	—
—	5.3.1 第 1 句和注 a
7.5	1.4 最后一句
8.1	—
8.1.1.1	5.2.1 a) 1)第 1 句、第 2 句
8.1.1.2	5.2.1 a) 1)第 3 句
8.1.1.3	5.2.1 a) 2)
8.1.1.4	5.2.2

表 A.1（续）

本标准章条编号	对应的 UL 标准章条编号
—	5.2.1 b)
8.1.2.1	5.2.1 c) 1)第 1 句、第 2 句
8.1.2.2	5.2.1 c) 1)第 3 句
8.1.2.3	5.2.1 c) 2)
8.1.3	5.2.2
—	5.3.1 第 2 句、第 3 句
8.3	5.3.2
8.4	5.3.4、5.3.8、附录 A
8.5	5.3.9
8.6	5.3.4 第 1 句、5.3.10、5.3.11、5.3.12
9.1	6.2.1、6.3.1
9.2	6.3.2
9.3	6.3.3、6.3.4、6.3.5
10.1	7.2.1、7.3.1 第 1 句
10.2	7.3.1 c)
10.3	7.3.1 a) 、b)、c)、7.3.2
11.1	8.1
11.2.1	8.2
11.2 .2a)	8.3
11.2 .2b)	8.4
—	9
12	—
13	10
附录 A	
附录 B	
注：表中的章条以外的本标准其他章条编号与 UL72:2001 其他章条编号均相同且内容相对应。	

STANDARDS PRESS OF CHINA

附 录 B
（资料性附录）
本标准与 UL72:2001 技术性差异及其原因

表 B.1 给出了本标准与 UL72:2001 技术性差异及其原因一览表。

表 B.1 本标准与 UL72:2001 技术性差异及其原因

本标准章条编号	技术性差异	原 因
—	删除 UL72:2001 的 1.3、1.5 和 1.8 条	UL72:2001 的 1.3 是对试验目的解释，不应在标准范围中；UL72:2001 的 1.5 是对耐火试验炉温与实际火灾条件不同的解释，也不应在标准范围之中；UL72:2001 的 1.8 是关于“产品不符合本标准安全性的处理；与本标准相矛盾的处理以及标准修订原则”这些内容不应包含在标准范围之中
—	删除 UL72:2001 的 2.1 测量单位	UL72:2001 有带括号和不带括号的值。本标准只使用法定计量单位，无带括号值
2	增加引用国家标准	标准中关于耐火试验炉内热电偶、标准时间-温度升温曲线等要求均可引用 GB/T 9978
4.1	修改 UL72:2001 的 3.1 和 1.6 中 350、150 和 125 级分别为“P、D 和 DIS 类”	适合我国实际使用
4.2.1	增加了不同耐火试验类型的代号	方便使用
4.4	增加了耐火性能代号示例	方便使用
6.2	增加了对试件数量的要求	试验项目较多，规定试件数量方便操作执行
—	删除对试件试验前湿度的调节要求	湿度的调节比较困难，特别对较大尺寸的试件
7.1	增加对耐火试验炉的要求	要保证耐火试验的顺利进行，耐火试验炉应能满足不同耐火试验类型的温度和压力条件的要求
7.2.1	增加引用 GB/T 9978	引用 GB/T 9978 的规定，表述简洁、含义明确、文本结构紧凑
7.3.2	增加对记录试件内部温度时间间隔的要求	试件内部温度作为重要的测量数值，应对其记录的时间间隔进行规定
—	删除对测量湿度仪器的要求	耐火试验时不方便测量湿度
8.1	增加对布置测温点的总要求	使测温点的布置更规范化
8.1.1.4	增加对试件内部净高不足 300 mm 测温点的布置原则	使标准内容结构严谨，方便操作
—	删除 UL72:2001 的 5.2.1b)	UL72:2001 对是否进行耐跌落试验的 350 级试件其内部测温点的布置不同。理论和实际应用表明二者不应该有差别。因此本标准只保留了合理的部分
—	删除对试件内部测湿点的布置要求	耐火试验时不方便测量湿度

表 B.1（续）

本标准章条编号	技术性差异	原　因
8.4	修改 UL72:2001 的 5.3.9“尽可能控制炉内压力接近大气压”为“耐火试验炉内压力条件应符合 GB/T 9978的规定”	ISO标准和我国标准对构件类产品耐火性能试验均按 GB/T 9978的压力条件进行控制
9.3d)	修改 UL72:2001 的 6.3.3“从耐火炉停火到试件冲击落下的时间 2 min”。为“尽快取出试件”	实验表明 2 min 不能完成此操作
9.3h)	修改 UL72:2001 的 6.3.4 第 2 句“冷却至 47℃”为“冷却到可操作时” 比 UL72:2001 的 6.3.5 增加对试件是否保持锁闭状态的检查	耐火耐跌落未布置测温点，冷却到 47℃ 无法操作 跌落试验有可能导致试件的门扇或抽屉开裂，而不能保持锁闭状态
10.3a)	比 UL72:2001 的 7.3.1c)增加了达到 1 090℃的时间要求	给出定量要求，使试验具有可重复性和可比性
—	删除 UL72:2001 的第 9 章有关密封材料的要求	本标准为试验方法标准，不是产品标准。只对整个试件耐火性能要求即可
12	增加对试验报告内容的要求	ISO标准和我国大部分耐火试验方法标准都有此项内容

ICS 33.180.10
M 33

中华人民共和国国家标准

GB/T 16850.4—2006

光纤放大器试验方法基本规范 第4部分：模拟参数——增益斜率的试验方法

Basic specification for optical fibre amplifier test methods—Part 4: Test methods for analogue parameters—Gain slope

2006-04-05 发布　　2006-10-01 实施

中华人民共和国国家质量监督检验检疫总局
中国国家标准化管理委员会　发布

前 言

GB/T 16850《光纤放大器试验方法基本规范》分为以下几个部分：

——第1部分：增益参数的试验方法；

——第2部分：功率参数的试验方法；

——第3部分：噪声参数的试验方法；

——第4部分：模拟参数——增益斜率的试验方法；

——第5部分：反射参数的试验方法；

——第6部分：泵浦泄漏参数的试验方法；

——第7部分：带外插入损耗的试验方法；

……

本部分为GB/T 16850的第4部分。

本部分是参考IEC TC 86(纤维光学委员会)正在制订中的国际标准草案(86C/269/CDV 2000)IEC 61290-4-1《光纤放大器试验方法基本规范　第4-1部分：模拟参数——增益斜率的试验方法——宽带光源法》的技术内容制定的。

请注意本部分的某些内容可能涉及专利。本部分的发布机构不应承担识别这些专利的责任。

本部分由中华人民共和国信息产业部提出。

本部分由信息产业部(通信)归口。

本部分起草单位：武汉邮电科学研究院。

本部分起草人：陈永诗。

本部分为首次发布。

光纤放大器试验方法基本规范
第4部分:模拟参数——增益斜率的试验方法

1 范围

GB/T 16850的本部分规定了测量光纤放大器(OFA)模拟参数——增益斜率的试验方法,确定了对OFA增益斜率参数进行准确、可靠测量的统一要求。

本部分适用于对使用稀土元素掺杂有源光纤的OFA的测量。

2 规范性引用文件

下列文件中的条款通过GB/T 16850的本部分的引用而成为本部分的条款。凡是注日期的引用文件,其随后所有的修改单(不包括勘误的内容)或修订版均不适用于本部分,然而,鼓励根据本部分达成协议的各方研究是否可使用这些文件的最新版本。凡是不注日期的引用文件,其最新版本适用于本部分。

GB/T 16849—1997 光纤放大器总规范

IEC 61291-1:1998 光纤放大器 第1部分:总规范

3 缩略语

ASE	放大的自发辐射
BB	宽带
EELED	边发射二极管
FWHM	半幅全宽
GSL	增益斜率
OFA	光纤放大器
OSA	光谱分析仪
PC	偏振控制器
PDL	偏振相关损耗
VOA	可变光衰减器

4 术语和定义

GB/T 16849和IEC 61291-1确立的以及下列术语和定义适用于GB/T 16850的本部分。

4.1

增益斜率 gain-slope

小信号增益对波长的微分。增益斜率参数能够用于确定激光器直接调制模拟系统(例如:CATV)中谐波畸变数值(复合二阶畸变和复合三阶畸变)。

5 宽带光源试验方法

5.1 试验装置

测量OFA增益斜率参数的试验装置框图如图1。该方法是利用宽带光源测量当由可调光源提供的饱和信号存在时小信号增益。以饱和信号波长为中心的波段内小信号增益对波长的微分给出增益斜率。

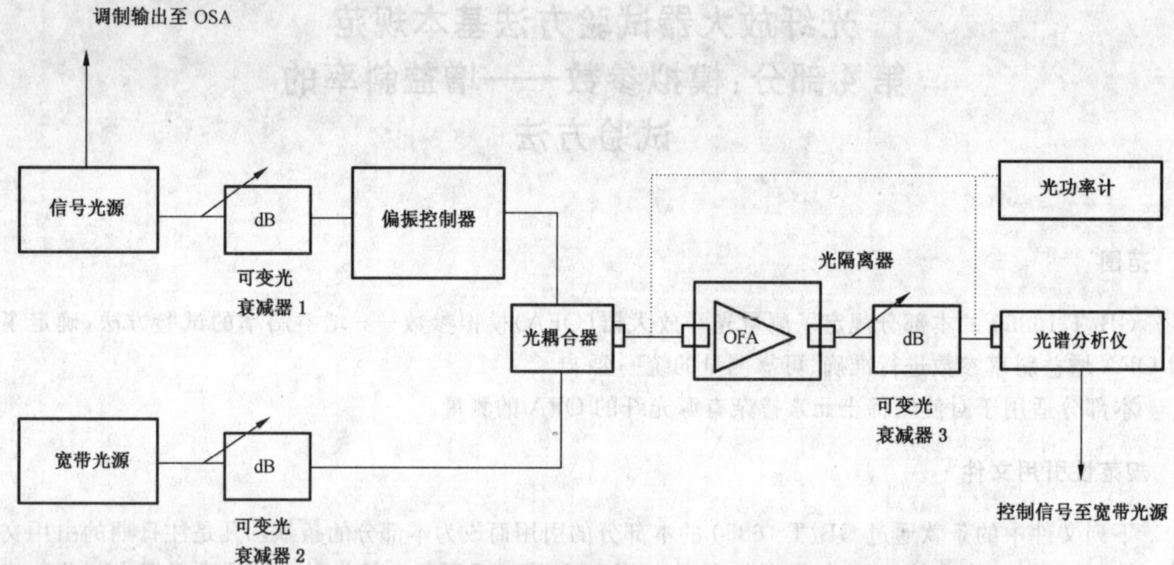

图 1　用宽带光源测量 OFA 增益斜率参数的试验装置框图

5.1.1　光源

光源应能产生在相关规范中测试范围内波长可调的光，它的平均光功率和波长数目应在相关规范中规定。它应产生一个具有适当重复频率、消光比大于 60 dB 方波光脉冲(50%占空比)。调制频率宜为 25 kHz，使得 ASE 的再生不引起明显的误差，高调制频率可得到高的精度。光源边模抑制比应大于 30 dB，输出功率波动应小于 0.05 dB。要求光源能产生一个调制输出作为光谱分析仪的外触发信号。

5.1.2　光功率计

在 OFA 工作波长带宽内，光功率计的测量准确度应优于±0.2 dB，且与偏振状态无关；动态范围应超过测得的增益(例如 40 dB)。

5.1.3　光谱分析仪(OSA)

在 OFA 工作波长带宽内，OSA 谱功率测量偏振相关性应小于 0.1 dB，稳定性应优于±0.1 dB，波长测量准确度应优于±0.5 nm，波长重复率应优于 0.01 nm(1 min 内)。OSA 动态范围应满足测量要求，并具有优于 0.1 nm 的分辨率。在输入端的反射应小于－40 dB。OSA 应具有可调延时基于外部触发数据取样能力，门周期 25%后的幅度误差应小于 0.2 dB，门速度应超过 25 kHz。

5.1.4　可变光衰减器(VOA)

可变光衰减器衰减可变范围和稳定性应分别大于 40 dB 和优于±0.1 dB，每一端回波损耗应大于 40 dB。紧挨光源的 VOA1 可以置于光源内，紧挨宽带光源的 VOA2 可以配置一断路选件，如果 OSA 能够合适地测量 OFA 满输出功率的话，OSA 前面的 VOA3 可不要求。

5.1.5　偏振控制器(PC)

该器件应能提供所有可能的偏振状态(例如：各种方向的线偏振、椭圆偏振、圆偏振)作为输入信号光。偏振控制器可以由一个线偏振器和一个全光纤型的偏振控制器组成或者由一个线偏振器和一个至少可在 90°内旋转的四分之一波片和一个至少可在 180°内旋转的二分之一波片组成。偏振控制器插入损耗变化应小于 0.1 dB，每一端回波损耗应大于 40 dB。

5.1.6　宽带光源(BBS)

该光源应能在信号波长为中心的至少 10 nm 宽波段内提供宽带光功率，其光谱密度应大于－35 dBm/nm，6 h 内稳定性应优于±0.5 dB，偏振度应小于 10%。最好 BB 光源具有以额定的分量和信号光源一起被一外驱动信号调制开/关能力。典型 BB 光源可是一个边发射二极管(EELED)。

5.1.7 3 dB 光耦合器

需要一只 3 dB±0.5 dB 光耦合器。每一端口应具有大于 50 dB 的回波损耗。

5.2 试样

OFA 应工作在标称工作条件下,为避免不希望的反射可能引起 OFA 激射振荡,宜使用光隔离器将试验下的 OFA 与外部隔离。这样将减小信号不稳定性和测量的不准确度。

为得到在器件输入端平均偏振状态测量结果,采用一个随机模式偏振控制器。

5.3 测量程序

测量步骤如下:

——为校准 OSA,首先将光源与功率计直接连接,用功率计测量光源功率。然后,将光源与 OSA 直接连接,校准 OSA 幅度读数,使得与功率计读取数值相匹配。对于具有高自发辐射水平的光源(边模抑制比小于或等于 40 dB),要求附加的校准。

——旁路 OFA,关闭光源,用 OSA 测量 BB 光源的光谱曲线,光谱曲线用 A 表示。

——连接 OFA,设置光源平均功率水平和波长使得与 OFA 输入要求数值相匹配。

——设置 OSA 定时门函数,当 BB 光源打开时,测量 OFA 输出光谱,光谱曲线用 B 表示。

注 1:即接通 BB 光源,测量 OFA 输出光谱。

——设置 OSA 定时门函数,当 BB 光源关闭时,测量 OFA 输出光谱,光谱曲线用 C 表示。

注 2:即应用 VOA1 光功率关闭模式,完全关闭光信号功率。

5.4 计算

增益斜率从 OSA 三个曲线计算出来,步骤如下:

——OSA 的测量结果一般都以 dB 表示,首先需要转换为线性表示:

曲线 A(线性)$=10^{\text{曲线A(dB)}/10}$

曲线 B(线性)$=10^{\text{曲线B(dB)}/10}$

曲线 C(线性)$=10^{\text{曲线C(dB)}/10}$

——计算每一波长上的增益 G:

G(线性)=[曲线 B(线性)－曲线 C(线性)]/曲线 A(线性)

G(dB)=10log[G(线性)]

——用曲线拟合的方法,通过一个合适高阶(例如五阶)多项式拟合增益数据点,计算在信号波长的微分,从而得到 GSL,GSL 单位为 dB/nm。

5.5 测量结果

测量结果报告应包括:

——试验方法标准编号;

——试验装置框图;

——光源类型及半幅全宽(FWHM);

——宽带光源类型;

——泵浦光功率(采用时);

——平均输入信号光功率;

——环境温度和相对湿度(需要时);

——光谱分析仪分辨率;

——测量波长;

——增益斜率;

——试验日期和测量人员。

STANDARDS PRESS OF CHINA

ICS 17.040.30
J 04

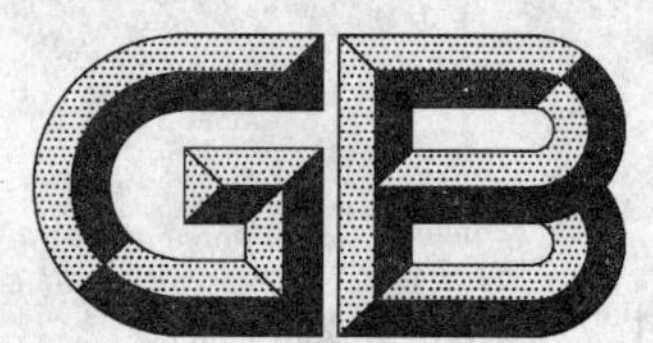

中华人民共和国国家标准

GB/T 16857.2—2006/ISO 10360-2:2001
代替 GB/T 16857.2—1997

产品几何技术规范(GPS)
坐标测量机的验收检测和复检检测
第2部分:用于测量尺寸的坐标测量机

**Geometrical Product Specifications(GPS)—
Acceptance and reverification tests for coordinate measuring machines(CMM)—
Part 2:CMMs used for measuring size**

(ISO 10360-2:2001,IDT)

2006-07-19 发布　　2007-02-01 实施

中华人民共和国国家质量监督检验检疫总局
中国国家标准化管理委员会　发布

前 言

GB/T 16857《产品几何技术规范(GPS) 坐标测量机的验收检测和复检检测》分为六个部分:

——第1部分:词汇;

——第2部分:用于测量尺寸的坐标测量机;

——第3部分:旋转工作台的轴线为第四轴的坐标测量机;

——第4部分:在扫描测量模式下使用的坐标测量机;

——第5部分:使用多探针探测系统的坐标测量机;

——第6部分:计算高斯拟合要素的误差的评定。

本部分为 GB/T 16857 的第2部分。

本部分等同采用国际标准 ISO 10360-2:2001《产品几何技术规范(GPS) 坐标测量机(CMM)的验收检测和复检检测 第2部分:用于测量尺寸的坐标测量机》(英文版)。

本部分等同翻译 ISO 10360-2:2001。

为便于使用,本部分做了下列编辑性修改:

a) “ISO 10360 的本部分”一词改为“GB/T 16857 的本部分”;

b) 用小数点“.”代替作为小数点的逗号“,”;

c) 删除了国际标准的前言。

此外,在规范性引用文件中,用采用国际标准的我国标准代替对应的国际标准。

本部分代替 GB/T 16857.2—1997《坐标计量学 第2部分:坐标测量机的性能评定》。

本部分对原 GB/T 16857.2—1997 主要改变如下:

a) 标准名称由“坐标计量学 第2部分:坐标测量机的性能评定”改为“产品几何技术规范(GPS) 坐标测量机的验收检测和复检检测 第2部分:用于测量尺寸的坐标测量机”;

b) 明确了相关标准中确立的术语和定义适用于本部分,并由此删除原“定义”中确立的10个术语定义。

c) 探测误差的代号 R 改为 P(Probing Error 字头),同时明确了最大允许示值误差 MPE_E 和最大允许探测误差 MPE_P。

d) 对原规定的坐标测量机的验收检测和复检检测作了技术性修改;

e) 增加了“计量特性要求”、“按规范检验合格”和“应用”等章节;

f) 附录B中原“坐标测量机数据表”,改为“在 GPS 矩阵模式中的位置”。

本部分的附录A和附录B均为资料性附录。

本部分由全国产品尺寸和几何技术规范标准化技术委员会提出并归口。

本部分起草单位:机械科学研究院中机生产力促进中心、中国计量科学研究院、海克斯康测量技术(青岛)有限公司、中国航空工业第一集团公司北京航空精密机械研究所、上海上机精密量仪有限公司、深圳市计量质量检测研究院。

本部分主要起草人:李晓沛、王正强、王晋、张恒、高国平、诸锡荆、唐禹民、于冀平。

本部分于1997年首次发布。

引　言

GB/T 16857 的本部分是一项产品几何技术规范(GPS)标准，并是一项 GPS 通用标准(见 GB/Z 20308)。它影响尺寸、距离、半径、角度、形状、方向、位置、跳动和基准的标准链的链环。

GB/T 16857 的本部分与其他标准的相互关系以及 GPS 矩阵模式等较详细的信息参见附录 B(资料性附录)。

GB/T 16857 的本部分规定须进行下列二项不同的误差的检测：

——尺寸测量的示值误差；

——探测误差。

其中比较重要的是尺寸测量的示值误差检测。该检测的好处在于测量结果对单位长度(米)，具有明确的溯源性并给出当进行关于单位长度的同样测量时如何操作坐标测量机的有关知识。

作为尺寸测量的示值误差的补充，另一检测是为了评定三维探测误差，因为前者只涉及了探测系统的二维性能。由于不可能把探测误差与机器误差、测量误差、静态与动态误差、坐标测量机测量系统的其他部分所固有的一些误差的误差源完全分离，则他们将会影响本检测的测量结果。

产品几何技术规范(GPS)
坐标测量机的验收检测和复检检测
第2部分:用于测量尺寸的坐标测量机

1 范围

GB/T 16857的本部分规定了验证一台由制造商所规定的用于测量尺寸的坐标测量机性能的验收检测。本部分还规定了用户能定期再验证用于测量尺寸的坐标测量机性能的复检检测。

本部分规定了下列二项误差的验收检测和复检检测:

——探测误差;

——尺寸测量的示值误差。

本部分只适用于按离散点探测模式进行操作的任一型式的接触式探测系统的坐标测量机。

GB/T 16857规定了:

——可由坐标测量机的制造商或用户确定的性能要求;

——证实规定要求的验收检测和复检检测的完成方法;

——检验合格的规则;

——采用的验收检测和复检检测的应用。

2 规范性引用文件

下列文件中的条款通过GB/T 16857的本部分的引用而成为本部分的条款。凡是注日期的引用文件,其随后所有的修改单(不包括勘误的内容)或修订版均不适用于本部分,然而,鼓励根据本部分达成协议的各方研究是否可使用这些文件的最新版本。凡是不注日期的引用文件,其最新版本适用于本部分。

GB/T 6093 产品几何量技术规范(GPS)长度标准 量块(GB/T 6093—2001,eqv ISO 3650:1998)

GB/T 16857.1—2002 产品几何量技术规范(GPS) 坐标测量机的验收检测和复检检测 第1部分:词汇(eqv ISO 10360-1:2000)

GB/T 18779.1—2002 产品几何量技术规范(GPS) 工件与测量设备的测量检验 第1部分:按规范检验合格或不合格的判定规则(eqv ISO 14253-1:1998)

GB/T 18780.1—2002 产品几何量技术规范(GPS) 几何要素 第1部分:基本术语和定义(ISO 14660-1:1999,IDT)

JJF 1001—1998 通用计量术语及定义

3 术语和定义

GB/T 16857.1,GB/T 18779.1,GB/T 18780.1和JJF 1001确立的术语和定义适用于GB/T 16857的本部分。

4 计量特性要求

4.1 尺寸测量的示值误差

坐标测量机尺寸测量的示值误差E应不超过坐标测量机尺寸测量的最大允许示值误差MPE_E。

坐标测量机尺寸测量的最大允许示值误差 MPE_E，对：

——验收检测，由制造商规定；

——复检检测，由用户规定。

坐标测量机尺寸测量的示值误差 E 和坐标测量机尺寸测量的最大允许示值误差 MPE_E 的单位用“微米”表示。

4.2 探测误差

探测误差 P 应不超过最大允许探测误差 MPE_P。

最大允许探测误差 MPE_P，对：

——验收检测，由制造商规定；

——复检检测，由用户规定。

探测误差 P 和最大允许探测误差 MPE_P 的单位用“微米”表示。

4.3 环境条件

影响测量的环境条件，如温度条件、空气湿度和安装场地的震动等的允许限定，对：

——验收检测，由制造商规定；

——复检检测，由用户规定。

对验收检测或复检检测，用户可在规定的限定内随意选择环境条件。

4.4 探测系统

适合 MPE_E 规定值的探测系统配置(探针、探针加长杆、探针方位、探针系统的重量等)的限定，对：

——验收检测，由制造商规定；

——复检检测，由用户规定。

对验收检测或复检检测，用户可在规定的限定的范围内随意选择其中探测系统元件的配置形式。

探针针头的形状误差影响测量结果，当按规范检验合格或不合格时应计入。

4.5 操作条件

当进行本部分第 5 章规定的检测时应采用制造商的操作说明书中规定的程序操作坐标测量机。

特别应遵守制造商操作说明书中列举的以下方面：

a) 坐标测量机启动/预热循环；

b) 探针系统配置；

c) 探针针头和标准球的清洁程序；

d) 探测系统标定。

在进行探测系统标定前应清洁探针针头和标准球，清除可能影响测量或检测结果的任何残留物。

5 验收检测和复检检测

5.1 概述

——按制造商的规范和程序完成验收检测；

——按用户的规范和制造商的程序完成复检检测。

5.2 探测误差

5.2.1 原则

探测误差评定方法的原则是，通过测定高斯拟合球的中心到测量点的距离变化范围，证实坐标测量机的测量能力是否在规定的最大允许探测误差 MPE_P 范围内。

5.2.2 测量器具

5.2.2.1 检测球(标称直径不小于 10 mm 并不大于 50 mm)

检测球随坐标测量机配备，为探测系统标定用的标准球不能用于本检测。

检测球的形状需经校准，因形状误差会影响检测结果，当按规范检验合格或不合格时应计入。

检测球应放置在与用于探测系统标定的标准球不同的位置上。

5.2.3 程序

5.2.3.1 用户可在限定的范围内随意选择探针的方位和检测球的安装位置。

建议探针的方位不与坐标测量机任一轴平行。

注：探针的方位与检测球的安装位置的选择能影响检测结果。

5.2.3.2 按制造商规定的程序配置和标定探测系统(见 4.4 和 4.5)。

5.2.3.3 按 5.2.2 把检测球安在适当的位置。检测球应安装牢固，并使因偏移而产生的误差减至最小。

5.2.3.4 测量并记录 25 个点。各点在检测球的半球上应尽可能均匀分布。各点的位置由用户自行选定，如未规定，则推荐以下探测布点(见图 1)：

——检测球的极点(由探针轴的方位确定)处 1 个点；

——极点下方 22.5°处 4 个点(相互等间距)；

——极点下方 45°并相对前一组转 22.5°处 8 个点(相互等间距)；

——极点下方 67.5°并相对前一组转 22.5°处 4 个点(相互等间距)；

——极点下方 90°(即平分球体面上)并相对前一组转 22.5°处 8 个点(相互等间距)。

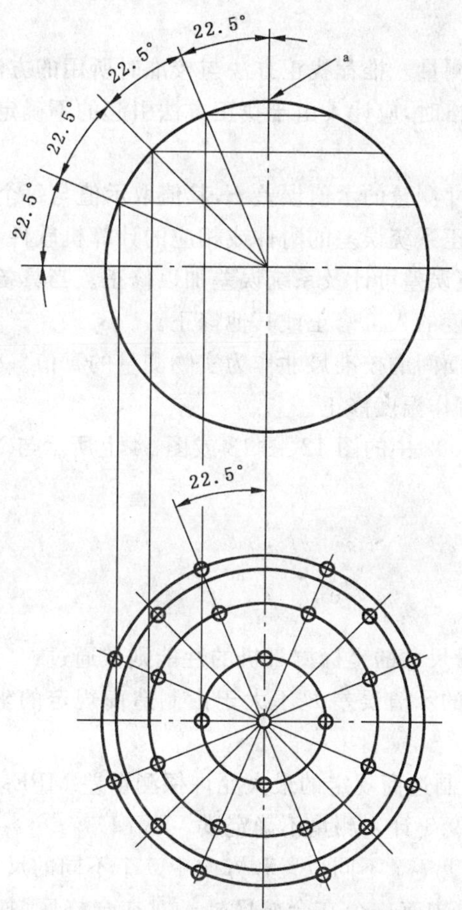

a 极点。

图 1 目标接触点

5.2.4 检测结果计算

用全部 25 个测量值，计算出高斯拟合球。由 25 个每个测量值分别计算出高斯径向距离 R。

由 25 个高斯径向距离的范围 $R_{max}-R_{min}$ 计算出探测误差 P。

5.3 尺寸

5.3.1 原则

尺寸评定方法的原则是证实坐标测量机的测量能力是否在规定的坐标测量机尺寸测量的最大允许示值误差 MPE_E 范围内。它是通过含有5个不同尺寸的实物标准器的校准值与示值作比较进行评定。在坐标测量机的测量空间内，尺寸实物标准器应放置在7个不同位置和方位，各测量3次，总共测量105次。

5.3.2 测量器具

5.3.2.1 尺寸实物标准器(推荐采用步距规或符合 GB/T 6093 规定的一组量块)的最大长度至少是坐标测量机测量空间对角线的66%，而其最小长度应不大于30 mm。

每个尺寸实物标准器的长度需经校准，当按规范检验合格或不合格时应计入校准不确定度。

5.3.3 程序

5.3.3.1 用户可在限定的范围内随意选择5个不同的尺寸实物标准器的7个不同位置和方向。

注：位置和方向的选择影响检测结果。

5.3.3.2 按制造商规定的方法(见4.4和4.5)配置和标定探测系统。

5.3.3.3 按全部7个不同的位置和方向进行重复测量。

在7个不同位置和方向中的任一个，对5个尺寸的实物标准器的每一个测量3次，只进行向内或向外的双向测量。

为找正需要进行一些辅助测量。推荐找正方法与校准时所用的方法一致。

当按规范检验合格或不合格时，应计入由于找正方法引起的不确定度。

5.3.4 检测结果计算

计算105次测量的每个尺寸测量的示值误差 E，其值取示值与每个尺寸实物标准器的真值之差。

如果坐标测量机配备有修正系统误差的附件或相应的计算机软件，则(特定位置和方向的特定尺寸实物标准器的)特定测量的示值误差可计及系统误差加以修正。当具备制造商推荐的环境条件时，就不允许对计算机输出的结果作温度的人工修正或其他修正。

取尺寸实物标准器两测量面间的校准尺寸作为实物测量的真值。仅当被测的坐标测量机软件中带有温度修正的功能时，该值方可作温度修正。

绘制如 GB/T 16857.1—2002 中的图12、图13或图14上所示与 MPE_E 表达式一样的全部误差(E 值)示意图。

6 按规范检验合格

6.1 验收检测

如满足下列条件，用于测量尺寸的坐标测量机的性能则被通过：

——坐标测量机尺寸测量的示值误差 E 不大于由制造商规定的坐标测量机尺寸测量的最大允许示值误差 MPE_E；

——探测误差 P 不大于由制造商规定的最大允许探测误差 MPE_P。

验收检测需按 GB/T 18779.1 计入测量不确定度。

在35组尺寸测量(按5.3.1，7个不同位置和方向中5个不同的尺寸实物标准器)中，允许最多有5组，其三个重复测量的示值误差中有一个在合格区外。对在合格区(按 GB/T 18779.1)外每个这样的尺寸应在相应的位置和方向再复测10次。

如10次复测得到的全部坐标测量机尺寸测量的示值误差均在合格区内(按 GB /T 18779.1)，则坐标测量机的性能被通过。

6.2 复检检测

如满足下列条件，用于测量尺寸的坐标测量机的性能则被通过：

——坐标测量机尺寸测量的示值误差 E 不大于由用户规定的坐标测量机尺寸测量的最大允许示值误差 MPE_E；

——探测误差 P 不大于由用户规定的最大允许探测误差 MPE_P。

复检检测需按 GB/T 18779.1 计入测量不确定度。

35 组尺寸测量(按 5.3.1,7 个不同位置和方向中 5 个不同的尺寸实物标准器)中最多有 5 组,3 个坐标测量机尺寸测量的示值误差重复值中允许有 1 个在合格区外。对在合格区(按 GB/T 18779.1)外每个这样的尺寸应在相应的位置和方向再复测 10 次。

如 10 次复测得到的全部坐标测量机尺寸测量的示值误差均在合格区(按 GB/T 18779.1)内,则坐标测量机的性能被通过。

7 应用

7.1 验收检测

在供方和顾客签订了下列合同的情况下:

——购货合同;

——维护合同;

——修理合同;

——改造合同;

——升级合同。

GB/T 16857 的本部分规定的验收检测可用来,按供方和用户双方商定的坐标测量机尺寸测量的最大允许示值误差 MPE_E 和最大允许探测误差 MPE_P 规范,验证用于测量尺寸的坐标测量机的性能的检测。

允许供方规定具体应用 MPE_E 和 MPE_P 的限定。如未给出这样的规定,则 MPE_E 和 MPE_P 在坐标测量机的测量空间内任一位置和方向均适合。

7.2 复检检测

在企业内部质量保证体系中,GB/T 16857 的本部分规定的性能检验可用来,按由用户所规定的坐标测量机尺寸测量的最大允许示值误差 MPE_E 和最大允许探测误差 MPE_P 规范,复检检测验证用于测量尺寸的坐标测量机的性能。

允许用户规定 MPE_E 和 MPE_P 值和规定其具体应用限定。

7.3 中间检查

在企业内部质量保证体系中,可定期采用简化的复检检测,检查验证坐标测量机符合有关两个最大允许误差 MPE_E 和 MPE_P 规定要求的概率。

GB/T 16857 的本部分规定的复检检测,可通过减少进行的测量次数、位置和方向来简化(见附录 A)。

STANDARDS PRESS OF CHINA

附 录 A
（资料性附录）
中 间 检 查

A.1 坐标测量机的中间检查

建议在周期复检之间定期安排坐标测量机的检查。检查的间隔时间应视环境条件和要求测量的性能确定。

在发生影响坐标测量机性能的任一重大事件后，应立即对该机进行检查。

建议测量尺寸实物标准器以外的其他实物标准器的表征尺寸。测量应在性能检测后立即进行；应记下这些人造标准器的位置和方向，并能在以后复现。

根据使用中坐标测量机的测量任务，挑选以下常用人造标准器中最适宜的：

——能体现典型几何形状要素的特制检测件。该检测件应尺寸稳定、机械结构坚固，而具有不显著影响测量不确定度的表面粗糙度；

——球板；

——孔板；

——球端量棒；

——孔端量棒；

——能在固定标准球和坐标测量机测头探针球之间按运动学方式定位的量棒；

——环形人造标准器(如环规)。

建议人造标准器材料具有类似随坐标测量机测量的典型工件材料的热膨胀系数。

A.2 测头的中间检查

按5.2中规定的程序和计算进行。

由于探测误差会随着实际使用的各种不同测头配置(例如多探针和探针加长杆)而改变，建议应在周期复检之间定期进行检查。

在5.3中规定的同一器具，同一程序和同一计算可用于中间测头检查。

附　录　B
（资料性附录）
在 GPS 矩阵模式中的位置

关于 GPS 矩阵模式的详细说明参见 GB/Z 20308—2006。

B.1　有关 GB/T 16857 本部分的信息及其应用

GB/T 16857 的本部分规定了验证一台由制造商所规定的用于测量尺寸的坐标测量机性能的验收检测。本部分还规定了由用户能定期再验证用于测量尺寸的坐标测量机性能的复检检测。

B.2　在 GPS 矩阵模式中的位置

GB/T 16857 的本部分属于 GPS 通用标准，它影响 GPS 通用标准矩阵模式中尺寸、距离、半径、角度、形状、方向、位置、跳动和基准标准链的链环 5，如图 B.1 所示。

GPS 基础标准

GPS 综合标准

GPS 通用标准

链环号	1	2	3	4	5	6
尺寸						
距离						
半径						
角度						
与基准无关的线形状						
与基准相关的线形状						
与基准无关的面形状						
与基准相关的面形状						
方向						
位置						
圆跳动						
全跳动						
基准						
粗糙度轮廓						
波纹度轮廓						
原始轮廓						
表面缺陷						
棱边						

图 B.1

B.3　相关标准

相关的标准为图 B.1 所示标准链涉及的标准。

参 考 文 献

[1] ISO 10360-3:2000 产品几何技术规范(GPS) 坐标测量机的验收检测和复检检测 第3部分:旋转工作台的轴线为第四轴的坐标测量机

[2] GB/T 16857.4—2003 产品几何量技术规范(GPS) 坐标测量机的验收检测和复检检测 第4部分:在扫描测量模式下使用的坐标测量机(ISO 10360-4:2000,IDT)

[3] GB/T 16857.5—2004 产品几何量技术规范(GPS) 坐标测量机的验收检测和复检检测 第5部分:使用多探针探测系统的坐标测量机(ISO 10360-5:2000,IDT)

[4] GB/Z 20308—2006 产品几何技术规范(GPS) 总体规划(ISO/TR 14638:1995,MOD)

ICS 17.040.30
J 04

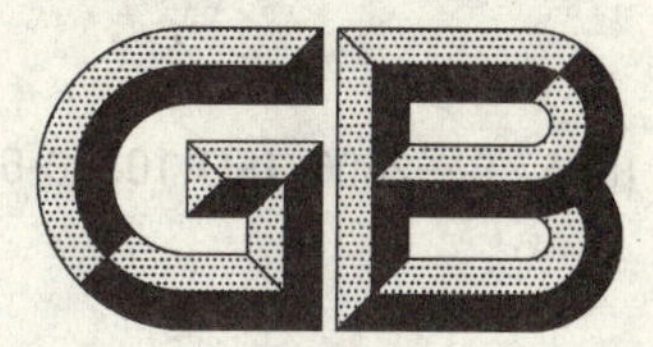

中华人民共和国国家标准

GB/T 16857.6—2006/ISO 10360-6:2001

产品几何技术规范(GPS)
坐标测量机的验收检测和复检检测
第6部分:计算高斯拟合要素的误差的评定

Geometrical Product Specifications(GPS)—
Acceptance and reverification tests for coordinate measuring machines(CMM)—
Part 6:Estimation of errors in computing Gaussian associated features

(ISO 10360-6:2001,IDT)

2006-07-19 发布　　　　2007-02-01 实施

中华人民共和国国家质量监督检验检疫总局
中国国家标准化管理委员会　发布

前　言

GB/T 16857《产品几何技术规范(GPS)　坐标测量机的验收检测和复检检测》分为六个部分：

——第1部分:词汇；

——第2部分:用于测量尺寸的坐标测量机；

——第3部分:施转工作台的轴线为第四轴的坐标测量机；

——第4部分:在扫描测量模式下使用的坐标测量机；

——第5部分:使用多探针探测系统的坐标测量机；

——第6部分:计算高斯拟合要素的误差的评定。

本部分为GB/T 16857的第6部分。

本部分等同采用国际标准ISO 10360-6:2001《产品几何技术规范(GPS)　坐标测量机(CMM)的验收检测和复检检测　第6部分:计算高斯拟合要素的误差的评定》(英文版)。

本部分等同翻释ISO 10360-6:2001。

为便于使用,本部分做了下列编辑性修改：

a)　"ISO 10360的本部分"一词改为"GB/T 16857的本部分"；

b)　删除了国际标准的前言。

此外,在规范性引用文件中,用采用国际标准的我国标准代替对应的国际标准。

本部分的附录A为规范性附录,附录B为资料性附录。

本部分由全国产品尺寸和几何技术规范标准化技术委员会提出并归口。

本部分起草单位:机械科学研究院中机生产力促进中心、海克斯康测量技术(青岛)有限公司、深圳市计量质量检测研究院、中国航空工业第一集团公司北京航空精密机械研究所、上海上机精密量仪有限公司、中国计量科学研究院。

本部分主要起草人:李晓沛、王晋、于冀平、高国平、诸锡荆、唐禹民、王正强、张恒。

本部分系首次发布。

产品几何技术规范(GPS)
坐标测量机的验收检测和复检检测
第6部分:计算高斯拟合要素的误差的评定

1 范围

GB/T 16857的本部分规定了检测软件的方法,该软件是用于坐标测量计算拟合要素。相关的要素是线(二维和三维)、面、圆(二维和三维)、球、圆柱、圆锥以及圆环。

软件所包括的每个要素要做一次或多次单独检测。

由于与坐标测量系统无关,软件应单独检测。

注1:如果检测结果表明拟合要素的线性尺寸参数的性能值比坐标测量机制造商提供的坐标测量机尺寸测量的示值误差(见GB/T 16857.2)大,则软件不宜在该测量系统应用。然而,小的性能值(由该检测结果获得),也不能完全保证适合于计算拟合的要素(对软件并不完全保证适合于计算拟合的要素)。

GB/T 16857的本部分与完整要素和不是极端不完整的局部要素有关;然而,对完整要素的检测和局部要素的检测是分别进行的,软件可交付其中任一个或两者的检测。

检测不包括很大圆锥角的圆锥。

注2:很大圆锥角的拟合圆锥极少见且能够进行稳定计算的软件亦难以得到。

2 规范性引用文件

下列文件中的条款通过GB/T 16857的本部分的引用而成为本部分的条款。凡是注日期的引用文件,其随后所有的修改单(不包括勘误的内容)或修订版均不适用于本部分,然而,鼓励根据本部分达成协议的各方研究是否可使用这些文件的最新版本。凡是不注日期的引用文件,其最新版本适用于本部分。

GB/T 16857.1—2002 产品几何量技术规范(GPS) 坐标测量机的验收检测和复检检测 第1部分:词汇(eqv ISO 10360-1:2000)

GB/T 16857.2—2006 产品几何技术规范(GPS) 坐标测量机的验收检测和复检检测 第2部分:用于测量尺寸的坐标测量机(ISO 10360-2:2001,IDT)

GB/T 18779.1—2001 产品几何量技术规范(GPS) 工件与测量设备的测量检验 第1部分:按规范检验合格或不合格的判定规则(eqv ISO 14253-1:1998)

GB/T 18780.1—2002 产品几何量技术规范(GPS) 几何要素 第1部分:基本术语和定义(ISO 14660-1:1999,IDT)

GB/T 18780.2—2003 产品几何量技术规范(GPS) 几何要素 第2部分:圆柱面和圆锥面的提取中心线、提取中心面、提取要素的局部尺寸(ISO 14660-2:1999,IDT)

JJF 1001—1998 通用计量术语及定义

3 术语和定义

GB/T 16857.1,GB/T 18780.1,GB/T 18780.2和JJF 1001确定的术语和定义适用于GB/T 16857的本部分。

4 基本要求

软件供应商应满足以下基本要求：

a) 送检软件应有一个明确而唯一的识别标志(例如发行号)。

不允许把检测结果错误地应用于其他版本的送检软件。检测部门可以满足送检方和其检测证书中提出的要求，用检测证书中所标识的标准数据集重新检测。

b) 送检软件应提供以下手段：

1) 越过测量和系统的软件修正部分，有足够数值精度的标准数据集的直接输入和检测参数值的输出(见第8章)；

2) 为计算二维拟合要素(二维表示的线和圆)向送检软件输入二维坐标；如果无法完成，则允许向标准数据集中每个点加上一个虚拟的空间 z 坐标，然后把要素投影到 xy 平面上。

注1：与某些测量系统相关的输入和输出过程可能在传输数值的精度上受到限制。该限制会在获得的检测结果上不利于送检软件。

c) 输入到处理器和从处理器输出的方法应与检测部门一致。

注2：宜采用标准符码(如ASCII)的标准计算机可读装置。

d) 对应送检软件受检测的每个要素，应提供该送检软件所用要素参数化的说明。

注3：标准参数化规定于表3。

e) 对应送检软件受检的每个要素和检测类型(见表2)，应提供相关参数类的最大允许误差 MPE_q 的说明(见9.3)。

5 标准数据集和标准参数值

5.1 概述

用于检测送检软件的标准数据集和相应的标准参数值应按附录A所规定的过程生成。标准数据集是模拟要素的尺寸、形状、位置、方向和取样的范围而设计的。它们也被设计成模拟包括探测误差和要素形状误差在内的典型的坐标测量机测量误差。

按附录A生成的标准数据集和标准参数值仅一次用于任一送检软件的检验(见A.1)。

5.2 参数值的初始评定

送检软件可要求把一个点子集输入软件，通常集内第1个子集具有预定的取样模式。这个子集用来确定参数值的初始评定。当在送检软件的操作指令中写入该要求时，并应软件供应商的请求，检测部门应生成符合预定取样模式的附加点。把这些附加点形成的子集加到按附录A形成标准数据集所生成的数据中。这些应在检测证书上说明[见第11章的e)]。

注1：为确定拟合要素的参数值，送检软件最常用的算法是迭代法。为此，要求确认点子集，并从中可计算出这些值的初始评定。

注2：可用高斯拟合圆柱举例说明：在标准数据集中头6个点可认作初始评定用的子集。例如，由前3点确定的圆心与后3点确定的圆心的连线，可近似用作拟合圆柱的轴线，圆的半径可近似用作拟合圆柱的半径。

注3：送检软件不要求参数值的初始评定较为稳定，具有自包容能力，对实际要素的测量无须按照指定操作过程进行。

6 检测参数值和转换检测参数值

由于不同的软件供应商可能使用不同的参数化，为方便检测，如必要的话，应修改送检软件生成的检测参数值，采用转换规则将其生成为转换检测参数值。求得的转换检测参数值应与标准参数值的参数化一致，以利于两者的相互比较。

为此，软件供应商应提供有关检测参数化的详细说明。

需要时，检测部门可采用合适的转换规则。

建议软件供应商提供适于数值转化的检测参数值(见第8章)，以避免把不必要的不确定度加到生成的转换参数值中。

送检软件对有些标准数据集可能未能生成结果。

注：未能生成结果的原因可能由于，例如：

a) 送检软件显示数据集无法处理，因超出其适用范围(例如含有太多的数据点或数据点分布不当)，或

b) 缺少迭代算法的收敛点，或

c) 软件运作期间发生致命的差错(例如浮点数溢出或试图取负数的平方根)。

7 单位

应采用表1规定的单位。

表1 单 位

	标准数据集	标准参数值
点坐标	毫米	—
位置参数	—	毫米
尺寸参数	—	毫米
角度参数	—	弧度
方向参数	—	(无量纲)[a]
注：为标出转换检测参数值与相应的标准参数值之差及其不确定度，在检测证书上可以采用“微米”和“微弧度”单位。		
[a] 方向参数可以表示为方向余弦。		

8 数值的不确定度

检测部门的责任是评定任一数值的不确定度。该数值的不确定度是由用来传输信息和计算上表示数值的数字有限位数而引起的，并应包括在检测证书的不确定度说明中(见第10章)。

注1：传输的信息包括标准数据集中的点坐标和标准参数值(由检测部门控制的)，以及检测参数值(由软件供应商提交的)。

注2：在应用转换规则和计算 q 值中(见9.3d)，计算表示法影响标准数据集到标准参数值(就标准软件而言，见图2)或标准参数值到标准数据集(就数据生成程序而言，见图3)的计算。

注3：数值不确定度还取决于由标准数据集用高斯法确定的拟合要素或等同的拟合问题的数值条件(与标准数据集中坐标值的微小扰动有关的标准参数值扰动的一种度量)的完好程度。这些条件受要素的类型和标准数据集中点的点数和位置影响。

注4：如果分析评估不那么直接，则数值不确定度可通过模拟来评估。

如果适当的不确定度由他人确定，根据信息产生方式，检测部门可认为标准数据集或标准参数值是准确的。

9 检测方法的应用

9.1 原则

检测方法的原则是比较转换检测参数值和标准参数值(见图1)。转换检测参数值可由输入标准数

据集到送检软件按转换规则得到。每个标准数据集和相应的标准参数值视作检测用的标准付。

注1：检测部门要提供例如用标准软件或数据生成程序的标准付，如图2和图3所示。

不同的送检软件可供不同的用途(例如计算完整要素或局部要素)，且具有受小的或大的噪音或形状偏差或两者都影响的测量点。为进行相应的检测，表2概括了4种可能的检测类型。简化检测对应常规检测子集，用于对用途要求不严设计的软件。软件供应商对提供的软件可选择使用的检测类型，选取的检测类型应在检测证书中记录。

注2：由于二维及三维直线和平面不能明确表示为局部要素，所以这些要素不宜使用局部要素，简化检测和局部要素，常规检测这两种检测类型。

对每个要素及每种检测类型(见表2)应单独进行检测。

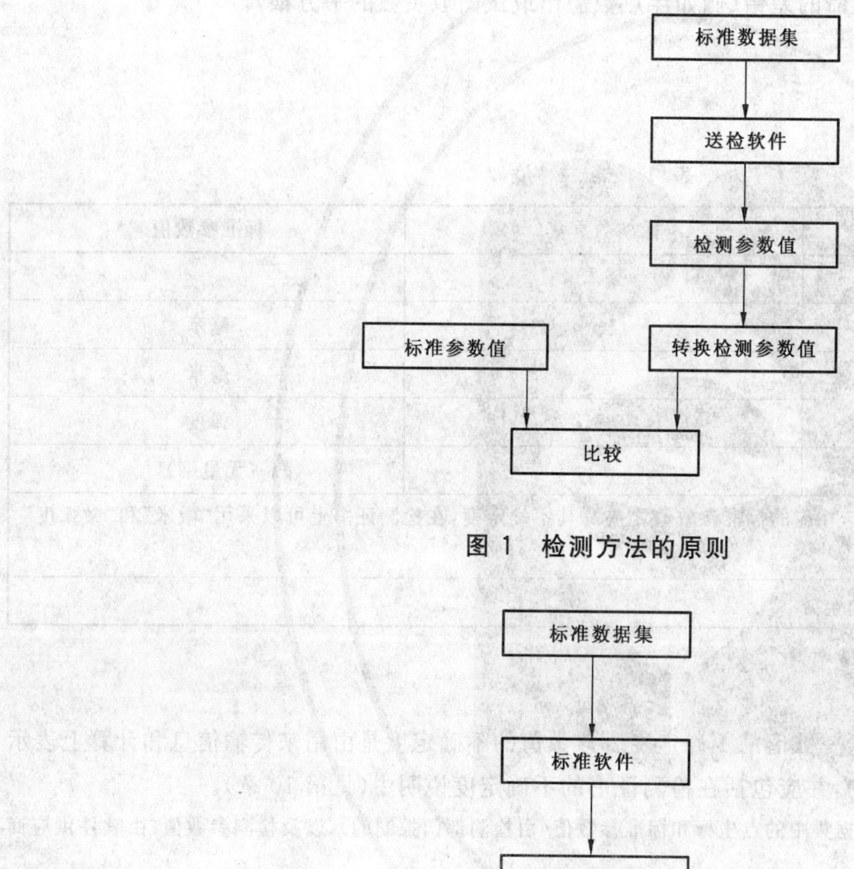

图1　检测方法的原则

图2　生成标准付的标准软件的使用

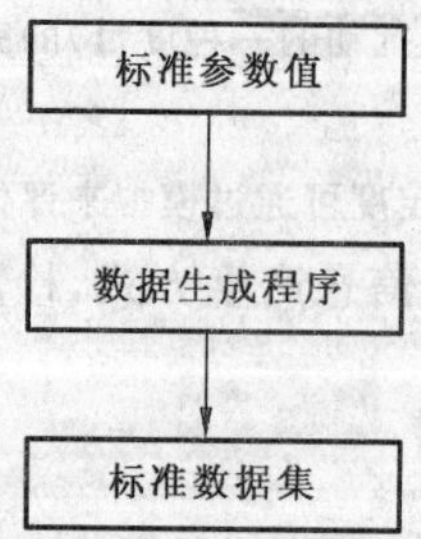

图3　生成标准付的数据生成程序的使用

表 2 检测类型

	简化检测	常规检测
完整要素	完整要素，简化检测	完整要素，常规检测
局部要素	局部要素，简化检测[a]	局部要素，常规检测[a]

[a] 二维及三维直线和平面不适用。

9.2 比较基础

对任一指定要素的送检软件用于该要素的标准数据集时，比较转换检测参数值和标准参数值的基础是性能值 p，对每种参数值规定如下：

a) 位置参数：位置点(x_0，y_0)或(x_0，y_0，z_0)(见表 3)之间的欧几里德距离，分别由转换检测参数值和标准参数值确定。

b) 方向参数：单位矢量(a，b)或(a，b，c)(见表 3)之间的正角，分别由转换检测参数值和标准参数值确定。

由于需要很小的角，所以当评定 p 时应特别注意不要产生大的数值误差。假设 v 和 w 是两项单位矢量，推荐一个数值稳定的方程为：

$$p = 2\arcsin\left(\frac{\| v - w \|}{2}\right)$$

式中：$\| v-w \|$ 为 v 点和 w 点间的欧几里德距离。

c) 尺寸参数：分别在转换检测参数值和标准参数值集内，正差或相应尺寸参数 r 或 r_1 或 r_2(见表 3)之差。就圆环来说，有两个尺寸参数 r_1 或 r_2，取两正差中的较大的一个。

d) 角参数：分别在转换检测参数值和标准参数值集内，角参数 ψ(见表 3)的正差。

性能值的大小是转换检测参数值与对应的标准参数值相比匹配程度的度量，性能值越小，一致性越好。

9.3 程序

对每个要素和每个检测类型，检测部门应采取以下步骤：

a) 告知软件供应商用于送检软件而获得检测参数值的那个要素的标准数据集；如果软件供应商提供了送检软件的可控文件付本，这一步也可由检测部门进行。

b) 要求软件供应商说明软件检测结果的有效测量空间。

c) 对要素的每个标准数据集，送检软件生成参数值：

1) 如检测参数化与标准参数化不同，则对检测参数值使用转换规则生成转换检测参数值；否则，视检测参数值为转换检测参数值；

2) 对与要素相关的每种参数值，按 9.2 的规定确定性能值 p；

3) 如果被考虑的要素是二维圆或球或圆锥，则可不用本步骤，在转换检测参数值的集内改变方向参数的符号后再计算方向参数的性能值；对此重复步骤 2，并取最合适的结果。

注 1：如果线或轴线的方向参数在符号上均改变，则由得到的参数确定线或轴线(但指向相反)。因此，如果方向参数出现，则检测基于比较由对应方向的转换检测参数值确定的矢量和对应的标准参数值，或全部改变符号后比较这些参数和对应标准参数值。

注 2：只有圆锥要素其轴线方向反向是重要的，因为它以指向圆锥顶点的轴线方向确定单位矢量(见表 3)。

d) 对每种要素(如合适的位置、方向、尺寸和角度)的参数值规定一个全值 q 作为按步骤 c)中 2)确定的最大性能值 p。

e) 对每种要素(如合适的位置、方向、尺寸或角度)的参数，在检测证书中按以下形式报告检测结果：

1) 相应的 q 值及其数值不确定度；

2) 如果送检软件对至少一个标准数据集未能生成检测参数值，则“数据集失效 n 个”(n 是失效的标准数据集的个数)，且检测结果实际上是由检测参数值计算生成。

表 3 拟合要素的标准参数化

拟合要素	拟合要素的参数				说明
	位置/mm	方向	尺寸 mm	角度/rad	
线(二维)	x_0, y_0	—	—	—	确定数据集的矩心(拟合线上)
	—	a, b	—	—	拟合线的方向余弦
线(三维)	x_0, y_0, z_0	—	—	—	确定数据集的矩心(拟合线上)
	—	a, b, c	—	—	拟合线的方向余弦
面	x_0, y_0, z_0	—	—	—	确定数据集的矩心(拟合面上)
	—	a, b, c	—	—	拟合面法向方向余弦
圆(二维)	x_0, y_0	—	—	—	拟合圆圆心
	—	—	r	—	拟合圆半径
圆(三维)	x_0, y_0, z_0	—	—	—	拟合圆圆心
	—	a, b, c	—	—	包含拟合圆的面法向方向余弦
	—	—	r	—	拟合圆半径
球	x_0, y_0, z_0	—	—	—	拟合球球心
	—	—	r	—	拟合球半径
圆柱	x_0, y_0, z_0	—	—	—	最接近确定数据集矩心的拟合圆柱轴线上的点
	—	a, b, c	—	—	拟合圆柱轴线的方向余弦
	—	—	r	—	拟合圆柱半径
圆锥	x_0, y_0, z_0	—	—	—	最接近确定数据集矩心的拟合圆锥轴线上的点
	—	a, b, c	—	—	指向圆锥顶点生成单位矢量,拟合圆锥轴线的方向余弦
	—	—	r	—	圆锥轴线法向测得的,在点(x_0, y_0, z_0)处拟合圆锥半径
	—	—	—	ψ	拟合圆锥的圆锥角
圆环	x_0, y_0, z_0	—	—	—	拟合圆环的中心
	—	a, b, c	—	—	拟合圆环轴线的方向余弦
	—	—	r_1	—	拟合圆环的圆管截面半径
	—	—	r_2	—	拟合圆环的环的平均半径

10 按规范检验合格

按 GB/T 18779.1 考虑数值不确定度,如报告无“失效”和 q 值中没有一个大于相应的最大允许误差 MPE_q,则送检软件的性能被检验通过。由此,检测部门按规范数值评定检验合格,且应将评定结果写入检测证书。

11 检测证书

检测部门发给的检测证书应包括以下内容:

a) 标题(如检测证书)。

b) 软件供应商的厂商名和地址，以及：

  1) 进行检测的位置(物理位置)；

  2) 送检软件应用于标准数据集的位置。

c) 检测证书的独特表示，如序数、页码和总页码。

d) 送检方的姓名和地址。

e) 描述和明确的标志(如送检软件的发行号)。

f) 硬件操作系统的识别标志。

g) 申请检测日期，同意开始检测日期，以及检测日期。

h) 说明按 GB/T 16857 的本部分检测过的结果。

i) 描述和明确的标志(如标准数据集的发行号)。

j) 对检测证书生效的测量空间的尺寸。

k) 针对每个被检要素及检测类型：

  1) 要素的类型(如圆柱)；

  2) 检测类型(如完整要素，常规检测)；

  3) 检测结果(见 9.3)，包括相应的不确定度说明；

  4) 按规定的最大允许误差 MPE_q 检验合格的说明(仅当检测部门检验合格时)；

  5) 告知送检软件是否使用了标准数据集中识别点子集以提供参数值的初始评定。

l) 同意对检测证书内容负责的签名和职别，或个人(或几人)同等的认可证明。

m) 声明检测结果只与软件所检项目和所用标准数据集有关。

n) 声明如没有得到检测部门的书面批准，检测证书不能局部复制。

附 录 A
（规范性附录）
标准数据集生成过程

A.1 概述

本附录规定了标准数据集生成过程，以确保不同版本的同质性。本附录主要供检测部门和软件开发商用。

完整版本的标准数据集只能用一个标志（例如发行号）；同一版本只能进行一次全检测，即不同的检测证书应记录不同的标准数据集发行号，除非检测是前一个版本的重复（见第4章，注1）。

对每个拟合要素，能有4种不同类型的标准数据集（见表A.1）：

a) FI和PI标准数据集用于

——完整要素，和

——局部要素，

分别只对常规检测（见表2）；

b) FM和PM标准数据集用于

——完整要素，和

——局部要素，

分别对简化检测和常规检测。

表 A.1 标准数据集类型及其缩写

	弱型(M)	强型(I)
完整要素(F)	FM	FI
局部要素(P)	PM[a]	PI[a]
[a] 不适用于二维或三维线或面。		

对每个拟合要素和标准数据集类型，提供10个标准数据集。命名为“feature（要素）.reference_data_set_type（标准数据集类型），set_number（集序号）”，其中“feature（要素）”是从表列{线（二维），线（三维），面，圆（二维），圆（三维），球，圆柱，圆锥，圆环}选择的要素标识符；“reference_data_set_type（标准数据集类型）”是从表列{FM，FI，PM，PI}选择的标准数据集类型标识符；“set_number（集序号）”是按[0……9]范围排列的标准数据集的数字序数。例如有效的标准数据集命名为circle3D.F18和torus.PMO。

注：对每个拟合要素，简化检测包括10个标准数据集（FM或PM），而常规检测包括20个标准数据集（FM和FI，或PM和PI）。

标准数据集各点位于形为一长方体的测量空间内；标准系统以长方体的中心点为原点，沿长方体边确定方位。长方体的大小由软件供应商确定，并记录在检测证书中[见第11章的j)]。

每个标准数据集应按以下步骤生成：

——生成拟合要素的标称范围；

——通过变形标称范围叠加形状偏差；

——取样标称范围生成正交投影到变形范围上的标称点；

——高斯零平均噪音加入每个点，模拟探测和其他误差。

以下各章将对此举例说明并做出规定。

A.2 随机生成

在标准数据集生成过程中，许多数值需随机生成。随机生成应遵循以下规则。

a) 标量 x 在区间[a,b]内给定，$a\leqslant x\leqslant b$：对二个数据集，分别取 $x=a$ 和 $x=b$；对其他每一个，生成一个在区间[0,1]内均布的随机值 y，计算 $x=a^{1-y}b^{y}$。

b) 标量 x 在二个区间[a,b]和[c,d]内给定，$a\leqslant x\leqslant b$ 或 $c\leqslant x\leqslant d$：把数据集划分 2 个组，每组 5 个数据集；对其中任一组，分别在区间[a,b]和[c,d]内按规则 a，生成 x。

c) 在区间[a,b]内给定整数值 n，$a\leqslant n\leqslant b$：应用规则 a)，并圆整到最接近的整数值。

d) 二维方向(如用单位矢量 n 表示)：对 2 个数据集分别取 $n=(1,0)$ 和 $n=(0,1)$；对其余各个，生成一个在区间[0,2π]内均布的随机值 ϕ，计算 $n=(\cos\phi,\sin\phi)$。

e) 三维方向(如用单位矢量 n 表示)：对 3 个数据集分别取 $n=(1,0,0)$，$n=(0,1,0)$ 和 $n=(0,0,1)$；其余各个，生成二个分别在区间[0,2π]和[−1,1]内分布的随机值 θ 和 z，计算 $n=(\cos\theta\sqrt{(1-z^2)},\sin\theta\sqrt{(1-z^2)},z)$。

f) 作出标准数据集的选择，取按规则 a)，规则 b)，规则 c)，规则 d)和规则 e)，随机生成一个在区间[0,9]内分布的整数值为预定值(区间极值或坐标方向)，用作标准数据集标识符。

g) 定位(如在包含范围的最小凸起区域中选择一个点来规定)：在相应的测量空间限定的区间内随机生成分布的 2 个或 3 个坐标值；如果所定位的范围不能完全包括在测量空间内，则重复再次生成标准点，直到满足限定。

h) 形状偏差(见 A.4)：对每个傅立叶谐波函数，在区间[−1,1]和[0,2π]内分布生成 2 个随机值 x 和 ϕ，分别用作任选单位中振幅和相位；取样(见 A.5)后，计算全部点引起的形状偏差和求得其最大的绝对值 $X_{\max}$；生成一个在区间[−1,1]内分布的随机值 k，用 $k\zeta/X_{\max}$ 的商粗略估算全部形状偏差，式中 ζ 是在 A.4 中规定的最大形状偏差。

i) 取样(见 A.5)：对线(二维和三维)，面和圆(二维和三维)，在每个范围子集中生成一分布点；对其他的拟合要素，生成在子集限定的其区间内分布的点表面坐标的两随机值；对未能满足表 A.5第一个脚注中的限定圆锥来说，z 坐标可用 $z=\sqrt{(c+z_{\min}{}^2)}$ 代替，式中 c 是一个在区间[$z_{\min}{}^2$，$z_{\max}{}^2$]内分布的随机值，范围子集 z 的限定区间是[$z_{\min}$，$z_{\max}$]。

j) 噪音(见 A.6)：对每个取样点，生成平均值为零的随机值 x，偏差通常是按表 A.6 规定的作正态分布；确定单位矢量 u，从外指向拟合要素(二维圆、球、圆柱、圆锥、圆环)垂直于标称范围，或与方向单位矢量(a,b,c)(平面)重合，或由顺时针旋转单位矢量(a,b)(二维线)90°得到，或按规则 d)，垂直于范围在平面上二维方向生成 u，但不考虑约束的方向(三维线，三维圆)；取 xu 为噪音矢量。

注 1：按规则 a)生成的值 x 具有均布对数特性。

注 2：按规则 e)生成的单位矢量 n 均布在单位球上。

注 3：按规则 h)生成的形状偏差具有在规定区间[0,ζ]内均布的最大形状偏差特性。

注 4：按规则 i)生成的取样点，对特定的圆锥来说，分布在圆锥范围内。

A.3 标称范围的生成

可取得标称范围的拟合要素的方位应随机选择，无方位的二维圆和球除外。为使每个标称范围定位到相应的拟合要素中要求附加的方位；附加方位应按以下规则随机生成(见 A.2)：

a) 矩形边的(面)方位:在面上生成二维方位;

b) 指向圆弧中心点的径向矢量的(圆)方位:在圆平面上生成二维方位;

c) 径向矢量到在其区间内由(θ,ϕ)的中心值确定的点的(球)方位(见 GB/T 16857.1—2002 的 11.13):生成三维方位;

d) 从轴线到其区间内由(θ,z)的中心值确定的点的最短矢量(圆柱和圆锥)方位(见 GB/T 16857.1—2002 的 11.13):在轴线法向平面内生成二维方位;

e) 从轴线和从环到其区间内由(θ,ϕ)的中心值确定的点的最短矢量(圆环)方位(见 GB/T 16857.1—2002 的 11.13):在轴线法向平面内和包含它的平面内生成2个二维方向;这等于令 $r_2=0$,使圆环收缩成半径为 r_1 的球,并生成三维方位。

范围大小(由任一对的范围点之间的最大距离确定)应在表 A.2 所列的区间内随机生成。区间是按测量空间大小的百分比规定,而测量空间大小由矩形长方体的最短边确定。

表 A.2 范围大小覆盖测量空间大小的百分比

标准数据集类型	百分比范围
FM,FI	[10%,90%]
PM,PI	[1%,15%]或[85%,99%]

范围的定位应随机生成。范围还应满足表 A.3 中所列的进一步要求。

表 A.3 范围的进一步技术要求

拟合要素	标准数据集类型	技术要求[a]
线(二维和三维)	—	无进一步的技术要求
面		矩形边长比(较大的)ζ
	FM	$1\leqslant\zeta\leqslant10$
	FI	$1\leqslant\zeta\leqslant100$
圆(二维和三维)		中心角 α
	FM,FI	$\pi\ \mathrm{rad}\leqslant\alpha\leqslant2\pi\ \mathrm{rad}$
	PM,PI	$\frac{1}{8}\pi\ \mathrm{rad}\leqslant\alpha\leqslant\pi\ \mathrm{rad}$
球	FM,FI	$\frac{1}{2}\pi\ \mathrm{rad}\leqslant\theta\leqslant2\pi\ \mathrm{rad}$ $\frac{1}{2}\pi\ \mathrm{rad}\leqslant\phi\leqslant2\pi\ \mathrm{rad}$
	PM,PI	$\frac{1}{8}\pi\ \mathrm{rad}\leqslant\theta,\ \phi\leqslant\frac{1}{2}\pi\ \mathrm{rad}$
圆柱		圆圈的高度与直径比 ζ
	F	$\pi\ \mathrm{rad}\leqslant\theta\leqslant2\pi\ \mathrm{rad}$
	P	$\frac{\pi}{4}\leqslant\theta\leqslant\pi$
	M	$\frac{1}{3}\leqslant\zeta\leqslant10$
	I	$\frac{1}{20}\leqslant\zeta\leqslant\frac{1}{3}$ 或 $10\leqslant\zeta\leqslant100$

表 A.3（续）

拟合要素	标准数据集类型	技术要求[a]
圆锥		圆锥角 ψ，平截圆锥的高度与最大直径比 ζ[b]
	F	π rad $\leqslant \theta \leqslant 2\pi$ rad
	P	$\frac{\pi}{4} \leqslant \theta \leqslant \pi$
	M	$\frac{1}{15}\pi$ rad $\leqslant \psi \leqslant \frac{2}{3}\pi$ rad 和 $\frac{1}{4} \leqslant \zeta \leqslant \frac{1}{2\tan\frac{\psi}{2}}$
	I	$\frac{1}{100}\pi$ rad $\leqslant \psi \leqslant \frac{1}{15}\pi$ rad 和 $5 \leqslant \zeta \leqslant \frac{1}{2\tan\frac{\psi}{2}}$ 或 $\frac{2}{3}\pi$ rad $\leqslant \psi \leqslant \frac{9}{10}\pi$ rad 和 $\frac{1}{15} \leqslant \zeta \leqslant \frac{1}{2\tan\frac{\psi}{2}}$
圆环	FM，FI	π rad $\leqslant \theta \leqslant 2\pi$ rad 和 $\frac{1}{2}\pi$ rad $\leqslant \phi \leqslant \frac{3}{2}\pi$ rad
	PM，PI	$\frac{\pi}{2}\pi$ rad $\leqslant \theta \leqslant \pi$ rad 和 $\frac{3}{4}\pi$ rad $\leqslant \phi \leqslant \frac{5}{4}\pi$ rad

a 表中所用的几何定义和符号见 GB/T 16857.1—2002 的 11.13。

b 先生成 ψ，后生成 ζ。对 ζ 的生成，应用 A.2 中的规则 a)，但不考虑区间的极值。

A.4 形状偏差的叠加

每个范围应按表 A.4 中所列规则变形。取样点的最大形状偏差 ζ[见 A.2 的 h)]对标准数据集类型(FM，PM)是 10^{-4}，而对标准数据集类型(FI，PI)是 10^{-3}，并分别以拟合要素的标称范围大小相乘。

表 A.4 给标称范围叠加形状偏差的规则

拟合要素	规则	标准数据集类型	n
线(二维)	至 n 次傅立叶谐波函数叠加到线段上	FM	3
		FI	6
线(三维)	选取通过线段的两正交平面；把变形的三维线段投影到每个平面上，线段成为变形的二维线	—	—
面	任一方向上至 n 次二维傅立叶谐波函数叠加到直角矩形上	FM	3
		FI	6
圆(二维)	圆弧用圆心定心的极坐标系表示；得到的线段变形为具有至 n 次谐波函数的二维线	FM，PM	5
		FI，PI	8
圆(三维)	在圆平面内，圆弧扰动如同二维圆形状变形；然后外切矩形如同平面形状变形	—	—
球	球用球心定心的球坐标系来表示；得到的矩形变形为具有至 n 次谐波函数的平面，对应极点沿每个矩形边约束呈现相同值[a]	FM，PM	5
		FI，PI	8
圆柱	圆柱用沿轴线排列的柱坐标系来表示；得到的矩形在任一方向变形为具有至 n 次谐波函数的平面	FM，PM	5
		FI，PI	8

表 A.4（续）

拟合要素	规 则	标准数据集类型	n
圆锥	圆锥用沿轴线排列的柱坐标系来表示；得到的矩形在任一方向变形为具有至 n 次谐波函数的平面。结果生成的形状偏差垂直于圆锥方向取，而不是从得到的矩形方向取	FM,PM	5
		FI,PI	8
圆环	一般圆环点 p 可表示为 $p=r_1(\theta)+r_2(\theta,\phi)$，式中 θ 是相对于轴线的角坐标，ϕ 是相对于环 r_1 的角坐标，而 r_2 是 p 离环的最小位移；得到的矩形 $r_2(\theta,\phi)$ 在任一方向变形为具有至 n 次谐波函数的平面，而环变形如同三维圆形状变形	FM,PM	5
		FI,PI	8

a 约束为确保变形范围的连续性。

A.5 取样

每个标称范围应分成若干段等长线段(二维范围)或若干块等面积小块(三维范围)，如表 A.5 所规定。

在每个子集中标称取样点应随机生成，然后应投影到变形的范围上，通常投到标称范围。

表 A.5 细分标称范围成线段或小块的规范

拟合要素	规 范	参数值
线(二维) 线(三维)	范围分成 n 段等长线段	$4\leqslant n\leqslant 100$
面	范围通常分成以 n_x 横行和 n_y 纵列框格排列的矩形	$2\leqslant n_x\leqslant 10$ $2\leqslant n_y\leqslant 10$
圆(二维) 圆(三维)	范围分成 n 段等长弧段	$5\leqslant n\leqslant 100$
球	范围分成由分别把 θ 和 z 的区间分成 n_θ 和 n_z 等长间距的小块。θ 和 z 是拟合柱坐标系 (r,θ,z) 的角和高度坐标	$3\leqslant n_\theta\leqslant 10$ $2\leqslant n_z\leqslant 10$
圆柱	范围分成由分别把 θ 和 z 的区间分成 n_θ 和 n_z 等长间距的小块	$3\leqslant n_\theta\leqslant 10$ $3\leqslant n_z\leqslant 10$
圆锥	范围分成小块。小块是由把 θ 的区间分成 n_θ 等长间距，把 z(起点是顶点)分成两端值平方差相等(即 $z_{i-1}^2-z_i^2=$常数，$\nabla\leqslant n_\theta$)的间距而获得[a]	$3\leqslant n_\theta\leqslant 10$ $3\leqslant n_z\leqslant 10$
圆环	范围分成由分别把 θ 和 ϕ 的区间分成 n_θ 和 n_ϕ 等长间距的小块[b]	$4\leqslant n_\theta\leqslant 10$ $3\leqslant n_\phi\leqslant 10$

a 当平截圆锥体的半径区间小于或等于平均半径(接近于圆柱的圆锥或薄圆锥盘)的 1% 时，表达式可近似为 $z_{i-1}-z_i=$常数，$\forall_i\leqslant n_\theta$，则解决了顶点高度的不合理定义。

b 该方式生成的小块是不精确的相同面积；在接近轴线的圆环部分得到的过大取样是允许的。

A.6 探测和偶然误差的叠加

每个点会被带有表 A.6 所规定的标准偏差的噪音随机向量[见 A.2 的 j)]扰动。假定不同点的噪音向量在统计上彼此独立。

表 A.6 噪音成分的标准偏差

标准数据集类型	噪音标准偏差/μm
FM,PM	2
FI,PI	10

附 录 B
（资料性附录）
在 GPS 矩阵模式中的位置

GPS 矩阵模式的全部详情参见 GB/Z 20308。

B.1 有关 GB/T 16857 本部分的信息及其应用

本部分规定了在坐标测量机软件中计算高斯拟合要素的误差评定方法。本部分给定的检测：

——运用软件计算直线、平面、圆、球、圆柱、圆锥和圆环；

——对坐标测量机的测量数据用高斯法(最小二乘法)进行评估；

——软件独立于坐标机单独运行。

B.2 在 GPS 矩阵模式中的位置

本部分属于 GPS 通用标准，它影响 GPS 通用标准矩阵中尺寸、距离、半径、角度、形状、方向、位置、跳动和基准标准链的链环 5，如图 B.1 所示。

GPS 基础标准

GPS 综合标准

GPS 通用标准						
链环号	1	2	3	4	5	6
尺寸						
距离						
半径						
角度						
与基准无关的线形状						
与基准相关的线形状						
与基准无关的面形状						
与基准相关的面形状						
方向						
位置						
圆跳动						
全跳动						
基准						
粗糙度轮廓						
波纹度轮廓						
原始轮廓						
表面缺陷						
棱边						

图 B.1

B.3 相关的标准

相关的标准为图 B.1 所示标准链涉及的标准。

参考文献

[1] ISO 1101:2004 产品几何量技术规范(GPS) 几何公差 形状、方向、位置和跳动公差

[2] GB/T 17851—1999 形状和位置公差 基准与基准体系(eqv ISO 5459:1981)

[3] ISO 10360-3:2000 产品几何技术规范 坐标测量机的验收检测和复检检测 第3部分:旋转工作台的轴线为第四轴的坐标测量机

[4] GB/T 16857.4—2003 产品几何量技术规范 坐标测量机的验收检测和复检检测 第4部分:在扫描测量模式下使用的坐标测量机(ISO 10360-4:2000,IDT)

[5] GB/T 16857.5—2004 产品几何量技术规范 坐标测量机的验收检测和复检检测 第5部分:使用多探针探测系统的坐标测量机(ISO 10360-5:2000,IDT)

[6] GB/Z 20308—2006 产品几何技术规范(GPS) 总体规划(ISO/TR 14638:1995,MOD)

ICS 77.150.30
H 62

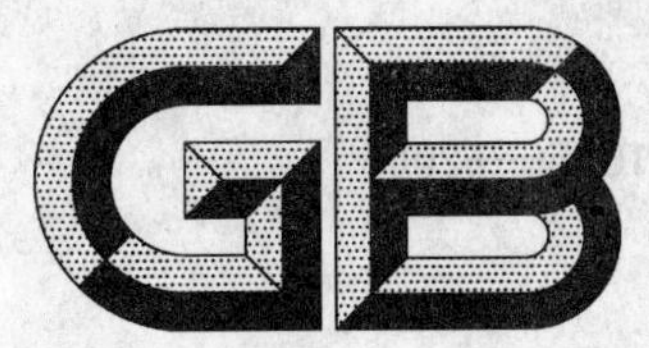

中华人民共和国国家标准

GB/T 16866—2006
代替 GB/T 16866—1997

铜及铜合金无缝管材外形尺寸及允许偏差

Dimensions and tolerances of copper and copper alloy seamless tubes

2006-09-26 发布 2007-02-01 实施

中华人民共和国国家质量监督检验检疫总局
中国国家标准化管理委员会 发布

前　言

本标准中普通级修改采用欧盟标准 EN 12449:1999《铜及铜合金　一般用途的无缝圆形管》、高精级修改采用美国标准 ASTM B251M—1997《加工铜及铜合金无缝管的一般要求》，另外还参考了日本标准 JIS H3300:1997《铜及铜合金无缝管》。

本标准代替 GB/T 16866—1997《一般用途的加工铜及铜合金无缝圆形管材外形尺寸及允许偏差》。

本标准与 GB/T 16866—1997 相比主要变化如下：

——修改了标准名称；

——增加了对矩(方)形管材外形尺寸及允许偏差的规定；

——增加了常用术语的定义；

——取消了对黄铜薄壁管的规定，将壁厚为 0.2 mm、0.3 mm、0.4 mm、0.6 mm 四种规格纳入到拉制铜及铜合金圆形管的规定中；

——对拉制铜及铜合金管的规格作了调整；取消了挤制铜及铜合金管规格表和拉制铜及铜合金管规格表中的不推荐规格，将其中大部分规格变为推荐规格；

——对部分挤制管的外径允许偏差作了修改，中、小规格的挤制管外径允许偏差要求有所提高；

——对拉制管的平均外径允许偏差(普通级)要求全面提高；

——删除了铝青铜管壁厚允许偏差的规定，增加了对所有青铜管壁厚允许偏差的规定；

——将拉制管的壁厚偏差由原来的按具体壁厚规定偏差改为按壁厚档次规定偏差，并由原来的绝对差范围改为百分比，扩大了壁厚(高精级)允许偏差的壁厚范围；

——对直管的长度允许偏差要求作了较大幅度的提升，并增加了盘管长度允许偏差的规定；

——对未退火的拉制直管的圆度允许偏差按径厚比作了规定；

——对普通级拉制管和外径不大于 80 mm 挤制管的直度允许偏差作了修改，精度有所提高；

——对拉制直管的切斜度进行了修改。

本标准的附录 A 为规范性附录。

本标准由中国有色金属工业协会提出。

本标准由全国有色金属标准化技术委员会归口。

本标准由洛阳铜加工集团有限责任公司、海亮集团有限公司负责起草。

本标准主要起草人：郭慧稳、孟惠娟、曹建国、赵学龙、杨丽娟、史欣、魏连运、庹威。

本标准由全国有色金属标准化技术委员会负责解释。

本标准所代替标准的历次版本发布情况为：

——GB/T 16866—1997。

铜及铜合金无缝管材外形尺寸及允许偏差

1 范围

本标准规定了铜及铜合金无缝圆形和矩(方)形管材的外形尺寸及允许偏差。

本标准适用于铜及铜合金挤制无缝圆形管材和拉制无缝圆形、矩(方)形管材。

2 规范性引用文件

下列文件中的条款通过本标准的引用而成为本标准的条款。凡是注日期的引用文件,其随后所有的修改单(不包括勘误的内容)或修订版均不适用于标准,然而,鼓励根据本标准达成协议的各方研究是否可使用这些文件的最新版本。凡是不注日期的引用文件,其最新版本适用于本标准。

JJG 117　平板检定规程

3 术语和定义

下列术语和定义适用于本标准。

3.1

平均直径　average diameter

在圆形管材任一横截面上测得的最大外(内)径和最小外(内)径的平均值。

3.2

圆度　roundness

指圆形管材任一截面上测量的最大和最小直径之差。

3.3

直度　straightness

将直管置于水平平台上,使弯弧或不直的部位位于同一平面上。在规定的长度上所测得的最大弧深。

3.4

定尺长度　specific lengths

将管材按规定统一切成固定的长度,且符合规定的长度允许偏差。

3.5

扭拧度　twist

矩(方)形管材一定长度内两横截面相对扭转的角度。

3.6

切斜度　cut the degree of inclination

管材经切割后,端面与横截面倾斜的最大垂直距离。

4 要求

4.1 规格

4.1.1　挤制铜及铜合金圆形管的规格应符合表1的规定。

4.1.2　拉制铜及铜合金圆形管的规格应符合表2的规定。

STANDARDS PRESS OF CHINA

表 1　挤制铜及铜合金圆形管规格

单位为毫米

公称外径	公称壁厚																										
	1.5	2.0	2.5	3.0	3.5	4.0	4.5	5.0	6.0	7.5	9.0	10.0	12.5	15.0	17.5	20.0	22.5	25.0	27.5	30.0	32.5	35.0	37.5	40.0	42.5	45.0	50.0
20，21，22	○	○	○	○		○																					
23，24，25，26	○	○	○	○	○	○																					
27，28，29			○	○	○	○	○	○	○																		
30，32			○	○	○	○	○	○	○																		
34，35，36			○	○	○	○	○	○	○																		
38，40，42，44			○	○	○	○	○	○	○	○	○	○															
45，46，48			○	○	○	○	○	○	○	○	○	○															
50，52，54，55			○	○	○	○	○	○	○	○	○	○	○	○	○												
56，58，60						○	○	○	○	○	○	○	○	○	○												
62，64，65，68，70						○	○	○	○	○	○	○	○	○	○	○											
72，74，75，78，80						○	○	○	○	○	○	○	○	○	○	○	○	○									
85，90										○		○	○	○	○	○	○	○	○	○							
95，100										○		○	○	○	○	○	○	○	○	○							
105，110												○	○	○	○	○	○	○	○	○							
115，120												○	○	○	○	○	○	○	○	○	○	○	○				
125，130												○	○	○	○	○	○	○	○	○	○	○					
135，140												○	○	○	○	○	○	○	○	○	○	○	○				
145，150												○	○	○	○	○	○	○	○	○	○	○					
155，160												○	○	○	○	○	○	○	○	○	○	○	○	○	○		
165，170												○	○	○	○	○	○	○	○	○	○	○	○	○	○		
175，180												○	○	○	○	○	○	○	○	○	○	○	○	○	○		
185，190，195，200												○	○	○	○	○	○	○	○	○	○	○	○	○	○	○	
210，220												○	○	○	○	○	○	○	○	○	○	○	○	○	○	○	
230，240，250												○	○	○		○		○	○	○	○	○	○	○	○	○	○
260，280												○	○	○		○		○		○							
290，300																○		○		○							

注：“○”表示推荐规格，需要其他规格的产品应由供需双方商定。

表 2　拉制铜及铜合金圆形管规格

单位为毫米

公称外径	公称壁厚																									
	0.2	0.3	0.4	0.5	0.6	0.75	1.0	1.25	1.5	2.0	2.5	3.0	3.5	4.0	4.5	5.0	6.0	7.0	8.0	9.0	10.0	11.0	12.0	13.0	14.0	15.0
3，4	○	○	○	○	○	○	○	○																		
5,6,7	○	○	○	○	○	○	○	○	○																	
8，9,10，11，12，13，14，15	○	○	○	○	○	○	○	○	○	○	○	○														
16，17，18，19，20		○	○	○	○	○	○	○	○	○	○	○	○	○	○											
21，22,23，24，25，26，27，28，29，30			○	○	○	○	○	○	○	○	○	○	○	○	○	○										
31，32，33,34，35，36，37，38，39，40			○	○	○	○	○	○	○	○	○	○	○	○	○	○										
42，44，45，46，48，49，50						○	○	○	○	○	○	○	○	○	○	○	○									
52，54，55，56，58，60						○	○	○	○	○	○	○	○	○	○	○	○	○	○							
62,64,65,66,68,70							○	○	○	○	○	○	○	○	○	○	○	○	○	○	○	○				
72，74，75，76，78，80										○	○	○	○	○	○	○	○	○	○	○	○	○	○	○		
82，84，85，86，88，90，92，94，96，100										○	○	○	○	○	○	○	○	○	○	○	○	○	○	○	○	○
105,110,115,120,125,130,135,140，145,150										○	○	○	○	○	○	○	○	○	○	○	○	○	○	○	○	○
155,160,165,170,175,180,185,190，195,200												○	○	○	○	○	○	○	○	○	○	○	○	○	○	○
210，220，230，240，250												○	○	○	○	○	○	○	○	○	○	○	○	○	○	○
260，270，280，290，300，310，320，330，340,350,360														○	○	○										
注：“○”表示推荐规格，需要其他规格的产品应由供需双方商定。																										

4.2 外形尺寸允许偏差

4.2.1 外径允许偏差和平行外表面间距的允许偏差

4.2.1.1 圆形管材外径允许偏差

挤制圆形管材的外径允许偏差应符合表3的规定。拉制圆形管材的平均外径允许偏差应符合表4的规定。

表3 挤制圆形管材的外径允许偏差

单位为毫米

公称外径	外径允许偏差(±)	
	纯铜管、青铜管	黄铜管
20~22	0.22	0.25
23~26	0.25	0.25
27~29	0.25	0.25
30~33	0.30	0.30
34~37	0.30	0.35
38~44	0.35	0.40
45~49	0.35	0.45
50~55	0.45	0.50
56~60	0.60	0.60
61~70	0.70	0.70
71~80	0.80	0.82
81~90	0.90	0.92
91~100	1.0	1.1
101~120	1.2	1.3
121~130	1.3	1.5
131~140	1.4	1.6
141~150	1.5	1.7
151~160	1.6	1.9
161~170	1.7	2.0
171~180	1.8	2.1
181~190	1.9	2.2
191~200	2.0	2.2
201~220	2.2	2.3
221~250	2.5	2.5
251~280	2.8	2.8
281~300	3.0	—

注1：当要求外径偏差全为正(+)或全为负(-)时，其允许偏差为表中对应数值的2倍。

注2：当外径和壁厚之比不小于10时，挤制黄铜管的短轴尺寸不应小于公称外径的95%。此时，外径允许偏差应为平均外径允许偏差。

注3：当外径和壁厚之比不小于15时，挤制纯铜管和青铜管的短轴尺寸不应小于公称外径的95%。此时，外径允许偏差应为平均外径允许偏差。

表 4　拉制圆形管材的平均外径允许偏差

单位为毫米

公称外径	平均外径允许偏差(±),不大于	
	普通级	高精级
3～15	0.06	0.05
>15～25	0.08	0.06
>25～50	0.12	0.08
>50～75	0.15	0.10
>75～100	0.20	0.13
>100～125	0.28	0.15
>125～150	0.35	0.18
>150～200	0.50	—
>200～250	0.65	—
>250～360	0.40	—

注：当要求外径偏差全为正(+)或全为负(−)时，其允许偏差为表中对应数值的 2 倍。

4.2.1.2　矩(方)形管材两平行外表面间距允许偏差

拉制矩(方)形管材两平行外表面间距允许偏差应符合表 5 的规定。

表 5　拉制矩(方)形管材的两平行外表面间距允许偏差

单位为毫米

尺寸 a 和 b	允许偏差(±),不大于		示意图
	普通级	高精级	
≤3.0	0.12	0.08	
>3.0～16	0.15	0.10	
>16～25	0.18	0.12	
>25～50	0.25	0.15	
>50～100	0.35	0.20	

注 1：当两平行外表面间距的允许偏差要求全为正或全为负时，其允许偏差为表中对应数值的 2 倍。

注 2：公称尺寸 a 对应的公差也适用 a'，公称尺寸 b 对应的公差也适用 b'。

4.2.2　壁厚允许偏差

4.2.2.1　圆形管材的壁厚允许偏差

挤制圆形管材的壁厚允许偏差应符合表 6 的规定。拉制圆形管材的壁厚允许偏差应符合表 7 的规定。

表 6　挤制圆形管材的壁厚允许偏差

单位为毫米

材料名称	公称外径	公称壁厚，不大于												
		1.5	2.0	2.5	3.0	3.5	4.0	4.5	5.0	6.0	7.5	9.0	10.0	12.5
		壁厚允许偏差(±)												
纯铜管	20～300	—	—	—	—	—	—	—	0.5	0.6	0.75	0.9	1.0	1.2
黄、青铜管	20～280	0.25	0.30	0.40	0.45	0.5	0.5	0.6	0.6	0.7	0.75	0.9	1.0	1.3

材料名称	公称外径	公称壁厚													
		15.0	17.5	20.0	22.5	25.0	27.5	30.0	32.5	35.0	37.5	40.0	42.5	45.0	50.0
		壁厚允许偏差(±)													
纯铜管	20～300	1.4	1.6	1.8	1.8	2.0	2.2	2.4	—	—	—	—	—	—	—
黄、青铜管	20～280	1.5	1.8	2.0	2.3	2.5	2.8	3.0	3.3	3.5	3.8	4.0	4.3	4.4	4.5

注：当要求壁厚偏差全为正(+)或全为负(−)时，其允许偏差为表中对应数值的 2 倍。

STANDARDS PRESS OF CHINA

表7 拉制圆形管材的壁厚允许偏差

单位为毫米

公称外径	公称壁厚									
	0.20～0.40		>0.40～0.60		>0.60～0.90		>0.90～1.5		>1.5～2.0	
	壁厚允许偏差(±)/%									
	普通级	高精级	普通级	高精级	普通级	高精级	普通级	高精级	普通级	高精级
3～15	12	10	12	10	12	9	12	7	10	5
>15～25	—	—	12	10	12	9	12	7	10	6
>25～50	—	—	12	10	12	10	12	8	10	6
>50～100	—	—	—	—	12	10	12	9	10	8
>100～175	—	—	—	—	—	—	—	—	11	10
>175～250	—	—	—	—	—	—	—	—	—	—
>250～360	供需双方协商									

公称外径	公称壁厚											
	>2.0～3.0		>3.0～4.0		>4.0～5.5		>5.5～7.0		>7.0～10.0		>10.0	
	壁厚允许偏差(±)/%											
	普通级	高精级	普通级	高精级	普通级	高精级	普通级	高精级	普通级	高精级	普通级	高精级
3～15	10	5	—	—	—	—	—	—	—	—	—	—
>15～25	10	5	10	5	10	5	—	—	—	—	—	—
>25～50	10	6	10	5	10	5	10	5	—	—	—	—
>50～100	10	8	10	6	10	5	10	5	10	5	10	5
>100～175	11	9	10	7	10	7	10	6	10	6	10	5
>175～250	12	10	11	9	10	8	10	7	10	6	10	6
>250～360	供需双方协商											

注：当要求壁厚偏差全为正(+)或全为负(−)时，其允许偏差为表中对应数值的2倍。

4.2.2.2 铜及铜合金无缝矩(方)形管材的壁厚允许偏差

铜及铜合金无缝矩(方)形管材的壁厚允许偏差应符合表8的规定。

表8 矩(方)形铜及铜合金管的壁厚允许偏差

单位为毫米

壁厚	两平行外表面间的距离									
	0.80～3.0		>3.0～16		>16～25		>25～50		>50～100	
	壁厚允许偏差(±)									
	普通级	高精级	普通级	高精级	普通级	高精级	普通级	高精级	普通级	高精级
≤0.4	0.06	0.05	0.08	0.05	0.11	0.06	0.12	0.08	—	—
>0.4～0.6	0.10	0.08	0.10	0.06	0.12	0.08	0.15	0.09	—	—
>0.6～0.9	0.11	0.09	0.13	0.09	0.15	0.09	0.18	0.10	0.20	0.15
>0.9～1.5	0.12	0.10	0.15	0.10	0.18	0.12	0.25	0.12	0.28	0.20
>1.5～2.0	—	—	0.18	0.12	0.23	0.15	0.28	0.20	0.30	0.20
>2.0～3.0	—	—	0.25	0.20	0.30	0.20	0.35	0.25	0.40	0.25
>3.0～4.0	—	—	0.30	0.25	0.35	0.25	0.40	0.28	0.45	0.30
>4.0～5.5	—	—	0.50	0.28	0.55	0.30	0.60	0.33	0.65	0.38
>5.5～7.0	—	—	—	—	0.65	0.38	0.75	0.40	0.85	0.45

注1：当壁厚偏差要求全为正或全为负时，应将此值加倍。

注2：对于矩形管，由较大尺寸来确定壁厚允许偏差，适用于所有管壁。

4.2.3 长度及允许偏差

4.2.3.1 圆形管材的长度及允许偏差

外径不大于 100 mm 的拉制管材，供应长度为 1 000 mm～7 000 mm；其他管材供应长度为 500 mm～6 000 mm。

定尺或倍尺长度(合同中议定)的挤制管材，其长度允许偏差＋15 mm。倍尺长度应加入锯切时的分切量，每一锯切量为 5 mm。

定尺或倍尺长度(合同中议定)的拉制直管，其长度允许偏差应符合表 9 的规定。

外径不大于 30 mm、壁厚不大于 3 mm 的拉制铜管，可供应长度不短于 6 000 mm 的盘管，其长度允许偏差应符合表 10 的规定。

表 9 拉制直管的长度允许偏差

单位为毫米

长度	长度允许偏差，不大于		
	外径≤25	外径＞25～100	外径＞100
≤600	2	3	4
＞600～2 000	4	4	6
＞2 000～4 000	6	6	6
＞4 000	12	12	12

注 1：表中偏差为正偏差。如果要求负偏差，可采用相同的值；如果要求正和负偏差，则应为所列值的一半。

注 2：倍尺长度应加入锯切分段时的锯切量。每一锯切量为 5 mm。

表 10 盘管的长度允许偏差

单位为毫米

长 度	长度允许偏差，不大于
≤12 000	300
＞12 000～30 000	600
＞30 000	长度的 3%

注：表中偏差为正偏差。如果要求负偏差，可采用相同的值；如果要求正和负偏差，则应为所列值的一半。

4.2.3.2 矩(方)形管材的长度允许偏差

矩(方)形管材的长度允许偏差应符合表 11 的规定。

表 11 矩(方)形管材的长度允许偏差

单位为毫米

长 度	最大对边距	
	≤25	＞25～100
	长度允许偏差，不大于	
≤150	0.8	1.5
＞150～600	1.5	2.5
＞600～2 000	2.5	3.0
＞2 000～4 000	6.0	6.0
＞4 000～12 000	12	12
＞12 000	盘状供货，＋0.2%	

注 1：表中的偏差全为正；如果要求偏差全为负，可采用相同的值；如果偏差采用正和负，则应为表中值的一半。

注 2：长度在 12 000 mm 以下的管材，一般采用直条状供货。

注 3：倍尺长度应加入锯切分段时的锯切量，每一锯切量为 5 mm。

4.2.4 圆度

4.2.4.1 对于未退火的拉制圆形直条管，其圆度应符合表 12 的规定。

表 12 未退火的拉制直管圆度

公称壁厚和公称外径之比	圆度/mm，不大于	
	普通级	高精级
0.01～0.03	≤外径的 3%	≤外径的 1.5%
>0.03～0.05	≤外径的 2%	≤外径的 1.0%
>0.05～0.10	≤外径的 1.5%或 0.10(取较大者)	≤外径的 0.8%或 0.05(取较大者)
>0.10	≤外径的 1.5%或 0.10(取较大者)	≤外径的 0.7%或 0.05(取较大者)

4.2.4.2 经退火的拉制圆形直条管，其圆度应不超出外径允许偏差。但当管材的公称壁厚和公称外径之比小于 0.07 时，其短轴尺寸不应小于公称外径的 95%。

4.2.4.3 拉制圆形盘管的短轴尺寸不应小于公称外径的 90%。

4.2.5 直度

4.2.5.1 圆形管材的直度

4.2.5.1.1 未退火的拉制直管的直度应符合表 13 的规定。全长直度不应超过每米直度与总长度(m)的乘积。

表 13 硬状态和半硬状态的拉制直管的直度 单位为毫米

公称外径	每米直度，不大于	
	高精级	普通级
≤80	3	4
>80～150	5	6
>150	7	10

盘管和经退火的拉制直管的直度不作规定。

4.2.5.1.2 挤制管材的直度应符合表 14 的规定。全长直度不应超过每米直度与总长度(m)的乘积。

表 14 挤制管材的直度 单位为毫米

公称外径	每米直度(不大于)
≤40	4
>40～80	7
>80～150	10
>150	15

4.2.5.2 矩(方)形管材的直度

拉制硬态管材的直度，在全长任意 2 000 mm 上测得的最大弯弧深度应不大于 12 mm。

4.2.6 切斜度

管材端部应锯切平整(检查断口的端面可保留)。切口在不使管材长度其超出其允许偏差的条件下，圆形管材的切斜度应符合表 15 的规定，矩(方)形管材切斜度应符合表 16 的规定。

表 15 圆形管材切斜度 单位为毫米

外 径	切斜度，不大于
≤16	0.40
>16	外径的 2.5%

表 16 矩(方)形管材切斜度

单位为毫米

两最大平行外表面间距	切斜度,不大于
≤6.0	0.40
>6.0	两最大平行外表面间距的 2.5%

4.2.7 圆角半径

矩形和方形管的内、外角如图 1 所示。允许圆角半径应不超过表 17 的规定。

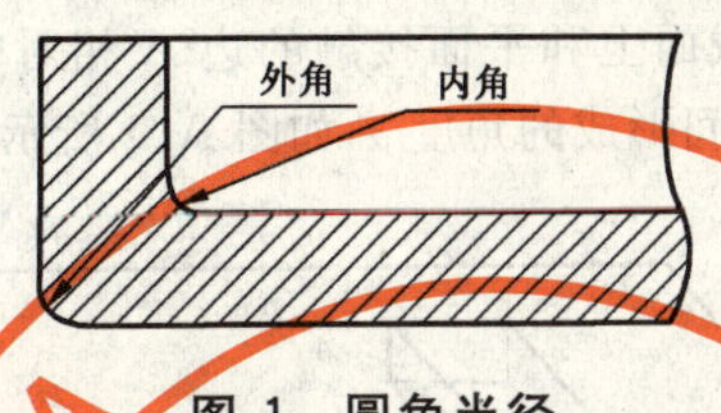

图 1 圆角半径

表 17 矩形和方形管材方角的允许圆角半径

单位为毫米

壁 厚	允许圆角半径,不大于			
	普通级		高精级	
	外角	内角	外角	内角
≤1.5	2.0	1.5	1.2	0.80
>1.5~3.0	3.0	2.5	1.6	1.00
>3.0~5.0	4.0	3.0	2.4	1.20
>5.0~7.0	5.0	4.0	3.0	1.50

4.2.8 扭拧度

直条状供货的、两平行外表面间距不小于 12 mm 的拉制状态矩(方)形管材,其扭拧度每 300 mm 应不超过 1 度(精确到度),总扭拧度不应超过 20 度。扭拧度检测方法见附录 A。

STANDARDS PRESS OF CHINA

附 录 A
（规范性附录）
扭拧度测量方法

A.1 将待测量的管材，置于一足够大的平面上，使管材的截面积较大两平行面之一与平面接触，固定一端，使管材固定端的两个侧面与平面垂直，另一端自由伸展。

A.2 用肉眼找出与管材固定端横截面上和平面接触的边 A 相对管材另一面上自由端横截面上的边 B，用适宜量角器测量 B 边与平面之间形成的角度 α，如图 A.1 所示。

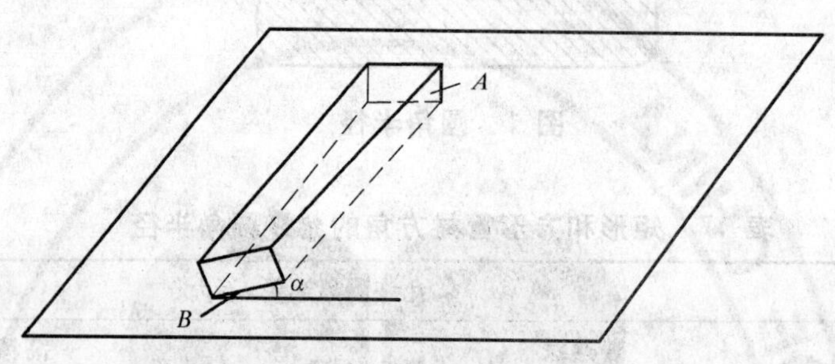

图 A.1 扭拧度测量示意图

A.3 其中平面要求选用 2 级平面度、尺寸大于 400 mm×400 mm 的工作面。其具体要求参照 JJG 117 中的相应规定。

ICS 65.150
B 52

中华人民共和国国家标准

GB 16873—2006
代替 GB/T 16873—1997

散鳞镜鲤

Scattered mirror carp

2006-09-29 发布　　2006-12-01 实施

中华人民共和国国家质量监督检验检疫总局
中国国家标准化管理委员会　发布

前　言

本标准的第4章为强制性条款，其余为推荐性条款。

本标准代替 GB/T 16873—1997《散鳞镜鲤》。

本标准与 GB/T 16873—1997 相比主要变化如下：

——增加了“规范性引用文件”一章，保留了 GB/T 16873—1997 中实践证明适用的部分；

——对 GB/T 16873—1997 中的第3章、第5章和第6章的内容进行了修订，删除了 GB/T 16873—1997中的3.2.2、5.3、6.3、附录B和附录C，其余各章中的章、条的编号及内容稍有改变。

本标准的附录A为规范性附录。

本标准由中华人民共和国农业部提出。

本标准由全国水产标准化技术委员会淡水养殖分技术委员会归口。

本标准起草单位：中国水产科学研究院黑龙江水产研究所。

本标准主要起草人：白庆利、刘明华、石连玉、马波、李池陶。

本标准所代替标准的历次版本发布情况为：

——GB/T 16873—1997。

散 鳞 镜 鲤

1 范围

本标准给出了散鳞镜鲤（*Cyprinus carpio haematopterus* Temm. et Sch.）的主要形态构造特征、生长与繁殖、生化遗传学特性、细胞遗传学特性及检测方法。

本标准适用于散鳞镜鲤的种质检测与鉴定。

2 规范性引用文件

下列文件中的条款通过本标准的引用而成为本标准的条款。凡是注日期的引用文件，其随后所有的修改单（不包括勘误的内容）或修订版均不适用于本标准，然而，鼓励根据本标准达成协议的各方研究是否可使用这些文件的最新版本。凡是不注日期的引用文件，其最新版本适用于本标准。

GB 17716—1999 青鱼

GB/T 18654.1 养殖鱼类种质检验 第1部分：检验规则

GB/T 18654.2 养殖鱼类种质检验 第2部分：抽样方法

GB/T 18654.3 养殖鱼类种质检验 第3部分：性状测定

GB/T 18654.12 养殖鱼类种质检验 第12部分：染色体组型分析

3 学名与分类

3.1 学名

散鳞镜鲤 （*Cyprinus carpio haematopterus* Temm. et Sch.）。

3.2 分类位置

鲤形目（Cypriniformes），鲤亚目（Cyprinoidei），鲤科（Cyprinidae），鲤亚科（Cyprininae），鲤属（*Cyprinus*）。

4 主要形态构造特征

4.1 外部形态

4.1.1 散鳞镜鲤外形

体纺锤形，头后背部隆起，头较小。吻钝。口亚下位，略呈马蹄形，上下颌可伸缩。由头部至尾鳍沿背鳍两侧各有一行背鳞，沿侧线连续或不连续排列大小不规则的鳞片，在鳃盖后缘和尾部覆盖稍大鳞片，而胸鳍、腹鳍、臀鳍基部有较小鳞片，其他部位裸露。侧线较平直。体青灰色或棕褐色，尾鳍下叶呈浅橘红色。

散鳞镜鲤的外部形态见图1。

STANDARDS PRESS OF CHINA

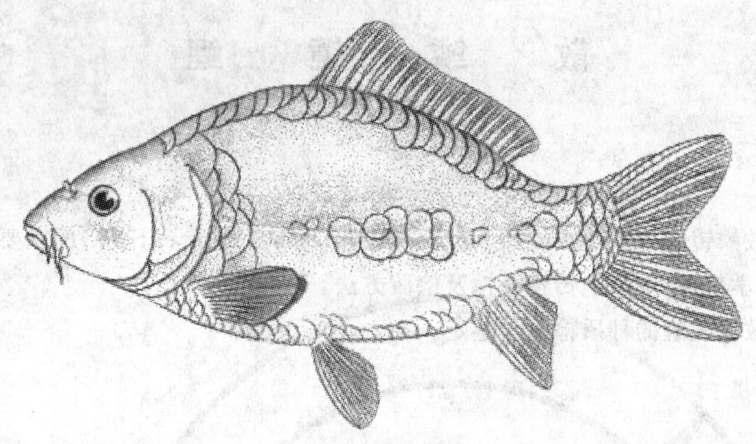

图 1　散鳞镜鲤外形

4.1.2　可数性状

4.1.2.1　背鳍鳍式：D. Ⅲ～Ⅳ-16～21，分枝鳍条多数为 19～20。

4.1.2.2　臀鳍鳍式：A. Ⅲ-5。

4.1.2.3　左侧第一鳃弓外侧鳃耙数：20～24，多数为 22。

4.1.2.4　须 2 对，口角须较长，一般约为上颌须长的 2 倍。

4.1.3　可量性状

不同体长组个体，可量性状变动值见表 1。

表 1　不同体长组散鳞镜鲤可量的比例性状

项　目	组　别		
	1	2	3
全长/mm	84.0～147.0	244.0～278.0	392.0～469.0
体长/mm	65.0～116.5	193.0～223.0	306.0～360.0
体长/体高	2.25±0.11	2.62±0.20	2.82±0.16
体长/头长	3.08±0.17	3.21±0.19	3.49±0.14
体长/尾柄长	7.41±0.31	7.48±0.34	8.06±0.38
体长/尾柄高	7.37±0.34	6.90±0.27	6.57±0.25
头长/吻长	2.88±0.13	2.61±0.11	2.49±0.14
头长/眼径	6.88±0.21	6.84±0.24	6.76±0.18
头长/眼间距	2.49±0.10	2.48±0.09	2.43±0.12

4.2　内部构造

4.2.1　鳔

鳔分两室，前室较后室长，前室长度约为后室长度的 1.5 倍。

4.2.2　下咽齿

下咽齿臼状，3 行，齿式为 1·1·3/3·1·1。

4.2.3　脊椎骨

脊椎骨总数为 36～37。

4.2.4　腹膜

腹膜为银白色。

5 生长与繁殖

5.1 生长

不同年龄组鱼的实测体长和体重见表2。

表2 不同年龄组个体的体长和体重实测值

项 目	年龄[a]/龄			
	1	2	3	4
体长/mm	65～116	222～276	265～353	332～410
体重/g	13～55	408～810	750～1 350	1 325～2 705

[a] 年龄,主要依据脊椎骨上的年轮数。

5.2 繁殖

5.2.1 成熟年龄:雌鱼3龄～4龄性成熟,雄鱼2龄～3龄性成熟。

5.2.2 性腺:性腺一年成熟一次,分批产卵,黏性卵。

5.2.3 繁殖水温:16℃～25℃,最适水温18℃～22℃。

5.2.4 怀卵量:不同年龄组个体的怀卵量见表3。

表3 不同年龄组个体的怀卵量

项 目	年龄/龄			
	4	5	6	7
体重/g	1 200～2 200	1 550～2 700	2 275～3 850	3 500～4 900
绝对怀卵量[a]/粒	112×10^3～301.4×10^3	180×10^3～320×10^3	300×10^3～520×10^3	342×10^3～682×10^3
相对怀卵量[b]/(粒/g)	93～137	97～127	118～135	97～136

[a] 指卵巢中达到Ⅳ时期卵母细胞的数量。
[b] 指每克体重所对应卵粒数(或怀卵量)。

6 生化遗传学特性

同工酶谱与基因位点。肝脏酯酶(EST)有谱带6条～8条,基因位点有6个,其中Est-1有3种表现型,Est-6有2种表现型,见图2。

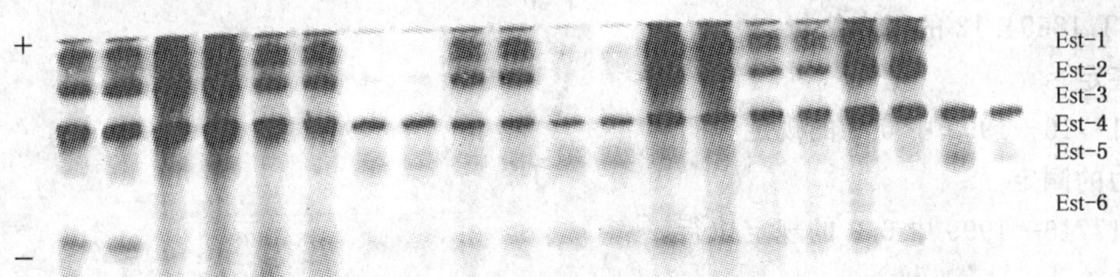

图2 散鳞镜鲤肝脏酯酶电泳图谱

7 细胞遗传学特性

体细胞染色体数:$2n=100$。核型公式:$2n=30\ m+26\ sm+30\ st+14\ t$。染色体臂数(NF)=156。散鳞镜鲤染色体组型见图3。

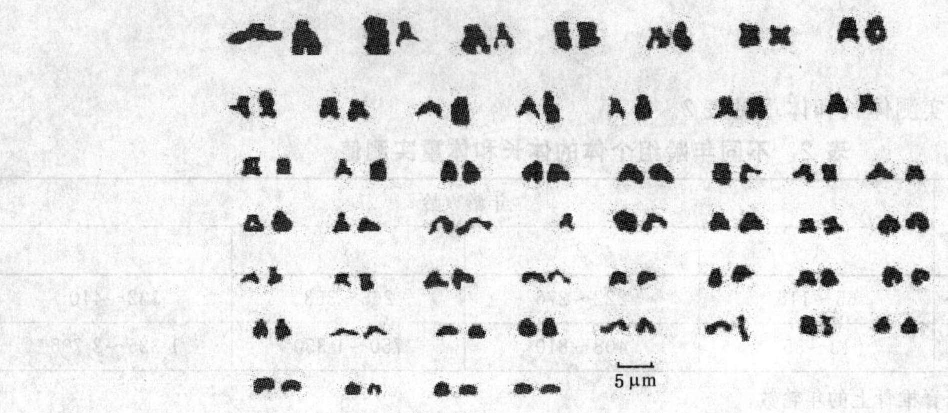

图 3 散鳞镜鲤染色体组型

8 检测方法

8.1 抽样

按 GB/T 18654.2 的规定执行。

8.2 性状测定

按 GB/T 18654.3 的规定执行。

8.3 生化遗传分析

8.3.1 样品制备

取活体健康鱼(体长 116 mm～147 mm)的肝脏 0.3 g,用蒸馏水稀释匀浆,在 4℃条件下离心(15 000 r/min)20 min,取上清液放置冰箱(4℃)保存备用。

8.3.2 电泳方法及染色

使用水平平板恒温电泳仪。聚丙烯酰胺凝胶浓度为 5.59%,三羟甲基氨基甲烷-柠檬酸缓冲液 pH 值为 7.0。从冰箱取出上清液与指示剂(0.4%溴酚蓝)混合后点样,每个加样孔加 10 μL,每一样品重复一次。电泳经过:预电泳(点样前,恒流 50 mA,30 min)、前电泳(点样后,恒流 20 mA,10 min),前电泳后正式电泳(恒压 900 V,30 min～100 min),电泳恒温 4℃,染色,染色液配方见附录 A。

8.3.3 结果判定

将测定结果对照图 2 谱带确定该种同工酶的编码座位数和多态座位的等位基因数。

8.4 染色体检测

按 GB/T 18654.12 的规定执行。

8.5 年龄鉴定

按 GB 17716—1999 中 6.1 的规定执行。

8.6 繁殖力的测定

按 GB 17716—1999 中 6.2 的规定执行。

9 检验规则与综合判定

按 GB/T 18654.1 的规定执行。

附 录 A
（规范性附录）
酯酶染色液配方

α-乙酸萘酯	40 mg
坚牢蓝 B 盐	100 mg
三羟甲基氨基甲烷-柠檬酸缓冲液(1 mol/L,pH 7.0)	15 mL
蒸馏水	135 mL

ICS 65.150
B 52

中华人民共和国国家标准

GB 16874—2006
代替 GB/T 16874—1997

方 正 银 鲫

Fangzheng crucian carp

2006-09-29 发布 2006-12-01 实施

中华人民共和国国家质量监督检验检疫总局
中国国家标准化管理委员会 发布

前言

本标准的第4章为强制性条款，其余为推荐性条款。

本标准代替 GB/T 16874—1997《方正银鲫》。

本标准与 GB/T 16874—1997 相比主要变化如下：

——本标准增加了“规范性引用文件”一章，保留了 GB/T 16874—1997 中实践证明适用的部分；

——删除了 GB/T 16874—1997 中的“3.2.2 肋骨”，对表1、表2和表3中的数据进行了调整和修订；

——GB/T 16874—1997 中的“第4章　生化指标”改为“第6章　生化遗传学特性”；

——删除了 GB/T 16874—1997 中的“6.2 染色体检测”及附录A和附录C，增加了红细胞核体积的计算公式。

本标准的附录A和附录B为规范性附录。

本标准由中华人民共和国农业部提出。

本标准由全国水产标准化技术委员会淡水养殖分技术委员会归口。

本标准起草单位：中国水产科学研究院黑龙江水产研究所。

本标准主要起草人：马波、刘明华、石连玉、白庆利、李池陶。

本标准所代替标准的历次版本发布情况为：

——GB/T 16874—1997。

方 正 银 鲫

1 范围

本标准给出了方正银鲫(*Carassius auratus gibelio* Bloch)的主要形态构造特征、生长与繁殖、生化遗传学特性、细胞遗传学特性及检测方法。

本标准适用于方正银鲫的种质检测与鉴定。

2 规范性引用文件

下列文件中的条款通过本标准的引用而成为本标准的条款。凡是注日期的引用文件，其随后所有的修改单(不包括勘误的内容)或修订版均不适用于本标准，然而，鼓励根据本标准达成协议的各方研究是否可使用这些文件的最新版本。凡是不注日期的引用文件，其最新版本适用于本标准。

GB 17716—1999 青鱼

GB/T 18654.1 养殖鱼类种质检验 第1部分：检验规则

GB/T 18654.2 养殖鱼类种质检验 第2部分：抽样方法

GB/T 18654.3 养殖鱼类种质检验 第3部分：性状测定

GB/T 18654.12 养殖鱼类种质检验 第12部分：染色体组型分析

3 学名与分类

3.1 学名

银鲫(*Carassius auratus gibelio* Bloch)。

3.2 分类位置

鲤形目(Cypriniformes)，鲤科(Cyprinidae)，鲤亚科(Cyprininae)，鲫属(*Carassius*)。

4 主要形态构造特征

4.1 外部形态

4.1.1 外形

体型短，体侧扁而高，头小吻钝，口端位，下唇厚，唇后沟仅限于口角。无须。眼小，位于头侧上方。背鳍具有硬刺，外缘平直，后缘锯齿粗，排列稀。胸鳍不达腹鳍。尾鳍分叉浅，上下叶末端尖。鱼体背部、背鳍和臀鳍为黑灰色，体侧深银白色，体侧每个鳞片的边缘颜色稍深。

方正银鲫的外部形态见图1。

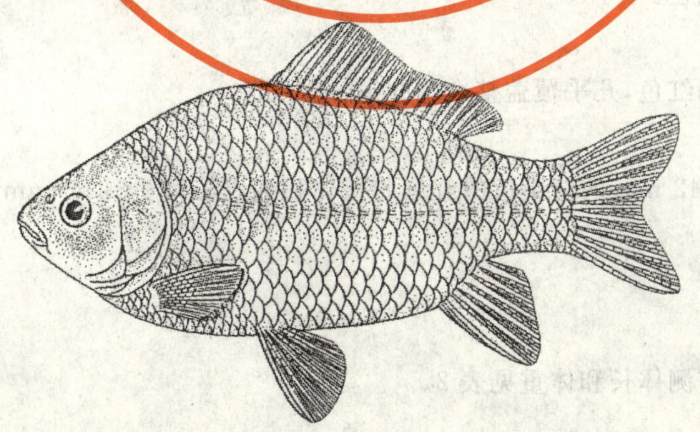

图1 方正银鲫外形图

4.1.2 可数性状

4.1.2.1 背鳍鳍式：D. Ⅲ～Ⅳ-16～18，分枝鳍条多数为17。

4.1.2.2 臀鳍鳍式：A. Ⅲ-5。

4.1.2.3 左侧第一鳃弓外侧鳃耙数：47～54。

4.1.2.4 侧线鳞鳞式：29 $\frac{6}{6\text{-V}}$ 31，侧线鳞多数为30～31。

4.1.3 可量性状

不同体长组个体可量性状变动值见表1。

表1 不同体长组方正银鲫可量的比例性状

项 目	组 别		
	1	2	3
全长/mm	42.0～80.0	93.1～118.0	190.0～215.0
体长/mm	33.0～66.5	72.0～89.5	161.0～188.0
体长/体高	2.48±0.12	2.63±0.05	2.67±0.06
体长/头长	3.05±0.25	3.49±0.11	3.73±0.10
体长/尾柄长	6.72±0.52	8.39±0.44	8.55±0.19
体长/尾柄高	5.92±0.40	6.14±0.21	6.17±0.08
头长/吻长	3.29±0.38	3.28±0.28	3.26±0.05
头长/眼径	3.39±0.27	3.93±0.44	4.72±0.06
头长/眼间距	2.35±0.19	2.31±0.07	2.17±0.04

4.2 内部构造

4.2.1 鳔

鳔分两室，后室长为前室长的1.5倍。

4.2.2 下咽齿

下咽齿一行。齿式为4/4。

4.2.3 脊椎骨

脊椎骨总数30～31。

4.2.4 腹膜

腹膜为灰黑色或黑色。

4.2.5 肝脏

肝脏肥大、柔软，褐红色，几乎覆盖整个消化道。

4.2.6 红细胞

体长为95 mm～142 mm的健康鱼的红细胞核体积为(45.76±3.54) μm^3。

5 生长与繁殖

5.1 生长

不同年龄组鱼的实测体长和体重见表2。

表 2　不同年龄组鱼的体长和体重实测值

项　目	年龄[a]/龄			
	1	2	3	4
体长/mm	92～113	138～159	168～213.6	176～235
体重/g	30～59	97～159	185～275	180～475

[a] 依据鳞片上的年轮数。

5.2　繁殖

5.2.1　成熟年龄：雌鱼 2 龄～3 龄，雄鱼 2 龄。

5.2.2　雌、雄比为 9∶1，行天然雌核发育。

5.2.3　性成熟个体性腺每年成熟一次，分批产卵，具黏性卵。

5.2.4　繁殖水温：14℃～25℃。最适水温：18℃～22℃。

5.2.5　怀卵量：不同年龄组鱼的怀卵量见表 3。

表 3　不同年龄组个体的怀卵量

项　目	年龄/龄		
	2	3	4
体重/g	97～159	185～275	270～475
绝对怀卵量[a]/粒	12.7×10^3～24.0×10^3	22.4×10^3～45.3×10^3	48.9×10^3～65.1×10^3
相对怀卵量[b]/(粒/g)	101～151	121～165	137～185

[a] 指卵巢中达到 4 时相卵母细胞的数量。

[b] 指每克体重所含卵粒数。

6　生化遗传学特性

肝脏酯酶(EST)有 3 条谱带，见图 2。

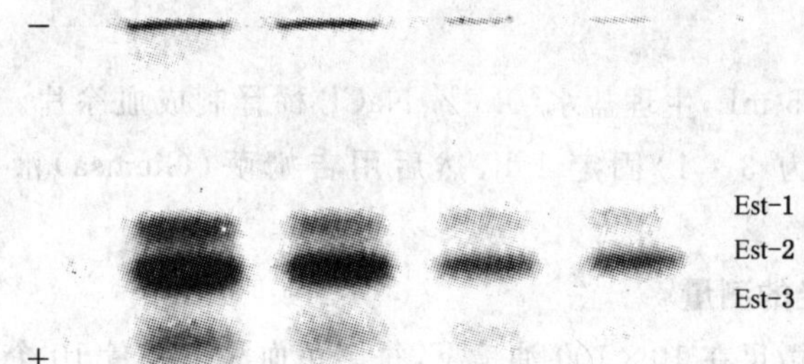

图 2　方正银鲫肝脏酯酶(EST)电泳图谱

7　细胞遗传学特性

7.1　体细胞染色体数：$3n$ 约为 150。

核型公式：$3n=42\ \mathrm{m}+74\ \mathrm{sm}+40\ \mathrm{st}$。染色体臂数(NF)＝272。

方正银鲫染色体组型见图 3。

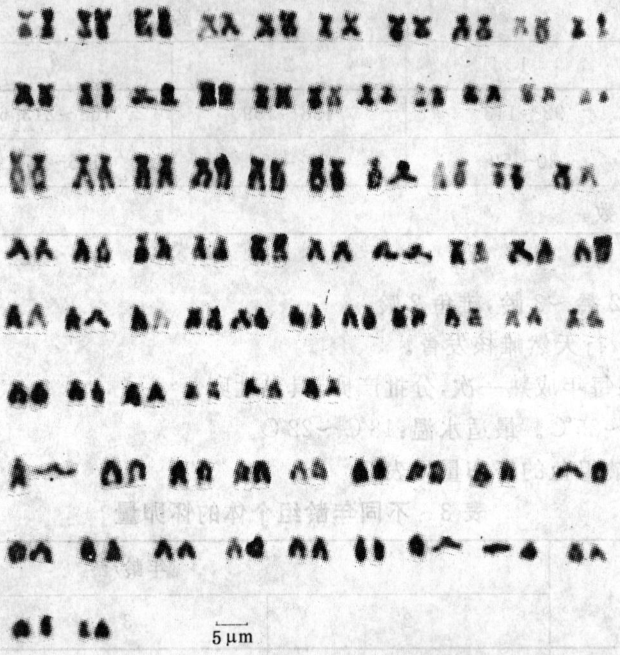

5 μm

图 3 方正银鲫的染色体组型

7.2 脱氧核糖核酸(DNA)含量：体长为 147 mm～177 mm 的健康鱼的红细胞 DNA 含量为(7.69±0.32)pg(与鸡血对照)。

8 检测方法

8.1 抽样

按 GB/T 18654.2 的规定执行。

8.2 性状测定

按 GB/T 18654.3 的规定执行。

8.3 红细胞大小测定

8.3.1 血涂片制备

从尾动(静)脉采血 0.5 mL，生理盐水(0.7% NaCl)稀释制成血涂片。血涂片空气干燥后，用卡诺氏液(甲醇与冰乙酸之比为 3∶1)固定 1 h，然后用吉姆萨(Giemsa)液染色。Giemsa 液的配制按 GB/T 18654.12 的规定。

8.3.2 红细胞长径和短径的测量

在光学显微镜下用测微尺在 10×100 油镜下，每尾鱼血涂片测量 10 个红细胞的长径和短径。

8.3.3 红细胞核体积的计算

红细胞核体积按式(1)计算：

$$V = \frac{4}{3}\pi a^2 b \quad \cdots\cdots(1)$$

式中：

V——细胞核体积，单位为立方微米(μm^3)；

a——短半径，单位为微米(μm)；

b——长半径，单位为微米(μm)。

8.4 脱氧核糖核酸(DNA)含量测定

8.4.1 血涂片制片

从尾动(静)脉采血 0.5 mL,生理盐水(0.7% NaCl)稀释制成血涂片。血涂片空气干燥后,用卡诺氏液固定 1 h,然后将血涂片移出存放于 4℃冰箱中或者直接染色;同时采小公鸡血,用相同方法制片作对照。

8.4.2 染色

血涂片经浓度为 3.5 mol/L 的盐酸水解 30 min(28℃),蒸馏水冲洗,放入希夫(Schiff)试剂(其配方见附录 A),于 28℃ 暗处染色 1 h,立即用二氧化硫水洗 3 次～5 次,每次 2 min～10 min,在经梯度酒精 70%、80%、90%、95%、100% 脱水,二甲苯透明后用胶封片。

8.4.3 DNA 含量测定

用显微分光光度计测量,波长 560 nm,物镜 40×,目镜 10×,扫描步距 0.5 μm～1 μm。

8.5 生化遗传分析

8.5.1 样品制备

取活体健康鱼(体长为 95 mm～142 mm)的肝脏 0.3 g,用 2 倍～3 倍体积量的蒸馏水稀释匀浆,在 4℃条件下离心(15 000 r/min)20 min,取上清液放置冰箱(4℃)保存备用。

8.5.2 电泳方法及染色

使用水平平板恒温电泳仪。聚丙烯酰胺凝胶浓度为 5.59%,三羟甲基氨基甲烷-柠檬酸缓冲液 pH 值为 7.0。从冰箱取出上清液与指示剂(0.4%溴酚蓝)混合后点样,每个加样孔加 10 μL,每一样品重复一次。电泳经过:预电泳(点样前,恒流 50 mA,30 min),前电泳(点样后,恒流 20 mA,10 min),前电泳后正式电泳(恒压 900 V,30 min～100 min),电泳恒温 4℃,染色,染色液配方见附录 B。

8.5.3 结果判定

将测定结果对照图 2 谱带确定该种同工酶的编码座位数和多态座位的等位基因数。

8.6 染色体检测

按 GB/T 18654.12 的规定执行。

8.7 年龄鉴定

按 GB 17716—1999 中的 6.1 执行。

8.8 繁殖力的测定

按 GB 17716—1999 中的 6.2 执行。

9 检验规则与综合判定

按 GB/T 18654.1 的规定执行。

STANDARDS PRESS OF CHINA

附 录 A
（规范性附录）
希夫（Schiff）试剂的配置

将 0.5 g 碱性品红溶于 100 mL 热蒸馏水中，使之充分溶解，待溶液冷却至 50℃时过滤，再冷却到 25℃时加入 1 mol/L 盐酸（HCl）10 mL 和 1 g 亚硫酸钠（$NaHSO_3$）或 1.5 g 偏重亚硫酸钠（$Na_2S_2O_5$），放置暗处，静止 24 h 后，加 0.25 g～0.5 g 活性炭摇荡 1 min，过滤，溶液呈无色，装入棕色瓶中塞紧瓶塞，保存在冰箱内（0℃～4℃），用前预先取出，使之恢复至室温后再用。如溶液呈粉红色就不能使用，须重配。

附 录 B
（规范性附录）
酯酶染色液配方

α-乙酸萘酯	40 mg
坚牢蓝 B 盐	100 mg
三羟甲基氨基甲烷-柠檬酸缓冲液(1 mol/L,pH7.0)	15 mL
蒸馏水	135 mL

ICS 65.150
B 52

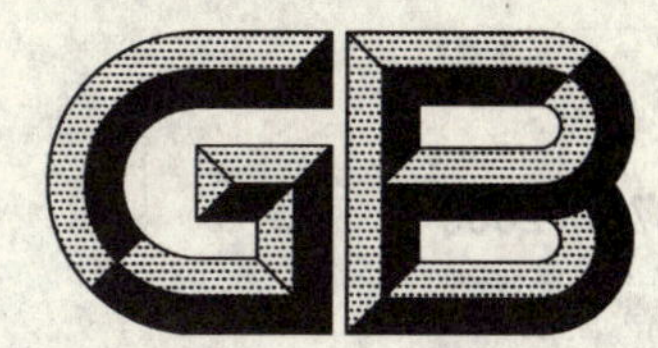

中华人民共和国国家标准

GB 16875—2006
代替 GB/T 16875—1997

兴国红鲤

Xingguo red carp

2006-09-29 发布　　　　2006-12-01 实施

中华人民共和国国家质量监督检验检疫总局
中国国家标准化管理委员会　发布

前　言

本标准的第 4 章为强制性条款，其余为推荐性条款。

本标准代替 GB/T 16875—1997《兴国红鲤》。

本标准与 GB/T 16875—1997 相比主要变化如下：

——增加了“规范性引用文件”一章，保留了 GB/T 16875—1997 中实践证明适用的部分；

——对 GB/T 16875—1997 中的第 3 章、第 4 章、第 5 章、第 6 章和第 7 章的内容进行修订，删除了 GB/T 16875—1997 中的 4.2.3 和 4.2.5，其余各章中的章、条的编号及内容稍有改变。

本标准由中华人民共和国农业部提出。

本标准由全国水产标准化委员会淡水养殖分技术委员会归口。

本标准起草单位：江西省水产技术推广站、南昌大学、兴国县红鲤鱼良种场。

本标准主要起草人：洪一江、戴银根、刘燕飞、刘光赞、胡成钰。

本标准所代替标准的历次版本发布情况为：

——GB/T 16875—1997。

兴　国　红　鲤

1　范围

本标准给出了兴国红鲤(*Cyprinus carpio* var. Xingguonensis)的主要形态特征、生长与繁殖、遗传学特性及检测方法。

本标准适用于兴国红鲤的种质检测和鉴定。

2　规范性引用文件

下列文件中的条款通过本标准的引用而成为本标准的条款。凡是注日期的引用文件,其随后所有的修改单(不包括勘误的内容)或修订版均不适用于本标准,然而,鼓励根据本标准达成协议的各方研究是否可使用这些文件的最新版本。凡是不注日期的引用文件,其最新版本适用于本标准。

GB 17716—1999　青鱼

GB/T 18654.1　养殖鱼类种质检验　第1部分:检验规则

GB/T 18654.2　养殖鱼类种质检验　第2部分:抽样方法

GB/T 18654.3　养殖鱼类种质检验　第3部分:性状测定

GB/T 18654.12　养殖鱼类种质检验　第12部分:染色体组型分析

3　名称与分类

3.1　学名

兴国红鲤(*Cyprinus carpio* var. Xingguonensis)。

3.2　分类位置

鲤形目(Cypriniformes),鲤科(Cyprinidae),鲤亚科(Cyprininae),鲤属(*Cyprinus*),鲤(*Cyprinus carpio*)。

4　主要形态特征

4.1　外部形态特征

4.1.1　外形

鱼体呈纺锤形。吻钝,口亚下位,略呈马蹄形。须两对。颌须一对,较长。头、背及身体两侧呈鲜红或橘红色,腹部为金黄色或乳白色,全身无黑点及其他杂斑。

兴国红鲤的外部形态见图1。

4.1.2　可数性状

4.1.2.1　鳍条数

背鳍鳍式:D. Ⅲ-15～19。臀鳍鳍式:A. Ⅲ-4～5。

4.1.2.2　鳃耙数

左侧第一鳃弓外侧鳃耙数为19～20,多数为20。

4.1.2.3　侧线鳞

鳞式为 $33\frac{5\sim5.5}{5\sim6}38$。

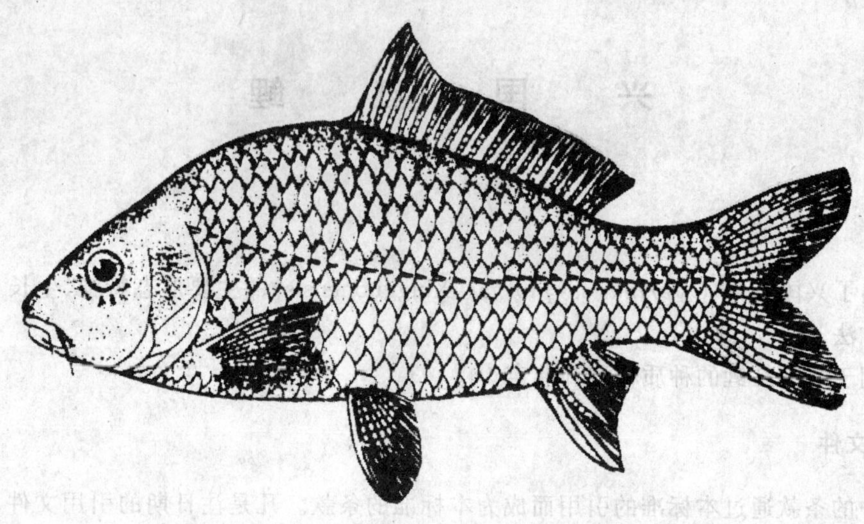

图1 兴国红鲤外形图

4.1.3 可量性状

不同体长组可量性状变动值见表1。

表1 不同体长组可量性状变动值

项　目	组　别				
	1	2	3	4	5
全长/mm	237～291	292～383	384～489	490～519	520～584
体长/mm	204～241	242～322	323～407	408～470	471～534
体长/体高	2.05～3.01	2.06～2.84	2.00～2.92	2.18～2.98	2.25～3.32
体长/体厚	4.20～4.98	4.18～4.96	4.12～4.82	4.18～5.82	4.12～5.21
体长/头长	3.02～3.96	3.08～4.15	3.27～4.17	3.31～4.10	3.28～4.18
体长/尾柄长	7.28～8.47	7.38～8.48	7.43～8.52	8.23～9.23	8.55～9.35
体长/尾柄高	6.62～7.24	6.69～7.27	7.16～7.99	7.75～8.21	8.16～8.74
头长/吻长	2.45～2.81	2.35～2.76	2.25～2.66	1.82～2.25	1.82～2.22
头长/眼径	5.28～5.81	5.60～6.26	6.05～6.56	6.40～7.00	6.65～7.25
头长/眼间距	2.25～2.67	2.20～2.61	2.05～2.44	1.64～2.04	1.55～1.99

4.2 内部构造特征

4.2.1 腹膜

腹膜为无色透明。

4.2.2 咽喉齿

咽喉齿3行，臼状。齿式为1·1·3/3·1·1。

4.2.3 脊椎骨

脊椎骨总数为37枚～39枚。

4.2.4 鳔

鳔为两室。前室比后室大且长，其长度之比为1∶1.3～1∶2.1。

5 生长与繁殖

5.1 生长

不同年龄组的鱼体长与体重的实测值变动范围见表2。

表 2 不同年龄组的鱼体长与体重的实测值变动范围

项 目	年龄[a]/龄					
	1	2	3	4	5	6
体长/mm	204～238	238.7～329.3	357.0～375.0	418.0～422.0	439.0～467.0	459.0～529.0
体重/g	300～900	900～1 200	1 500～2 350	2 365～2 450	2 750～3 300	3 130～4 800
[a] 年龄主要依据鳞片上的年轮数判断。						

5.2 繁殖

5.2.1 成熟年龄：雌性为 2 龄，雄性为 1 龄。

5.2.2 属多次性产卵类型。

5.2.3 一般繁殖水温为 18℃～30℃；最适繁殖水温为 22℃～25℃。

5.2.4 怀卵量：不同年龄个体怀卵量见表 3。

表 3 不同年龄个体怀卵量

项 目	年龄/龄				
	2	3	4	5	6
体重/g	900～1 200	1 000～1 600	1 800～2 400	2 500～3 200	3 400～4 000
绝对怀卵量/粒	128 674～258 776	179 697～293 978	350 894～466 872	436 678～563 999	549 674～674 153
相对怀卵量/(粒/g)	143～260	180～278	194～262	175～230	147～206

6 遗传学特性

6.1 生化遗传学特性

6.1.1 血清乳酸脱氢酶(LDH)同工酶电泳图谱见图 2，其扫描图见图 3。

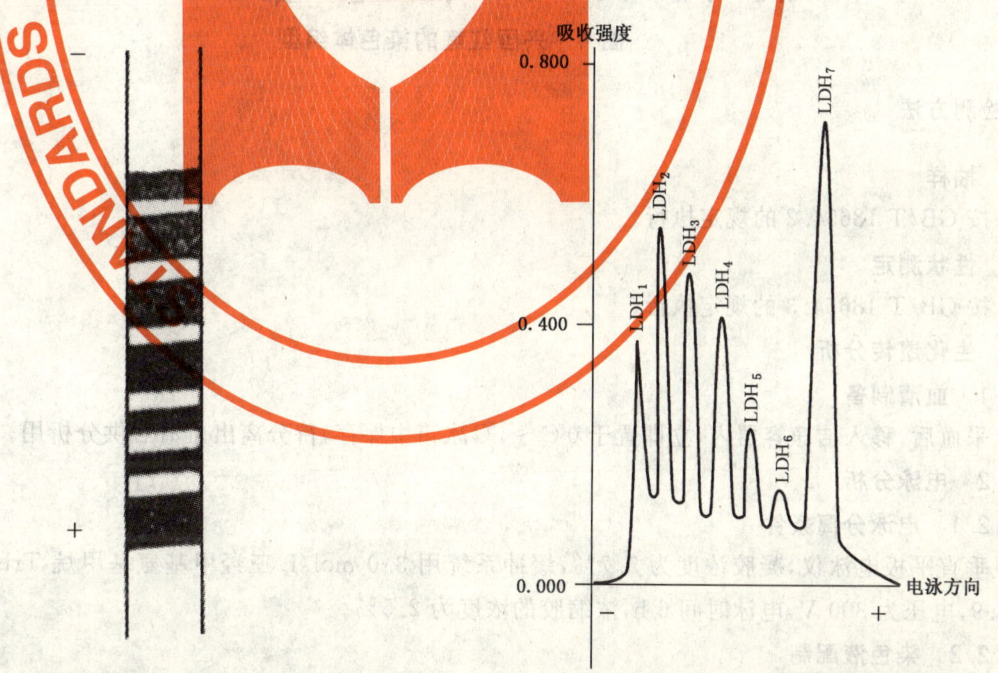

图 2 血清 LDH 同工酶电泳图谱　　图 3 血清 LDH 同工酶谱带扫描图

STANDARDS PRESS OF CHINA

6.1.2 血清 LDH 同工酶各谱带相对活性和迁移率见表 4。

表 4 血清 LDH 同工酶各谱带相对活性和迁移率

项目	酶带						
	LDH_1	LDH_2	LDH_3	LDH_4	LDH_5	LDH_6	LDH_7
相对活性/(%)	8.9±2.5	15.5±2.9	14.1±1.9	13.7±2.0	9.9±2.1	6.3±1.0	31.3±7.9
相对迁移率	0.15	0.24	0.29	0.36	0.45	0.54	0.61

6.2 细胞遗传学特性

体细胞染色体数：$2n=100$。核型公式：$2n=28m+22sm+50st.t$。染色体臂数(NF)：150。

兴国红鲤的染色体组型见图 4。

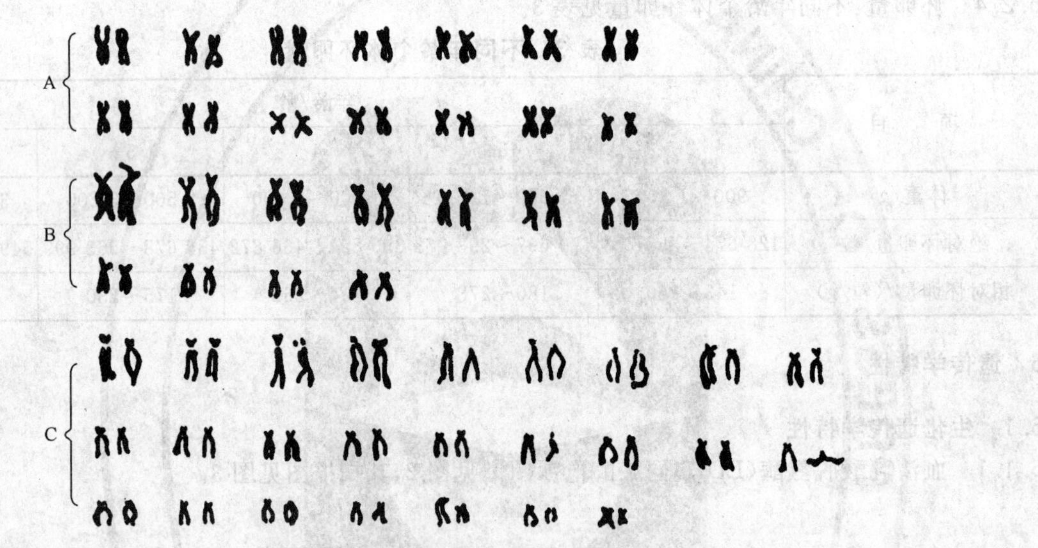

图 4 兴国红鲤的染色体组型

7 检测方法

7.1 抽样

按 GB/T 18654.2 的规定执行。

7.2 性状测定

按 GB/T 18654.3 的规定执行。

7.3 生化遗传分析

7.3.1 血清制备

采血后，移入洁净容器内，立即置于 0℃～4℃冰箱中保存，待分离出血清后供分析用。

7.3.2 电泳分析

7.3.2.1 电泳分离条件

垂直平板电泳仪，凝胶浓度为 5.7%，缓冲系统用 3.0 mol/L 三羟甲基氨基甲烷 Tris 缓冲液，pH 为 8.9，电压为 300 V，电泳时间 6 h，浓缩胶的浓度为 2.5%。

7.3.2.2 染色液配制

氧化型辅酶Ⅰ(NAD)50 mg，氯化硝基四氮唑蓝(NBT)30 mg，吩嗪二甲酯硫酸盐(PMS)2 mg，1 mol/L乳酸钠液(pH7.0)10 mL，0.1 mol/L 氯化钠 5 mL，0.5 mol/L Tris-盐酸缓冲液(pH7.1)15 mL 和蒸馏水 70 mL。临用前配制。

7.3.2.3 电泳方法

采用聚丙烯酰胺凝胶垂直平板电泳分离。将电泳后凝胶板浸入染色液，于 37℃保温 30 min～60 min，即可显示七条蓝紫色谱带。可用无离子水漂洗，再用 7%(体积分数)乙酸固定，以终止酶促反应。

7.3.3 电泳图谱测定

使用扫描光密度仪对电泳图谱进行扫描，计算出各区带的相对活性。

7.4 染色体检测

按 GB/T 18654.12 的规定执行。

7.5 年龄鉴定

按 GB 17716—1999 中的 6.1 执行。

7.6 繁殖力的测定

按 GB 17716—1999 中的 6.2 执行。

8 检验规则与综合判定

按 GB/T 18654.1 的规定执行。

ICS 91.140.50
Q 77

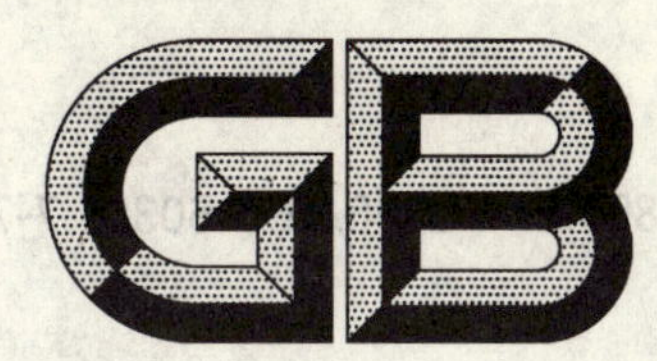

中华人民共和国国家标准

GB 16895.27—2006/IEC 60364-7-705:1984

建筑物电气装置 第7部分:特殊装置或场所的要求 第705节:农业和园艺设施的电气装置

Electrical installations of buildings—
Part 7:Requirements for special installations or locations—
Section 705—Electrical installations of agricultural and horticultural premises

(IEC 60364-7-705:1984,IDT)

STANDARDS PRESS OF CHINA

2006-12-01 发布　　　　2007-06-01 实施

中华人民共和国国家质量监督检验检疫总局
中国国家标准化管理委员会　发布

前　言

本部分全部技术内容为强制性。

《建筑物电气装置》的总标题下共分以下7个部分：

第1部分：范围、目的和基本原则；

第2部分：定义；

第3部分：一般特性的评估；

第4部分：安全防护；

第5部分：电气设备的选择和安装；

第6部分：检验；

第7部分：特殊装置或场所的要求。

本部分等同采用IEC 60364-7-705:1984《建筑物电气装置　第7部分：特殊装置或场所的要求　第705节：农业和园艺设施的电气装置》。

本部分由全国建筑物电气装置标准化技术委员会提出并归口。

本部分负责起草单位：中机中电设计研究院。

本部分主要起草人：王增尧、贺湘琨、黄宝生。

建筑物电气装置
第7部分:特殊装置或场所的要求
第705节:农业和园艺设施的电气装置

700.1 引言

第7部分的要求用来补充、修改或代替 GB 16895 或 IEC 60364 其他部分的一般要求。

第7部分特定节号后面的号码是 GB 16895 或 IEC 60364 的相应部分、章、节或条的号码。没有提到的章、节或条,意味着相应的一般要求仍是适用的。

705 农业和园艺设施的电气装置

705.1 本节的特定要求适用于户内、户外农业和园艺设施的固定电气装置的所有部分以及禽畜饲养场所(诸如马厩、鸡舍、猪圈、饲料加工场所、鸽房,以及干草、麦秸和肥料仓库)。

705.4 安全防护

705.41 电击防护

705.411.1.3.7 在使用安全特低电压的地方,不论其标称电压如何,应用以下方式提供直接接触防护:

——保护等级至少是 IP2X 的遮栏或外护物,或

——能耐受交流方均根值 500 V 试验电压,历时 1 min 的绝缘。

705.412.5 有插座的回路应用额定动作剩余电流不超过 30 mA 的剩余电流动作保护器保护。

705.413.1 间接接触防护措施采用自动切断电源时,在有家畜的场所或其外面有家畜的场所,约定接触电压限值为交流方均根值 25 V 或无纹波直流 60 V,最大切断时间见表××(在考虑中)。

这些条件也适用于通过外界可导电部分与家畜饲养场所直接连接的场所。

705.413.1.6 有家畜的场所应有辅助等电位联结,应将所有能被家畜触及的外露可导电部分、外界可导电部分以及电气装置的保护线连接。

注:建议在地面内埋设金属网栅,并将其与保护线连接。

705.42 热效应防护

705.422 防火保护

为了火灾防护的目的,应装设额定动作剩余电流不超过 0.5 A 的剩余电流动作保护器。

饲养家畜用的加热设备,应加以固定,以便与家畜和易燃物保持一适当距离,以防止任何烧伤家畜的危险及火灾。

辐射加热器的间距不应小于 0.5 m,设备制造厂在使用说明中要求更大间距时除外。

705.482 防火保护

注1:应适当考虑在紧急情况下对动物进行疏散,对此问题 GB 16895.2 的 482.1 的规定可能适用。

注2:在有火灾危险的场所,GB 16895.2 的 482.2 的规定适用。

705.5 电气设备的选择和安装

705.51 通用规则

705.512 电气设备的防护等级不应低于 IP35

705.53 开关设备和控制设备[1)]

705.532.2 注:建议采用额定动作剩余电流不超过 30 mA 的剩余电流动作保护器作为终端分支回路的保护,在能防止误动作的条件下,额定动作剩余电流应尽量小。

1) 一般要求中的相应章节在考虑中。

705.537 隔离和开关电器

在家畜能碰到电器的地方，或者在可能因家畜的阻碍而难以接近电器的任何位置，不应装设包括紧急停车在内的紧急开关等电器，同时要考虑到在家畜受惊时很可能产生的情况。

705.55 其他设备

注 1：电栅栏在架空线附近时，宜保持适当距离，以防在电栅栏上感应电流、或架空线坠落在电栅栏上等事故。

注 2：对于大规模的家畜饲养，宜考虑 IEC 60364-3-35 和 IEC 60364-5-56 的要求，特别是对维持家畜生命的系统。

ICS 45.060.01
S 04

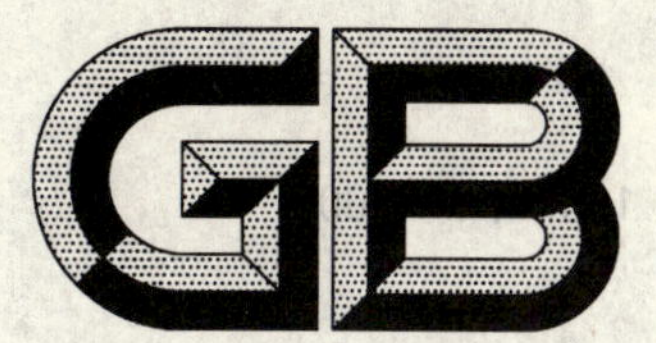

中华人民共和国国家标准

GB/T 16904.1—2006
代替 GB/T 16904.1—1997

标准轨距铁路机车车辆限界检查 第1部分:检查方法

Checking of rolling stock clearance for standard gauge railways—Part 1:Methods for inspecting

2006-12-14 发布　　2007-05-01 实施

中华人民共和国国家质量监督检验检疫总局
中国国家标准化管理委员会　发布

前　言

GB/T 16904《标准轨距铁路机车车辆限界检查》分为两个部分：

——第1部分：检查方法；

——第2部分：限界规。

本部分为GB/T 16904的第1部分。

本部分代替GB/T 16904.1—1997《标准轨距铁路机车车辆限界规　一般规定及机车车辆限界检查方法》。

本部分与GB/T 16904.1—1997相比主要变化如下：

——将GB/T 16904.1—1997中有关限界规的内容调整到GB/T 16904.2—2006中去(1997版的GB/T 16904.1中："3 限界规的一般规定"，本版的GB/T 16904.2—2006中："3 限界规的一般规定")；

——将GB/T 16904.1—1997《标准轨距铁路机车车辆限界规　一般规定及机车车辆限界检查方法》名称修改为现名称；

——将表4内容改为文字叙述[1997年版的表4，本版的3.2.3 c)、3.2.3 d)]；

——删除了附录C(1997年版的附录C)。

本部分由中华人民共和国铁道部提出。

本部分由铁道部标准计量研究所归口。

本部分起草单位：铁道部标准计量研究所。

本部分主要起草人：张成森、瞿建平。

本部分于1997年首次发布，本次为第一次修订。

标准轨距铁路机车车辆限界检查
第1部分:检查方法

1 范围

本部分规定了标准轨距铁路机车车辆限界检查的环境条件、限界检查的操作和记录。

本部分适用于标准轨距铁路机车车辆的限界检查。

2 规范性引用文件

下列文件中的条款通过GB/T 16904的本部分的引用而成为本部分的条款。凡是注日期的引用文件,其随后所有的修改单(不包括勘误的内容)或修订版均不适用于本部分,然而,鼓励根据本部分达成协议的各方研究是否可使用这些文件的最新版本。凡是不注日期的引用文件,其最新版本适用于本部分。

GB 146.1 标准轨距铁路机车车辆限界

3 机车车辆限界检查条件

3.1 环境条件

不应在有影响检查的风、雨、雪和强烈振动环境条件下进行机车车辆限界检查。

3.2 对被检机车车辆的要求

3.2.1 被检机车车辆(以下简称被检车)的设计制造应符合GB 146.1的各项有关要求。

3.2.2 对被检车需要调整的机构(如机车的排障器、撒砂管、受电弓等)进行调整。

3.2.3 被检车应在以下状态下分别进行检查:

a) 被检内燃机车及蒸汽机车空车及全整备状态应符合表1的规定;

b) 被检电力机车的空车及全整备状态应符合表2的规定;

c) 被检车辆在自重或全整备加载重状态;

d) 被检动车组在自重或全整备加载重状态。

表1 内燃机车及蒸汽机车空车及全整备状态

装载情况	状态	
	空车	全整备
燃料(柴油或煤)	空	满
砂	空	满
水(工质水或冷却水)	空	正常位
柴油机用机油	正常位	正常位
液力传动或变速箱机油	正常位	正常位
其他润滑油脂	正常位	正常位
随车工具	全套工具	全套工具
乘务员	无	定员

表 2 电力机车空车及全整备状态

装载情况	状态	
	空车	全整备
砂	空	满
水	空	正常位
变压器冷却油	正常位	正常位
各种润滑油剂	正常位	正常位
随车工具	全套工具	全套工具
乘务员	无	定员

3.2.4 做型式试验的被检车，其上部限界检查应在空车状态下进行，下部限界检查应在重车或全整备状态下进行，侧向限界间隙检查应在空车、重车（或全整备）两种状态下进行。重车检查时应计入零部件垂直方向的磨耗限值。

3.2.5 做例行试验的被检车，其上部限界检查应在空车状态下进行，其下部限界检查和侧向间隙检查可做简化检查，即在空车状态下进行下部限界检查，但应计入重车状态下车辆的弹簧压缩量、车体因载重引起的变形量以及零部件垂直方向的磨耗限值。

4 限界检查的操作

4.1 符合 3.2 规定的被检车，以小于 5 km/h 速度通过标准轨距铁路机车车辆限界规（以下简称：限界规）检查区段。

4.2 被检车以下列方式通过：

a) 本机驶过；

b) 其他机车、牵引车牵引或推进；

c) 卷扬机牵引。

被检车被牵引部位应是车钩，不允许斜拉。

4.3 限界检查结果，可直接观察或通过显示屏观察。

5 限界检查记录

5.1 限界检查记录应包括：

a) 检查日期；

b) 被检车的车型车号；

c) 限界规编号及有效截止日期；

d) 检查结果；

e) 有关部门盖章，有关人员签字。

5.2 检查结果由检查单位存档备案并记录在机车车辆的履历簿上。

ICS 45.060.01
S 04

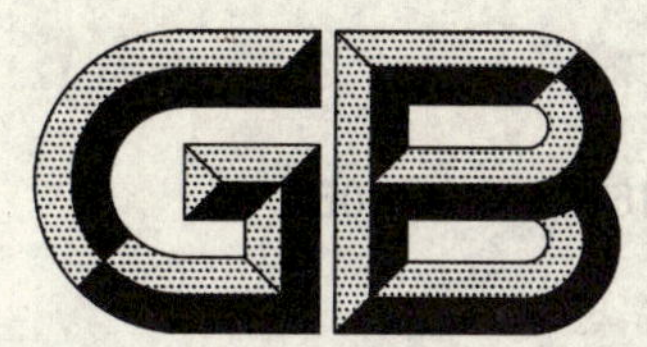

中华人民共和国国家标准

GB/T 16904.2—2006
代替 GB/T 16904.2～16904.5—1997

标准轨距铁路机车车辆限界检查 第2部分：限界规

Checking of rolling stock clearance for standard gauge railways—Part 2：clearance treadle

STANDARDS PRESS OF CHINA

2006-12-14 发布 2007-05-01 实施

中华人民共和国国家质量监督检验检疫总局
中国国家标准化管理委员会 发布

前言

GB/T 16904《标准轨距铁路机车车辆限界检查》分为两个部分：

——第1部分：检查方法；

——第2部分：限界规。

本部分为GB/T 16904的第2部分。

本部分代替GB/T 16904.2—1997《标准轨距铁路机车车辆限界规 机车车辆上部限界规》、GB/T 16904.3—1997《标准轨距铁路机车车辆限界规 电力机车上部限界规》、GB/T 16904.4—1997《标准轨距铁路机车车辆限界规 双层客车上部限界规》和GB/T 16904.5—1997《标准轨距铁路机车车辆限界规 机车车辆下部限界规》。

本部分与GB/T 16904.2～16904.5—1997相比主要变化如下：

——将GB/T 16904.1—1997中有关限界规的内容、GB/T 16904.2—1997《标准轨距铁路机车车辆限界规 机车车辆上部限界规》、GB/T 16904.3—1997《标准轨距铁路机车车辆限界规 电力机车上部限界规》、GB/T 16904.4—1997《标准轨距铁路机车车辆限界规 双层客车上部限界规》、GB/T 16904.5—1997《标准轨距铁路机车车辆限界规 机车车辆下部限界规》的内容合并为GB/T 16904.2—2006《标准轨距铁路机车车辆限界检查 第2部分：限界规》；

——修改了表1(1997年版GB/T 16904.1的表1，本版的表1)；

——修改了极限偏差值(1997年版GB/T 16904.1的3.8，本版的表2)；

——修改了上部规名称及命名方法(1997年版GB/T 16904.2～16904.4及附录D，本版的4.2及附录C)；

——修改了Z值(1997年版GB/T 16904.1的B.2，本版的B.2)；

——删除了图A1(1997年版GB/T 16904.1的图A1)；

——删除了图B1(1997年版GB/T 16904.1的图B1)；

——删除了图B2(1997年版GB/T 16904.1的图B2)；

——删除了附录C(1997年版GB/T 16904.1的附录C)；

——修改了附录D(1997年版GB/T 16904.1的附录D，本版的附录C)；

——修改了公差值[1997年版GB/T 16904.1的3.6 a)及3.8，本版的3.6 a)及3.8]；

——修改了倒角范围值[1997年版GB/T 16904.1的3.6 b)，本版的3.6 b)]；

——修改了护轨长度要求(1997年版GB/T 16904.1的图A2，本版的图A.1)；

——修改了检查室尺寸要求(1997年版GB/T 16904.1的图A2，本版的图A.1)。

本部分的附录A、附录B为规范性附录，附录C为资料性附录。

本部分由中华人民共和国铁道部提出。

本部分由铁道部标准计量研究所归口。

本部分起草单位：铁道部标准计量研究所。

本部分主要起草人：张成森、瞿建平。

本部分所代替标准的历次版本发布情况为：

——GB/T 16904.2～16904.5—1997。

标准轨距铁路机车车辆限界检查
第2部分:限界规

1 范围

本部分规定了标准轨距铁路机车车辆限界规(以下简称:限界规),其上部限界规(以下简称:上部规)及下部限界规(以下简称:下部规)的结构及基本形式尺寸、技术要求、安装调整、质量检验、涂装及标志。

本部分适用于上部规(基本型、拓宽型)和下部规的设计制造及安装。

2 规范性引用文件

下列文件中的条款通过GB/T 16904的本部分的引用而成为本部分的条款。凡是注日期的引用文件,其随后所有的修改单(不包括勘误的内容)或修订版均不适用于本部分,然而,鼓励根据本部分达成协议的各方研究是否可使用这些文件的最新版本。凡是不注日期的引用文件,其最新版本适用于本部分。

GB/T 16904.1—2006 标准轨距铁路机车车辆限界检查 第1部分:检查方法

GB 146.1—1983 标准轨距铁路机车车辆限界

GB 146.2—1983 标准轨距铁路建筑限界

3 限界规的一般规定

3.1 限界规包括上部规、下部规、线路及基础部分。应设限界检查室及限界规检测显示系统,见附录A的图A.1。

3.2 上部规分为两种:基本限界上部规、拓宽限界上部规。拓宽限界上部规适用于电力机车、双层客车等机车车辆限界检查。

3.3 限界规的内轮廓尺寸不小于GB 146.1—1983规定的机车车辆限界,但不应超过准确度规定的误差范围,结构的固定部分尺寸应符合GB 146.2—1983建限-2的规定。

3.4 限界规应具有刚性基础。

3.5 在限界规的前后应各有一个大于被检车一倍车长的检查区段,检查区段的线路平直要求见表1。

表1 检查区段的线路平直要求

单位为毫米

项　目	轨距	两轨水平高差	方向及高低(纵向)
技术要求	1 435±1.0	≤1.0	≤5.0

3.6 限界检查区段线路的钢轨内侧加装护轨及轨距杆,并应满足以下要求:

a) 护轨与正轨间距 42.5^{+2}_{0} mm;

b) 护轨可分段安装,两端导角应在20°~25°之间;

c) 护轨总长度应大于两倍被检车长度。

其布局见附录A的图A.1。

3.7 上部规内横向尺寸应计入计算车辆的最大允许制造宽度和缩减量、机车车辆横向间隙和水平方向的最大磨耗量、限界规自身的调测误差。

上部规距轨面某一高度处的宽度尺寸的计算按附录B的规定。

3.8 限界规安装、调整后其有关部位的极限偏差不应超过表2规定的数值。

表2 限界规安装调整后有关部位的极限偏差

单位为毫米

部　位	极限偏差
限界规中心线相对于线路中心线偏移	1.0
上部规高度	0 −4.0
上部规宽度	0 −3.0
下部规高度	±0.75
下部规宽度	±1.0

3.9 铁路机车车辆限界检查室应有良好的采光和宽阔的视野，应能保证设备正常工作，并配备必要的通讯设备。

3.10 铁路机车车辆限界检查室顶部应设平台、栏杆、扶梯等保证作业安全的设施，以便观察车上部及顶部情况。

3.11 限界规应具有检测显示，记录管理系统。其系统应确保在正常使用条件下，检测信号采集、传输、显示灵敏准确可靠，记录管理便于查询并保存可靠。

3.12 限界规(含检查区段线路)每年应由计量部门检定一次。在调整限界规后，应由计量部门对限界规进行检定。

3.13 限界规的型式标记参见附录C。

4 上部规

4.1 结构组成

上部规由下列结构组成：

a) 钢结构框架；

b) 中心调节器；

c) 活动工作台及梯子；

d) 叶板及伸缩调整定位装置；

e) 双向摆动及中心复位机构；

f) 非接触传感器及其封闭安装盒。

4.2 基本结构型式

4.2.1 基本型上部规基本结构型式，见图1。

4.2.2 拓宽型上部规基本结构型式，见图2。

1——钢结构框架；

2——中心位置调节器；

3——活动工作台及梯子；

4——叶板（Ⅴ、Ⅳ、Ⅲ、Ⅱ、Ⅰ、Ⅱ、Ⅲ、Ⅳ、Ⅴ）及伸缩调整定位装置；

5——双向摆动及其中心复位装置；

6——非接触传感器及其封闭安装盒。

图1 基本型上部规基本结构型式示意图

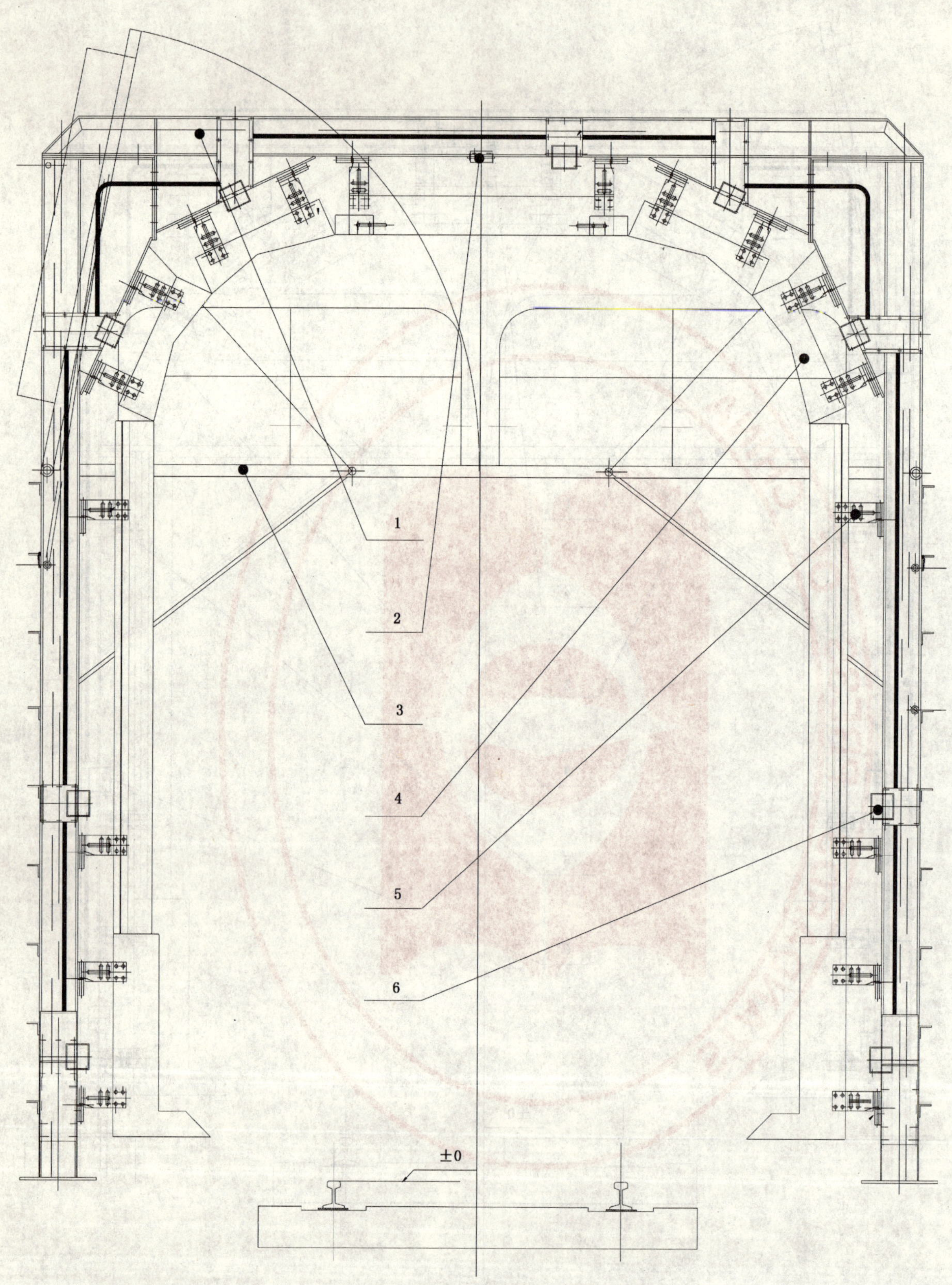

1——钢结构框架；

2——中心位置调节器；

3——活动工作台及梯子；

4——叶板(Ⅴ、Ⅳ、Ⅲ、Ⅱ、Ⅰ、Ⅱ、Ⅲ、Ⅳ、Ⅴ)及伸缩调整定位装置；

5——双向摆动及其中心复位装置；

6——非接触传感器及其封闭安装盒。

图 2　拓宽型上部规基本结构型式示意图

4.3 技术要求

4.3.1 上部规及其基础应按经规定程序批准的图样和技术文件制造和施工安装。

4.3.2 钢结构框架由立柱、横梁等部件组焊制成，应具有足够的刚度和强度。

4.3.3 焊接件焊前应清除焊缝表面的污垢，其焊接质量要求应符合国家标准的规定。

4.3.4 立柱、横梁焊接件在全长内直线度为 3.5 mm。

4.3.5 叶板应选用防腐、耐候材料制造；各叶板直线度为 0.5 mm，平面度为 1.0 mm，测量边的直线度为 0.3 mm，表面粗糙度 Ra 上限值为 12.5 μm。

4.3.6 叶板应能在平面的两维方向伸缩调整，留有足够的调整量，调定后可定位紧固；每块叶板能定轴双向摆动且自动中心复位，中心位置稳定可靠。

4.3.7 活动工作台、梯子应焊接牢固，活动工作台开启与收回应灵活安全，收回后不影响机车车辆正常通行。

4.3.8 中心调节器由调节螺杆和刻度尺组成，应选用防腐、耐候材料，其刻度尺的刻线应清晰、准确，其深度和宽度应符合有关规定。

4.3.9 限界规上的电器盒、电线管等应全封闭，注意防水及排水。

4.3.10 各紧固螺栓、螺母、垫圈等件应进行防蚀处理。

4.3.11 混凝土地基应平整，基础面应低于轨面 15 mm～20 mm，以便进行找平调整。

4.4 安装与调整

4.4.1 上部规应安装在按 3.4～3.6 要求调整好的线路上。

4.4.2 上部规框架两条对角线差不大于 5 mm，框架平面与轨道线路垂直，其中心线与线路中心线铅垂，框架的立柱、横梁与钢轨平面的垂直度、平行度公差在总长度内为 5 mm。

4.4.3 立柱安装在混凝土基础上，其下安装面调整到与轨面平。

4.4.4 各叶板之间应有 1 mm～2 mm 间隙，叶板各自应转动灵活，不允许相碰。

4.4.5 中心调节器安装在横梁的中间位置上，并将中心调整在两轨中心线的铅垂线上，锁紧调节螺母。

4.4.6 按表 2 的要求调整各部叶板安装尺寸精度。

4.4.7 紧固各部螺栓。

4.4.8 现场配套安装传感器及专用计算机部分，并调试合格。

4.4.9 上部规不允许安装在电气化铁道接触网下方。

5 下部规

5.1 结构组成

下部规的结构组成如下：

a) 三维可调支座；

b) 叶板及支承轴承；

c) 叶板；

d) 各种镶块；

e) 双向摆动及其中心复位装置；

f) 非接触传感器及其封闭安装盒。

5.2 基本结构型式

基本结构型式见图 3。

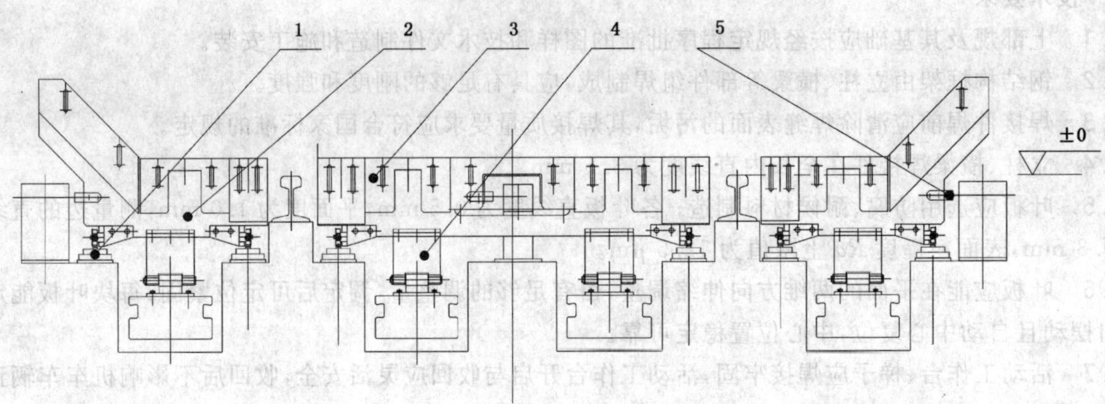

1——三维可调支座；

2——叶板及支承轴承；

3——各种镶块（Ⅵ、Ⅴ、Ⅳ、Ⅲ、Ⅱ、Ⅰ、Ⅱ、Ⅲ、Ⅳ、Ⅴ、Ⅵ）；

4——双向摆动及其中心复位装置；

5——非接触传感器及其封闭安装盒。

图3 下部规基本结构型式示意图

5.3 技术要求

5.3.1 下部规及其基础应按规定程序批准的图样和技术文件制造和施工安装。

5.3.2 下部规尽可能采用防腐耐候材料；一般钢材应除锈，清污并做表面防腐处理。

5.3.3 下部规的叶板分三段组成，设在两轨间及两轨的外侧，可各自在支撑座上自由摆动，三段叶板平时均复位至铅垂状态。

5.3.4 下部规分段设铅垂复位装置，当被检车下部有关零件与下部规叶板相碰后，叶板应能摆动让开，碰过后自动恢复到直立状态，摆动复位铅垂误差最大处小于8 mm。

5.3.5 按GB 146.1—1983车限-1B、车限-2、车限-3的规定，下部规应设一组或多组，设多组下部规时，各下部规相距应大于等于4 m。

5.3.6 下部规与线路上的护轨相矛盾时，护轨应分段安装。

5.3.7 下部规两轨枕之间的混凝土基础，枕间距大于350 mm，基础上平面位于轨面以下280 mm～310 mm。

5.3.8 下部规上所用各种紧固件应防腐、耐候，紧固后螺纹应外露且不多于3扣。

5.3.9 各部镶块测量边直线度为0.2 mm，平面度为0.3 mm，表面粗糙度 Ra 为6.3 μm。

5.3.10 各部镶块两侧边作刻度线（或镶不锈钢直尺），其调整范围见表3。刻线深0.1 mm，宽0.1 mm～0.2 mm。

表3 各种镶块调整范围

单位为毫米

镶块	Ⅰ	Ⅱ	Ⅲ	Ⅳ	Ⅴ	Ⅵ
刻度长度	110	120	160	150	120	120
调整范围	60～180	60～180	60～200	60～210	60～180	60～180

5.4 安装与调整

5.4.1 下部规的中心线应与线路的中心线的垂直线重合，其检查边应垂直于轨道中心平面，平行于轨平面。

5.4.2 下部规安装后，应符合表2的规定。

5.4.3 分三段制造的下部规，安装后叶板上边调成一直线，其直线度为1 mm。

5.4.4 各组镶块应调整到各处实际需要的高度，分别检查车体的弹簧承载部分、转向架的弹簧承载部分、非弹簧承载部分的各部件是否超限。

5.4.5 当被检车作简化下部限界检查时，按 GB/T 16904.1—2006 中 3.2.5 的规定，应上调下部规各部壤块尺寸。

6 质量检验

应在加工现场进行试组装检验。焊接质量应符合有关国家标准的规定，并按 3.8 的规定进行检测。各活动、转动部件应动作灵活，检验合格后填写产品合格证书。

7 涂装

7.1 上下部规钢结构应全部除锈，涂防锈底漆。

7.2 上下部规涂面漆两遍，一般选黄色耐候漆；表面应均匀，粘附牢固，不允许有明显的皱纹、气泡和脱落。

7.3 上部规叶板两面，活动工作台侧面、梯子侧面及接线盒等处涂反八字黑黄相间（间距 60 mm～100 mm）警戒色线。

7.4 下部规底部涂黑色沥清漆，叶板涂黄色。

8 标志牌

8.1 上部规应在明显部位设有标志牌。

8.2 下部规在两侧接线盒处设标志牌。

8.3 应包括的内容：

a) 型号、名称；

b) 编号；

c) 重量；

d) 制造年月日；

e) 制造厂名称。

STANDARDS PRESS OF CHINA

附 录 A
(规范性附录)
限界规的基本布局

A.1 限界规的基本布局图,见图 A.1。

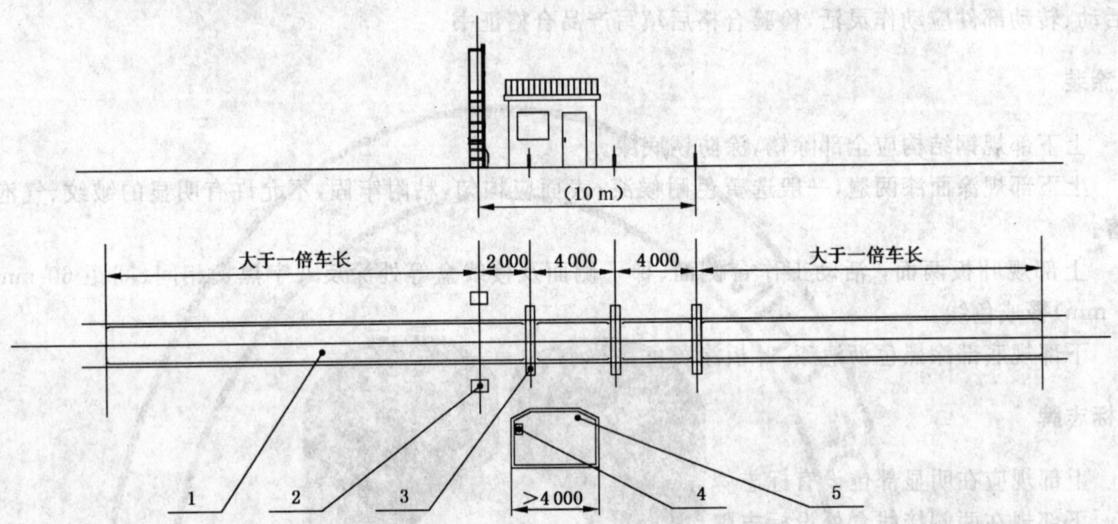

1——限界规的基础部分及线路;

2——上部规;

3——下部规;

4——显示系统;

5——检查室。

图 A.1 限界规的基本布局图

附 录 B
（规范性附录）
上部规距轨面某一高度处的宽度计算及计算示例

B.1 缩减量的确定

B.1.1 当车体长度不大于计算车辆（即车体长度 $L=13.22$ m，转向架中心距 $l=9.35$ m）时其车体最大容许制造宽度不需缩减，限界规尺寸也不缩减。当车体长度大于计算车辆时，应按 GB 146.1—1983 的有关规定，算出其理论缩减量，然后再按以下方法换算为实际缩减量。

B.1.2 机车车辆半宽实际缩减量 C^* 的确定。

机车车辆中部半宽的实际缩减量为：

$$C_m^* = A_m \cdot C_m \quad \cdots\cdots (B.1)$$

机车车辆端部半宽的实际缩减量为：

$$C_e^* = A_e \cdot C_e \quad \cdots\cdots (B.2)$$

取 $C^* = \max(C_m^*, C_e^*)$

式中：

A_m——中部实际和理论缩减量的比例系数，$A_m=0.4747$；

A_e——端部实际和理论缩减量的比例系数，$A_e=0.4234$；

C_m——中部半宽缩减量，单位为毫米（mm）；

C_e——端部半宽缩减量，单位为毫米（mm）。

B.2 计算

上部规距轨面某一高度处的宽度计算：

$$A_G = 2B_G = 2(B^* - C^* + Z) + \delta \quad \cdots\cdots (B.3)$$

式中：

A_G——上部规距轨面某一高度处的宽度，单位为毫米（mm）；

B_G——上部规在某同一高度处的半宽，单位为毫米（mm）；

B^*——机车车辆限界在某同高度处的最大半宽，单位为毫米（mm）；

C^*——限界规半宽的实际缩减量，单位为毫米（mm）；

Z——限界规半宽间隙常量，上部规半宽间隙常量为 13 mm，下部规半宽间隙常量为 5 mm；

δ——限界规横向长度允差为 $_{-1}^{\ 0}$mm/m。

对于电力机车上部限界规距轨面高度 350 mm～1 250 mm 处不考虑间隙常量取 $Z=0$，其他部分的横向宽度尺寸仍按上式进行计算。

示例 1：C_{62} 敞车 $L=12\ 500$ mm，$l=8\ 700$ mm，均小于短计算车辆值，计算在距轨面高 350 mm～1 250 mm，$B=1\ 600$ mm处限界规的高度。

$$A_G = 2B_G = 2\times(1\ 600-0+13)_{-3}^{\ 0}\text{mm}$$

$$A_G = 3\ 226_{-3}^{\ 0}\text{mm}$$

示例 2：YZ_{25} 客车 $L=25\ 500$ mm，$l=18\ 000$ mm，转向架轴距 $S=2\ 400$ mm，计算最大实际缩减量为 48.14 mm，超过规定的实际最大缩减量 47{因实际上 YZ_{25} 客车已经做到了 3 106 mm[(3 200－3 106)÷2＝47]}，这里应仍取 47，计算限界规在距轨面高 1 250 mm～3 600 mm，$B=1\ 600$ mm 处的宽度。

$$A_G = 2B_G = 2\times(1\ 600-47+13)_{-3}^{\ 0}\text{mm}$$

$$A_G = 3\ 132_{-3}^{\ 0}\text{mm}$$

示例 3：P_{62}棚车 $L=15\ 500$ mm，$l=11\ 700$ mm，转向架轴距 $S=1\ 750$ mm，按以下方法计算其实际缩减量，并计算限界规在距轨面高 350 mm～1 250 mm，$B=1\ 600$ mm 处的宽度。

a) 计算中部实际缩减量：

$$W_m=\left(\frac{l^2}{8R}+\frac{S^2}{8R}\right)\times 1\ 000=58.31\ \text{mm}$$

$$C_m=W_m-D_m=(58.31-36)=22.31\ \text{mm}$$

$$C_m^*=0.474\ 7\quad C_m\approx 10.60\ \text{mm}$$

b) 计算端部实际缩减量：

$$W_e=\left(\frac{L^2-l^2}{8R}-\frac{S^2}{8R}\right)\times 1\ 000=41.79\ \text{mm}$$

$$C_e=W_e-D_e=(41.79-36)=5.79\ \text{mm}$$

$$C_e^*=0.423\ 4\quad C_e\approx 2.5\ \text{mm}$$

c) 取最大值：

$$C^*=\max(C_m^*,C_e^*)=10.6\ \text{mm}$$

d) 计算距轨面 350 mm～1 250 mm，$B=1\ 600$ mm 处的 A_G：

$$A_G=2B_G=2\times(1\ 600-10.6+13)_{-3}^{\ 0}\text{mm}$$

$$A_G=3\ 204.8_{-3}^{\ 0}\approx 3\ 205_{-3}^{\ 0}\text{mm}$$

注：这样的 P_{62}的车体在 1 250 mm 以下最大的宽度可以做到(3 205－26)mm ＝3 179 mm(包括制造公差)。

示例 4：双层客车之一：$L=25\ 500$ mm，$l=19\ 200$ mm，$S=2\ 400$ mm，计算其中部和端部的实际缩减量及距轨面高度 1 350 mm，3 850 mm，4 800 mm 处的限界规横向宽度尺寸 A_{G1}，A_{G2}，A_{G3}。

a) 按 GB 146.1—1983 计算其中部和端部的缩减量：

$$W_m=\left(\frac{l^2}{8R}+\frac{S^2}{8R}\right)\times 1\ 000=156\ \text{mm}$$

$$W_e=\left(\frac{L^2-l^2}{8R}-\frac{S^2}{8R}\right)\times 1\ 000=114.9\ \text{mm}$$

$$C_m=W_m-D_m=(156-36)=120\ \text{mm}$$

$$C_e=W_e-D_e=(114.9-36)=78.9\ \text{mm}$$

b) 计算实际缩减量：

$$C_m^*=A_m\cdot C_m=0.474\ 7\times 120=57.0\ \text{mm}$$

$$C_e^*=A_e\cdot C_e=0.423\ 4\times 78.9=33.4\ \text{mm}$$

取最大值

$$C^*=\max(C_m^*,C_e^*)=57.0\ \text{mm}$$

c) 计算在距轨面高 1 250 mm，3 850 mm，4 800 mm 处的 A_{G1}，A_{G2}，A_{G3}。

在 1 250 mm 处：

$$A_{G1}=2B_{G1}=2\times(1\ 600-57+13)_{-3}^{\ 0}=3\ 112_{-3}^{\ 0}\ \text{mm}$$

在 3 850 mm 处：

$$A_{G2}=2B_{G2}=2\times(1\ 700-57+13)_{-3}^{\ 0}=3\ 312_{-3}^{\ 0}\ \text{mm}$$

在 4 800 mm 处：

$$A_{G3}=2B_{G3}=2\times(750-57+13)_{-1.5}^{\ 0}=1\ 412_{-1.5}^{\ 0}\ \text{mm}$$

附 录 C
（资料性附录）
标准轨距铁路机车车辆限界规型号

TX × ×-×

- 型号分类（1，2，3…）
- 上部规（s）下部规（x）
- 分类（j，k…）
- 名称缩写（TX）

示例：

TXjs-1　标准轨距铁路机车车辆基本型上部限界规 1 型；

TXx-1　标准轨距铁路机车车辆下部限界规 1 型；

TXks-1　标准轨距铁路机车车辆拓宽型上部限界规 1 型。

ICS 29.120.99
C 67

中华人民共和国国家标准

GB/T 17045—2006/IEC 61140:2001
代替 GB/T 17045—1997

电击防护 装置和设备的通用部分

Protection against electric shock—Common aspects for installation and equipment

(IEC 61140:2001,IDT)

2006-03-06 发布 2006-08-01 实施

中华人民共和国国家质量监督检验检疫总局
中国国家标准化管理委员会 发布

前　言

本标准等同采用IEC 61140:2001(第3版)《电击防护　装置和设备的通用部分》(英文版)。

本标准代替GB/T 17045—1997《电击防护　装置和设备的通用部分》。

标准的章条编号与IEC 61140:2001完全一致。鉴于IEC 61140:2001附录C是按英文字母排序的定义索引,不符合我国情况,因此在采用时予以删除。

本标准与GB/T 17045—1997相比,其文本结构和技术内容都有较大改动。

根据IEC TC 64在1999年的决定,将IEC 60536:1976《电工电子设备防触电保护分类》和IEC 60536-2:1992《电工电子设备按电击防护分类　第2部分:对电击防护要求的导则》两个标准并入IEC 61140:1997《电击防护　装置和设备的通用部分》(第2版)。因此,本标准在技术内容上涵盖了采用上述两个标准的国家标准GB/T 12501—1990《电工电子设备防触电保护分类》和GB 12501.2—1997《电工电子设备按电击防护分类　第2部分:对电击防护要求的导则》。

本标准由中国电器工业协会提出。

本标准由全国建筑物电气装置标准化技术委员会归口。

本标准起草单位:机械科学研究院、中国中轻国际工程有限公司。

本标准主要起草人:李世林、黄妙庆。

本标准所代替标准的历次版本发布情况为:

——GB/T 17045—1997。

电击防护　装置和设备的通用部分

1　范围

本标准适用于人和动物对电击的防护。其目的在于给出电气装置、系统和设备通用的，或对它们之间在配合上需要的基本原则和要求。

本标准对于装置、系统和设备的电压没有限制。

注：在本标准中，有些条款涉及到低压和高压系统、装置和设备。本标准的低压是指交流不超过 1 000 V 或直流不超过 1 500 V 的额定电压。高压是指交流超过 1 000 V 或直流超过 1 500 V 的额定电压。

本标准规定的要求，只适用于被编入或被引用到相关标准中的那些要求。本标准不是要作为一个独立的标准来使用。

2　规范性引用文件

下列文件中的条款通过本标准的引用而成为本标准的条款。凡是注日期的引用文件，其后的所有修改单(不包括勘误的内容)或修订版均不适用于本标准。然而，鼓励根据本标准达成协议的各方研究是否可使用这些文件的最新版本。凡是不注日期的引用文件，其最新版本适用于本标准。

GB/T 3805—1993　特低电压(ELV)限值(eqv IEC 61201:1992)

GB 4208—1993　外壳防护等级(IP 代码)(eqv IEC 60529:1989)

GB/T 5465.2　电气设备用图形符号(GB/T 5465.2—1996，idt IEC 60417:1994)

GB 9706.1—1995　医用电气设备　第 1 部分：安全通用要求(idt IEC 60601-1:1988)

GB 9706　医用电气设备(所有部分)[idt IEC 60601(所有部分)]

GB 16895.3—2004　建筑物电气装置　第 5-54 部分：电气设备的选择和安装　接地配置、保护导体和保护联结导体(idt IEC 60364-5-54:1980)

GB 16895.12—2001　建筑物电气装置　第 4 部分：安全防护　第 44 章：过电压保护　第 443 节：大气过电压或操作过电压保护(idt IEC 60364-4-443:1995)

GB 16895.21—2004　建筑物电气装置　第 4 部分：安全防护　第 41 章：电击防护(idt IEC 60364-4-41:2001)

GB/T 16895.23—2005　建筑物电气装置　第 6-61 部分：检验——初检(IEC 60364-6-61:2001，IDT)

GB 16935.1—1997　低压系统中设备的绝缘配合　第一部分：原则、要求和试验(idt IEC 60664-1:1992)

IEC 60050(131)　国际电工词汇(IEV)　第 131 章：电路和磁路

IEC 60050(195):1998　国际电工词汇(IEV)　第 195 部分：接地与电击防护及其 1 号修订(2001)

IEC 60050(351):1998　国际电工词汇　第 351 部分：自动控制

IEC 60050(826):1982　国际电工词汇　第 826 章：建筑物电气装置及其 2 号修订(1995)

IEC 60071-1:1993　绝缘配合　第 1 部分：定义、原则和规则

IEC 60071-2:1996　绝缘配合　第 2 部分：应用导则

IEC 60446:1999　人机界面标志识别的基本和安全的原则　导体的颜色和数字标识

IEC 60479-1:1994　电流通过人体和家畜的效应　第 1 部分：常用部分

IEC 60721(所有部分)，环境条件的分类

IEC 60990:1999　接触电流和保护导体电流的测试方法

STANDARDS PRESS OF CHINA

ISO/IEC 导则 51:1999 安全方面 标准中含有安全条款的准则

IEC 导则 104:1997 安全出版物的编制和基础安全出版物以及群组安全出版物的应用

3 术语和定义

根据本标准的用途采用以下术语和定义:

3.1

电击 electric shock

电流通过人体或动物躯体而引起的生理效应。

[IEV 195-01-04]

3.1.1

基本防护 basic protection

无故障条件下的电击防护。

[IEV 195-06-01]

注:对于低压装置、系统和设备,其基本防护通常对应于 GB 16895.21 的直接接触防护。

3.1.2

故障防护 fault protection

单一故障条件下的电击防护。

[IEV 195-06-02]

注:对低压装置、系统和设备而言,其故障防护通常对应于 GB 16895.21 的间接接触防护,主要与基本绝缘损坏有关。

3.2

(电气)回路 (electrical) circuit

电流能流过设置的器件或传导介质。

[IEV 131-01-01]

注:也可见有关建筑物电气装置的 IEV 826-05-01。

3.3

(电气)设备 (electrical) equipment

用于发电、变电、输电、蓄电、配电或利用电能的设备,例如电机、变压器、电器、检测仪器、保护器件、布线系统附件、用电器具。

[IEV 826-07-01,修订后的]

3.4

带电部分 live part

正常运行中带电的导体或可导电部分,包括中性导体,但按惯例不包括 PEN 导体、PEM 导体或 PEL 导体。

[IEV 195-02-19]

注 1:本概念不意味着有电击危险。

注 2:关于 PEM 和 PEL 的定义,见 IEV 195-02-13 和 195-02-14。

3.5

危险带电部分 hazardous-live-part

在某些条件下能造成伤害性电击的带电部分。

[IEV 195-06-05]

注:在高压情况下,在固体绝缘的表面有可能出现危险电压。在这种情况下的绝缘表面就被认为是危险的带电部分。

3.6

外露可导电部分　exposed-conductive-part

设备上能触及到的可导电部分,它在正常情况下不带电,但是在基本绝缘损坏时会带电。

[IEV 195-06-10]

注:电气设备的可导电部分仅在同已变成带电体的外露可导电部分接触时才能变成带电体时,该可导电部分不被认为是外露可导电部分。

3.7

外界可导电部分　extraneous-conductive-part

非电气装置的组成部分,且易于引入电位的可导电部分,该电位通常为局部地电位。

[IEV 195-06-11]

3.8

接触电压　touch voltage

3.8.1

(有效)接触电压　(effective) touch voltage

人或动物同时触及到两个可导电部分之间的电压。

注:有效接触电压值可能受到与这些可导电部分发生电接触的人或动物的阻抗明显的影响。

[IEV 195-05-11]

3.8.2

预期接触电压　prospective touch voltage

人或动物尚未接触到可导电部分时,这些可能同时触及的可导电部分之间的电压。

[IEV 195-05-09]

3.9

接触电流　touch current

当人或动物触及电气装置或电气设备的一个或多个可触及部分时,通过其躯体的电流。

[IEV 195-05-21]

3.10

绝缘　insulation

注:绝缘有可能是固体、液体或气体(比如空气)或它们之间的任一组合。

3.10.1

基本绝缘　basic insulation

能够提供基本防护的危险带电部分上的绝缘。

注:本概念不适用于仅用作功能性目的的绝缘。

[IEV 195-06-06]

3.10.2

附加绝缘　supplementary insulation

除了基本绝缘外,用于故障防护附加的单独绝缘。

[IEV 195-06-07]

3.10.3

双重绝缘　double insulation

既有基本绝缘又有附加绝缘构成的绝缘。

[IEV 195-06-08]

3.10.4

加强绝缘 reinforced insulation

危险带电部分具有相当于双重绝缘的电击防护等级的绝缘。

注：加强绝缘可以由几个不能像基本绝缘或附加绝缘那样单独测试的绝缘层组成。

[IEV 195-06-09]

3.11

非导电环境 non-conducting environment

当人或动物触及已变为危险带电的外露可导电部分时，依靠环境(如绝缘的墙或绝缘地板)的高阻抗性和不存在接地的可导电部分的来进行保护的措施。

[IEV 195-06-21]

3.12

(电气)保护阻挡物 (electrically) protective obstacle

为防止无意的直接接触而提供的防护物，但并不防止有意的直接接触。

[IEV 195-06-16]

注：直接接触的定义见 IEV 195-06-03。

3.13

(电气)保护遮栏 (electrically) protective barrier

为防止从任一通常接近方向直接接触而设置的防护物。

[IEV 195-06-15]

注：直接接触的定义见 IEV 195-06-03。

3.14

(电气)保护外壳 (electrically) protective enclosure

为防护从任何方向触及危险带电部分并围住设备内部部件的电气外壳。

[IEV 195-06-14]

注：外壳对内部或外部的影响还具有防护作用，例如，能防灰尘或水的进入，或防机械损坏。

3.15

伸臂范围 arm's reach

人从通常站立或活动的表面上的任一点延伸到人不借助任何手段，从任何方向能用手达到的最大范围。

[IEV 195-06-12]

3.16

等电位联结 equipotential bonding

为达到等电位，多个导电部分间的电气连接。

[IEV 195-01-10]

注：等电位联结的有效性可能取决于在这种联结中的电流频率。

3.16.1

保护等电位联结 protective equipotential bonding

为了安全目的(例如电击防护)的等电位联结。

[IEV 195-01-15，修订后的]

注：功能性的等电位联结的定义见 IEV 195-01-16。

3.16.2

等电位联结端子 equipotential bonding terminal

设备或器件上用来与等电位联结系统进行电气连接的端子。

[IEV 195-02-32]

3.16.3

保护联结端子　protective bonding terminal

用作保护等电位联结的端子。

3.16.4

保护导体　protective conductor

PE

为了安全目的,如电击防护中设置的导体。

[IEV 195-02-09]

3.16.5

PEN 导体　PEN conductor

兼有保护导体和中性导体功能的导体。

[IEV 195-02-12,修订后的]

3.17

地　earth

注:"地"这一概念的意思指地球及其所有自然物质。

3.17.1

参考地　reference earth;reference ground (US)

不受任何接地配置影响的、视为导电的大地的部分,其电位约定为零。

[IEV 195-01-01]

3.17.2

(局部)地　(local) earth;(local) ground(US)

大地与接地极有电接触的部分,其电位不一定等于零。

[IEV 195-01-03]

3.17.3

接地极　earth electrode;ground electrode (US)

埋入土壤或特定的导电介质(如混凝土或焦炭)中,与大地有电气接触的可导电部分。

[IEV 195-02-01]

3.17.4

接地导体　earthing conductor;grounding conductor (US)

在系统、装置或设备中的给定点与接地极之间提供导电通路或部分导电通路的导体。

[IEV 195-02-03]

3.17.5

接地配置　earthing arrangement;grounding arrangement (US)

系统、装置和设备的接地所包含的所有电气连接和器件。

[IEV 195-02-20]

注:在高压侧,它可能是局部有限配置的相互连接的接地极。

3.17.6

保护接地　protective earthing;protective grounding (US)

为了电气安全目的,将一系统、装置或设备的一点或多点接地。

[IEV 195-01-11]

3.17.7

功能接地　functional earthing;functional grounding (US)

出于电气安全之外的目的,将系统、装置或设备中的一点或多点接地。

STANDARDS PRESS OF CHINA

[IEV 195-01-13]

3.18

自动切断电源　automatic disconnection of supply

故障时,保护器件自动将受影响的一根或多根线导体断开。

[IEV 195-04-10]

注:这里并不一定意味着需切断电源系统的所有导体。

3.19

加强的防护措施　enhanced protective provision

具有不少于两个独立的防护措施所提供的可靠的防护措施。

3.20

(可导电的)屏蔽体　(conductive) screen;(conductive) shield (US)

将电气回路和/或导体包围或隔开的可导电部件。

[IEV 195-02-38]

3.21

(电气)保护屏蔽体　(electrically)protective screen;(electrically)protective shield (US)

用于将电气回路和/或导体与危险带电部分隔开的可导电屏蔽体。

[IEV 195-06-17]

3.22

(电气)保护屏蔽　(electrically) protective screening;(electrically) protective shielding (US)

用与保护等电位联结系统连接的电气保护屏蔽体将电气回路和/或导体与危险带电部分隔开,并提供电击防护。

[IEV 195-06-18]

3.23

简单分隔　simple separation

采用基本绝缘使回路之间或回路与地之间分隔。

3.24

(电气)保护分隔　(electrically) protective separation

借助于下列方法将一个电气回路与另一电气回路分隔:

——双重绝缘;或

——基本绝缘和电气保护屏蔽;或

——加强绝缘。

[IEV 195-06-19]

3.25

电气分隔　electrical separation

将危险带电部分与所有其他电气回路和电气部件绝缘以及与地绝缘,并防止一切接触的保护措施。

3.26

特低电压(ELV)　extra-low-voltage;ELV

不超过 IEC 61201 规定的相关电压限值的任一电压。

3.26.1

SELV 系统　SELV system

在下列情况下,电压不超过特低电压的电气系统:

——在正常的情况下;和

——包括其他电气回路接地故障在内的单一故障情况下。

3.26.2

PELV 系统　PELV system

在下列情况下，电压不超过特低电压的电气系统：

——在正常情况下，和

——在单一故障情况下，但其他电气回路发生接地故障时除外。

3.27

稳态接触电流和电荷的限制　limitation of steady-state touch current and charge

对电击防护是通过电气回路或设备的设计，使正常和故障条件下的稳态接触电流和电荷都被限制在危险的水平之下。

[IEV 826-03-34]

3.28

限流源　limited-current-source

在电气回路中，用以提供电能的器件，它能：

——与危险的带电部分作保护分隔；和

——在正常的和故障的条件下，保证将稳态的接触电流和电荷限制在危险水平之下。

3.29

保护阻抗器　protective impedance device

其阻抗和结构能保证将稳态接触电流和电荷限制在危险水平之下的部件和部件组合。

3.30

熟练(电气)技术人员　(electrically) skilled person

具有相应的教育和经验，能察觉和避免由于电引起危害的人员。

[IEV 195-04-01]

3.31

受过培训的(电气)人员　(electrically) instructed person

由熟练电气技术人员充分指导或监督的，能察觉和避免由于电引起危害的人员。

[IEV 195-04-02]

3.32

一般人员　ordinary person

既不是熟练技术人员，也不是受过培训的人员。

[IEV 195-04-03]

3.33

跨步电压　step voltage

大地表面相距 1 m(人的步距)的两点之间的电压。

注：在我国有关跨步电压规范中，人的步距取 0.8 m。

[IEV 195-05-12]

3.34

电位均衡　potential grading

通过多个接地极控制地电位，特别是地表面电位。

3.35

危险区域　danger zone

在高电压情况下，受危险带电部分周围最小间距的限制而没有完善的直接接触防护的区域。

注：进入这种危险区域被认为是相当于触及到了危险的带电部分。

3.36

泄漏电流　leakage current

正常运行状况下，在不期望的可导电路径内流过的电流。

[IEV 195-05-15]

3.37

不易移动的设备　stationary equipment

——固定设备，或

——固定连接的设备，或

——由于其结构方面的特性，通常是不移动的，而且通常是插进同一个插座的设备。

3.38

保护导体电流　protective conductor current

在保护导体中流通的电流。

[见 IEV 60990 的 3.2]

3.39

系统　system

在规定的含意上看成是一个整体并与其环境分开的相互关联的元件的集合。

注1：这种单元可以是实物的和概念性的，以及由此而产生的结果(例如，组织形式、计算方法、程序编制语言)。

注2：系统可看成是用一个假想面将其与环境和外部系统分开，此假想面切断了该系统与他们之间的联系。

[IEV 351-11-01]

3.40

(电气)装置　(electrical) installation

相关电气设备的组合，具有为实现特定目的所需的相互协调的特性。

[IEV 826-01-01]

4　电击防护的基本规则

在下列情况下，危险的带电部分不应是可触及的，而可触及的可导电部分不应是危险的带电部分：

——在正常条件下(工作在预定条件下，见 ISO/IEC 导则 51:1999 的 3.13，且没有故障)，或

——在单一故障条件下(也可见 IEC 导则 104:1997 的 2.8)。

注1：对一般人员规定的可触及性规则，可与那些熟练技术人员或受过培训的人员不同，而且还可随着产品和位置的不同而有所变化。

注2：对高压装置、系统和设备，进入危险区域就被认为是相当于触及到了危险的带电部分。

正常条件(见 4.1)下的防护是由基本防护提供的，而在单一故障条件(见 4.2)下的防护是由故障防护提供的。

加强的防护措施(见 4.2.2)提供上述两种情况的防护。

4.1　正常条件

要满足基本规则中有关在正常条件下的电击防护要求，则采用本标准中所述的基本防护是必不可少的。有关基本防护措施的要求，在 5.1 中给出。

注：对低压装置、系统和设备而言，其基本防护通常与 GB 16895.21 中有关直接接触防护是相对应的。

4.2　单一故障条件

发生下列情况时，均认为是单一故障：

——可触及的非危险带电部分变成危险的带电部分(例如，由于限制稳态接触电流和电荷措施的失效)；或

——可触及的在正常条件下不带电的可导电部分变成危险的带电部分(例如，由于外露可导电部分

基本绝缘的损坏);或

——危险的带电部分变成可触及的(例如,由于外壳的机械损坏)[1]。

要满足基本规则中有关在单一故障条件下电击防护的要求,采用本标准中所述的故障防护是必不可少的。这种防护可采用以下方法来实现:

——采用不依赖于基本防护的进一步的防护措施(见4.2.1);或

——采用兼有基本防护和故障防护的两种功能的加强型防护措施(见4.2.2),这时需考虑到所有相关影响。

关于对故障防护措施的要求,在5.2中给出。

注:低压装置、系统和设备的故障防护,尤其在基本绝缘损坏条件下的防护,与在GB 16895.21中采用的间接接触防护是相对应的。

4.2.1 采用两个独立的防护措施[1]

在相关技术委员会规定的条件下,两个独立的防护措施的设计,应当使每一个防护措施都不太可能失效。

两个独立的防护措施之间不应互有影响,以做到一个防护措施的失效不致于损害另一个防护措施。

两个独立的防护措施同时出现失效是不太可能的,因而通常不需要予以考虑。对此的信赖建立在其中一个防护措施仍然有效上。

4.2.2 采用加强的防护措施

加强的防护措施的性能应达到与利用两个独立的防护措施具有同样长期有效的防护效果。有关加强的防护措施的要求,在5.3中给出。

4.3 特殊情况

如果在预期的应用中具有增大的内在危险性,例如一个人与地电位具有低阻抗接触的区域内,则技术委员会应考虑可能需规定附加防护。这种附加防护可以设置在装置、系统或设备内。

注:对低压装置和设备而言,采用额定剩余动作电流不超过30 mA的剩余电流电器被认为是在基本和/或故障防护失效或设备使用不当的情况下的一种附加的电击防护。

特殊情况下,须由技术委员会要考虑并判定发生双重甚至多种故障的后果。

5 防护措施(防护措施的要素)

在按预期的使用和正确维护条件下,所有防护措施的设计和建造都应使装置、系统或设备在预期寿命期间内有效。

宜根据IEC 60721有关外界影响来考虑环境分类问题。尤其要注意的是周围的温度、气候条件、水的存在、机械应力、人的能力以及人或动物与地电位接触的区域。

技术委员会应考虑绝缘配合的要求。对低压装置、系统和设置的这些要求,可在IEC 60664-1中找到,其中对空气间隙和爬电距离以及固体绝缘也给出了定量的标准。关于高压装置、系统和设备,这些要求可在IEC 60071-1:1993和IEC 60071-2:1996中查到。

5.1 基本防护措施

基本防护应由在正常条件能防止与危险带电部分接触的一个或多个措施组成。

注:通常情况下,单独的油漆、清漆、喷漆及类似物,不能认为对电击防护提供了适当的绝缘。

5.1.1至5.1.8规定了一些独立的用作基本防护的措施。

5.1.1 基本绝缘

5.1.1.1 在采用固体基本绝缘的场合,该措施应能防止与危险的带电部分的接触。

注:对于高压装置和设备而言,在固体绝缘的表面可能存在电压,因而可能要采取进一步的预防措施。

---

1) 这种情况到目前为止仍未解决。这需要对机械方面提些适当的要求和做些试验。不可能用规定的电气参数来代替。

5.1.1.2 如果是靠空气作为基本绝缘，则应按 5.1.2 和 5.1.3 的规定，应利用阻挡物、遮栏或外壳，防止人触及危险的带电部分或进入危险区域；或按在 5.1.4 中的规定，将危险的带电部分置于伸臂范围之外。

5.1.2 遮栏或外壳

5.1.2.1 遮栏或外壳的作用：

——对于低压装置和设置，采用 GB 4208—1993 规定的最低为 IPXXB(也可按 IP2X)的电击防护等级，以防止触及危险的带电部分；

——对于高压装置和设备，采用 GB 4208—1993 规定的最低为 IPXXB(也可按 IP2X)的防护等级，以防止进入危险区域。

5.1.2.2 考虑到来自环境和外壳内的所有的相关影响，遮栏或外壳应具有足够的机械强度、稳定性和耐久性，以保持所规定的防护等级。它们应被牢固而安全地固定在其位置上。

5.1.2.3 如果在设计或结构方面允许拆除遮栏、打开外壳或拆卸外壳的部件，从而导致触及危险的带电部分或进入危险区域，那末拆除、打开或拆卸应在具备下列条件时进行：

——使用钥匙或工具；或

——当危险的带电部分与电源隔离后，外壳不再起防护作用时，则只应在遮栏或外壳的部件复位或门关闭以后才能恢复供电；或

——插在中间的遮栏仍保持所要求的防护等级，而这样的遮栏是只有用钥匙或工具才能拆除的。

注：也可见第 8 章。

5.1.3 阻挡物

5.1.3.1 阻挡物用于保护熟练技术人员或受过培训练的人员，但不用于保护一般人员。

5.1.3.2 装置、系统或设备运行时，在特殊的操作和维护条件下(见第 8 章)，其阻挡物的作用：

——对于低压装置和设备，应能防止同危险带电部分的无意接触，或

——对于高压装置和设备，应能防止无意地进入危险区域。

5.1.3.3 阻挡物可以是不用钥匙或工具就能挪动的，但应保证不太可能被无意识地挪动。

5.1.3.4 在可导电的阻挡物仅靠基本绝缘与危险的带电部分隔离的情况下，应视其为一个外露可导电部分，并应对它采取故障防护措施(见第 6 章)。

5.1.4 置于伸臂范围之外

5.1.4.1 在 5.1.1.1、5.1.2、5.1.3、5.1.5 和 5.1.6 所规定的措施都不能采用时，可采用置于伸臂范围之外的措施，其作用为：

——对低压装置和设备，用以防止无意识地同时触及可能存在危险电压的可导电部分；

——对高压装置和设备，用以防止无意识地进入危险区域。

具体的要求应由技术委员会规定。

注：对低压装置，相距大于 2.5 m 的部分，通常不认为会同时可触及的部分。如果仅限于对熟练技术人员或受过培训的人员而言，则规定的接近距离可减小。

5.1.4.2 如果由于人预期会使用或手持物件(例如工具或梯子)，从而使距离减小，则技术委员会应规定相关的限制条件，或在可能存在危险电压的部件之间，规定相应的距离。

5.1.5 电压限制

在可同时触及部分之间的电压应限制到不超过 GB/T 3805—1993 规定的有关特低电压的限值。

注：这种基本防护，不属故障防护所需的措施，见 6.6 和 6.7。

5.1.6 稳态接触电流和电荷的限制

稳态接触电流和电荷的限制应能使人或动物避免遭受易于发生危险的或可感觉到的稳态接触电流和电荷值。

注：对于人而言，给出以下指导值(频率不大于 100 Hz 的交流值)：

——在同时可触及的可导电部分之间，流过 2 000 Ω 纯电阻的不超过感觉阈值的稳态电流，推荐值是交流 0.5 mA或直流 2 mA；

——不超过痛苦阈值的可规定为交流 3.5 mA 或直流 10 mA；

——在同时可触及的可导电部分之间有效存储电荷的推荐值是不超过 0.5 μC(感觉阈值)，并可规定为不超过 50 μC(痛苦阈值)；

——对于有刺激反应的特殊要求部分(例如电警戒栅栏)，技术委员会可规定较高的存储电荷和稳态电流值。应注意勿超过心室纤颤阈值，见 IEC 60479-1；

——交流稳态电流的限值，是指频率为 15 Hz～100 Hz 之间的正弦电流值。其他频率、波形以及叠加在直流上的交流值，在考虑中；

——在 GB 9706 范围内的医用电气设备，需采用其他指标。

5.1.7 电位均衡

对于高压装置和设备，在正常条件下应设置均衡电位的接地极以防止人或动物免受危险的跨步电压和接触电压的伤害。

注：电位均衡的典型应用是在电气铁路系统中，这种场合出现的接地电流大。

5.1.8 其他措施

用于基本防护的任何其他措施都应遵守基本准则(见第 4 章)。

5.2 故障防护措施

故障防护应由附加于基本防护中的独立的一项或多项措施组成。

5.2.1 至 5.2.8 规定了用作故障防护的各种措施。

5.2.1 附加绝缘

附加绝缘应同样能承受所规定的基本绝缘的电气强度。

5.2.2 保护等电位联结

保护等电位联结系统应由以下部分中的一个、两个或多个适当组合构成：

——用于在设备中保护等电位联结的方式，见第 7 章；

——装置中的接地的或不接地的保护等电位联结(见注)；

——保护(PE)导体；

——PEN 导体；

——防护屏蔽；

——电源的接地点或人工中性点；

——接地极(包括用作均衡电位的接地极)；

——接地导体。

注：在低压装置中，接地的保护等电位联结通常包括

——将下述部分连接在一起的总等电位联结：

- 保护干线导体；
- 接地干线导体或总接地端子；
- 建筑物内，用作诸如供燃气、水的金属管道；
- 金属结构件、集中供暖和空调系统，如果可用的话；
- 电缆的任何金属护套(对通信电缆而言，需取得其所有者或操作者的允许)；

——与可触及的可导电部分连接在一起的辅助等电位联结；

——在具有特殊环境的局部范围内，将可触及的可导电部分连接在一起的局部等电位联结。

对于高压装置和系统，因为有可能存在特殊的危险，如高的接触电压和跨步电压和由于放电而使外露的可导电部分变成带电体，故其等电位联结系统应与地连接。接地配置的对地阻抗值应规定为以不能出现危险的接触电压为准。故障情况下可能变成带电的外露可导电部分，应接到接地配置上。

5.2.2.1 基本防护一旦损坏可能带有危险接触电压的可触及的可导电部分，即外露可导电部分和任何的保护屏蔽体，都应与保护等电位联结系统连接。

注：电气设备的可导电部分只有通过与已变成带电体的外露可导电部分接触才能变成带电的，这种可导电部分不认为是外露可导电部分。

5.2.2.2 保护等电位联结系统的阻抗值应是足够低的，以避免在绝缘失效的情况下，部件之间出现危险的电位差，必要时，需与故障电流动作的保护器件配合使用（见 5.2.4）。电位的最大差值及其持续时间，应以 IEC 60479-1:1994 为基准。

注 1：这里可能需要考虑保护等电位联结系统的不同组成部分的相应阻抗值。

注 2：在单一故障情况下，由于回路阻抗限制了稳态接触电流，因而在按 IEC 60990:1999 的规定计量时，当频率不大于 100 Hz 时的交流有效值不超过 3.5 mA，或直流不超过 10 mA 时，则这种情况的电位差不需要考虑。

注 3：在某些环境或状态下，例如医疗场所（见 GB 9706.1—1995 中规定的极限值）、高导电性场所、潮湿的区域以及类似区域，这种限值需取较低值。

5.2.2.3 对保护等电位联结的所有部分的截面尺寸的选定应做到，在因基本绝缘失效或短路而产生的故障电流，从而可能出现热效应和动应力时，仍不能损害保护等电位联结的特性。

注：有些并不影响安全的局部损伤，例如，在由产品技术委员会给予特殊说明的地方，出现外壳的金属皮部分的这种损伤，是可以接受的。

5.2.2.4 保护等电位联结的所有部分都应能承受预期的内部和外部所有的影响（包括机械的、热的和腐蚀性的）。

5.2.2.5 可活动的导电连接，例如铰接和滑块，不应视为是保护等电位联结的一部分，但符合5.2.2.2、5.2.2.3 和 5.2.2.4 要求者除外。

5.2.2.6 如果装置、系统或设备的部件是预期要拆卸的，则在拆卸这些部件时，不应分断用于装置、系统或设备的任何其他部分的保护等电位联结，除非首先切断其他部分的电源。

5.2.2.7 除已在 5.2.2.8 中说明者外，保护等电位联结的所有组成部分都不应包含有预期会中断电气连续性或引进有明显阻抗的任何器件。

注：由于检验保护导体的连续性或测试保护导体电流，技术委员会可不执行这项要求。

5.2.2.8 如果保护等电位联结的组成部分有可能被与相关的同一供电导体用的连接器或插头插座器件分断，则保护等电位联结不应在供电导体断开之前被分断。保护等电位联结应在供电导体重新接通之前先恢复联结。设备仅在断电状态下才有可能分断和重新接通时，则上述要求是不适用的。

在高压装置、系统和设备中，在主触头到达能承受设备额定冲击耐受电压的分断距离之前，保护等电位联结不应被断开。

5.2.2.9 保护等电位联结导体，不管是有绝缘的或是裸露的，其外形、位置、标志或颜色都应是易于辨别的，但不破坏就不能断开的那些导体除外，例如，绕线连接的和在电子设备中的类似布线以及在印刷电路板上的印制线。如果用颜色来识别，则应符合 IEC 60446:1999 的规定。

5.2.3 保护屏蔽

保护屏蔽应由插在装置、系统或设备中的危险带电部分和被保护的部分之间的导电屏蔽体构成。这种保护屏蔽体

——应接到装置、系统或设备的保护等电位联结系统上，并且相互之间的连接应符合 5.2.2 的要求；而且

——其本身应符合有关保护等电位联结系统的组成部分的要求，见 5.2.2.2、5.2.2.3 和 5.2.2.4。

5.2.4 高压装置和系统中的指示和分断

应设置指示故障的器件。依据中性点的接地方式，故障电流应当是用手动分断或自动分断（见 5.2.5）的。由故障持续时间决定的允许的接触电压值，应由技术委员会按 IEC 60479-1:1994 确定。

5.2.5 电源的自动切断

对于电源的自动切断

——应设置保护等电位联结系统；而且

——当基本绝缘损坏时，故障电流动作保护器应能断开设备、系统或装置供电的一根或多根线导体。

5.2.5.1 保护电器应由技术委员会依据 IEC 60479-1 规定的时间内切断故障电流。低压装置内规定的时间，取决于在保护等电位联结导体上产生的预期接触电压。

注：对于电击防护而言，对于不必切断的稳态故障电流，可以规定一个约定接触电压限值。

5.2.5.2 保护电器可设在装置、系统或设备的任一适当的位置，而且其选用应考虑故障电流回路的特性。

5.2.6 简单分隔(回路之间)

一个回路与其他回路或地之间的简单分隔，藉其全部基本绝缘按出现的最高电压来选定而实现。

如果一个部件接在分隔回路之间，则该部件应能承受其两端绝缘所规定的电气强度，而且其阻抗应能将通过该部件的预期电流限制到 5.1.6 中给出的稳态接触电流值。

5.2.7 非导电环境

这种环境应有一个对地阻抗，其值至少为：

——50 kΩ，如果标称系统电压不超过交流或直流 500 V；

——100 kΩ，如果标称系统电压高于交流或直流 500 V，但不超过交流 1 000 V(频率不大于100 Hz 的交流值)或直流 1 500 V。

注 1：绝缘地板和墙壁的电阻测试方法，见 GB/T 16895.23—2005 的附录 A。

注 2：更高电压的阻抗值，在考虑中。

5.2.8 电位均衡

电位均衡可通过设置附加的接地极，用以减小在故障情况下出现的接触电压和跨步电压。

注：接地极通常埋在设备或任一可导电部分前 1 m、距地平面 0.5 m 深的地下，而且是接到接地配置上的。

5.2.9 其他措施

作为故障防护的任何其他的措施都应符合基本规则的规定(见第 4 章)。

5.3 加强的防护措施

加强的防护措施应具有基本防护和故障防护两者的功能。

5.3.1～5.3.5 具体说明了这种加强的措施。

加强的防护措施的设置应使其防护功能不太可能变弱，从而不太可能出现单一故障。

5.3.1 加强绝缘

加强绝缘的设计应使其在承受电的、热的、机械的以及环境的作用时，具有与由双重绝缘(基本绝缘和附加绝缘，分别见 3.10.1 和 3.10.2)同样的防护可靠性。

注 1：这里所要求的设计和试验参数，比对基本绝缘规定的更严格。

注 2：作为低压应用的一个例子，这里需引用一个过电压类别(见 GB 16895.12)的概念。加强绝缘的耐冲击电压的数值要符合这一过电压类别的要求，比基本绝缘的过电压类别高一级。

注 3：加强绝缘主要用于低压装置和设备，但也不排除在高压装置和设备中应用。

5.3.2 回路之间的保护分隔

一个回路与其他回路之间的保护分隔应采用以下方法来实现：

——基本绝缘和附加绝缘，各自都按出现的最高电压值确定的，即相当于双重绝缘；或

——按出现的最高电压的额定值确定的加强绝缘(5.3.1)；或

——以按相邻回路额定耐压(也可见 6.6 的最后一段)确定的回路基本绝缘，将每个相邻回路用保护屏蔽体隔开的保护屏蔽(5.2.3)；或

——以上措施的组合。

如果被分隔回路的导体是与其他回路的导体在一起，例如包含在多芯电缆或其他导体束中，它们应按出现的最高电压，单独的或整体的进行分隔，以便实现双重绝缘分隔。

连接在被分隔的回路之间的任一部件，应符合有关保护阻抗器的要求，见 5.3.4。

5.3.3 限流源

限流源的设计，其接触电流不应超过 5.1.6 中规定的限值。

STANDARDS PRESS OF CHINA

5.1.6 的要求也适用于限流源单个部件任何可能的损坏[2)]。

注：该限值要由相关的技术委员会确定。

5.3.4 保护阻抗器

保护阻抗器应能可靠地将接触电流限制到不超过 5.1.6 中规定的限值。

保护阻抗器应能承受跨接其两端的绝缘所规定的电气强度。

这些要求同样适用于保护阻抗器单个部件任何可能的损坏[2)]。

5.3.5 其他措施

任何同时适用于基本防护和故障防护的其他加强防护措施，都应符合基本规则的规定(见第 4 章)。

6 防护措施

本章对典型防护措施的结构给予说明，指出了哪些防护措施用于基本防护，哪些防护措施用于故障防护。

在同一装置、系统或设备内，可采用以下的一种以上的防护措施。

6.1 采用自动切断电源的防护

在这种防护措施中，

——基本防护是由在危险带电部分与外露可导电部分之间的基本绝缘提供的；而

——故障防护是由自动切断电源提供的。

注：根据 5.2.5，自动切断电源需要根据 5.2.2 中规定的保护等电位联结系统。

6.2 采用双重的或加强绝缘的防护

在这种防护措施中，

——基本防护是由对危险带电部分的基本绝缘提供的；而

——故障防护是由附加绝缘提供的；或

——基本防护和故障防护都是由在危险的带电部分和可触及部分(可触及的可导电部分和绝缘材料的可触及表面)之间的加强绝缘提供的。

6.3 采用等电位联结的防护

在这种防护措施中，

——基本防护是由在危险的带电部分与外露可导电部分之间的基本绝缘提供的；而

——故障防护是由在同时可触及的外露的和外界的可导电部分之间的用于防止危险电压的保护等电位联结系统提供的。

6.4 采用电气分隔的防护

在这种防护措施中，

——基本防护是由被分隔回路的危险的带电部分与外露可导电部分之间的基本绝缘提供的；而

——故障防护是

- 被分隔的回路与其他回路及地之间采用简单的分隔；以及
- 如果一台以上的设备由被分隔的不同回路供电，则被分隔的不同回路的外露可导电部分之间采用不接地的等电位联结互相连通。

这里，不允许有意地将外露可导电部分与保护导体或接地导体连接。

注 1：电气分隔主要是用在低压装置和设备中，但也不排除用于高压装置和设备。

注 2：在 GB 16895.21—2004 的 413.5 中规定的关于低压装置的电气分隔，含有更严格的要求。

---

2) 例如，如果部件的相关安全特性是按 IEC 关于电子元件的质量系统(IECQ)规定和控制时，正确地使用经认证的部件是不太可能出现损坏的。

6.5 采用非导电环境的防护(低压)

在这种防护措施中，

——基本防护是由在危险的带电部分与外露可导电部分之间的基本绝缘提供的，而

——故障防护是由非导电环境提供的。

6.6 采用 SELV 防护

在这种防护措施采用下述方式提供防护：

——对(SELV 系统)回路中电压的限制；和

——对 SELV 系统与除 SELV 和 PELV 外的所有回路进行保护分隔；和

——对 SELV 系统与其他的 SELV 系统、PELV 系统和与地之间采用的简单的分隔。

这里，不允许将外露的可导电部分与保护导体或接地导体有意地连接。

在需采用 SELV 并按 5.3.2 规定采用保护屏蔽的特殊场所，保护屏蔽体应采用具有耐受预期出现的最高电压的基本绝缘，以与每个相邻回路分隔。

6.7 采用 PELV 防护

在这种防护措施中采用下述方式提供防护：

——限制可能接地的回路的电压和/或限制外露可导电部分可能接地(PELV 系统)的回路的电压；和

——对 PELV 系统与除 SELV 和 PELV 外的所有回路之间进行保护分隔。

如果 PELV 回路是接地的，并按 5.3.2 规定采用了保护屏蔽的，则在保护屏蔽体与 PELV 系统之间，没有必要再设置基本绝缘。

注 1：如果 PELV 系统的带电部分与在故障情况下可能呈现一次侧回路电位的可导电部分之间是同时可触及的，则电击防护有赖于所有这些的可导电部分之间的保护等电位联结。

注 2：除按 6.6 和 6.7 规定之外所采用的特低电压，都不能作为一种保护措施。

6.8 采用限制稳态接触电流和电荷的防护

在这种防护措施中采用下述方式提供防护：

——回路的供电

- 采用限流源；或
- 通过保护阻抗器；和

——回路与危险带电部分之间采用保护分隔。

6.9 采用其他措施的防护

其他的任何防护措施都应遵守基本规则(见第 4 章)，并能提供基本防护和故障防护。

7 电气装置内的电气设备及其防护措施的配合

防护是由有关设备和器件的结构配置及安装方法综合实现的。技术委员会推荐采用第 6 章的防护措施。

设备可以分类。不同类别的设备中采用的防护措施，将在 7.1～7.4(也可见表 1)中加以说明。

如果用这种分类方式对设备和器件不适用，则技术委员会应对该产品规定相应的安装方法。

对于某些设备，只有在安装以后才能划为属于某一类设备，例如安装后才能防止触及带电部分。在这种情况下，应由制造厂或负责的销售商提供适当的说明书。

7.1 0 类设备[3)]

这类设备采用基本绝缘作为基本防护措施，而没有故障防护措施。

3) 建议从国际标准中删去 0 类设备，然而，在这里仍包括了 0 类设备，因为这个类别仍被引用到少数的产品标准中。

7.1.1 绝缘

凡没有用最低限度的基本绝缘与危险的带电部分隔开的所有可导电部分，都应按危险的带电部分来对待。

7.2 Ⅰ类设备

这种设备采用基本绝缘作为基本防护措施，采用保护联结作为故障防护措施。

7.2.1 绝缘

凡没有用最低限度的基本绝缘与危险的带电部分隔开的所有可导电部分，都应按危险的带电部分来对待。这一规定也适用于这样的可导电部分：该部分虽已用基本绝缘隔开，但通过一个未达到与基本绝缘相同的电气强度的部件又将其连接到危险的带电部分上。

7.2.2 保护等电位联结

设备的外露可导电部分应接到保护联结端子上。

注1：外露可导电部分包括仅涂有涂料、清漆、喷漆及类似物的那些部分。

注2：能被触及的那些可导电部分，如果它们是用保护分隔与危险的带电部分隔开的，则它们不是外露可导电部分。

7.2.3 绝缘材料可触及的表面部分

如果设备没有完全用可导电部分覆盖，则下列要求适用于绝缘材料可触及的表面部分：

如果绝缘材料可触及的表面部分是：

——设计采用手抓握的；或

——易接触具有危险电位的可导电表面；或

——易与人体部分有相当大接触面的(面积大于 50 mm×50 mm)；或

——该部分是用于高导电性污染的场所。

则上述部分与危险的带电部分的分隔应采用：

——双重或加强绝缘；或

——基本绝缘和保护屏蔽；或

——这些措施的组合。

绝缘材料的所有其他的可触及表面部分，至少都应用基本绝缘与危险的带电部分进行分隔。预期作为固定装置的一部分的设备，其基本绝缘或是由厂家提供的，或应在安装期间按厂家或负责的销售商提供的说明书的规定处理。

如果绝缘材料的可触及部分具备了符合规定的绝缘，则认为符合了上述要求。

注：对绝缘材料的某些可触及部分(例如，需要频繁接触的部分，像操作件)技术委员会可根据与人体的接触面积强行规定比基本绝缘更严格的要求。

7.2.4 保护导体的连接

7.2.4.1 除插头插座连接之外，其余连接件应采用 GB/T 5465.2 的 5019 号符号，或用字母 PE，或采用绿黄双色组合标志加以清晰识别。该标志不应是放置或固定在螺钉、垫片或在连接导体时可能被拆掉的其他零件上的。

7.2.4.2 对于用软线连接的设备，应采取预防措施使在张力释放机构出现损坏时，软线中的保护导体是最后被拉断的导体。

7.3 Ⅱ类设备

该设备采用

——基本绝缘作为基本防护措施；和

——附加绝缘作为故障防护措施；或

——能提供基本防护和故障防护功能的加强绝缘。

7.3.1 绝缘

7.3.1.1 可触及的可导电部分和绝缘材料的可触及表面部分应是：

——采用双重或加强绝缘与危险的带电部分隔离的；或

——其结构配置设计是具有等效防护功能的，例如，用保护阻抗器。

对预期作为固定装置一部分的设备，这种要求应在设备正确安装时予以满足。这就意味着如果适用，其绝缘(基本的、附加的或加强的)和保护阻抗，都应由制造厂提供，或应在安装期间按厂家或负责的销售商在其提供的说明书中加以规定。

注：等效的故障防护配置，可由技术委员会根据适宜该设备的性能及其使用要求加以规定。

7.3.1.2 与危险带电部分只靠基本绝缘的分隔或由结构配置实现等效防护的所有可导电部分，都应采用附加绝缘或结构配置设计实现等效防护，以与可触及表面进行分隔。

没有按基本绝缘与危险的带电部分分隔的所有可导电部分，都应视为危险的带电部分加以处理，即它们都应按 7.3.1.1 的规定与可触及的表面进行分隔。

7.3.1.3 当绝缘螺钉或其他固定件在安装、维修时需要移开或可能移开，且当它们由金属螺钉或其他固定件取代而可能破坏所要求的绝缘时，则外壳中不应包含有这样的绝缘螺钉或其他绝缘固定件。

7.3.2 保护联结

可触及的可导电部分和中间部分都不应有意地连接到保护导体上。

7.3.2.1 如果设备具备保持保护等电位联结连续性的措施，但在所有其他方面都是按Ⅱ类设备构成的，则这样的措施应是：

——采用基本绝缘将设备的带电部分及可触及的可导电部分分隔；和

——按对Ⅰ类设备要求的那样作标志。

该设备不应采用 7.3.3 中引用的符号作标志。

7.3.2.2 Ⅱ类设备可以具备功能(区别于保护)目的的对地连接措施，但这只是在这种要求被相应的IEC 标准认可的情况下才允许。这样的措施应利用双重或加强绝缘与带电部分分隔。

7.3.3 标志

Ⅱ类设备应采用 GB/T 5465.2 的 5172 号图形符号作标志。该标志应设置在电源数据牌附近，例如设置在额定值铭牌上。显然，该符号是技术数据的一部分，而且无论如何不能与厂家名称或其他的标识相混淆。

7.4 Ⅲ类设备

该设备将电压限制到特低电压值作为基本防护措施，而它不具有故障防护的措施。

7.4.1 电压

7.4.1.1 设备应按最高标称电压不超过交流 50 V 或直流(无纹波)120 V 设计。

注 1：无纹波一词习惯上被定义为纹波电压含量中的方均根值不大于直流分量的 10%。有关非正弦波交流电压的最大值，在考虑中。

注 2：根据 GB 16895.21—2004 的 411，Ⅲ类设备只允许用于与 SELV 和 PELV 系统连接。

注 3：技术委员会宜根据 GB/T 3805 确定其产品所允许的最高额定电压和其使用条件。

7.4.1.2 内部电路可在不超过 7.4.1.1 规定限值的任一标称电压下工作。

7.4.1.3 在设备内部出现单一故障的情况下，可能出现或产生的稳态接触电压，不应超过 7.4.1.1 中规定的限值。

7.4.2 保护联结

Ⅲ类设备不应提供连接保护导体的措施。然而，如果相关的国家标准认可，这类设备可以提供用于功能(作为区别于保护)目的的接地连接措施。在任何情况下，在这类设备中都不应为带电部分提供接地连接的措施。

7.4.3 标志

设备应采用 GB/T 5465.2 的 5180 号图形符号作标志。当这类设备专门与特殊设计的 SELV 和 PELV 的电源相连接时，则上述要求不适用。

表 1 低压装置中设备的应用

<table>
<tr><th>设备类别</th><th>设备标志或说明</th><th>设备与装置的连接条件</th></tr>
<tr><td rowspan="2">0 类</td><td rowspan="2">——仅用于非导电环境；或
——采用电气分隔防护</td><td>非导电环境</td></tr>
<tr><td>对每一项设备单独地提供电气分隔</td></tr>
<tr><td>Ⅰ类</td><td>保护联结端子的标志采用 GB/T 5465.2 的 5019 号符号，或字母 PE，或绿黄双色组合</td><td>将这个端子连接到装置的保护等电位联结上</td></tr>
<tr><td>Ⅱ类</td><td>采用 GB/T 5465.2 的 5172 号符号(双正方形)作标志</td><td>不依赖于装置的防护措施</td></tr>
<tr><td>Ⅲ类</td><td>采用 GB/T 5465.2 的 5180 号符号(在菱形内的罗马数字Ⅲ)作标志</td><td>仅接到 SELV 或 PELV 系统</td></tr>
</table>

7.5 接触电流、保护导体电流、泄漏电流

注 1：7.5 只适用于低压装置、系统和设备。

注 2：在本标准中目前没有考虑泄漏电流的影响。

7.5.1 接触电流

应采取措施，使得在触及到可触及部分时，不致于产生 IEC 60479 系列中指出的那种危险。接触电流应按 IEC 60990:1999 的规定进行测量。故障情况下如果允许额外的接触电流，则产品委员会应在标准中明确其允许条件和允许的额外电流。

注：IEC 60990:1999 的 6.2.2 所解决的是在保护导体失效情况下，Ⅰ类设备接触电流的测量方法。

7.5.2 保护导体电流

在装置和设备中，应采取措施，以防止因过量的保护导体电流而损害装置的安全或正常使用。应确保向该设备供电的和由该设备产生的所有频率的电流的兼容性。

7.5.2.1 防止用电设备保护导体电流过量的要求

对于在正常运行条件下产生流入保护导体电流的电气设备，应不影响其正常使用，且与其防护措施兼容。7.5 的要求已计及设备预期由插头插座系统供电的、或者是采用固定连接的设备或者是固定设备的情况。

7.5.2.2 用电设备保护导体电流的最大交流限值

注：根据 GB/T 13870.2 规定的计及的高频分量的保护导体电流的测量方法，正在由 TC 74 考虑中。

测量应在设备交付使用时进行。

下列限值适用于额定频率为 50 Hz 或 60 Hz 供电的设备：

a） 接自额定值不大于 32 A 的单相或多相插头插座系统的用电设备。其限值是由附录 B 给出的。

b） 对于没有为保护导体设置专门措施的固定连接和不易移动的用电设备，或接自额定值大于 32 A的单相或多相插头插座系统的用电设备。其限值由附录 B 给出。

c） 对于预期要与按 7.5.2.4 规定与加强型保护导体做固定连接的用电设备，产品委员会宜规定保护导体电流的最大值。该值在任何情况下都不应超过每相额定输入电流的 5%。

然而，产品技术委员会应考虑到，出于保护的原因，在装置中可能设置剩余电流保护器，在这种情况下，保护导体电流值应与所提供的防护措施相适应。另一种替代方法是采用至少有简单分隔的带分隔绕组的变压器。

7.5.2.3 直流保护导体电流

在正常使用中，交流设备不应在保护导体中产生影响剩余电流保护器或其他设备正常功能的带直流分量的电流。

注：对于带直流分量的故障电流的要求，在考虑中。

7.5.2.4 装置中保护导体电流超过 10 mA 的加强型保护导体回路

用电设备中应提供：

——设计成至少能连接 10 mm^2 铜材或 16 mm^2 铝材保护导体的连接端子；或

——为连接其面积与正常的保护导体截面积相同的保护导体的第二个端子，以便将第二个保护导体连接到用电设备上。

7.5.2.5 资料

对于预期与加强型保护导体作为固定连接的设备，其保护导体的电流值应由生产厂家在其文件资料中给出，而且还要提供符合 7.5.3.2 的安装说明。

7.5.3 其他要求

7.5.3.1 信号系统

在建筑物电气装置中，不允许用使用任何带电流的导体与保护导体一起作为信号的返回通路。

7.5.3.2 装置中保护导体电流超过 10 mA 的加强型保护导体回路

对于预期固定连接而保护导体电流又大于 10 mA 的用电设备，应像 GB 16895.3—2004 的规定一样，提供安全而可靠地对地连接。

7.6 高压装置的安全和最小间距以及警示标牌

高压装置的设计应能限制对危险区域的接近。应考虑到关于熟练技术人员和受过培训的人员为操作和维护而必需的安全间距。对于安全距离无法满足的场合，应安装永久性的防护设施。

应由相应的技术委员会规定以下值：

——遮栏的间距；

——阻挡物的间距；

——外栅栏和进出门的尺寸；

——最低高度和与接近危险区域的距离；

——与建筑物的间距。

警示牌应明显地显示在所有的出入口的门、围墙、遮栏、架空线电杆以及铁塔等上面。

8 特殊操作和维护条件

注：应考虑有关电气装置操作的详细要求，如，

——带电工作；

——不带电工作；

——靠近带电部分工作。

这些都是由相应的技术委员会考虑的。

8.1 预期用手操作的器件和更换的部件

注 1：为能恢复装置、系统或设备的功能，其例子包括：

——需要复位的器件(例如，断路器、过电流/过电压/欠电压器件)；

——可更换的部件(例如，灯泡或熔断片管)。

8.1.1 也适用于使用者维护时对接近带电部分的要求。

注 2：本标准中的“用手”意指“使用手，使用或不使用工具”。

8.1.1 低压装置、系统和设备中预期由一般人员操作的器件或更换的部件

在操作器件或更换部件时，应有效防止对任何危险带电部分的接触。

注：人们已认识到，符合现行标准的一些灯座和熔断器座，在更换部件时不能满足这种要求。

8.1.1.1 在装置、系统或设备中包含有需要用手操作的器件或更换的部件时，这些器件和部件应装在没有可触及危险带电部分的地方。

8.1.1.2 在不具备 8.1.1.1 要求的场合，人员接近前应确保采取与电源隔离的措施以期提供防护。

8.1.2 预期由熟练技术人员或受过培训的人员操作的器件或更换的部件

对容易无意识地触及的危险带电部分或无意识地进入的危险区域，应按 8.1.2.1 和 8.1.2.2 的规

定提供防护。这些规定适用的场合是：

——没有遮栏或外壳时；或

——需要拆去遮栏或外壳，让熟练技术人员的或受过培训的人员用手操作器件或更换部件时。

注：技术委员会可以限制本条的应用或增补附加要求，并依据防护方法规定允许用手操作的种类。

8.1.2.1 器件和部件的位置

设备的设计和安装，应使操作人员可以接近和看见并且方便而又安全地操作或更换这些器件或部件。

注：由厂家提供的这类位置和相关资料，应符合相应的技术委员会的规定。

如果设备的安装位置可能影响可见度或妨碍对器件或部件的接近而导致危险，则应标明并能看到所需要的安装位置。

8.1.2.2 可接近性和操作

接近操作器件的路径和对其操作所需要的空间应依赖于为防止无意识地触及危险的带电部分，或进入危险的区域所留出的适当距离来实现。应由技术委员会规定这种距离。

或者，如果接近的路径和空间小于对危险带电部分所需的适当距离，则应设置阻挡物。这种阻挡物应对无意识地接触提供防护。对于防止从接近操作器件或部件方向的接触，其防护等级不应低于GB 4208—1993的IPXXB(也可采用IP2X)。而对于防止从其他相应方向的接触，其防护等级不应低于GB 4208—1993的IPXXA(也可采用IP1X)。

8.2 隔离后的电气数据

如果依赖于将危险的带电部分与电源隔离(例如，打开外壳或拆去遮栏时)的防护，则电容器的电荷量应自动泄放，使在隔离5 s以后，电压不会超过在GB/T 3805—1993的6.5中所规定的限值。如果这样会干扰设备的正常功能，应设置明显易见的警告标志，标明放电到限值所需的时间。

注1：对于特殊的情况(例如，拔出插头)，技术委员会可能不得不规定更短的时间。

注2：隔离后，尤其对于高压，下列情况应予考虑：

——电容器可能有大量的剩余电荷；

——电感，如变压器的绕组，经过一个相对长的时间段，可能有大量的聚集电荷。

附 录 A
（资料性附录）
实现防护措施一览表

注：应指出，不是所有的防护措施对低压和高压两者都是适用的。

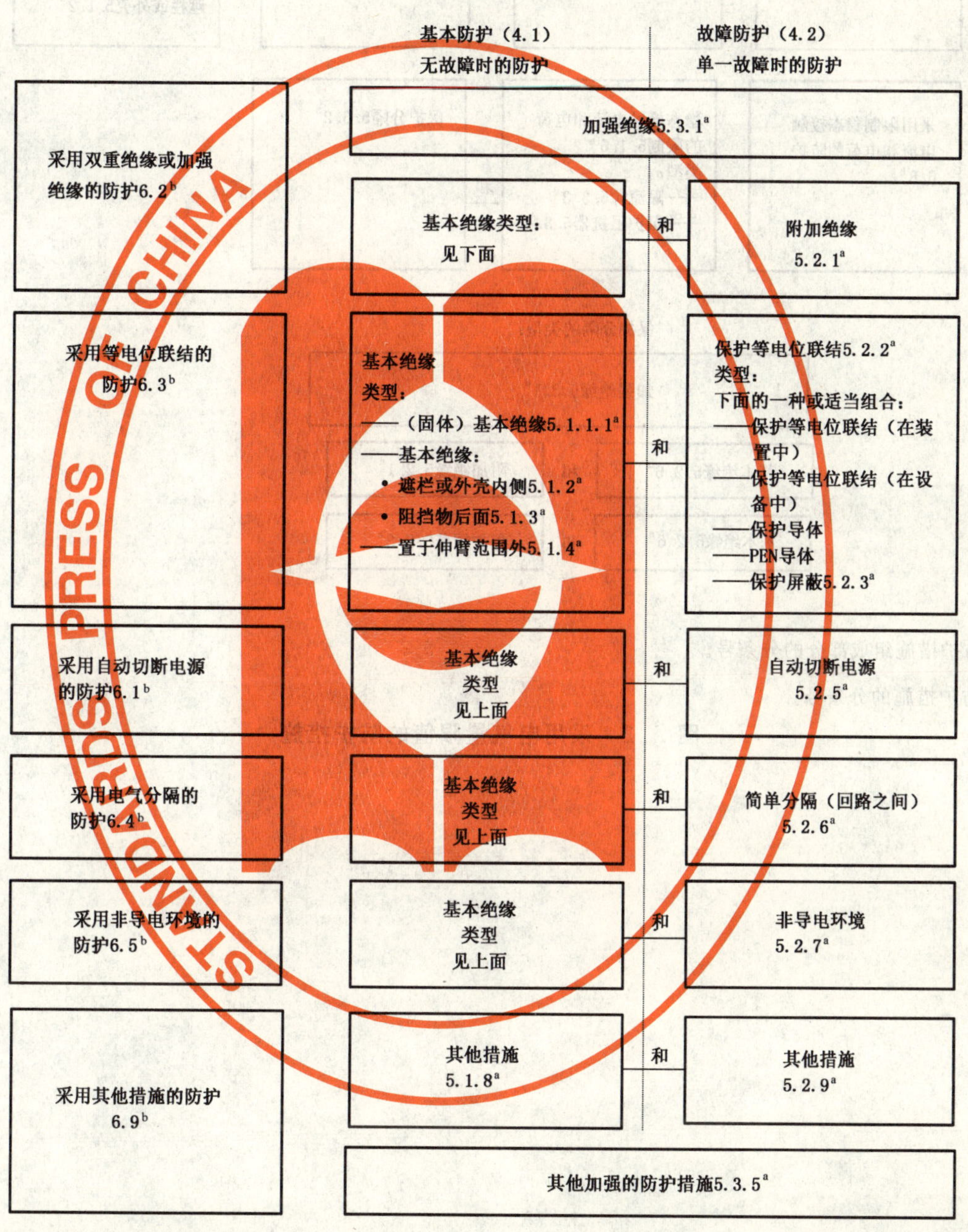

a 防护措施组成部分的分条号。

b 防护措施的分条号。

图 A.1 包括基本的和故障的防护措施

STANDARDS PRESS OF CHINA

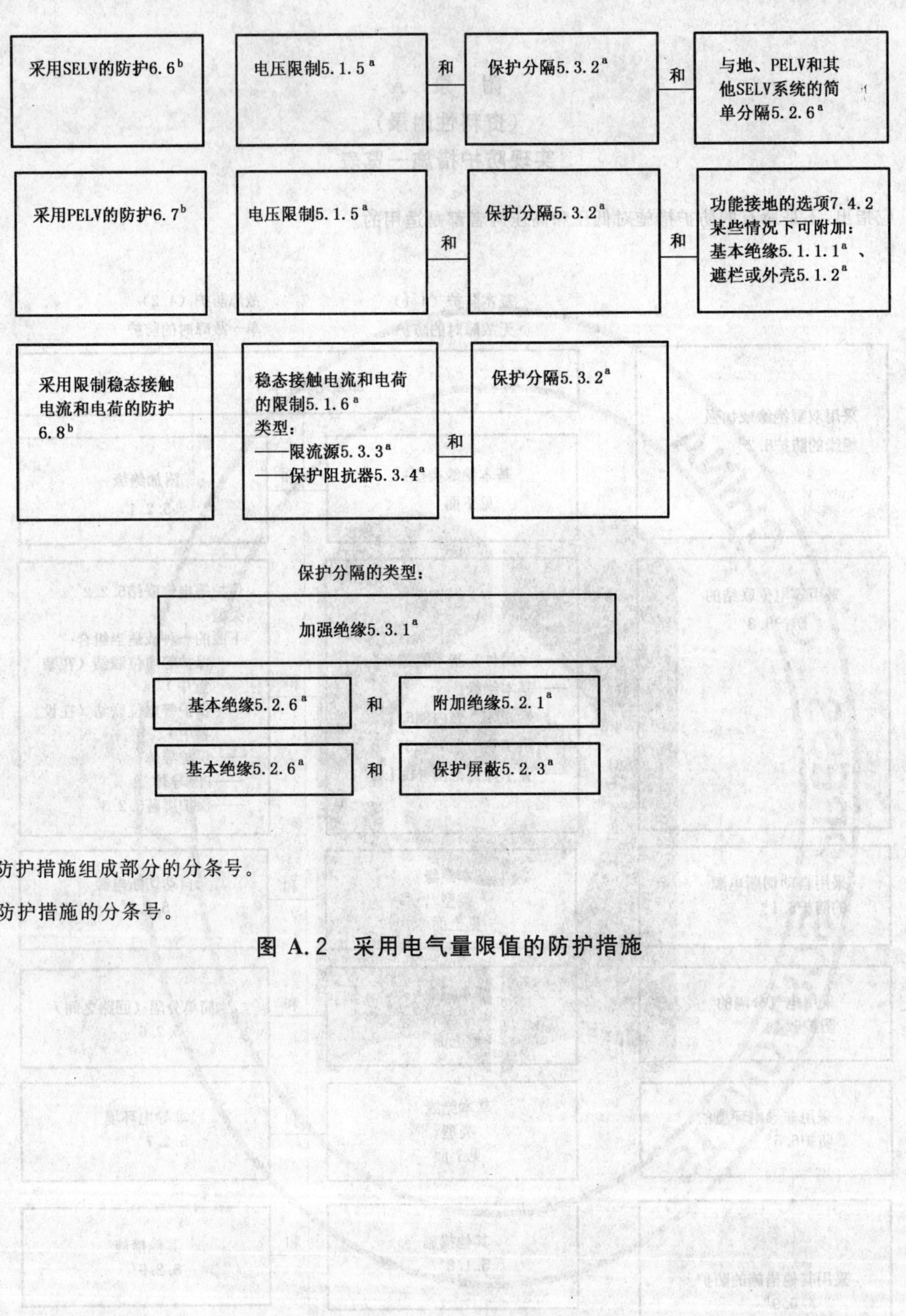

[a] 防护措施组成部分的分条号。

[b] 防护措施的分条号。

图 A.2 采用电气量限值的防护措施

附 录 B
(资料性附录)
7.5.2.2a)和7.5.2.2b)中的保护导体电流的最大交流限值

7.5.2.2a)和7.5.2.2b)中的保护导体电流的最大交流限值是由产品技术委员会考虑的,其目的是防止出现过量的保护导体电流,以实现电气装置内的电气设备及其防护措施的配合。

鼓励产品技术委员会采用保护导体电流限值的最低实用值。

产品技术委员会应会意识到,多数情况下采用的电流限值不超过下列值时,可以避免使剩余电流保护器误动作。

关于7.5.2.2a)的值:

接自额定电流值不大于32 A的单相或多相插头和插座系统的用电设备:

设备的额定电流	最大保护导体电流
≤4 A	2 mA
>4 A但≤10 A	0.5 mA/A
>10 A	5 mA

关于7.5.2.2b)的值:

对于没有为保护导体设置专门措施的固定连接的和不易移动的用电设备,或接自额定电流值大于32 A的单相或多相插头和插座系统的用电设备:

设备的额定电流	最大保护导体电流
≤7 A	3.5 mA
>7 A但≤20 A	0.5 mA/A
>20 A	10 mA

ICS 07.060
A 45

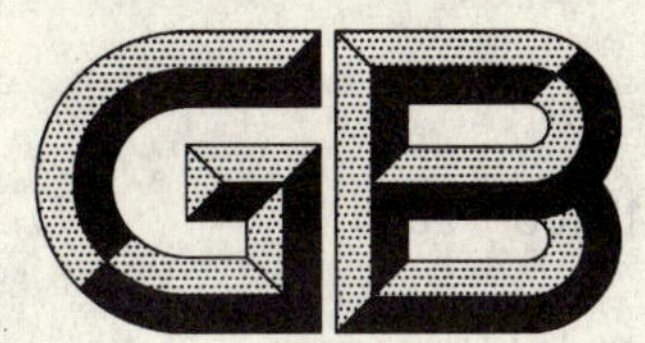

中华人民共和国国家标准

GB/T 17108—2006
代替 GB 17108—1997

海洋功能区划技术导则

Technical directives for the division of marine functional zonation

2006-12-29 发布　　2007-05-01 实施

中华人民共和国国家质量监督检验检疫总局
中国国家标准化管理委员会　发布

前　言

本标准代替 GB 17108—1997《海洋功能区划技术导则》。

本标准与 GB 17108—1997 相比主要变化如下：

——将强制性标准修改为推荐性标准；

——修改了规范性引用文件一章。增加了 GB/T 17504—1998《海洋自然保护区类型与级别划分原则》、GB 18421—2001《海洋生物质量》、GB 18668—2002《海洋沉积物质量》、DZ/T 0217—2005《石油天然气储量计算规范》、SY/T 0305—1996《滩海管道系统技术规范》和《矿产工业要求参考手册》。删除了 GB 6249—1986《核电厂辐射防护规定》、GB 11607—1989《渔业水质标准》、GBn 269—1988《石油储量规范》和 GBn 270—1988《天然气储量规范》(见第 2 章)；

——修改了海洋功能区和海洋功能区划的定义。增加了全国海洋功能区划、省级海洋功能区划等术语和定义。删除了主导功能术语和定义(见第 3 章)；

——修改了海洋功能区划的原则(见第 4 章)；

——删除了海洋功能区划的目的(1997 年版的 4.1)；

——修改了海洋功能区划收集资料和调查的内容(1997 年版 5.2.3，本版附录 A)；

——增加了海洋开发保护现状与面临的形势分析(见第 6 章)；

——修改了海洋功能区分类体系，将原来的五类四级体系调整为两级类体系(1997 年版的附录 A；本版的 7.1 和附录 B)；

——增加了海洋功能区环境保护要求(见 7.3 和附录 D)；

——增加了海洋功能区划的方法(见 7.4)；

——增加了海洋功能区划的成果要求(见第 8 章)；

——修改了海洋功能区指标体系(1997 年版的附录 B；本版的附录 C)；

——增加了海洋功能区划文本编写大纲(见附录 E)。

本标准的附录 B、附录 C、附录 D、附录 E、附录 F 和附录 G 为规范性附录，附录 A 为资料性附录。

本标准由国家海洋局提出。

本标准由全国海洋标准化技术委员会(SAC/TC 283)归口。

本标准起草单位为国家海洋信息中心、国家海洋环境监测中心。

本标准主要起草人：阿东、张东奇、杨新梅、艾万铸、刘百桥、关道明、李巧稚、曹可、贾泓。

本标准所代替标准的历次版本发布情况为：

——GB 17108—1997。

海洋功能区划技术导则

1 范围

本标准规定了海洋功能区划的工作程序、方法和成果要求，确立了海洋功能区划的原则、海洋功能区的分类体系、类型划分指标及其对海洋环境保护的要求。

本标准适用于全国及沿海省(自治区、直辖市)、市、县(市、区)海洋功能区划的编制和修编工作。

2 规范性引用文件

下列文件中的条款通过本标准的引用而成为本标准的条款。凡是注日期的引用文件，其随后所有的修改单(不包括勘误的内容)或修订版均不适用于本标准，然而，鼓励根据本标准达成协议的各方研究是否可使用这些文件的最新版本。凡是不注日期的引用文件，其最新版本适用于本标准。

GB 3097—1997 海水水质标准

GB/T 17504—1998 海洋自然保护区类型与级别划分原则

GB 18421—2001 海洋生物质量

GB 18668—2002 海洋沉积物质量

DZ/T 0217—2005 石油天然气储量计算规范

JTJ 211—1999 海港总平面设计规范

JTJ 213—1998 海港水文规范

SY/T 0305—1996 滩海管道系统技术规范

矿产工业要求参考手册 全国矿产储量委员会主编 地质出版社 1987年

3 术语和定义

3.1

功能 function

自然或社会事物对人类生存和社会发展具有的价值与作用。

3.2

海洋功能区 marine functional zone

根据海域及海岛的自然资源条件、环境状况、地理区位、开发利用现状，并考虑国家或地区经济与社会持续发展的需要，所划定的具有最佳功能的区域，是海洋功能区划最小的功能单元。

3.3

海洋功能区划 division of marine functional zonation

按照海洋功能区的标准，将海域及海岛划分为不同类型的海洋功能区，是为海洋开发、保护与管理提供科学依据的基础性工作。

3.4

全国海洋功能区划 national marine functional zoning

国务院海洋行政主管部门会同国务院有关部门和沿海省、自治区、直辖市人民政府开展的，以中华人民共和国内水、领海、海岛、大陆架、专属经济区为划分对象，以地理区域(包括必要的依托陆域)为划分单元的海洋功能区划。

3.5

省级海洋功能区划 provincial marine functional zoning

省级人民政府海洋行政主管部门会同本级人民政府有关部门,依据全国海洋功能区划开展的,以本级人民政府所辖海域及海岛为划分对象,以地理区域和海洋功能区为划分单元的海洋功能区划。其范围自海岸线(平均大潮高潮线)至领海的外部界限,可根据实际情况向陆地适当延伸。

3.6

市、县级海洋功能区划 county(city) marine functional zoning

市、县级人民政府海洋行政主管部门会同本级人民政府有关部门,依据上级海洋功能区划开展的,以本级人民政府所辖海域及海岛为划分对象,以海洋功能区为划分单元的海洋功能区划。

3.7

海洋生态环境敏感区 marine eco-environment sensitive area

海洋生态环境功能目标很高,且遭受损害后很难恢复其功能的海域,包括海洋渔业资源产卵场、重要渔场水域,海水增养殖区,滨海湿地,海洋自然保护区,珍稀濒危海洋生物保护区,典型海洋生态系(如珊瑚礁、红树林、河口)等。

[GB/T 19485—2004,术语和定义 3.5]

3.8

海洋生态环境亚敏感区 marine eco-environment sub-sensitive area

海洋生态环境功能目标高,且遭受损害后难于恢复其功能的海域,包括海滨风景旅游区,人体直接接触海水的海上运动或娱乐区,与人类食用直接有关的工业用水区等。

[GB/T 19485—2004,术语和定义 3.6]

4 区划的原则

4.1 自然属性与社会属性兼顾原则

海洋功能区划应根据海域和海岛的自然资源条件、环境状况、地理区位、开发利用现状,并考虑国家或地区经济与社会持续发展的需要,合理划定海洋功能区,使海域和海岛的开发利用从总体上获得最佳的社会效益、经济效益和生态环境效益。

4.2 统筹安排与重点保障并重原则

海洋功能区划应统筹考虑海洋开发利用与保护、当前利益与长远利益、局部利益与全局利益的关系,合理配置开发类、保护类和保留类的海洋功能区。应统筹安排各涉海行业用海,保障海上交通安全和国防安全,保证军事用海需要。

4.3 促进经济发展与资源环境保护并重原则

海洋功能区划应有利于海洋经济的持续发展,妥善处理开发与保护的关系。应严格遵循自然规律,根据海洋资源再生能力和海洋环境的承载能力,科学设置海域和海岛的功能,保障海洋生态环境的健康,实现海域和海岛的可持续利用。

4.4 协调与协商原则

海洋功能区划应在充分协商基础上,合理反映各部门和地区关于海洋开发与保护的主张,协调与其他涉海规划的关系,解决各涉海行业的用海矛盾,避免相邻海域的功能冲突。

4.5 备择性原则

在具有多种功能的区域,当出现某些功能相互不能兼容时,应优先设置海洋直接开发利用中资源和环境等条件备择性窄的项目。同时也应注意考虑海洋依托性开发利用功能以及非海洋性配套开发利用功能。

4.6 前瞻性原则

海洋功能区划应在客观展望未来科学技术与社会经济发展水平的基础上,充分体现对海洋开发与保护的前瞻意识，应为提高海洋开发利用的技术层次和综合效益留有余地。

5 区划的工作程序

5.1 准备工作

5.1.1 应建立海洋功能区划领导机构、科学咨询机构和区划工作机构。科学咨询机构由海洋领域有关专家组成，解决区划编制中的重大技术问题。区划工作机构归区划领导机构领导，由专业技术人员和相关部门人员组成。

5.1.2 应编制工作方案。区划领导机构指导区划工作机构编制海洋功能区划工作方案，明确海洋功能区划的任务与分工、采用的有关标准和规定、区划方法、协调途径、成果要求、进度安排与经费预算等。

5.2 资料收集

5.2.1 应全面收集启动区划编制工作时最近五年相关的规划和区划资料，以及自然环境、自然资源、开发现状、开发能力、社会经济等方面的最新资料。资料收集和调查的内容参见附录A。

5.2.2 应开展必要的补充调查，对缺乏的或时效性不能满足要求的资料进行补充和更新。

5.2.3 应根据收集和调查获得的资料，编制基础地理、自然环境、自然资源、海域使用现状、涉海区划规划等基础图件。

5.3 海洋开发保护现状与面临的形势分析

应根据资料和基础图件，研究当地地理概况、区位条件、自然环境、资源条件及海洋开发保护现状，分析国民经济和社会发展用海需求，归纳本次海洋功能区划需要解决的重点问题，并编写分析报告。

5.4 海洋功能区的划分

确定海洋功能区划的目标和主要任务，依据海洋功能区划的原则，初步划分海洋功能区。通过与其他规划、区划的协调以及涉海部门(单位)的磋商，确定海洋功能区。并编制海洋功能区管理要求。

5.5 成果编制

成果编制的要求：

1） 编写海洋功能区划报告；

2） 编写海洋功能区划文本；

3） 编制海洋功能区划登记表；

4） 编绘海洋功能区划图件；

5） 建设海洋功能区划管理信息系统。

5.6 成果审核

应通过专家论证、公众听证、政府相关部门审议和社会公示等方式，对海洋功能区划成果进行审核。

5.7 报批

海洋功能区划应按有关规定程序报批。

5.8 海洋功能区划的修编

海洋功能区划修编的工作程序按5.1～5.7的有关规定执行。

6 海洋开发保护现状与面临的形势分析

6.1 海洋自然资源和自然环境的评价

6.1.1 海洋自然条件分析

依据区域的区位条件和区域内海洋自然环境特点，归纳本地区海洋开发与利用的有利条件和制约因素。分析内容应包括以下几个方面：

1） 海域面积；

2） 海岛数量、类型与面积；

3） 岸线长度；

STANDARDS PRESS OF CHINA

4） 地质地貌特征与地质稳定性；

5） 气候环境；

6） 水文环境；

7） 生态环境。

6.1.2 海洋资源分析

通过分析区域内海洋资源数量及开发利用现状的资料，研究确定海洋资源的供给能力，对海域使用结构与布局的合理性进行评价。分析内容应包括以下几个方面：

1） 区域内主要海洋资源种类；

2） 各类资源的地理分布、蕴藏量；

3） 各类资源的品位、等级、质量状况。

6.2 海洋开发利用现状评价

6.2.1 港口航运资源开发利用

港口航运资源开发利用分析内容如下：

1） 宜建港口资源的数量、分布、主要港址的开发条件排序；

2） 重点港址资源自然条件。包括范围、水深、水文、底质条件、避风条件、水下障碍和冲淤状况等；

3） 港口开发现状。包括泊位、航道条件、占用岸线长度、堆场面积、陆海交通条件、吞吐能力、营运状况、限制因素等；

4） 港口开发需求。包括港口拟建和扩建计划、区位条件、腹地货运量。

6.2.2 滨海工业

滨海工业分析内容如下：

1） 滨海工业区的范围、面积、人口、产业结构、产值、基础设施；

2） 滨海工业的发展计划、滨海工业的发展趋势和用海需求。

6.2.3 旅游资源开发利用

旅游资源开发利用分析内容如下：

1） 主要旅游区和旅游景点的位置、自然条件、范围、面积；

2） 重点旅游景观的质量、开发前景、主要景区开发条件排序；

3） 旅游资源的开发现状。包括旅游设施、知名度、旅游区等级、基础设施情况、主要客源市场、接待能力、实际接待人数、旅游业收入、外汇收入；

4） 旅游资源开发需求。包括旅游资源开发计划，旅游景区的区位条件、旅游客源市场，旅游业对海域资源的需求。

6.2.4 海洋捕捞

海洋捕捞分析内容如下：

1） 主要经济鱼、虾、贝、藻类等的资源量、分布、可捕量；

2） 禁渔区的位置、范围、面积、禁渔期限、禁渔效果等；

3） 海洋捕捞利用现状。包括主要经济鱼、虾、贝、藻类的产量、产值 、渔汛等；

4） 捕捞业发展基本趋势、捕捞业对海域资源的需求。

6.2.5 海水增养殖

海水增养殖分析内容如下：

1） 海水增养殖条件。包括适宜海水增养殖区域的位置、范围、面积；

2） 重点增养殖区域。包括水文、水质、底质、气候和环境条件；

3） 海水增养殖业现状。包括增养殖品种、方式、面积、产量、产值等；

4） 海水增养殖市场潜力和发展趋势、海水增养殖业的用海需求。

6.2.6 油气资源开发利用

油气资源开发利用分析内容如下：

1） 资源开发条件。包括地理位置、范围、面积、资源量、油气构造、地层岩性、水深、埋深、油气层厚度、原油性质、生产量、产值、开采年限、后方基地情况等；

2） 油气工业用海需求。包括油气工业的发展计划、油气工业的发展趋势。

6.2.7 固体矿产资源开发利用

固体矿产资源开发利用分析内容如下：

1） 资源和开发条件。包括地理位置、范围、面积、资源量、品位、储量、地层岩性、水深、埋深、矿层厚度、生产量、产值、开采年限、后方基地情况等；

2） 固体矿产开采用海需求分析。包括固体矿产开采业的发展计划、固体矿产开采的发展趋势。

6.2.8 盐业

盐业分析内容如下：

1） 盐业发展条件。包括滩面坡度、底质类型、底质质量、盐业取水口水质状况、降水情况、蒸发量、海水盐度、日照、风况；

2） 资源和开发现状。包括盐田位置、范围、面积、产量、产值、成品盐等级；

3） 盐业用海需求。包括盐业的发展计划、盐业发展的趋势。

6.2.9 地下卤水资源开发利用

地下卤水资源开发利用分析内容如下：

1） 地下卤水资源开发条件。包括地理位置、范围、面积、储量、卤水浓度、埋藏深度；

2） 地下卤水资源开发现状。包括地理位置、范围、产量、产值、开采限制因素等；

3） 地下卤水资源开发用海需求。包括卤水资源开发计划、卤水开发的趋势。

6.2.10 风能资源开发利用

风能资源开发利用主要分析其地理位置、范围、面积、能源蕴藏量、能量、能量利用率、效益、开采限制条件等。

6.2.11 海洋能资源开发利用

海洋能资源开发利用主要分析其地理位置、范围、面积、海洋能的分布和储量、开发利用条件、开发利用现状等。

6.2.12 地下水资源开发利用

地下水开发利用主要分析其地理位置、范围、面积、储量、水质状况、开采现状、地下水位下降情况、地面下沉、海水倒灌情况、禁采或限采层位、限采量及效果等。

6.3 海洋环境质量与保护状况评价

6.3.1 海域环境质量

海域环境质量评价内容如下：

1） 入海污染物的种类、数量和途径；

2） 主要污染物含量的平面分布、年平均值；

3） 主要海产品的资源量因环境影响而发生的变化；

4） 典型海洋生态系统、栖息地及景观变化；

5） 由于气候变化，海平面上升，对沿海地区的影响。

6.3.2 海洋环境保护现状

海洋环境保护现状评价内容如下：

1） 相关海洋环境保护法律、法规及规划制定及执行情况；

2） 海洋环境监测、监视及监管体系的建立和运行情况（覆盖范围、监管的力度及有效程度、监测设备和技术水平等）；

3） 海洋环境保护和管理措施(海洋污染防治和管理、海洋保护区建设和管理等)。

6.4 国民经济和社会发展需求预测

6.4.1 社会经济条件分析

6.4.1.1 区位条件分析

应对本区周边地区的经济发展水平、所处区位对海洋经济发展的有利与不利因素进行分析。

6.4.1.2 人口条件分析

应对人口数量、人口密度、人口构成(人口文化构成、职业构成和性别构成等)、劳动力总量,劳动力构成状况等进行分析。

6.4.1.3 基础设施分析

应对铁路、公路、海运、管道、航空运输条件、供电、供水和通讯设施等状况进行分析。

6.4.1.4 区域经济分析

应对经济总量、增长速度、产业结构与问题和经济基础对海洋经济发展有利与不利因素进行分析。

6.4.2 海洋经济发展现状分析

6.4.2.1 海洋经济总体发展水平分析

应对海洋经济总量、发展速度、海洋经济占区域 GDP 的比重等情况进行分析。

6.4.2.2 海洋产业结构分析

应对三次产业结构,海洋一次产业内部结构、海洋二次产业内部结构、海洋三次产业内部结构等进行分析。

6.4.2.3 区域海洋经济的基本特征分析

应对区域海洋经济优势产业、优势产品、海洋经济发展水平与相邻区域的比较等进行分析。

6.4.2.4 海洋资源的总体开发水平分析

海洋资源的总体开发水平分析分析内容如下：

1） 海岸线的利用率、海岸线的利用现状；

2） 滩涂资源的利用现状、构成、利用率等；

3） 海域使用现状。包括海域使用类型、海域使用面积、海域使用率等。

6.4.2.5 海洋经济发展主要问题分析

海洋经济发展主要问题分析分析内容如下：

1） 海洋经济整体水平、发展速度、占 GDP 比重等；

2） 海洋经济结构；

3） 制约海洋经济发展的主要问题。

6.5 主要问题分析和总结

在全面掌握海洋开发保护现状与面临的形势基础上,应分析本次海洋功能区划工作需要重点解决的问题。分析的问题如下：

1） 海域使用中存在的问题；

2） 功能区和功能分区确定中存在的问题；

3） 自然灾害对区划可能产生的影响问题。

7 海洋功能区划

7.1 海洋功能区的分类体系

全国海洋功能区划应采用10个一级类,33个二级类的分类体系。分类体系见附录B。市、县(市、区)级海洋功能区划可按照具体情况向下扩展到三级类,但应得到省级海洋行政主管部门的审核批准。

7.2 海洋功能区指标体系

海洋功能区指标体系见附录C。

7.3 海洋功能区环境保护要求

各类海洋功能区环境保护要求见附录 D。

7.4 海洋功能区划的方法

7.4.1 指标法

海洋功能区的划定主要采用指标法，根据海洋功能区分类体系和指标体系，综合考虑海洋不同区域的自然属性、社会属性和环境保护要求划出各类具体的海洋功能区。

7.4.2 叠加法

应将所收集到的各类资料编绘成图件，并与已收集到的各种图件进行叠加(所有图件应缩放成相同的比例尺)，依据功能区划的原则进行分析比较。保留合理的功能，舍去不合理的功能，比较、确定主导功能。

7.4.3 综合分析法

按照区划原则，利用第 6 章的形势分析结果，综合考虑海域自然属性、社会属性和环境保护要求，协调各种用海关系，确定海洋功能区类型及功能的主次关系。

7.5 海洋功能区划步骤

海洋功能区划步骤如下：

1) 按自然属性确定出每个区域所有功能类型；
2) 对于多功能区，进行功能的分析比较，确定主导功能；
3) 主导功能(单一功能)与开发现状和规划作比较，如果一致，则确立此功能区；如果不一致，但无根本矛盾，可保留开发现状，引导开发活动向主导功能方向发展；如有根本矛盾，通过相关部门、行业、政府协调，调整开发现状和规划。

8 海洋功能区划成果要求

8.1 文本

区划文本应采用条文形式表述，文字表达应规范、准确、简明扼要。

区划文本编写大纲见附录 E。

8.2 登记表

区划登记表样式见附录 F。

有关说明如下：

1) 一级类，位于登记表左上方；
2) 二级类，位于登记表第一列，包括代码和命名；
3) 海洋功能区，位于登记表第二列，包括代码和功能区名称。功能区名称叙述方法是：地点、详细类型、二级类型；
4) 地区，位于登记表第三列，明确该功能区所在市或县，有争执的区域仅列共同的上一级区域；
5) 地理范围，位于登记表第四列，明确功能区的具体范围，如能确定位置，应写明地理坐标；
6) 面积，位于登记表第五列，明确海洋功能区的面积，单位为公顷；
7) 使用现状，位于登记表第六列，说明开发利用情况，如与功能区划不符合，应标明；
8) 管理要求，位于登记表第七列，明确功能区管制措施及其环境保护要求；
9) 备注，位于登记表第八列，其他说明的内容(如功能区位置的其他称呼)。

8.3 图件

8.3.1 投影坐标与比例尺

8.3.1.1 区划图件投影采用高斯-克吕格投影，WGS-84 坐标系。

8.3.1.2 区划图件采用 A0 幅面，省级海洋功能区划图件比例尺为 1：25 万至 1：10 万，市、县级海洋功能区划图件比例尺为 1：5 万，重点海域比例尺为 1：2.5 万至 1：5 000。自由分幅。

STANDARDS PRESS OF CHINA

8.3.2 图件要素

海洋功能区划图件应包括以下要素：

1) 基础地理要素，包括岸线、等深线、等高线、铁路、主要公路、河流、水库、居民地、经纬网格、文字标注；

2) 海洋功能区划专题要素，包括功能区边界线、功能区编号、功能类型等；

3) 图例，见附录G；

4) 必要的整饰内容，包括图廓、图名、比例尺、坐标高程系、接幅表、资料来源、制作时间、制作单位落款等。

8.4 编制说明

区划编制说明的内容应包括：

1) 区划编制的主要任务和指导思想，着重说明区划的工作思路及重点和特点；

2) 区划的主要内容；

3) 区划的编制过程及各部门、地方政府的协调情况；

4) 区划与上级海洋功能区划及其他相关规划的衔接情况；

5) 各级人民政府对区划的审核情况；

6) 其他需要说明的重要问题。

编制说明中应附各级人民政府审查意见的文件。

8.5 区划报告

区划报告是区划成果的重要组成部分，区划报告应当全面、系统地反映区划研究成果。

区划报告的编写应参照文本编写大纲进行调整，使其能够相互一致。

8.6 信息系统

信息系统的要求如下：

1) 信息系统软件应采用基于地理信息系统技术的开发平台；

2) 信息的数据内容应包括基础地理信息和海洋功能区划信息；

3) 信息系统应具备数据管理、数据更新、信息查询、统计分析和功能区划图件打印、输出功能。

附 录 A
（资料性附录）
收集资料和调查的内容

A.1 自然环境资料

应收集（或调查）的自然环境资料包括下述内容：

a) 地质地貌：地形、地貌、地质、底质、工程地质和水文地质等；

b) 气候和陆地水文：气温、风、湿度、日照、降水、蒸发量等气候要素，地下水和主要河流径流等水文要素；

c) 海洋水文：水温、盐度、潮汐、潮流、波浪、海流等；

d) 海水化学：pH 及溶解氧、CODMn、活性磷酸盐、无机氮（硝酸盐、亚硝酸盐和氨氮等）、油类和重金属含量等；

e) 海洋生物：初级生产力、海洋微生物、浮游生物、底栖生物、潮间带生物和游泳生物等；

f) 海洋环境质量：主要污染源、污染物入海途径、污水和污染物入海量、主要污染物在海洋中的含量和分布、区域环境质量等；

g) 自然灾害：地震、热带气旋、风暴潮、风暴风浪、海冰、寒潮、霜冻、冰雹、海雾、赤潮、海水倒灌、海岸侵蚀、滑塌等。

A.2 资源和开发利用资料

应收集（或调查）的资源和开发利用资料包括下述内容：

a) 港口、航道和锚地：范围、面积、水深、水文、底质条件、避风条件、水下障碍、冲淤状况；泊位、占用岸线长度、堆场面积、陆海交通、吞吐能力、营运状况、限制因素、港口发展史、拟建和扩建计划及相关资料等；

b) 旅游：范围、面积、自然景观和人文景观（包括质和量）、体育运动和娱乐价值、旅游设施、知名度、旅游区等级、基础设施、客源、容纳人数、土特产、接待人数、产值和外汇收入；

c) 农、牧业：范围、面积、土壤类型、肥力、种植类别、畜牧种类、载畜量、农牧产量和产值及相关资料；

d) 林木和植被：范围、面积、现状和破坏情况、土壤条件、水土流失状况、气候条件、淡水供给、种类分布、林木蓄积量、林业产量和产值、繁衍、保护措施及效果等；

e) 滨海工业和城镇建设：范围、面积、人口、产业结构、产值、基础设施情况等；

f) 油气资源及开发：地理位置、范围、面积、资源量、油气构造、地层和岩性、水深、埋深、油气层厚度、原油性质、生产量、产值、开采年限、后方基地情况等；

g) 固体矿产及开发：地理位置、范围、面积、品位、矿层厚度、储量、地层和岩性、水深、埋深、生产量、产值、开采年限、开发限制条件、后方基地情况等；

h) 海水养殖：位置、范围、面积、水文、水质、底质、气候和环境条件、养殖品种和方式、饵料情况、产量和产值等；

i) 海洋捕捞：初级生产力、生物种类和生物量、资源种类和资源量、资源分布和渔场、渔汛、产量和产值等；

j) 增养殖：位置、范围、面积、资源类型和资源量、资源演化趋势、资源破坏情况、增殖保护措施和效果等；

k) 禁渔：位置、范围、面积、禁渔期限、禁渔效果等；

l) 盐业:滩面坡度、底质类型和质量情况、降水量、蒸发量、海水盐度、日照、风况;盐田位置、范围和面积;产量、产值、成盐等级等;

m) 地下卤水资源和开发:地理位置、范围、面积、储量、卤水浓度、埋藏深度、产量、产值、开采限制条件等;

n) 风能资源和开发:地理位置、范围、面积、能源蕴藏量、能量、能量利用律、效益、开采限制条件等;

o) 海洋能资源和开发:地理位置、范围、面积、海洋能的分布和储量、开发利用条件、开发利用现状等;

p) 地下水资源和现状:地理位置、范围、面积、储量、水质状况、开采现状、地下水位下降情况、地面沉降、海水倒灌情况、禁采或限采层位和限采量及效果等。

A.3 自然灾害和防护资料

应收集(或调查)的自然灾害和防护资料包括下述内容:

a) 防护林带:位置、长度、宽度、树种、成林情况、砍伐和恢复措施等;

b) 海岸防侵蚀:侵蚀海岸位置和长度、向陆推进距离和速度、滩面下蚀强度、侵蚀原因、受侵蚀地区经济状况、防护措施和防护效果等;

c) 风暴潮:沿海的工矿企业、农业、乡村、城镇状况、侵袭的海岸长度和纵深、灾害频度、对策及措施等;

d) 泄洪:位置、宽度和面积、洪峰量级、泄洪能力、泄洪利用率、兼用情况和维护措施等。

A.4 其他自然环境资料

应收集(或调查)的其他自然环境资料包括下述内容:

a) 自然保护区:位置、范围、面积、核心区和缓冲区、生态类型和要素、保护对象和目标、环境状况、周围工农业和居民状况、保护区等级、建设情况、管理措施和管理情况、建设史和保护价值等;

b) 海洋特别保护区:位置、范围、面积、生态类型和要素、保护对象和目标、环境状况、周围工农业和居民状况、保护区等级、建设情况、开发情况、管理措施和管理情况、建设史和保护价值等;

c) 排污区:位置、范围、面积、水质、底质现状、生物情况、污染物来源、种类、分布以及排海方式、海域水动力状况;

d) 倾倒区:位置、范围、面积、环境状况、倾倒物种类和数量、对资源开发利用的影响程度;

e) 保留区:位置、范围、面积、预留或保留的理由和目的、争论的焦点问题和论据、未来开发方向、保留措施和今后开发利用的设想等。

A.5 社会经济资料

应收集(或调查)的社会经济资料包括下述内容:

a) 依托陆域(限于海洋功能区划的陆域)的区位条件;

b) 依托陆域(限于海洋功能区划的陆域)的基础设施;

c) 依托陆域(限于海洋功能区划的陆域)的国民生产总产值和增加值;

d) 依托陆域(限于海洋功能区划的陆域)的海洋直接产业的产值;

e) 依托陆域(限于海洋功能区划的陆域)与海洋产业配套的产业的产值;

f) 各海洋直接产业的产量、产值和增加值;

g) 有关的规划、区划、图件等。

附 录 B
（规范性附录）
海洋功能区分类体系

海洋功能区名称和代码如表 B.1 所示。

表 B.1 海洋功能区分类体系

一级类		二级类	
代码	名称	代码	名称
1	港口航运区	1.1	港口区
		1.2	航道区
		1.3	锚地区
2	渔业资源利用和养护区	2.1	渔港和渔业设施基地建设区
		2.2	养殖区
		2.3	增殖区
		2.4	捕捞区
		2.5	重要渔业品种保护区
3	矿产资源利用区	3.1	油气区
		3.2	固体矿产区
		3.3	其他矿产区
4	旅游区	4.1	风景旅游区
		4.2	度假旅游区
5	海水资源利用区	5.1	盐田区
		5.2	特殊工业用水区
		5.3	一般工业用水区
6	海洋能利用区	6.1	潮汐能区
		6.2	潮流能区
		6.3	波浪能区
		6.4	温差能区
7	工程用海区	7.1	海底管线区
		7.2	石油平台区
		7.3	围海造地区
		7.4	海岸防护工程区
		7.5	跨海桥梁区
		7.6	其他工程用海区
8	海洋保护区	8.1	海洋自然保护区
		8.2	海洋特别保护区
9	特殊利用区	9.1	科学研究试验区
		9.2	军事区
		9.3	排污区
		9.4	倾倒区
10	保留区	10.1	保留区

STANDARDS PRESS OF CHINA

附 录 C
（规范性附录）
海洋功能区指标体系

C.1 港口航运区

C.1.1 港口区

港口区是指可供船舶停靠、进行装卸作业和避风的区域，包括港池、码头和仓储地。其划区条件为：

a） 港址选择应根据 JTJ 211—1999 的 3.1.1～3.2.13 的规定和原则以及 JTJ 213—1998 的有关规定；

b） 港区水域的要求应符合 JTJ 211—1999 的 4.2.1～4.2.10 的规定；

c） 货场堆积、周转、仓储场地的陆域平面布置、地面坡度应符合 JTJ 211—1999 的 4.10.1～4.10.7条的规定。

C.1.2 航道区

航道区是指供船只航行使用的区域。其划区条件为：

a） 港口航道应符合 JTJ 211—1999 的 4.8.1～4.8.13 各项规定；

b） 外航道为国家航道管理部门批准并正式公布的航道。

C.1.3 锚地区

锚地区指供船舶候潮、待泊、联检、避风使用或者进行水上装卸作业的区域。其划区条件应符合 JTJ 211—1999 的 4.7.1～4.7.5 的规定。

C.2 渔业资源利用和养护区

C.2.1 渔港和渔业设施基地建设区

渔港和渔业设施基地建设区是指可供渔船停靠、进行装卸作业和避风的区域以及用来繁殖重要苗种的场所，包括港池、码头、附属的仓储地以及重要苗种繁殖场所等。

C.2.2 养殖区

C.2.2.1 港湾养殖区

港湾养殖区是指近岸海湾适合养殖或培育海洋水产品的区域。主要养殖品种为对虾、蟹类、鱼类等。其划区条件为：

a） 面积在 2 km^2 以上；

b） 应适合虾类、蟹类、鱼类等的生长；

c） 环境质量应符合附录 D 的有关规定；

d） 换、排水方便。

C.2.2.2 滩涂养殖区

滩涂养殖区是指沿海潮间带和潮上带低洼盐碱地适宜培育和养殖海洋经济动、植物的区域。其划区条件为：

a） 滩涂面积达 2 km^2 以上；

b） 有苗种和饵料来源，适合养殖贝类、虾类、蟹类、藻类和鱼类的滩涂；

c） 环境质量应符合附录 D 的有关规定；

d） 换、排水方便的滩涂。

C.2.2.3　浅海养殖区

浅海养殖区是指低潮位以下适于培育、底播或养殖海洋水产经济动物、植物的海域。其划区条件为：

a) 水文条件良好，水交换畅通，温、盐适宜，风浪小；

b) 有合适的地形、底质。鲍、参类要求礁石、砂砾底质；底栖贝类要求平坦、泥沙底质；筏式养殖要求海底平坦、宜打桩；

c) 环境质量应符合附录D的有关规定。

C.2.3　增殖区

增殖区是指由于过度捕捞和不合理采捕或环境破坏而使海洋生物资源衰退或使生物资源遭到破坏，需要经过繁殖保护措施来增加和补充生物群体数量的区域。其划区条件为：

a) 具有一定数量经济生物种类，目前仍有相当数量的苗种资源或拥有育苗场，经过采取保护措施后，资源可能恢复的区域；

b) 原具有良好的自然繁殖或养殖的自然、资源条件，由于人为因素（过度采捕或生态环境遭破坏）致资源、环境遭到损坏，已不符合养殖条件或其资源已不能够构成稳定捕捞的区域；

c) 目前社会经济条件和科学技术力量，有能力采取治理并使其在较短的时期内能恢复养殖或捕捞的区域。

C.2.4　捕捞区

捕捞区是指在海洋游泳生物（鱼类和大型无脊椎动物）产卵场、索饵场、越冬场及其洄游通道（即过路渔场）使用国家规定的渔具或人工垂钓的方法获取海产经济动物的区域。其划区条件是除海水增、养殖区以外具有捕捞生产价值的海区。

C.2.5　重要渔业品种保护区

重要渔业品种保护区是指用来保护具有重要经济价值和遗传育种价值以及重要科研价值的渔业品种及其产卵场、越冬场、索饵场和洄游路线等栖息繁衍生境的区域。

C.3　矿产资源利用区

C.3.1　油气区

油气区是指正在开发的油气田和已探明的油气田及含油气构造。其划区条件为：

a) 已开采和确定开采的油气区；

b) 含油圈闭构造有3口以上的探井发现工业油、气流，在初步查清产油气层位、储层岩性、物性和原油性质的条件下可划为油气区。在陆域，工业油气流指标应符合DZ/T 0217—2005的要求；在海域，必须符合《矿产工业要求参考手册》的工业油、气流的标准；

c) 油气田的储量规模和产能应符合DZ/T 0217—2005附录B的有关规定。

C.3.2　固体矿产区

C.3.2.1　金属矿区

金属矿区是指正在开采的金属矿区或已探明具有工业开采价值的金属矿区。其划区条件应符合《矿产工业要求参考手册》中有关金属矿的工业要求及矿床规模标准。

C.3.2.2　非金属矿区

非金属矿区是指正在开采的非金属矿区或已探明具有工业开采价值的非金属矿区。其划区条件应符合《矿产工业要求参考手册》中相应的非金属矿工业要求及矿床规模标准。

C.3.3　其他矿区

其他矿区是指正在开采的矿区或尚未开发但已探明具有工业开采价值的除油气、固体矿产之外的其他种类矿产蕴藏区。

C.4 旅游区

C.4.1 风景旅游区

风景旅游区是指具有一定质和量的自然景观和人文景观的区域。其划区条件为：

a) 有省内闻名的人文古迹、历史遗迹且文物资料保存较好；

b) 有省级知名度的风物景观、海洋景观和地质遗迹等；

c) 有独特的民族风情、风俗、能吸引国内外游客的区域；

d) 环境质量应符合附录D的有关规定；

e) 交通便利。

C.4.2 度假旅游区

度假旅游区是指具有度假、运动及娱乐价值的区域。其划区条件为：

a) 有供千人以上休息、度假、娱乐、运动的滨海公园、度假村、水上运动等休息运动娱乐场；

b) 环境质量应符合附录D的有关规定；

c) 交通便利。

C.5 海水资源利用区

C.5.1 盐田区

盐田区是指已开发的盐田区和具有建设盐田条件的区域。其划区条件为：

a) 地形平坦、开阔，原料海水或地下卤水汲取方便，吸纳水口能避开排污区；

b) 具有结构致密的淤泥质或粉沙淤泥质底质，土层渗水率小于 0.3 mm/d；

c) 原料海水的盐度一般要大于 25，地下卤水的 Be'大于 5°；

d) 少雨、多风、强日照，三者处同一时期，晒盐有利期在 6 个月以上；

e) 年蒸发量大于降水量，其年平均比为：北方不小于 3：1，南方不小于 2：1；

f) 盐田蒸发面积与结晶面积比应达到 10：1～14：1；

g) 含氯化钠纯度平均为 95.4%，其中北方海盐区为 96%，南方海盐区为 93%；

h) 具有运输盐的交通条件；

i) 环境质量应符合附录D的有关规定。

C.5.2 特殊工业用水区

特殊工业用水区是指从事取卤、食品加工、海水淡化或从海水中提取供人食用的其他化学元素等的区域。其划区条件为：

a) 地形开阔，吸纳水口能远离排污区；

b) 环境质量应符合附录D的有关规定。

C.5.3 一般工业用水区

一般工业用水区是指利用海水做冷却水、冲刷库场等的区域。其划区条件为：

a) 地形开阔，便于纳水；

b) 环境质量应符合附录D的有关规定。

C.6 海洋能利用区

C.6.1 潮汐能区

潮汐能区是指由潮汐有规律的涨落运动所产生的能量能用于发电或直接做功的区域。其划区条件为：

a) 平均潮差大于 2 m；

b) 可装机容量应大于 500 kW；

c) 能源供给短缺的地区。

C.6.2 潮流能区

潮流能区是指由潮汐在水平方向海水运动所产生的能量能用于发电的区域。其划区条件为：

a) 最大潮流速大于 2 m/s；

b) 可装机容量应大于 500 kW；

c) 能源供给短缺的地区。

C.6.3 波浪能区

波浪能区是指由海水波浪的水平和垂直运动所产生的能量能用于发电的区域。其划区条件为：

a) 平均波高大于 0.7 m；

b) 可装机容量应大于 500 kW；

c) 能源供给短缺的地区。

C.6.4 温差能区

温差能区是指由海水表层水温与底层水温的温差在18℃以上而产生的能量能用于工(商)业发电的区域。其划区条件为：

a) 表层水温与底层水温温差大于 18℃；

b) 可装机容量应大于 1×10^4 kW；

c) 能源供给短缺的地区。

C.7 工程用海区

C.7.1 海底管线区

海底管线区是指已埋(架)设或规划近期内埋(架)设海底管线的区域，包括埋设海底油气管道、通讯光(电)缆、输水管道及架设深海排污管道的区域。其划区条件为(只适用于滩涂区域用来输送石油、天然气或水的钢质管道的系统)：

a) 应符合 SY/T 0305—1996 中的有关规定；

b) 滩海管道线路位置宜选择在地形平坦且稳定的区域，力求平直；

c) 海冰、风暴潮、地震等自然灾害发生频率低的区域。

C.7.2 石油平台区

石油平台区是指已建或规划近期建设海上石油平台的区域。其划区条件应具有合适的海洋水文气象和地质条件以及利用方向明确等。

C.7.3 围海造地区

围海造地区是指规划近期内通过围海、填海新造陆地的区域。

C.7.4 海岸防护工程区

海岸防护工程区是指已建或规划近期内建设为防范海浪、沿岸流的侵蚀、及台风、气旋和寒潮大风等自然灾害侵袭的海岸防护工程的区域。

C.7.5 跨海桥梁区

跨海桥梁区是指已建或规划近期内建设跨海桥梁的区域。

C.7.6 其他工程用海区

其他工程用海区是指已建或规划近期内建设其他工程的区域。

C.8 海洋保护区

C.8.1 海洋自然保护区

海洋自然保护区是指为保护珍稀、濒危海洋生物物种、经济生物物种及其栖息地以及有重大科学、

STANDARDS PRESS OF CHINA

文化和景观价值的海洋自然景观、自然生态系统和历史遗迹需要划定的海域。包括海洋和海岸自然生态系统、海洋生物物种、海洋自然遗迹和非生物资源三种类别海洋自然保护区。海洋自然保护区类型划分和选划标准按 GB/T 17504—1998 的相关要求执行。

C.8.2 海洋特别保护区

海洋特别保护区是指具有特殊地理条件、生态系统、生物与非生物资源及海洋开发利用特殊需要的区域。其划区条件为：

a) 海洋生态环境独特，生态系统敏感脆弱或生态功能复杂；

b) 海洋资源和生态环境需要养护、恢复、修复或整治；

c) 海洋资源复杂多样，开发活动相对集中，且对生态环境产生重要影响；

d) 具有潜在的开发优势，可实行可持续开发模式或对未来海洋产业的发展提供一定的基础；

e) 涉及维护国家海洋权益或其他特定目标的海域。

C.9 特殊利用区

C.9.1 科学研究试验区

科学研究试验区是指具有特定的自然条件和生态环境，用于试验、观察和示范等科学研究的区域。

C.9.2 军事区

军事区是指由于军事需要，现已使用或者在区划的有效时段内随着军事发展预期需要占用的岸段和水域。

C.9.3 排污区

排污区是指经当地人民政府批准在河口或直排口附近海域划出一定范围用以受纳指定污水的区域。其划区条件为：

a) 有迫切的社会需求，确实需要向海洋排放指定的污水；

b) 水体交换条件好，海区的自净能力强；

c) 排污混合区范围内不存在海水养殖区、盐田纳水口、自然保护区、旅游区、重要的海洋生物产卵区和稚仔鱼索饵区等功能区。

C.9.4 倾倒区

倾倒区是指用来倾倒疏浚物或固体废弃物的海区。其划区条件为：

a) 海洋行政主管部门现已批准的各级倾倒区；

b) 有向海洋倾倒的迫切社会需求，又能满足下列条件的区域：

1) 海域开阔，有良好的水动力交换能力和沉积动力学条件，在倾倒疏浚物或倾倒固体废弃物符合海洋倾废管理条例的有关规定；

2) 倾倒入海的废弃物扩散移动的方向朝向离岸方向；

3) 对养殖区、产卵场、稚仔鱼索饵区、自然保护区不会造成有害影响，并尽量远离盐田、主航道、锚地；

4) 符合科学、合理、经济的原则。

C.10 保留区

保留区是指目前尚未开发利用，且在区划期限内也不宜开发利用的海域。

附 录 D
（规范性附录）
海洋功能区环境保护要求

各类海洋功能区环境保护要求见表 D.1。

表 D.1 各类海洋功能区环境保护要求

<table>
<tr><th colspan="2">一级类</th><th colspan="2">二级类</th><th rowspan="2">海水水质质量
（引用标准：
GB 3097—1997）</th><th rowspan="2">海洋沉积物质量
（引用标准：
GB 18668—2002）</th><th rowspan="2">海洋生物质量
（引用标准：
GB 18421—2001）</th><th rowspan="2">生态环境</th></tr>
<tr><th>代码</th><th>名称</th><th>代码</th><th>名称</th></tr>
<tr><td rowspan="3">1</td><td rowspan="3">港口航运区</td><td>1.1</td><td>港口区</td><td>不劣于第四类</td><td>不劣于第三类</td><td>不劣于第三类</td><td rowspan="4">应减少对海洋水动力环境、岸滩及海底地形地貌形态的影响，防止海岸侵蚀，不应对毗邻海洋生态敏感区、亚敏感区产生影响。</td></tr>
<tr><td>1.2</td><td>航道区</td><td rowspan="2">不劣于第三类</td><td rowspan="2">不劣于第二类</td><td rowspan="2">不劣于第二类</td></tr>
<tr><td>1.3</td><td>锚地</td></tr>
<tr><td rowspan="5">2</td><td rowspan="5">渔业资源利用和养护区</td><td>2.1</td><td>渔港和渔业设施基建设区</td><td>不劣于第三类</td><td>不劣于第二类</td><td>不劣于第二类</td></tr>
<tr><td>2.2</td><td>养殖区</td><td rowspan="2">不劣于第二类</td><td rowspan="2">不劣于第一类</td><td rowspan="2">不劣于第一类</td><td rowspan="4">不应造成外来物种侵害，防止养殖自身污染和水体富营养化，维持海洋生物资源可持续利用，保持海洋生态系统结构和功能的稳定，不应造成滨海湿地和红树林等栖息地的破坏。</td></tr>
<tr><td>2.3</td><td>增殖区</td></tr>
<tr><td>2.4</td><td>捕捞区</td><td rowspan="2">不劣于第一类</td><td rowspan="2">不劣于第一类</td><td rowspan="2">不劣于第一类</td></tr>
<tr><td>2.5</td><td>重要渔业品种保护区</td></tr>
<tr><td rowspan="3">3</td><td rowspan="3">矿产资源利用区</td><td>3.1</td><td>油气区</td><td>维持现状</td><td>维持现状</td><td>维持现状</td><td rowspan="3">应减少对海洋水动力环境、岸滩及海底地形地貌形态的影响，防止海岸侵蚀，不应对毗邻海洋生态敏感区、亚敏感区产生影响。</td></tr>
<tr><td>3.2</td><td>固体矿产区</td><td rowspan="2">不劣于第四类</td><td rowspan="2">不劣于第三类</td><td rowspan="2">不劣于第三类</td></tr>
<tr><td>3.3</td><td>其他矿产区</td></tr>
<tr><td rowspan="2">4</td><td rowspan="2">旅游区</td><td>4.1</td><td>风景旅游区</td><td>不劣于第三类</td><td>不劣于第二类</td><td>不劣于第二类</td><td rowspan="2">不应破坏自然景观，严格控制占用海岸线、沙滩和沿海防护林的建设项目和人工设施，妥善处理生活垃圾，不应对毗邻海洋生态敏感区、亚敏感区产生影响。</td></tr>
<tr><td>4.2</td><td>度假旅游区</td><td>不劣于第二类</td><td>不劣于第一类</td><td>不劣于第一类</td></tr>
<tr><td rowspan="3">5</td><td rowspan="3">海水资源利用区</td><td>5.1</td><td>盐田区</td><td rowspan="2">不劣于第二类</td><td rowspan="2">不劣于第一类</td><td rowspan="2">不劣于第一类</td><td rowspan="3">防止造成滩涂湿地的破坏，不应对毗邻海洋生态敏感区、亚敏感区产生影响。</td></tr>
<tr><td>5.2</td><td>特殊工业用水区</td></tr>
<tr><td>5.3</td><td>一般工业用水区</td><td>不劣于第三类</td><td>不劣于第二类</td><td>不劣于第二类</td></tr>
</table>

表 D.1（续）

一级类		二级类		海水水质量（引用标准：GB 3097—1997）	海洋沉积物质量（引用标准：GB 18668—2002）	海洋生物质量（引用标准：GB 18421—2001）	生态环境
代码	名称	代码	名称				
6	海洋能利用区	6.1	潮汐能区	不劣于第二类	不劣于第一类	不劣于第一类	避免对海洋水动力环境产生影响，防止海岛、岸滩及海底地形地貌形态发生改变。
		6.2	潮流能区				
		6.3	波浪能区				
		6.4	温差能区				
7	工程用海区	7.1	海底管线区	维持现状	维持现状	维持现状	应减小对海洋水动力环境、岸滩及海底地形地貌形态的影响，防止海岸侵蚀，加强岛、礁的保护，避免对毗邻海洋生态敏感区、亚敏感区产生影响。
		7.2	石油平台区				
		7.3	围海造地区				
		7.4	海岸防护工程区				
		7.5	跨海桥梁区				
		7.6	其他工程用海区				
8	海洋保护区	8.1	海洋自然保护区	不劣于一类	不劣于一类	不劣于一类	维持、恢复、改善海洋生态环境和生物多样性，保护自然景观。
		8.2	海洋特别保护区	不劣于各区域使用功能的海水水质要求	不劣于各区域使用功能的海洋沉积物质量要求	不劣于各区域使用功能的生物海洋质量要求	
9	特殊利用区	9.1	科学研究试验区	维持现状	维持现状	维持现状	维持现状
		9.2	军事区				
		9.3	排污区	不劣于第四类	不劣于第三类	不劣于第三类	防止对海洋水动力环境条件改变，避免海岛、岸滩及海底地形地貌形态的影响，防止海岸侵蚀，避免对毗邻海洋生态敏感区、亚敏感区产生影响。
		9.4	倾倒区	不劣于第四类	不劣于第三类	不劣于第三类	
10	保留区	10.1	保留区	维持现状	维持现状	维持现状	维持现状

附 录 E
（规范性附录）
海洋功能区划文本编写大纲

E.1 省级海洋功能区划文本编写大纲

省级海洋功能区划文本编制格式要求如下：

__________省（自治区、直辖市）海洋功能区划

第一章 总则

第一条 区划目的：开展海洋功能区划工作的目的和意义。

第二条 区划依据：开展海洋功能区划所依据的法律、法规、规范性文件及技术规范。

第三条 区划目标：分 5 a 和 10 a 两个时间段，确定省级海洋功能区划工作应当达到的目标。内容包括：满足用海需求、实现海域环境按海洋功能区划达标。

第四条 区划原则：根据《中华人民共和国海域使用管理法》的规定，结合本地区实际，阐述海洋功能区划所遵循的原则。

第五条 区划范围：本地区海洋功能区划的工作范围。

第六条 区划成果：本地区海洋功能区划最终产生的成果目录（图件要说明比例尺）。

第二章 海域开发保护现状与面临的形势

第七条 地理概况和区位条件：地理概况、区位优势和不利条件。

第八条 自然环境与资源条件：海域环境主要特征及对开发保护的影响，资源优势及分布情况。

第九条 开发利用现状：主要用海类型及海域使用面积，国家和省重大项目用海情况。

第十条 面临的形势：国民经济和社会发展用海需求，海洋管理工作面临的形势与迫切需要解决的问题。

第三章 海洋功能分区

第十一条 海洋功能分区概述：阐述一级类型的数量。

第十二条 港口航运区：阐述二级类型的数量和重点功能区。

第十三条 渔业资源利用和养护区：阐述二级类型的数量和重点功能区。

第十四条 矿产资源利用区：阐述二类型的数量和重点功能区。

第十五条 旅游区：阐述二级类型的数量和重点功能区。

第十六条 海水资源利用区：阐述二级类型的数量和重点功能区。

第十七条 海洋能利用区：阐述二级类型的数量和重点功能区。

第十八条 工程用海区：阐述二级类型的数量和重点功能区。

第十九条 海洋保护区：阐述二级类型的数量和重点功能区。

第二十条 特殊利用区：阐述二级类型的数量和重点功能区。

第二十一条 保留区：阐述保留区的数量和名称。

第四章 重点海域的主要功能

第 条 全省重点海域的名称和划分依据。

以下条款阐述重点海域的范围和主要功能，重点功能区的调整计划和整治计划：

STANDARDS PRESS OF CHINA

第　条　＿＿＿＿＿＿＿＿＿＿海域

第　条　……

第五章　实施措施

第　条　区划编制与审批：对市、县级海洋功能区划编制、审批工作提出要求。

第　条　海域使用管理：为保证海洋功能区划目标的实现，如何在海域使用管理中实施海洋功能区划。

第　条　海洋环境保护：为保证海洋功能区划目标的实现，如何在实施海洋功能区划中落实海洋环境保护要求。

第　条　监督检查：区划实施情况的监督检查。

第　条　宣传教育：普及海洋功能区划及相关法律方面的知识。

第　条　技术支持：建立海洋功能区划管理信息系统，实现对海洋功能区划信息的动态管理。

第六章　附则

第　条　区划效力：海洋功能区划一经批准，即具有法律效力，必须严格执行。

第　条　区划附件：登记表、图件为区划文本附件，具有与文本同等的法律效力。

E.2　市、县级海洋功能区划文本编写大纲

市、县级海洋功能区划文本编制格式要求如下：

＿＿＿＿＿＿＿＿＿＿市/县海洋功能区划

第一章　总则

第一条　区划目的：开展海洋功能区划工作的目的和意义。

第二条　区划依据：开展海洋功能区划所依据的法律、法规、规范性文件及技术规范。

第三条　区划目标：分 5 a 和 10 a 两个时间段，确定地方海洋功能区划工作应当达到的目标。内容包括：满足用海需求、实现海域环境按海洋功能区划达标。

第四条　区划原则：根据《中华人民共和国海域使用管理法》的规定，结合本地区实际，阐述海洋功能区划所遵循的原则。

第五条　区划范围：本地区海洋功能区划的工作范围。

第六条　区划成果：本地区海洋功能区划最终产生的成果目录(图件要说明比例尺)。

第二章　海域开发保护现状与面临的形势

第七条　地理概况和区位条件：地理概况、区位优势和不利条件，在全省或全市海洋开发保护格局中的地位。

第八条　自然环境与资源条件：海域环境主要特征及对开发保护的影响，资源优势及分布情况。

第九条　开发利用现状：主要用海类型及海域使用面积，国家、省及市重大项目用海情况。

第十条　面临的形势：国民经济和社会发展用海需求，海洋管理工作面临的形势与迫切需要解决的问题。

第三章　海洋功能分区

第十一条　海洋功能分区概述：阐述一级类型的数量。

第十二条　港口航运区：阐述二级类型的数量和功能区名称。

第十三条　渔业资源利用和养护区：阐述二级类型的数量和功能区名称。

第十四条　矿产资源利用区:阐述二类型的数量和功能区名称。

第十五条　旅游区:阐述二级类型的数量和功能区名称。

第十六条　海水资源利用区:阐述二级类型的数量和功能区名称。

第十七条　海洋能利用区:阐述二级类型的数量和功能区名称。

第十八条　工程用海区:阐述二级类型的数量和功能区名称。

第十九条　海洋保护区:阐述二级类型的数量和功能区名称。

第二十条　特殊利用区:阐述二级类型的数量和功能区名称。

第二十一条　保留区:阐述保留区的数量和名称。

第四章　实施措施

第　条　海域使用管理:区划在海域使用管理中的实施措施。提出不符合海洋功能区划的具体海域使用项目停工、拆除、迁址或关闭的时间表。

第　条　海洋环境保护:区划中提出项目所在海域环境恢复和整治措施,落实海洋环境保护措施。

第　条　监督检查:区划实施情况的监督检查。

第　条　宣传教育:普及海洋功能区划及相关法律方面的知识。

第　条　技术支持:建立海洋功能区划管理信息系统,实现对海洋功能区划信息的动态管理。

第五章　附则

第　条　区划效力:海洋功能区划一经批准,即具有法律效力,必须严格执行。

第　条　区划附件:登记表、图件为区划文本附件,具有与文本同等的法律效力。

附 录 F
(规范性附录)
海洋功能区登记表样式

海洋功能区登记表见表 F.1。

表 F.1 海洋功能区登记表

一级类代码				一级类名称					
二级类		海洋功能区		地区	地理范围	面积	使用现状	管理要求	备 注
代码	命名	代码	名称						
			……						

附 录 G
(规范性附录)
海洋功能区划图例

海洋功能区划图例见表G.1。

表G.1 海洋功能区划图例

代码	图例名称	图例样式	图例说明
31020	省、自治区、直辖市驻地		外圆直径4.0,内圆2.0, 颜色为黑色
31050	市、县驻地		外圆直径3.0,内圆1.5, 颜色为黑色
32010	乡镇级以上居民地		线划宽度0.1,边线颜色 RGB(255,0,0) 填充颜色 RGB(255,220,112)
31091	乡镇级以下居民地		符号直径2.0,符号颜色 黑色,填充颜色 RGB(255,0,0)
41020	铁路	2.0*1.5	线划宽度0.6,边线0.1, 黑白线长5.0,车站2.0*1.5 颜色黑色
42010	高速公路		线划宽度0.8,边线0.2 边线颜色为黑色,中间颜色 RGB(130,0,0)
42070	主要公路		线划宽度0.6,边线0.12 边线颜色为黑色,中间颜色为白色
42080	简易公路		线划宽度0.2 线划颜色为黑色
42110	大车路		线划宽度0.15 线划颜色为黑色
42120	乡村路		线划宽度0.15 虚线长4.0,间距1.0 线划颜色为黑色
24050	人工堤		线划宽度0.2 竖线长1.5,间距5.0 线划颜色为黑色

表 G.1（续）

代码	图例名称	图例样式	图例说明
61030	省界		线划宽度 0.3。晕线宽 3.0，虚线长 2.5，间距 2.0，颜色 RGB(209,90,255)
61040	行政界线　市界		线划宽度 0.3。晕线宽度 3.0，虚线长 2.0，虚线间距 0.5，中间有点的虚线间距 1.5，颜色 RGB(235,91,182)
61050	县界		线划宽度 0.2，虚线长 2.0，间距 1.5，颜色为黑色
72010	高程点		符号直径 1.0，颜色为黑色
71000	等高线		线划宽度 0.1，颜色 RGB(161,100,0)
21011	单线河		线划宽度 0.12，颜色 RGB(0,128,255)
21012	双线河		边线宽度 0.1，边线颜色 RGB(0,0,255)，填充颜色 RGB(166,249,255)
23000	湖泊		线划宽度 0.1，边线颜色 RGB(0,0,255)，填充颜色 RGB(166,249,255)
24010	水库		线划宽度 0.1，边线颜色 RGB(0,0,255)，填充颜色 RGB(166,249,255)
25050 26011	水中滩 岛屿		线划宽度 0.15，外轮廓颜色 RGB(0,251,255)
26010	海岸线		线划宽度 0.2，颜色黑色 RGB(0,0,0)
26023	海图零米线		点直径 0.2，颜色黑色 RGB(0,0,0)
27070	等深线		线划宽度 0.1 颜色 RGB(0,0,255)

表 G.1（续）

代码	图例名称	图例样式	图例说明
27071	等深线 0 m～2 m 海区		填充颜色 RGB(235,246,253)
27071	等深线 2 m～5 m 海区		填充颜色 RGB(192,226,250)
27071	等深线 5 m～10 m 海区		填充颜色 RGB(156,210,246)
27071	等深线 10 m～20 m 海区		填充颜色 RGB(124,197,243)
27071	等深线 20 m～30 m 海区		填充颜色 RGB(89,187,239)
27071	等深线 30 m～50 m 海区		填充颜色 RGB(51,177,236)
27071	等深线＞50 m 海区		填充颜色 RGB(5,169,233)
27041	涨潮流及速度	2.5kn	符号颜色为黑色
27042	落潮流及速度	2.5kn	符号颜色为黑色
26031	沙滩		沙点直径 0.15 颜色为黑色
26033	岩石滩		填充颜色黑色
26035	淤泥滩		填充颜色黑色
26036	沙泥滩		填充颜色黑色
26037	红树林滩		符号直径 0.6,间距 2.0 颜色 HSV(0,255,255) RGB(255,0,0)
26070	礁、坨		符号颜色为黑色
44061	灯塔		符号颜色为黑色
26019	陆地轮廓		填充颜色 RGB(255,232,208)

表 G.1（续）

代码	图例名称	图例样式	图例说明
21330	产卵场		符号直径 0.6,间距 2.0 颜色为黑色
21340	渔场		边线宽度 0.2,间距 2.0 颜色为黑色
21351	对虾放流点		符号颜色为黑色
21352	鱼类放流点		符号颜色为黑色
21353	海蛰放流点		符号颜色为黑色
1011	港口区		填充颜色 RGB(166,249,255) 线划颜色为黑色
1012	航道区		填充颜色 RGB(166,249,255)
1013	锚地区		填充颜色 RGB(166,249,255)
1021	渔港和渔业设施基地建设区		填充颜色 RGB(0,217,255)
1022	养殖区		线划颜色 RGB(0,0,255)
1023	增殖区		随机点颜色 RGB(13,0,130)
1024	捕捞区		填充颜色 RGB(0,217,255)
1025	重要渔业品种保护区		填充颜色 RGB(0,217,255) 线划颜色 RGB(0,0,255)
1031	油气区		线划颜色 RGB(255,166,166)
1032	固体矿产区		填充颜色 RGB(255,187,0)
1033	其他矿产区		填充颜色 RGB(255,187,0)

表 G.1（续）

代码	图例名称	图例样式	图例说明
1041	风景旅游区		填充颜色 RGB(255,166,166)
1042	度假旅游区		填充颜色 RGB(255,166,166)
1051	盐田区		线划颜色 RGB(255,187,0)
1052	特殊用水区		填充颜色 RGB(130,176,250)
1053	一般用水区	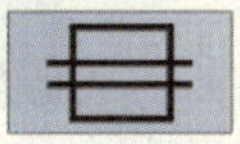	填充颜色 RGB(130,176,250)
1061	潮汐能区		填充颜色 RGB(75,80,225)
1062	潮流能区		填充颜色 RGB(75,80,225)
1063	波浪能区		填充颜色 RGB(75,80,225)
1064	温差能区		填充颜色 RGB(75,80,225)
1071	海底管线区		填充颜色 RGB(221,85,38)
1072	石油平台区		填充颜色 RGB(221,85,38)
1073	围海造地区		填充颜色 RGB(221,85,38)
1074	海岸防护工程区	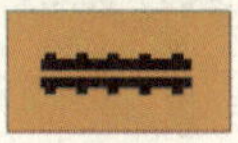	填充颜色 RGB(221,85,38)
1075	跨海桥梁区		填充颜色 RGB(221,85,38)
1076	其他工程用海区		填充颜色 RGB(221,85,38)
1081	海洋和海岸自然生态保护区		填充颜色 RGB(167,255,166)
1082	生物物种自然保护区		填充颜色 RGB(167,255,166)

表 G.1（续）

代码	图例名称	图例样式	图例说明
1083	自然遗迹和非生物资源保护区		填充颜色 RGB(167,255,166)
1084	海洋特别保护区		填充颜色 RGB(167,255,166)
1091	科学研究试验区		填充颜色 RGB(100,180,255)
1092	军事区		无填充颜色
1093	排污区		填充颜色 RGB(0,160,171)
1094	倾倒区		无填充颜色
1100	保留区		线划颜色 RGB(0,255,255)
注：图例说明中除 RGB、HSV 数值外，其余数值的单位均为毫米。			

ICS 27.010
F 01

中华人民共和国国家标准

GB 17167—2006
代替 GB/T 17167—1997

用能单位能源计量器具配备和管理通则

General principle for equipping and managing of the measuring instrument of energy in organization of energy using

2006-06-02 发布　　2007-01-01 实施

中华人民共和国国家质量监督检验检疫总局
中国国家标准化管理委员会　发布

前言

本标准的4.3.2、4.3.3、4.3.4、4.3.5、4.3.8是强制性条款，其余是推荐性条款。

本标准代替GB/T 17167—1997《企业能源计量器具配备与管理导则》。

本标准与GB/T 17167—1997相比，主要变化如下：

——标准名称改为“用能单位能源计量器具配备和管理通则”，标准变为强制性标准；

——增加了非工业企业用能单位能源计量器具的配备和管理要求；

——对用能单位、主要次级用能单位、主要用能设备的能源计量器具配备率进行了调整；

——对能源计量器具的准确度等级要求进行了调整。

本标准由国家发展和改革委员会环境和资源综合利用司、国家质量监督检验检疫总局计量司和国家标准化管理委员会工交部提出。

本标准由全国能源基础与管理标准化技术委员会归口。

本标准起草单位：全国节能监测管理中心、国家发展和改革委员会能源研究所、中国标准化研究院、中国有色金属工业标准计量质量研究所、湖南省节能监测中心、中国计量协会冶金分会、中国建筑材料工业协会。

本标准主要起草人：张万路、王顺安、何相助、贾力、李爱仙、辛定国、叶元乔、康治清。

用能单位能源计量器具配备和管理通则

1 范围

本标准规定了用能单位能源计量器具配备和管理的基本要求。

本标准适用于企业、事业单位、行政机关、社会团体等独立核算的用能单位。

2 规范性引用文件

下列文件中的条款通过本标准的引用而成为本标准的条款。凡是注日期的引用文件，其随后所有的修改单(不包括勘误的内容)或修订版均不适用于本标准，然而，鼓励根据本标准达成协议的各方研究是否可使用这些文件的最新版本。凡是不注日期的引用文件，其最新版本适用于本标准。

GB/T 6422 企业能耗计量与测试导则

GB/T 15316 节能监测技术通则

GB/T 18603—2001 天然气计量系统技术要求

3 术语和定义

本标准采用下列术语和定义。

3.1

能源计量器具 measuring instrument of energy

测量对象为一次能源、二次能源和载能工质的计量器具。

3.2

能源计量器具配备率 equipping rate of energy measuring instrument

能源计量器具实际的安装配备数量占理论需要量的百分数。

注：能源计量器具理论需要量是指为测量全部能源量值所需配备的计量器具数量。

3.3

次级用能单位 sub-organization of energy using

用能单位下属的能源核算单位。

4 能源计量器具配备

4.1 能源计量的种类及范围

本标准所称能源，指煤炭、原油、天然气、焦炭、煤气、热力、成品油、液化石油气、生物质能和其他直接或者通过加工、转换而取得有用能的各种资源。

能源计量范围：

a) 输入用能单位、次级用能单位和用能设备的能源及载能工质；

b) 输出用能单位、次级用能单位和用能设备的能源及载能工质；

c) 用能单位、次级用能单位和用能设备使用(消耗)的能源及载能工质；

d) 用能单位、次级用能单位和用能设备自产的能源及载能工质；

e) 用能单位、次级用能单位和用能设备可回收利用的余能资源。

4.2 能源计量器具的配备原则

4.2.1 应满足能源分类计量的要求。

4.2.2 应满足用能单位实现能源分级分项考核的要求。

STANDARDS PRESS OF CHINA

4.2.3 重点用能单位应配备必要的便携式能源检测仪表，以满足自检自查的要求。

4.3 能源计量器具的配备要求

4.3.1 能源计量器具配备率按下式计算：

$$R_p = \frac{N_s}{N_l} \times 100\%$$

式中：

R_p——能源计量器具配备率，%；

N_s——能源计量器具实际的安装配备数量；

N_l——能源计量器具理论需要量。

4.3.2 用能单位应加装能源计量器具。

4.3.3 用能量(产能量或输运能量)大于或等于表1中一种或多种能源消耗量限定值的次级用能单位为主要次级用能单位。

主要次级用能单位应按表3要求加装能源计量器具。

表1 主要次级用能单位能源消耗量(或功率)限定值

能源种类	电力	煤炭、焦炭	原油、成品油、石油液化气	重油、渣油	煤气、天然气	蒸汽、热水	水	其他
单位	kW	t/a	t/a	t/a	m^3/a	GJ/a	t/a	GJ/a
限定值	10	100	40	80	10 000	5 000	5 000	2 926

注1：表中a是法定计量单位中“年”的符号。

注2：表中m^3指在标准状态下，表2同。

注3：2 926 GJ相当于100 t标准煤。其他能源应按等价热值折算，表2类推。

4.3.4 单台设备能源消耗量大于或等于表2中一种或多种能源消耗量限定值的为主要用能设备。

主要用能设备应按表3要求加装能源计量器具。

表2 主要用能设备能源消耗量(或功率)限定值

能源种类	电力	煤炭、焦炭	原油、成品油、石油液化气	重油、渣油	煤气、天然气	蒸汽、热水	水	其他
单位	kW	t/h	t/h	t/h	m^3/h	MW	t/h	GJ/h
限定值	100	1	0.5	1	100	7	1	29.26

注1：对于可单独进行能源计量考核的用能单元(装置、系统、工序、工段等)，如果用能单元已配备了能源计量器具，用能单元中的主要用能设备可以不再单独配备能源计量器具。

注2：对于集中管理同类用能设备的用能单元(锅炉房、泵房等)，如果用能单元已配备了能源计量器具，用能单元中的主要用能设备可以不再单独配备能源计量器具。

4.3.5 能源计量器具配备率应符合表3的要求。

表3 能源计量器具配备率要求　　单位：%

能源种类		进出用能单位	进出主要次级用能单位	主要用能设备
电力		100	100	95
固态能源	煤炭	100	100	90
	焦炭	100	100	90

表 3（续）

单位：%

能源种类		进出用能单位	进出主要次级用能单位	主要用能设备
液态能源	原油	100	100	90
	成品油	100	100	95
	重油	100	100	90
	渣油	100	100	90
气态能源	天然气	100	100	90
	液化气	100	100	90
	煤气	100	90	80
载能工质	蒸汽	100	80	70
	水	100	95	80
可回收利用的余能		90	80	—

注 1：进出用能单位的季节性供暖用蒸汽（热水）可采用非直接计量载能工质流量的其他计量结算方式。

注 2：进出主要次级用能单位的季节性供暖用蒸汽（热水）可以不配备能源计量器具。

注 3：在主要用能设备上作为辅助能源使用的电力和蒸汽、水等载能工质，其耗能量很小（低于表 2 的要求）可以不配备能源计量器具。

4.3.6　对从事能源加工、转换、输运性质的用能单位（如火电厂、输变电企业等），其所配备的能源计量器具应满足评价其能源加工、转换、输运效率的要求。

4.3.7　对从事能源生产的用能单位（如采煤、采油企业等），其所配备的能源计量器具应满足评价其单位产品能源自耗率的要求。

4.3.8　用能单位的能源计量器具准确度等级应满足表 4 的要求。

表 4　用能单位能源计量器具准确度等级要求

计量器具类别	计量目的		准确度等级要求
衡器	进出用能单位燃料的静态计量		0.1
	进出用能单位燃料的动态计量		0.5
电能表	进出用能单位有功交流电能计量	Ⅰ类用户	0.5 S
		Ⅱ类用户	0.5
		Ⅲ类用户	1.0
		Ⅳ类用户	2.0
		Ⅴ类用户	2.0
	进出用能单位的直流电能计量		2.0
油流量表（装置）	进出用能单位的液体能源计量		成品油 0.5
			重油、渣油 1.0
气体流量表（装置）	进出用能单位的气体能源计量		煤气 2.0
			天然气 2.0
			蒸汽 2.5

表 4（续）

<table>
<tr><th>计量器具类别</th><th colspan="2">计量目的</th><th>准确度等级要求</th></tr>
<tr><td rowspan="2">水流量表
（装置）</td><td rowspan="2">进出用能单位水量计量</td><td>管径不大于 250 mm</td><td>2.5</td></tr>
<tr><td>管径大于 250 mm</td><td>1.5</td></tr>
<tr><td rowspan="2">温度仪表</td><td colspan="2">用于液态、气态能源的温度计量</td><td>2.0</td></tr>
<tr><td colspan="2">与气体、蒸汽质量计算相关的温度计量</td><td>1.0</td></tr>
<tr><td rowspan="2">压力仪表</td><td colspan="2">用于气态、液态能源的压力计量</td><td>2.0</td></tr>
<tr><td colspan="2">与气体、蒸汽质量计算相关的压力计量</td><td>1.0</td></tr>
<tr><td colspan="4">注 1：当计量器具是由传感器（变送器）、二次仪表组成的测量装置或系统时，表中给出的准确度等级应是装置或系统的准确度等级。装置或系统未明确给出其准确度等级时，可用传感器与二次仪表的准确度等级按误差合成方法合成。
注 2：运行中的电能计量装置按其所计量电能量的多少，将用户分为五类。Ⅰ类用户为月平均用电量 500 万 kWh 及以上或变压器容量为 10 000 kVA 及以上的高压计费用户；Ⅱ类用户为小于Ⅰ类用户用电量（或变压器容量）但月平均用电量 100 万 kWh 及以上或变压器容量为 2 000 kVA 及以上的高压计费用户；Ⅲ类用户为小于Ⅱ类用户用电量（或变压器容量）但月平均用电量 10 万 kWh 及以上或变压器容量为 315 kVA 及以上的计费用户；Ⅳ类用户为负荷容量为 315 kVA 以下的计费用户；Ⅴ类用户为单相供电的计费用户。
注 3：用于成品油贸易结算的计量器具的准确度等级应不低于 0.2。
注 4：用于天然气贸易结算的计量器具的准确度等级应符合 GB/T 18603—2001 附录 A 和附录 B 的要求。</td></tr>
</table>

4.3.9　主要次级用能单位所配备能源计量器具的准确度等级（电能表除外）参照表 4 的要求，电能表可比表 4 的同类用户低一个档次的要求。

4.3.10　主要用能设备所配备能源计量器具的准确度等级（电能表除外）参照表 4 的要求，电能表可比表 4 的同类用户低一个档次的要求。

4.3.11　能源作为生产原料使用时，其计量器具的准确度等级应满足相应的生产工艺要求。

4.3.12　能源计量器具的性能应满足相应的生产工艺及使用环境（如温度、温度变化率、湿度、照明、振动、噪声、粉尘、腐蚀、电磁干扰等）要求。

5　能源计量器具的管理要求

5.1　能源计量制度

5.1.1　用能单位应建立能源计量管理体系，形成文件，并保持和持续改进其有效性。

5.1.2　用能单位应建立、保持和使用文件化的程序来规范能源计量人员行为、能源计量器具管理和能源计量数据的采集、处理和汇总。

5.2　能源计量人员

5.2.1　用能单位应设专人负责能源计量器具的管理，负责能源计量器具的配备、使用、检定（校准）、维修、报废等管理工作。

5.2.2　用能单位应设专人负责主要次级用能单位和主要用能设备能源计量器具的管理。

5.2.3　用能单位的能源计量管理人员应通过相关部门的培训考核，持证上岗；用能单位应建立和保存能源计量管理人员的技术档案。

5.2.4　能源计量器具检定、校准和维修人员，应具有相应的资质。

5.3　能源计量器具

5.3.1　用能单位应备有完整的能源计量器具一览表。表中应列出计量器具的名称、型号规格、准确度等级、测量范围、生产厂家、出厂编号、用能单位管理编号、安装使用地点、状态（指合格、准用、停用等）。

主要次级用能单位和主要用能设备应备有独立的能源计量器具一览表分表。

5.3.2　用能设备的设计、安装和使用应满足 GB/T 6422、GB/T 15316 中关于用能设备的能源监测要求。

5.3.3　用能单位应建立能源计量器具档案，内容包括：

a)　计量器具使用说明书；

b)　计量器具出厂合格证；

c)　计量器具最近两个连续周期的检定(测试、校准)证书；

d)　计量器具维修记录；

e)　计量器具其他相关信息。

5.3.4　用能单位应备有能源计量器具量值传递或溯源图，其中作为用能单位内部标准计量器具使用的，要明确规定其准确度等级、测量范围、可溯源的上级传递标准。

5.3.5　用能单位的能源计量器具，凡属自行校准且自行确定校准间隔的，应有现行有效的受控文件(即自校计量器具的管理程序和自校规范)作为依据。

5.3.6　能源计量器具应实行定期检定(校准)。凡经检定(校准)不符合要求的或超过检定周期的计量器具一律不准使用。属强制检定的计量器具，其检定周期、检定方式应遵守有关计量法律法规的规定。

5.3.7　在用的能源计量器具应在明显位置粘贴与能源计量器具一览表编号对应的标签，以备查验和管理。

5.4　能源计量数据

5.4.1　用能单位应建立能源统计报表制度，能源统计报表数据应能追溯至计量测试记录。

5.4.2　能源计量数据记录应采用规范的表格式样，计量测试记录表格应便于数据的汇总与分析，应说明被测量与记录数据之间的转换方法或关系。

5.4.3　重点用能单位可根据需要建立能源计量数据中心，利用计算机技术实现能源计量数据的网络化管理。

5.4.4　重点用能单位可根据需要按生产周期(班、日、周)及时统计计算出其单位产品的各种主要能源消耗量。

STANDARDS PRESS OF CHINA

ICS 17.220.20
N 22

中华人民共和国国家标准

GB/T 17215.211—2006/IEC 62052-11:2003

交流电测量设备　通用要求、试验和试验条件　第11部分:测量设备

Electricity metering equipment(a. c.)—General requirements, tests and test conditions—Part 11:Metering equipment

(IEC 62052-11:2003,IDT)

2006-03-14 发布　　2006-10-01 实施

中华人民共和国国家质量监督检验检疫总局
中国国家标准化管理委员会　发布

前言

我国将参照 IEC/TC 13 的标准结构制定与之相对应的电能测量和负荷控制标准体系，GB/T 17215的本部分是该标准体系的基础标准之一，本部分等同采用 IEC 62052-11:2003《交流电测量设备　通用要求、试验和试验条件　第 11 部分：测量设备》。

本部分是电能测量设备的基础标准，对于具体设备(例如静止式交流电能表)应根据产品的特性选择相应标准与本部分一起使用。

本部分的附录 A、附录 B、附录 C、附录 D 为规范性附录，附录 E、附录 F 为资料性附录。

本部分由中国机械工业联合会提出。

本部分由全国电工仪器仪表标准化技术委员会归口。

本部分起草单位：哈尔滨电工仪表研究所、华立仪表集团股份有限公司、长沙威胜电子有限公司、杭州华隆电子技术有限公司、浙江正泰仪器仪表有限责任公司、江苏林洋电子有限公司、河南思达高科技股份有限公司、黑龙江龙电电气有限公司、上海金陵智能电表有限公司、山东省电力试验研究院计量中心、福建省电力试验研究院、黑龙江省电力科学研究院、山东省计量科学研究所、江苏省计量测试技术研究所。

本部分主要起草人：王兆宏、徐人恒、徐民、李学勇、曹瑞基、沙乐菲、陆以彪、林炳海、沙川、熊兰英、马朝阳、顾锦源、常青、郑钟方。

本部分为第一次发布。

IEC 引　言

IEC 62052 的本部分与电测量设备系列标准 IEC 62052、IEC 62053 和 IEC 62059 的相关部分一起使用：

IEC 62053-11:2003　交流电测量设备　特殊要求　11 部分：机电式有功电能表(0.5、1 和 2 级)

IEC 62053-21:2003　交流电测量设备　特殊要求　21 部分：静止式有功电能表(1 和 2 级)

IEC 62053-22:2003　交流电测量设备　特殊要求　22 部分：静止式有功电能表(0.2 S 和 0.5 S 级)

IEC 62053-23:2003　交流电测量设备　特殊要求　23 部分：静止式无功电能表(2 和 3 级)

IEC 62053-31:1998　交流电测量设备　特殊要求　31 部分：机电式和电子式仪表的脉冲输出装置(仅对二线)

IEC 62053-61:1998　交流电测量设备　特殊要求　61 部分：功耗和电压要求

IEC 62059-11:2002　交流电测量设备　可靠性　11 部分：一般概念

IEC 62059-21:2002　交流电测量设备　可靠性　21 部分：仪表可靠性数据现场采集

本部分是关于电能表型式试验的标准，其主要内容包括对“普通仪表”的通用要求。这些仪表在世界范围内大量地在户内户外使用。本部分不涉及特殊的装置(如分开包封的测量部件和/或显示器)。

对于某类设备，本部分将与正在考虑中的 IEC 62053 的适当部分一起使用。

本部分区分：

——户内用和户外用的仪表，以及

——Ⅰ类防护仪表和Ⅱ类防护仪表。

本部分给出了在正常工作条件下确保仪表正常功能的最低试验水平，对于特殊的应用，可能需要其他的试验等级，对此则应由用户和制造厂进行协商。

交流电测量设备　通用要求、试验和试验条件　第11部分：测量设备

1　范围

GB/T 17215 的本部分涉及在户内用和户外用的电能计量设备的型式试验，并适用于最新制造的、用来测量 50 Hz 或 60 Hz 且电压不超过 600 V 电网中电能的设备。

本部分适用于在户内和户外使用的、由包封在同一表壳内的测量元件和计度器组成的机电式或静止式仪表，也适用于工作指示器和测试输出。如果仪表有一个测量元件用来测量一种以上电能（复合电能仪表），或者当其他功能元件（如最大需量指示器、电子费率计度器、时间开关、纹波控制接收器、数据通信接口等）也包封在该仪表表壳内，则与这些元件相关的标准也应适用。

本部分不适用于：

a)　携带式仪表；

b)　仪表计度器的数据接口；

c)　标准表。

对架装式仪表，本部分不涉及其机械性能。

2　规范性引用文件

下列文件中的条款通过 GB/T 17215 的本部分的引用而成为本部分的条款。凡是注日期的引用文件，其随后所有的修改单（不包括勘误的内容）或修订版均不适用于本部分，然而，鼓励根据本部分达成协议的各方研究是否可使用这些文件的最新版本。凡是不注日期的引用文件，其最新版本适用于本部分。

GB/T 2423.1—2001　电工电子产品环境试验　第 2 部分：试验方法 试验 A：低温（idt IEC 60068-2-1:1990）

GB/T 2423.2—2001　电工电子产品环境试验　第 2 部分：试验方法　试验 B：高温（idt IEC 60068-2-2:1974）

GB/T 2423.4—1993　电工电子产品基本环境试验规程　试验 Db：交变湿热试验方法（eqv IEC 60068-2-30:1980）

GB/T 2423.5—1995　电工电子产品环境试验　第二部分：试验方法　试验 Ea 和导则：冲击（idt IEC 60068-2-27:1987）

GB/T 2423.17—1993　电工电子产品基本环境试验规程　试验 Ka：盐雾试验方法（idt IEC 60068-2-11:1981）

GB/T 2423.24—1995　电工电子产品环境试验　第二部分：试验方法　试验 Sa：模拟地面上的太阳辐射（idt IEC 60068-2-5:1975）

GB 9254—1998　信息技术设备的无线电骚扰限值和测量方法（idt CISPR 22:1997）

GB/T 11021—1989　电气绝缘的耐热性评定和分级（eqv IEC 60085:1984）

GB/T 16927.1—1997　高电压试验技术　第一部分：一般试验要求（eqv IEC 60060-1:1989）

GB/T 17441—1998　交流电度表符号（idt IEC 60387:1992）

GB/T 17626.2—1998　电磁兼容　试验和测量技术静电放电抗扰度试验（idt IEC 61000-4-2:1995）

GB/T 17626.4—1998　电磁兼容　试验和测量技术　电快速瞬变脉冲群抗扰度试验（idt IEC

61000-4-4:1995)

GB/T 17626.5—1998 电磁兼容 试验和测量技术 浪涌(冲击)抗扰度试验(idt IEC 61000-4-5:1995)

GB/T 17626.6—1998 电磁兼容 试验和测量技术射频场感应的传导骚扰抗扰度试验 (idt IEC 61000-4-6:1996)

GB/T 17626.12—1998 电磁兼容 试验和测量技术 振荡波抗扰度试验(idt IEC 61000-4-12:1995)

IEC 60038:1983 IEC 标准电压(第一次修订:1994,第二次修订:1997)

IEC 60044-1:1996 仪用互感器 第 1 部分:电流互感器

IEC 60044-2:1997 仪用互感器 第 2 部分:感应电压互感器

IEC 60050 300:2001 国际电工词汇(IEV) 电工和电子测量及测量仪表

311 部分:测量的一般术语

312 部分:电工测量仪表通用术语

313 部分:电工测量仪表的型式

314 部分:有关测量仪表型式的特殊术语

IEC 60068-2-6:1995 环境试验 第 2 部分:试验 试验 Fc:振动(正弦)

IEC 60068-2-75:1997 环境试验 第 2-75 部分:试验 试验 Eh:弹簧锤试验

IEC 60359:2001 电工和电子测量设备的特性 性能表示

IEC 60417-2:1998 设备用图形符号 第 2 部分:符号原图

IEC 60529:1989 外壳防护等级(IP 码)(第一次修订:1999)

IEC 60695-2-11:2000 着火危险试验 第 2-11 部分 灼热丝基本试验方法 成品的灼热丝可燃性试验方法

IEC 60721-3-3:1994 环境条件分类 第 3 部分:环境参数及其严酷度的分类 第 3 节:固定使用在有所防护的场所(第一次修订:1995,第二次修订:1996)

IEC 61000-4-3:2002 电磁兼容性(EMC) 第 4 部分:试验和测量技术 第 3 单元:射频电磁场辐射抗扰度试验 基本 EMC 出版物

IEC 62053-31:1998 交流电测量设备 特殊要求 第 31 部分:机电式和电子式电能表脉冲输出装置(仅为二线)(第一次修订:2000)

ISO 75-2:1993 塑料 负载下热变形的测定 塑料和胶木

3 术语和定义

本部分采用下列术语和定义。

电工和电子测量设备的特性表达摘自 IEC 60359。

在术语汇编中的定义与由 TC 13 制定的产品标准中所包含的那些定义有差别之处,则在相关标准应用时,后者优先。

3.1 一般定义

3.1.1

机电式电能表 electromechanical meter

由固定线圈的电流与导电的可动的部件(一般为圆盘)中的感应电流相互作用,使其产生与被测电能成正比的转动的仪表。

3.1.2

静止式电能表 static meter

由电流和电压作用于固态(电子)元件而产生与被测电能成正比输出的仪表。

3.1.3

有功电能表 watt-hour meter

通过有功功率对时间积分来测量有功电能的仪表。(IEV 301-06-01)

3.1.4

无功电能表 var-hour meter

通过无功功率对时间积分来测量无功电能的仪表。(IEV 301-06-02)

3.1.5

无功功率 reactive power

var

单相电路中任一单一频率下正弦波的无功功率定义为电流和电压方均根值与其相位角正弦的乘积。

注:无功功率的标准(器)适用于仅有基波频率的正弦电流和电压。

3.1.6

无功电能 reactive energy

var·h

3.1.6.1

单相电路无功电能 reactive energy in a single-phase circuit

单相电路中的无功电能是 3.1.5 所定义的无功功率对时间的积分。

3.1.6.2

多相电路无功电能 reactive energy in a polyphase circuit

各相无功电能的代数和。

注:此规定基于无功电能由基波频率的正弦电流和电压导出,在这些建议中用因数"sinφ"来给出电路的感性或容性状态。

3.1.7

多费率电能表 multi-rate meter

装有数个计度器的电能表,每个计度器在规定的时间段内对应不同的费率工作。(IEV 313-06-09,经修正)

3.1.8

仪表型式 meter type

3.1.8.1

仪表型式(机电式电能表) meter type (for electromechanical meter)

用作规定由一个制造厂制造的仪表特定设计的术语,每一型式应具有:

a) 相同的计量性能;

b) 确定上述性能的部件具有相同一致的结构;

c) 最大电流与参比电流的比值相同;

d) 在参比电流下电流线圈有相同的安匝数,在参比电压下电压线圈有相同的每伏匝数。

同一型式可以有几个参比电流和参比电压值。

电能表由制造商用一组或多组字母或数字,或用字母和数字的组合来标识。一个型式仅有一个设计。

注1:型式由用于型式试验的样品来代表,其特性值(参比电流和参比电压)从制造商提供的表格中的给定值中选取。

注2:在由安匝数导出的匝数不是整数时,基本电流值与线圈匝数的乘积可以不同于代表该型式的样表的数值。为了有一个整数匝,可选择与之相近的数值,即靠上或靠下都可以。出于同样理由,电压线圈的每伏匝数也可以不同,但不能超过代表该型式的样机的 20%。

注3:同型式的每个电能表转子的基本转速其最高值与最低值的比例不应超过 1.5。

3.1.8.2

仪表型式(静止式电能表) meter type (for static meter)

用作规定由一个制造厂制造的仪表特定设计的术语,每一型式应具有:

a) 相同的计量性能;

b) 确定上述性能的部件具有相同一致的结构;

c) 最大电流与参比电流的比值相同。

同一型式可以有几个参比电流和参比电压值。

电能表由制造商用一组或多组字母或数字,或用字母和数字的组合来标识。每一型式仅有一个型号。

注:型式由用于型式试验的样品来代表,其特性值(参比电流和参比电压)从制造商提供的表格中的给定值中选取。

3.1.9

标准电能表 reference meter

一种用于测量单位电能的仪表,通常被设计并工作在一个受控的实验室环境中以获得最高准确度和稳定度。

3.2 有关功能元件的定义

3.2.1

测量单元 measuring element

产生与电能成比例输出的仪表部件。

3.2.2

输出装置 output device

3.2.2.1

测试输出 test output

能用于测试仪表的装置。

3.2.2.2

工作指示器 operation indicator

给出仪表工作状态的可视信号的装置。

3.2.2.3

脉冲 pulse

脱离初始电平并限定持续时间,最终回到初始电平的电波。

3.2.2.4

脉冲装置(电测量用) pulse device (for electricity metering)

用于发射、传送、转发或接收电脉冲的功能单元。该电脉冲代表有限量,例如从某种类型的仪表正常地传送到接收单元的电能。

3.2.2.5

脉冲输出装置(脉冲输出) pulse output device (pulse output)

发射脉冲的脉冲装置。

3.2.2.6

光测试输出 optical test output

用于测试电能表的光脉冲输出装置。

3.2.2.7

电测试输出 electrical test output

用于测试仪表的电脉冲输出装置。

3.2.2.8

接收头 receiving head

接收由光脉冲输出装置发射的脉冲的功能单元。

3.2.3

贮存器 memory

贮存数字信息的元件。

3.2.3.1

非易失存贮器 non-volatile memory

断电时能保持信息的存贮器。

3.2.4

显示器 display

显示存贮器内容的装置。

3.2.5

计度器 register

能使测量值被确定的仪表部件。(IEC 314-07-09,经修正)

它可以是一个机电式装置或是一个由贮存器和显示器两者组成的贮存和显示信息的电子装置。一个单一的电子显示器可以供多个电子贮存器使用以形成多电子计度器。

3.2.6

电流线路 current circuit

仪表的内部接线和测量单元的一部分,与电能表相连的线路的电流流经其间。

3.2.7

电压线路 voltage circuit

仪表的内部接线,是静止式仪表内测量单元的一部分,也是仪表连接的线路电压供电的电源一部分。

3.2.8

辅助电路 auxiliary circuit

表壳内的元件(灯、接触器等)以及用于与外部装置,如时钟、继电器、脉冲计数器连接的辅助装置的接线。

3.2.9

常数 constant

3.2.9.1

常数(机电式电能表) constant(for electromechanical meter)

表示仪表记录的电能与相应的转盘转数间关系的数值,例如每千瓦时的转数(rev/kWh)或每转瓦时数(Wh/r)。

3.2.9.2

常数(静止式电能表) constant (for static watt-hour meters)

表示仪表记录的电能与相应的测试输出数值间关系的数值,例如,如果此值为一定量的脉冲数,则常数应为每千瓦时的脉冲数(imp/kWh)或每脉冲的瓦时数(Wh/imp)。

3.3 机械单元的定义

3.3.1

户内仪表 indoor meter

仅能用于对环境影响有附加保护的场所(安装在屋内或箱柜内)使用的仪表。

STANDARDS PRESS OF CHINA

3.3.2

户外仪表　outdoor meter

能在无附加保护的露天中使用的仪表。

3.3.3

表底　base

仪表的底部通常用来固定仪表和安装测量单元、端子或端子座以及表盖。

对嵌入式仪表，表底可包含外壳的侧面。

3.3.3.1

插座　socket

具有能容纳可拆式电能表端子的插口的座子，并具有连接供电干线的端子。它可以是供一台电能表用的单位置插座，或是一个供二台以上电能表用的多位置插座。

3.3.4

表盖　cover

仪表正面的包封。由全部透明的或者带有窗口的不透明材料制成，通过窗口可读取工作指示器(如装设时)和显示器。

3.3.5

表壳　case

由表底和表盖组成。

3.3.6

可触及的导电部件　accessible conductive part

当仪表安装并准备使用时，用标准试验指可触及到的导电部件。

3.3.7

保护接地端子　protective earth terminal

出于安全目的，与仪表可触及的导电部件相连接的端子。

3.3.8

端子座　terminal block

由绝缘材料制成的支撑件，其上装有仪表的全部或部分端子。

3.3.9

端子盖　terminal cover

覆盖仪表接线端和通常接于此端子的外部导线或电缆末端的盖。

3.3.10

间隙　clearance

导电部件之间在空间测得的最短距离。

3.3.11

爬电距离　creepage distance

导电部件之间在绝缘体表面上测得的最短距离。

3.4　关于绝缘的定义

3.4.1

基本绝缘　basic insulation

给带电部件提供对电击基本防护的绝缘。

注：基本绝缘不一定包括专门用于功能目的的绝缘。

3.4.2

附加绝缘　supplementary insulation

如果基本绝缘失效发生，为对电击提供防护而使用除基本绝缘之外的独立绝缘。

3.4.3

双重绝缘　double insulation

由基本绝缘和附加绝缘构成的绝缘。

3.4.4

加强绝缘　reinforced insulation

应用于带电部件的单一绝缘系统，该系统提供一个相当于双重绝缘的对电击的防护等级。

注："绝缘系统"一词并不意味着绝缘应是一个匀质的绝缘体，它可由多层构成，每一层不能单独作为基本绝缘或附加绝缘来测试。

3.4.5

Ⅰ类防护绝缘包封仪表　insulating encased meter of protection class Ⅰ

仪表的防电击措施不仅依靠基本绝缘而且还依靠附加的安全措施，即导体可触及部分与设施的固定线路中的保护接地导体相连，以此方法，以便在基本绝缘失效时，导体可触及部分不带电。

注：此预防措施包括保护接地端子。

3.4.6

Ⅱ类防护绝缘包封仪表　insulating encased meter of protection class Ⅱ

有一个绝缘材料表壳的仪表，其防电击措施不仅依靠基本绝缘，而且还依靠附加的安全措施，如双重绝缘或加强绝缘，既无保护接地措施也不依赖安装条件。

3.5　仪表量值的定义

3.5.1　参比电流　reference current

3.5.1.1

起动电流[1)]　starting current

I_{st}

仪表起动并连续计数的电流的最小值。

3.5.1.2

基本电流[1)]　basic current

I_b

确定直接接入仪表有关特性的电流值。

3.5.1.3

额定电流[1)]　rated current

I_n

确定经互感器工作的仪表有关特性的电流值。

3.5.2

最大电流[1)]　maximum current

I_{max}

仪表能满足本标准准确度要求的电流最大值。

3.5.3

参比电压[1)]　reference voltage

U_n

1)　除非另有说明，"电压"和"电流"术语指的是方均根(r.m.s)。

确定仪表有关特性的电压值。

3.5.4

参比频率　reference frequency

确定仪表有关特性的频率值。

3.5.5

等级指数　class index

仪表在特殊要求部分所定义的参比条件(包括参比值的允差)下测试时，对 $0.1I_b \sim I_{max}$ 或 $0.05I_n \sim I_{max}$ 间的所有电流值、在功率因数为1(多相表为平衡负载)时规定的允许百分数误差极限的数值。

3.5.6

百分数误差　percentage error

百分数误差由下式给定：

$$百分数误差 = \frac{仪表记录的电能 - 真值电能}{真值电能} \times 100$$

注：因为真值电能值不可能准确测定，可由一个带有规定不确定度的值与其近似，此值能从制造厂和用户商定的标准器或国家标准器溯源得到。

3.6　影响量的定义

3.6.1

影响量　influence quantity

可能影响仪表工作特性的任一量，一般为外部量。(IEV 311-06-01，已修正)

3.6.2

参比条件　reference conditions

影响量和性能特性的适当集合，具有参比值、允差和参比范围，并以此规定基本误差。(IEV 301-06-02，已修正)

3.6.3

由影响量引起的误差改变　variation of error due to an influence quantity

仅对一个影响量依次设定二个规定值，其一为参比值时，仪表的百分数误差之差。

3.6.4

畸变因数　distortion factor

谐波含量的均方根值(非正弦量减去基波量)与非正弦量均方根值之比。畸变因数一般以百分数表示。

3.6.5

电磁骚扰　electromagnetic disturbance

能在功能或计量方面影响仪表工作的传导或辐射的电磁干扰。

3.6.6

参比温度　reference temperature

作为参比条件而规定的环境温度。

3.6.6.1

平均温度系数　mean temperature coefficient

百分数误差的改变量与产生此改变的温度变化量的比值。

3.6.7

额定工作条件　rated operating conditions

对性能特性规定的测量范围和对影响量规定的工作范围的集合，以此来规定并测定仪表的工作误差改变。

3.6.8

规定的工作范围　specified operating range

构成额定工作条件单一影响量的量值范围。

3.6.9

扩展的工作范围　extended operating range

工作中的仪表所能承受的、不至于损坏的极端条件，随后在额定工作条件下工作时其计量特性不至于降低。在此范围，可以规定放宽的准确度要求。

3.6.10

极限工作范围　limit operating range

工作中的仪表所能承受的、不至于损坏的极端条件，随后在额定工作条件下工作时其计量特性不至于降低。

3.6.11

贮存和运输条件　storage and transport condition

非工作状态下的仪表所能承受的、不至于损坏的极端条件，随后在额定工作条件下工作时其计量特性不至于降低。

3.6.12

正常工作位置　normal working positions

为正常运行而由制造商规定的仪表的位置。

3.6.13

热稳定性　thermal stability

当由热效应引起的误差变化在 20 min 内按考虑中的测量方法所测得的值小于最大允许误差的 0.1 倍，则可认为达到热稳定性。

3.7　试验的定义

3.7.1

型式试验　type tests

为验证各型式仪表符合本标准的相应仪表等级的全部要求，对制造商选送的一台仪表或具有同一特性的少量同一型式的仪表所进行的一系列试验的过程。

3.8　有关机电式仪表的定义

3.8.1

转子　rotor

仪表的可动部件。受固定绕组磁通和制动元件磁通作用而工作并带动计度器。

3.8.2

驱动元件　driving element

仪表的工作部件。由其磁通与可动部件中的感应电流作用而产生转矩。该元件一般由带有调整装置的电磁铁组成。

3.8.3

制动元件　braking element

由其磁通与可动部件中的感应电流作用而产生制动转矩的仪表部件。通常由一个或几个磁铁及其调整装置组成。

3.8.4

基架　frame

固定驱动元件、转子轴承、计度器，通常还有制动元件，有时也有调整装置的部件。

3.8.5

基本转速 basic speed

仪表在参比条件下,并通以基本电流(或额定电流)及功率因数为1时,以每分钟转数表示的转子转动的标称速度。

3.8.6

基本转矩 basic torque

仪表在参比条件下,并通以基本电流(或额定电流)及功率因数为1时,转子保持静止时的转矩标称值。

3.8.7

垂直工作位置 vertical working position

在转子轴垂直时的仪表的位置。

4 标准电量值

4.1 标准参比电压(见表1)

表1 标准的参比电压

仪表类别	标准值/ V	例外值/ V
直接接入式	120-220*-230-277-380*-400-480	100-127-200-240-415
经电压互感器接入式	57.7-63.5-100-110-115-120-200-220*	173-190

注:标准值中带*的电压值是我国标准的电压值,直接接入式不同于 IEC 60038;经互感器接入式,不同于 IEC 60044-2;作为国家标准这样是合适的。

4.2 标准电流(见表2)

表2 标准的参比电流

仪表类别	标准值/ A	例外值/ A
直接接入式(I_b)	5-10-15-20-30-40-50	80
经电流互感器接入式(I_n)	1-2-5 (IEC 60044-1)	1.5-2.5

4.2.1 最大电流

对直接接入式仪表其最大电流应优先取基本电流的整倍数(例如4倍基本电流)。

当仪表经电流互感器工作时,须注意仪表的电流范围与电流互感器的二次电流相匹配。仪表的最大电流为 $1.2I_n$、$1.5I_n$ 或 $2I_n$。

4.3 标准参比频率

参比频率的标准值为 50 Hz 和 60 Hz。

5 机械要求

5.1 通用机械要求

仪表应被设计并制成在正常条件下正常工作时不至引起任何危险。尤其应确保:

——抗电击的人身安全;

——防过高温度的人身安全;

——防止火焰蔓延;

——防止固体异物、灰尘和水的进入。

在正常工作条件下可能经受腐蚀的所有部件应受有效防护。在正常工作条件下,任何防护层既不应在一般的操作时会受损,也不应由于暴露在空气中而受损。户外用仪表应能耐阳光辐射。

注:对在腐蚀环境中特殊使用的仪表,附加要求应在订货合同中规定(如按 GB/T 2423.17 的盐雾试验)。

5.2 外壳

5.2.1 要求

仪表应有一个能被铅封的外壳,只有在破坏铅封后才能触及仪表内部部件。

不使用工具,表盖应不能被拆下。

表壳的构造和安排应能保证在出现非永久性变形时不妨碍仪表正常工作。

除非另有规定,在参比条件下接入对地电压超过 250V 的供电干线的仪表,且当其外壳全部或部分由金属材料制成,应提供一个保护接地端子。

仪表外壳的机械强度应作下列试验:

5.2.2 试验

5.2.2.1 弹簧锤试验

仪表外壳的机械强度应作弹簧锤试验(见 IEC 60068-2-75)。

应将仪表安装在其正常工作位置,弹簧锤以 0.2 J±0.02 J 的动能作用在仪表表盖的外表面(包括窗口)及端子盖上。

如果仪表的外壳和端子盖没有出现影响仪表功能及可能触及带电部件的损伤,此试验的结果是合格的。不减弱对间接接触的防护或不影响防止固体异物、灰尘和水进入的轻微损伤是允许的。

5.2.2.2 冲击试验

试验应在下列条件下,按 GB/T 2423.5 进行:

——仪表在非工作状态,无包装;

——半正弦脉冲;

——峰值加速度:30 g_n(300 m/s^2);

——脉冲周期:18 ms。

试验后,仪表应无损伤或信息改变并应能按相应标准的要求正确地工作。

5.2.2.3 振动试验

试验应在下列条件下,按 IEC 60068-2-6 进行:

——仪表在非工作状态,无包装;

——频率范围:10 Hz～150 Hz;

——交越频率:60 Hz;

——f<60 Hz,恒定振幅 0.075 mm;

——f>60 Hz,恒定加速度 9.8 m/s^2(1 g);

——单点控制;

——每轴扫描周期数:10。

注:10 个扫描周期=75 min。

试验后,仪表应无损伤或信息改变并应能按相应标准的要求准确地工作。

5.3 窗口

如果表盖不是透明的,为抄读显示器和观察工作指示器(如装设时),应提供一个或几个窗口。这些窗口应由透明材料制成,不拆去铅封,未被破坏不能被取下。

5.4 端子—端子座—保护接地端子

端子应组装在具有足够的绝缘性能和机械强度的端子座中。为满足此项要求,在为端子座选择绝缘材料时应考虑适当的材料试验。

制造端子座的材料应能通过ISO 75-2规定的有关温度为135℃、压力为1.8 MPa(方法A)的试验。

成为端子孔延伸的绝缘材料中的孔应有足够的大小,以同时容纳导线的绝缘层。

导线与端子的固定方式应确保充分和持久的接触,以免松动和过度发热。传递接触力的螺钉和在仪表寿命期内需多次松紧的固定螺钉应拧入金属螺母。

每个端子的所有部分应使其在与任何其他金属部件接触而产生腐蚀的危险性最小化。

电气连接应设计成不通过绝缘材料来传递接触力。

对于电流线路,其电压被认为与相应的电压线路是相同的。

紧密组装在一起的不同电位的端子应防止偶然短路。可用绝缘栅加以防护。一个电流线路的端子被视作处于相同电位。

端子、导体固定螺钉,或内、外部导体不应与金属端子盖接触。

如有保护接地端子,

a) 应与可接触的金属部件作电气连接;

b) 如可能,应成为仪表底座的部件;

c) 应尽量靠近端子座;

d) 应能容纳一个导线,其截面至少等于主干电流导线的截面,下限为6 mm^2,上限为16 mm^2(此尺寸仅为使用铜导线时);

e) 按IEC 60417-2中的5019保护接地规定的图形符号清楚地予以标识。

安装后,不使用工具应不能松开保护接地端子。

5.5 端子盖

仪表的端子如果被组装在端子座中且无任何其他方法保护,应有一个独立于表盖的可铅封的盖。除非另有规定,端子盖应盖住端子、导线固定螺钉,还应盖住适当长度的外接导线及其绝缘层。

当仪表为挂壁式安装时,不拆除端子盖铅封应不能触及端子。

5.6 间隙和爬电距离

参比电压超过40 V的线路的任何端子与地,以及与所有参比电压低于或等于40 V的辅助线路的端子之间的间隙和爬电距离应不小于下列规定:

——对Ⅰ类防护仪表按表3a;

——对Ⅱ类防护仪表按表3b。

参比电压超过40 V的线路其端子间的间隙和爬电距离应不小于表3a中的规定。

端子盖如用金属制成,其与拧入所固定的最大导线后的螺钉端面的间隙不小于表3a和表3b中所示的相关值。

表3a Ⅰ类防护绝缘包封仪表的间隙和爬电距离

从额定系统电压导出的相对地电压/V	额定脉冲电压/V	最小间隙/mm		最小爬电距离/mm	
		户内用仪表	户外用仪表	户内用仪表	户外用仪表
≤100	1 500	0.5	1.0	1.4	2.2
≤150	2 500	1.5	1.5	1.6	2.5
≤300	4 000	3.0	3.0	3.2	5.0
≤600	6 000	5.5	5.5	6.3	10.0

表 3b Ⅱ类防护绝缘包封仪表的间隙和爬电距离

从额定系统电压导出的相对地电压/V	额定脉冲电压/V	最小间隙/mm		最小爬电距离/mm	
		户内用仪表	户外用仪表	户内用仪表	户外用仪表
≤100	2 500	1.5	1.5	2.0	3.2
≤150	4 000	3.0	3.0	3.2	5.0
≤300	6 000	5.5	5.5	6.3	10.0
≤600	8 000	8.0	8.0	12.5	20.0

也应满足脉冲电压试验的要求(见 7.3.2)。

5.7 Ⅱ类防护绝缘包封仪表

Ⅱ类防护仪表应具一个耐用的且完全由绝缘材料制成的外壳,包括端子盖也应由绝缘材料制成。除一些小部件,如铭牌、螺钉、挂攀和铆钉外,外壳应包容所有的金属部件。如果这类小部件用标准试验指(按 IEC 60529 规定)可从表壳外触及,则还应通过附加绝缘将其与带电部件隔离以防基本绝缘失效或带电部件松动。清漆、瓷漆、普通纸、棉纱、金属件上的氧化膜、粘贴膜、填充料或类似的不可靠材料的绝缘保护对附加绝缘而言,不应被认为是有效的。

对此类仪表的端子座和端子盖,用加强绝缘是足够的。

5.8 耐热和阻燃

端子座、端子盖和表壳应具备合适的安全性以防止火焰蔓延。不应因与之接触的带电部件的热过载而着火。为了充分满足要求应进行下列试验。

试验应按 IEC 60695-2-11 规定,以下列温度进行:

——端子座:960℃±10℃;

——端子盖和表壳:650℃±10℃;

——作用时间:30 s±1 s。

可在任一随机位置与灼热丝接触。如果端子座与表底为一整体,仅对端子座进行试验是足够的。

5.9 防尘和防水

仪表应符合 IEC 60529 规定的防护等级。

——户内用仪表:IP51,但表内无负压;

——户外用仪表:IP54。

试验应按 IEC 60529 的规定,在下列条件下进行:

a) 防尘

——仪表在非工作状态下,并安装在一模拟墙上;

——应接入制造商规定型号的标准长度的电缆(暴露端密封)进行试验,且端子盖在原来位置;

——表内外应保持相同的大气压力(既不欠压也不过压),仅对户内用仪表;

——第一位特征数字:5(IP5X)。

任何灰尘的进入量以不影响仪表的工作为度。应通过 7.3 规定的绝缘强度试验。

b) 防水

——仪表在非工作状态;

——第二位特征数字:1(IPX1),适用于户内用仪表;

4(IPX4),适用于户外用仪表。

任何水的进入量以不影响仪表的工作为度。应通过 7.3 规定的绝缘强度试验。

5.10 测量值的显示

信息应能通过机电计度器或电子显示器显示。在电子显示器的情况下,相应的非易失存贮器的最少保持时间应为四个月。

注1：非易失存贮器的更长保持时间应在订货合同中规定。

用单一显示器显示多个量值的情况下，应能显示所有相关存贮器的内容。在显示存贮器内容时，应能鉴别所适用的每一费率，并且能自动顺序显示，对以计费为目的的计度器的每次显示应不少于5s。

应能指示当前费率。

当仪表未通电时，电子显示器不必显示。

测量值的基本单位为千瓦时(kWh)、千乏时(kvarh)、千伏安时(kVAh)或兆瓦时(MWh)、兆乏时(Mvarh)、兆伏安时(MVAh)。

对于机电计度器，计度分度应是耐久的并易读取的。当连续转动时，鼓轮的最低值应被分成十等分并标以数字，每一等分再被分成10份，或任何其他能确保相同读数准确度的分格。指示单位小数位的字轮，当其可见时，应有不同的标记。

电子显示器的每一数字单元，应能显示从“0”到“9”的全部数字。

计度器应能记录并显示从零开始相应于在参比电压和功率因数为1时，至少1500h最大电流时的电能。

注2：多于1 500 h的值应在订货合同中规定。

在使用期间，应不能使累积总电能的指示复位。

注3：显示的例行翻转不能认为是复位。

5.11 输出装置

仪表应有能用合适的测试设备进行监测的测试输出装置。

输出装置通常不产生均匀的脉冲序列。因此制造商应说明必需的脉冲数，以确保测试的准确度在不同的测试点至少为仪表等级的1/10。

电测试输出见IEC 62053-31。

如测试输出为光测试输出，则应满足5.11.1和5.11.2的要求。

如装有工作指示器，应从正面可见。

5.11.1 机械和电特性

光测试输出应从正面可触及。

最大脉冲频率应不超过2.5 kHz。

调制的和非调制的输出脉冲都是允许的。非调制的输出脉冲应具有图D.2所示的波形。

脉冲跃迁时间(上升时间或下降时间)是从一种状态到另一种状态的时间，包括瞬变效应。跃迁时间应不超过20 μs(见图D.2)。

紧邻的两个光脉冲输出的距离，或离开一个光状态显示的距离应该足够长，不致影响传输。

在测试条件下，当接收头和光脉冲输出的光轴成一直线时，可获得最佳脉冲传输[2)]。

附录D中图D.2给出的上升时间应通过 $t_r \leqslant 0.2\ \mu s$ 的标准接收二极管来验证。

5.11.2 光特性

发射系统的辐射信号的波长在550 nm～1 000 nm之间。

仪表输出装置应在离开仪表表面距离 $a_1 = 10\ mm \pm 1\ mm$ 的整个规定的参考面上(旋光面积)产生一个辐射强度为 E_T 的信号，输出装置的极限值如下：

ON状态：$50\ \mu W/cm^2 \leqslant E_T \leqslant 1\ 000\ \mu W/cm^2$

OFF状态：$E_T \leqslant 2\ \mu W/cm^2$

见图D.1。

5.12 仪表的标志

2) (脉冲传输)光通道应不受强度为16 000 lx以下的周围光(光的成分类似日光，包括荧光灯的光)的影响。

5.12.1 铭牌

每台仪表应具有下列可应用信息：

a) 制造厂名或商标，如需要时包括产地。

b) 型号(见 3.1.8)，如需要时留有认证标志的空间。

c) 仪表适用的相数和线数(例如单相二线、三相三线、三相四线)；这些标志可用 IEC 60387 所规定的图形符号来代替。

d) 顺序号和制造年份，如顺序号标在固定于表盖的标牌上，则也应标在仪表的表底或贮存在仪表的非易失存贮器中。

e) 参比电压以下列形式之一标志：

——元件数(如多于一个)和仪表电压线路端的电压；

——系统的额定电压或仪表预定连接的仪用互感器的二次电压。

标志示例见表 4。

表 4 电压标志

仪表	电压电路端子上的电压/V	额定系统电压/V
单相二线，220 V	220	220
单相三线，120 V(对中线 120 V)	240	240
三相三线，二元件(相间 220 V)	2×220	3×220
三相四线，三元件(相对中线 220 V)	3×220(380)	3×220/380

f) 对直接接入式仪表，标示基本电流和最大电流，例如，一台基本电流为 10 A、最大电流为 40 A 的仪表，标示成：10-40A 或 10(40)A。

对经互感器工作的仪表，标示与其连接的互感器的额定二次电流，例如 /5A；仪表的额定电流和最大电流可包括在型号中。

g) 参比频率，Hz。

h) 仪表常数。

i) 仪表等级指数。

j) 参比温度，不是 23℃时。

k) Ⅱ类防护绝缘包封仪表用双方框符号▣。

a)、b)和 c)项信息可标示在永久性附于表盖外部的标牌上。

d)至 k)项信息应优先标示在仪表内部的铭牌上。标志应耐久、清晰，并从仪表外部可见。

若仪表是一种特殊形式的(例如在多费率仪表中，如果其转换装置的电压不同于参比电压)则应在铭牌或单独的标牌上予以说明。

如果在仪表常数中考虑了仪用互感器，应标示互感器变比。

也可使用标准符号(见 GB/T 17441)。

5.12.2 接线图和端子标志

每台仪表应永久地标示接入的线路。如无可能，则应制作说明书以提供接线图。对多相仪表，图中还应示出仪表接入线路的相序。

若仪表端子加以标记，则此标记应在接线图中出现。

6 气候条件

6.1 温度范围

仪表的温度范围如表 5 所示。除 m)凝露和 p)结冰以外，这些数值引自 IEC 60721-3-3 表 1。

表 5 温度范围

	户内用仪表	户外用仪表
规定的工作范围	−10℃～45℃ (3K5 级)	−25℃～55℃ (3K6 级)
极限工作范围	−25℃～55℃ (3K6 级)	−40℃～70℃ (3K7 级)
贮存和运输极限范围	−25℃～70℃ (3K8H 级)	−40℃～70℃ (3K7 级)

注 1：对特殊用途，可在订货合同中规定其他温度值，例如户内用仪表低温环境可使用 3K7 级。

注 2：在此极端温度范围(3K7 级)内，仪表的工作、贮存和运输最长期限仅限于 6 h。

6.2 相对湿度

所设计的仪表应经受表 6 规定的气候条件。温度和湿度组合的试验见 6.3.3。

表 6 相对湿度

年平均	<75%
30 天，一年中这些天以自然方式分	95%
其余时间有时为	85%

相对湿度极限与环境温度的函数关系如附录 A 所示。

6.3 气候环境影响试验

每项气候试验后，仪表应无损坏或信息改变并能正确地工作。

6.3.1 高温试验

试验应按 GB/T 2423.2，在下列条件进行：

——仪表在非工作状态下；

——温度：+70℃±2℃；

——试验时间：72 h。

6.3.2 低温试验

试验应按 GB/T 2423.1，在下列条件进行：

——仪表在非工作状态下；

——温度：−25℃±3℃，户内用仪表；

　　　　−40℃±3℃，户外用仪表；

——试验周期：72 h，户内用仪表；

　　　　　　16 h，户外用仪表。

6.3.3 交变湿热试验

试验应按 GB/T 2423.4，在下列条件下进行：

——电压线路和辅助线路通参比电压；

——电流线路无电流；

——交变方式：1；

——上限温度：+40℃±2℃，户内用仪表；

　　　　　　+55℃±2℃，户外用仪表；

——不采取特殊的措施来排除表面潮气；

——试验时间：6 个周期。

此项试验结束后 24 h，仪表应经受下列试验：

a） 按 7.3 进行绝缘试验，其中脉冲电压应乘以系数 0.8；

b） 功能试验，仪表应无损坏或信息改变并能正确工作。

湿热试验也可当作腐蚀试验。目测评判试验结果。不应出现可能影响仪表功能特性的腐蚀痕迹。

6.3.4 阳光辐射防护

户外用仪表应承受阳光辐射。

试验应按 GB/T 2423.24 在下列条件下进行：

——仅对户外用仪表；

——仪表在非工作状态；

——试验程序 A（照光 8 h，遮暗 16 h）；

——上限温度：+55℃；

——试验时间：3 个周期或 3 天。

试验后，仪表应受目测检验。设备的外观，特别是标志的清晰度应不受改变。仪表的功能不应受损。

7 电气要求

7.1 电源电压影响

7.1.1 电压范围

表 7 电压范围

规定的工作范围	从 0.9 到 1.1U_n
扩展的工作范围	从 0.8 到 1.15U_n
极限工作范围	从 0.0 到 1.15U_n

注：在接地故障情况下的最大电压见 7.4。

7.1.2 电压暂降和短时中断

电压暂降和短时中断不应在计度器中产生大于 x 单位的改变，并且测试输出也不应产生一个等效于大于 x 单位的信号。x 值由下式算出：

$$x = 10^{-6}\ mU_n\ I_{max}$$

式中：

m——测量元件数；

U_n——参比电压，单位为伏（V）；

I_{max}——最大电流，单位为安（A）。

当电压恢复时，仪表的计量特性不应降低。

出于试验目的，仪表计度器至少应具有 0.01 单位的分辨力。

试验应按下列条件进行：

——电压线路和辅助线路通以参比电压；

——电流线路无电流。

a） 电压中断 ΔU=100%

——中断时间：1 s；

——中断次数：3 次；

——中断间隔时间：50 ms，见图 B.1。

b） 电压中断，ΔU=100%

——中断时间:额定频率的一个周期;

——中断次数:1 次,见图 B.2。

c) 电压暂降,$\Delta U=50\%$

——暂降时间:1 min;

——暂降次数:1 次,见图 B.3。

7.2 温升

在额定工作条件下,电路和绝缘体不应达到可能影响仪表正常工作的温度。

绝缘材料应符合 GB/T 11021—1989 的相应要求。

仪表每一电流线路通以额定最大电流,每一电压线路(以及那些通电周期比其热时间常数长的辅助电压线路)加载 1.15 倍参比电压,外表面的温升在环境温度为 40℃时应不超过 25 K。

在 2 h 的试验期间,仪表不应受到风吹或直接的阳光照射。

试验后,仪表应不受损坏并满足 7.3 的介电强度试验。

7.3 绝缘

在正常使用条件下,考虑到气候环境影响及在正常使用条件下经受的不同电压,仪表及其连用的辅助装置(如有时),应具有足够的介电质量。

仪表应经受 7.3.1 至 7.3.3 规定的脉冲电压试验和交流电压试验。

7.3.1 通用试验条件

试验仅对整表进行,带有表盖(后文有说明时除外)和端子盖,端子螺钉应拧在端子所能固定最大导线位置上。

试验程序按 GB/T 16927.1。

首先应进行脉冲电压试验,而后进行交流电压试验。

在型式试验中,介电强度试验仅对经受过该试验的仪表的端子排列是有效的。当端子排列不同时,应对每种排列进行所有的介电强度试验。

对于这些试验,术语“地”具有如下含义:

a) 当表壳由金属制成时,“地”即表壳本身,置于导电平面上。

b) 当表壳全部或只有部分由绝缘材料制成时,“地”是包围仪表的导电箔,此导电箔与所有可接触导电部件接触并与置于表底的导电平面相连接。在端子盖处,使导电箔接近端子和接线孔,距离不大于 2 cm。

在脉冲电压和交流电压试验时,如下文所指出,非试验线路应与地相连接。

试验后,在参比条件下仪表的百分数误差的改变应不大于测量不确定度并对设备无机械损坏。

在本条款中,“所有端子”是指电流线路、电压线路和参比电压超过 40 V 的辅助线路(如有)的整套端子。

这些试验应在正常使用条件下进行。试验中,绝缘质量不应受灰尘或异常潮湿而降低。

除非另有规定,绝缘试验的标称条件为:

——环境温度:15℃~25℃;

——相对湿度:45%~75%;

——大气压力:86 kPa~106 kPa。

如因各种原因必须重做绝缘试验,则应取新的样品进行。

7.3.2 脉冲电压试验

试验应在下列条件下进行:

——脉冲波形:按 GB/T 16927.1 规定的 1.2/50 脉冲;

——电压上升时间:±30%;

——电压下降时间:±20%;

——电源阻抗:500 Ω±50 Ω;

——电源能量:0.5 J±0.05 J;

——试验电压:按表 3a 或表 3b;

——试验电压允差:+0%~10%。

每次试验,以一种极性施加 10 次脉冲,然后以另一极性重复 10 次。两脉冲间最小时间为 3 s。

注:对以架空电网为主的地区,峰值电压可高于表 3a 和表 3b 中规定的试验电压。

7.3.2.1 线路及线路间的脉冲电压试验

在正常使用中与仪表的其他线路绝缘的每一线路(或线路组合)应单独进行试验。不经受脉冲试验的线路端子应接地。

当在正常使用中一个测量单元的电压线路和电流线路连在一起时,应整体进行试验。电压线路的另一端应接地,脉冲电压应施加在电流线路端子和地之间。当仪表的几个电压线路有一个公共点时,此公共点应接地。脉冲电压依次施加在每一接线的自由端(或与之相连接的电流线路)与地之间。此电流线路的另一端应开路。

在正常使用中同一测量单元的电压线路与电流线路分离并适当地绝缘(例如与测量互感器相接的每一线路)时,应分别对每一线路进行试验。

在某一电流线路试验时,其他线路端应接地,脉冲电压施加于电流线路端子之一与地之间。对某一电压线路试验时,其他线路端和被试电压线路端子之一应接地,脉冲电压施加于电压线路的另一端子与地之间。

直接与电网干线连接或连接到仪表线路的同一电压互感器上的、参比电压超过 40 V 的辅助线路,应经受与那些已经对电压线路给出的相同条件下的脉冲电压试验。其他辅助线路应不作此试验。

7.3.2.2 电路对地的脉冲电压试验

仪表电路的所有端子,包括那些参比电压超过 40 V 辅助电路端子,应该连接在一起。

参比电压低于或等于 40 V 的辅助电路应该接地。脉冲电压施加在所有电路和地之间。在此试验期间,不应出现闪络,破裂放电或击穿。

7.3.3 交流电压试验

有关特殊要求见相应标准。

7.4 抗接地故障能力

(仅对用于装备接地故障抑制器电网中的仪表)

对三相四线经互感器工作、并接入配有接地故障抑制器或星形点被隔离的配电网的仪表(在产生接地故障并伴有 10%过电压的情况下,不受接地故障影响的另两线对地的电压将会上升到标称电压的 1.9 倍)应适用以下要求:

对三条相线中的某一线上模拟接地故障条件下的试验,所有电压都提高到标称电压的 1.1 倍历时 4 h。试验时仪表中性端与仪表试验设备(MTE)的接地端断开而与 MET 模拟接地故障的线电压端连接(见附录 C)。这样,被试仪表不受接地故障影响的两电压端子接入了 1.9 倍标称相电压。在此试验中,设定电流线路为 50% I_n、功率因数为 1 和对称负载。试验后,仪表应无损坏并能正确地工作。

当仪表回到正常工作温度时,测得的误差改变应不超过表 8 规定的极限。

表 8 接地故障引起的误差改变

电流值	功率因数	各等级仪表百分误差改变量极限				
		0.2	0.5	1	2	3
I_n	1	0.1	0.3	0.7	1.0	1.5

试验线路图见附录 C。

7.5 电磁兼容性(EMC)

所设计的仪表(带有电子功能装置的机电式的或完全静止式的仪表)应在传导的或辐射的电磁现象

以及静电放电情况下，既不会损坏仪表也不会实质性地影响测量结果。

连续的和长时期的电磁现象作为影响量考虑，其准确度要求在相应标准中给出。

短时的电磁现象按3.6.5给出的定义作为骚扰考虑。

注：考虑电测量设备的电磁环境与以下的电磁现象有关：

——静电放电；

——射频电磁场；

——快速瞬变脉冲群；

——射频场感应的传导电压；

——浪涌；

——振荡波；

——无线电干扰。

试验见7.5.1—7.5.8。

7.5.1 一般试验条件

所有这些试验除非另有规定，仪表应在其正常工作位置，盖上表盖和端子盖。所有预定接地的部分应接地。

这些试验后，仪表应无损坏并按相应标准的规定工作。

7.5.2 静电放电抗扰度试验

试验应按GB/T 17626.2，在下列条件下进行：

——作为台式设备试验；

——仪表在工作状态：

- 电压线路和辅助线路通以参比电压；
- 电流线路无电流(开路)；

——接触放电；

——试验电压：8 kV；

——放电次数：10(以最敏感的极性)；

——如因无外露金属部件而不能接触放电，则以15 kV试验电压作空气放电。

静电放电作用应不使计度器产生大于x单位的改变以及测试输出不应产生大于等同x计量单位的信号量。关于x的公式见7.1.2。

在试验中，功能或性能有短暂的降低或失去是容许的。

7.5.3 射频电磁场抗扰度试验

试验应按IEC 61000-4-3，在下列条件下进行：

——作为台式设备试验；

——暴露于电磁场中的电缆长度：1 m；

——频率范围：80 MHz～2000 MHz；

——在1k Hz正弦波上以80％调幅载波调制；

试验装置的示例见附录E中图E.1。

a) 有电流时的试验

——仪表在工作状态：

- 电压线路和辅助线路通以参比电压；
- 基本电流I_b(相应的额定电流I_n)和$\cos\phi$(相应的$\sin\phi$)按相应标准规定的数值；

——未调制的试验场强：10 V/m。

在试验时应不使设备的状况紊乱且误差的改变应在相应标准规定的极限内。

b) 无电流时的试验

——仪表在工作状态：

- 电压线路和辅助线路通以参比电压；
- 电流线路无电流且电流端应开路；

——未调制的试验场强：30 V/m。

高频电磁场的作用应不使计度器产生大于 x 计量单位的改变以及测试输出不应产生大于等同 x 计量单位的信号量。关于 x 的公式见 7.1.2。

在试验中，功能或性能有短暂的降低或失去是容许的。

7.5.4 快速瞬变脉冲群试验

试验应按 GB/T 17626.4，在下列条件下进行：

——作为台式设备试验；

——仪表在工作状态：

- 电压线路和辅助线路通以参比电压；
- 基本电流 I_b（相应的额定电流 I_n）和 $\cos\phi$（相应的 $\sin\phi$）按相应标准规定的数值；

——在耦合器与 EUT 之间的电缆长度：≤1 m；

——试验电压应以共模方式（线对地）作用于：

- 电压线路；
- 电流线路，如果在正常使用时与电压线路是隔离的；
- 辅助线路，如果在正常使用时与电压线路是隔离的；

——在电流线路和电压线路上的试验电压：4 kV；

——在参比电压超过 40 V 的辅助线路上的试验电压：2 kV；

——试验时间：每一极性 60 s。

误差改变应在相应标准规定的极限内。

注：准确度可以用计数的方法或其他合适的方法进行测定。

在试验中，功能或性能有短暂的降低或失去是容许的。然而仪表准确度应在相应标准规定的极限内。

试验装置的例子见附录 E 中图 E.2 和图 E.3。

7.5.5 射频场感应的传导骚扰抗扰度试验

试验应按 GB/T 17626.6，在下列条件下进行：

——作为台式设备试验；

——仪表在工作状态：

- 电压线路和辅助线路通以参比电压；
- 基本电流 I_b（相应的额定电流 I_n）和 $\cos\phi$（相应的 $\sin\phi$）按相应标准规定的数值；

——频率范围：150 kHz～80 MHz；

——电压水平：10 V。

在试验时应不使设备的状况紊乱且误差的改变应在相应标准规定的极限内。

7.5.6 浪涌抗扰度试验

试验应按 GB/T 17626.5，在下列条件下进行：

——仪表在工作状态：

- 电压线路和辅助线路通以参比电压；
- 电流线路无电流且电流端应开路；

——浪涌发生器与仪表之间的电缆长度：1 m；

——以差模方式（线对线）试验；

——相位角：在相对于交流电源零位的 60°和 240°施加脉冲；

——在电流线路和电压线路（干线）上的试验电压：4 kV，发生器电源阻抗：2 Ω；

——在参比电压超过 40 V 的辅助线路上的试验电压:1 kV;发生器电源阻抗:42 Ω;

——试验次数:正极性 5 次负极性 5 次;

——重复速率:最大 1/min。

浪涌抗扰度试验电压的作用应不使计度器产生大于 x 计量单位的改变以及测试输出不应产生大于等同 x 计量单位的信号量。关于 x 的公式见 7.1.2。

在试验中,功能或性能有暂时的降低或失去是容许的。

7.5.7 衰减振荡波抗扰度试验

试验应按 GB/T 17626.12,在下列条件下进行:

——仅对经互感器工作的仪表;

——作为台式设备试验;

——仪表在工作状态:

- 电压线路和辅助线路通以参比电压;
- 额定电流 I_n 和 $\cos\phi$(相应为 $\sin\phi$)按相应标准规定的数值;

——在电压线路和参比电压超过 40 V 的辅助线路上的试验电压:

- 共模方式:2.5 kV;
- 差模方式:1.0 kV;

——试验频率:

- 100 kHz,重复速率:40 Hz;
- 1 MHz,重复速率:400 Hz;

——试验时间:60 s(对每种试验频率以 2 s 开、2 s 关,进行 15 个周期)。

在试验时应不使设备的状况紊乱且误差的改变应在相应标准规定的极限内。

7.5.8 无线电干扰抑制

试验应按 GB 9254,在下列条件下进行:

——作为 B 级设备;

——作为台式设备试验;

——对电压线路与每个连接器的连接,应使用长度为 1 m 的无屏蔽电缆;

——仪表在工作状态:

- 电压线路和辅助线路通以参比电压;
- 电流在 $0.1I_b(I_n)$ 与 $0.2I_b(I_n)$ 之间(由线性负荷引出并以 1 m 长的无屏蔽电缆连接)。

试验结果应符合 GB 9254 规定的要求。

8 型式试验

8.1 试验条件

除非在相应条款中另有说明,所有试验应在参比条件下进行。

3.7.1 所定义的型式试验应在由制造商选择的一个或几个仪表样品上进行,以确定其规定的特性并证明其与本部分要求的符合性。

推荐的试验顺序在附录 F 中给出。

在型式试验后,对仪表进行调整并仅影响仪表部分性能的情况时,则对因调整而可能影响到的特性进行有限的试验即可。

附　录　A
（规范性附录）
环境温度和相对湿度的关系

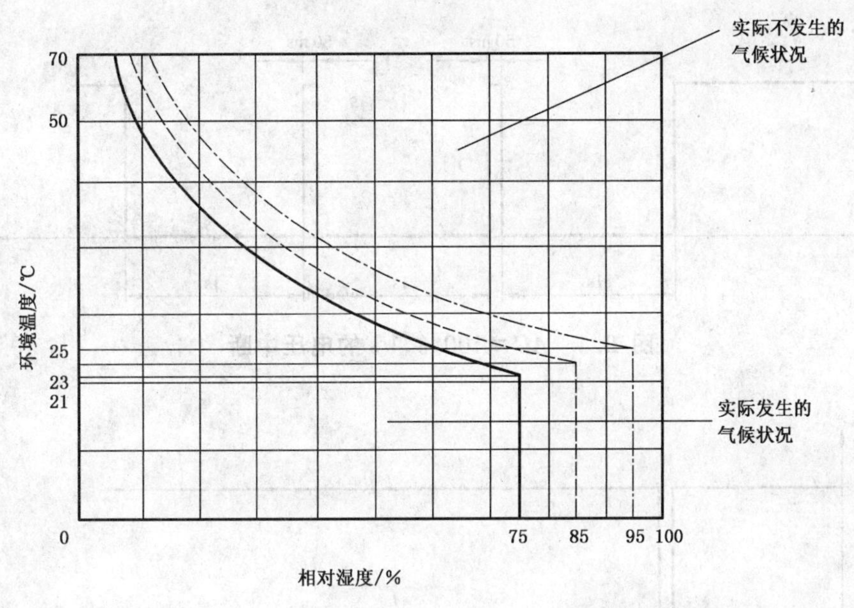

说明：

—·—·—自然分布在一年中 30 天的允许限

– – – –其他天偶然达到的限

———年平均

图 A.1　环境温度和相对湿度之间的关系

附 录 B
（规范性附录）
电压暂降和短时中断影响的试验电压波形

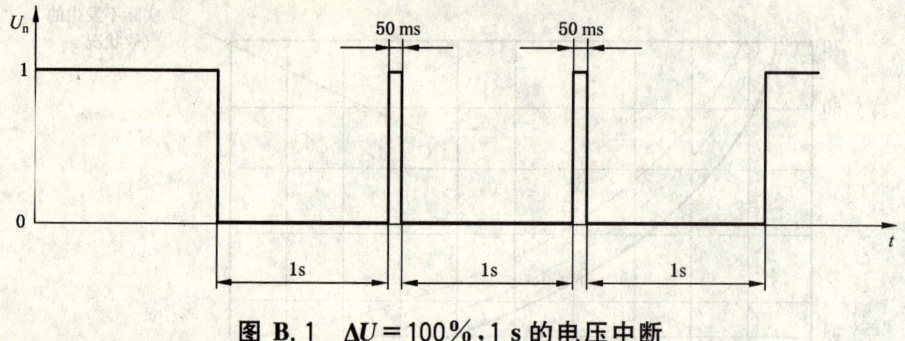

图 B.1 ΔU＝100％，1 s 的电压中断

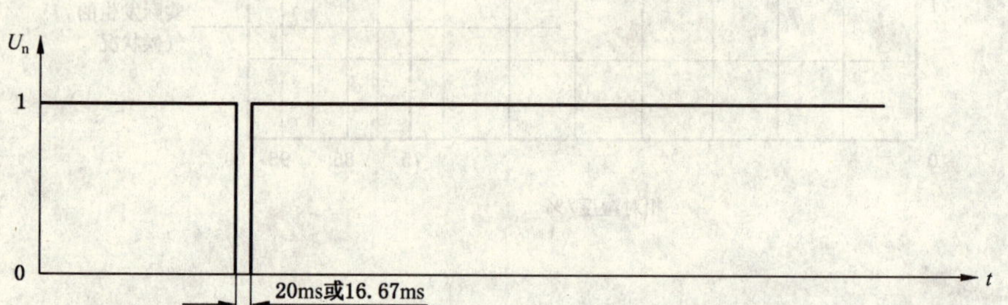

图 B.2 ΔU＝100％，额定频率的一个周期的电压中断

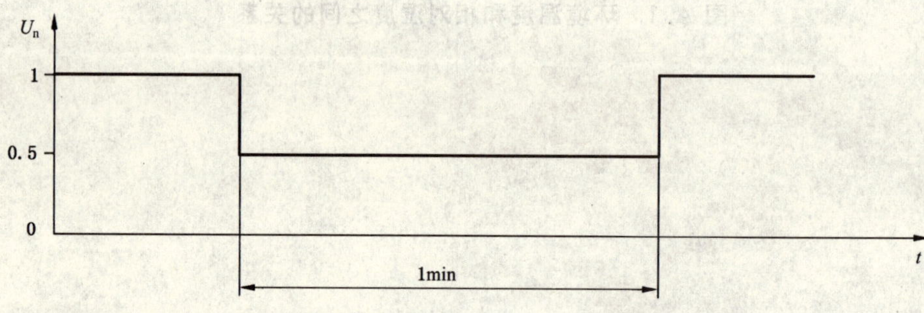

图 B.3 ΔU＝50％的电压暂降

附　录　C
（规范性附录）
抗接地故障能力试验线路图

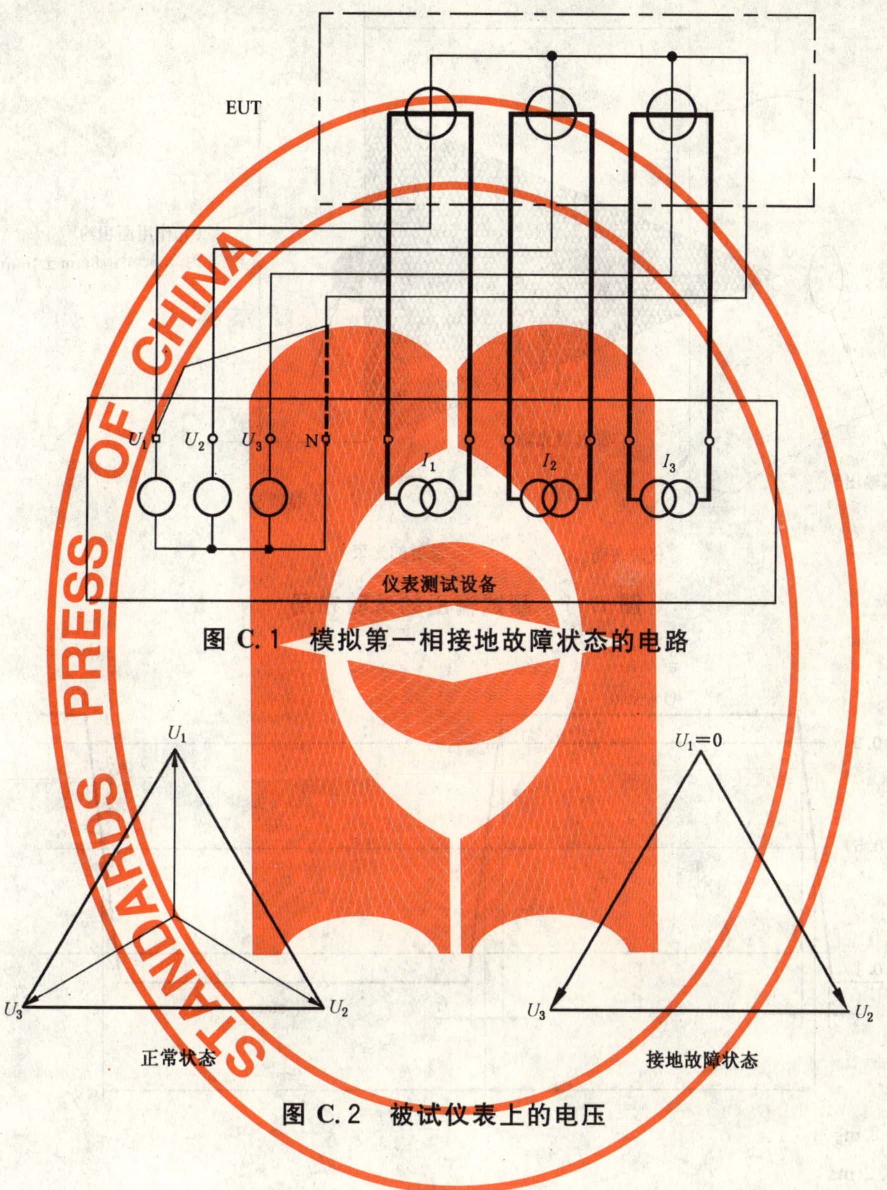

图 C.1　模拟第一相接地故障状态的电路

图 C.2　被试仪表上的电压

STANDARDS PRESS OF CHINA

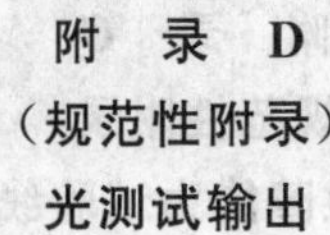

附 录 D
（规范性附录）
光测试输出

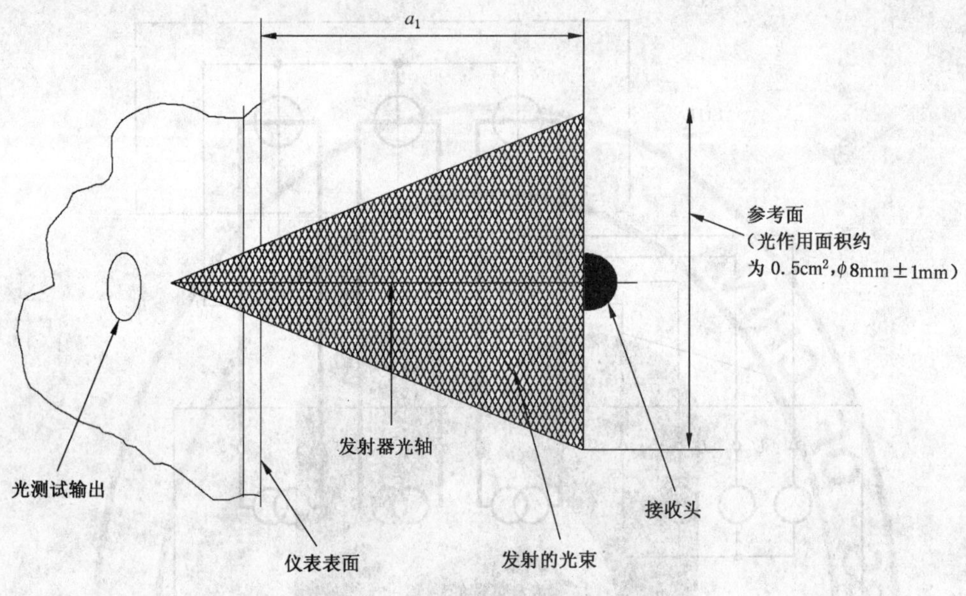

图 D.1 测试输出的试验布局

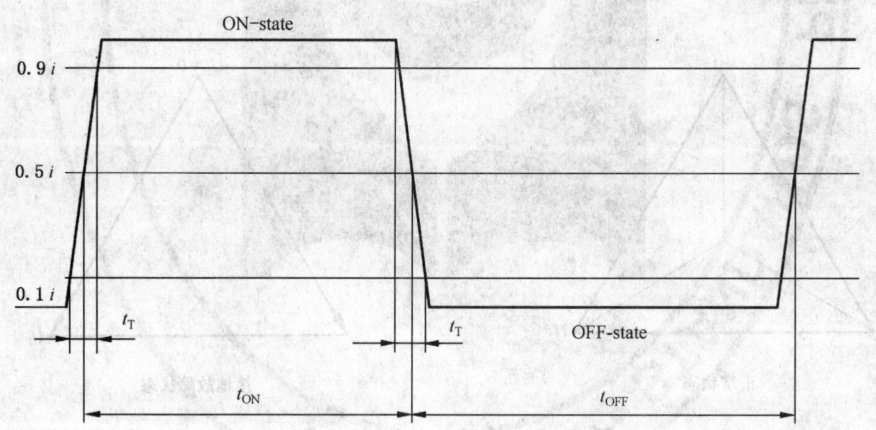

要求：$t_{ON} \geqslant 0.2$ ms

$t_{OFF} \geqslant 0.2$ ms

$t_T < 20$ μs

图 D.2 光测试输出的波形

附 录 E
（资料性附录）
电磁兼容试验的试验设置

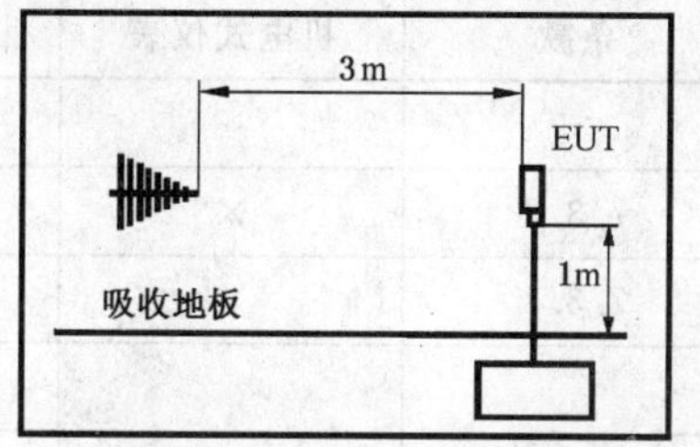

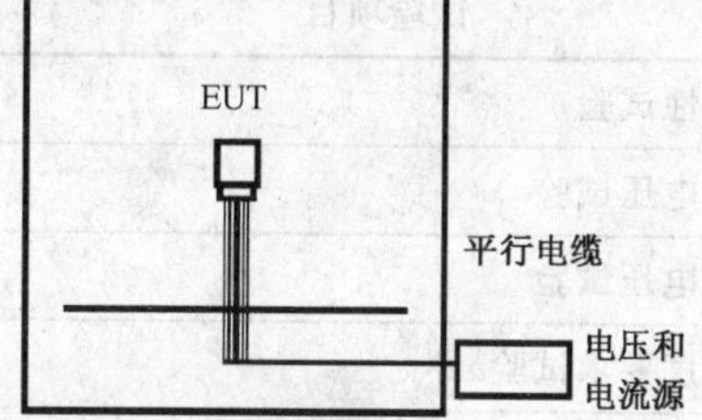

图 E.1 射频电磁场抗扰度试验的试验设置

注：为获得 30 V/m 的场强可能需减少天线和 EUT 间距离到 1.5 m，在此情况下放大器的调节必须通过现场传感器控制。

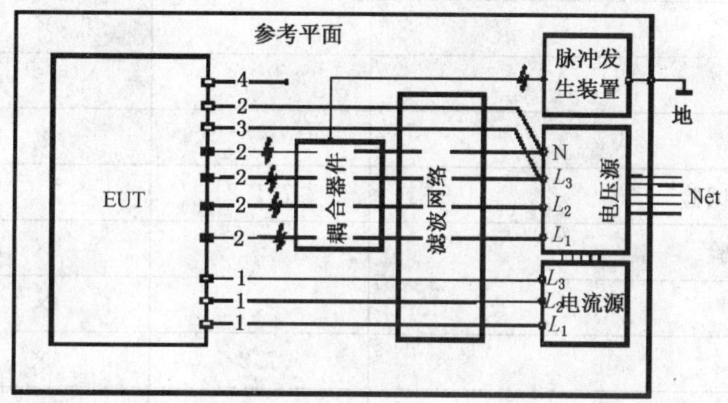

图例说明

1——电流线路；

2——电压线路；

3——参比电压超过 40 V 的辅助线路；

4——参比电压低于 40 V 的辅助线路。

图 E.2 快速瞬变脉冲群试验的试验设置：电压线路

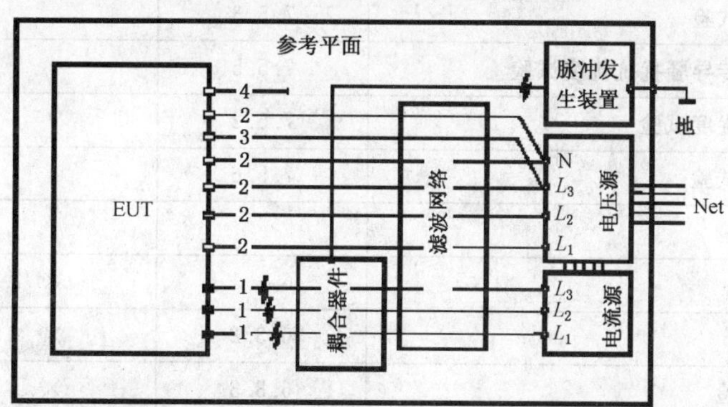

图例说明：

1——电流线路；

2——电压线路；

3——参比电压超过 40 V 的辅助线路；

4——参比电压低于 40 V 的辅助线路。

图 E.3 快速瞬变脉冲群试验的试验设置：电流线路

附 录 F
(资料性附录)
推荐的试验顺序表

序号	试验项目	条款	机电式仪表	电子式仪表
1	绝缘性试验			
1.1	脉冲电压试验	7.3.2	×	×
1.2	交流电压试验	7.3.3	×	×
2	准确度要求试验			
2.1	仪表常数试验		×	×
2.2	起动试验		×	×
2.3	潜动试验		×	×
2.4	影响量试验		×	×
3	电气要求试验			
3.1	功耗试验		×	×
3.2	电源电压影响试验	7.1.2		×
3.3	短时过电流试验		×	×
3.4	自热影响试验		×	×
3.5	发热影响试验	7.2	×	×
3.6	抗接地故障能力试验	7.4	×	×
4	电磁兼容性试验(EMC)			
4.1	无线电干扰抑制	7.5.8		×
4.2	快速瞬变脉冲群试验	7.5.4		×
4.3	衰减振荡波抗扰度试验	7.5.7		×
4.4	射频电磁场试验	7.5.3		×
4.5	射频场感应传导骚扰抗扰度试验	7.5.5		×
4.6	静电放电抗扰度试验	7.5.2		×
4.7	浪涌抗扰度试验	7.5.6		×
5	气候影响试验			
5.1	高温试验	6.3.1	×	×
5.2	低温试验	6.3.2	×	×
5.3	交变湿热试验	6.3.3	×	×
5.4	阳光辐射试验	6.3.4	×	×
6	机械要求试验			
6.1	振动试验	5.2.2.3	×	×
6.2	冲击试验	5.2.2.2	×	×

续表

序号	试验项目	条款	机电式仪表	电子式仪表
6.3	弹簧锤试验	5.2.2.1	×	×
6.4	防尘和防水试验	5.9	×	×
6.5	耐热和阻燃试验	5.8	×	×

ICS 55.180.10
A 85

中华人民共和国国家标准

GB/T 17273—2006/ISO 9897:1997
代替 GB/T 17273.1—1998

集装箱 设备数据交换(CEDEX) 一般通信代码

Freight containers—Container equipment data exchange(CEDEX)—General communication codes

(ISO 9897:1997,IDT)

2006-03-10 发布 2006-10-01 实施

中华人民共和国国家质量监督检验检疫总局
中国国家标准化管理委员会 发布

前 言

本标准等同采用 ISO 9897:1997《集装箱　设备数据交换　一般通信代码》,包括其技术勘误表 ISO 9897/cor.1:2001。

为便于使用,本标准还做了下列编辑性修改:

a) “本国际标准”一词改为“本标准”;

b) 删除 ISO 9897:1997 的前言。

本标准代替 GB/T 17273.1—1998《集装箱设备数据交换　通信代码》,与 GB/T 17273.1—1998 的主要技术差异:

a) 修改了总则,增加 EDIFACT 代码设定规则,去掉第 5 章和第 6 章,附录的表格去掉“作业代码”一栏;

b) 附录 A 由原来的信息类别代码改为电文类型代码,去掉 CEDEX 代码;

c) 附录 B 表中增加五位数字码,与 EDIFACT 的统一识别代码保持一致;

d) 附录 C 增加 10ft 和 30ft 集装箱箱体表面损坏区位划分,去掉杆件的单独规定,增加了集装箱制冷机组、发电机组和罐式集装箱的代码;增加挂车的损伤部位代码;

e) 附录 D 箱损伤类别项目及其代码增加了 9 项;

f) 附录 F 修箱作业项目及其代码增加了 15 项;

g) 附录 K 集装箱零部件及其代码增加了 357 项;

h) 附录 L 拖挂车零部件及其代码增加了 66 项;

i) 附录 M 中的 CEDEX 代码根据标准的修改做相应变动,增加了 441 个代码。

j) 删除引言和附录 N。

本标准的附录 A、附录 B、附录 C、附录 D、附录 E、附录 F、附录 G、附录 H、附录 K 和附录 L 为规范性附录,附录 J 和附录 M 为资料性附录。

本标准由中华人民共和国交通部提出。

本标准由全国集装箱标准化技术委员会(SAC/TC 6)归口。

本标准起草单位:交通部科学研究院、中国集装箱工业协会、中国船级社、铁道科学研究院。

本标准主要起草人:张敬轩、齐向春、史艳秋、王海涛。

本标准所代替标准的历次版本发布情况:GB/T 17273.1—1998。

集装箱 设备数据交换(CEDEX)一般通信代码

1 范围

本标准规定了用于集装箱设备数据交换(CEDEX)的通信代码。

本标准适用于集装箱运营中建立通信联系的业务机构。

2 规范性引用文件

下列文件中的条款通过本标准的引用而成为本标准的条款。凡是注日期的引用文件,其随后所有的修改单(不包括勘误的内容)或修订版均不适用于本标准,然而,鼓励根据本标准达成协议的各方研究是否可使用这些文件的最新版本。凡是不注日期的引用文件,其最新版本适用于本标准。

GB/T 1836 集装箱代码、识别和标记(GB/T 1836—1997,idt ISO 6346:1995)

GB/T 2659 世界各国和地区名称代码(GB/T 2659—2000,eqv ISO 3166-1:1997)

UN/EDIFACT 联合国/电子数据交换

3 总则

在标准中,对集装箱运营中经常起作用的每条信息(数据元)分别给出了代码。每个数据元被赋予了名称和定义,每个数据元包括数字代码以及相应的CEDEX字母代码。代码分别表示不同的状况(如破损、结构、修理状况、位置等)。代码可以在多个不同的代码表中反复使用,但单个代码在每个代码表中只用于表示一个数据元。

数据元是集装箱各结构的短语。使用同一代码在不同的代码表中则代表不同的含义。例如:代码"LS"在附录E材料代码中表示"层压软木板";在集装箱损伤状况代码表中,则表示修理部位,运营中变形或弯曲状况。选择使用的代码包括结构、箱体部位或变形等状况。在CEDEX代码中,采取单词的字头缩写形式,字母"MF"在附录D"箱损伤类别代码"中表示"电机事故"。还有很多相关的数据元,则分别表示集装箱固有的特征和有关运营和管理的主要信息,例如:箱主的姓名、地址等。

从上述例子可以看出,将信息内容通过CEDEX代码传输,比使用普通文字的长度大大缩短。在电文中使用CEDEX代码,还可以使用字母代替数字来进一步缩短长度,从而节省时间和费用。必要时,通过计算机的相应操作,将一条CEDEX编码的信息,转换成通信习惯的普通语言形式打印出来,也可以继续保留其编码的形式。经常使用代码的工作人员,可提高阅读信息代码的技能。实际上,对许多应用人员不要求使用本标准中所规定的全部CEDEX代码,只要求他们掌握和使用集装箱和挂车常用的几种代码。

4 数据元和代码

4.1 数据元

用于表示设备零件、状况、修理方法等的数据元和相应的代码组,如表1所示。

4.2 代码设定

4.2.1 CEDEX代码

CEDEX所有的代码的设定,均属必备项目。也就是说,应用人员不能单方面使用其他代码,也不能违背现行规定,而采用非本标准4.3注册登记的新代码。

除此之外，如果本标准中没有包括贸易双方协议用的代码，可按双方协议而定。但在此应郑重指出，所用代码在使用后应立即按 4.3 规定进行注册。

4.2.2 EDIFACT 代码

该代码为必备，列于附录 A 中。在此，EDIFACT 代码仅作为电传数据交换代码，应用人员不能使用和选择标准规定之外的替换的代码，且应用人员不能再使用 GB/T 17273.1—1998(本标准第 1 版)附录 A 所列的集装箱代码和电文代码。

注：附录 J 目前仅作为资料性附录。仅说明最终制定用户手册的方法。

表 1 数据元和代码设置

数据元	代码组所在的附录	数据元	代码组所在的附录	数据元	代码组所在的附录
信息类别	A	损伤位置	C	工作量(以标准工时计算)	G
重箱/空箱状况	B	损伤类别	D	修理责任	H
集装箱结构状态	B	材 料	E	部位识别和位置	J
集装箱修理状态	B	修理特征	F	集装箱零件	K
集装箱外部涂层	B	计量单位	G	拖挂车零件	L
集装箱内部涂层	B	修理规模尺寸	G		

4.3 更新数据元

国际集装箱局(BIC)指定为数据元注册的机构，具体地址：

Bureau International des Containers et du Transport Intermodal (BIC)
167, rue de Courcelles
75017 Paris France

Telefax: +33 1 47 66 08 91
E-mail: bic@bic-code.org

在国际标准化组织/104 集装箱技术委员会(ISO/TC 104)成员团体的要求下提出，并经 TC 104/SC 4(第 4 分技术委员会)批准的，附加的数据元补充在表 1 中。实际注册工作是由 TC 104/SC 4/WG 3的专家经过协商完成的。

每一附加的数据元除按规定字母顺序或数字表示的代码外，还应设置一个目前尚未使用的字母代码。

附 录 A
（规范性附录）
电文类型代码

（详见表注及4.2.2的规定）

数字码	名称	说 明	EDIFACT 代码[a,b]
01050	损伤/维修的评估	对箱破损状况和维修方法的论述，维修方法符合授权机构的认可程序。	DECTIM

[a] 使用电子数据交换传输。所用的电文已由UN/EDIFACT颁布，本标准所涉及的代码，均有规定。对新的报文类型及有关的EDIFACT代码将由EDIFACT做相应补充。

[b] UN/EDIFACT控制使用EDIFACT代码和标准电文（包括相应的数据交换传输），其分设机构为：联合国/欧洲经济委员会/WP4（UN/ECE/WP4）。根据国际标准化组织（ISO）通过与联合国/欧洲经济委员会达成的协议同意上述安排。

附 录 B
（规范性附录）
结构状态、修理状态、外部涂层、内部涂层、重/空箱标识的代码

（详见 4.1 和 4.2）

数字码	状态	说　明	CEDEX 代码
B.1 结构修理 外部涂层和内部涂层			
01110	劣	结构、部件、工艺和表面处理的情况很差	B
01120	差	结构、部件、工艺和表面处理的情况较差	P
01130	中	结构、部件、工艺和表面处理的情况中等	M
01140	良	结构、部件、工艺和表面处理的情况较好	G
01150	优	结构、部件、工艺和表面处理的情况甚佳	X
B.2 重/空箱代码			
01160	空箱	未载货的集装箱	E
01170	重箱	已载货的集装箱	F

附 录 C
(规范性附录)
箱损伤部位代码

(详见 4.1 和 4.2 的规定)

C.1 位置代码

规定了以下 3 部分的位置代码：

a) 干货箱、敞顶箱、保温箱、罐式箱及其他：
   1) 按照以 1 200 mm×1 200 mm(4 ft×4 ft)为区位，来划定 20 英尺和 40 英尺集装箱箱体表面损坏之所在；
   2) 按照 600 mm×600 mm(2 ft×2 ft)为区位，来划定 10 英尺集装箱箱体表面损坏之所在；
   3) 按照 900 mm×900 mm(3 ft×3 ft)为区位，来划定 30 英尺集装箱箱体表面损坏之所在；

b) 对于箱体组成部分的附属设备，例如：制冷机组，罐体的附件和柴油发电机等；按其特定的功能来识别损坏位置

c) 挂车

详见 C.4。

C.2 集装箱箱体，制冷机组和发电机组(除拖车外)

集装箱外表的损坏位置，最大可以是整个外表面，最小为 600 mm×600 mm(2ft×2ft)的区位，甚至是位于其边界的杆件。

对某一特定的损坏区，应用四位代码来表示，它可以识别细长的损坏区位。

C.2.1 第一位代码

第一位代码是用来确定箱体的某一面(即与箱体基本处于直线)，或用于确定某种设备的类型(如：发电机组、制冷机组或罐体等)，除密闭式和平台式集装箱外。箱各部位代号如下：

——底部(箱底)　B
——挂车　C
——门端(即后端)　D
——箱外　E
——前端　F
——发电机　G
——箱内　I
——左侧　L
——制冷机组　M
——右侧　R
——罐箱　A
——顶部(箱顶)　T
——底架　U
——未定义的部件　N
——整箱(全部箱)　X

C.2.2 第二位代码

用来确定箱体某一个面的特定部位。对于竖向的平面，或杆件分为上半和下半，对于水平方向的壁

面(如箱顶或箱底),或杆件则分为左半和右半(视察者面对箱门)。

相关的密闭式箱的代码如下:

——整体(顶或底,或从左到右,或中间) X
——下半部 B
——顶部(上部) H
——左半部 L
——底部(箱底) G
——右半部 R
——上半部 T

箱子其他部件的代码如制冷机组,发电机等的代码,第二位代码表示破损的主要位置。

制冷机组相关的部位代码如下:

——压缩机 Q
——冷凝器 K
——电器设备 E
——蒸发器 V
——框架 F
——附件 Z
——导管 P
——调节/控制器 C
——未说明的组合件 N
——整机 X

发电机的相关代码:

——交流发电机 L
——电器设备 E
——发电机(柴油) D
——框架 F
——燃料系统 U
——附件 Z
——油料系统 O
——未说明的组合件 N
——给水系统 W
——整机 X

罐式集装箱相关的代码:

——通道 A
——框架 F
——加热器 H
——制冷器 I
——装卸口 L
——人孔 M
——标记 D
——附件 Z
——压力容器 P
——安全构件 S

——溢溅盒　　B

——未规定的组合件　　N

——整机　　X

C.2.3　第三和第四位代码

确定损坏部在箱体某一断面的代码。

对箱体的前端与后端部位,按照观察者面向箱门时从左至右顺序代码:

1、左角柱　　2、左半部

3、右半部　　4、右角柱

注:LHS=左侧,RHS=右侧

对箱体的左侧与右侧以及顶部和底部,按纵向等分的区位代码:

——对 10 ft 和 20 ft 箱,分为 5 等份,顺序为 1 至 5;

——对 40 ft 箱分为 10 等分,顺序为 1 至 0(1,2,3,……9,0)。

如果损坏和修理处仅涉及某一个断面,则在第三位标示出该断面的代号,而第四位则为 N[见图 C.1a)];

如果损坏和修理处涉及数个连续的断面,则在第 3 位和第 4 位分别示出起始和终止的断面代号[见图 C.1b)];

如果损坏和修理处涉及数个不连续的断面,而且损坏和修理状况不一,则应分项列出[见图 C.1 c)];

如果损坏和修理处涉及整个箱长,则第三位和第四位均以"X"表示[C.1 d)]。

除了全封闭式集装箱之外的,拖车和平台集装箱,制冷机组,罐体和发电机第三位和第四位代码用"NN"表示。在这些部位不要求细划的代码表示。

C.2.4　通用代码

损坏或作业的区位涉及箱内的几个面,例如蒸气清洗,内表面翻新,内板的拆装等以 IXXX 表示;

损坏或作业的区位涉及箱外的几个面,例如外表面翻新,外板拆装,清除粘屑等以 EXXX 表示;

损坏或作业的区位涉及箱内和箱外的几个面,例如:全面检查、搬运/运输和整个翻新等,以 XXXX 表示。

C.2.5　集装箱损伤部位代码标识示例

集装箱损伤部位代码标识如图 C.1 所示。

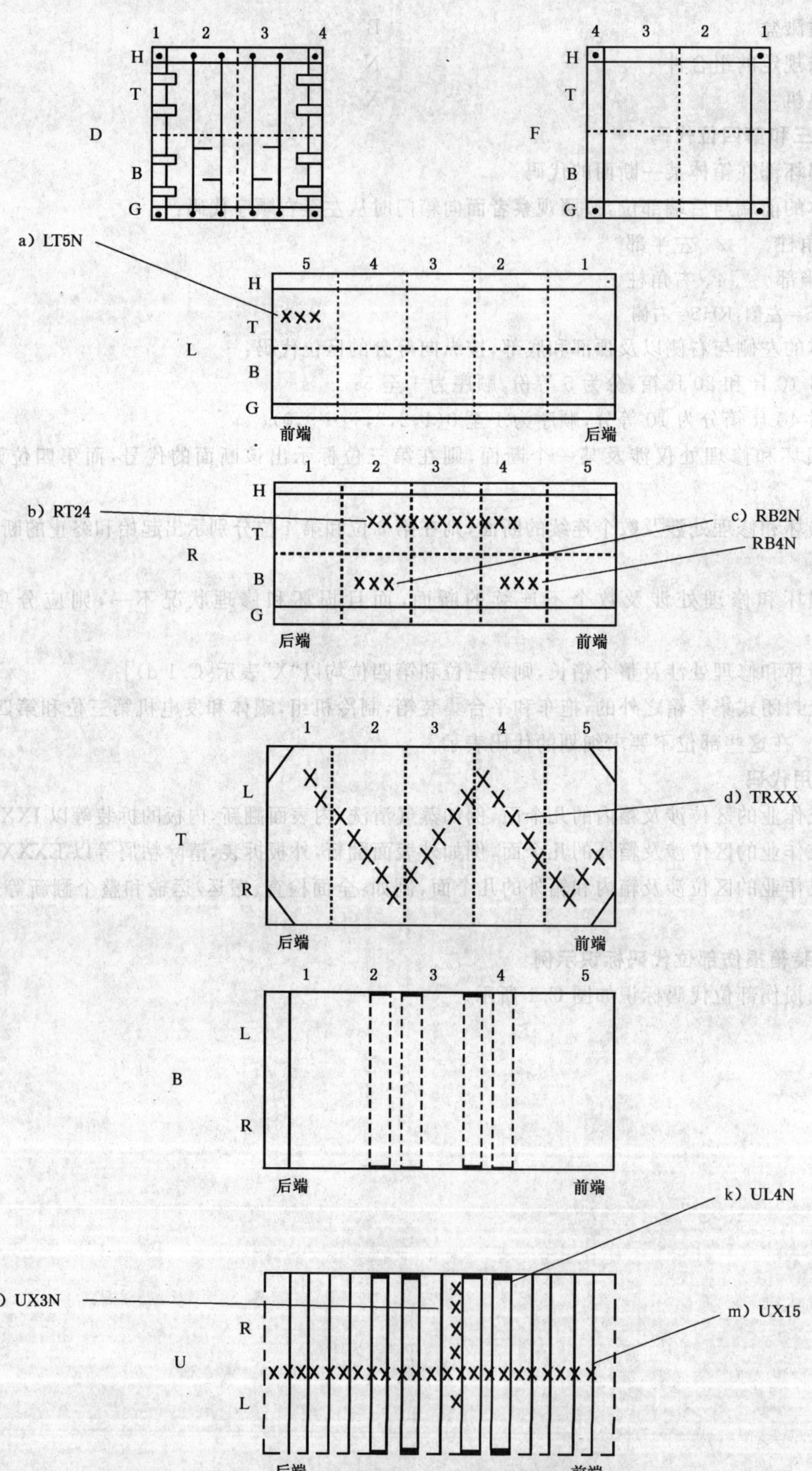

图 C.1　集装箱安装编码示例

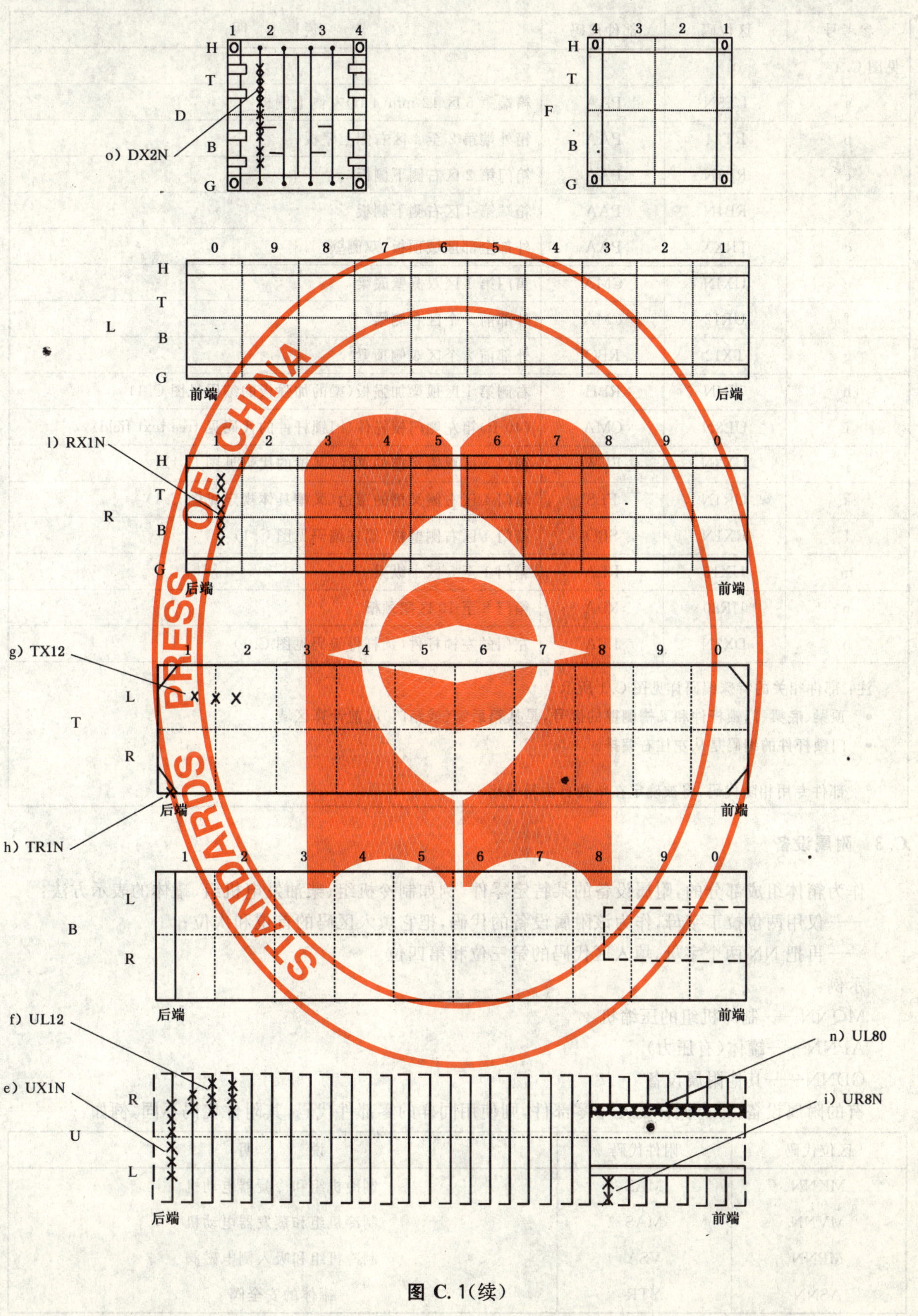

1
2
3
4
H
T
D
B
G
o) DX2N
4
3
2
1
H
T
F
B
G
0
9
8
7
6
5
4
3
2
1
H
T
L
B
G
前端
后端
l) RX1N
1
2
3
4
5
6
7
8
9
0
H
T
R
B
G
后端
前端
g) TX12
1
2
3
4
5
6
7
8
9
0
L
T
R
后端
前端
h) TR1N
1
2
3
4
5
6
7
8
9
0
L
B
R
后端
前端
f) UL12
e) UX1N
n) UL80
i) UR8N
R
U
L
后端
前端
STANDARDS PRESS OF CHINA

图 C.1(续)

参考号	区位码	部件代码	说　明
见图 C.1			
a	LT5N	PAA	箱端第 5 区 12 mm(4 ft)左侧上侧板
b	RT24	PAA	箱外端第 2 至 4 区右侧上壁板
c	RB2N	PAA	箱门第 2 区右侧下侧板
c	RB4N	PAA	箱端第 4 区右侧下侧板
d	TRXX	PAA	外部全部区域顶板、双侧壁
e	UXIN	CMA	箱门第 1 区双侧壁底梁
f	UR12	CMA	外部前 2 个区右侧梁[a]
g	TX12	RBO	外部前 2 个区双侧顶梁[a]
h	TRIN	RBH	右侧第 1 区顶梁加强板(梁的加强板的编码见图 C.1)
i	UL8N	CMA	(40 ft)箱左侧门锁杆件(门锁杆件的代码见 free text field)
j	UX3N	FLW	箱门 3 区双侧叉槽的翼缘(叉槽的代码见图 C.1)
k	UR4N	FLS	箱门 4 区右侧叉槽的带边(叉槽具体规定见图 C.1)
l	RX1N	SBO	箱门 1 区右侧壁柱(箱柱编码见图 C.1)
m	UX15	RLA	箱门 1 至 5 区中纵梁
n	UR80	RLA	箱门 8 至 10 区鹅颈槽
o	DX2N	LBA	左门的左锁杆件(锁杆件编码见图 C.1)

注：部件相关的特殊编码详见图 C.1 所示。

- 顶梁、底梁、门锁杆件和叉槽侧壁的区号，是从箱后端(或箱门)向前计算区域。
- 门锁杆件的编码是从左往右编排。

a　部件专用相随代码，将被确定在单独自由符号组

C.3　附属设备

作为箱体组成部分的，附属设备的某特定零件，例如制冷机组、柴油发电机组、罐体的表示方法：

——仅用两位拉丁字母，作为该附属设备的代码，把它填入区码的首位和次位；

——再把 NN 两个字母，填入区代码的第三位和第四位。

示例：

MQNN——制冷机组的压缩机

APNN——罐体(有压力)

GDNN——其他附属设备

有的附属设备，带有同样的几个零部件，则使用同样的零部件代码，其附件代码不同，例如：

区位代码	附件代码	说　明
MKNN	MAS	制冷机组和冷凝器电动机
MVNN	MAS	制冷机组和蒸发器电动机
MPNN	VSA	制冷机组和吸入侧电磁阀
ASNN	YTR	罐体的安全阀

C.4 挂车

C.4.1 第一位字母

所有挂车的第一位字母始终是“C”。

C.4.2 第二位字母

第二位字母,是代表挂车的主要部位,具体如下:

——车轴(全宽) A
——缓冲器(后端) B
——车架(主架) F
——框架(加长、可延长的) Y
——主销/格栅/上部结构 K
——支腿装置 G
——左轮 L
——附件 Z
——右轮 R
——驱动架/附加装置 U
——其他零部件 N
——总成 X

C.4.3 第三和第四位字母

在所有的挂车中,第三和第四位字母代码,均为相关的零部件代码(详见第二位区码)在表 C.1 中,对各部件的规定如下:

表 C.1

第二位(代码)	第三位	第四位
车轴(全宽)(A)	N:未使用 X:轴上的全部轮胎	C:中轴(3 轴挂车) F:前轴 N:无具体规定 R:后轴 X:全部轴
缓冲器(后端)(B)	L:左半部 N:无具体规定 R:右半部 X:双半部	N:未使用
车架(主架)(F)	端部易损伤区(左半部、右半部,或左右全部) 1:左半部端区(如果设有支腿装置时,从后往前看) 2:左半部中间区域(指在端部与支腿装置之间) 3:左半部前端区域(支腿装置的前面部分) 4:右半部分的后端区域 5:右半部分的中间区域 6:右半部前端区	主要损伤区: 使用 N 字母来表示破损区,仅限在一个区域时,该代码与第三位码相同

表 C.1(续)

第二位(代码)	第三位	第四位
车架(主架)(F)	7:左右全部的后端区 8:左右全部的中间区 9:左右全部的前端区 N:无具体规定 X:整个车架结构	
框架(加长、可延长的)(Y)	L:左半部 N:无具体要求 R:右半部 X:左右全部	F:前端半部 N:无具体规定 R:后端半部 X:左右全部
主销/格栅/上部结构(K.)	L:左半部 N:无具体规定 R:右半部 X:左右全部	F:前半部 N:无具体规定 R:后半部 X:左右全部
支腿装置(G)	L:左半部 N:无具体规定 R:右半部 X:左右全部	N:无具体规定
左轮(L)	I:内侧轮 N:不适用 O:外侧轮 X:内、外双侧轮	C:中轴 F:前轴 N:无具体规定 R:后轴 X:所有的轮
附件(Z)	N:未使用	N:未使用
右轮(R)	I:内侧轮 N:未使用 O:外侧轮 X:内外双侧轮	C:中轴 F:前轴 N:无具体规定 R:后轴 X:所有的轮
驱动架/附加装置(U)	L:左半部 N:无具体规定 R:右半部 X:双半部	F:前半部 N:无具体规定 R:后半部 X:双半部
其他零部件(N)	N:未使用 X:全部零部件	N:未使用 X:全部零部件
总成(X)	X:总成	X:总成

附 录 D
（规范性附录）
箱损伤类别代码

（见 4.1 和 4.2）

数字码	名　　称	说　　明	CEDEX 代码
04010	胎损	车胎过度磨损	WB
04020	弯曲	杆件，或壁板的过度变形	BT
04030	起拱	细长杆件的中段变形	BW
04040	堵塞	疏水、排出管流出不畅	BK
04050	漏气	车胎漏气不能使用	BL
04060	破损/开裂	零件破损或裂开	BR
04065	凸出	由于内压造成的薄弱部分凸出	BU
04069	烧坏	构件表面被烧坏	BN
04070	烧毁	电气元件被烧坏	BO
04080	脱胎	轮胎与轮毂脱离	TS
04090	承压凹损	杆件沿长度方向出现一串凹陷，有失稳趋向	CL
04100	污染	箱内受污染，在清洗和处理前不宜重装货物	CT
04110	锈蚀	金属表面的氧化现象	CO
04115	破裂	表面部分或全部破裂	CK
04117	开焊	在焊缝处出现裂纹	CW
04120	割伤	箱体被硬物割划的伤痕	CU
04130	胎边磨坏	轮胎受路缘摩擦损坏，不能再用	CB
04140	残屑/充填遗物	遗留在箱内的货物或充填料的残屑	DB
04150	脱层	一般是指层压板的层间开胶	DL
04160	凹陷	杆件受压导致凹痕	DT
04165	污痕	在集装箱内无法清除的污痕	DY
04170	胎破	车胎穿洞	FP
04180	瘪胎	车胎压瘪	FS
04190	冻结	杆件结冻，或受浸蚀	FZ
04200	凿痕	杆件外伤的一种形式	GD
04210	GRP 板裂纹	玻璃钢面板中玻璃纤维处开胶	GO
04220	GRP 胶合板开裂	玻璃钢和胶隔板复合层的开胶	GP
04230	破洞	箱体表面出现的穿孔	HO
04240	误修	不符合有关标准，或规定的修理	IR
04250	泄漏	设备或部件的严密性不足，导致漏气	LK
04260	松动	零件与配件的松弛现象	LO
04270	低液位	所需液量不足，已低于下限水平	LF
04280	误标	标记和标贴不符合箱主的要求	ML
04290	电机事故	电动机失灵	MF

STANDARDS PRESS OF CHINA

续表

数字码	名　称	说　明	CEDEX 代码
04300	对位失准	部件,一般是指挂车部件未能对正位置	MA
04310	欠匹配	相邻两个轮胎直径不一,不能配对	MM
04320	丢失	零、配件的短缺	MS
04330	突钉	固定底板的沉头螺钉突出板面	NL
04340	与 ISO 尺寸不符	有关尺寸与现行国际标准不符	NI
04350	与 TIR(CCC)要求不符	设备或配件与 TIR(CCC)规范不符	NT
04355	失效	无法描述具体损伤状况	ZZ
04360	不符合箱东要求	不能满足箱主要求而无法利用	NO
04365	不符合用户要求	设备,或部件不符合客户要求	NV
04370	异味	设备被异味所感染,而不宜继续使用	OR
04380	油饱和	设备表面特别是箱底板的严重油浸	OL
04390	油污	设备表面特别是箱底板的油污染	OS
04400	其他欠缺	不符合箱主要求,或因其他原因而需要修理者	OU
04410	超期服役	需重新检验、试验,或验证者	OD
04420	胀胎	胎内充气过量导致不正常膨胀	OI
04430	充气欠足	胎内充气不足,导致轮胎受损	UI
04440	小孔	设备出现微小穿孔	PH
04445	腐烂	构件已被腐蚀	RO
04450	轮胎压损	轮胎缺气压扁转动,导致损坏	RF
04455	涂写/划痕	可移动的部件(如轴承、活塞等)上面做的记号,刻痕或划伤痕迹	SA
04460	闸皮脱落	刹车用闸皮脱离闸座	SP
04470	短路/断路	在电气系统中出现短路或断路故障	SH
04480	收缩过量	软顶、罩布、顶篷,或底板的收缩过量	SR
04490	拉伸过量	软顶、罩布、顶篷等拉伸过量	SD
04500	轮胎误装	车辆与轮胎不匹配	SW
04510	轮胎不相称	相邻轮胎的不相适应	TU
04520	脱漆	杆件漆膜的脱落	PF
04540	屈曲	杆件受损后变弯	WA
04550	风化	长时间的暴露作业使轮胎失效	WV
04560	伤损和撕裂	在正常使用状态下难免出现的磨损	WT
04570	磨损	部件或轮胎损耗过量而不能继续使用	WN
04580	材料错误	用材不当,应修理或更换	WM

附 录 E
（规范性附录）
材料类别代码

（见 4.1 和 4.2）

数字码	名　　称	说　　明	CEDEX 代码
05000	不明材料	不知道属何种材料	MU
05100	不明钢材	不知道属何种牌号的钢材	SU
05110	碳钢	一般碳素钢	ST
05120	Cor-Ten 钢	优质抗锈蚀的钢	SK
05130	隔焰钢	用隔焰炉生产的中等抗锈蚀性能钢材	SM
05140	不锈钢	抗锈蚀的合金钢材	SS
05150	镀层钢	表面镀有防锈层的钢材	SG
05200	不明铝材	不知道何种牌号的铝材	AU
05210	涂层铝材	已有表面涂层的铝材	AP
05300	木材	未标明品种的一般木料	WU
05310	硬木条板	用热带硬木加工成的板条	WH
05320	软木条板	用软木加工成的板条	WS
05330	层压木板	不明品种的层压板条(竖缝)	LU
05340	层压硬木板	层压硬木板条(竖缝)	LH
05350	层压软木板	层压软木板条(竖缝)	LS
05360	胶合板	胶合板块	PP
05370	GRP 胶合板	具有玻璃钢增强材料并有表面涂层的胶合板	PG
05380	金属胶合板	具有金属面层的胶合板	PM
05400	塑料	塑料平板	PU
05410	增强塑料	增强纤维的塑料板	PE
05420	不明隔热层	一般材料的隔热层	IS
05430	现场发泡	在现场灌注发泡的隔热层	II
05440	不明橡胶	不明品种的橡胶材料	RU

附 录 F
（规范性附录）
修箱作业的代码

（见 4.1 和 4.2）

数字码	名　　称	说　　明	CEDEX 代码
06010	机械清理及油漆	用喷丸、打砂等机械手段预处理然后再喷漆	AB
06020	调整	调整机件，或整个系统（如刹车部分等）以改善运转状况	AJ
06030	充/放气	向轮胎充气或放气以维持正常的胎内压力	AR
06040	气扫	用压缩空气对零件或设备进行清理	AC
06050	堵严	取掉通风器，并堵严孔洞	BU
06060	牌号	厂商的名字，商标或其他标记	BD
06070	化学清洗	用化学剂对零件进行清洗	CC
06075	除臭	集装箱内应采用中和气味进行除臭处理	DO
06080	疏水	系统内积水排放	DR
06090	疏水和填水	排放系统内积水和重新填满近似的液体	DF
06100	检查和报告	对设备和部件的运转、损伤、异常的检查和再评价，并在完成后提出报告	IP
06110	无缺陷	不存在由于受力，润滑过度，或过热而导致，冻结咬紧或机件卡死的现象	FR
06115	把柄	为便于操作而设置的手柄，但无须维修	HN
06120	填补	对某部件断面的全长和/或全宽予以部分地区切除，再填补一个新段和施焊	IT
06125	安装	即时安装的一个部件	IN
06130	润滑	加润滑油	LC
06135	修改/各式杆件	改造一个部件，使其规格改变	MD
06138	不适用	该类型维修属于不规范的维修	ZZ
06140	断面的局部搭补	对某杆件断面的全长和/或全宽予以切除再搭补一块新板，进行搭接施焊。外表连续焊缝与母体连接；内侧的焊缝可以是连续的，也可以是断续焊，后者未焊处的缝隙要填以密封胶	OP
06150	油漆	喷涂油漆	PA
06155	覆盖	用同样类似材料将其表面覆盖	OX
06160	局部翻新	对设备进行整个，或局部的除锈，并重新喷涂油漆	PR
06170	补板	对某杆件断面的部分长度和/或宽度予以切除，并搭接一块补板，外表施连续焊与母体连接；内侧的焊缝可以是连续的，也可以是断续焊，后者未焊处的缝隙要填以密封胶	PT
06175	补板和垫块	补板详见 06170，垫块可以移动或放在隔热层下	PX
06180	预防性维护	按照箱主，或车主的要求进行维护工作	VM
06190	再校正	a) 把部件（例如箱门）拆下，或松动紧固件，然后重新适配； b) 把底盘挂车正位，并对中	RA

续表

数字码	名　　称	说　　明	CEDEX 代码
06200	重装	对某机械的部件进行解体、清扫，然后重新装配	RB
06205	重新镀金属层	构件的外层重新镀上金属层	RU
06210	充液	对某系统进行充液	CH
06220	翻新	按照箱主的要求，对箱体表面处理后再重新喷漆	RC
06230	重配	对某些活动件重新调整至适当位置	FT
06240	玻璃修复	对玻璃钢面板表面的开裂，或损坏进行修缮	RG
06250	换标贴	更换新标贴	MK
06260	清除和打扫	清除和打扫碎屑和包装材料	RD
06270	翻新前修理	在翻新之前所做的修理工作	PV
06280	清除	a) 清除不再需要的标贴、徽记和图示	RM
0		b) 清除不再需要的零件	
06290	拆下和重装	修理后的拆装	RR
06295	消除粘胶包装带	修理后应消除粘胶和绳带	GT
06297	清除标记	对没有用的标签、标记、标语和粗刻痕的清除	MV
06300	更换	对某杆件断面的全长和全宽整个拆掉，或更换	RP
06310	改额定值	对标记牌和标贴上有关最大总质量的数据进行更改	RT
06315	重新加固	对松动的部件重新拧紧或加固	RE
06320	重新布线	对电气零件或系统重新布线和修理	RW
06325	沙眼	表面(因翻砂气泡造成的)小坑陷	SD
06330	填密封胶	用密封胶对苫布或罩盖的孔洞进行填补修理	SE
06340	截面拆换	对一个部件上部高和/或宽，包括断面轮廓进行拆除和更换	SN
06345	拆换和垫泡沫板	拆换见 06340 在隔热垫板下移走和更换泡沫板	SF
06350	连接板	对某杆件断面用背板或复板连接，或铆接	SI
06360	调直	修理并正位	GS
06370	拉直和固位	对某杆件在修理时的拉直和重新固接	RS
06380	调直并施焊	对某杆件予以拉直，并焊接就位	GW
06390	蒸汽清洗	对某些部件如木底板等用高压蒸汽冲洗	SC
06400	表面处理并喷漆	对表面进行清理，并喷漆	PS
06410	清扫	对某些部件的清扫如木底板	WP
06420	充液	充入液体(如油料)至适当液位	TP
06430	水洗	对某些部件如木底板的冲水洗涤	WW
06440	施焊	修理中的焊接作业	WD
06450	磨碎和焊接	经打磨后重新焊接	XW
06500	临时修理	为保护货物安全而进行的临时性修补，可持续到进修理厂前	TR

STANDARDS PRESS OF CHINA

附 录 G
(规范性附录)
修理部位尺寸、工作量和计量单位的代码

(见 4.1 和 4.2)

G.1 测量单位

数字码	名 称	说 明	CEDEX 代码
07010	英寸	按英寸测量	INH
07020	英尺	按英尺测量	FOT
07030	毫米	按毫米测量	MMT
07040	厘米	按厘米测量	CMT
07050	米	按米测量	MTR

G.2 修理部位的尺寸

修理部位的尺寸可以通过长度、长×高，或长×宽来表示。

例如：长度　6

长×宽　1 500×100

长×宽　2×1

G.3 工作量

修理工作量，通常以标准工时来反映其难易程度。它由两位数字来表示，占标准工时的百分比。常用的范围，为 05 至 10(05 即标准工时的 50%；10 即标准工时的 100%，而 15 则为标准工时的 150%)。

附 录 H
（规范性附录）
责 任 代 码

数字码	名　　称	说　　明	CEDEX 代码
08010	制造厂	超出保修期，但仍属制造工艺有待改进者，厂方付费	H
08020	货运站	由于货运站的疏忽，导致对损坏处的弥补措施，站方付费	D
08030	港、站	由于港、站的疏忽，导致对损坏处的弥补措施，港站付费	S
08040	使用者	由使用者支付的修理费用	U
08050	所有者	由所有者支付的修理费用	O
08060	第三方	由第三方支付的修理费用	T
08070	保修	在协议的保修期内，由制造厂负责保修的费用	W
08080	DPP/保险	由保险公司，或按保修条款负责修理的费用	I

附 录 J
（资料性附录）
机构和地址的代码

（见 4.1 和 4.2）

除了本标准所规定的代码之外，对那些参加集装箱商务活动的企业，专门制定了名称和地址代码。

根据标准在指导和技术方面的需要，ISO 总部指定由国际集装箱局统筹负责机构和地址代码的安排。联系处为：

167, rue de courcelles
F-75017 Paris, France
Tel: +33-1-47 66 03 90
FAX: +33-1-47 66 08 91
国际集装箱局(BIC)
ISO 9897-1 注册处

机构名称和地址的代码，由 5 位拉丁字母表示距机构所在地最近的地段码，再加上由 4 位拉丁字母表示的机构名称代码。

国际集装箱局至少每年将已注册机构的名称和地址代码的刊物印刷和出版一次。

附 录 K
（规范性附录）
集装箱零部件代码

（见 4.1 和 4.2）

除了在本标准的材料代码中有特定要求者外，其他材料均属某种设计和箱型通常采用的品种。CEDEX 代码括号中所列数码与图例编号相呼应(详见 K.1 至 K.7)。

数字码	零件名称	说　明	CEDEX 代码
K.1 一般货物集装箱零部件			
K.1.1 顶梁			
10200	顶梁	设于箱顶的横梁，用它来支撑刚性顶板，柔性顶或可移动盖，它们大都属可拆卸的，有的还可以纵向移动，以提供装货空间(ISO 830)	RBO(图 K.2)
10210	顶梁固定件	设于上侧梁处，用以支撑顶梁的零件	RBS(图 K.2)
10220	顶梁支座	设于上侧梁处，用以支撑可移动式顶梁的零件	RBH(图 K.2)
10225	顶梁销件	设于顶梁处，用以固定可拆卸的顶梁零件	RBP
K.1.2 固货装置			
10230	固货装置总成	为限制箱内货物移动而固定在箱体内任何部位并可以通过它与绳、带连接的固定装置	LSA(图 K.1)
10240	缚货杆	用来与绳、带连接起固货作用的短杆	LSB(图 K.1，图 K.2)
10250	缚货环	用来与绳、带连接起固货作用的环	LSR(图 K.1)
K.1.3 角柱			
10260	角结构	位于箱体端框架双侧并与上、下角件相连接而形成的竖向构件	CPA(图 K.2，图 K.3)
10270	挂装发电机组的承接座	装设在角柱下部为挂装发电机而设置的插座	COS(图 K.2)
10280	角件	设在集装箱角部供支承、堆码、搬运和拴固作业用的配件(ISO 830)	CFG(图 K.2，图 K.3)
10290	角柱加强板	用于增强角件与角柱连接处强度的连接板，特别是台架式集装箱上的此类零件	CPG(图 K.1)
10300	角柱内构件	构成复合式后角柱的内柱	CPI(图 K.3)
10310	"J"形角柱	构成复合式后角柱的外柱，它与门铰链连接为箱门提供回转的余地	CPJ(图 K.3)
10320	角柱铰托	作为门铰链的托板，它焊接在后角柱上	CPL(图 K.3)
10330	角柱外构件	构成复合式后角柱的外柱	CPO(图 K.3)
10340	角柱增强板	后角柱的竖向增强筋，一般焊于角柱外侧	CPR(图 K.3)
10350	单式角柱	由独杆构成的角柱一个结构件	CPS(图 K.2)
10360	角柱合成	构成角柱整个断面各零件的总成	CPT(图 K.3)
K.1.4 底梁(包括翼梁)			
10370	底梁总成	构成箱底结构，用以支承底板的各底梁	CMA(图 K.1)

STANDARDS PRESS OF CHINA

续表

数字码	零件名称	说　　明	CEDEX 代码
10380	底梁承接板	在底横梁两端，通过焊接、铆钉，或螺钉使之与下侧梁相连接的零件	CMF(图 K.1)
10390	底梁下翼板	构成底梁之下的平板	CML(图 K.1)
10400	底梁上翼板	构成底梁之上的平板	CMU(图 K.1)
10410	底梁腹板	构成底梁之竖向筋板	CMW(图 K.1)
10420	底框总成	构成底框整个断面各零件的总成	CMS(图 K.1)
10425	支撑梁架悬臂	设置在底侧梁与鹅颈槽之间的短横梁支撑件	CMO
K.1.5 门封胶条			
10430	门封胶条总成	环绕箱门外缘周边并使其固定的各零件之总成	GTA
10440	门封胶条压板	嵌入门封胶条，并使之固定于箱门周边的压板	GRS(图 K.3)
10450	箱门内封条	复式门封的内侧胶条，通常用于隔热式集装箱	GIN(图 K.3)
10460	箱门内/外封条	复式门封的"一体式"内/外胶条，用于隔热式集装箱	GIO(图 K.3)
10470	箱门外封条	复式门封的外侧胶条，通常用于隔热式集装箱	GTO(图 K.3)
K.1.6 门铰链			
10480	铰链总成	使箱门能回转开闭的固定件	HGA(图 K.3)
10485	端框铰链总成	平台式集装箱端框的可折叠部件	EFH
10490	铰链板	固定在门板上并能使销轴套入的零件	HGB(图 K.3)
10500	铰链销	嵌入门铰链与铰托相连接的销轴	HGP(图 K.3)
10505	铰链轴衬套	门铰链的轴套，以便于操作	DHB
K.1.7 门锁机构			
10509	箱门部件	门锁装置包括杆、凸轮和凸轮螺帽以及安装锁的硬件	DGR
10510	锁杆总成	门锁机构的总称，它保证箱门能够关牢	LBA(图 K.3)
10520	锁杆托架	设在门板的上部和下部起着承托锁杆的作用，一般嵌有衬套	LBB(图 K.3)
10530	锁头	箱门的锁固部分，通过杠杆作用锁牢箱门	LBC(图 K.3)
10540	锁杆导套	设在锁杆上/下托架的中间，使锁杆沿其轴线对位	LBG(图 K.3)
10550	锁杆把手	通过持档与锁杆连接，并使之转动的手柄	LBH(图 K.3)
10560	锁杆持档	锁杆及其把手的连接件，与把手相持	LBL(图 K.3)
10570	锁杆	竖向的空心杆轴，其两端焊以锁头	LBR(图 K.3)
10575	锁销	设于角件上，用于加固锁杆构件的螺母	LBN
10576	角件部锁销	装置于平台式集装箱可折叠端框架的角件处，用于加固折叠框架	LPS
10577	端框的机械锁件	设在端框上，用于平台式集装箱可折叠式端框的紧固	LMS
10578	锁销(端框至侧梁)	用于平台式集装箱侧梁与可折叠端框间的紧固	LPP
10580	施封护罩	为保护关封完好而设的保护盖	LBF(图 K.3)
10585	箱门金属板	为平板式结构、包括加强筋、金属件(除外)、箱门密封件	DFA
10586	波纹板式箱门	除门铰链外，整个箱门采用金属波纹板，包括加强筋和其他金属件	DCA
10587	箱门止动手柄	在箱门的框架上安装一个手柄以保证箱门防串动	DRL

续表

数字码	零件名称	说　　明	CEDEX 代码
10588	左侧箱门的安全销	注:预留,在今后的版本中将给与定义	DSO
10590	门把手总成	使箱门关牢,并按国际海关公约施封的组合件	DHL(图 K.3)
10600	门把手托座	在箱门关闭时把手定位的支座是门把手总成的零件	DHC(图 K.3)
10610	门把手持板	在箱门关闭时使把手限位的挡板	DHR(图 K.3)
10620	箱封孔	设在门把手和持板处的开孔,供关闭用	DCS(图 K.3)
10630	箱门固位栓	使箱门保持全开位置的栓座	DRT(图 K.2 图 K.3)
10635	箱门挡板	位于箱门的一块边板,用于挡住左侧门的开启,除非打开右侧门	DPL
10636	门板铆钉	用于箱门板的铆接	DPR
10640	抗错位装置	对箱门锁杆总成的增强装置,从而限制箱门框架因受挤压而使箱门错位	ARD(图 K.3)
10650	抗错位竖杆	为抗拒箱门框架受挤压导致箱门错位而设在门板背面的竖向"Ω"形断面的竖向支柱	ARO(图 K.3)
10660	抗错拉持板	为抗拒箱门框架因受挤压导致箱门错位而设在右门上下部分与左门相应限位座相持的装置	ARP(图 K.3)
10670	抗错位限板	为抗拒箱门框架因受挤压导致箱门错位而设在左门的横向限位板使之与持板相承	ARS(图 K.3)
10675	错位弹簧	注:预留,在新的版本中将给予定义	FRS
门板 见 K.1.11,壁板			
端横梁 见 K.1.13,纵/横梁			
K.1.8 木底板			
10680	木底板	木底板的整体结构	FWA(图 K.1)
10690	条形木板	用板条构成的木底板	FPB(图 K.1)
10700	帽形梁	"Ω"形的中纵梁,用以支承胶合板或条板	FHS(图 K.1)
10710	压层板	用木片压制成的层板	FLB(图 K.1)
10720	胶合板	用胶合板制成的底板	FPP(图 K.1)
10730	门口护板	设于集装箱门口处木底板钢质护板	FTP(图 K.1)
10740	钢木组合底板	注:预留在新的版本中将给予定义	FWS
具有隔热性的底板　见 K.5 保温箱的部件			
K.1.9 叉槽			
10850	叉槽总成	横贯箱底并与下侧梁相交的增强杆件,用以供叉车的叉齿进行对集装箱的搬运作业	FLA(图 K.1)
10860	叉槽下缘	叉槽杆件的下部翼缘	FLL(图 K.1)
10870	叉槽底板	焊在叉槽两端底部入口处的钢质底板	FLS(图 K.1)
10880	叉槽顶板	焊在叉槽顶部的钢质护板	FLP(图 K.1)
10890	叉槽上缘	叉槽杆件的上部翼缘	FLU(图 K.1)
10900	叉槽腹板	叉槽杆件的腹部,或侧部的竖向筋板	FLW(图 K.1)
10910	叉槽断面	叉槽总成的横断面	FLT(图 K.1)
K.1.10 料口			

续表

数字码	零件名称	说　　明	CEDEX 代码
10930	出料口总成	用于排出箱内散货的料口	HAD(图 K.3)
10940	进料口总成	用于装入箱内散货的料口	HAL(图 K.2)
10950	料口盖	用于封闭或开启料口的盖板	HCV(图 K.2,图 K.3)
10960	料口封条	设于料口盖上的密封条	HGT(图 K.3)
10970	出料口套管	设于出料口处的导向卸料套管	KDS(图 K.3)
10980	料口盖锁栓	固定在料口盖上的料口锁件之一,用以施加关闭	HHC(图 K.2,图 K.3)
10990	料口盖铰链	固定料口盖板使其能翻转	HHG(图 K.2,图 K.3)
11000	料口盖把手托架	为确保料口盖处于关闭状态的把手定位栓并作为关封施加之所在	HHR(图 K.3)
11010	料口盖施封孔	在料口盖把手,及其托架处的开孔供施加关封用	HCP(图 K.2,图 K.3)
11020	料口盖持板	使料口盖关闭牢固的零件	HLB(图 K.2)
11030	料口盖把手	操纵料口盖启闭的手柄	HLH(图 K.2,图 K.3)
11040	料口盖栓锁机构	使料口盖关闭锁牢的部件	HLM(图 K.2,图 K.3)
K.1.11 壁板			
11200	壁板总成	各种壁板的整体	PAA(图 K.2)
11210	铰链背板	衬托铰链的箱门壁板	PBH(图 K.3)
11240	壁板衬带	用来固定胶合衬板的带状条钢	PFX(图 K.3)
11320	胶合衬板	干货箱和其他箱型的胶合内衬板	PPW(图 K.2)
11330	层压金属板	在金属基板的两个面与胶合板叠压,多用于门板	PPM(图 K.3)
11340	钢质波形板	压成波纹状的钢质壁板	PSC(图 K.2)
11345	钢质平板	压成形的平钢板	PSF
11350	壁板内衬层	整块壁板的内衬面层	PIP(图 K.3)
11360	壁板外敷层	整块壁板的外敷面层	POP(图 K.3)
K.1.12 壁板相关设施			
11380	侧挡柱插座	为支承和插入侧面挡货柱的插座	SBS(图 K.1)
11390	侧挡杆	联接台架箱侧挡柱之间的水平挡杆,用以固货	SBR(图 K.1)
11400	活动端壁	在台架箱端部所设的可卸式端壁,用以固货	PBK(图 K.1)
11410	侧挡柱	插入台架箱下侧梁的竖向挡货柱	STC(图 K.1)
11420	侧挡柱链条	固缚侧挡柱而设的链条	SLC(图 K.1)
11430	侧挡柱链钩	第 11440 代码中所列侧挡柱链条所用钩栓	SCH(图 K.1)
11440	侧挡柱固缚系统	侧开箱对其两侧挡柱间的固缚用的链和钩之总成	SLS(图 K.1)
11445	侧挡柱槽板	平台式集装箱底侧梁处设置一个挡板	STP
11450	侧开口总成	用于固货的可拆卸式侧部框架总体	SGA(图 K.1)
11460	侧开口框架	侧面开口的框架本身	SGF(图 K.1)
11470	侧开中挡网	侧面开口的框架内侧所挂之挡货网	SGM(图 K.1)
11480	侧开中框架销	固定侧开口框架的插销	SGP(图 K.1)
11490	内壁柱	联接上、下侧/端梁之间的壁板内侧立柱	SPI(图 K.1)
11500	外壁柱	联接上、下侧/端梁之间的壁板外侧立柱	SPO(图 K.1)
K.1.13 横梁(包括横向和纵向以及槽梁等)			

续表

数字码	零件名称	说　　明	CEDEX 代码
11510	梁的总成	包括箱底/顶/侧部结构的横向和纵向梁以及鹅颈槽的侧梁等的总体	RLA(图 K.1,图 K.2)
11520	锁座	焊接在门槛和门楣外板上的承接锁头的支座,用以确保门锁机构处于关牢的位置	RCK(图 K.3)
11530	梁的复板	焊接在顶角件附近的增强板,当吊具失配时起到保护箱顶结构的作用	RDP(图 K.2)
11540	梁的加强板	设于角件及与纵梁,或横梁的连接处,或是在前后下端梁内侧的增强板	RLG(图 K.1,图 K.2,图 K.3)
11550	梁内封板	设于前、后下端梁内侧的封闭板与 11540 等效	RIW(图 K.3)
11555	梁角加固板	为防止集装箱用旋锁或堆码作业时造成破损,在角件边缘和箱门底梁部位焊接一块加固板	RCI
11560	梁的下翼缘	下侧梁和下端梁断面的下翼缘	RLF(图 K.1,图 K.3)
11570	梁的上翼缘	上侧梁和下端梁的上翼缘	RUF(图 K.3)
11580	梁的腹板	侧梁和端梁的竖向筋板	RLW(图 K.1,图 K.3)
11585	鹅槽梁	鹅槽的纵梁	RTL
11590	挡雨檐	设于门箱楣顶部的翼檐,用于疏导门框顶部的雨水	RNG(图 K.3)
11600	挡柱插座	供活动柱插入插座参见 11410	SST(图 K.1)
11610	底梁复板	顶梁和底梁的保护板	RUP(图 K.3)
11620	横梁断面	横梁的整个断面	RLT(图 K.3)
11623	箱门竖向加强板	注:预留,待新版标准给予定义	DSM
11625	底边加强杆	与箱门加固件平行,安装在底边缘	DSB
11626	中向杆	安装在铰接侧垂直于箱门刚性中线的加固杆件	DSC
11627	铰接侧杆边缘	沿箱门垂直中心设置与箱门加固件平行	DSH
11628	箱门刚性铰接顶边缘	水平位于箱门加固件,安装在铰接件顶部	DST
11630	底部支撑板	该角与箱底侧梁相连,以支撑底板边缘受力	FSA
11640	顶部加强板	纵向刚性底板,用于与木质底板相连接	FSP
11650	延伸板的探头	为保护箱顶不遭破损,而设的一块加长平板	HEP
11660	内衬板	复合梁的内衬部分	RLI
11661	外衬板	复合梁的外边部分	RLE
11665	螺帽或可移动的帽盖	在顶横梁处的可移动部件	RRT
11666	系固栓	在加固位置上系固的栓	RHL
11667	铰接手柄装置	用于旋开装置的铰接手柄	RLL
11668	螺栓手柄	可移动的铰接螺栓	HPH
11669	顶部螺栓链	为保护手柄移动顶部杆件时防止滑脱的部件	HPC
11670	弓梁	在驮式起吊作业时,用于加强底侧梁的弓形梁	RPP
K.1.14 箱罩			
11680	箱罩总成	敞顶箱,或侧开门箱封盖用的罩布总体	TNA(图 K.1,图 K.2)
11690	顶罩加固带	除了横向顶梁以外的支承顶罩的纵向加固带	TNB(图 K.2)
11700	紧罩胶带	用于束紧箱罩的拉紧胶带,它与罩体上的 TIR 环相接	TNC(图 K.2)

STANDARDS PRESS OF CHINA

续表

数字码	零件名称	说　明	CEDEX 代码
11710	箱罩的关封	在罩体 TIR 束带末端处供加关封的装置	TNS(图 K.2)
11720	箱罩索环	在箱罩周边所设的一组供 TIR 束带用的导环	TNG(图 K.2)
11730	箱罩系带	用于固定顶部和侧壁箱罩的半永久性绳带	TNX(图 K.1)
11735	箱罩销孔	在箱罩上为使用固货销而设制的孔	TPH
11740	TIR 束带	按照 TIR 通关条约要求设置穿过各索环的束带	TIC(图 K.2)
11750	TIR 固罩环	设在箱体上为固缚箱罩上相应环索的零件	TIR(图 K.2)
K.1.15　鹅颈槽			
11760	鹅颈槽总成	在箱体底结构的前端,设在与挂车上鹅颈相适配的凹槽	TUA(图 K.1)
11770	鹅颈槽横梁	支撑鹅颈槽顶板的横梁	TUC(图 K.1)
11780	鹅颈槽顶板	设于鹅颈槽顶部的钢板,它将槽与箱内空间隔开	TUP(图 K.1)
11790	鹅颈槽后梁	设于鹅颈槽后槽的横梁	TUB(图 K.1)
鹅颈槽纵梁(见 K.1.13 梁),鹅颈横翼梁(见 K.1.4 梁)			
K.1.16 透气罩			
11800	透气罩总成	设于箱体侧壁(或端壁)上,供箱内外空气交换的装置	VRA(图 K.2)
11810	透气罩挡板	设于透气罩内为防止海水直入箱内的迷宫挡板	VRB(图 K.2)
11820	透气罩外壳	透气罩的最外部分也是箱体外表面的一部分	VRR(图 K.2)
11830	透气格栅	设于透气罩底部的孔板,或筛网以便空气流通	VRG(图 K.2)
K.1.17 其他			
11840	熏蒸喷管	喷管在端(或底)面板,用来熏蒸集装箱	FUN(图 K.2)
11850	杆件联接件	用焊或粘接将杆件组装在一起	VJT
11860	堆码锥体或链(固定或移动)	锥形体凸出部分置入集装箱角件孔内,用以拴固其顶部集装箱相对应的角件	SCC
11890	(不适用)	(空号不适用的零部件)	ZZZ
K.1.18 紧固件			
11900	紧固件	包括螺钉,螺帽和螺栓	HWR
11910	锁拴	用栓销拴固结构性的扣牢件,类似螺栓	LBT
K.1.19 主要零部件			
12000	货物集装箱	整个集装箱	MCO
12010	侧壁结构	在集装箱的一侧包括角柱和梁构成箱侧壁板的组合件	SAA
12020	端壁结构	集装箱的一端,包括除箱门之外的角柱、梁构成箱的端壁构件	EAA
12030	箱顶结构	如果用弓形顶,包括顶部所有部件	RAA
12040	箱底部结构	箱的整个底部,由底梁、叉槽、鹅颈槽(如提供鹅颈槽时)组成	UAA
12045	可折叠式端框架	平台式集装箱用铰接方式将端框架与底平面相连接且低于箱底平面	DEF
12050	箱门结构(不含附件)	整个箱门包括内衬板,但不包括紧固件和密封件	DAA
12060	(含附件)箱门结构	整个箱门包括内衬板,紧固件和密封条	DAH
K.4 标记及有关件			

续表

数字码	零件名称	说　　明	CEDEX 代码
K.4.1　ISO 标记			
40010	国家代码	按 GB/T 2659 标注的箱主所注册的国家代码	MCC(图 K.3)
40020	识别标记组	按 GB/T 1836 标注的箱主代码(40040)系列号和核对数字(40050),以及箱型代码(40060)等	MIS(图 K.2)
40030	质量标记	包括最大总质量(额定值)箱体本身质量等	MMI(图 K.3)
40040	箱主代码	按 GB/T 1836 标注的箱主代码	MOC(图 K.3)
40050	系列号及核对数字	按 GB/T 1836 标注的 6 位数字加 1 位核对数字	MSN(图 K.3)
40060	尺寸/箱型代码	按 GB/T 1836 标注设备的尺寸和类型代码	MST(图 K.3)
40070	超高符	按 GB/T 1836 附录一H标注的标记,仅当 $H>2.6$ m 时示出	MHT
40072	超高箱特殊标志	在箱顶梁上方标出 1AAA、1BBB 和 1CCC 型箱的标记	MHC
40080	警示符	按 GB/T 1836 附录 C 标注的防顶部电击的符号	MCA
40090	综合标记牌	按 ISO 6359 要求把若干标牌综合在一起成为单牌的标识	MPD
40100	标记——全部标记	设于集装箱上的所有标记	MFS
40110	单字母/单字符标记	采用系列号中的单一字母,或字符	MSD
40115	UIC 标记	在集装箱侧壁打出 UIC 标记的成员,应标打认可国家的代码	MUI
K.4.2 其他标记			
40200	CSC 标牌	按国际集装箱安全公约要求所设的标牌	MPS(图 K.3)
40210	ACEP 标识	按 CSC 持续检验计划要求所设的标识	MCE
40220	船级社标识	经船级社,或其他法定机构认可的标识	MCS
40230	通关标牌	经海关认可的标牌	MPC(图 K.3)
40240	箱主标牌	标示箱主名字的标牌,有时还包括地址	MPO(图 K.3)
40250	制造厂标牌	标示造箱厂名称,编号,以及其他数据的标牌	MPM(图 K.3)
40260	货签标牌	一块黑色标示区,用于标记货物名称	MPL(图 K.2)
40270	货罐标牌	标示罐式集装箱有关数据(包括按国际危险货物运输规则(IMDG)的警示标签标识)的牌子	MPT
40280	木材化学处理标牌	标示箱内裸露木件检疫处理资料的有关牌子	MTT(图 K.3)
40290	其他标记	以上未涉及的其他标记	MRU(图 K.2,图 K.3)
40300	箱主标贴	箱主的专用标贴	MOL(图 K.2,图 K.3)
K.5 保温箱的零部件			
K.5.1 通风口			
50010	通风口总成	保温箱体上供冷风/热风进出的开口	AOA(图 K.2)
50020	调节阀拴	阀板关阀时的定位装置(或称钮),详见 50010	VVR(图 K.2)
50030	阀　盘	阀孔、阀盘,或阀板,见 50010	VVD(图 K.2)
50040	阀　筛	使气流均匀通过的阀筛,有时亦称"定距环",见 50010	VVF(图 K.2)
50050	垫　阀	设于阀盘处的垫片,以确保其气密性,见 50010	VVG(图 K.2)
50060	阀　柄	开关阀门的操作手柄,见 50010	VVH(图 K.2)
50070	关封处	按通关规划(CCC)在阀柄处设封的地点,见 50010	VVS(图 K.2)

续表

数字码	零件名称	说　　明	CEDEX 代码
50080	阀　环	在阀杆处设置的园环,供安装阀门用,见 50010	VVI(图 K.2)
50090	阀杆弹簧	使阀门处于开启状态的弹簧,见 50010	VVP(图 K.2)
50100	阀　杆	阀杆的升降使阀门启闭,见 50010	VVA(图 K.2)
50110	风口圈	保温箱体上通风口外的座圈,见 50010	PHC(图 K.2)
50120	气调口	为调气目的,而掺入特定气体用的注入口	POM(图 K.2)
50130	气调口塞栓	停止掺入特定气体后堵住气调口的拴塞	PLM(图 K.2)
50135	带气调孔的箱门隔板总成	整个箱门隔板,包含调气孔,密封和轨道	RCM
50136	带气调孔的门隔板	在其上安装密封条防止从箱门处漏气	DCU
50137	可调气的锻带封条断开	气调系统口处的一条箱门隔板	SRS
50138	调气孔、塞的总成	整个调气孔和栓塞等部件,包括门板、气孔和轨道在内的全部组件	POA
K.5.2 空气过滤器			
50150	空气过滤器总成	导入空气进/出口之间的过滤装置	ASA(图 K.2)
50160	过滤舌片	设在过滤筛网后的绞接舌片,舌片压住后不漏气与阀路接通	ASF(图 K.2)
50165	过滤密封垫	过滤器的密封垫以防止漏气	ASG
50170	舌片接板	连接舌片的铰接板	ASH(图 K.2)
50180	过滤器锁	锁定过滤器,避免拆卸	ASL(图 K.2)
50190	过滤片	气流进/出口处的过滤片,保证气流均匀通过	ASP(图 K.2)
50200	过滤限位器	确保过滤器舌片处于适当位置	STF(图 K.2)
K.5.3 风道			
50250	风道	保证在保温箱内的气流通道,使其有效循环	ADU(图 K.2)
K.5.4 T 型轨			
50300	T 形轨总成	保温箱内由四个 T 形断面铝轨组成的底板以利于气流流动	TFA(图 K.1)
50310	T 形轨端件	在"T"形通风轨后端供横向贯通的铝质通风道	TFC(图 K.1)
50320	T 形轨疏水口	用于保温箱和其他箱型的底部的排水口	TFD(图 K.1)
50322	T 形轨疏水口处的集水器	设在排水口处的盛水装置,用于接收从保温箱内流出的水	TPN
50330	T 形轨端封	T 形轨后端门槛处的密封设施	TFS(图 K.1)
50340	T 形轨前端板	T 形轨前与冷机出风口间的孤形转角板	TFF(图 K.1)
50350	T 形轨侧板	T 形轨两侧与箱体侧壁板间的孤形转角板	TFG(图 K.1)
50360	T 形轨板	T 形底轨的断面	TFP(图 K.1)
50370	T 形轨联带	在 T 形底轨前/后端顶面设置的条带,以增加横向联接	TFI(图 K.1)
50380	T 形轨导板	将来自制冷机的气流导入 T 形轨的转角导向板	TFB(图 K.1)
50385	疏水塞组件	箱底板处的疏水器塞和链	DRA
50386	疏水塞	箱底板疏水器的塞子	DRP

续表

数字码	零件名称	说　　明	CEDEX 代码
50389	底层板	设于保温底板下面的一块平板	PAA
50395	自开式疏水槽	柔性袋状构件，安装于T形疏水器下面，受水压力控制，以便于保温箱内的水流出	DKK
K.5.5 壁板			
50450	壁板周边	保温箱隔热门壁板的周边的封闭设施	PEP(图 K.1，图 K.3)
50460	壁板框	保温箱隔热门板的框架	PAF(图 K.3)
50470	壁板隔条	保温箱隔热层内壁的竖条板使之形成气流通道	PBT(图 K.3)
50480	壁板内衬	保温箱隔热壁板的内衬板	PIC(图 K.2，图 K.3)
50490	隔热材料	隔热层用的材料，通常为泡沫塑料	PIM(图 K.1，图 K.2)
50500	壁板内撑	保温箱壁板的内柱	PIS(图 K.2)
50510	壁板转接件	保温箱的隔热壁板与顶板的转角连接件	PJC(图 K.2)
50520	壁板转接固位件	隔热壁板与顶板转角联接处的固位件	PJP(图 K.2)
50530	壁板外护板	保温箱隔热壁板的外护板	POC(图 K.2，图 K.3)
50540	壁板断面	保温箱隔热壁板的断面组合	PAT(图 K.2，图 K.3)
K.5.6 其他			
50600	挂货轨总成	箱内顶部的纵向轨道及吊钩等，供挂货用	HRA(图 K.2)
50610	挂货吊轨	箱内顶部挂货用的纵向轨道	HRB(图 K.2)
50620	挂货吊钩	箱内顶部吊轨下的吊货钩	HRH(图 K.2)
50630	挂装机组上悬挂装置	在前端梁上设置固定挂装机组装置	CHU
50640	挂装机组下悬挂装置	在前角柱下方设置的用于紧固挂装机组装置	CHL
K.6 制冷机组元件			
K.6.1 压缩机			
60010	压缩机总成	制冷压缩机及其电动机的整体	ASY(图 K.4)
60020	开启式压缩机	(非封闭式)(电动机除外)制冷压缩机	QAS(图 K.4)
60030	转动轴	由电动机带动的转轴	SFT(图 K.4)
60033	转轴密封圈	装在转轴与外罩之间的密封装置	QSS
60034	曲轴	将动力传至活塞的轴	CSF
60035	曲轴的轴承	轴承的孔，支撑曲轴定位	BSF
60036	曲轴密封	防止曲轴与轴套间隙漏泄的密封圈	SSF
60040	缸盖	活塞顶部的封盖	CYH(图 K.4)
60050	卸载阀	压缩缸高、低压的侧旁阀，用来达到减载的目的	CYU(图 K.4)
60060	卸载电磁阀	操纵卸载器启闭的电磁阀	CYS(图 K.4)
60070	缸盖垫片	压缩缸顶盖的密封垫片	CYG(图 K.4)
60080	气缸	供一个活塞工作的容腔	CYA(图 K.4)
60090	活塞	在缸体内压缩制冷的滑动栓塞	PTA(图 K.4)
60100	活塞杆	曲轴与活塞的连杆	PTR(图 K.4)
60110	活塞环	环绕活塞的气密环	PTB(图 K.4)
60120	压缩机皮带轮	带动压缩机轴转动的皮带轮	PUQ(图 K.4)
60130	电动机皮带轮	传送电动机轴运动的皮带轮	PUM(图 K.4)

STANDARDS PRESS OF CHINA

续表

数字码	零件名称	说明	CEDEX 代码
60135	驱动皮带	将扭矩转输到压缩机皮带轮上的张紧装置	DRB(图 K.4)
60140	吸入停止阀	冷剂进口处具有启闭或测压(低压测)功能的阀门	VSU(图 K.4)
60150	排出停止阀	冷剂出口处具有启闭或测压(高压侧)功能的阀门	VDI(图 K.4)
60155	排出停止阀盖	排出停止阀上的设施	VDC
60160	高压继电器	当介质工作压力超过高限时切断系统电源的安全装置	CHP(图 K.4)
60170	低压继电器	当介质工作压力低于低限时切断系统电源的安全装置	CLP(图 K.4)
60175	缓冲器	压缩机组变化状态时的缓冲装置	SNB
60180	低油压继电器	当油压低于最低限时切断系统电源的安全装置	CLO
60190	油泵	向压缩机运动件提供压力润滑的泵	PPO
60200	油位镜	显示油位的玻璃窗	SGO
60210	油池垫片	压缩机机体与润滑油库联接处的密封垫	SGS(图 K.4)
60220	注油口	润滑油注入口	OCH(图 K.4)
60230	其他	未列出的压缩机的其他零部件	QMI(图 K.4)
60240	舌簧阀(或环片阀)	气缸上供冷剂吸入和排出的片	RRV
60245	阀门挡板	在气缸阀门处设置的板	PVA
60250	电动机	指不设在压缩机内的电动机	MAS(图 K.4)
60260	定　子	电动机壳内的静态线圈组件	STA(图 K.4)
60270	转　子	在定子中转动的线圈组件	ROT(图 K.4)
60280	集流器	将电流导入转子的导电装置	COL(图 K.4)
60290	集流器电刷	集流器上可滑移的炭刷	COB(图 K.4)
60300	轴　承	电动机转轴的支承件	BNG(图 K.4)
60310	端子板	电动机上的接线板	TMP
60320	过载保护开关	当电动机过载时切断电路的安全装置	POL
60330	其　他	未列出的电动机其他零部件	MIN(图 K.4)
60340	固定装置	把压缩机/电动机组固定在座架上的零件	FIX(图 K.4)
60350	集液罐	吸入管路中积存液态冷剂的容器	QDA
K.6.2 冷凝器——位置:MK.NN			
60510	盘管总成	为增加热交换而排列有序的管束	CAS(图 K.4)
60515	蛇形管	构成管束的一根单独的软管	TSH
60516	冷凝管支柱	用于支撑冷凝管的支柱	CCB
60520	进口管	将气态冷剂导入冷凝器的管子	TIN
60530	出口管	将液态冷剂引出冷凝器的管子	TOU
60540	弯管接头	将一排管联接到另一排管的折返接头	TBE(图 K.4)
60550	直管	供气态冷剂循环的装有肋片的管段	TPI(图 K.4)
60555	管道散热片	管道旁的散热片,或加速热交换的管道	CFI
60560	电动机	带动冷凝器风扇的电动机	MAS(图 K.4)
60570	电机定子	电动机定子的线圈组件	STA(图 K.4)
60580	电机转子	电动机转子的线圈组件	ROT(图 K.4)
60590	集流器	将电流导入转子的导电装置	COL(图 K.4)

续表

数字码	零件名称	说　　明	CEDEX 代码
60600	集流器电刷	集流器上可滑移的炭刷	COB(图 K.4)
60610	轴承	电动机转轴的支承件	BNG(图 K.4)
60620	端子板	电动机上的接线板	TMP
60630	边载保护开关	当电机过载时切断电路的安全装置	POL
60640	固定装置	把冷凝器风扇和电机固定在座架上的零件	FIX(图 K.4)
60650	风叶片	使大量空气通过冷凝管束的机器	FAN
60680	冷剂进口阀	冷剂入口处的启/闭阀	VFI(图 K.4)
60609	冷剂出口阀	冷剂出口处的启/闭阀	VFO(图 K.4)
60700	进水阀	启闭冷却水进入水冷式冷凝器的阀门	CWA
60710	出水阀	启闭冷却水流出水冷式冷凝器的阀门	VWI(图 K.4)
60720	液位镜	显示液位的玻璃窗	VWO(图 K.4)
60730	其他	未列出的冷凝器的其他零部件	KMI(图 K.4)
K.6.3 蒸发器—位置:MVNN			
60810	盘管总成	为增加热交换而排列有序的管系	CAS(图 K.4)
60820	进口管	将液态冷剂导入蒸发器的进口管系	TIN(图 K.4)
60830	出口管	将气态冷剂引出蒸发器的出口管系	TOU(图 K.4)
60840	弯管接头	不同排的管口折返接头	TBE(图 K.4)
60850	直管	供气态冷剂循环的管直段	TPI(图 K.4)
60855	管道散热片	管道旁的散热片,或加速热交换的管道	CFI
60856	蒸发器盘管加热器	集装箱内加热或除霜时采用的电加热器	HVC(图 K.6)
60857	疏水盘除霜加热器	为疏水盘除霜,或使箱内升温的加热电加热器	HDP(图 K.6)
60858	超热保护开关	加热器工作超出设定温度时的保护开关	KLX(图 K.6)
60859	加热器除霜接水管道	疏水管道除霜的加热器	DTH(图 K.7)
60860	电动机	蒸发器风扇的电动机	MAS(图 K.4)
60861	疏水口化霜加热器	为疏水口的化霜而设置的加热器	DPH
60870	电动机	带动蒸发器风扇的电动机	STA(图 K.4)
60880	电机定子	风扇电动机的定子线圈组件	ROT(图 K.4)
60890	电机转子	风扇电动机的转子线圈组件	COL(图 K.4)
60900	集流器电刷	与集电器上可滑移接触的炭刷	COB(图 K.4)
60910	轴承	电动机转轴的支承件	BNG(图 K.4)
60920	端子板	与电动机相联的接线板	TMP
60930	过载保护开关	当电机过载时切断电路的安全装置	POL
60940	固定装置	把蒸发器风扇和电机固定在底座上的零部件	FIX(图 K.4)
60950	风扇	使大量空气通过蒸发器管系出风机	FAN(图 K.4)
60970	其他	未列出的蒸发器的其他零部件	VMI(图 K.4)
K.6.4 电源—位置:MENN			
61010	460V 插头	机组主电缆联接到电源插座上 460V 的联接插头	EPL
61015	230V 插头	机组主电缆接到电源插座上的 230 伏联接插头	EPE
61020	460 伏电缆	向机组传输 460 伏电能的电缆线	ECB

续表

数字码	零件名称	说　　明	CEDEX 代码
61025	230 伏电缆	向机组传输 230 伏电能的电缆线	ECC
61026	460 伏电缆指示器外盒	显示 460 伏电缆的标识	ECD
61027	230 伏电缆指示器外盒	显示 230 伏电缆的标识	ECE
61030	主开关	联接制冷机组主电路的启闭装置	SMN(图 K.5)
61040	电压选择开关	与供电电源联接与供电电压相适合的装置	SVS(图 K.5)
61045	电压选择开关旋钮	选择电源电压开关的装置	SVK
61046	电压选择开关的门	在电压选择开关处设置的门	SVD
61047	电压选择开关门铰链	在电压选择开关门上安装的联接装置	SVH
61050	460V 断路器	在电路故障时切断 460 伏电源的安全装置	CBR
61055	230V 断路器	在电路故障时切断 230 伏电源的安全装置	CBB
61060	变压器	将电源电压转换成制冷机能接受电压的转换器	TFM
61070	调相器	调整电源相序与机组一致的调相装置	PRS(图 K.5)
61080	供电端子板	从电源主缆连接的接线板	EPS(图 K.5)
61090	压缩机电容器	供压缩机电机起动用的电容器	CAQ
61100	蒸发风机电容器	容纳蒸发风机起动电流的装置	CAV
61110	冷凝风机电容器	容纳冷凝风机起动电流的装置	CAK
61120	压缩机接触器	按控制器指令接通或切断压缩机电路的装置	CQA(图 K.5)
61130	低转速接触器	按控制器指令把压缩机低转速电路接通，或切断的装置	CQL(图 K.5)
61140	高转速接触器	按控制器指令把压缩机高转速电路接通，或切断的装置	CQH(图 K.5)
61150	蒸发电机接触器	按控制器指令把蒸发器风扇电机电路接通或切断的装置	CVL(图 K.5)
61160	蒸发器风机低速接触器	按控制器指令把蒸发器风机电机低速电路接通或切断的装置	CVL(图 K.5)
61170	蒸发器风机高速接触器	按控制器指令把蒸发器风机电机高速电路接通或切断的装置	CVH(图 K.5)
61180	冷凝器风机接触器	按控制器指令把冷凝器风机电机电路接通或切断的装置	CKA(图 K.5)
61190	冷凝器风机低速接触器	按控制器指令把冷凝器风机电机低速电路接通或切断的装置	CKL(图 K.5)
61200	冷凝器风机高速接触器	按控制器指令把冷凝器风机电机高速电路接通或切断的装置	CKH(图 K.5)
61210	融霜/加热接触器	按控制器指令把加热电阻电路接通或切断的装置	CHR(图 K.5)
61220	调相接触器	按调相系统要求进行相位调换的装置	CPH(图 K.5)
61230	接触器	电气/电子元件的连接点	CON
61240	线路	各电气间的电气线路	WIR(图 K.5)
61250	其他	未列入的其他电源装置	EMI(图 K.4)
K.6.5 调节/控制装置—位置:MCNN			
61410	控制器	制冷机组对重要参数(特别是温度)的控制装置	CTR(图 K.5)
61415	信息处理机控制器	用信息处理集成电路块控制的装置	CPU

续表

数字码	零件名称	说　明	CEDEX 代码
61420	温度记录仪	记录保温箱内温度的装置	REC
61425	记录钟	转动记录纸的时钟装置	RCL
61426	机械式记录仪	采用机械方式记录箱内温度的装置	RCR
61430	定时器	设定并控制制冷机组不同工况作业时间长短的装置	TIM(图 K.5)
61435	记录纸	用于记录温度的一种带刻度的纸	RCH
61437	记录纸用电池	注:预留,在新制定的标准中将作具体规定	RCB
61440	记录笔	在记录纸上给出例如温度随时间变化的曲线的笔尖	STY(图 K.5)
61441	记录笔笔杆	与记录纸上相接触的杆	STL
61445	电子数据记录仪	采用电子方式将设备的操作隐患记录下来的仪器	ERD
61450	热敏元件	按照设定温度对箱内温度进行调节的器件	TMT(图 K.5)
61460	记录传感器	使记录仪正确反映箱内温度的调节装置	SRE(图 K.5)
61470	回风温度传感器	反映控制器回风温度的敏感装置	SRA(图 K.5)
61480	送风温度传感器	反映控制器送风温度的敏感装置	SSA(图 K.5)
61490	计时器	记录压缩机累计运转小时数的装置	HMT
61500	温度计传感器	将温度信号传给温度计的装置	SSY(图 K.5)
61510	温度计插头	把信号联接到温度计上的插头	SYJ(图 K.5)
61520	数显传感器(回气)	提供数码显示信号的回气温度传感器	SER
61523	数显传感器(供气)	提供数码显示信号的供气温度传感器	SES
61524	除霜计时器	用于两次除霜间隔时间的计时装置	TDF(图 K.6)
61525	手动去霜开关	采用人工手动方式控制除霜的计时开关	SMD(图 K.6)
61526	除霜开关	除霜控冷器开关	SDT(图 K.6)
61527	冷除霜温度传感器	在温度传感器工作时,周期性控制清除霜的控制装置	EVS
61528	风压开关	利用蒸发器前后风压差来启动化霜作业的装置	APS(图 K.6)
61530	除霜继电器	控制蒸发器盘管除霜的继电装置	RDK(图 K.5)
61535	除霜选择开关	供除霜选择的开关	DIS
61536	除霜选择开关钮	在除霜选择开关上设置的旋钮	DIK
61540	调相继电器	控制电流相序转换的继电器	RPR
61550	定时继电器	控制制冷机组电气元件投入工作的继电设备	RTM(图 K.5)
61560	加热继电器	控制加热电阻工作的继电器	RHR(图 K.5)
61570	“正常”继电器	使“正常”指示灯发光,表示箱内温度处于“正常”之内的继电器	RIR(图 K.5)
61580	“制冷”继电器	点亮“制冷”指示灯,表示制冷机组处于正常制冷工况的继电器	RFC(图 K.5)
61590	暂停制冷继电器	当箱内温度已达到设定温度时使压缩机暂停的继电器	RCU(图 K.5)
61600	熄火继电器	控制压缩机熄火阀动作的继电器	RQQ
61610	过载继电器	过载时切断电动机电源的继电器	ROL(图 K.5)
61620	减载继电器	当箱内温度即将达到设定值时使之减载的指示灯发光继电器	RPC(图 K.5)
61630	电子主板	与各电子板相联的主电子板	BMN(图 K.5)

STANDARDS PRESS OF CHINA

续表

数字码	零件名称	说　　明	CEDEX代码
61640	电子操作板	控制各种功能的电子板(包括电源和温度)	BCT(图 K.5)
61650	调相电子板	控制电源相序调换的电子板	BPR(图 K.5)
61660	调换+控温电子板	控制电源供给及箱内温度的电子板	BMS(图 K.5)
61670	时序+电流控制板	控制电动机起动程序及调节阀电流的电子板	BCC(图 K.5)
61680	控温电子板	控制箱内温度的电子板	BTC(图 K.5)
61690	继电器电子板	与各继电器联接的电子板	BRY(图 K.5)
61700	放大电子板	放大各传感器信号的电子板	BAM(图 K.5)
61710	风温显示器	显示送风和回风温度的仪表	TDI(图 K.5)
61715	模拟控温开关	可模拟控制不同温度的开关	TSS
61720	变压器	使供电电压转变至控制回路电压的变压装置	TRF(图 K.5)
61730	熔断器	在控制回路出现故障时或操作时即断路的保险系	FUS(图 K.5)
61735	熔断器控制器	控制熔断器的装置	FHD
61740	监视灯	显示制冷机组工作状态的指示灯	LIT(K.5)
61750	远距离监控插座	为远距离监控装置而设的专用插座	SOR(图 K.5)
61755	远距离监控接收电容器	包括和从属的远距离监控接收装置和插座	MRC
61760	远程控制器的插头	联接到远距离监控装置上的插头	MRP(图 K.5)
61765	冷凝器压力开关	控制冷凝器风扇的开关,可根据压缩机压力的变化开启的开关	SPK(图 K.6)
61766	冷却水压力开关	冷凝器接通水冷装置时,冷凝器风扇关闭	SPW(图 K.6)
61770	过载延时开关	允许电机起动程序的装置	SOR(图 K.5)
61775	稳压终端器	与通用电子元器件连接的末端	CRE
61780	接头	电气/电子元件的联接点	CON(图 K.5)
61790	试机开关	能模拟非设定温度试验制冷机组工作的开关	TSW(图 K.5)
61795	温度设定器(数控)	选择设定温度的装置	SPS
61796	数控恒温器	维持所要求温度用的变阻器(包括旋钮)	THE
61800	其他	未列入的其他调节/控制装置	CMI(图 K.4)
K.6.6 删去除霜/加热 K.6.7 管路—部件:MPNN			
62010	注气阀	当压缩机减载式吸入调节阀即将关闭时注入热气使之继续运行的装置	VQA(图 K.6)
62020	注气阀阀体	注气阀的壳体(机械结构)	VQB(图 K.6)
62030	注气阀线圈	控制注气阀动作的电磁线圈	VQS(图 K.6)
62040	吸入调节阀	当压缩机减载时,对吸气进行调节的装置	VMA(图 K.6)
62050	调节阀体	调节阀的壳体	VMB(图 K.6)
62060	调节阀线圈	控制调节阀动作的电磁线圈	VMS(图 K.6)
62070	吸入电磁阀	当箱内温度与设定温度相差甚大时,开启,当接近时关闭的装置	VSA(图 K.6)
62080	电磁阀体	电磁阀的壳体	VSB(图 K.6)

续表

数字码	零件名称	说　　明	CEDEX 代码
62090	电磁阀线圈	操纵吸入电磁阀的电磁线圈	VSS(图 K.6)
62100	热气调节阀	注入高温冷剂使蒸发器融霜,或减载的装置	VGA
62110	热气调节阀体	热气调节阀的壳体	VGB(图 K.6)
62120	热气调节阀线圈	操纵热气调节阀动作的电磁线圈	VGS(图 K.6)
62130	膨胀阀	使膨胀过程得以在蒸发器内进行并调节冷剂出蒸发器时过热温度的装置	VEX(图 K.6)
62140	感温管	由蒸发器出口处的气温传至膨胀阀的传感器	BOH(图 K.6)
62145	减压阀	压缩机输出压力	PRG
62147	节流阀	通过制冷时的流量控制温度	VTH
62150	热交换器	使回气与液态冷剂进行热交换以提高制冷效率的装置	HEX(图 K.6)
62160	吸入管隔热	减少吸入管系传热扩散的隔热措施	ISL(图 K.6)
62170	供液阀	调节冷凝器流出冷剂流量的装置	VLL(图 K.6)
62180	湿分显示仪	显示冷剂中所含水分的装置	SGI(图 K.6)
62190	干燥过滤器	使冷剂干燥过滤的装置	DRF(图 K.6)
62200	易熔塞	超压时使系统安全的保护装置	FUP
62210	排出压力表	压缩机排出压力指示表	GDI(图 K.6)
62220	吸入压力表	压缩机吸入压力指示表	GSU(图 K.6)
62250	热敏定温器	按所需温度设定的热敏元件装置	KWT
62255	玻璃观察窗	为检查制冷状况而设的窗口	SGL
62260	减震器	制冷机组吸入/排出管路上的饶性减震管段	VIB(图 K.6)
62265	储蓄装置	吸流管中的制冷剂储存盒	ACC
62270	冷剂容量	制冷机组能纳入冷剂的容量	FCH
62280	其他	未列入的其他管路器件	PMI(图 K.4)
K.6.8 机组框架——部件:MFNN			
62510	框架总成	制冷机组的构架	FAS(图 K.7)
62520	蒸发器挡板	活动挡板卸下后能从箱外触及蒸发器	VAP(图 K.7)
62525	加热器挡板	活动挡板卸下后能从箱外触及加热器	HAP
62530	冷凝器隔栅	从外侧设置的防护网罩以保护冷凝器风扇	GLK(图 K.7)
62540	压缩机防护壁	保护压缩机免受震动的隔壁,并可存放电缆	QPG(图 K.7)
62550	蒸发器隔栅	在箱内设置的蒸发器防护网罩	GLI(图 K.7)
62560	内壁板	冷藏箱前端的内壁板	INP(图 K.7)
62570	压缩机底座	固定压缩机的座板	QBS(图 K.7)
62580	紧固件	螺钉、螺帽及螺栓等	HWR(图 K.7)
62590	框架垫片	制冷机组框架与隔热箱体端框的密封垫	GAS(图 K.7)
62600	温度计插口	在机组框架的送风和回风道处开设的温度计插口	TTU(图 K.7)
62610	疏水盘	设在蒸发器下供聚集融霜疏水之用	DPA(图 K.7)
62620	疏水管	将疏水导出制冷机组的排水管	DRN(图 K.7)
62630	换气系统	为冲谈箱内货物呼出的碳酸气导入新鲜空气的装置	ARE
62640	电气箱	装设电力的控制和记录仪等电气装置的箱子	BEA(图 K.7)

续表

数字码	零件名称	说　　明	CEDEX 代码
62650	电气箱门	电气箱的开闭装置	BED(图 K.7)
62660	电气箱门封	为保证电器箱门安全而设置的密封条	BEG(图 K.7)
62664	电气箱门铰链	用以支撑电气控制箱的铰链	BEH
62665	电子绘图仪	采用金属导线绘制草图的装置	EDX
62666	电子绘图控制器	用于管理电子制图	EDH
62670	控制箱	装设控制器的电气和电子设备箱	BCA(图 K.7)
62680	控制箱门	控制箱的开闭装置	BCD(图 K.7)
60690	控制箱门封	为保证控制箱门安全而设置的密封条	BCG(图 K.7)
62695	控制箱门铰链	用于支撑控制箱的铰接装置	BCH
62696	控制箱门窗	在控制箱上设的一块玻璃窗	BCW
62700	记录仪箱	装有温度记录装置的箱	BRA(图 K.7)
62710	记录仪箱门	记录仪箱的开闭装置	BRD(图 K.7)
62720	记录仪箱门封	为保证记录仪箱密性而设置的密封条	BRG(图 K.7)
62725	记录仪箱门窗	在记录仪箱门上设的玻璃窗	BRL
62726	记录仪箱铰链	用于支撑记录仪箱门的装置	BRH
62730	记录仪钥匙及链	记录仪计时器上弦工具及其挂链	RKY(图 K.7)
62735	记录仪曲线图用的螺帽和链	记录仪记录纸的紧固件	RCC
62736	记录仪的钥匙孔	为保护记录仪的钥匙孔	RKC
62737	箱门铰链处的膨胀阀	用于保护膨胀阀的铰链	TXH
62738	电器元件保护罩	用于高压线周围的保护设置	BES
62740	CO_2 取样堵头	为测量箱内的 CO_2 浓度而采集箱样时所用的开/关装置	COO(图 K.7)
62745	文件存储器	袋状或管状的文件存储设备	MDH
62750	标贴	制冷机组上的信息或警示标记	MRK(图 K.7)
62760	压缩机上部框架防震垫	压缩机与框架之间的吸震装置设于集装箱上半部	HCU
62770	压缩机下部框架的防震垫	设在压缩机下部与框架之间吸震装置	HCL
62780	其他	未定义的框架其他零部件	FMI(图 K.4)
K.6.9 其他——部件 MZNN			
62800	空气过滤器	过滤气体用的主要网状部件	AFP
62810	滤气副件	过滤气体用的附属部件	AFS
62820	气压控制压缩机	采用气压控制的压缩机	CAR
62830	气压控制干燥机	采用气压系统控制的烘干设备	CAD
62840	气压控制加热器	采用气压控制的加热设备	CAH
62850	氧/氮隔离器	隔离氧氮的隔膜	ONS
62860	氧/氮阀门	氧/氮气管路流量调节器	ONV
62870	二氧化碳存储器	二氧化碳气体存储罐	CDY
62880	气压控制器	空气压力系统的电子控制设备	CAC

续表

数字码	零件名称	说　　明	CEDEX 代码
62890	氧气探测仪	应用气压控制系统检测氧气的设备	OXS
62900	二氧化碳探测仪	采用空气压力控制系统的二氧化碳探测设备	CDS
62910	水探测仪	采用水控制系统检测水变化的装置	SRW
62920	温度传感器	应用气压控制系统检测温度变化的装置	SRT
62930	湿度控制器	控制湿度的装置	HUC
62940	湿度仪	在集装箱内保持湿度在限制范围内的装置	HUM
62950	储水器	储存水的罐体	WTK
62960	乙烯清洗器	清除乙烯气体的过滤装置	ETS
62970	二氧化碳过滤器	清除二氧化碳气体的过滤仪器	CDR
62980	气压控制门开关	当箱门处于开启状态时，气压控制装置和制冷系统停止工作	CAW
K.7 罐式集装箱的零部件			
K.7.1 框架结构—部件：AFNN			
70010	框架系固装置	采用螺丝和螺母将框架结构或步道固定	YFF
70020	框架衬板	框架与压力容器连接之间的腹板	YFS
70030	框架衬板座垫	与框架衬板连接的焊接托架	YMP
70040	斜支撑件	对角结构杆件	YDR
70050	鞍状架	在框架内支撑压力容器的结构件	YSA
70060	侧缘	压力容器与底框相连接的结构件	YSK
70070	立柱	竖直的端杆件	TVP
70080	框架联接板/加强板	其他支撑架结构	YTG
70090	载荷传递区	平板或交叉梁为运输需要确定的适当内面积	YLT
70100	横向梁	水平的结构件	YHR
K.7.2 压力容器—部件：APNN			
70200	法兰盖	焊到压力容器或管系上的金属圈，在起其上有螺栓孔	YEL
70210	储存器	为便于减压装置排放而在压力容器底部设置的容器	YSU
70220	壳体	压力容器圆柱形结构	YSH
70230	蒸气排口	罐式箱的蒸气出口结构	YUF
70240	加强环	压力容器外表面焊接环状加强板	YST
70250	封头	压力容器的穹形顶板	YHE
70260	防波板	减少介质震荡的竖向板	YBA
70270	防波板孔	为防波板移动的孔眼	YBH
K.7.3 装/卸货物设施—部件：ALNN			
70300	水平指示器	在地面上用以表示罐箱水平的仪器	YLN
70310	连接器	罐体与外部管接口的装置	YCO
70320	斜管	在顶部安装的通过罐口调节压力的管	YDI
70330	罐顶外部阀组件	罐顶外部供装/卸货物的阀门装置	YEU
70340	底部阀门密封垫	罐体和底下端阀门起密封作用的垫圈	YGA
70350	底部阀门总成	底部第一道内部的底部关闭装置	YFV

STANDARDS PRESS OF CHINA

续表

数字码	零件名称	说　明	CEDEX 代码
70360	阀门外部总成	第二道底部关闭装置	YEV
70370	空气阀	用于排气或增压用的阀门	YAN
70380	盲板	栓接封板块	YBF
70390	脉冲调制阀门总装	罐体采用脉冲式调节阀门，承受罐体产生脉冲的阀门装置	YTV
70400	垫片	应用在脉冲与法兰位置之间的部件	YPV
K. 7.4 人孔——部件：AMNN			
70500	人孔盖	封闭人孔的盖板	YMC
70510	人孔垫圈	在人孔盖孔口处用于盖紧用的钢制圈	YMF
70520	人孔盖固定件	盖严人孔盖的紧固装置	YHD
70530	人孔铰链	使人孔盖开、关转动的零件	YMO
70540	人孔总装	包括人孔盖，人孔垫等的全部零部件	YMH
70550	人孔垫	人孔的密封垫	YMG
70560	人孔测尺	测量介质注满量水平的校准杆	YMD
70570	人孔测杆支撑件	附与人孔测尺上的配件	YMR
K. 7.5 绝缘材料—部件：AINN			
70600	绝缘材料	阻止传热导的材料	YIN
70610	绝缘包层	绝缘保护装置	YIC
70620	防晒罩	罐顶部设的保温保护装置	YSN
70630	防晒支架	为固定防晒罩与罐体连接在一起的托架	YTS
70640	金属包层	外部上金属带牵拉装置的外带	YCS
70650	金属包层带支撑	焊接在罐体的托架，用来固定金属包层带和拉紧的绝缘材料	YCD
K. 7.6 加热装置—部件：AHNN			
70700	蒸气进出口	供气联接件	YSI
70710	蒸气安全阀	蒸气超压的减压装置	YSV
70720	蒸气加热管	蒸气循环管	YSE
70730	蒸气管线盖	蒸气管线的关闭装置	YSL
70740	电子加热元件	电阻加热装置	YEH
70750	蒸气闸	使蒸气从循环系统到冷凝器的装置	YDV
70760	温度表插座	嵌入温度传感装置的设备	YTW
70770	寒暑表	测量温度的装置	YTM
K. 7.7 安全装置—部件：ASNN			
70800	安全阀压力计	用来检验安全隔膜的压力计	YRM
70810	安全(减压)阀	防止容器超压的装置	YTR
70820	阀连接板	与压力容器连接的环状件或连接件	YSR
70830	爆破片	与减压阀连接的易折隔膜	YRU
70840	安全(减压)阀阻火器	防止明火的金属网	YFT
70850	地线/接地装置	电器接地保护线/座	YEC
70860	罐体内部安全阀	装卸管损坏后即可使用的关闭阀门	YIS

续表

数字码	零件名称	说　　明	CEDEX 代码
70870	限流安全阀	控制介质极限流量的装置	YEX
70880	爆破片支架	用以保护爆破片的框架	YRD
70890	电器遥控闭合器	用于关闭内部阀门的遥控跳闸装置	YEM
70900	易熔保险丝	用于控制关闭动力系统的温度敏感器	YOH
K.7.8 标记——部件:ADNN			
71000	作业操作标记	按作业员要求标打的记号	YOM
71010	FRA 标记	美国联邦铁路行政部要求的标志	YFR
71020	罐的数据牌	罐和罐体结构的有关数据标于该金属牌上	YTA
71030	CTC 标记	按加拿大运输委员会要求标打的标志	YCT
71040	DOT 标记	按美国运输部要求标打的标志	YDO
71050	FLA 铭牌	按日本消防署要求设的金属板	YFU
71060	电子线路标记	电线走向草图的显示标记	YEW
71070	接地标记	表示接地点的标志	YEA
71080	产品标记	罐的标识	YPM
71090	RTMD 标记	按法国危险品运输要求标打的记号	YRT
71100	AAR 标记	按美国公路协会要求标识的记号	YAA
71110	BAM 标记	按德国危险品运输要求做的标识	YBM
71120	UIC 标记	按国际铁路联合会要求标打的代码	YUI
71130	RID/ADR 标记	按欧洲联盟要求标打的记号码	YRI
K.7.9 辅助设备—部件:AANN			
71200	步道	为罐箱提供人行通道	YWA
71210	步道配件	为步道提供安全的设施	YWF
71220	扶手杆件总装	为应用人员提供保护平衡的扶手等部件的总成	YHA
71230	扶梯	便于人员爬上爬下的设施	YLA
71240	扶梯把手	扶梯上便于手扶的设施	YLG
71250	阶梯保护压力表	测试阶梯震动而设的仪器	YMS
K.7.10 溢水盒—部件:ABNN			
71300	溢水盒	在顶角件周围接水用的盒状设备	YSP
71310	溢水盒盖	溢水盒上的装置	YBC
71320	溢水盒盖的链	用于系接溢水盒盖的链式设备	YSB
71330	溢水盒锁闭装置	在溢水盒处的封闭装置	YLO
71340	罐箱输水管	与溢水盒相连接的输导水的管道	YDT
K.7.11 辅助设备—部件:AZNN			
71400	海关关封点	允许海关关封,或其他铅封放置的孔,或洞	YCU
71410	冲洗喷头	对压力容器进行冲刷的水管设备	YWN
71420	刻度记录纸	记录刻度用的表格	YCC
71430	文件储存器	将文件存放在袋或管状容器中	YDH
71440	压力指示器	表示罐内压力的显示装置	YMA
71450	产品铭牌储放器	可放置产品介绍的设备	YPP

续表

数字码	零件名称	说　　明	CEDEX 代码
71460	罐内衬	压力容器内设的防化学腐蚀保护层	YLI
K.8 柴油发电机的零部件			
K.8.1 发动机:部件 GDNN			
80000	发动机整机	整台发动机	JNA
80010	连杆和轴承	连杆和轴承组合件	JNR
80020	曲轴	发动机曲柄连杆机构的主要部件	JNV
80030	曲轴轴承	支承曲轴的重要零件	JNJ
80040	气缸盖前端垫片	气缸盖前端罩的密封件	JGF
80050	气缸顶罩的垫片	密闭气缸顶部的密封件	JGC
80060	气缸顶的垫片	气缸顶部的密封件	JGH
80070	发动机气缸顶	发动机气缸的顶部构件	JNH
80080	发动机排气管	与气缸体连接的排放废气的管道	JNQ
80090	发动机皮带	连接发动机主、从动轮的橡胶带	JNE
80100	发动机轴承	发动机内的各轴承	JNB
80110	发动机风扇	发动机冷却用风扇	JNF
80120	发动机球形化油器	发动机燃料系主要部件	JNS
80130	发动机总成	包括各附件在内的发动机整体构成部分	JNA
80140	发动机空气滤清器	进入发动机燃烧室空气的净化部件	JND
80150	发动机气缸顶罩	盖住气缸顶部的零件	JNC
80160	发动机排气弯头	排气管线中的弯形管	JNX
80170	排气管垫片	在排气管上的密封件	JGE
80180	张紧皮带轮	不带动任何部件只用于张力拉紧的皮带轮	JNY
80190	空转轮	安装在张紧皮带轮旁的空转皮带轮	JNI
80200	进气管垫片	在进气管口的密闭件	JGI
80210	消音器/消声器	在排气管上降低噪音的装置	JNM
80220	管道	发动机的各种管道	JDP
80230	活塞总成	活塞和连杆的组合件,包括活塞销	JNP
80240	散热器软管	冷却液进/出水箱的连接软管	JJH
80250	散热器总成	包括各附件在内的整个散热器构成部分	JJR
80260	散热器的减震器	降低散热器振动的装置	JJS
80270	散热器盖	冷却剂加入散热器入口的盖	JJF
80280	防雨帽	防止排气管进水的装置	JNZ
80290	恒温器	冷却器与进水管之间用于调节水温的感应装置	JKD
K.8.2 电器系统:部件 GENN			
80400	二极管振荡器(负电极)	二极管的负级终端	JMN
80410	振荡器励磁机	励磁机磁场在振荡器周围的激活装置	JME
80420	二极管振荡器(正电极)	二极管的正极终端	JMP

续表

数字码	零件名称	说　　明	CEDEX 代码
80430	电流表	测量电流的装置	JEN
80440	充电电池插头	充电电池正极插头	JEF
80450	充电电池插座	连接充电电池插头的部件	JEB
80460	蓄电池	存储电能的装置	JEO
80470	蓄电池支架	固定蓄电池的金属架	JEJ
80480	蓄电池固位器	蓄电池固定位置的构件	JED
80490	12V 断电器	12V 安全供电装置	JBD
80500	230V 断电器	100/230V 安全供电装置	JBC
80510	460V 断电器	380/460V 安全供电装置	JBA
80520	线路板	标示线路走向并与电气元件连接的板	JBB
80530	主控盒	汇集电线的控制装置	JAB
80540	振荡器电压表	测量主控振荡器电压的仪表	JXM
80550	主控振荡器盖的密封垫	主控振荡器罩的密封件	JEE
80560	主控振荡器整机	全套主控振荡器的零部件	JXA
80570	主控振荡器盒	主控振荡器的外壳	JXB
80580	三向振荡整流器	由 AC 变到 DC 电源的三向转换装置	JXP
80590	振荡器插座	与振荡器插头配套的部件	JXS
80600	振荡器罩	履盖振荡器整装的外罩	JXC
80610	振荡器电阻	振荡器内部的电阻构件	JXR
80620	二极管整流振荡器	整流振荡器的二极管元件	JXE
80630	电插头	利用电热阻丝产生热量的电器元件	JEG
80640	计时表	发动机运转时间的测量仪表	JEH
80650	230V 插座	190/230V 电线内接口	JET
80660	460V 插座	380/460V 电线内接口	JEU
80670	稳压器	控制电压的装置	JER
80680	继电控制器	控制发电机运转的电源开关装置	JRR
80690	起动电动机	启动发动机用的电动机	JES
80700	起动电动机线圈	在起动电动机内的感应线圈	JEM
80710	水温过高开关	水温过高时用来控制水温的安全装置	JST
80720	水温超高切断开关	水温超高时自动转换热水循环的安全装置	JSH
80730	油压过低开关	机油压力不足时自动控制油压的安全装置	JSL
80740	点火开关	控制发动机启动的电源开关	JSO
80750	起动电动机的开关装置	控制起动电动机工作的操纵装置	JSS
80760	预热起动开关	预热发动机用的控制装置	JSP
80770	金属导线	在无特殊说明时的全部金属线	JEY
K.8.3 机架:部件 GFNN			
80800	盖	用于防雨、防尘密封设置	JAC

续表

数字码	零件名称	说　　明	CEDEX 代码
80810	口	密封盖上设的开孔	JAD
80820	叉孔	为起吊作业而设的与叉槽相连的部位	JAF
80830	机架结构	支承发动机的构件	JAA
80840	安装销	用于加固机架用的固缚件	JAL
80850	安装夹紧装置	用压力夹紧机架的紧固装置	JAU
80860	金属板	发动机底部用于防泥水的金属板	JAP
K.8.4 交流发电机:部件 GLNN			
80900	交流发电机整机	交流发电机及其附件	JMA
80910	交流发电机轴承	交流发电机转子的支承部件	JMB
80920	交流发电机转子驱动圆盘	交流发电机转子的驱动部件	JMD
80930	交流发电机的转子	发电机内的感应线圈	JMR
80940	交流发电机起动器	固定在电源感应线圈上的部件	JMS
80950	交流发电机	采用交流电的发电机	JEL
K.8.5 润滑系:部件 GONN			
81000	油	润滑油、脂	JOO
81010	储油槽密封垫	在油凹槽处起密闭作用的零件	JGO
81020	油温度计	测量油温度的仪表	JOT
81030	储油凹槽	存储油用的槽形件	JNU
81040	测油水平仪	测量油面的指示器	JOG
81050	油料过滤器	净化油料用的装置	JNL
81060	油压表	测量油压力的仪表	JNG
81070	储油管	油料的柔韧弯曲管道	JDO
K.8.6 燃料系:部件 GUNN			
81100	防冻剂	用于燃油防冻的液体	JOF
81110	柴油	(自由解释)	JOD
81120	发动机燃油过滤器	清除发动机燃油杂质的过滤装置	JFR
81130	测油计	测量油箱内燃油储量的器具	JFG
81140	油温计	测量燃料温度的仪表	JFH
81150	储油管	固定的输油管道	JDD
81160	油箱	储存燃油的容器	JET
81170	手动油泵	手动加油装置	JFP
81180	燃油过滤器	清除燃油杂质的过滤装置	JFF
81190	辅助油料过滤器	燃油燃油杂质的辅助过滤装置	JFS
81200	喷油泵	将燃油高压注入气缸的装置	JFI
81210	喷油嘴	将高压燃油喷射到燃烧室的装置	JFO
K.8.7 冷却系:部件 GWNN			
81300	防冻液(乳化剂)	防止冷却水结冰的乳化液体	JWF
81310	储水管	冷却液流动的水管	JDB

续表

数字码	零件名称	说　　明	CEDEX 代码
81320	备用水泵	冷却系应急用水泵	JWA
81330	“O”形密封圈	防止水泵漏水的橡胶密封装置	JGW
81340	水温传感器	传感水温的控制开关	JEK
81350	水	冷却液体	JWW
81360	水分离器	将水管内的油净化分离的装置	JWS
81370	水泵	冷却水循环加压的装置	JWP
81380	水温计	测量冷却水温度的仪表	JWK
K.8.8 发电机总成:部件 GXNN			
81400	发电机总成	包括附件在内的发电机组成部分	JXX
K.8.9 发电设备的辅件:部件 GZNN			
81500	线夹	用压力操作的紧固装置	JIC
81510	紧固件	五金工具紧固件	JIF
81520	五金工具	各种各样的紧固工具和一些敲打工具	JAH
81530	标记	用彩釉或油漆标明的信息	JAM
81540	其他附件	发电机总成辅件尚未详细规定的部件	JAO

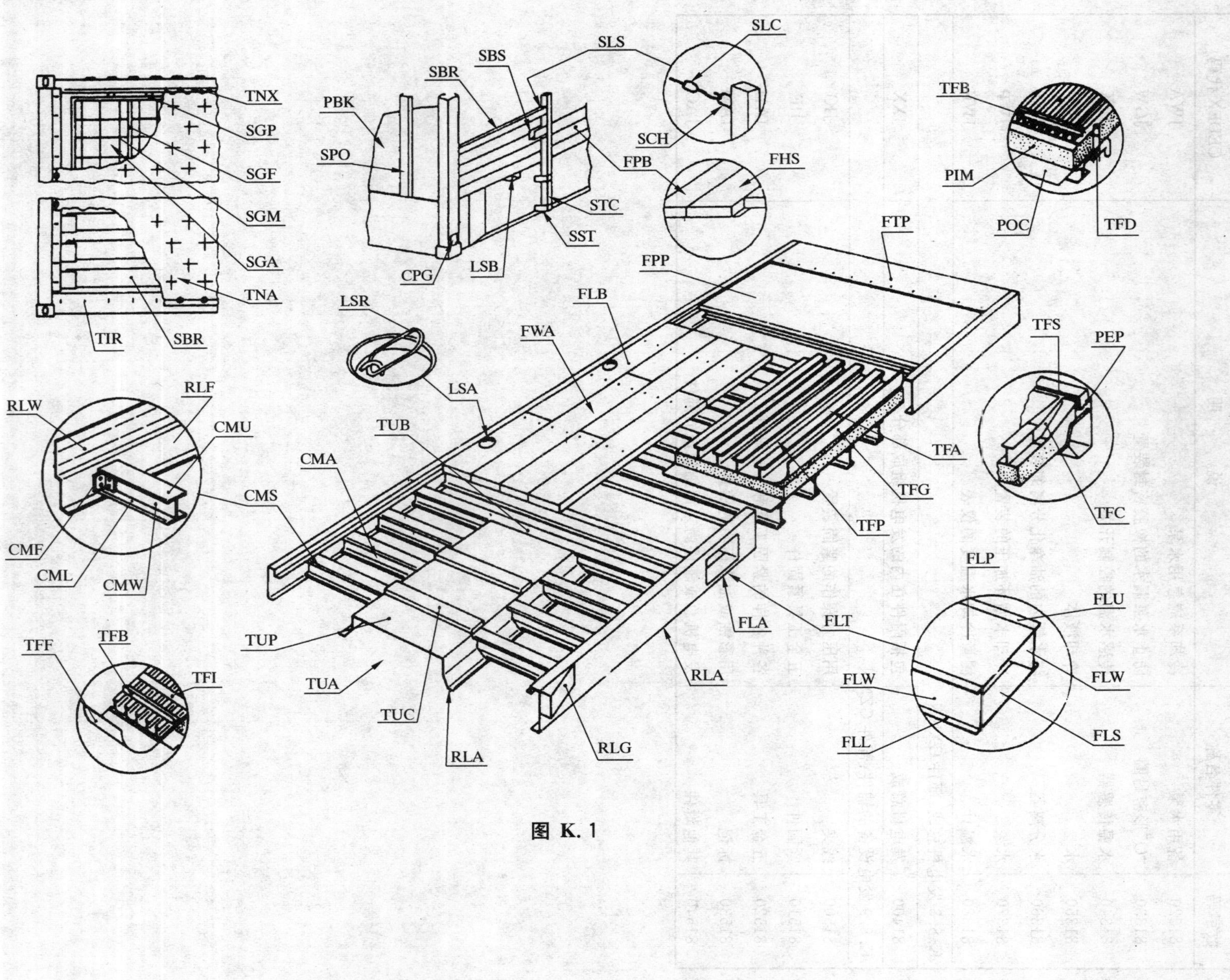

TNX
SGP
SGF
SGM
SGA
TNA
TIR
SBR
PBK
SPO
SBR
SBS
SLS
SLC
SCH
FPB
FHS
STC
SST
CPG
LSB
TFB
PIM
POC
TFD
FTP
FPP
FLB
FWA
LSR
LSA
RLW
RLF
CMU
CMS
CMF
CML
CMW
TUB
CMA
TFS
PEP
TFA
TFG
TFP
TFC
FLP
FLU
FLW
FLW
FLS
FLL
FLA
FLT
RLA
TUP
TUA
TUC
RLA
RLG
TFF
TFB
TFI

图 K.1

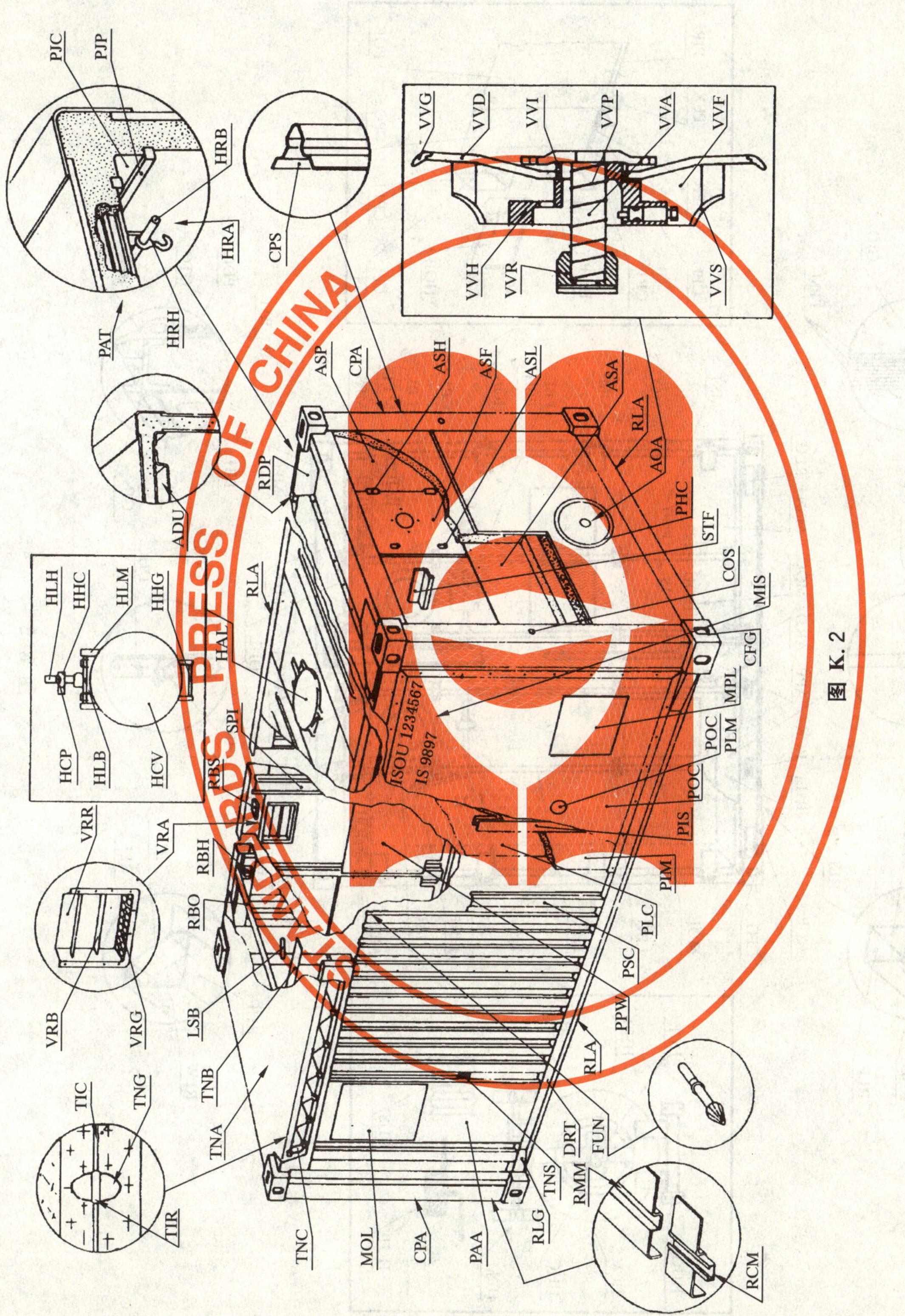

STANDARDS PRESS OF CHINA

图 K.2

RUF
RNG
RLF
RIW
RLT
LBC
GRS
GIO
PPM
PIP
PFX
CPR
CPI
CPT
HGP
HGB
CPL
CPJ
CPO
POF
RUP
CFG
PAF
RCK
APP
ARD
MOC
MSN
RLG
MST
MCC
MMI
LBF
PBH
HGA
CPA
LBL
MTT
MPS
ISOU 1234567
IS 9897
MOL
LBG
LBR
LBA
LBH
HAD
MPM
RUP
LBB
RLT
DRT
ARS
ARO
DHL
MPO
MPC
PAT
PDC
GTO
PEP
PBT
PIC
GIN
DCS
DHC
DHR
RUF
RIW
RLF
RLW
HCP
HHR
HLH
HDS
HGT
HHG
HCV
HHC
HLM

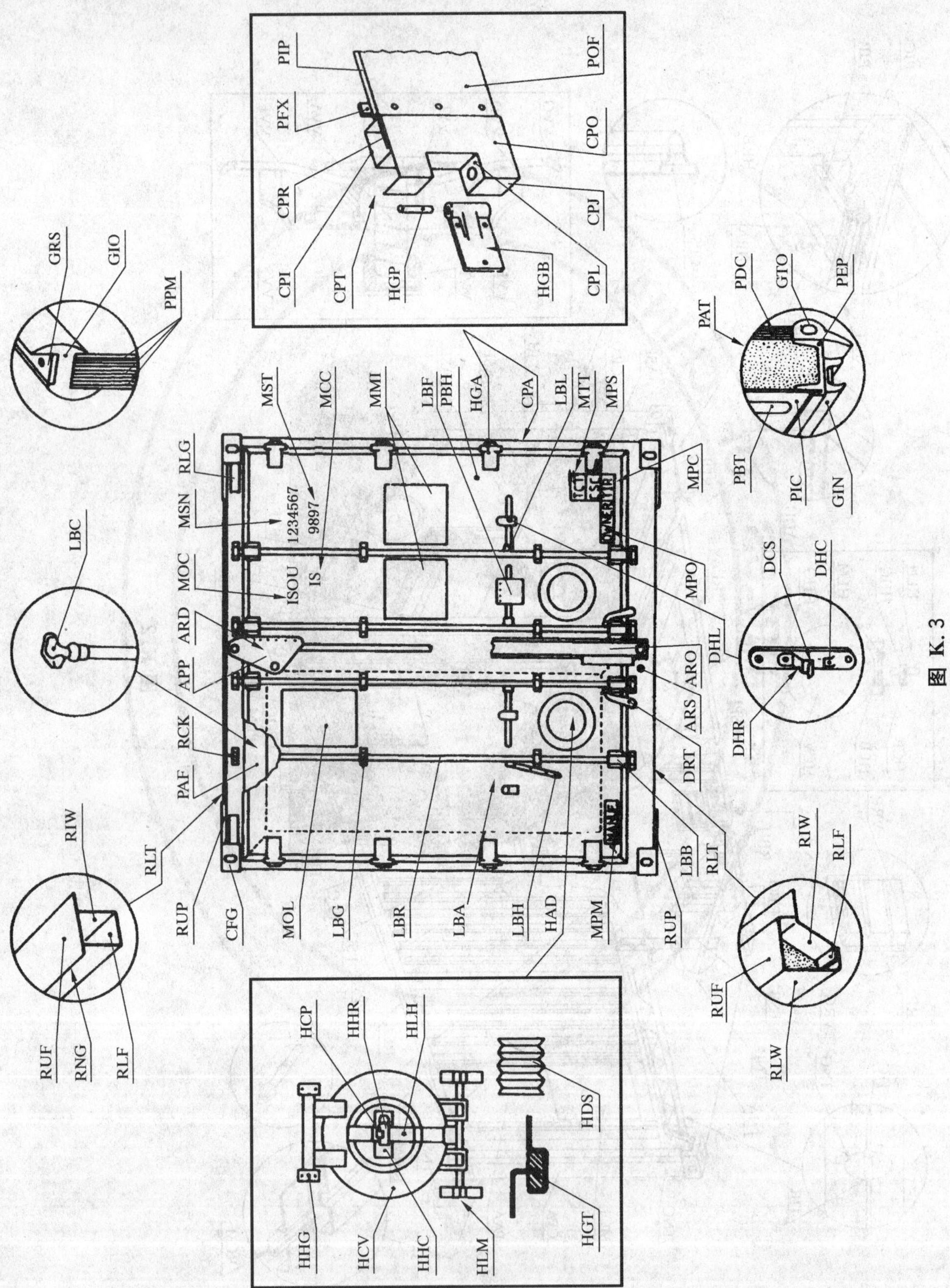

图 K.3

蒸发器 MVNN
KWT
VWO
VWI
VFO
VFI
SGL
冷凝器 MKNN
压缩机 QMI
发电机 MIM
冷凝器 KMI
蒸发器 VMI
电气设施 EMI
控制器 CMI
加热 HMI
机组框架 FMI
管系 PMI
其他
FLX
TBE
TPI
KWT
TOU
CLP
冷凝器
汽化器
CAS
TIN
BLA
FAN
VDI
PUQ
PUM
VSU
QAS
MAS
ASY
FIX
压缩机 MQNN
CYS
CYU
CYG
CYH
QAS
CYA
CHP
SGS
SGS+OCH
PTB
PTA
PTR
MAS
TMP
COL+COB
BNG
STA
ROT
SFT
MOTOR
汽化器
冷凝器
压缩机

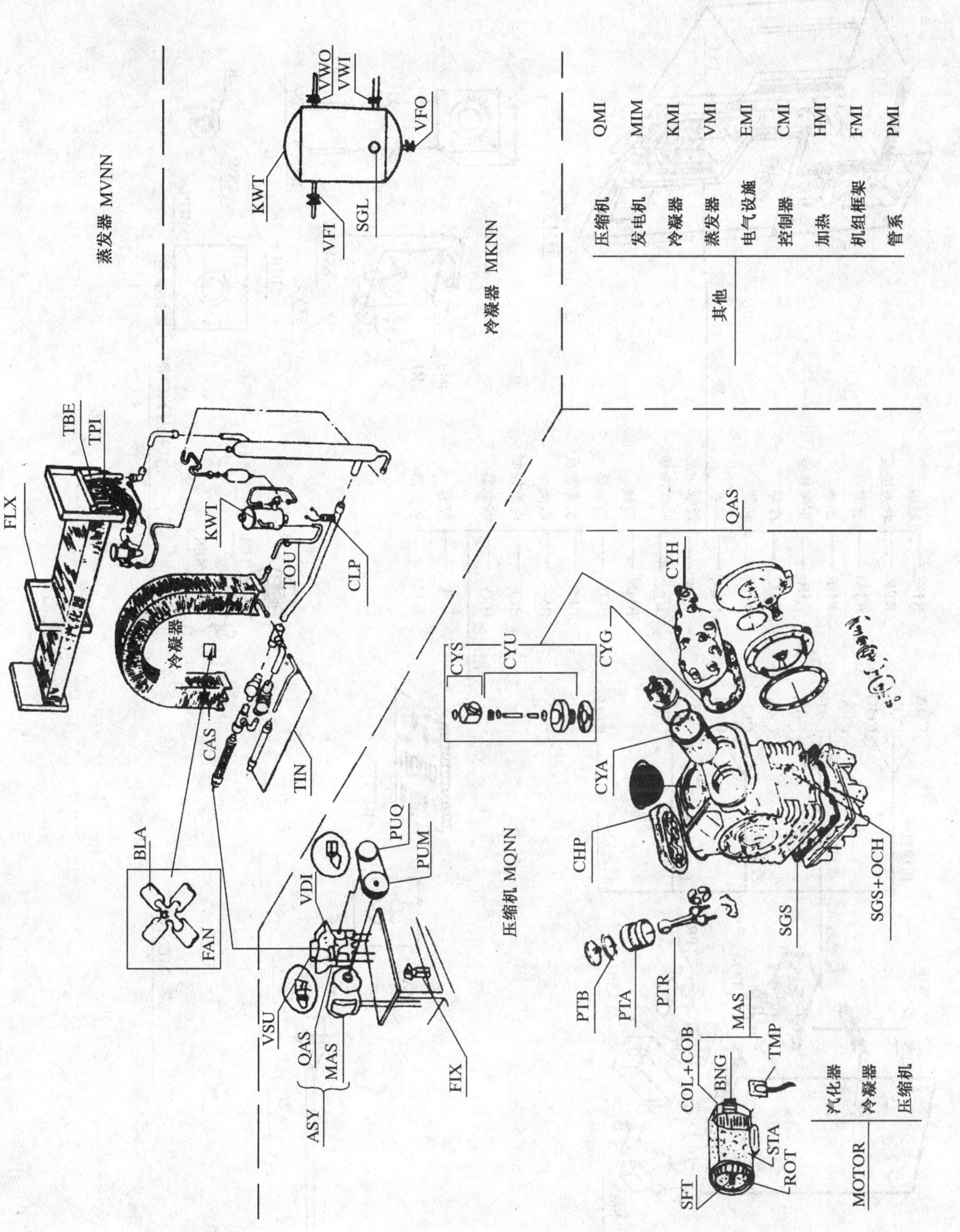

图 K.4

WIR
EPS
CON
CBR
SMN
接触器 -C-
TFM
PRS
CPH
压缩机 -Q-
蒸发机 -V-
冷凝器 -K-
加热电阻
状态
COA
CQL
CQH
CVA
CVL
CVH
CKA
CKL
CKH
CHR
CPH
RDE 融霜
RPR 状态逆反
RTM 计时器
RHR 加热
RIR 正常作业
RFC 冷却
RCU 卸载
RQQ 熄灭
ROL 过载
RPC 区域冷却
继电器
BMN 母线
BCT 控制器
BPR 状态逆反
BMS 电流
BCC 电流控制
BRY 继电器
BTC 控温
BAM 放大器
配电板
FUS
TRE
SVS
VS
ECB
EPH
电源 MENN
控制箱
CTR
LIT
TIM
TMT
SRA
SSA
SYJ
SSY
STY
REC
SRE
TDI
SER
MRR
MRP
温控插座
TSW
SOR
制式控制 MCNN

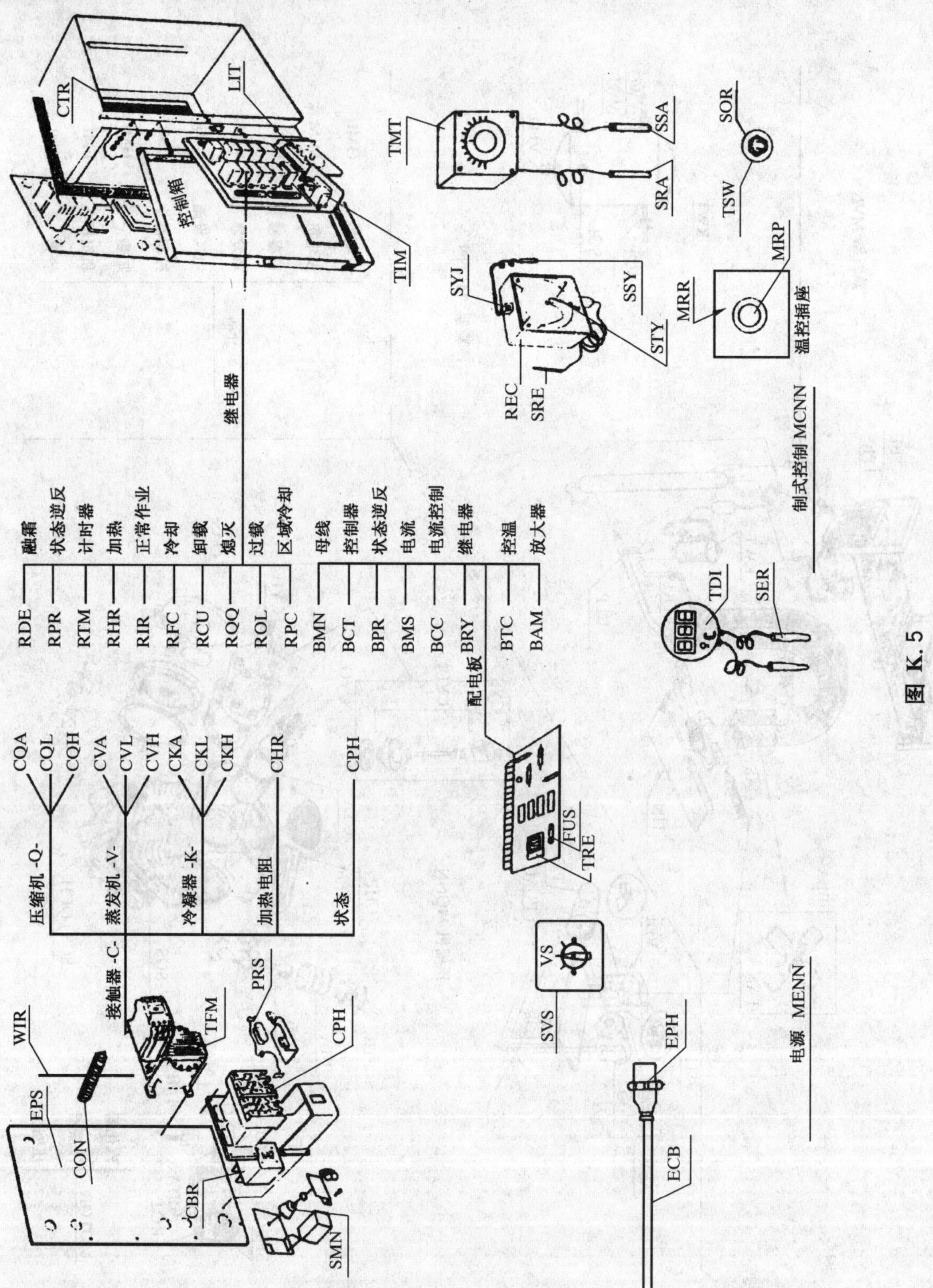

图 K.5

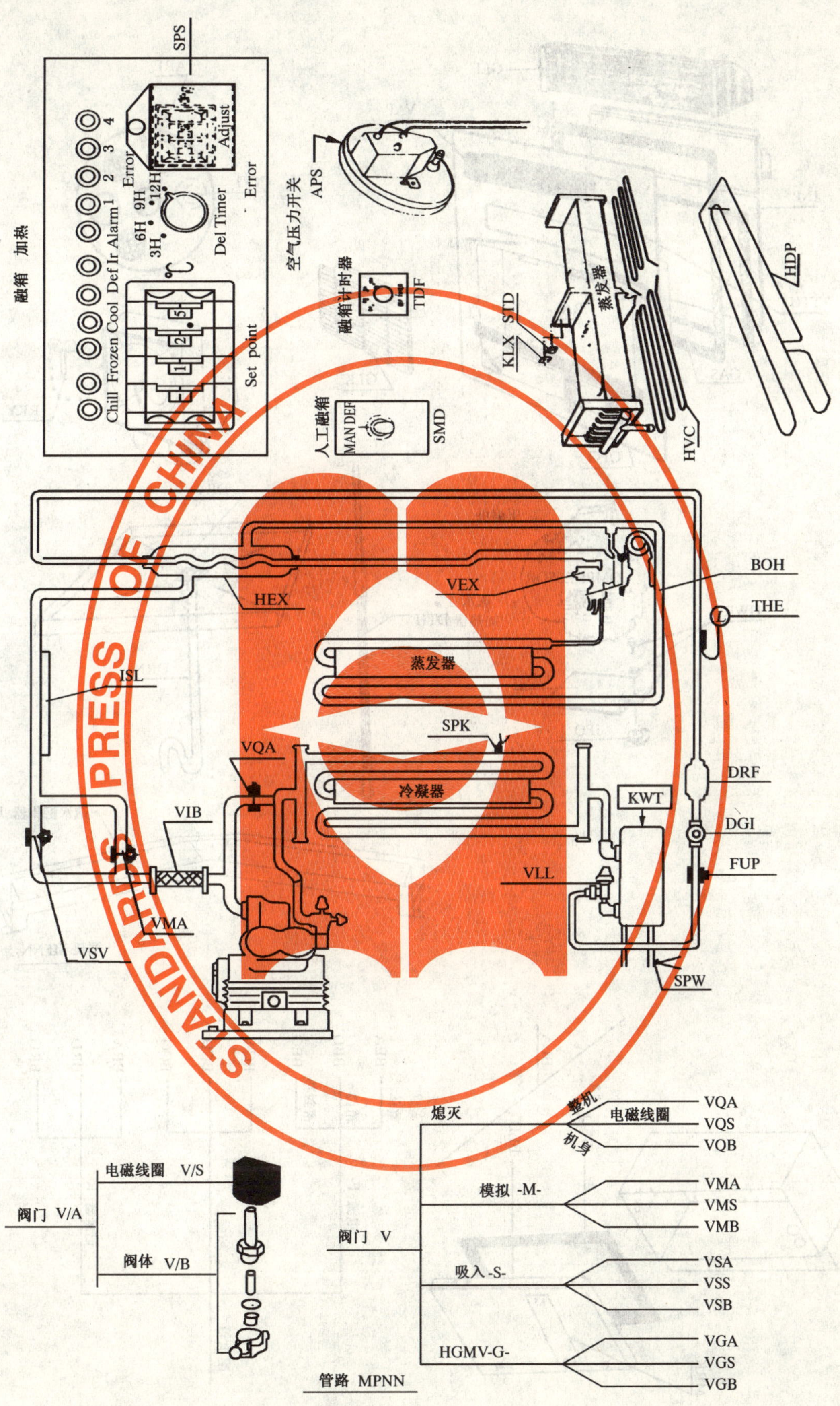

图 K.6

STANDARDS PRESS OF CHINA

GLI
VAP
INP
TTU
RAS
GAS
QPG
GLK
ARE
COO
RKY
DPA
压缩机
COMPRESSOR
HWR
QBS
IFQ
疏水管
加热器 DTH
DRN
疏水汇集器 DPA
框架 MFNN
BEA
BED
BED
MRK
BEA
BBD
BEG
整体
箱门
密封垫
电源 -F-
BCA
BCD
BCG
控制器 -C-
BRA
BRD
BRG
记录器 -R-
配电箱

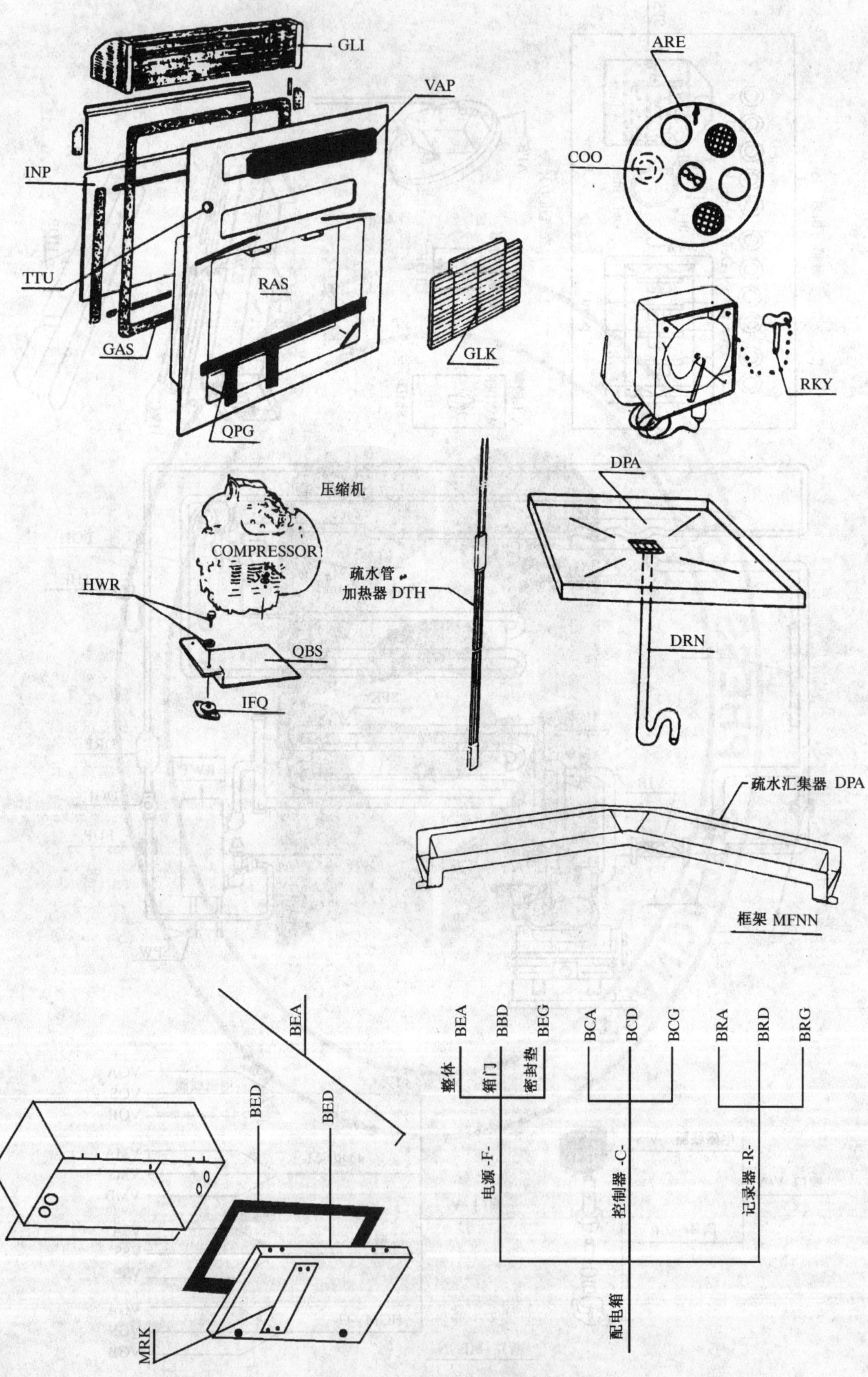

图 K.7

附 录 L
（规范性附录）
挂车零部件代码

见(4.1和4.2)

数字码	名称	说明	CEDEX 代码
90010	气管联接装置	气管系与车体的连接装置亦称"气管接头",见 90310	KAC
90012	气管拉簧	用于拉撑制动蹄片(见 90090)和制动管路(90092 和 90096),的辅助部件,以防它们被车体摩擦而破损	KHS
90014	气控支撑件总成(不含皮碗)	利用柔性橡胶隔膜和牵引空气增压和控制阀调控变压的装置	KAR
90015	橡胶隔膜(皮碗)	制动气室内用以调节气压的柔性气垫,属气控支撑设备	KAB
90016	连接销	用于连接和固定两块制动蹄片的零件,摩擦片用后要更换	KAP
90017	防滑控制器	用电脑控制的防滑部件总成	KSC
90018	防滑构件	与制动系统相匹配,在制动过程中自动控制一个或多个轮胎的转速的装置	KSK
90020	车轴总成	与车轮回转装置相连的矩形式圆形断面的空心管件	KAX
90025	轮轴螺帽	用于轮轴端部的螺帽,可防止轴端被泥水冲刷,其代码亦用于轮轴安全设备代码	KAN
90030	传动轴	与各轮轴相连的传动轴件	KAS
90040	安全防护栏	为防止自行车行人进入挂车连接空挡内的侧向防护装置	KBG
90050	主纵梁	支承挂车负荷的纵向主要受力构件	KBO
90055	纵梁支撑板	防止主纵梁发生摇摆而设的加强板	KGU
90060	制动装置总成	指整个制动系统的构成	KBK
90070	制动蹄副	车轮制动中的一对部件,它可对车轮的转动施以相反的作用力	KBC
90072	制动气室	与制动杆相联接的弹簧制动的工作室	KBM
90074	制动气室推杆	与弹簧制动装置相连接的杆件,(见 90780)位于制动气室外	KPR
90076	制动拉杆叉头	指拉杆端部的 U 型金属卡子,它与制动气室推杆相连接,可是调节制动松紧度	KCV
90078	制动拉杆销	穿过制动拉杆底孔的销子,可保护拉杆不脱离	KCP
90080	制动鼓	它是车轮制动装置承受制动的刚性园筒形部件	KBD
90090	制动蹄片	与车轮一同回转的筒状部件,它通过摩擦片与制动鼓相互作用而使车辆停止	KBH
90092	制动系充气管路	从牵引车的空压机通过挂车制动阀到贮气筒的空气充气管	KBE
90096	制动系操作管路	从牵引车到挂车通过制动阀单管路传输制动信号的贮气管	KSR
90100	制动蹄摩擦片	附在制动蹄片上的摩擦垫,通过它与制动鼓相接触而产生阻力	KBL
90102	紧急制动阀	设在制动系充气管路中上用于在断路情况下快速调节气压而起自动制动作用的阀门装置	KQR

续表

数字码	名　称	说　明	CEDEX 代码
90103	滚筒式制动器	制动器总成中的柱滚动销,带动凸轮轴的S凸轮转动,从而S凸轮使制动蹄与制动鼓分离或接触	KRO
90104	S形制动衬片	空心圆柱体,可降低穿过三角架的制动器S凸抡转动点的摩擦力	KCH
90105	S形凸轮轴	一个成S形的凸轴,通过它转动制动滚筒,使制动蹄张开,用衬片与制动鼓接触产生摩擦阻力	KCS
90106	制动蹄衬片(带环)	弧型加强金属板并衬以磨擦缓冲金属件,在接触制动鼓时可起制动作用	KSE
90108	制动蹄总成(带环)	它包括:两个有衬片的制动蹄,制动滚筒及销轴、弹簧等	KSA
90110	制动连接板	供制动系统固缚的零件,它是一个圆形板,以螺栓或焊缝与车轴相连	KBS
90120	灯泡	供照明用的灯泡	KSG
90130	减震块	防止车体后端受冲击震动的零件	KSP
90132	缓冲器垫片	缓冲器与支柱之间的垫片,它与牌照牌相连	KBF
90134	缓冲器支柱	在缓冲器处的垂直构件	KBU
90136	缓冲器横梁	缓冲器底部的横向构件,与缓冲器支柱相连接	KBQ
90138	挂车整车	整个挂车的组成部分,支腿总成等	MCH
90140	断电器	属电路的保护装置,当过高电压出现时通过感应元件可自动断路	KCB
90150	认可标识	挂车经检验符合标准时,在其左侧贴附的永久性标记(在美国是由国家公路安全管理局颁布此标志)	KCL
90160	装载限界标志灯	装在挂车前、后端并尽可能接近上左和上右的装载限界处的标示灯。它有时与挂车前、后两侧的装载限位灯合并在一起	KLT
90170	防碰箱	在用缆绳拖拉车辆时,为防止触及制动和电气系统零部件造成损坏而设置的箱式结构。亦可称为“连接箱”,即 90580	KBX
90180	集装箱导位板	设在挂车前端的构件,用来帮助集装箱准确就位作业的导向装置也称“导箱座”,即 90350	KCG
90185	挂车主框架交叉梁	挂车主框架的横梁	KXM
90188	角撑板/加强板的十字交叉梁	挂车主框架的加强构件与主框架的横梁和主梁相连接	KXG
90190	缓冲块	设在挂车尾部的缓冲防护装置(为橡胶、塑料或木质)用来减缓车尾与装卸货物平台之间的冲撞强度	KDP
90200	文件袋(筒)	随车附带文件(或货单等)的存放处,它可能是口袋式或圆筒式	KDH
90210	管道放水阀	设在空气管道的最低处用以释放气体凝结水	KDV
90220	封闭板	制动器气管连接处的密封板,在不使用时可封闭以防尘	KDC
90230	防尘罩	装在制动传动轴外面用塑料或金属做成的罩,以挡住来自路面的杂物和尘土	KDS

续表

数字码	名　称	说　明	CEDEX 代码
90240	防尘盖	用塑料或金属制成的装在齿轮箱上的盖,以挡住来自路面上的杂物和尘土	KDM
90250	电线插座	挂车电线插头用的专用插座,亦称“七脚插头”,见 90720	KEC
90260	电线盒	为适应不同规格集装箱长度而设的电线缠绕装置,所配电线的长度与 12 m(40 ft)、13.5 m(45 ft)和 14.5 m(48 ft)箱相适应	KEX
90270	紧急制动装置	为挂车制动系中的组成部分,在紧急制动时靠失压或其他方式来实现	KEA
90280	翼板	设在轮胎上方用来防止泥水飞溅和杂物夹入胎槽的构件,亦称“挡泥板”,见 90570	KFD
90290	气门嘴垫片	用于内胎气门嘴出的衬垫	KFL
90292	伸缩车架导板	控制挂车可伸缩车架的伸缩滚动式限位板	KFS
90296	伸缩车架锁销	在任何选择位置锁定挂车延伸部分而设的机械式销锁装置	KFP
90300	齿轮箱	供挂车支腿起落的齿轮传动装置	KGR
90310	气管接头	(见 90010)	KAC
90315	气管接头密封件	阻止管接头漏气的衬垫	KAA
90320	鹅颈	为降低挂车和集装箱的总高度,在挂车前端底架处设置如鹅颈的装置,它与箱体底部的导槽相匹配	KGN
90322	黄油嘴	将润滑脂注入各运动部件的注油嘴	KBZ
90326	润滑油封(轮轴)	给轮轴和支撑轴承范围注入润滑剂的零件	KGS
90330	垫套	连接件中垫入的管状衬垫以减少磨擦,或起到绝缘作用	KGM
90335	五金件	螺钉、螺帽、螺丝等零部件的统称	HWR
90340	牵引销	挂车与牵引车可靠的连接装置,见 90630	KHI
90350	导箱座	为集装箱就位起导向作用,见 90180	KCG
90360	轴头盖	设在车轴端部的封盖,防止润滑油漏出或外界尘埃进入。该处设有注油孔	KHC
90362	轴头盖润滑剂	轮轴端盖处注入的滑脂	KGH
90366	轴头盖注油孔	轮轴端盖的注油口	KOH
90370	计程器	设在挂车车轮枢轴端部的里程记录表	KHU
90380	警示灯	设在车尾靠上的中部按水平方向横排的 3 只指示灯	KIC
30390	主销总成	设在半挂车上与牵引车相连接的装置包括销板和销架	KKA
30400	主销	装在半挂车前方与挂车鞍座相连接	KKP
30410	主销板	装在牵引车鞍座上方并支承挂车主销的销板	KKT
90420	主销增强销架	为主销总成的一个部分,它可增强主销的受力强度	KKF
90430	支撑装置	用来支撑半挂车前端并可调节其高度使之与牵引车相适应,以便连挂作业	KLA
90432	支腿轴壳	着地支腿内侧下端,在支腿轮和制动蹄之间的壳状装置	KHA
90436	支腿吊环状支撑杆	固定在着地支腿外侧的吊环式装置	KLZ
90440	支腿齿轮柄	支腿传动齿轮的手柄	KLH
90445	支腿曲轴	着地装置手柄控制的曲轴,用于着地支腿的升降	KKS

STANDARDS PRESS OF CHINA

续表

数字码	名　称	说　明	CEDEX 代码
90450	支腿齿轮联接轴	使挂车两侧支腿同步升降的联接轴	KLY
90452	支腿内齿轮	在不同速度下使支腿升降的装置	KLJ
90455	支腿安装支架	从支腿到主梁用于支撑主梁的箱式或托架式结构	KLM
90457	支腿轴套	圆柱体,用来加快轴在支腿齿轮总成的转动	KLD
90458	支腿的旋转销	圆形凹槽销用于固定支腿齿轮与轴之间的齿轮系	KLR
90460	支腿座	设在挂车前、后和两支腿之间的支座	KLB
90470	支腿总成	可供升降调节的支撑装置,其外套固定在挂车车架上,内撑在其座上,可用手柄来上下调节	KLL
90480	支腿外套	支座总成的外套	KLO
90490	支腿中撑	支座总成的核心	KLI
90500	支腿基座	支腿总成的基板,把有关载荷传向地面	KLN
90510	支腿底轮	可代替支腿基座的底轮把有关载荷传向地面	KLW
90520	支腿底轮轴	使支座底轮转至基板处的转动轴	KLE
90522	支腿导管帽	支腿端部可盖紧的部件	KLQ
90530	灯镜	挂车上的灯及外光罩,通常为红色、褐色,在车辆牌照处为白色	KLS
90540	牌照	装在挂车两端的车辆登记号牌	KLC
90550	牌照灯	照射牌照的白光灯	KLG
90552	牌照灯总成	灯泡,灯头和照明电线连接板的组合件	KLP
90555	轮胎螺丝	用满负荷力矩施于车轮的螺栓和螺母后,可保持轮胎与轮车圈总成的牢固和安全	KLU
90560	后轮挡泥板	在后轮后放安装的的下垂挡板,可防车轮飞溅物向外喷射(见 90760)	KMF
90565	支架挡泥板	装于支架或转角处遮挡污物的板	KMB
90570	挡泥板	见 90280	KFD
90580	连接箱	见 90170	KBX
90590	油封	设在车轮轴处防止润滑油外流的零件,一般用合成橡胶制成	KOS
90600	主梁	集装箱挂车的承载纵梁	KMR
90610	主销前板	主销板的延长部分,向上弯曲,可为联接装置提供空间	KPP
90620	转锁	一般用于 12 m(40 ft)箱的挂车,其锁头可插入箱体下角件的端孔内,起箱子固位作用	KPL
90630	牵引销	见 90340	KHI
90640	反光镜(后镜或侧镜)	可为司机提供附近车辆走势的装置,它靠该车灯来反光	
90650	认可证书	由主管行政部门颁发的证书,装在文件袋内	KRG
90660	应急制动阀	气制动系统中供紧急制动或牵引车与挂车分离时,供挂车制动的装置	KEV
90670	制动控制阀	为制动刹车系统的控制装置,供急释气压	KRV
90680	储气罐	向制动系统供气的装置可供连续使用	KRS
90685	储气罐安装支架	用于安放储气罐的的金属构件	KRB

续表

数字码	名　称	说　明	CEDEX 代码
90690	轮箍	销定轮胎的钢圈	KRM
90692	轮箍夹紧螺栓	固定轮辐和轮胎总成的柱形螺栓、螺母	KRC
90696	轮箍垫圈	用于锁紧轮胎螺丝的弹性垫圈	KRX
90700	行驶照明灯	按交通法规装设的尺寸限度、标记和识别用灯具	KRL
90710	制动操作装置	供司机使用的制动操纵机构	KBA
90720	七脚插头	电源连接件见 90250	KEC
90730	侧面标记灯	供显示侧面标记的照明灯，能照射到整个车长，有时装在车长的中间位置	KSL
90740	制动调节杆	把制动力传至凸轮轴的可调杆件，可视摩擦片磨损的程度来调节杆的长度	KAD
90750	调位装置总成	为适应不同长度集装箱的需要，在挂车上设置的可前、后调位的锁箱装置	KSD
90752	调位定位销总成	采用机械式固位装置将调位器锁定在选择好的位置上	KSX
90755	调位锁固销	通过调位固定销件上的主孔将调位器用销件固定在主梁上的部件	KSY
90758	调位锁手柄	供应用人员使用的操作杆件，位于主梁至销锁处	KSZ
90759	调位锁手柄定位器	在挂车框架上连接的耳状手柄，用于调位锁手柄的操作	KSV
90760	后轮挡泥板	见 90560	KMF
90770	车轮总成	包括轮胎和轮辋等的组合件	KBW
90780	弹簧制动装置	利用弹簧内能进行制动的构件	KSB
90790	悬挂总成	带弯曲的悬挂钢板弹簧片用来吸收车载的振动，还包括所附的支承框架，见 90800 和 90870	KSU
90800	调节杆	能变长的杆件，有时还可调节轮轴的扭矩	KRR
90810	平衡杆	悬挂在弹簧端部能平衡各轴荷载的杆件	KEQ
90820	平衡悬挂装置	供多轴悬挂钢板弹簧的平衡座，它通过铰接点起平衡作用	KQH
90830	前弹簧悬挂支承	前悬挂弹簧在车架上的支座，以此支承钢板弹簧的前端	KFH
90840	固定拉杆	一个定长的杆件，可保障轮轴的转弯半径不变	KNR
90850	后簧悬挂支承	后悬挂弹簧在车架上的支座，可支承钢板弹的后端	KRH
90855	弹簧悬挂装置固定管	在车架横向结构部件处，用于稳定弹簧悬挂装置运动的一种管状部件	KHB
90860	钢板弹簧	悬挂装置中的钢板弹簧部分	KSS
90870	弹簧座	悬挂钢板弹簧的支座	KST
90880	U 形螺栓	两端带有螺纹的“U”形连接件，通过它把轮轴与弹簧座连接起来	KUB
90885	U 形螺栓座	在 U 形螺栓处用于卡住弹簧钢板而设置的一种 U 型螺栓凹槽，在此处将弹簧座和车轴联接在一起	KUS
90890	停车灯总成	在制动情况下应点亮的警示灯	KSO
90900	停车灯、尾灯、转向灯总成	装在同一壳体内的停车灯、尾灯和转向灯的综合体	KTL

续表

数字码	名　称	说　明	CEDEX 代码
90905	辅助机架的梁结构	设在调位总成件辅助机架处的纵向底结构和交叉梁结构	KSF
90910	尾灯总成	装在挂车尾部的警示灯	KTI
90912	发电机保护罩	发电机防风雨的保护装置	KEB
90915	灯支架和灯箱保护装置	挂车尾灯处设的支架,用于保护照明灯不受凸出轮缘的影响	KTP
90917	拉伸弹簧	主制动器的伸缩弹簧	KSI
90920	轮胎	a) 有内胎带气嘴者 b) 无内胎带气阀者	KTA
90930	备胎箱架	放置备用轮胎的位置,一般设在车架的下面	KTC
90940	车胎气阀	无内胎轮胎的充气阀	KTV
90950	鹅颈过渡区	挂车鹅颈的过渡部分	KTR
90960	环状车胎	指环形内胎	KTB
90970	转弯警示灯总成	装在车后的两侧用于表示转向的闪烁灯	KSH
90980	转锁	设在挂车台面四角处的可转动的装置,它与集装箱底角件啮合,以防箱体脱开	KTW
90990	转锁手柄	操作转锁的手柄	KTH
90991	转锁及手柄定位器	安装在挂车架架上的耳状部件,当不使用转锁和手柄时,采用该装置给予定位	KTE
90992	转锁锁头密封垫	挂车框架上转锁升起后的密封垫片	KTK
90993	转锁支架	防止转锁锁闭的构件	KTO
90995	阀门杆的帽	阀门杆的端部用螺丝帽盖住	KVC
91000	车轮轴承	一般为滚柱轴承,为减少车轮与车轴之间的摩擦力而设,它在高速行驶中还起支撑作用	KWB
91010	车轮轴承帽/滚道	为锥形圈可支撑车轮轴承转动	KCU
91020	车轮轴承的弹簧垫圈	设在车轮轴承或车轴连接处的弹簧垫圈,用以帮助轴承处于良好的工作状态	KWA
91030	轮辐	在轮毂内侧与车轮构成一体,可拆离。用单车轮,亦可用双车轮	KSW
91040	车轮固定栓	在轮毂处安装的螺栓,连接车轮与轮圈并防止滑动	KWS
91060	金属网/金属线	挂车上的金属线网,其中包含了每条分线路上的金属线和地线或各条电线及地线	KWH

附 录 M
（资料性附录）
CEDEX 的拉丁字母代码表

CEDEX 码	数字代号	CEDEX 码	数字代号	CEDEX 码	数字代号	CEDEX 码	数字代号
AB	06010	BCG	62690	BTC	61680	CHU	50630
AC	06040	BCH	62695	BU	04065	CK	04115
ACC	62265	BCT	61640	BU	06050	CKA	61180
ADT	61860	BCW	62696	BW	04030	CKH	61200
ADU	50250	BD	06060			CKL	61190
AFP	62800	BEA	62640	CAC	62880	CL	04090
AFS	62810	BED	62650	CAD	62830	CLO	60180
AJ	06020	BEG	62660	CAH	62840	CLP	60170
AOA	50010	BEH	62664	CAK.	61110	CMA	10370
AP	05210	BES	62738	CAQ	61090	CMF	10380
APS	61870	BK	04040	CAR	62820	CMI	61800
AR	06030	BL	04050	CAS	60510	CML	10390
ARD	10640	BLA	60960	CAS	60810	CMO	10425
ARE	62630	BMN	61630	CAV	61100	CMS	10420
ARO	10650	BMS	61660	CAW	62980	CMT	07040
ARP	10660	BN	04069	CB	04130	CMU	10400
ARS	10670	BNG	60610	CBB	61055	CMW	10410
ASA	50150	BNG	60300	CBR	61050	CO	04110
ASF	50160	BNG	60910	CC	06070	COB	60600
ASG	50165	BO	04070	CCB	60516	COB	60290
ASH	50170	BOH	62140	CDR	62970	COB	60900
ASL	50180	BPR	61650	CDS	62900	COL	60590
ASP	50190	BR	04060	CDT	71340	COL	60280
ASY	60010	BRA	62700	CDY	62870	COL	60890
AU	05200	BRD	62710	CFG	10280	CON	61780
		BRG	62720	CFI	60555	CON	61230
B	01110	BRH	62726	CFI	60885	COO	62740
BAM	61700	BRL	62725	CH	06210	COS	10270
BCA	62670	BRY	61690	CHL	50640	CPA	10260
BCC	61670	BSF	60035	CHP	60160	CPG	10290
BCD	62680	BT	04020	CHR	61210	CPH	61220

STANDARDS PRESS OF CHINA

CEDEX 码	数字代号	CEDEX 码	数字代号	CEDEX 码	数字代号	CEDEX 码	数字代号
CPI	10300	DF	06090	ECB	61020	FP	04170
CPJ	10310	DFA	10585	ECC	61025	FPB	10690
CPL	10320	DGR	10509	ECD	61026	FPP	10720
CPO	10330	DHB	10505	ECE	61027	FR	06110
CPR	10340	DHC	10600	EDH	62666	FRS	10675
CPS	10350	DHL	10590	EDX	62665	FS	04180
CPT	10360	DHR	10610	EFH	10485	FSA	11630
CPU	31415	DIK	61536	EMI	61250	FSP	11640
CQA	61120	DIS	61535	EPE	61015	FT	06230
CQH	91140	DKK	50395	EPL	61010	FTP	10730
CQL	61130	DL	04150	EPS	61080	FUN	11840
CRE	61775	DO	06075	ERD	61445	FUP	62200
CSF	60034	DPA	62610	ETS	62960	FUS	61730
CT	04100	DPH	61890	EVS	61527	FWA	10680
CTR	61410	DPL	10635			FWS	10740
CU	04120	DPR	10636	F	01170	FZ	04190
CVA	61150	DR	06080	FAN			
CVH	61170	DRA	50385	FAN	60650	G	01140
CVL	61160	DRB	60135	FAN	60950	GAS	62590
CW	04117	DRF	62190	FAS	62510	GD	04200
CWA	60700	DRL	10587	FCH	62270	GDI	62210
CWN	71410	DRN	62660	FHD	61735	GIN	10450
CYA	60080	DRP	50386	FHS	10700	GIO	10460
CYG	60070	DRT	10630	FIX	60640	GLI	62550
CYH	60040	DSB	11625	FIX	60940	GLK	62530
CYS	60060	DSC	11626	FIX	60340	GO	04210
CYU	60050	DSH	11627	FLA	10850	GP	04220
		DSM	11623	FLB	10710	GRS	10440
D	08020	DSO	10588	FLL	10860	GS	06360
DAA	12050	DST	11628	FLP	10880	GSU	62220
DAH	12060	DT	04160	FLS	10870	GT	06295
DB	04140	DTH	61880	FLT	10910	GTA	10430
DCA	10586	DY	04165	FLU	10890	GTO	10470
DCS	10620			FLW	10900	GW	06380
DCU	50136	E	01160	FMI	62770		
DEF	12045	EAA	12020	FOT	07020	H	08010

CEDEX 码	数字代号
HAD	10930
HAL	10940
HAP	62525
HCL	62770
HCP	11010
HCU	62760
HCV	10950
HDP	61820
HDS	10970
HEP	11650
HEX	62150
HGA	10480
HGB	10490
HGP	10500
HGT	10960
HHC	10980
HHG	10990
HHR	11000
HLB	11020
HLH	11030
HLM	11040
HMI	61900
HMT	61490
HN	06115
HO	04230
HPC	11669
HPH	11668
HRA	50600
HRB	50610
HRH	50620
HUC	62930
HUM	62940
HVC	61810
HWR	90335
HWR	11900
HWR	62580

CEDEX 码	数字代号
I	08080
IFQ	62760
II	5430
IN	06125
INH	07010
INP	62560
IP	06100
IR	04240
IS	05420
ISL	62160
IT	06120
JAA	80830
JAB	80530
JAC	80800
JAD	80810
JAF	80820
JAH	81520
JAL	80840
JAM	81530
JAO	81540
JAP	80860
JAU	80850
JBA	80510
JBB	80520
JBC	80500
JBD	80490
JDB	81310
JDD	81150
JDO	81070
JDP	80220
JED	80480
JEE	80550
JEF	80440
JEG	80630

CEDEX 码	数字代号
JEH	80640
JEJ	80470
JEK	81340
JEL	80950
JEM	80700
JEN	80430
JEO	80460
JEP	80450
JER	80670
JES	80690
JET	80650
JEU	80660
JEY	80770
JFF	81180
JFG	81130
JFH	81140
JFI	81200
JFO	81210
JFP	81170
JFR	81120
JFS	81190
JFT	91160
JGC	80050
JGE	80170
JGF	80040
JGH	80060
JGI	80200
JGO	81010
JGW	81330
JIC	81500
JIF	81510
JJF	80270
JJH	80240
JJR	80250
JJS	80260
JK. D	80290

CEDEX 码	数字代号
JMA	80900
JMB	80910
JMD	80920
JME	80410
JMN	80400
JMP	80420
JMR	80930
JMS	80940
JNA	80000
JNA	80130
JNB	80100
JNC	80150
JND	80140
JNE	80090
JNF	80110
JNG	81060
JNH	80070
JNI	80190
JNJ	80030
JNL	81050
JNM	80210
JNP	80230
JNQ	80080
JNR	80010
JNS	80120
JNU	81030
JNV	80020
JNX	80160
JNY	80180
JNZ	80280
JOD	81110
JOF	81100
JOG	81040
JOO	81000
JOT	81020
JRR	80680

CEDEX 码	数字代号	CEDEX 码	数字代号	CEDEX 码	数字代号	CEDEX 码	数字代号
JSH	80720	KBF	90132	KEX	90260	KLM	90455
JSL	80730	KBG	90040	KFD	90570	KLN	90500
JSO	80740	KBH	90090	KFD	90280	KLO	90480
JSP	80760	KBK	90060	KFH	90830	KLP	90552
JSS	80750	KBL	90100	KFL	90290	KLQ	90522
JST	80710	KBM	90072	KFP	90296	KLR	90458
JWA	81320	KBO	90050	KFS	90292	KLS	90530
JWF	81300	KBP	90130	KGH	90362	KLT	90160
JWK.	81380	KBQ	90136	KGM	90330	KLU	90555
JWP	81370	KBS	90110	KGN	90320	KLW	90510
JWS	81360	KBU	90134	KGR	90300	KLX	61830
JWW	81350	KBW	90770	KGS	90326	KLY	90450
JXA	80560	KBX	90580	KGU	90055	KLZ	90436
JXB	80570	KBX	90170	KHA	90432	KMB	90565
JXC	80600	KBZ	90322	KHB	90855	KMF	90560
JXE	80620	KCB	90140	KHC	90360	KMF	90760
JXM	80540	KCG	90350	KHI	90340	KMI	60730
JXP	80580	KCG	90180	KHI	90630	KMR	90600
JXR	80610	KCH	90104	KHS	90012	KNR	90840
JXS	80590	KCL	90150	KHU	90370	KOH	90366
JXX	81400	KCP	90078	HIC	90380	KOS	90590
		KCS	90105	KKA	90390	KPL	90620
KAA	90315	KCU	91010	KKF	90420	KPP	90610
KAB	90015	KCV	90076	KKP	90400	KPR	90074
KAC	90010	KDC	90220	KKS	90445	KQH	90820
KAC	90310	KDH	90200	KKT	90410	KOR	90102
KAD	90740	KDM	90240	KLA	90430	KRB	90685
KAN	90025	KDP	90190	KLB	90460	KRC	90692
KAP	90016	KDS	90230	KLC	90540	KRF	90640
KAR	90014	KDV	90210	KLD	90457	KRG	90650
KAS	90030	KEA	90270	KLE	90520	KRH	90850
KAX	90020	KEB	90912	KLG	90550	KRL	90700
KBA	90710	KEC	90720	KLH	90440	KRM	90690
KBC	90070	KEC	90250	KLI	90490	KRO	90103
KBD	90080	KEQ	90810	KLJ	90452	KSR	90096
KBE	90092	KEV	90660	KLL	90470	KSS	90860

CEDEX 码	数字代号
KST	90870
KSU	90790
KSV	90759
KSW	91030
KSX	90752
KSY	90755
KSZ	90758
KRR	90800
KRS	90680
KRV	90670
KRX	90696
KSA	90108
KSB	90780
KSC	90017
KSD	90750
KSE	90106
KSF	90905
KSG	90120
KSH	90970
KSI	90917
KSK	90018
KSL	90730
KSO	90890
KTA	90920
KTB	90960
KTC	90930
KTE	93991
KTH	90990
KTI	90910
KTK	90992
KTL	90900
KTO	90993
KTP	90915
KTR	90950
KTV	90940
KTW	90980

CEDEX 码	数字代号
KUB	90880
KUS	90885
KUV	90995
KWA	91020
KWB	91000
KWH	91060
KWS	91040
KWT	62254
KWT	60670
KXG	90188
KXM	90185
LBA	10510
LBB	10520
LBC	10530
LBF	10580
LBG	10540
LBH	10550
LBL	10560
LBN	10575
LBR	10570
LBT	11910
LC	06130
LF	04270
LH	05340
LIT	61740
LK.	04250
LMS	10577
LO	04260
LPP	10578
LPS	10576
LS	05350
LSA	10230
LSB	10240
LSR	10250
LU	05330

CEDEX 码	数字代号
M	01130
MA	04300
MAS	60250
MAS	60560
MAS	60860
MCA	40080
MCC	40010
MCE	40210
MCH	90138
MCO	12000
MCS	40220
MD	06135
MDH	62745
MF	04290
MFS	40100
MHC	40072
MHT	40070
MIM	60330
MIS	40020
MK	06250
ML	04280
MM	04310
MMI	40030
MMT	07030
MOC	40040
MOL	40300
MPC	40230
MPD	40090
MPL	40260
MPM	40250
MPO	40240
MPS	40200
MPT	40270
MRC	61755
MRK	62750

CEDEX 码	数字代号
MRP	61760
MRR	61750
MRU	40290
MS	04320
MSD	40110
MSN	40050
MST	40060
MTR	07050
MTT	40280
MU	05000
MUI	40115
MV	06297
MV	06280
NI	04340
ML	04330
NO	04360
NT	04350
NV	04365
O	08050
OCH	60220
OD	04410
OI	04420
OL	04380
ONS	62850
ONV	62860
OP	06140
OR	04370
OS	04390
OU	04400
OX	06155
OXS	62890
P	01120
PA	06150

STANDARDS PRESS OF CHINA

CEDEX 码	数字代号
PAA	50389
PAA	11200
PAF	50460
PAT	50540
PBH	11210
PBK	11400
PKT	50470
PE	05410
PEP	50450
PF	04520
PFX	11240
PG	05370
PH	04440
PHC	50110
PIC	50480
PIM	50490
PIP	11350
PIS	50500
PJC	50510
PJP	50520
PLM	50130
PM	05380
PMI	62280
POA	50138
POC	50530
POL	60320
POL	60630
POL	60930
POM	50120
POP	11360
PP	05360
PPM	11330
PPO	60190
PPW	11320
PR	06160
PRG	62145

CEDEX 码	数字代号
PRS	61070
PS	06400
PSC	11340
PSF	11395
PT	06170
PTA	60090
PTB	60110
PTR	60100
PU	05400
PUM	60130
PUQ	60120
PV	06270
PVA	60245
PX	06175
QAS	60020
QBS	62570
QDA	60350
QMI	60230
OPG	62540
QSS	60033
RA	06190
RAA	12030
RB	06200
RBH	10220
RBO	10200
RBP	10225
RBS	10210
RC	06220
RCB	61437
RCC	62735
RCH	61435
RCI	11555
RCK	11520
RCL	61425

CEDEX 码	数字代号
RCM	50135
RCR	61426
RCU	61590
RD	06260
RDE	61530
RDP	11530
RE	06315
REC	61420
RF	04450
RFC	61580
RG	06240
RHL	11666
RHR	61560
RIR	61570
RIW	11550
RKC	62736
RKY	62730
RLA	11510
RLE	11661
RLF	11560
RLG	11540
RLI	11660
RLL	11667
RLT	11620
RLW	11580
RM	06280
RNG	11590
RO	04445
ROL	61610
ROT	60580
ROT	60880
ROT	60270
RP	06300
RPC	61620
RPP	11670
RPR	61540

CEDEX 码	数字代号
RQQ	61600
RR	06290
RRM	50390
RRT	11665
RRV	60240
RS	06370
RT	06310
RTL	11585
RTM	61550
RU	05440
RU	06205
RUF	11570
RUP	11610
RW	06320
S	08030
SA	04455
SAA	12010
SBR	11390
SBS	11380
SC	06390
SCC	11860
SCH	11430
SD	06325
SD	04490
SE	06330
SER	61520
SES	61523
SF	06345
SFT	60030
SG	05150
SGA	11450
SGF	11460
SGI	62180
SGL	60720
SGL	62255

CEDEX 码	数字代号
SGM	11470
SGO	60200
SGP	11480
SGS	60210
SH	04470
SI	06350
SK	05120
SLC	11420
SLS	11440
SM	05130
SMD	61850
SMM	61030
SN	06340
SNB	60175
SOR	61770
SP	04460
SPI	11490
SPK.	60023
SPO	11500
SPS	61795
SPW	62240
SR	04480
SRA	61470
SRE	61460
SRS	50137
SRT	62920
SRW	62910
SS	05140
SSA	61480
SSF	60036
SST	11600
SSY	61500
ST	05110
STA	60870
STA	60260
STA	60570

CEDEX 码	数字代号
STC	11410
STF	50200
STL	61441
STP	11445
STY	61440
SU	05100
SVD	61046
SVH	61047
SVK	61045
SVS	61040
SVW	04500
SYJ	61510
T	08060
TBE	60540
TBE	60840
TDF	61840
TDI	61710
TFA	50300
TFB	50380
TFC	50310
TFD	50320
TFF	50340
TFG	50350
TFI	50370
TFM	61060
TFP	50360
TFS	50330
THE	61796
THE	62250
TIC	11740
TIM	61430
TIN	60520
TIN	60820
TIR	11750
TMP	60920

CEDEX 码	数字代号
TMP	60310
TMP	60620
TMT	61450
TNA	11680
TNB	11690
TNC	11700
TNG	11720
TNS	11710
TNX	11730
TOU	60830
TOU	60530
TOU	60530
TP	06420
TPH	11735
TPI	60850
TPI	60550
TPN	50322
TR	06500
TRF	61720
TS	04080
STH	60515
TSS	61715
TSW	61790
TTU	62600
TU	04510
TUA	11760
TUB	11790
TUC	11770
TUP	11780
TXH	62737
U	08040
UAA	12040
UI	04430
VAP	62520

CEDEX 码	数字代号
VDC	60155
VDI	60150
VEX	62130
VFI	60680
VFO	60690
VGA	62100
VGB	62110
VGS	62120
VIB	62260
VJT	11850
VLL	62170
VM	06180
VMA	62040
VMB	62050
VMI	60970
VMS	62060
VQA	62010
VQB	62020
VQS	62030
VRA	11800
VRB	11810
VRG	11830
VRR	11820
VSA	62070
VSB	62080
VSS	62090
VSU	60140
VTH	62147
VVA	50100
VVD	50030
VVF	50040
VVG	50050
VVH	50060
VVI	50080
VVP	50090
VVR	50020

CEDEX码	数字代号	CEDEX码	数字代号	CEDEX码	数字代号	CEDEX码	数字代号
VVS	50070	YCC	71420	YHR	70100	YSA	70050
VWI	60710	YCD	70650	YIC	70610	YSB	71320
VWO	60720	YCO	70310	IYN	70600	YSE	70720
		YCS	70640	YIS	70860	YSH	70220
W	08070	YCT	71030	YLA	71230	YSI	70700
WA	04540	YCU	71400	YLG	71240	YSK	70060
WB	04010	YDH	71430	YLI	71460	YSL	70730
WD	06440	YDI	70320	YLN	70300	YSN	70620
WH	05310	YDO	71040	YLO	71330	YSP	71300
WIR	61240	YDR	70040	YLT	70090	YSR	70820
WM	04580	YDV	70750	YMA	71440	YST	70240
WN	04570	YEA	71070	YMC	70500	YSU	70210
WP	06410	YEC	70850	YMD	70560	YSV	70710
WS	05320	YEH	70740	YMF	70510	YTA	71020
WT	04560	YEM	70890	YMG	70550	YTG	70080
WTK	62950	YEU	70330	YMH	70540	YTM	70770
WU	05300	YEV	70360	YMO	70530	YTR	70810
WV	04550	YEW	71060	YMP	70030	YTS	70630
WW	06430	YEX	70870	YMR	70570	YTV	70390
		YFF	70010	YMS	71250	YTW	70760
X	01150	YFL	70200	YOH	70900	YUF	70230
XW	06450	YFR	71010	YOM	71000	YUI	71120
		YFS	70020	YPM	71080	YVP	70070
YAA	71100	YFT	70840	YPP	71450	YWA	71200
YAV	70370	YFU	71050	YPV	70400	YWF	71210
YBA	70260	YFV	70350	YRD	70880		
YBC	71310	YGA	70340	YRI	71130	ZZ	06138
YBF	70380	YHA	71220	YRM	70800	ZZ	04355
YBH	70270	YHD	70520	YRT	71090	ZZZ	11890
YBM	71110	YHE	70250	YRU	70830		

ICS 75.180.30
E 98

中华人民共和国国家标准

GB/T 17286.4—2006/ISO 7278-4:1999

液态烃动态测量 体积计量流量计检定系统 第4部分:体积管操作人员指南

Liquid hydrocarbons—Dynamic measurement—
Proving systems for volumetric meters—
Part 4:Guide for operators of pipe provers

(ISO 7278-4:1999,IDT)

STANDARDS PRESS OF CHINA

2006-01-18 发布 2006-07-01 实施

中华人民共和国国家质量监督检验检疫总局
中国国家标准化管理委员会 发布

前言

在国家标准GB/T 17286《液态烃动态测量　体积计量流量计检定系统》总标题下，包括以下5部分内容：

第1部分：一般原则（已发布）

第2部分：体积管（已发布）

第3部分：脉冲插入技术（已发布）

第4部分：体积管操作人员指南

第5部分：小容积体积管

其中第1部分至第3部分已经颁布，本标准是第4部分，第5部分正在制定中，正式发布后将成为GB/T 17286的组成部分。

本标准等同采用ISO 7278-4:1999《液态烃动态测量　体积计量流量计检定系统　第4部分：体积管操作人员指南》（英文版）。

本标准的附录A是资料性附录。

本标准由中国石油天然气股份有限公司提出。

本标准由石油工业标准化委员会油气计量及分析方法专业标准化技术委员会归口。

本标准起草单位：中国石油天然气股份有限公司计量测试研究所。

本标准主要起草人：郑琦。

ISO 前言

国际标准化组织(ISO)是各国标准化团体(ISO 成员团体)的世界性联合会。国际标准的制定工作通常是由 ISO 各技术委员会进行的。对已建立了技术委员会的研究主题感兴趣的每个成员团体都有权派代表参加该委员会。与 ISO 保持联系的政府性和非政府性组织也可参与这项工作。ISO 与国际电工委员会(IEC)在所有关于电工技术标准化工作方面紧密合作。

各技术委员会所采用的国际标准草案都分发给各成员团体进行表决。至少要有 75％的成员团体投票赞同,国际标准才能出版。

国际标准 ISO 7278-4 是由 ISO/TC 28“石油产品及润滑剂技术委员会”SC2“石油动态计量分委员会”起草的。

ISO 7278 在《液态烃动态测量体积计量流量计检定系统》总标题下,包括以下 5 个部分:

第 1 部分:一般原则

第 2 部分:体积管

第 3 部分:脉冲插入技术

第 4 部分:体积管操作人员指南

第 5 部分:小容积体积管

ISO 7278-4 的附录 A 仅作为资料。

引 言

所有符合某一准确度要求的测量仪表都需要周期性地校验,即必须进行一次或一系列测试,将该仪表的读数与具有更高准确度的独立测量值相比较。石油流量计也不例外,根据国家法律,每隔一段时间几乎所有用于销售或征税的石油流量计都要进行校验。在有些场合,这些流量计所涉及的金额较大,可能要更频繁地进行校验。在石油工业领域,用检定这一术语描述对原油和石油产品的体积计量仪表进行校验的过程。

最常用的流量计检定方法是让一定量的液体通过流量计,然后进入被称为标准器的体积测量设备。对于口径特别小的流量计,检定设备可能是已知其准确容积的量瓶或标准金属量器。例如,用标准量器检定加油站内带有流量计的汽油加油机,如果足量的汽油已充满 10 L 的量器,但加油机的指示值为 10.2 L,则表明流量计的读数偏高 2%。

在大型计量系统中,情况要复杂得多,单台流量计通过的流量能达到几千升每秒。流量计不同于汽油加油机,其测量元件通常不直接驱动以体积刻度的机械表盘,但能产生一系列由电子计数器记录的电脉冲。对于此类流量计,检定的目的是确定所产生和记录的脉冲数与通过流量计的液体体积之间的关系,该关系随流量计结构和尺寸改变,且受流量和液体性质的影响。

这些大口径流量计安装在管线上,通常不能随意关停或启动,这是检定遇到的另一个困难,要求流量计和标准器必须能够动态地同步读数,即在液体流过流量计和标准器时读数。因为存在油品的温度膨胀及可压缩性、体积管材质的温度膨胀及弹性变形等影响因素,所以进一步增加了检定的复杂性。

本标准只涉及被称为体积管的标准器。当必须检定测量原油和石油产品的流量计时,通常使用体积管。就原理而论,体积管只是内部容积经过准确测量的一段管道或一个缸体,其内部有一个配合良好的活塞或一个配合紧密的球体,当稳定的液流通过串联安装的流量计和体积管时,能够对活塞或球体推出的液体体积与流量计指示的体积进行比较。实际上,要形成能有效工作的体积管,还必须在简单的管道和活塞结构上增加各种附属部件。

液态烃动态测量
体积计量流量计检定系统
第4部分:体积管操作人员指南

1 范围

本标准提供了用体积管检定涡轮流量计和容积式流量计的操作指南,适用于GB/T 17286.2中所规定的被称为常规体积管的各类体积管和被称为小容积体积管的其他类型体积管。

本标准可用作体积管操作的参考手册,也可用于人员培训。本标准不涉及不同生产厂家制造的结构类似体积管之间的具体差异。

2 规范性引用文件

下列文件中的条款通过本标准的引用而构成本标准的条文。凡是注明日期的引用文件,其随后所有的修改单(不包括勘误的内容)或修订版均不适用于本标准,然而,鼓励根据本标准达成协议的各方研究是否可使用这些文件的最新版本。凡是不注明日期的引用文件,其最新版本适用于本标准。

GB/T 9109.5—1988 原油动态计量 油量计算(eqv ISO 4267-2:1988)

GB/T 17286.2—1998 液态烃动态测量 体积计量流量计检定系统 第2部分:体积管(idt ISO 7278-2:1988)

GB/T 17286.3—1998 液态烃动态测量 体积计量流量计检定系统 第3部分:脉冲插入技术(idt ISO 7278-3:1995)

GB/T 17287—1998 液态烃动态测量 体积计量系统的统计控制(idt ISO 4124:1994)

GB/T 17288—1998 液态烃体积测量 容积式流量计计量系统(idt ISO 2714:1980)

GB/T 17289—1998 液态烃体积测量 涡轮流量计计量系统(idt ISO 2715:1981)

GB/T 17746—1999 石油液体和气体动态计量 电和(或)电子脉冲数据电缆传输的保真度和可靠度(idt ISO 6551:1982)

3 原理

3.1 流量计性能的表示方法

用体积管检定流量计的目的是提供一个通常为4位或5位的数字,例如1.002 9、0.999 8或21 586等,利用该数字能将流量计的读数准确地转换为通过流量计的液体体积值。

用数值表示流量计性能的方式有多种,但其中3种对体积管操作人员至关重要,下面对其进行讨论。

3.1.1 流量计系数

最初使用的石油流量计是可以直接读数的带机械表盘的容积式流量计(见4.1),体积量以升(L)或立方米(m^3)表示;表盘指示的读数通常为近似值。通过改变指示机构的齿轮传动比或使用一个流量计系数,可对近似值进行修正,得到更为准确的数值。因为通过更换齿轮得到一个给定的体积值比较困难,所以更多地使用流量计系数。

流量计系数MF被定义为通过流量计的液体实际体积值(V)与流量计指示体积值(V_m)的比值,即:

$$MF = V/V_m \qquad \cdots\cdots(1)$$

在进行检定操作时，V 值直接由体积管给出，V_m 值直接从流量计读取。当以后再用流量计测量体积量时，将其读数值乘以流量计系数 MF，得到经修正的液体体积值。

流量计系数是一个纲量为 1 的量，即是一个纯数，因此其数值不会随所用测量单位改变。

3.1.2 K 系数

近 20 多年来，涡轮流量计(见 4.1)在石油工业中获得广泛应用。因为涡轮流量计的一次输出简化为一系列电脉冲，所以通常没有以体积单位读数的表盘。脉冲由电子计数器采集，所累计的脉冲数(n)正比于通过流量计的体积量。

检定此类流量计的目的是确定 n 与 V 之间的关系，使用一个称为 K 系数的参数是表示该关系的方法之一，其定义是单位液体体积通过流量计时其发出的脉冲数，即：

$$K = n/V \qquad \cdots\cdots(2)$$

在检定流量计时，要同时获得 n 和 V 值，其中 n 来自流量计，V 来自体积管。在使用流量计时，用 K 系数除以流量计发出的脉冲数，得到所通过的体积值。

K 系数不是一个纯数，其量纲为体积的倒数($1/V$)，其数值取决于体积测量单位。例如，以脉冲数每立方米表示的 K 系数，是以脉冲数每升表示值的 1 000 倍。

3.1.3 单位脉冲体积

由于乘法运算比除法相对简单，因此在采用手工计算(不是采用计算机计算)时，K 系数的倒数是现场采用的有效参数。该倒数被称为“单位脉冲体积”，它表示发出一个脉冲时通过流量计的体积(平均值)，其定义为

$$q = 1/K = V/n \qquad \cdots\cdots(3)$$

q 的量纲为体积/脉冲。用该值乘以流量计发出的脉冲数，其结果是通过流量计的体积值。

3.1.4 流量计系数、K 系数和单位脉冲体积的选择使用

前面已说明流量计系数最初是如何用于容积式流量计的，而 K 系数及其倒数 q 与涡轮流量计一起使用，其输出为脉冲计数器所显示的数值。如今这种差别已基本不存在。一方面是与体积管一起使用的容积式流量计通常都配备电子脉冲发生器，所以可以像涡轮流量计一样进行检定，检定结果也能以 K 系数或单位脉冲体积表示；另一方面是某些大规模的涡轮流量计系统配备有被称为“换算器”的数据处理模块，能将所发出的脉冲数转换成所通过的标称体积值。对于这样的系统，早期流量计系数的概念在某些情况下又变得有用了。

有关使用流量计系数、K 系数和单位脉冲体积的详细说明见 GB/T 9109.5。

3.2 影响流量计性能的因素

生产厂家的资料经常有所夸张地介绍某一流量计的 K 系数，似乎可将其视为一个恒定值，这种说法并不完全正确。K 系数在某种程度上受多个变量影响，其中一部分影响因素在 3.2.1～3.2.6 中讨论。

3.2.1 流量影响

流量计设计能保证其系数在一个相当宽的流量范围内近乎常数，该范围上限流量与下限流量的比值称为流量计的“范围度”或“量程比”。尽管某些特殊流量计的范围度可能更大，但用于烃类测量的涡轮流量计和容积式流量计的范围度一般不超过 10∶1。在该有效工作范围内，K 系数相对于其平均值的变化不应超过某一小量，如±0.25%或±0.15%，其实际变化程度称为流量计线性度。当需要流量计性能的完整信息时，有必要在几个不同流量点检定流量计，确定其范围度和线性度。超过或低于流量计的有效工作范围，其 K 系数随流量的改变趋于明显，流量计实际上已不能用于准确测量。

3.2.2 黏度影响

各种类型的流量计在某种程度上都受到被测液体黏度变化的影响，但某些特定类型和结构的流量计所受到的影响会更加严重。当被测介质的黏度改变时，有必要重新检定流量计。是否有必要重新检定，取决于下列因素：

——黏度的改变量；

——黏度改变对流量计 K 系数的影响程度；

——所要求的准确度等级。

3.2.3 温度影响

温度变化以两种方式影响 K 系数。温度膨胀会引起流量计尺寸和间隙的改变,温度变化还会引起液体黏度的变化,这会导致如 3.2.2 中所述的影响。除非温度变化较大,否则可以忽略涡轮流量计的温度膨胀影响。由于测量室及转子部件常使用不同的金属材料,温度膨胀导致间隙的变化,因此对容积式流量计的影响比较严重。

3.2.4 压力影响

压力变化会导致流量计尺寸改变和液体黏度改变,这都会影响 K 系数。但压力对黏度的影响很小,在大多数计量应用中不明显。当运行压力较高时,对某些结构的流量计的几何尺寸影响通常很小,但对另一些流量计可能很大。压力变化对 K 系数的影响通常不足以成为判断是否重新检定流量计的依据。

3.2.5 磨损、损坏和沉积物的影响

即使因黏度和温度变化的影响较小而不必重新检定流量计,但随着流量计的磨损,其 K 系数也要逐渐改变,因此每隔一段时间应重新检定用于交接的流量计。蜡、杂质等沉积物也能造成与磨损类似的结果。

流量计的意外损坏可能会明显改变 K 系数。如果流量计被解体修理,则应在重新组装后再次进行检定。

3.2.6 检定间隔

必要的检定间隔或周期会有很大差异,从 1 天几次到 1 年 1 次或更少。当所计量的液体总量很大时,例如在原油贸易计量场合或在主要的输油站,一般应合理地增加检定次数。在这些情况下,通常要为计量系统配备永久性连接和固定安装的大型体积管,只要足以证明流量、温度和黏度的变化量超出规定的范围,或只要输送新品种的原油或石油产品,就能立即检定流量计。

在不需要很高准确度等级,或黏度、温度变化不大的场合,一般按规定的周期重新检定流量计。例如,对于新计量系统,每个月或每两个月进行 1 次检定;对于已稳定的流量计系统,检定周期可以延长到半年或 1 年。虽然也可使用标准流量计和移动式标准量器进行日常检定,但是目前使用移动式体积管相当普遍。因此,本标准包括固定式体积管和移动式体积管的操作。

3.3 修正系数

体积管的容积随压力和温度变化,介质密度也随之变化,要采用 4 个修正系数考虑这些变化。这些系数既可以由操作人员手工计算,也可以在体积管数据处理器中编程计算。

3.3.1 体积管容积变化的修正

每台体积管都有一个被称为标准容积 V_b 的重要参数,要通过检定过程确定。体积管出厂时应进行检定,以后应进行周期检定。标准容积是经过检定确定的体积管在某一规定压力和温度下的容积,一般规定参比压力为 101.325 kPa、参比温度为 15℃或 20℃。

然而,体积管操作人员应知道,在每次检定操作过程中,体积管的容积是在其实际运行压力和温度下的容积。运行压力几乎总是高于大气压力,附加的压力会引起体积管轻微膨胀;温度可能高于或低于参比温度,其影响是引起体积管膨胀或收缩。

为得到体积管在适当压力和温度下经修正的体积,要使用系数 C_{ps} 或 CPS(钢材的压力修正)和 C_{ts} 或 CTS(钢材的温度修正)。详细说明见 GB/T 9109.5。

3.3.2 液体密度变化的修正

为补偿压力和温度对液体密度的影响,要使用相应的系数 C_{pl} 或 CPL(液体的压力修正)和 C_{tl} 或 CTL(液体的温度修正)。其作用是将观测压力和温度下得到的油品体积转换为标准体积,即油品在绝

对压力为 1 个标准大气压(101.325 kPa)和某一规定参比温度(例如 15℃或 20℃)下的体积。有关这两个系数的详细说明见 GB/T 9109.5。

注:3.3.1 和 3.3.2 中涉及的修正系数是液体类别及其黏度、压力、温度和参比压力、参比温度的函数。在不能确认修正系数在当时条件下的正确数值时,不应使用任何修正系数。

4 流量计和体积管

4.1 带脉冲输出的流量计

在石油工业准确度要求高的液体计量中,目前使用的带脉冲输出的流量计一般分为两种基本类型。

一种是涡轮流量计,其主要部件是能自由旋转的转子或"涡轮",它安装在流量计内部的轴向轴承上。当液体沿管道流动时,涡轮以几乎正比于流量的速度旋转,并发出一连串电脉冲。脉冲被输出到电子计数器,推算出通过流量计的总体积。其他信息见 GB/T 17289。

另一种流量计是容积式流量计,它以前被称为"定排量"或"PD"流量计。这种流量计有许多类型,详见 GB/T 17288。可以把这种流量计看作类似于往复泵或旋转活塞泵的装置,或大致近似于齿轮泵或叶片泵的装置,但它由液体推动而不是由外部电机驱动。流量计的转数与通过流量计的液体体积基本上成正比,通常在齿轮组驱动的机械计数器上显示体积量。如果流量计上安装有电子脉冲发生器,则可同涡轮流量计一样处理其输出信号,特别是能用体积管直接检定这样的流量计。

4.2 流量计的误差来源

要使带脉冲输出的流量计给出准确测量结果,应满足以下 3 项要求:

——流量计应处于良好的机械状态和电气状态;

——流体条件应适于计量和检定;

——系统布局应保证计数器记录的脉冲数与流量计发出的脉冲数相一致,不多也不少。

上面第一项显而易见,但其余两项涉及到一些十分棘手的问题,要在 4.2.1 和 4.2.2 中说明。

4.2.1 流动条件

与流动液体有关的 4 个主要问题是:夹带固体、夹带气体、气蚀和旋涡。

在流量计上游应提供充分的过滤。

液体中夹带空气或其他气体对各种流量计都有影响,但与容积式流量计相比,对涡轮流量计的影响一般更加严重且更难预测。空气或其他气体可通过几种方式进入被测液体,当液体进入系统时,应排空最初存在的空气。如果不能有效排气,气泡会留在管道中并进入流量计。如果油泵正从储罐中抽取液体且罐内液位过低,则可能形成"浴盆"状旋涡,将空气吸入油泵中。在可能出现这种危险的场合,通常在流量计上游安装气体分离器(消气器或除气器),除去全部气体,防止气体进入流量计。空气或其他气体同样会进入处于真空状态下的其他系统。

在气蚀发生过程中,液体内部同样能形成空气泡或气泡。只要存在能导致溶解空气或其他气体从液体中溢出的局部低压,就会出现气蚀,气蚀一旦形成,总是产生大量的微小气泡。分离器不能除去这些微小气泡,所以没办法消除气蚀的影响,只能预防气蚀。因此,流量计下游压力不应小于流量计生产厂家针对被测液体规定的最低压力值。

还存在另外一种形式的气蚀,它能影响诸如原油、天然汽油、汽油、液化石油气等易挥发液体。如果流量计内的压力暂时降低到液体的蒸气压以下,则液体出现蒸发,即在流量计内部液体发生闪蒸。为防止闪蒸发生,临近流量计的下游管线的压力应保持适当高于液体蒸气压。大多数流量计生产厂家提供流量计背压高于蒸气压的设计参数值。在 GB/T 17289 中,也给出了有关涡轮流量计背压的通用准则。

在临近半开阀门、弯头或多种其他管件形式的下游管路中,液体易产生旋涡,即液体可能呈旋涡状运动而不是沿直线轨迹运动。旋涡对容积式流量计的性能影响很小或没有影响,但会严重影响涡轮流量计的性能。为消除可能出现的旋涡,一般在涡轮流量计上游安装流动调整装置(整流器)。

4.2.2 电子干扰

计数器可能丢失流量计发出的脉冲,导致读数偏低,它也可能因电子干扰多计几个流量计并未发出的脉冲，造成读数偏高。

如果记录的脉冲数偏少，通常是灵敏度控制器的设置不合适，或电路存在缺欠，只要调整灵敏度控制器或矫正可能存在的任何电路缺欠，一般能完全消除这一故障。

如果记录了干扰脉冲，问题可能比较严重，GB/T 17746 对此有详细讨论，下面只给出简要介绍。

干扰脉冲可能有两种来源：

——计数器电源的浪涌；

——电磁辐射。

前者称为"电源传播噪声"，后者称为"空中传播噪声"。电气焊接设备和无线电发射器是常见的空中传播噪声来源。生产厂家十分清楚这些问题，一般可以制造出能很好防御干扰脉冲的计量系统。

防御方法通常包括：

——专用于消除电源传播噪声的电源过滤器；

——流量计前置放大器。它能确保传输线路有较高的信噪比，使空中传播噪声不被检测到；

——适当的屏蔽信号电缆。只在一端接地，以避免出现接地回路。

信号传输电缆的走向十分重要，它应尽可能远离交流动力电缆。如果不得不跨过电源电缆，也应呈直角交叉。操作人员对系统的接线做非授权的变动，可能会无意间破坏这些规则，经常导致计入干扰脉冲。计量系统有时会配备脉冲发生、传输和计数的双重系统，指示是否有干扰脉冲计入。这些系统并非绝对可靠，只是对操作人员自身警惕性的有效补充。

4.3 脉冲插入装置

脉冲插入装置是能将流量计脉冲记录到小数值的电子装置，它可以减小圆整误差。当检定操作时间较短，只能记录最接近的整数脉冲时，会出现圆整误差。在流量计脉冲间隔均匀时，这种装置的性能最好。

使用脉冲插入装置的目的，是在置换器一次行程所产生的独立脉冲不足 10 000 个时，计数的分辨率达到万分之一。各种脉冲插入装置见 GB/T 17286.3。

4.4 常规体积管

4.4.1 工作原理

体积管的基本工作原理如图 1 所示。在经过特别加工的管段内，安装一个被称为置换器的活塞或球体，置换器可在管段内自由移动，但与管内壁形成滑动密封，其在管内的移动速度与流经管道的液体速度完全相同。当体积管与流量计相串联时，置换器所置换的容积与通过流量计的液体体积相同。

在某些常规体积管中，置换器是具有双重弹性密封的钢质活塞，但对于大多数常规体积管，置换器是嵌入管道中略有过盈的弹性球体。为保证密封良好和摩擦适当，管段内壁应是光滑的，因此常规体积管内壁通常有涂层或镀层。

体积管管壁上安装有两个或多个被称为检测开关的装置，在置换器抵达检测开关的时刻，它们能立即发出电信号。当置换器抵达第一个检测开关时，其信号用于开启体积管计数器记录流量计脉冲；当置换器抵达第二个检测开关时，其信号用于停止计数器。因此，该计数器显示的总脉冲数就是置换器在两个检测开关之间移动时流量计所发出的脉冲数。通过预先对体积管进行检定，可以准确地知道置换器经过这两个检测开关时所置换的标准容积。因此，当一定体积的液体流过流量计时，体积管能够确定流量计所发出的脉冲数。

4.4.2 常规体积管的类型

在一次运行结束后，置换器应靠某一方式返回其起始点，主要有两种方式实现置换器的返回。对于单向体积管，置换器在一个封闭的环路内运动，因此它几乎在起始点结束运行。对于双向体积管，能够使体积管内的液体反向流动，从而使置换器返回。这两种体积管是目前最常见的，也是本标准所涵盖的。详细描述见 4.4.2.1 和 4.4.2.2。

STANDARDS PRESS OF CHINA

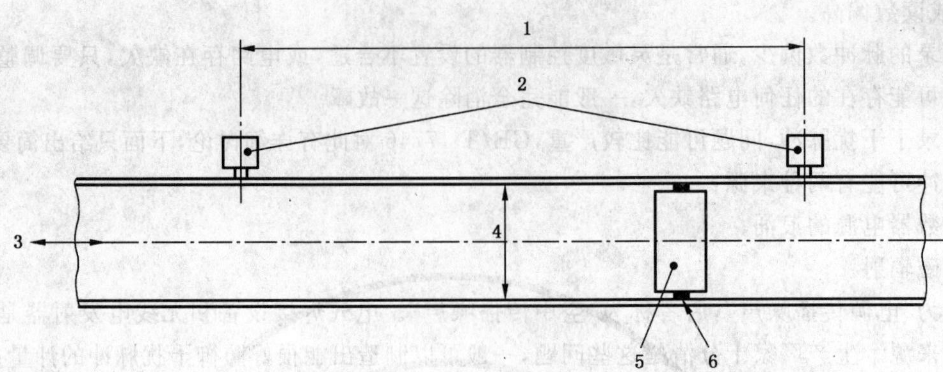

1——检定段长度；
2——检测开关；
3——液流方向；
4——管道内壁；
5——置换器；
6——密封件。

图 1 体积管工作原理

4.4.2.1 常规单向体积管

典型的单向体积管如图 2 所示。单向体积管用弹性球体作置换器，并安装有置换球控制阀，当推球器动作时可将置换球从阀体中推出，使球体进入液流中，沿环状管路运动。在行程终端，置换球立即进入控制阀上方的停球位置并一直处于静止状态，直到推球器下一次推球。

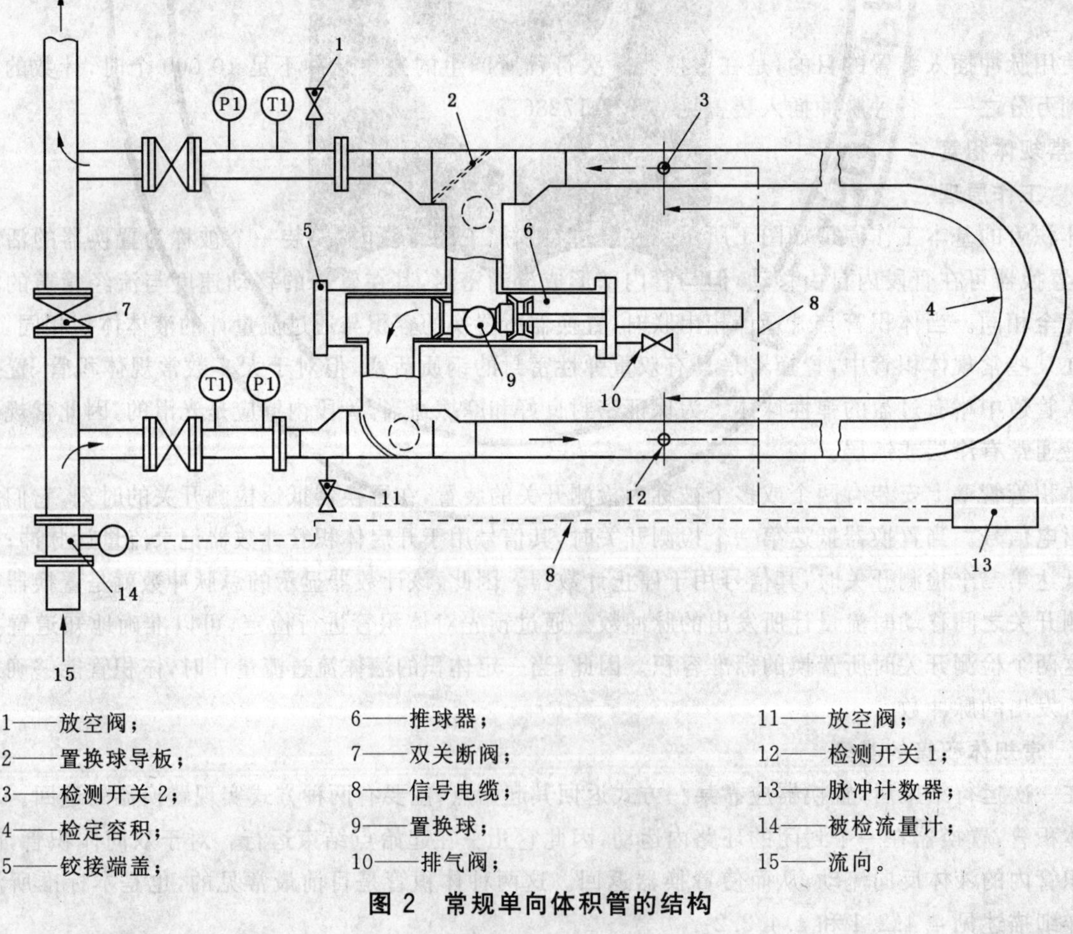

1——放空阀；
2——置换球导板；
3——检测开关 2；
4——检定容积；
5——铰接端盖；
6——推球器；
7——双关断阀；
8——信号电缆；
9——置换球；
10——排气阀；
11——放空阀；
12——检测开关 1；
13——脉冲计数器；
14——被检流量计；
15——流向。

图 2 常规单向体积管的结构

十分重要的是，在控制阀完全密封前，阀体内会形成旁流通道，部分流体经通道“短路”体积管。只有当旁流停止后，置换球才应进入体积管的检定段。因此，必须在置换球进入管道处和第一个检测开关之间设置预备段，以保证置换球到达检测开关前有时间使控制阀关闭和密封。这种体积管决不能在大于额定流量的条件下使用，否则预备段是不够的。作为另一种选择，有些体积管采用某种机械方法，能够在控制阀完全密封前使置换球停留在行程起点。通过采取这种措施，有可能大大缩短预备段。

还有一种不常用的体积管结构，它采用 2 个或 3 个置换球代替控制阀。

4.4.2.2 常规双向体积管

双向体积管用球体或活塞作为置换器，但置换球能通过弯管，使得体积管能制作成紧凑的环路结构。这种体积管更为常见，图 3 是双向体积管的例子。

在这种结构中使用了倒流阀或四通阀(某些体积管采用 4 个联动的开关阀代替四通阀，实现液流换向)，使得液体能在体积管内沿一个方向连续流过流量计后反向流动。图 3 所示置换球的位置，是其在一个行程结束时所处的位置，一旦四通阀旋转使液流换向，球体就开始返程运动，但直到四通阀停止旋转时它才达到全速运动。预备行程应足够长，以保证置换球进入体积管检定段前四通阀完成操作。

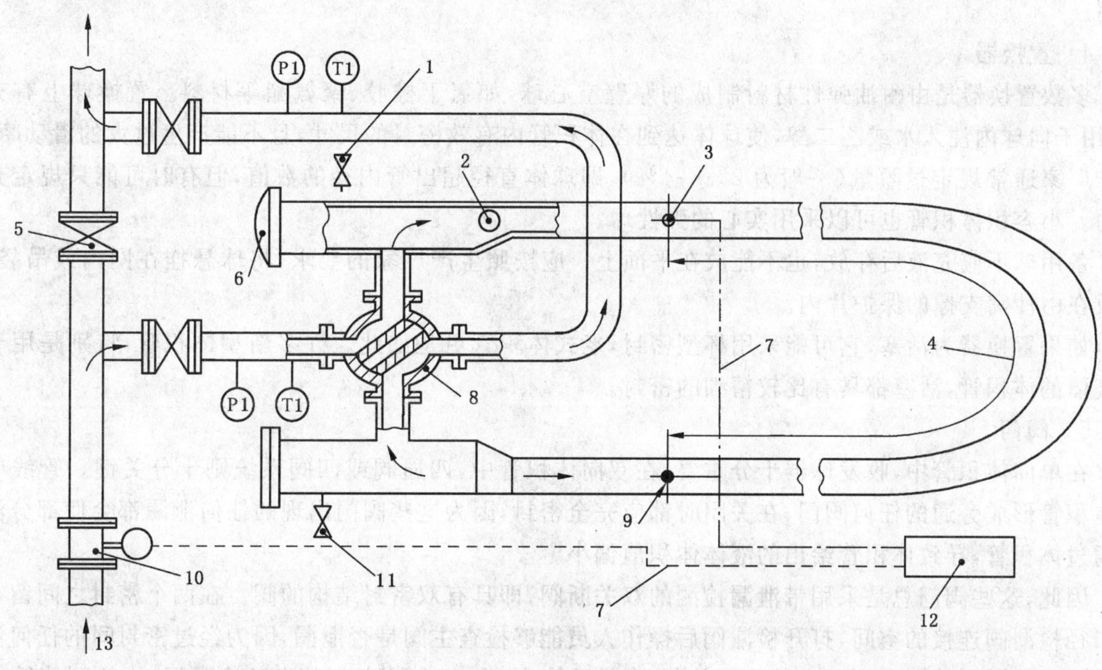

1——放空阀；
2——置换球；
3——检测开关 1；
4——检定容积；
5——双关断阀；
6——铰接端盖；
7——信号电缆；
8——换向阀；
9——检测开关 2；
10——被检流量计；
11——放空阀；
12——脉冲计数器；
13——流向。

图 3 常规球式双向体积管的结构

有的体积管能在四通阀转动时使置换球处于静止位置,当液流完全换向后才释放置换球,使置换球迅速进入以全速流动的液体中。由于置换球也被迫立即加速至液体速度,因此这种体积管的预备段可以缩短。

由于检测开关的动作不能完全对称,因此置换球从检测开关1向检测开关2运动时,体积管的有效检定容积($V_{1,2}$)不能与从检测开关2向检测开关1运动时体积管的有效检定容积($V_{2,1}$)完全相同,所以通常以两个容积之和($V_{1,2}+V_{2,1}$)作为体积管的检定标准容积,可称其为全行程容积。同样地,通常将计数器与双向体积管连接,累计双向运动的脉冲($n_{1,2}+n_{2,1}$),给出全行程脉冲数。

4.4.3 检测开关

最常用型的检测开关采用一个端部圆滑的钢柱塞,突入管内壁约1 cm,当与置换器接触时,它被迫向外移动并压迫弹簧动作,直到与管内壁平齐。柱塞在其短暂行程中的某一预定点,驱动一个机械控制的微型开关或电磁开关。活塞式体积管可以采用其他非接触型的检测开关。

尽管在其两端各安装一个检测开关体积管就能顺利运行,但作为预防一个检测开关可能失灵的措施,某些体积管的两端各安装两个检测开关。在GB/T 17286.2的附录A中,介绍了两对检测开关的使用。

4.4.4 置换器

多数置换器是由耐油弹性材料制成的厚壁空心球,如氯丁橡胶、聚氨酯等材料。置换球上有充液阀,用于向球内注入水或乙二醇,使球体达到在体积管内有效密封的尺寸,且不能产生过大的滑动摩擦。生产厂家通常规定过盈量(一般为2%~4%),即球体直径超出管内径的数值,但有时可能只规定充液压力。小容积体积管也可以采用实心的弹性球。

备用球不应充液后存放,也不能放在平面上。应按照生产厂家的要求,将球悬挂在网内或吊袋内,或放在由沙窝支撑的保护片内。

如果置换器为活塞,它可能采用杯型密封,老式体积管更是如此。许多新型体积管,特别是用于液化气体的体积管,活塞都具有比较精细的密封。

4.4.5 阀门

在单向体积管中,收发球器十分重要;在双向体积管中,四通阀或四阀系统则十分关键。管线中能对体积管形成旁通的任何阀门,在关闭时都应完全密封,因为这些阀门出现的任何泄漏都会使部分液体旁通过体积管,导致体积管给出的液体体积值偏小。

因此,这些阀门总是采用带泄漏检测的双关断阀,即具有双密封结构的阀。在两个密封之间留有与小口径检漏阀连接的空间,打开检漏阀后操作人员能够检查主阀是否泄漏,因为经过密封间的任何泄漏都会通过检漏阀检测出来。在某些双关断-检漏系统中,允许泄漏液自由流过检漏阀,排放到能够看得见的地方;有时将检漏阀与压力计连接在一起,压力的升高或下降能指示是否存在泄漏。

4.5 小容积体积管

在过去的几年里,开始推广几种新型结构的体积管,且使用范围在逐步扩大。在相同设计流量下,这些体积管较常规体积管小许多,因此通常被称为小容积体积管或紧凑型体积管。

4.5.1 工作原理

小容积体积管与常规体积管的基本工作原理相同,见4.4.1。通过采用下面两项近期开发的技术,才使得小容积体积管的尺寸大大减小:

1) 制造技术

内表面精密加工的缸体及匹配良好的活塞,以及采用光电、电磁、超声、电感、电容等方法之一的电子检测开关。在这些检测方法中,检测精密度优于常规体积管所用机械式检测开关20倍以上,因此有可能把两个检测开关之间的距离缩短至1 m左右。

2) 脉冲插入技术

在4.3中介绍的脉冲插入技术能使脉冲计数达到一个脉冲的很小部分,通常为小数点后两位,但这并不是说经插值的脉冲数可以准确到小数点后两位，所获得的准确程度取决于所采用的插值方法和流量计脉冲间隔的规则程度。对于一台设计优良的涡轮流量计，连续两个脉冲间隔的变化通常不超过平均脉冲间隔的±2%。对于有的容积式流量计，这一变化量能达到±20%，甚至更高，因此很难用小容积体积管检定这些容积式流量计。在某些流通能力下，使用脉冲插入技术能够将小容积体积管的容积降低至常规体积管标准容积的5%左右。

在活塞运动的起点和终点，小容积体积管的加速段和减速段很短，因此要使用快动阀门或采用机械结构限制活塞运动，直到阀门完成动作并立即发射活塞。

有单向和双向两种小容积体积管。

4.5.2　单向小容积体积管

单向小容积体积管见图4和图5。正确理解小容积体积管的单向不同与常规体积管的单向是十分重要的。在常规体积管中，球在封闭的环形管路内运动，当完成一次循环后球返回其起始点。在单向小容积体积管中，活塞不能通过弯管，因此只能通过限制其行程使其返回起始点，所谓单向是指液体只能通过体积管缸体沿一个方向流动，所以只有活塞沿该方向运动时才能进行检定。

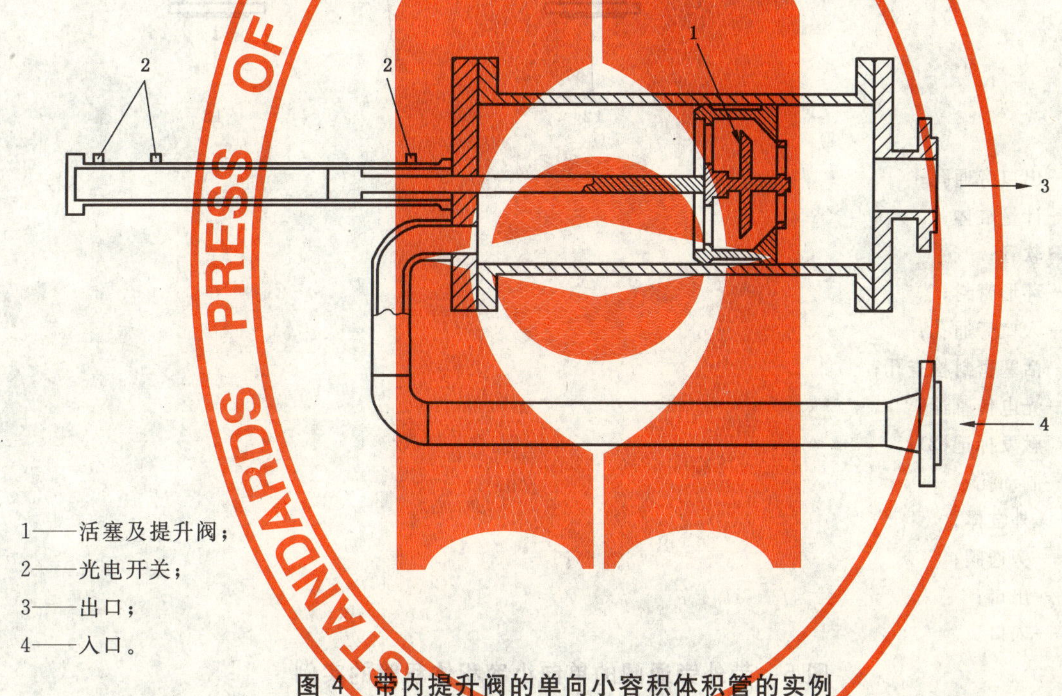

1——活塞及提升阀；
2——光电开关；
3——出口；
4——入口。

图4　带内提升阀的单向小容积体积管的实例

为了使活塞返回进行下一次检定，必须打开旁通阀迫使活塞反向运动，这通常要借助于有外部动力的活塞杆。还可以采用另外的方法，使活塞前后产生反向的压差，迫使活塞返回。

图4所示为一种单向小容积体积管，体积管内配置有旁通阀系统，允许液体旁通流过活塞的阀门本身就设置在活塞内，这样的布置能使结构特别紧凑。检测开关安装在位于缸体外的活塞杆上，为光电型，精密度高，实际响应迅速。

其他结构的单向小容积体积管都采用外旁通阀，通常在活塞杆上安装外部检测开关。

对于有些单向小容积体积管，其缸体外侧还有一个承压外壳，见图5所示结构。这种双层缸体结构能避免标准容积因压力导致的膨胀，有助于保持缸体温度的稳定。

许多单向小容积体积管都有检漏措施，定期检查旁通阀和活塞两处密封的严密性，如果这两个密封处的任何一个存在检测不到的泄漏，都会导致测得体积的误差。

在相同的行程内，活塞具有活塞杆的一侧所排出的液体体积必然要小于另一侧排出的体积，因此一个小容积体积管都有两个稍有不同的体积值，在进行计算时只能使用与被检流量计直接相连一侧的标准体积。

STANDARDS PRESS OF CHINA

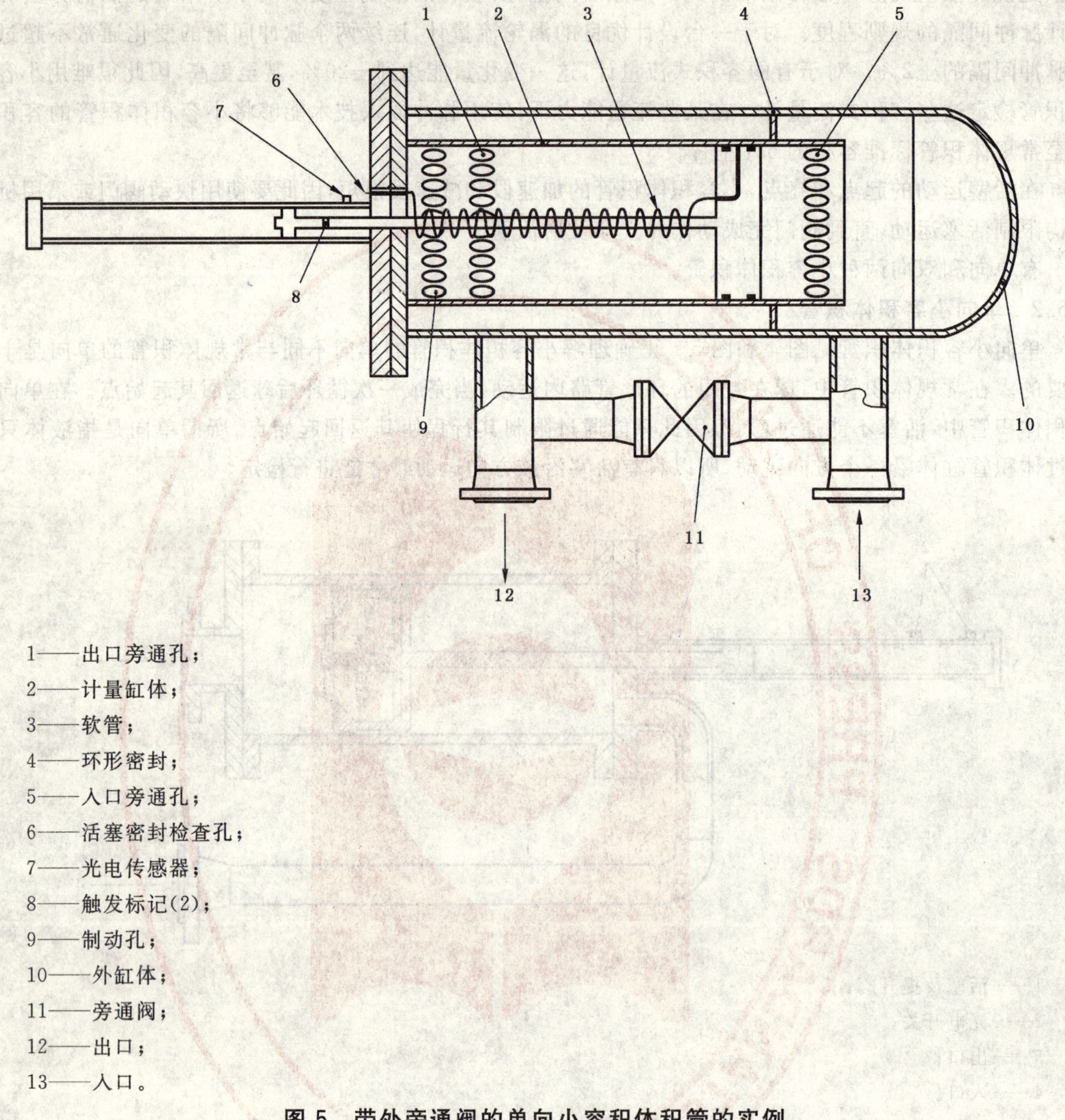

1——出口旁通孔；

2——计量缸体；

3——软管；

4——环形密封；

5——入口旁通孔；

6——活塞密封检查孔；

7——光电传感器；

8——触发标记(2)；

9——制动孔；

10——外缸体；

11——旁通阀；

12——出口；

13——入口。

图5　带外旁通阀的单向小容积体积管的实例

4.5.3　双向小容积体积管

实际上，双向小容积体积管是带活塞置换器的小型化常规双向体积管的小型化。双向小容积体积管没有活塞杆，由于检测开关安装在缸体内壁，因此也不能使用光电检测开关，只能依赖高精密度的电子或超声检测开关。

用四通阀(或普通阀门组)使主液流反向通过体积管缸体，实现完整的双向运行，但要配置四通阀旋转完成后迅速发射活塞的机构。体积管缸体可以是单层的，也可以是双层的，但双层结构具有如4.5.2所述的优点。

四通阀应具备双关断和检漏装置，以检查其密封性，这一点与常规体积管相同。另外，要有检测活塞密封是否泄漏的手段。

4.6　体积管安装方法

4.6.1　专用体积管

通过管线和阀门，体积管与一个计量系统永久性地连接成系统，成为计量站的组成部分，任何一台流量计的检定都无须任何接管,因此这台体积管是专门用于该计量系统的。

4.6.2 移动式或车载体积管

移动式体积管安装在卡车或拖车上,能运输到计量站,用胶管或柔性管与计量站的预留管临时连接起来,而预留管通过阀门与计量站永久性地相连。

4.6.3 中心体积管

在具备一种或多种液体的系统中安装体积管,开启阀门可使液体进入体积管。从安装场所临时拆卸下被检流量计,送到检定中心并安装在系统中,用中心体积管进行检定。

4.7 体积管操作中的误差来源

4.7.1 夹带空气和气泡

液流中夹带空气和气泡会导致体积管给出错误结果,流量计也会遇到同样的问题,见4.2.1。有两个途径可产生这种情况:液体第一次进入系统时空气没有完全排净,或存在气蚀。

4.7.2 温度变化

对于体积管而言,温度稳定是获得准确检定结果的前提。如果体积管曾与管线断开,则当油品重新开始循环时需要一段时间才能达到温度平衡。

4.7.3 流量波动

流量计的性能与流量有关,在体积管运行期间应尽可能维持流量的稳定。

4.7.4 误动检测开关

安装在常规体积管上的检测开关是高度灵敏的测量装置,只有经过培训的人员才能对其进行维修和调整。维修检测开关能改变体积管的标准容积,因此必须重新检定体积管。

对于单向体积管,错误调整检测开关所引起的误差尤为严重。如果误动了一个检测开关,当置换球沿一个方向运动时可能导致正误差,沿相反方向运动时又可能导致负误差。在双向体积管中,两个不同方向的行程累加为全行程,这两个误差能部分抵消。但在单向体积管中,总是体现出全部影响。

4.7.5 置换器滑漏

置换器与体积管内壁之间应始终保持完全密封,这一点至关重要。如果不完全密封,则会出现经过置换器的液体滑漏或内漏,置换器所置换的液体体积也就不同于体积管的检定体积。

为保证不出现这种麻烦,应按照生产厂家或作业公司规定的周期,从体积管中取出置换器并进行检查。如果为活塞式置换器,当有迹象表明密封出现机械损伤或因化学作用而软化时,应检查并更换密封。另外,应对静止在体积管内的活塞进行内漏测试。应目视检查球式置换器,还要用卡尺检查球的直径。

在打开体积管检查置换器的同时,也有机会检查体积管内壁涂层。涂层损坏并不常见,但有时确实会遇到,有时要清除并更换损坏严重的涂层。

从体积管内取出置换器之前,应注意5.3.8中的警告。

4.7.6 阀门泄漏

如4.5.5中所述,体积管阀门不能完全关断液流会导致严重的误差。这些阀门应具有双关断和检漏系统,以保证经常对其密封性进行检查。对于有些体积管,其双关断和检漏系统是自动操作的,因此在每次检定过程中可进行一次检查。

4.8 体积管检定

在体积管首次运行前,应根据GB/T 17286.2中讨论的方法对体积管进行首次检定,确定标准容积。以后,要根据管理部门和与计量有关的各方认同的检定周期,对体积管进行后续检定。当对体积管进行改进、修复或维修,且影响到体积管的标准体积或计量性能时(例如,对检测开关进行维修、重新给体积管涂层等),同样要求重新检定体积管。

4.9 流量计系统

两种典型的计量系统如图6和图7所示。这里只给出了实例,因为实际遇到的系统结构会有许多变化。

涉及到连接活动式体积管的系统常常较为简单，在图6中只有一个流量计台位。包括一台专用体积管的系统通常针对多个流量计台位，在图7中一台体积管能够依次检定几台并联安装的流量计。

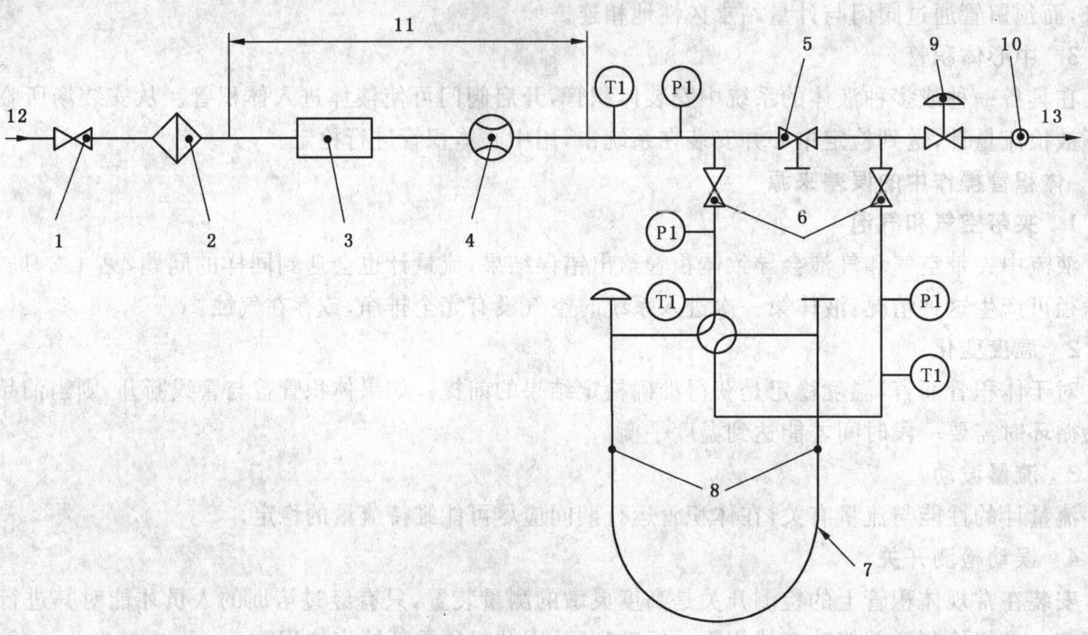

1——上游关断阀；
2——过滤网/过滤器/除气器(根据需要)；
3——流动调整器；
4——涡轮流量计；
5——主关断阀(双关断密封阀)；
6——体积管隔离阀；
7——体积管；
8——检测开关；
9——流量调节阀(根据需要)；
10——止回阀(根据需要)；
11——计量台位；
12——液流入口；
13——液流出口。

图6 一台涡轮流量计配体积管构成的简单计量系统

当检定流量计时，这两类系统有以下3个优点：

1) 流量计保持原位，不存在任何干扰；

2) 不影响流量计的日常运行，在被检定的过程中流量计继续累计流量；

3) 在实际使用条件下检定流量计，在同样的压力、温度和流量下使用相同的介质。

这些系统通常有在线数据处理装置，可以采用专用微处理器的方式，也可以采用对一台大型计算机共享访问的方式，或两者兼有。

STANDARDS PRESS OF CHINA

1——上游关断阀；
2——过滤网/过滤器/除气器(根据需要)；
3——流动调整器；
4——涡轮流量计；
5——主关断阀(双关断密封阀)；
6——体积管隔离阀；
7——体积管；
8——检测开关；
9——流量调节阀(根据需要)；
10——止回阀(根据需要)；
11——液流入口；
12——液流出口。

图 7 典型的多回路计量系统

5 安全要求

5.1 总则

在所有工业领域，安全操作方法都是十分重要的，石油工业涉及大量的可燃或易燃流体，因此安全更为重要。有关安全的长期经验都体现在各种安全规定和标准中，许多规定涉及体积管的操作。熟悉和掌握适用于其工作环境的所有规定并严格遵守，是体积管操作人员的责任。

这些规则分为 3 类。第一是政府部门制定的安全法规，因此具有法律效力；第二是有国际和国家标准化组织发布的有关石油工业安全操作规程的标准，这些标准也应该严格执行。第三是每家石油公司自己制定的安全程序，通常针对某台特殊设备，要求体积管操作人员不断查阅本公司的安全手册，直到能自觉执行所有这些规定。

限于篇幅，本标准只能列出安全操作规程的部分要点。这里所列内容并不详尽，绝不免除操作人员执行上述规则的责任。

5.2 许可

在许多场合如果没有体积管所属公司的书面许可,就不能操作体积管(如果体积管所在场地归其他公司所有,则该公司要发出书面许可)。除非操作人员获得所需的必要许可,否则不应开始工作。

但在有些情况下,若不放宽常规的安全规则就不可能开展工作。如果出现这种情况,应与当地安全负责人协商,在开始工作前应获得其对放宽之处的书面许可。不应轻易地发放这种许可,许可申请应针对某一特定目的,并在许可中明确特定期限。如果工作完成前该许可过期,则应从安全负责人处获得新的许可。

5.3 机械安全

5.3.1 体积管额定压力和温度

操作人员应熟练掌握所规定的体积管额定压力、温度参数,绝不能使其在额定值以上工作(对于移动式体积管,也包括其连接软管)。在实际工作中,考虑到安全余量,总是希望压力和温度适当低于额定值。对于移动式体积管,在运到现场之前应保证额定指标足以符合使用条件。

5.3.2 连接软管试压

操作体积管的公司所遵循的安全程序应包括对连接软管进行压力试验的规定,规定的试验周期不应超过2年且最好为1年。如果需要,周期还可大幅缩短。有些公司要求检定机构每次都进行现场试压。软管试压应优先选用水做介质,不能用液化气。如果用轻烃试压,应采用手压泵加压,不能引入高压管线。如果有要求,操作人员应向安全负责人出示软管的最新试压合格记录。盐水或碱性水能损伤不锈钢管,试压时要采取一些特殊措施。

5.3.3 移动式体积管的连接

在拆卸计量站预留接管的盲板之前,应确保已经泄压。首先要检查关断阀是否处于全关状态,如果在关断阀和盲板之间有放空阀,在拆卸盲板过程中要打开,拆下盲板后再关上。另外,在全部卸下螺母前,要将所有螺母先拧松几圈,然后将油品排净。

把移动式体积管连接到计量系统前,应首先检查软管。如果存在过度磨损或损坏的迹象,要向安全负责人或监督人员报告,必要时更换软管。

移动式体积管和计量系统之间的软管接头应采用适当的材料,且已被证明满足具体的使用要求。软管更应采用适用的材料,所用的连接材料或垫圈也应如此。对于法兰连接,应按连接要求配齐螺栓,并使用尺寸合适、没有缺欠的垫圈。

5.3.4 体积管充压和进液

有时专用体积管或中心体积管与压力管线总是相通的,油品通过系统不断循环。然而,如果体积管与压力管线已经断开并放空,或移动式体积管才与计量系统连接起来,则应特别小心地打开阀门。在这些情况下,要采取以下步骤使系统充压:

1) 检查并确认所有端盖和其他可打开的管件适当紧固,体积管上所有排气和放液阀都关闭;

2) 依此打开计量系统的检定入口阀和体积管入口阀,小心地给体积管充压。当液体的蒸气压较高时,在进液之前应先用蒸气给体积管充压;若允许液体进入处于大气压力下的体积管,阀门和体积管的密封处可能出现冻结;

3) 按5.3.5中所述细节打开排气阀;

4) 在观察系统是否泄漏和排气的同时,缓慢地使液体进入体积管。在体积管与压力管线完全相通之前,要等待系统完全充满液体,并确认所有连接没有泄漏;

5) 可安全地打开出口阀;

6) 在打开所有连接阀后,可安全地关闭连接体积管进出口的干线开关阀;

7) 运行体积管几分钟但不读取数据,然后再次排气;

8) 检查所有的双关断检漏阀。

5.3.5 **体积管排气**

在体积管与压力管线相通后,给体积管排气应十分小心,对于从排气口放出的空气和油品混合物没有通过管线连接到储罐的系统更要如此。在这种情况下,必须采用临时容器接收排出的油气。应配带防护镜,并缓慢打开排气阀。不应将液化气排放到大气中,但可以排放至放空火炬或其他安全的处理系统。

安装将流体直接排放至大气的放空阀时,应使排出气流避开操作人员。在打开放空阀前,应对此进行检查,如果不能做到这一点,则应采取措施,以实现安全地放空。

5.3.6 **体积管泄压和排液**

应按照以下步骤从系统中拆下体积管:

1) 与当地的作业管理部门讨论液体处置问题,特别要核实排放系统是否足以处理所排放的液量及放空阀刚开启后出现的冲击。对于蒸气压较高的石油产品,要有处理液体和蒸气两相流的特殊方法;

2) 打开计量系统中连接体积管进出口的干线开关阀;

3) 关闭连接管线上的入口和出口阀;

4) 关闭体积管上的进口和出口阀;

5) 依此缓慢地打开放液阀和排气阀;

6) 体积管放空后关闭放液阀;

7) 拆除软管;

8) 在计量系统中连接软管的预留接口上安装盲板。

5.3.7 **专用体积管或中心体积管的停运**

如果将没有排空的专用体积管与主计量系统断开,或将没有排空的中心体积管与液源系统断开,必须保证体积管不是封闭在两个关闭的阀门之间。关断体积管前,应核实压力释放阀能正常地泄放因限定区域内液体热膨胀产生的过高压力。

如果因维护而排空专用或中心体积管,则应按照5.3.6中针对移动式体积管的要求进行操作。

5.3.8 **从体积管中取出置换器**

当必须取出置换器时,对于双向体积管,应把置换器送至两端任一合适的收发球桶;对于单向体积管,则应将其送至收发球器。然后按照5.3.6中的要求,排空体积管并打开端盖。如果置换器已到位,则能轻易地用手取出小的置换器,或借助于机械取出大的置换器。

打开端盖后,时常会发现置换球并不在其行程的起始端,而是回到了体积管体内。如果发生这种情况,唯一可行的办法就是重新关闭端盖,向体积管内充液,并重新开始。

警告:在任何情况下都不应为节省时间而试图用压缩空气或气体推出置换器,因为这能导致置换器像炮弹一样射出的灾难性后果,其力量足以对人员造成严重伤害或对设施造成损坏。

5.3.9 **用液化石油气(LPG)检定时的特别防护措施**

出于安全考虑,应将LPG流量计与专用体积管固定连接在一起。如果必须使用移动式体积管,则下列特别防护措施十分重要。当LPG进入或排出专用体积管时,这些内容同样适用。

5.3.9.1 不应用普通软管进行连接,应采用专用的织物强化软管、柔性金属软管或活动式装油臂。当使用软管时,软管的弯曲半径应不小于生产厂家给出的允许值,并且应检查其腐蚀和机械损伤情况。当使用装油臂时,应经常检查各连接处的密封件,并使其保持在完好状态。

5.3.9.2 连接好体积管后,必须用低压氮气置换出管路内的空气,以避免液体进入体积管时在其内部形成可燃混合物。应遵守公司制定的操作要求。

5.3.9.3 如果有高压氮气,则在LPG开始进入体积管之前应将氮气压力提高到接近LPG的压力,这能防止LPG进入体积管之初的急剧膨胀及必然出现的冻结。另外,应让LPG足够缓慢地进入体积管,以避免出现冻结。

5.3.9.4 在LPG开始进入体积管时,体积管的放气阀应与防空火炬或其他安全处理系统(见5.3.3)

相连通,直到体积管内完全充满 LPG。

5.3.9.5 检定操作结束后,应让氮气通过放气阀进入体积管,同时将体积管内残液排放至安全处理系统。绝对不允许为排空体积管而将 LPG 排放到大气中。在 LPG 进入体积管前,就应事先安排好放空。

5.3.9.6 当移动式体积管与充满 LPG 的系统连接时,应始终有人在场,在场人员应知道一旦出现紧急情况时如何对体积管实施隔离。

5.4 电气安全

5.4.1 聘用合格人员

体积管操作人员本身不应尝试任何电气操作,但应聘用合格的电工为其工作。这一原则适用于所有电气工作,其中包括 5.4.2 和 5.4.4 中所涉及的工作。

5.4.2 使用选型正确的设备

在可能存在可燃气体的场所,普通的电气或电子设备能够引发火灾,因此禁止使用。在此类场合,应提供和使用分类等级为本安、防爆和防火的特殊电气或电子设备。

所有电缆也应为经过批准的类型。

安全提示:根据所涉及的危险程度,将防爆场合细分为不同的区域,不同类型的电气设备经检验合格后可适用于各种不同的区域。在任何新的设备引入这些区域之前,操作人员有责任确认该设备已经过批准,可用于某一特定的区域。在任何情况下,都不能使用未经批准的设备。

5.4.3 关断电源

在下列时刻要保证电源被关断,且切断开关要有标记:

1) 临时连接移动式设备时;

2) 调整任何电气或电子设备时(除非这些设备是特别设计的,便于在运行时调整);

3) 打开防火或防爆接线盒时。

5.4.4 接地和屏蔽

所有与体积管连接的电气或电子设备都应有效接地,这一点至关重要。所有永久性接地都应定期测试,在公司的操作程序中通常规定测试的时间间隔, 以保证对地电阻低于法规确定的界限。

当体积管与计量系统连通时,应使用屏蔽电缆将体积管与计量系统相连并接地。在进行任何其他电气连接或管路连接前,应确保完全彻底屏蔽。

应按照公司的操作程序,定期(可能以 6 个月为周期)对屏蔽电缆和接头进行连续性测试,对每次屏蔽接线也应进行检查。屏蔽接线端子应保持洁净。

应按照规定的周期检查软管内的屏蔽连续性。

5.5 防火措施

在临近专用体积管处应设置移动灭火器,以便随时使用。在运行专用体积管前,应核实灭火器是否处在恰当的位置,灭火器类型是否正确,操作人员是否知道如何使用灭火器。在体积管运行时,除非附近有火灾发生,否则不允许挪动任何一台灭火器。

如果移动式体积管没有自备灭火器,在核实现场临近处具有可供使用的合适灭火器之前,不允许使用体积管。

应定期检查移动灭火器,最后一次检查的日期应记录在灭火器上。在运行体积管前,应核实灭火器的检查日期。如果某一灭火器过期,应立即向监督人员或安全负责人报告,并更换灭火器。

警告:许多火灾都是由于不认真处置带油废物和擦布而引发的。在采用安全方法一次性地处理这些废物之前,应将其存放在专用的密闭金属容器内。决不能随地遗弃带油的擦布。

5.6 其他安全措施

5.6.1 防护服装

如果提供防护服装,操作人员则应着装,避免一旦发生意外事故时可能受到有害物质的伤害,穿防护服装应是强制性的。

在许多场合，可能有必要使用皮肤药膏，以避免手部皮肤接触能引起皮炎或其他皮肤病的物质。如果提供皮肤药膏，则应使用。

5.6.2 含铅燃料

有机铅化合物是有毒的，因此有处理所有含铅物质的特别规定，这些含铅物质包括汽油等含铅燃料。操作以含铅燃料为介质的体积管之前，应了解相应的规定并严格遵守。

5.6.3 移动式体积管的制动和支撑

对于装在拖车上的体积管，应定期测试拖车的制动器、稳固支架和导辊齿轮等，检测周期应为3个月或更短。在载有体积管的拖车与牵引车脱离前，也应对上述部件进行检查。安装在卡车上的体积管也要具有类似措施。

在连接体积管与计量系统之前，应对拖车制动，还应撑起稳固支架和导辊齿轮并锁定位置。当准备从现场拆下体积管时，应保证稳固支架和导辊齿轮已完全收回，并锁定在复位处。

5.6.4 记录

每台体积管都应配备并携带其运行记录本，除非该体积管是某些装置的一个组成部分，且另有保持这些装置安全和维护记录的程序。体积管操作人员有责任记录所有影响安全、操作和维护的事故。不论是否有人身伤害，所有事故都应记录在案，对于可能会影响将来设备操作的非正常情况，也应记录。

记录中应包括安全规章中所要求的所有设备测试结果，特别是前已述及的测试内容。

操作人员应按程序要求呈交记录本，应随时保证记录本按要求接受检查。

6 操作体积管

6.1 移动式体积管的安装

体积管在新场地安全就位并具备使用条件以前，要完成许多前期工作，因此安装移动式体积管有一些特殊要求。本章摘要叙述应按特定顺序完成的准备工作。

6.1.1 出发去现场之前，应对计量站的技术条件和生产厂家提供的移动式体积管的技术规格参数进行对比，以确保体积管适应此项工作，特别要核对流量、压力、温度和所涉及液体的性质。如果体积管以前所用液体与待用液体不可混合，可能要清洗体积管。同样要确保已通知检定所涉及的各方，并且已获得进站的安全许可。

6.1.2 到达现场后，操作人员应立即向现场监督人员报告，请求协助确认被检流量计和管线接口、安排电源（如果需要）和液体处理设施（如果液体不能返回系统）、设置交通路障等。按5.6.3中的规定制动并支撑体积管，按5.4.4中的规定进行接地连接，然后按5.3.3或5.3.9中的规定连接体积管和计量管路。

6.1.3 进行电气连接。

6.1.4 如果置换器不在体积管内，应装入置换器并确保端盖密封。

6.1.5 对于普通液态烃，应按5.3.4和5.3.5中的描述引入管线压力，给体积管充液并排放空气。

6.1.6 对于液化气，应按5.3.9中的描述进行。

6.1.7 有些移动式小容积体积管具有旋转调整功能，在抵达现场后应将缸体调整到垂直位置，可用于流体含有锈渣、管垢、沙粒或其他杂质等固体颗粒的系统中。这些颗粒可能会掉落并沉积在缸体内壁上，并能损坏置换器的密封。体积管的出口应位于底部，让流体将污染物带出。

6.2 体积管预热

在实际检定开始前，应使体积管处于热平衡状态。虽然有时不是提高而是降低体积管温度，但这种操作通常都被称为“预热”。预热过程是让液体流过体积管，直到体积管温度尽可能地接近液体温度。让体积管连续地进行多次快速运行，即多次让置换器从体积管一端运行到另一端，但不读取任何数据。在多次空运行期间，应抓紧机会排净残存空气或蒸气，核实检测开关和计数器都功能正常。如果在体积管预热过程中还有空余时间，则可对双关断检漏阀进行检查。

STANDARDS PRESS OF CHINA

在预热期间,应观察流量计和体积管的温度。如果流量计和体积管的温度相当接近或切实相同,且液体温度与周围空气温度相差不大时,则最终达到稳定状态。在任何情况下都要不断预热,直到温差达到不变值,然后立即进行检定,以保证在整个检定过程中都保持温度稳定的状态。

6.3 定期检查影响准确度的因素

为保持较高的准确度,应定期进行下列检查,公司的操作程序中还应规定检查的周期。

6.3.1 如果是置换球,应用量规检查其直径,并检查球表面的损坏情况。如果是置换活塞,应按4.7.5检查密封并进行内漏测试。

6.3.2 应经常检查双关断检漏阀是否泄漏。

6.3.3 应小心缓慢地打开排气阀,并保证体积管充满液体后不再有残存空气。

6.4 实际操作

6.4.1 核实压力、温度和流量处于稳定状态,然后立即发射置换器进行第一次检定。

6.4.2 对于单向体积管,在第一次检定结束时记录体积管计数器读数及流量、流量计与体积管处的液体温度和压力。如果系统中体积管进出口处都有温度计,则读取两个温度并记录其平均温度。

6.4.3 对于双向体积管,在第一个单向行程完成后,立即开始反向行程(许多体积管靠程序控制自动开始反向行程)。完成一次全行程检定后,按6.4.2记录检定结果。

6.4.4 至少快速地连续重复5次完整操作,以获得最少5次的全套检定结果(检定次数可按协议改变)。

6.4.5 按6.5确定该组结果的重复性,如果必要,追加检定次数,以得到好的重复性结果。如果还不能得到符合要求的重复性,则应停止操作,按照6.5和6.6查找出现问题的原因。

6.4.6 在某些系统中,需要改变油品品种或改变流量,或在某一条件范围内进行操作,此时有必要改变油品或流量,在几种不同条件下检定流量计。应在每种预定的条件下,按6.4.1～6.4.5进行完整的操作。

6.4.7 如果使用中心站体积管,则应在流量计预定的运行条件下对其进行检定。

6.4.8 在使用小容积体积管的场合,一次检定运行通常由置换器的多次往返组成,一般由体积管控制系统自动执行。

6.5 结果验证

状态不稳定或流量计、体积管出故障,通常使得计量系统的重复性变差,因此有必要立即检查5次或更多次的检定结果,这些结果应在相同条件下快速连续运行中得到。如果这些结果的一致性较好,则表明该结果是可接受的。

需要强调的是,重复性良好并不证明结果的正确。某些因素可能导致这些结果以相同的数量偏向某一错误值,此时一系列连续的测试仅仅在重复一个错误的结果。重复性良好至少能说明设备的功能正常,而重复性较差总能表明某些仪器存在严重问题。

确定一组读数的重复性是否可接受有多种方法。在体积管操作中,使用一种很简单的方法通常就足够了,即观察一组读数的接近程度是否在某一确定的范围内。在一组结果中,最大值和最小值之差被称为极差,5个或更多结果的极差应不超出某一确定的百分数,如不超出0.05%,这是测试重复性是否良好的最简单方法。在某些情况下,检定规程会给出一组检定结果的极差界限。

对于一组结果,如果极差大到不可接受,则必须再进行一系列检定获得另一组数据,以期导致重复性较差的某种因素已自行消除。如果第二组数据的重复性在规定的极差范围内,则可以接受该组数据。但如果其重复性依然不可接受,则有必要暂停检定,按6.6查找出现问题的原因。

对设备功能是否长期正常的其他测试建立在流量计系数及线性度的基础上,即当用同一台体积管对一台给定的流量计进行周期检定时其流量计系数的变化,以及在一段时间内某一流量计线性度的变化。通过控制图能对设备的长期性能给出最佳的评价,所谓控制图就是流量计系数与相应检定日期的曲线。图8给出了一个控制图实例,有关控制图的详细信息见GB/T 17287。

6.6 查找故障

一般地说,发现故障比确定故障原因并能消除故障容易得多。为了帮助操作人员尽快找出故障,在表1中给出了故障查找指南,它收录了部分体积管操作人员的实际经验。表中列出了导致检定重复性较差和流量计线性不好的各种可能原因,介绍了查找可疑故障原因的方法,给出了确定故障原因后消除该故障所需的纠正措施。

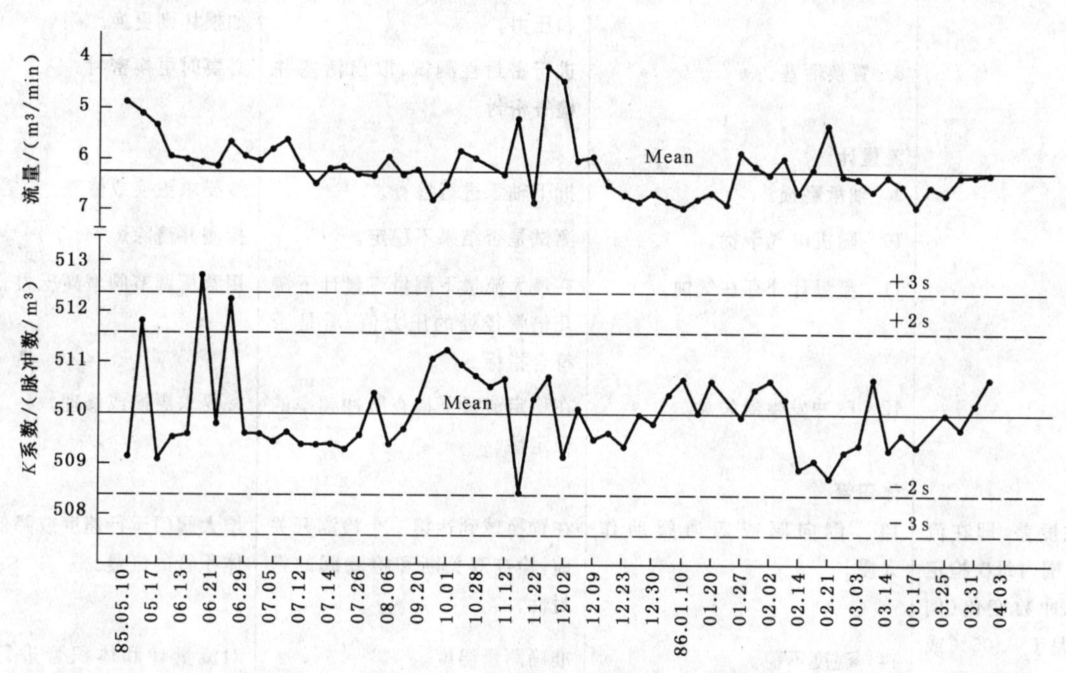

图8 统计控制图实例

表1 体积管操作人员故障查找指南

故障征兆	可能原因	测试方法	改正措施
	体积管		
重复性差 (根据不同情况,连续5次结果的极差大于0.05%或大于0.1%)。	1 有残存空气或蒸气。	边通球边排气,检查是否有空气或蒸气。	检查进入体积管的流体中是否有空气,在高点排气,运行几次体积管,清除气泡。
	2 隔离阀泄漏。	检查双关断和检漏阀的密封性。	1 增大执行器或手轮的扭矩,使阀门密封更严; 2 更换密封。
	3 倒向阀或四通阀泄漏。	检查双关断和检漏阀的密封性。	1 增大执行器或手轮的扭矩,使阀门密封更严; 2 更换密封。
	4 倒向阀或四通阀动作太慢。	在置换球到达第一个检测开关前,检查双关断和检漏阀的密封性。	增大阀门运行速度或降低通过体积管的流量。
	5 倒向阀或四通阀中存在气蚀。	在最大流量下测量阀门处压力值,看是否符合指标。	用背压调节阀增高压力。

表 1(续)

故障征兆	可能原因	测试方法	改正措施
	6 检测开关。	对照外部信号源或另一对检测开关,检查检测开关。	检查检测开关内的微动开关或其他电气部件是否损坏或腐蚀,必要时用完全匹配的开关替代。
	7 置换球。	取出置换球,检查并核实直径和压力。	必要时给置换球打压或泄压,如损坏则更换。
	8 置换活塞。	进行密封性测试;取出活塞并检查密封。	必要时更换密封。
	流量计		
	9 轴承磨损。	拆下轴承进行检查。	按要求更换或修理。
	10 随机电气干扰。	测试是否结果不稳定。	探测并清除影响。
	11 流量计处存在气蚀。	在最大流量下测量流量计下游几倍管径处的压力值,看是否符合指标。	用背压调节阀增高压力。
	12 脉冲发生器失灵。	在稳定流量下检查脉冲频率的稳定性。	按要求更换或修理。
	体积管		
线性度差,即在流量范围内每次检定的脉冲数变化(例如,大于 0.05%或大于 0.1%)。	13 倒向阀或四通阀动作太慢。	在置换球到达第一个检测开关前,检查双关断和检漏阀的密封性。	增大阀门运行速度或降低通过体积管的流量。
	14 温度不稳。	准确测量温度。	对流量计和体积管进行温度修正。
	流量计		
	15 轴承磨损。	拆下轴承进行检查。	按要求更换或修理。
	16 转子损坏。	拆下轴承进行检查。	按要求更换或修理。

注:本故障查找指南建立在常规体积管多年操作经验的基础上。小容积体积管还没有得到长期广泛地使用,其结构也不同于常规体积管。表 1 中的内容是否能像适用于常规体积管那样适用于小容积体积管,还有待观察。

附 录 A
（资料性附录）
参 考 文 献

［1］ VIM, International vocabulary of basic and general terms in metrology, International Organization for Standardization, 1993.

ICS 23.100.60
J 20

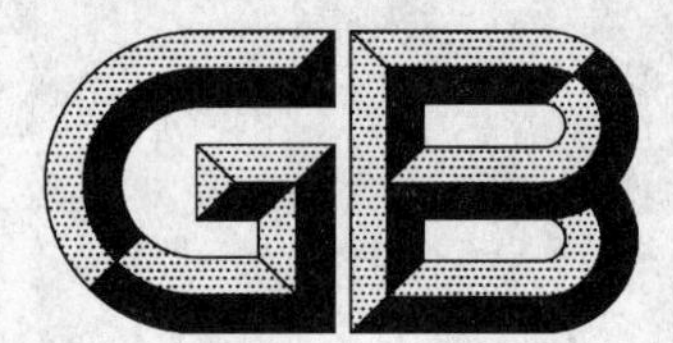

中华人民共和国国家标准

GB/T 17486—2006/ISO 3968:2001
代替 GB/T 17486—1998

液压过滤器　压降流量特性的评定

Hydraulic fluid power—Filters—
Evaluation of differential pressure versus flow characteristics

(ISO 3968:2001,IDT)

2006-12-25 发布　　　　2007-05-01 实施

中华人民共和国国家质量监督检验检疫总局
中国国家标准化管理委员会　发布

前　言

本标准等同采用国际标准 ISO 3968:2001《液压传动　过滤器　压降流量特性的评定》(英文版)，同时对 GB/T 17486—1998 进行修订。

本标准与 ISO 3968:2001 在技术内容上相同，编辑上进行了如下修改：

——第 2 章“规范性引用文件”中，用国家标准代替相应的国际标准；

——第 3 章“术语和定义”中，删除“压降”的术语和定义；

——删除 ISO 3968:2001 中的“参考文献”；增加本标准的“参考文献”；

——纳入“ISO 3968:2001/Cor.1:2002(E)”的内容。

本标准与 GB/T 17486—1998 相比，主要变化如下：

——增加针对过滤器相关部件压降流量特性测量方法的规定；

——第 2 章“规范性引用文件”中，删除“GB 2346—88”和“GB 8107—87”，补充“GB/T 17446—1998”、“GB/T 17489—1998”和“GB/T 18853—2002”，用“GB/T 3141—1994”代替“ISO 3448:1992”；

——第 3 章“术语和定义”中，增加术语对应的英文译词；

——第 5 章“试验设备”中，对试验设备的要求进行了补充；

——对测量仪器的准确度和试验条件进行了修改；

——增加“6.5　油液污染度测量”；

——对第 7 章试验程序进行了调整。

本标准由中国机械工业联合会提出。

本标准由全国液压气动标准化技术委员会(SAC/TC 3)归口。

本标准负责起草单位：黎明液压有限公司。

本标准参加起草单位：中国航空工业颗粒度计量测试站、北京化工大学、上海敏泰科技有限公司、新乡市平菲滤清器有限公司、中国船舶重工集团 707 研究所(九江)。

本标准主要起草人：叶萍、杜立鹏、李方俊、周荣锋、王德达、吕寄中、赵书敏、杨春木。

本标准所代替标准的历次版本发布情况：

GB/T 17486—1998。

引　言

在液压传动系统中，功率是通过在密闭回路中循环的受压液体来传递和控制的。过滤器通过截留不可溶解的污染物来保持液体的污染度在允许范围内。

液压过滤器通常包括壳体和滤芯，壳体作为压力容腔体引导液体流过滤芯，通过滤芯从液体中分离污染物。

在运行中，流过过滤器的液体会遇到由运动效应和黏度效应所引起的阻力。克服这种阻力并保持流动将产生压降。过滤器压降是其进油口至出油口的总压降，等于壳体和滤芯的压力损失之和。

影响洁净过滤器压降的因素有液体黏度、液体比重、流量、滤材类型、滤芯结构和壳体结构。

液压过滤器　压降流量特性的评定

1　范围

本标准规定了液压过滤器压降流量特性的评定程序，可作为过滤器制造商和用户之间协议的基础。

本标准还规定了过滤器相关部件(包括壳体、滤芯和设置在壳体内的旁通阀)在不同的流量和黏度下产生压降的测量方法。

本标准适用于以液压油液为工作介质的各类液压过滤器，采用其他液体为工作介质的液压过滤器可参考本标准。

2　规范性引用文件

下列文件中的条款通过本标准的引用而成为本标准的条款。凡是注日期的引用文件，其随后所有的修改单(不包括勘误的内容)或修订版均不适用于本标准，然而，鼓励根据本标准达成协议的各方研究是否可使用这些文件的最新版本。凡是不注日期的引用文件，其最新版本适用于本标准。

GB/T 786.1　液压气动图形符号(GB/T 786.1—1993,eqv ISO 1219-1:1991)

GB/T 3141　工业液体润滑剂　ISO 粘度分类(GB/T 3141—1994,eqv ISO 3448:1992)

GB/T 14039　液压传动　油液　固体颗粒污染等级代号(GB/T 14039—2002,ISO 4406:1999,MOD)

GB/T 17446　流体传动系统及元件　术语(GB/T 17446—1998,idt ISO 5598:1985)

GB/T 17489　液压颗粒污染分析　从工作系统管路中提取液样(GB/T 17489—1998,idt ISO 4021:1992)

GB/T 18853　液压传动过滤器　评定滤芯过滤性能的多次通过方法(GB/T 18853—2002,ISO 16889:1999,MOD)

3　术语和定义

在 GB/T 17446 中确立的以及下列术语和定义适用于本标准。

3.1

过滤器额定流量　filter rated flow rate

由过滤器制造商所推荐的在规定运动黏度和规定压降条件下所能通过的流量。

3.2

黏度指数　viscosity index

油液黏温特性的一种实验度量。

注：在给定温度范围内，黏度变化越小，黏度指数越高。

4　符号

4.1　字母符号

本标准采用下列字母符号：

q_V——试验体积流量；

q_R——过滤器额定体积流量；

p——静态压力；

p_1——在过滤器上游测得的静态压力；

STANDARDS PRESS OF CHINA

p_2——在过滤器下游测得的静态压力；

Δp——压降($\Delta p = p_1 - p_2$)；

D——管道内径。

4.2 图形符号

本标准采用的图形符号符合 GB/T 786.1。

5 试验设备

5.1 概述

试验台由液压泵、油箱、净化过滤器、被试过滤器、热交换器(必要时)及测量压力、流量、温度和油液污染度(见 6.5)的必要装置构成。图 1 为典型的试验回路原理图。

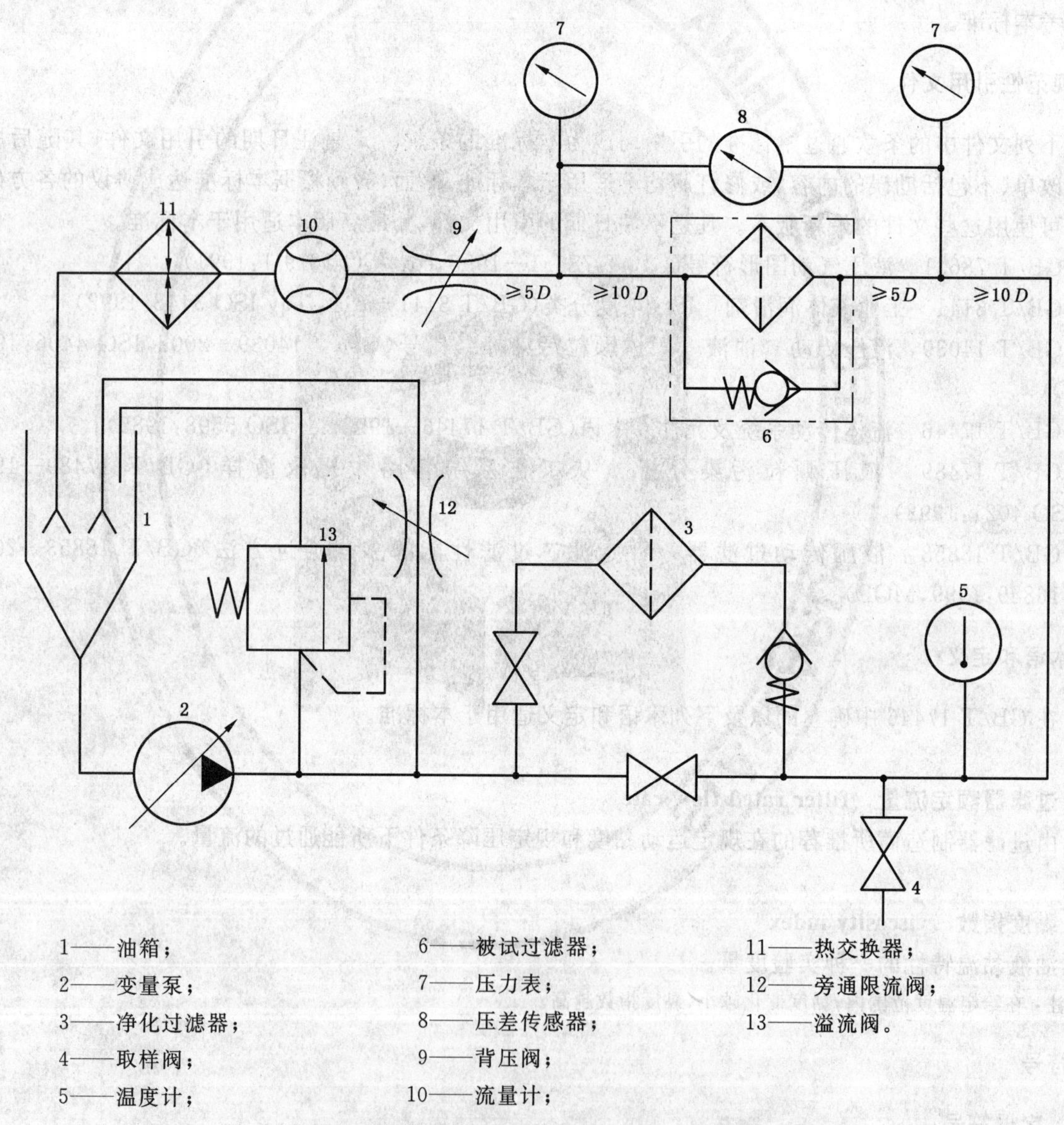

1——油箱；
2——变量泵；
3——净化过滤器；
4——取样阀；
5——温度计；
6——被试过滤器；
7——压力表；
8——压差传感器；
9——背压阀；
10——流量计；
11——热交换器；
12——旁通限流阀；
13——溢流阀。

图 1 测量过滤器压降流量特性的典型试验回路原理图

符合 GB/T 18853 规定的试验台适用于本试验。

试验台不应有盲路、环路、死角，这些区域会使污染物滞留，并在随后的试验中重新进入系统。

在试验直回式回油过滤器时，应将图 1 中位于被试过滤器下游的试验装置(流量计、热交换器)设置到被试过滤器的上游，并取消背压阀。

5.2 液压泵

液压泵的流量应满足试验所需的最大流量，并且从零至最大值连续可调。其出口压力应足以输送所需的流量通过被试过滤器、净化过滤器及试验台的其余部分。必要时，应抑制压力脉动，以保证压力可以按所需的准确度被读取。

5.3 油箱

应使用圆锥底的油箱，其可容纳的试验液体积(L)在数值上为试验所需最大流量(L/min)的1～2倍。油箱的设计应尽可能地减小空气的混入(例如，回油管必须插入液面以下)和空气污染物的侵入。

5.4 温度控制

应使用热交换器控制被试过滤器上游所测温度达到表1规定的要求。

5.5 净化过滤器

应使用过滤比(见GB/T 18853)大于被试过滤器过滤比的净化过滤器，以避免被试过滤器的压降因发生局部堵塞而增大。

5.6 取样阀

为了检查油液污染度，应按照GB/T 17489配置取样阀。取样点应允许连接在线监测仪器或提取离线分析液样。

5.7 过滤器的安装

在试验台上以通常使用的方式安装过滤器，并用与过滤器配套的管接头连接该过滤器。过滤器与压力测量点之间应使用与管接头相同内径的管件连接。

5.8 试验液

试验液的类型应是用户所认可的两者之一：一是由过滤器制造商所推荐的油液，二是具有标准特性的油液。应在表2中报告所用的试验液。

如果试验液是具有标准特性的油液，应是几乎不含添加剂和具有下列特征的矿物油：

a) 黏度等级32(见GB/T 3141)；

b) 黏度指数95～105；

c) 质量密度850 kg/m^3～900 kg/m^3。

注：在较低温度下(＜30℃)使用含有黏度指数改良剂的油液试验过滤器($\beta_{10}>75$)时，添加剂会被暂时滤除，并且会部分地堵塞滤芯。

6 测量

6.1 压力测量

使用准确度符合表1规定的压差传感器或两个压力表测量被试过滤器的压降。

测压接头与管道连接端口应是平头的(见图2)，并且测量点应设置在试验回路上无任何液压扰动处，其距离上游扰动源(如管接头、阀、弯管)应不小于10D，距离下游扰动源应不小于5D。

注：宜在测试前将压差传感器或压力表连接管路中的空气排出。

6.2 温度测量

使用直接埋设在液流管路中的温度计测量被试过滤器上游试验液的温度。控制试验液温度，以使黏度符合表1的规定。

6.3 运动黏度测量

测定黏度并报告所用的测量方法。

注：宜按GB/T 265规定的方法测定黏度。

6.4 流量测量

使用测量范围符合试验流量要求的流量计，并且准确度符合表1的规定。

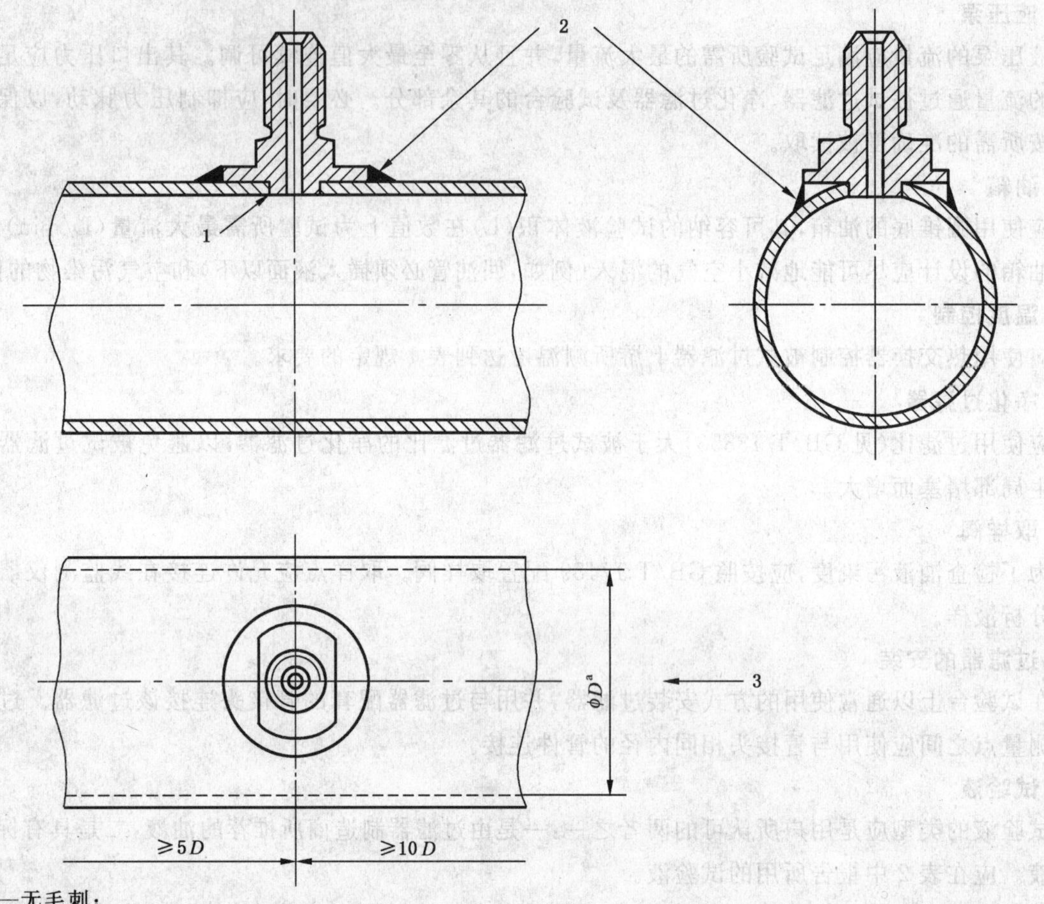

1——无毛刺；

2——焊接；

3——液流。

a 见4.1。

图2　典型平头测压接头示例图

6.5　油液污染度测量

使用自动颗粒计数器在线进行颗粒计数分析或按照GB/T 17489从试验系统提取液样并按相关标准离线进行颗粒计数分析，以测定试验液初始污染度等级。在试验报告中按照GB/T 14039的规定报告结果。

6.6　测量仪器的准确度和试验条件

测量仪器的准确度和试验条件应符合表1的规定。

表1　测量仪器的准确度和试验条件

试验参数	SI单位	仪器准确度(±)	允许试验条件变化范围(±)
压降[a]	kPa	2%	—
压力[a]	kPa	2%	5%
流量	L/min	2%	5%
运动黏度[b]	mm^2/s	—	2%
温度	℃	0.1℃	满足运动黏度变化范围的要求

a 100 kPa=1 bar。

b 1 mm^2/s=1 cSt(厘斯)。

7 试验程序

7.1 试验台修正

安装和试验台回路通径相同的导管替代被试过滤器。以 $0.2q_R$ 为增幅逐步测定被试导管在零和最大试验流量间的压降流量特性曲线。该试验液黏度应与 7.3、7.4、7.5 和 7.6 的试验液相同。

7.2 试验回路净化

将不带滤芯的被试过滤器装入试验台，起动液压泵至获得试验所需的最大流量。让油液循环至温度稳定在允许的范围内且达到所需的油液污染度等级。应选择合适的油液污染度等级，使之与被试过滤器的过滤精度等级相适应而不致于造成被试过滤器的局部堵塞。根据需要排出回路中的空气。

当达到所需污染度等级时，在试验报告中记录试验液初始污染度等级，并在必要的情况下旁通净化过滤器。

更换试验液时，应彻底冲洗试验台，以保证没有残留的油液和新油相混合。

7.3 过滤器壳体特性

7.3.1 在测定不带滤芯的过滤器(壳体)随流量变化而变化的压降之前，应保证滤芯的取出不会引起任何异常流动。如果有异常流动，则可采用流动路径与实际滤芯尽可能一致的代用芯替代。代用芯的通流截面积应尽可能大，以降低压降。在试验报告中记录装有代用芯的过滤器壳体的压降流量特性，并提供该代用芯的必要说明。

7.3.2 如果过滤器壳体装有旁通阀，使该旁通阀在试验期间锁定在闭合位置。

7.3.3 调整试验流量 q_V 至 $0.2q_R$，并记录压降(Δp)或上、下游的压力(p_1、p_2)及试验液温度。

7.3.4 以 $0.2q_R$ 的增幅逐步上升至 $1.2q_R$ 的各流量为试验流量，重复上步的操作。以递减的试验流量重复前述操作。

7.3.5 针对各试验流量值，计算并记录过滤器壳体的压降、试验结束时试验液的温度，以及计算递增组和递减组结果的平均值。

7.3.6 将在 7.3.5 中所计算的平均值减去在 7.1 中所测得的试验台修正值，即可获得实际的过滤器壳体的特性曲线。

7.4 过滤器总成特性

7.4.1 确认试验液已达到所需的污染度等级，并且在滤芯装入被试过滤器壳体之前使旁通阀锁定在闭合位置。

7.4.2 为排出过滤器壳体和回路中的空气，液流应以最低的流速开始流动。

7.4.3 重复 7.3.3～7.3.5 的程序，注意使用相同的流量增幅。

7.4.4 如果必要，用装有正常工作的旁通阀的完整过滤器重复 7.4.3 的试验。

7.5 滤芯特性

计算滤芯产生的压降，即对应于每个试验流量下过滤器总成(过滤器壳体和滤芯在一起)的压降(7.4)减去过滤器壳体的压降(7.3.5)。

7.6 旁通阀特性

7.6.1 试验前准备工作

本项试验需要适当的方式使过滤器旁通阀动作，如装入“实心”滤芯或在滤芯出油口插入柱塞。之后应确认过滤器已被完全堵塞。

确认旁通阀可以动作，将已被完全堵塞的过滤器装入试验台。

增大系统流量至旁通阀动作，排尽压差传感器或压力表中的空气。

增大系统流量至额定流量再返回至零。如果必要，使压降重新归零。重复该操作至少两次，以保证旁通阀的所有零部件都归位和润滑。

7.6.2 全流量特性的测定

7.6.2.1 按7.3.3～7.3.5的规定测定旁通阀压降流量特性。

7.6.2.2 通过减去7.1中所测得的试验台修正值确定旁通阀特性。根据压力的递增和递减划分成两组结果并加以平均，如图3所示。

7.6.3 开启压力的测定

7.6.3.1 打开阀(12)，通过缓慢地增大泵的输出流量或关闭阀(12)，逐步增加被试旁通阀上游的压力，直到流量分别达到 q_R 的0.5%、1%、2%和5%。记录各流量和压力的准确值。

7.6.3.2 结合7.6.2.2和7.6.3.1的结果，绘制“压降-流量”曲线图，评定旁通阀开启压力，即试验流量等于 q_R 的1%时对应的压力。

7.6.3.3 重复7.6.3.1和7.6.3.2两次，并把旁通阀开启压力的三个结果加以平均。

注：在做这些测量时，如果无法使开启/闭合状态稳定下来，则开启/闭合压力是在尽可能低的可测流量下对应的压力值。报告该值。

7.6.4 闭合压力的测定

7.6.4.1 开始试验时将流量设定在 q_R 的15%，并逐步减小流量分别达到 q_R 的5%、2%、1%和0.5%。记录各流量和压力的准确值。

7.6.4.2 绘制“压降-流量”曲线图，评定旁通阀闭合压力，即试验流量等于 q_R 的1%时对应的压力。

7.6.4.3 重复7.6.4.1和7.6.4.2两次，并把旁通阀闭合压力的三个结果加以平均。

注：在做这些测量时，如果无法使开启/闭合状态稳定下来，则开启/闭合压力是在尽可能低的可测流量下对应的压力值。报告该值。

7.6.5 泄漏量的测定

7.6.5.1 断开被试过滤器下游的管道，并设置合适的器具(如，适当精度的量筒和精密计时器)用于测量较低的流量。在试验直回式回油过滤器时，为了将泄漏的油液收集到筒体中，应使用合适的漏斗。

7.6.5.2 打开阀(12)，使液流可以直接返回油箱，并在最小流量下启动液压泵。逐步关闭阀(12)，直到上游压力等于在7.6.3中评定的旁通阀开启压力的25%为止。如果发生泄漏，应记录泄漏体积(至少25 mL)和对应的时间。

7.6.5.3 将上游压力分别控制在旁通阀开启压力的50%、75%、100%和120%，测量泄漏量。如果上游压力稍微大于开启压力时旁通阀就较大幅度地打开，应将泄漏量的测定限于3 L/min范围内。

7.6.5.4 以递减的压力值顺序，重复7.6.5.2和7.6.5.3。根据压力的递增和递减划分成两组结果，并把两组结果加以平均。

8 结果表达

报告单应至少包括表2所示的信息。如图3所示，绘制过滤器(见7.4)、壳体(见7.3.6)和旁通阀(见7.6.2.2)的“压降-流量”修正曲线。

应清楚地注明与所规定方法的任何偏离。

表 2 报告单

实验室:＿＿＿＿＿＿ 试验日期:＿＿＿＿＿＿ 试验员:＿＿＿＿＿＿

过滤器和滤芯的标识

滤芯标识:＿＿＿＿＿＿ 壳体标识:＿＿＿＿＿＿

旋装式:是/否＿＿＿＿＿＿ 过滤器额定流量 q_R/(L/min):＿＿＿＿＿＿

使用代用芯:是/否＿＿＿＿＿＿ 说明:＿＿＿＿＿＿

试验条件

试验液

类型:＿＿＿＿＿＿ 型号:＿＿＿＿＿＿ 批号:＿＿＿＿＿＿

在试验温度下的黏度/(mm^2/s):＿＿＿＿＿＿ 试验温度/℃:＿＿＿＿＿＿

初始污染度等级(GB/T 14039 代号):＿＿＿＿＿＿

试验结果

压降与流量的对应关系

	平均压降 Δp/kPa					
流量比(q_V/q_R)	0.2	0.4	0.6	0.8	1.0	1.2
过滤器总成						
过滤器壳体						
滤芯						
旁通阀						

旁通阀特性

开启压力/kPa:＿＿＿＿＿＿ 流量/(L/min):＿＿＿＿＿＿

闭合压力/kPa:＿＿＿＿＿＿ 流量/(L/min):＿＿＿＿＿＿

泄漏量

开启压力/%	压力/kPa	平均泄漏量/(mL/min)
50		
75		
100		
120		

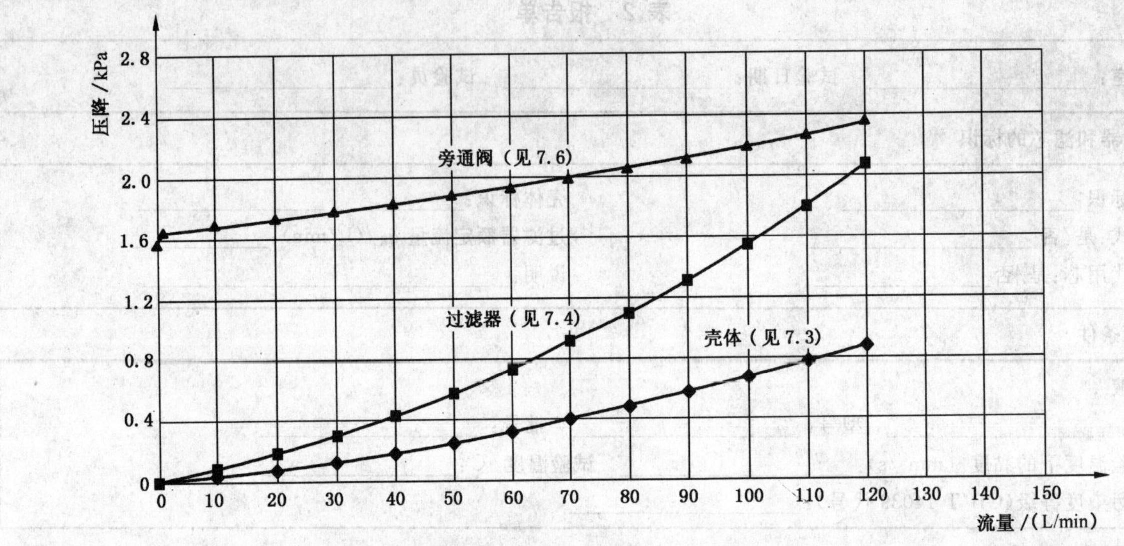

图 3　过滤器相关部件的“压降-流量”曲线图示例

9　标注说明(引用本标准时)

当完全遵照本标准时，建议在试验报告、产品样本和销售文件中使用以下说明：

“压降流量特性的评定符合 GB/T 17486—2006/ISO 3968:2001《液压过滤器　压降流量特性的评定》”。

参考文献

GB/T 265—1988 石油产品运动粘度测定法和动力粘度计算法

ICS 27.140
P 59

中华人民共和国国家标准

GB/T 17522—2006
代替 GB/T 17522—1998

微型水力发电设备基本技术要求

General requirements for micro-hydro power generating equipments

2006-06-05 发布　　2006-09-01 实施

中华人民共和国国家质量监督检验检疫总局
中国国家标准化管理委员会　发布

前　言

本标准与 GB/T 17522—1998 相比，主要变化：将功率等级范围由 10 kW 及以下扩大到 100 kW 及以下，与国际接轨；对技术指标、检验项目做了修改，突出了整机性能和保证微水电可靠运行的技术要求。

本标准自发布之日起，原标准 GB/T 17522—1998 自动废止。

本标准由农业部科教司提出。

本标准起草单位：农业部南京农业机械化研究所。

本标准主要起草人：施可造、钟挺、胡桧、刘燕、李良波。

本标准所代替标准的历次版本情况为：

——GB/T 17522—1998。

微型水力发电设备基本技术要求

1 范围

本标准规定了微型水力发电设备(以下简称微水电设备)的基本参数、型式及代号、型号命名方法、技术条件、技术质量指标分类、判定准则、检验规则、标志及包装等基本要求。

本标准适用于30 kW及以下微水电设备,30 kW~100 kW的微水电设备参照执行。

2 规范性引用文件

下列文件中的条款通过本标准的引用而成为本标准的条款。凡是注日期的引用文件,其随后所有的修改单(不包括勘误的内容)或修订版均不适用于本标准,然而,鼓励根据本标准达成协议的各方研究是否可使用这些文件的最新版本。凡是不注日期的引用文件,其最新版本适用于本标准。

GB/T 191 包装储运图示标志

3 术语和定义

下列术语和定义适用于本标准。

3.1

微型水力发电设备 micro-hydro power

额定功率为100 kW及以下,由各类水轮机、发电机以及控制器组成的整装或分装的水力发电设备,简称微水电设备。

4 分类与命名

4.1 基本参数

4.1.1 额定功率

微水电设备输出的额定功率(kW)优先在下列等级中选取:0.05、0.1、0.2、0.3、0.5、0.75、1、2、3、5、7.5、10、11、12、13、15、17、18.5、20、22、25、30。

4.1.2 额定电压:单相230 V,三相230/400 V、400/690 V。

4.1.3 额定频率:50 Hz,或按合同规定。

4.1.4 发电机同步转速:

额定频率为50 Hz的同步转速(r/min)优先在下列转速中选取:250、300、375、500、600、750、1 000、1 500。

4.1.5 水轮机转轮直径

4.1.5.1 反击型转轮直径(cm)优先在下列等级中选取:10、12、15、20、25、30、35、40、50、60、75、100。

4.1.5.2 冲击型转轮节圆直径(cm)优先在下列等级中选取:6、8、10、12、15、20、25、30、35、40、50、60、75。

4.2 微水电设备各部件型式及代号

4.2.1 水轮机的型式及代号见表1。

STANDARDS PRESS OF CHINA

表 1 水轮机的型式及代号

型式	代号	型式	代号
轴流式	ZD	斜击式	XJ
贯流式	GD	水斗(切击)式	CJ
混流式	HL	双击式	SJ
斜流式	XL		

4.2.2 发电机的型式及代号见表 2。

表 2 发电机的型式及代号

型式	代号	型式	代号
单相异步发电机	DY	单相永磁同步发电机	DCT
三相异步发电机	SY	三相永磁同步发电机	SCT
单相同步发电机	DT	单相祛磁式异步发电机	DQY
三相同步发电机	ST		

4.2.3 控制器的型式及代号见表 3。

表 3 控制器的型式及代号

型式	代号	型式	代号
负荷平衡电控式	D	机电水控式	JDS
机械水控式	JS		

4.3 型号命名

4.3.1 型号表示方法

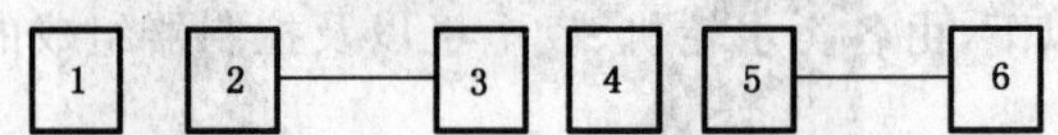

1——水轮机型号；

2——设计水头(m)；

3——发电机功率(kW)；

4——发电机型式；

5——发电机极数；

6——控制器型式。

4.3.2 标记示例

XJ20-1DY4-D 表示水轮机为斜击式，设计水头 20 m；发电机为 1 kW，单相 4 极异步；控制器为负荷平衡电控式微水电设备。

4.4 使用环境条件

微水电在下列使用条件下应能正常连续运行：

a) 水头、流量在规定范围内且稳定，无腐蚀的水源供水；

b) 用户负荷在额定功率的 0%～100%间变化；

c) 海拔高度不超过 1 000 m；

d) 环境温度在 0℃～40℃范围内；

e) 机房内相对湿度不超过 85%。

当使用条件不满足上述 c)、d)、e)所述条件时，由供需双方协商确定相应的技术性能指标。

5 技术要求

5.1 微水电设备整机

5.1.1 安全要求

5.1.1.1 飞逸试验

本试验只对异步发电机和励磁式同步发电机进行。飞逸 2 min(从断开所有负荷或励磁,控器不起作用时开始计时),不应出现电气和机械损伤。

5.1.1.2 超速试验

本试验只对永磁发电机进行。超速(额定转速的120%)2 min,不应出现电气和机械损伤。

5.1.2 性能指标

5.1.2.1 额定功率

额定功率应大于(含等于)明示功率的95%。

5.1.2.2 额定电压

额定电压应在明示电压的95%~105%范围内。

5.1.2.3 额定频率

额定频率应在明示频率的±2 Hz范围内。

5.1.2.4 稳态电压调整率

1 kW 及以下微水电设备应在±10%范围内;1 kW~30 kW(含 30 kW)微水电设备应在±7%范围内。

稳态电压调整率按式(1)计算:

$$\delta_U = \frac{U_1 - U}{U} \times 100 \qquad \cdots\cdots\cdots(1)$$

式中:

δ_U——稳态电压调整率,%;

U——发电机的明示额定电压,单位为伏特(V);

U_1——从空载到额定负载间的稳定电压中选取的最大值和最小值,单位为伏特(V)。

5.1.2.5 微水电设备整机效率

冲击型:1 kW 及以下应大于 0.35;1 kW~12 kW(含 12 kW)应大于 0.40;12 kW~30 kW(含 30 kW)应大于 0.55。

反击型:1 kW 及以下应大于 0.43;1 kW~12 kW(含 12 kW)应大于 0.48;12 kW~30 kW(含 30 kW)应大于 0.60。

5.1.3 其他要求

a) 负荷不超过额定功率情况下连续运行时不应出现漏电、剧烈震动、电机进水等异常现象;

b) 在没有负荷突变的情况下,照明用电器(用白炽灯观察)不应出现闪烁;

c) 设备输出端端子形式、容量、罩盖和接线的牢固性等应符合安全要求;

d) 进出水管接口选型与连接应符合相关标准;

e) 微水电设备的防护罩齐全;

f) 资料齐全完整,资料应包括:装箱单、说明书、产品合格证、安装图;

g) 微水电设备的安装尺寸应与图样尺寸相符;

h) 铭牌、警示标志规范、齐全、牢固;

i) 配套件齐全;

j) 随机配备的工具齐全;

k) 紧固件选取合理;

l） 油漆质量良好；

m） 包装能保证机组运输安全；

n） 安装方便；

o） 调试方便；

p） 要保证不拆卸润滑；

q） 零件不应有缺陷、变形，不应出现装配缺件。

5.2 水轮机

5.2.1 额定水头允许偏差

额定水头允许偏差用式(2)计算。

$$\delta_H = \frac{H_s - H_n}{H_s} \times 100 \quad \cdots\cdots(2)$$

式中：

δ_H——额定水头偏差，%（δ_H 应小于 10%）；

H_s——设计水头，单位为米(m)；

H_n——实测额定水头，单位为米(m)。

5.2.2 额定流量允许偏差

额定流量允许偏差用式(3)计算。

$$\delta_Q = \frac{Q_s - Q_n}{Q_s} \times 100 \quad \cdots\cdots(3)$$

式中：

δ_Q——额定流量偏差，%（δ_Q 应小于 10%）；

Q_s——设计流量，单位为立方米每秒(m^3/s)；

Q_n——实测额定流量，单位为立方米每秒(m^3/s)。

5.3 发电机

5.3.1 绝缘电阻

5.3.1.1 定子绕组绝缘电阻：

对干燥清洁的发电机，在室温的定子绕组绝缘电阻按式(4)计算。

$$R_t = R \times 1.6^{\frac{100-t}{10}} \quad \cdots\cdots(4)$$

式中：

R_t——室温下测得的绝缘电阻，单位为兆欧(MΩ)；

R——对应于 100℃应达到的绝缘电阻值，单位为兆欧(MΩ，其值为额定电压的 1/1 000)；

t——室温，单位为摄氏度(℃)。

5.3.1.2 转子绝缘电阻

在挂装前单个磁极应不小于 5 MΩ；挂装后整体绕组绝缘电阻应不小于 0.5 MΩ。

5.3.2 发电机温升

5.3.2.1 发电机表面温升测量法

用温度计法测发电机中间部位冷却最为不利的表面温度，温升限值：E 级绝缘为 45℃、B 级绝缘为 50℃。

5.3.2.2 电阻测量法

电阻法的温升限值：E 级绝缘为 75℃、B 级绝缘为 80℃。

5.3.3 耐电压试验

发电机各绕组应能承受历时 1 min 的耐电压试验而不发生击穿。试验电压的频率为 50 Hz，其波形为正弦波，电压的有效值如下：

a) 额定电压为 400/690 V 的发电机：耐电压试验电压为 1 800/2 400 V。

b) 额定电压为 400 V 及以下的发电机：耐电压试验电压为 1 800 V。

5.4 控制器

应保证机组能安全可靠地实现正常开机和停机，其性能用微水电设备整机的稳态电压调整率技术指标进行考核。

6 标志及包装

6.1 标志

6.1.1 微水电设备和各电气输出端应有铭牌标志。铭牌材料及铭牌上的刻字方法，应能保证其字迹在微水电设备使用期内不被磨掉。

6.1.2 微水电设备铭牌包括下列项目：

a) 微水电设备名称；

b) 型号；

c) 额定功率(kW)；

d) 额定电压(V)；

e) 额定频率(Hz)；

f) 额定电流(A)；

g) 功率因素；

h) 相数；

i) 设计水头(m)；

j) 设计流量(m^3/s)；

k) 额定转速(r/min)；

l) 微水电设备重量(kg)；

m) 制造厂名；

n) 出厂编号；

o) 产品制造日期。

STANDARDS PRESS OF CHINA

6.2 包装

6.2.1 微水电设备的包装应能保证在正常的储运条件下，不致因包装不善而导致受潮与损坏。

6.2.2 包装箱外壁的文字应清洁整齐，内容如下：

a) 发货站及制造厂名称；

b) 收货站及收货单位名称；

c) 微水电设备的净重及连同包装箱的毛重；

d) 包装箱尺寸；

e) 在包装箱外部的适当位置应标有“小心轻放”、“防潮”和表示放置方向的“↑”等字样，其图形符合 GB/T 191 的规定。对出口产品，上述各项均以英文标示，或根据订户要求标志。

ICS 35.240.15
L 64

中华人民共和国国家标准

GB/T 17554.1—2006
代替 GB/T 17554—1998

识别卡 测试方法
第1部分:一般特性测试

Identification cards—Test methods—Part 1:General characteristics tests

(ISO/IEC 10373-1:1998,MOD)

2006-03-14 发布　　2006-07-01 实施

中华人民共和国国家质量监督检验检疫总局
中国国家标准化管理委员会　发布

前 言

GB/T 17554《识别卡 测试方法》拟分为7个部分：

——第1部分：一般特性测试

——第2部分：磁条卡

——第3部分：带触点的集成电路卡及其相关接口设备

——第4部分：无触点集成电路卡

——第5部分：光记忆卡

——第6部分：接近式卡

——第7部分：邻近式卡

本部分为GB/T 17554的第1部分，修改采用国际标准ISO/IEC 10373-1:1998《识别卡 测试方法 第1部分：一般特性测试》(英文版)。

本部分与ISO/IEC 10373-1:1998相比，存在如下少量技术性差异：

——根据新版识别卡物理特性标准，本部分增加了5.16“抗热度测试方法”。

本部分与GB/T 17554—1998相比主要变化如下：

a) 增加了5.16“抗热度测试方法”；

b) 删除了第6章“带触点的集成电路卡”。

本部分由中华人民共和国信息产业部提出。

本部分由中国电子技术标准化研究所归口。

本部分起草单位：中国电子技术标准化研究所。

本部分主要起草人：冯敬、蔡怀忠、耿力、金倩。

本部分从实施之日起，同时替代GB/T 17554—1998《识别卡 测试方法》。

识别卡　测试方法
第1部分：一般特性测试

1　范围

本标准规定了符合 GB/T 14916—2006 所定义的识别卡特性的一些测试方法。每一测试方法交叉引用一个或多个基础标准，这些基础标准可以是 GB/T 14916，也可以是一个或多个定义了应用在识别卡应用的信息存储技术的补充标准。

注1：接收标准不包含在本部分中，而是在以上提及的国家标准中。

注2：本部分描述的若干测试方法预期可单独进行。规定的卡不要求顺序地通过所有测试。

本部分定义了为一种或多种卡技术所共用的测试方法。GB/T 17554 的其他部分定义了专有技术的测试方法。

2　规范性引用文件

下列文件中的条款通过 GB/T 17554 的本部分的引用而成为本部分的条款。凡是注日期的引用文件，其随后所有的修改单（不包括勘误的内容）或修订版均不适用于本部分，然而，鼓励根据本部分达成协议的各方研究是否可使用这些文件的最新版本。凡是不注日期的引用文件，其最新版本适用于本部分。

GB/T 131—1993　机械制图 表面粗糙度符号、代号及其注法(eqv ISO 1302:1992)

GB/T 1690—1992　硫化橡胶耐液体实验方法(neq ISO 1817:1985)

GB/T 3922—1995　纺织品　耐汗渍色牢度实验方法(eqv ISO105/E04:1994)

GB/T 11500—1989　摄影透射密度测量的几何条件(neq ISO 5-2:1985)

GB/T 14916—2006　识别卡　物理特性(ISO/IEC 7810:2003,IDT)

GB/T 17552—1998　识别卡　金融交易卡(idt ISO/IEC 7813:1995)

GB/T 16649.1—2006　识别卡　带触点的集成电路卡　第1部分：物理特性(ISO/IEC 7816-1:1998,MOD)

GB/T 10125—1997　人造气氛腐蚀试验　盐雾试验(eqv ISO 9227:1990)

GB/T 17553.1—1998　识别卡　无触点集成电路卡　第1部分：物理特性(idt ISO/IEC 10536-1:1992)

GB/T 17550.3—1998　识别卡　光记忆卡　线性记录方法　第3部分：光属性和特性(idt ISO/IEC 11694-3:1995)

ISO/IEC 7811-1:1995　识别卡　记录技术　第1部分：凸印

ISO/IEC 7811-2:1995　识别卡　记录技术　第2部分：磁条

ISO/IEC 7811-6:1996　识别卡　记录技术　第6部分：高矫顽力磁条

3　术语和定义

下列术语和定义适用于本部分：

3.1

测试方法　test method

为了证实识别卡符合若干标准而对其特性进行测试的方法。

STANDARDS PRESS OF CHINA

3.2

可测试功能　testably functional

经受了某些可能的破坏性作用后，仍有以下功能：

a）卡上的任何磁条示出了根据基本标准进行暴露前后信号幅度间的关系；

b）卡上的任何集成电路仍然给出了符合基本标准的复位应答响应[1]；

c）与卡上的任何集成电路相关的任何触点仍然给出了符合基本标准的电阻；

d）卡上的任何光存储器仍然给出了符合基本标准的光特性。

3.3

翘曲　warpage

与平坦度的偏差。

3.4

（字符的）凸印起伏高度　embossing relief heigth (of character)

凸印处理所产生的卡表面局部升起的高度。

3.5

剥离强度　peel strength

在构造方面，卡抵御相邻层材料分离的能力。

3.6

耐化学性　resistance to chemicals

暴露在通常遇到的化学制品之下，卡保持其性能和外观的能力。

3.7

尺寸稳定性　dimensional stabilty

当暴露在规定的温度和湿度条件下，卡抵御尺寸变化的能力。

3.8

粘连或并块　adhesion or blocking

将新卡堆积时的粘接性。

3.9

弯曲韧性　bending stiffness

卡抗弯曲的能力。

3.10

动态弯曲应力　dynamic bending stress

以规定的大小和与卡相关的方向周期性施加的弯曲应力。

3.11

动态扭曲应力　dynamic torsional stress

以规定的大小和与卡相关的方向周期性施加的扭曲应力。

3.12

可燃性　flammability

一旦点燃，卡维持和扩散火焰的能力。

3.13

〈光〉透射比　〈optical〉 transmittance factor

T

测量样品透射的通量与样品移出测量装置的采样孔时所测通量之比（见 GB/T 11500—1989）。

1）本部分并不定义建立全面起作用的集成电路卡的任何测试。这些测试方法仅要求验证最小功能度（可测试功能的）。在适合的情况下，这可以通过进一步加以补充应用特定功能度准则，但该准则在一般情况下是不具有的。

$$T = \varphi_{\tau} / \varphi_{j}$$

式中：

T——透射比；

φ_{τ}——透射通量；

φ_{j}——孔径通量。

3.14

透射密度 Opacity〈optical〉transmission density

D_T

透射比的倒数再取10为底的对数(见GB/T 11500—1989)。

$$D_T = \log_{10} 1/T = \log_{10} \varphi_{j}/\varphi_{\tau}$$

3.15

正常使用 normal use

涉及对卡技术而言是适当的设备处理的识别卡使用，以及设备操作之间个人文件的存储(见GB/T 14916—2006)。

4 测试方法的默认条款

4.1 测试环境

除非另有规定，测试应在温度为23℃±3℃和相对湿度为40%～60%的环境下进行。

4.2 预处理

若测试方法要求预处理，在测试前应将待测试的卡在测试环境中放置24 h。

4.3 IC卡一般特性测试方法的选择

除非另有规定，应按照待测试卡的属性而施加测试，如表1所示。

表1 按照卡所呈现的特征选择测试

测试方法	所有的卡	带有凸印的卡	带有磁条的卡	带有IC[a]的卡	带有CIC[b]的卡	带有OMA[c]的卡
5.1 卡的翘曲	√	√	√	√	√	√
5.2 卡的尺寸	√	√	√	√	√	√
5.3 剥离强度	√	√	√	√	√	√
5.4 耐化学性	√	√	√	√	√	√
5.5 温度和湿度条件下卡尺寸的稳定性和翘曲	√	√	√	√	√	√
5.6 粘连或并块	√	√	√	√	√	√
5.7 弯曲韧性	√	√	√	√	√	√
5.8 动态弯曲应力	—	—	—	√	√	√
5.9 动态扭曲应力	—	—	—	√	√	√
5.10 可燃性(见注)	—	—	—	—	—	—
5.11 阻光度	√	√	√	√	√	√
5.12 紫外线	√	√	√	√	√	√
5.13 X射线	—	—	—	√	√	√
5.14 电磁场	—	—	—	√	√	√

表 1(续)

测试方法	所有的卡	带有凸印的卡	带有磁条的卡	带有 IC[a] 的卡	带有 CIC[b] 的卡	带有 OMA[c] 的卡
5.15 字符凸印的起伏高度	—	√	—	—	—	—
5.16 抗热度	√	√	√	√	√	√
注：仅当应用特定要求它时，才进行可燃性测试。						
[a] IC＝集成电路卡 [b] CIC＝无触点集成电路卡 [c] OMA＝光存储区(光记忆卡)						

4.4 默认容差

除非另有规定，±5%的默认容差应适用于已给出的量值，以规定测试设备的特性(例如，线性尺寸)和测试方法规程(例如，测试设备校准)。

4.5 总度量的不确定性

这些测试方法所确定的每个数量的总度量不确定性应在测试报告中予以说明。

5 测试方法

5.1 卡翘曲

该测试的目的是测量卡的翘曲程度(见 GB/T 14916—2006)。

5.1.1 仪器

最小精度为 0.01 mm 的轮廓投影仪或类似的测量设备。

5.1.2 规程

在测试之前按照 4.2 对卡进行预处理，并在 4.1 定义的环境下进行测试。

将卡放在测量仪器的水平刚性平台上。至少卡的三个角应搁置在该平台上(卡翘曲与平台成凸形)。从卡的正面测量，在测量设备上读出最大偏移点处的翘曲值(见图 1)。

注：最大偏移点不一定在卡的中心。

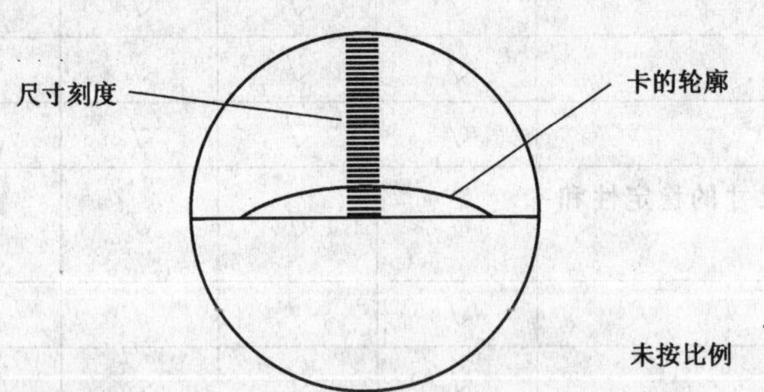

图 1 翘曲测量投影仪器视图

5.1.3 测试报告

测试报告应给出最大偏移点处所测得的翘曲值。

5.2 卡的尺寸

本测试的目的是测量卡的高度、宽度和厚度(见 GB/T 14916—2006)。

5.2.1 卡的厚度测量

5.2.1.1 仪器

一个千分尺，它带一个平滑砧和直径在 3 mm～8 mm 范围内的锥形轴。

5.2.1.2 规程

在测试前按 4.2 预处理卡，并在 4.1 定义的测试环境下进行测试。

使用千分尺来测量四个点上的卡厚度，在卡的四个象限各有一个点(象限的位置见图 2)。测量应在不包括签名条、磁条或触点(集成电路卡)或卡上任何其他凸起区域的若干位置处进行。千分尺施加的力应该为 3.5 N～5.9 N。

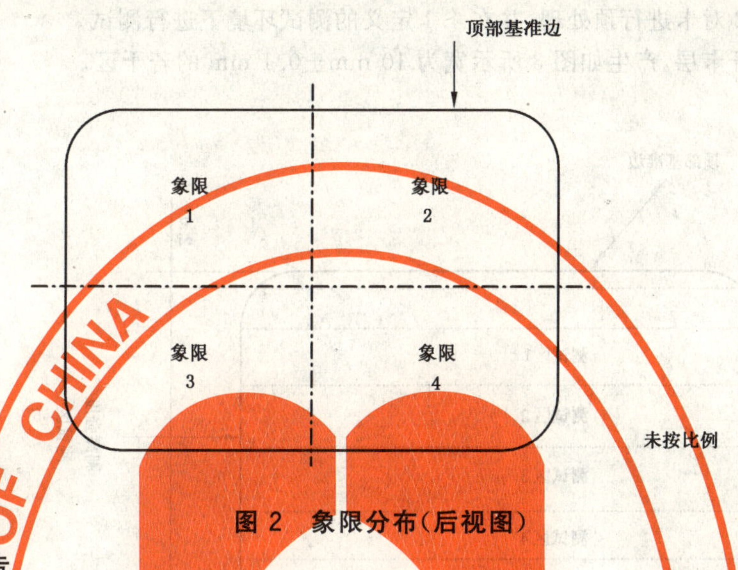

图 2 象限分布(后视图)

5.2.1.3 测试报告

测试报告应给出四个测量点的最小值和最大值。

5.2.2 卡的高度和宽度的测量

5.2.2.1 仪器

应采用下列仪器装置：

a) 按照 GB/T 131—1993，粗糙度不大于 3.2 μm 的均匀水平刚性平台；

b) 精度为 2.5 μm 的测量设备；

c) 2.2 N±0.2 N 的负载。

5.2.2.2 规程

在测试前按 4.2 对卡进行预处理，并在 4.1 定义的测试环境下进行测试。

将卡放在均匀水平的刚性平台上，在负载之下使其整平。测量卡的高度和宽度。

5.2.2.3 测试报告

测试报告应说明该卡是否符合基础标准，并应记录所测得的高度和宽度的最大值和最小值。

5.3 剥离强度

本测试的目的是测量卡各层之间的剥离强度[2)](见 GB/T 14916—2006)。

5.3.1 仪器

应采用下列仪器装置：

a) 锋利的割刀；

b) 压力敏感的粘性纤维(纤维性强的)条或合适的夹钳；

c) 装备有绘图记录仪或等效设备的拉力测试仪；

d) 夹具；

e) (需要时)背面可带有粘性的固定板或粘接条，并具有以下要求：

2) GB/T 14916—2006 等同采用 ISO/IEC 7810:2003，明确规定了构成卡结构的各层材料应粘合在一起，每一层都应具有 0.35 N/mm 的最小剥离强度。

STANDARDS PRESS OF CHINA

1) 粘结强度应足以保证在测试过程中板与卡不会分开；

2) 在测量过程中板不被弯曲；

3) 板的尺寸应等于或大于卡的尺寸。

例如：合适的尺寸可以是 60 mm×90 mm×2 mm 背面带有粘接条的铝板。

5.3.2 规程

在测试前按 4.2 对卡进行预处理，并在 4.1 定义的测试环境下进行测试。

切割该卡或划开卡层，产生如图 3 所示宽为 10 mm±0.1 mm 的若干区。

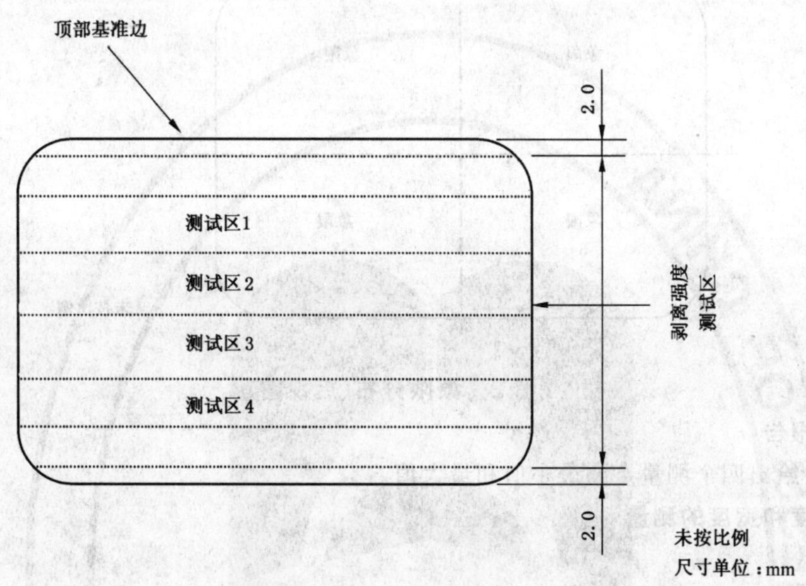

图 3 卡的准备

使用锋利的刀将表层背面切离芯层约 10 mm，并用夹具夹住或粘性条粘住已切开的表层背面和芯层，如图 4 所示。

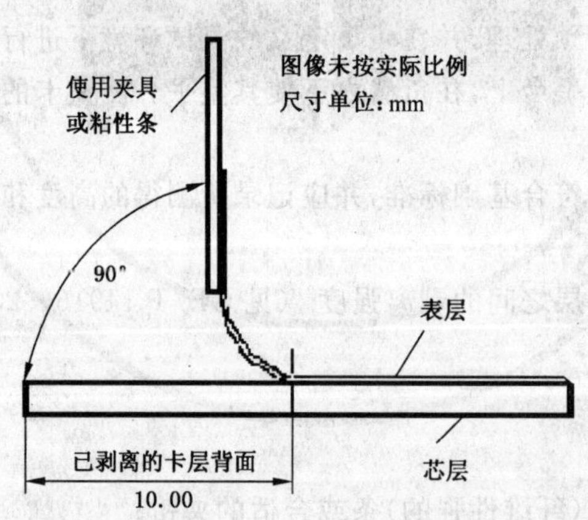

图 4 剥离测试的样品准备

把准备好的样品放入拉力测试仪的夹紧装置中，该卡应固定在仪器上，如图 5 所示。

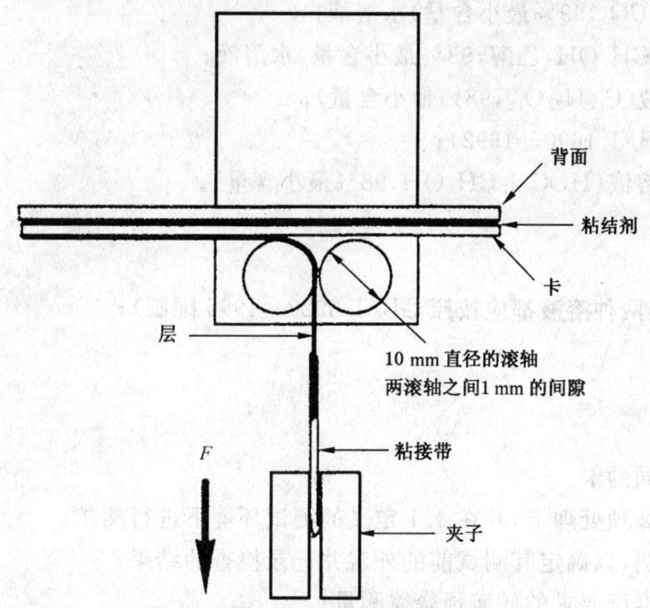

图 5 安装在拉力测试仪中的样品

按照承制方的说明书以 300 mm/min 的速度操作拉力测试仪，确定用牛顿为单位表示拉伸强度。

不考虑最初 5mm 的拉伸强度和长度小于 1 mm(尖峰值)的任何特征值，找出具有最小拉伸强度值的测试条，使用图 6 作为指导。记录这个结果作为测得的卡的剥离强度。

注：图 6 所示尺寸是卡的尺寸。

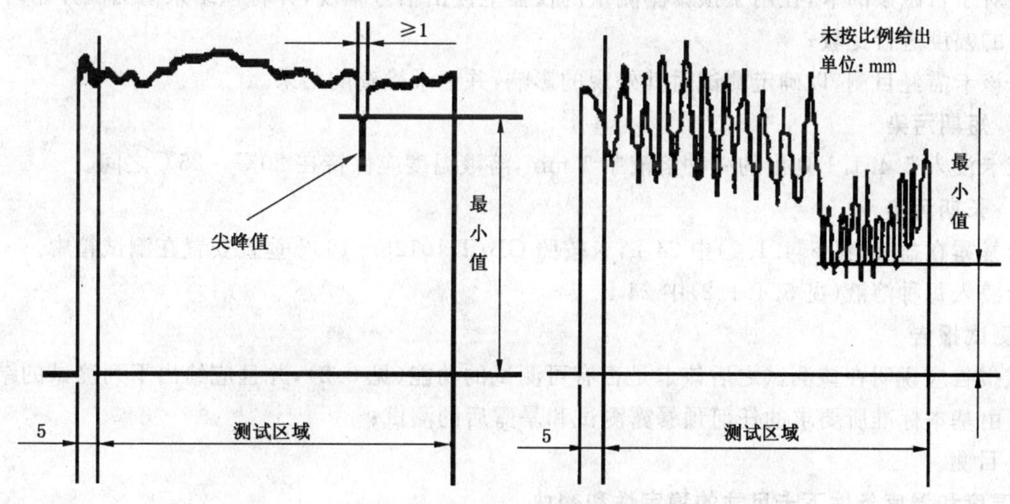

图 6 剥离强度图记录的举例

5.3.3 测试报告

测试报告应给出测得的剥离强度以及测试条标识符。它还应包括清晰地示出在哪里找到所记录的最小值的绘图记录，并且应说明是否出现任何撕裂。

5.4 耐化学性

本测试的目的是确定各种化学污染对卡的任何有害影响(见 GB/T 14916—2006、ISO/IEC 7811-2：1995、GB/T 17550.3—1998 和 ISO/IEC 7811-6：1996)。

5.4.1 试剂

5.4.1.1 短期污染测试溶液

a) 5%氯化钠(NaCl，98%最小含量)水溶液；

b) 5%醋酸水溶液(CH_3COOH，99%最小含量)；

c) 5%碳酸纳(Na_2CO_3,99%最小含量)水溶液;

d) 60%酒精(CH_3CH_2OH,乙醇,93%最小含量)水溶液;

e) 10%蔗糖水溶液($C_{12}H_{22}O_{11}$,98%最小含量);

f) 燃料 B(按照 GB/T 1690—1992);

g) 50%乙二醇水溶液($HOCH_2CH_2OH$,98%最小含量)。

5.4.1.2 长期污染溶液

a) 盐雾;

b) 模拟人工排汗(两种溶液都应按照 GB/T 3922—1995 配制);

1) 碱溶液;

2) 酸溶液。

5.4.2 规程

每种测试均使用不同的卡。

——在测试前按 4.2 预处理卡,并在 4.1 定义的测试环境下进行测试;

——每张卡需经目测,以确定其测试前的外观并记录检查的结果;

——执行由基本标准所要求的任何预暴露测量;

——对于带磁条的卡,使用测试记录电流 I_{min} 以 20 ft/mm 录制每个卡[3],读出并录制信号幅度;

——把卡暴露于 5.4.2.1 和 5.4.2.2 合适的短期污染或长期污染中;

——从溶液中取出卡后立即在蒸馏水中清洗,并用吸水纸擦干;

——执行由基本标准所要求的任何暴露后测量;

——对于带磁条的卡,在用于预暴露测量的仪器上读出信号幅度,并将该结果与测试开始时所获得的幅度进行比较;

——该卡需经目测,以确定测试对其外观的影响,并记录检查的结果。

5.4.2.1 短期污染

将该卡浸入 5.4.1.1 列出的一种溶液中 1 min,溶液温度应保持在 20℃～25℃之间。

5.4.2.2 长期污染

把卡暴露在盐雾(见 5.4.1.2)中 24 h,卡按照 GB/T 10125—1997 垂直安置在测试箱中。

将卡浸入每种溶液(见 5.4.1.2)中 24 h。

5.4.3 测试报告

测试报告应说明在该测试之后该卡是否有可测试的功能(见 3.2),并且应给出下列测试的结果:

a) 由基本标准所要求的任何预暴露测试和暴露后的测试;

b) 目测。

5.5 在温度和湿度条件下卡尺寸的稳定性和翘曲

本测试的目的是确定卡暴露在规定的环境温度和湿度(GB/T 14916—2006)中之后其尺寸和平坦度是否保持在基本标准的要求范围内。

5.5.1 规程

在测试前按 4.2 预处理卡。

将卡放在水平的平坦平台上,并按下面列出的顺序暴露在每种环境下 60min。

a) −35℃±3℃;

b) 50℃±3℃,相对湿度 95%±5%。

在按顺序进行每次暴露后,将卡返回到第 4 章所描述的默认测试环境中,在测量其尺寸稳定性和翘曲之前将它维持在这个环境中 24h。

---

3) 由于差错引起,基本标准可能规定了不正确的测试记录条件。

5.5.2 测试报告

测试报告应给出卡尺寸和翘曲的测量值。

5.6 粘连或并块

本测试的目的是确定当无凸印的卡(成品卡)被堆积在一起时的任何有害影响(见 GB/T 14916—2006)。

5.6.1 规程

在测试前根据 4.2 预处理未凸印的卡。

检查每张卡是否易于用手分开。

将 5 张卡一组堆积,所有卡都按卡的背面朝下的同一方向放置。在顶部卡表面上施加 2.5 kPa±0.13 kPa 的均匀压力。

将堆积的卡暴露在温度保持在 40℃±3℃、相对湿度保持在 40%～60%的环境下 48 h。

在 48 h 周期结束时,将堆积的卡返回到 4.1 默认测试环境中,并且检查各张卡是否可以易于用手分开。

检查各张卡由于该测试所引起的可视损伤,包括下列内容的任何程度的损伤:

——分层;

——退色或色彩转移;

——表面光洁度的变化;

——从一张卡到相邻卡的物质转移;

——当与测试前的卡外观比较时,卡的变形。

5.6.2 测试报告

测试报告应说明在预处理之后以及在暴露在测试环境下之后这些卡是否易于分开,说明是否发现了任何可视损伤痕迹。如果发现了任何可视损伤痕迹,测试报告应描述其性质及严重程度。

5.7 弯曲韧性

本测试的目的是确定卡的弯曲韧性是否在基本标准(见 GB/T 14916—2006)[4]所设置的极限值范围内。

5.7.1 规程

在测试前按 4.2 预处理卡,并在 4.1 定义的测试环境下进行测试。

将卡安置在以下所述的各个仪器上,沿卡的整个左边夹住它,正面朝上。

测量 h_1(见图 7)

将等价于 0.7 N 的负载施加在卡的整个右边的 3 mm 范围内 1 min。测量 h_2(见图 8)。

移去负载。

1 min 后,测量 h_3(见图 9)。

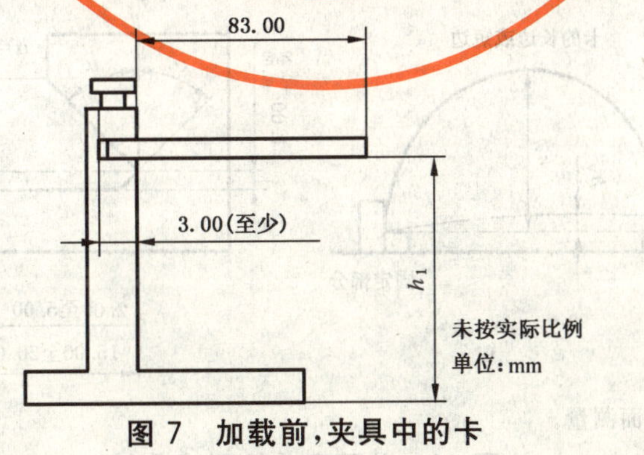

图 7 加载前,夹具中的卡

4) 本方法适用于 ID-1,ID-2 和 ID-3。

STANDARDS PRESS OF CHINA

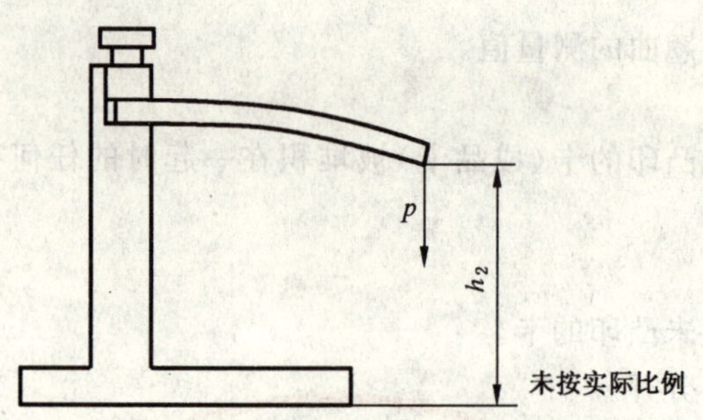

图 8　加载期间，夹具中的卡

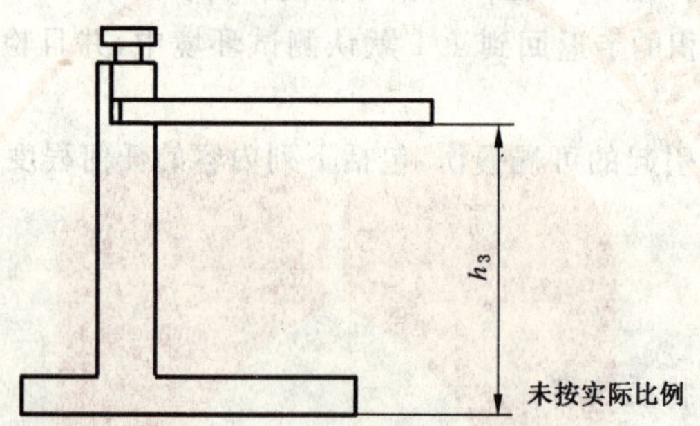

图 9　卸载后，夹具中的卡

5.7.2　测试报告

测试报告应给出测得的 h_1、h_2 和 h_3 的值，以及计算出的负载下的偏移值(h_1-h_2)和与移去负载后保持原始状态相对的变形值(h_1-h_3)。

5.8　动态弯曲应力(弯曲特性)

本测试的目的是确定弯曲应力对卡的任何机械或功能上的不利影响(见 GB/T 17553.1—1998 和 GB/T 16649.1—2006)。

5.8.1　仪器

将动态弯曲应力施加到被测卡上，所使用的仪器如图 10 所示。

仪器的移动部分通过一个曲柄装置来驱动，使弯曲应力以频率为 0.5 Hz 的正弦曲线方式变化。长边的位移是 20 mm，短边的位移是 10 mm。通过调整移动部分的行程可将最大偏差值 h_W 设置在 0 mm、−1.00 mm 的容差范围内。最小偏差值 h_V 通过起始位置来设置。

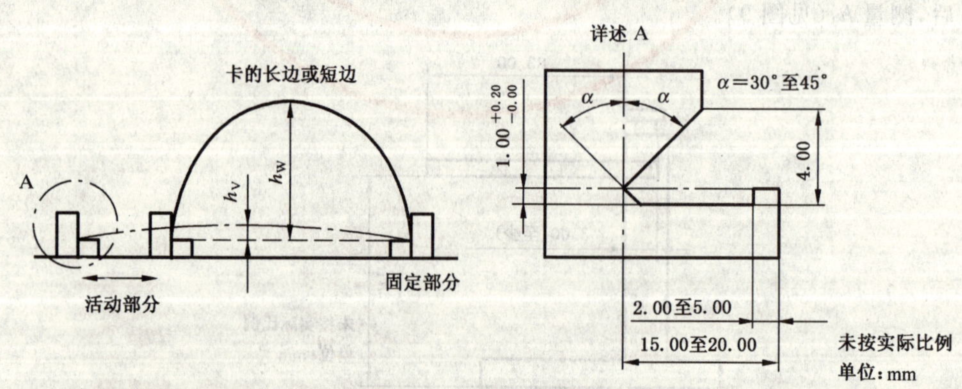

注：h_V 和 h_W 都在卡的背面测量。

图 10　单面弯曲的测试设备

注 1：h_V 和 h_W 是卡的下侧测量值。

注 2：卡耐用性测试装置在测试塑料材料卡的动态弯曲时，建议弯曲角为 30°。

5.8.2 规程

在测试前根据 4.2 预处理卡，并在 4.1 定义的测试环境下进行测试。

将卡放在图 10 所示的测试机的夹紧装置之间，卡定位，使弯曲沿着 B 轴卡的宽边进行(见图 11)。如果卡有触点，首先应将触点朝上放置卡。

设置仪器的行程最小偏移值 h_V 为 2.00 mm±0.50 mm。

进行基本标准所规定的弯曲总次数的四分之一次弯曲，如果未规定这样的次数，则进行 250 次弯曲。

重新放置该卡，使该卡的反面朝上，但卡的弯曲仍然沿 B 轴卡的宽边进行。

使用与前面相同的弯曲次数。

重新放置卡，并复位测试仪，使卡的原始面朝上，但弯曲仍然沿 A 轴卡的高边而进行(见图 11)。如果卡有触点，则应触点朝上放置该卡。

设置仪器的行程使获得的最小偏移值 h_V 为 1.00 mm±0.50 mm。

使用与前面相同的弯曲次数。

重新放置该卡，使卡的反面朝上，但弯曲仍然沿 A 轴卡的高边来进行。

进行与前面相同次数的弯曲。

在测试开始和结束时，检查卡是否有可测试的功能(见第 3 章)。在测试过程期间，也可以在任何方便的时刻检查该卡。

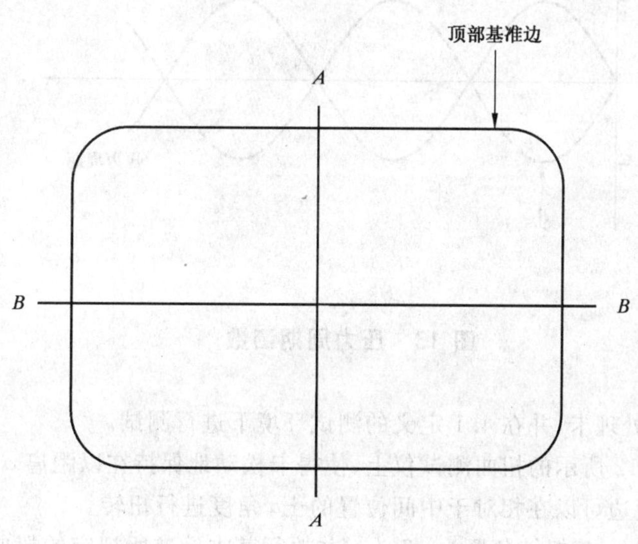

图 11 轴的定义

5.8.3 测试报告

测试报告应说明在测试结束时卡是否有可测试的功能(见第 3 章)。

5.9 动态扭曲应力(扭曲特性)

本测试的目的是确定由于对卡重复施加扭曲应力而引起的任何机械或电气的不利影响(见 GB/T 17553.1—1998和 GB/T 16649.1—2006)。

5.9.1 仪器

将动态扭曲应力施加到被测卡上所使用的仪器应如图 12 所示。

仪器以高达预先确定角度极限值的正弦曲线方式变化所施加的扭曲应力，如图 13 所示。

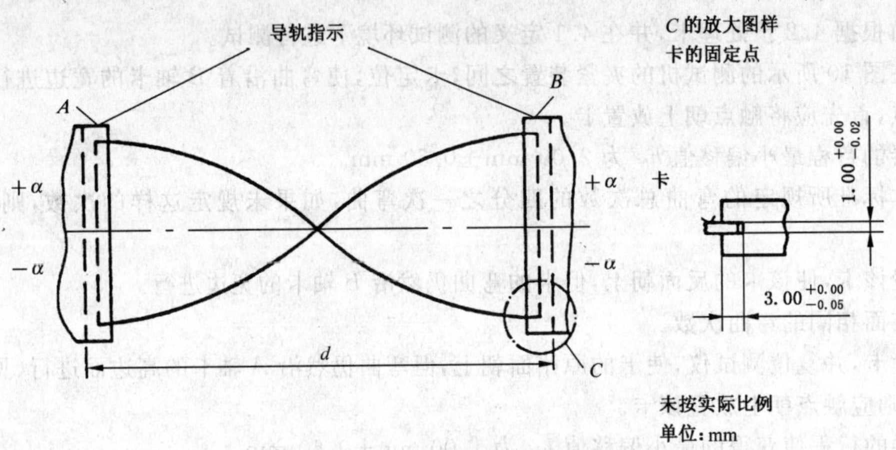

α——转动角度。

图 12 扭曲试验机

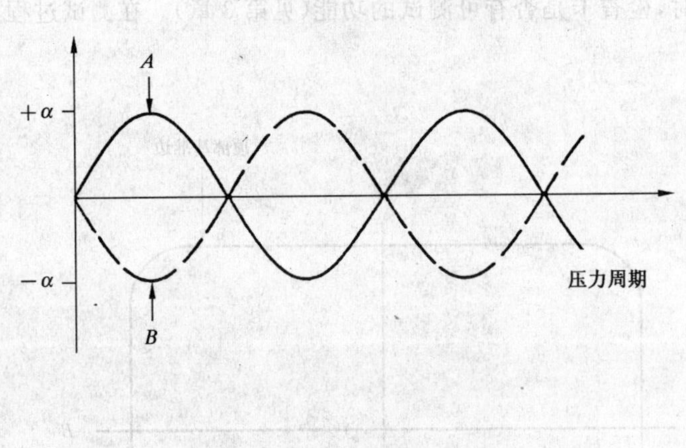

α——转动角度。

图 13 压力周期函数

5.9.2 规程

在测试前根据 4.2 预处理卡，并在 4.1 定义的测试环境下进行测试。

将被测卡放置在如图 12 所示的扭曲测试仪上，使得卡松动地保持在以距离 $d=86$ mm 隔开的两个导轨中的凹槽内，使卡的短边可以在相对于中间位置的 $\pm\alpha$ 角度进行扭转。

将测试频率置为 0.5 Hz，将扭转角置为 15°±1°并执行基本标准所规定的扭曲循环次数，如果未规定这样的次数，则执行 1 000 次扭曲循环。

在测试开始和结束时，检查卡是否有可测试的功能(见第 3 章)。在基本标准中所规定的扭曲循环的四分之一之后的测试期间也可以检查该卡。

5.9.3 测试报告

测试报告应说明在测试结束时卡是否有可测试的功能。

5.10 可燃性

本测试的目的是确定卡会燃烧的程度(见 GB/T 17552—1998)。

5.10.1 规程

在测试前根据 4.2 预处理卡，并在 4.1 定义的测试环境下进行测试。

固定卡的某一端在支撑物中，使其纵轴倾斜 45°。

将带有喷嘴直径为 8 mm～10 mm 的本生灯放置在卡的另一末端，并调节该灯使其产生与垂直方向成 30°角、高 25 mm 的稳定蓝色火焰。

图 14 示出了卡与燃烧器之间的物理关系。

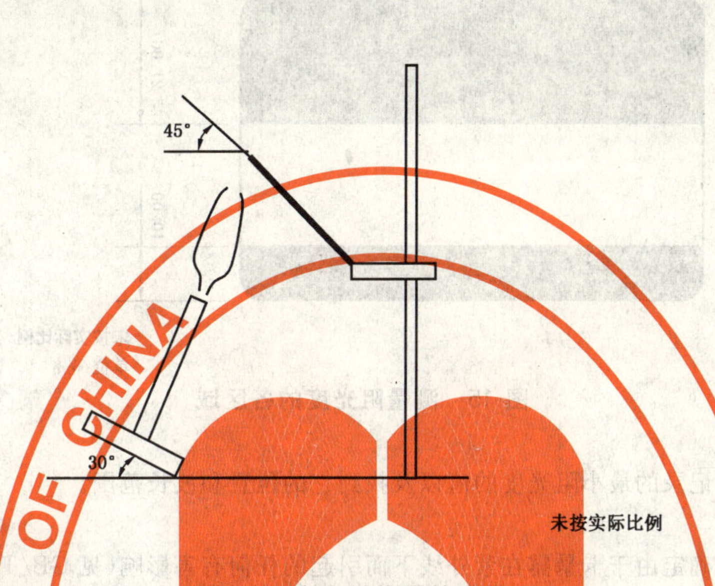

图 14 卡和燃烧器的安排

卡须经受燃烧器火焰 30 s。

警告：应在通风良好的区域中进行该测试。

从燃烧器火焰中取出后，测量卡火焰熄灭所用的时间。测量卡被烧毁的长度。

5.10.2 测试报告

测试报告应给出从燃烧器火焰中取出后测得的卡火焰熄灭所用的时间值。测试报告也应给出卡被烧毁的长度。

5.11 阻光度

本测试的目的是确定卡中规定区域的阻光度(见 GB/T 14916—2006)。

注：对于通过光源和传感器间传导光的衰减来检测到卡存在的应用来说，才要求这种测试。

5.11.1 仪器

一种分光光度计，它带有 8mm 间隔的集成球形光散射箱，能测量光谱范围为 400 nm～1 000 nm 的阻光度。

5.11.2 规程

在测试前根据 4.2 预处理卡，并在 4.1 定义的测试环境下进行测试。

遵循产品的说明书来校准仪器。

在图 15 所示卡的阴影区域内以及在基本标准所规定的任何其他区域内，找到并记录波长 450 nm～1 000 nm的范围内的最小阻光度，并以波长间隔为 20 nm 进行测量。

注：当位置早已确定时，会减少找到最小阻光度所要求的测量次数。

STANDARDS PRESS OF CHINA

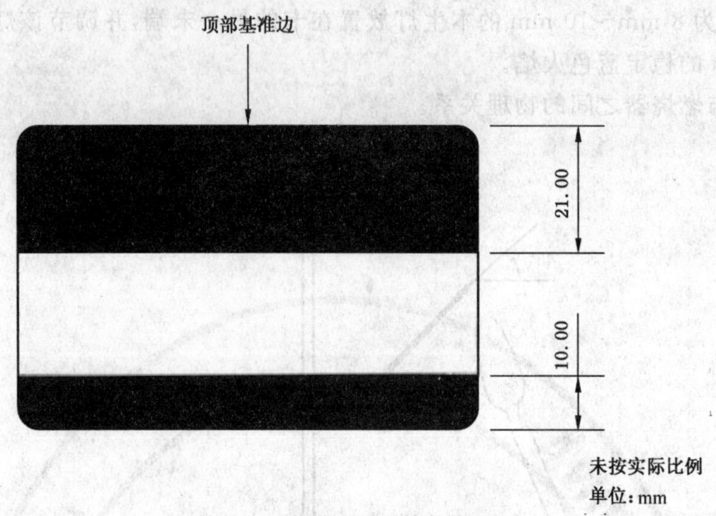

图 15 测量阻光度的各区域

5.11.3 测试报告

测试报告应给出记录的最小阻光度的值以及找到它的位置和波长范围。

5.12 紫外线

本测试的目的是确定由于卡暴露在紫外线下而引起的任何有害影响(见 GB/T 16649.1—2006)。

5.12.1 规程

在测试前根据 4.2 预处理卡,并在 4.1 定义的测试环境下进行测试。

将卡暴露在波长为 254 nm 的单色光下,确保测试环境条件得到维持。

将卡的正面曝光在总能量为 0.15 Ws/mm^2 下,然后对卡的背面重复该过程。

按照下列公式,卡表面的辐照度应该对应于 10 min～30 min 的曝光时间,

$$T(\mathrm{s}) = 0.15(\mathrm{Ws/mm^2}) / 辐照度(\mathrm{W/mm^2})$$

示例:在辐照度为 0.12 mW/mm^2 的情况下,曝光时间为 20 min 50 s。

在测试结束时,检查卡是否仍然维持可测试的功能。

5.12.2 测试报告

测试报告应说明在测试结束时卡是否有可测试的功能。

5.13 X 射线

本测试的目的是确定由于卡暴露在 X 射线下所引起的任何有害影响(见 GB/T 16649.1—2006)。

5.13.1 规程

在测试前根据 4.2 预处理卡,并在 4.1 定义的测试环境下进行测试。

将卡的两面暴露在具有 100 keV 加速电压的 X 射线辐射下或者暴露在标准所定义的剂量下。

在暴露之后,检查卡是否仍然维持可测试的功能。

5.13.2 测试报告

测试报告应说明在测试结束时卡是否有可测试的功能。

5.14 静磁场

本测试的目的是确定静磁场对卡的任何有害影响(见 GB/T 16649.1—2006)。

5.14.1 规程

测试前根据 4.2 预处理卡,并在 4.1 定义的测试环境下进行测试。

将卡引入其值是在标准设定的静磁场中。引入速度应在 200 mm/s 和 250 mm/s 之间。

在测试结束时,检查卡是否仍然维持可测试的功能。

5.14.2 测试报告

测试报告应说明在测试结束时卡是否有可测试的功能。

5.15 字符凸印的起伏高度

本测试的目的是获得卡中的凸印字符的总高度和每个字符的凸起高度(见 ISO/IEC 7811-1:1995)

5.15.1 仪器

一个千分尺,它带一个平滑砧和直径在 3 mm 至 8 mm 范围内的锥形轴。

5.15.2 规程

在测试前根据 4.2 预处理卡,并在 4.1 定义的测试环境下进行测试。

使用千分尺以 3.5 N～5.9 N 的力来测量任何一个字符的凸印高度。通过从直接测量得到的总高度值中减去在相关象限(见图 2)中测得的卡厚度来计算出凸起高度。

5.15.3 测试报告

测试报告应给出卡的凸印字符总高度值和每个字符凸起高度值。

5.16 抗热度

本测试的目的是为了确定暴露在规定的温度内卡的结构在基本标准的要求内是否保持稳定。卡的抗热度是通过确定卡暴露在某一温度后的变形来测量的(见 GB/T 14916—2006)。

与某一温度相关的卡的变形程度(Δh)是卡被放置到测试仪器上,卡的正面(Δh_F)和卡的反面(Δh_B)所获得的两个结果的最大值。

5.16.1 仪器

夹持装置,夹力 F_C=0.9 N±0.1 N(见图 16),以及一个温度和湿度能调节的温湿度箱。

5.16.2 规程

在测试前根据 4.2 预处理卡,并在 4.1 定义的测试环境下进行测试。

将卡固定在夹持装置上,使得它的短边完全被夹住,正面朝上。对带触点的集成电路卡,放置时卡的触点位置应与夹持装置相对。测量图 16 中的 h_1。

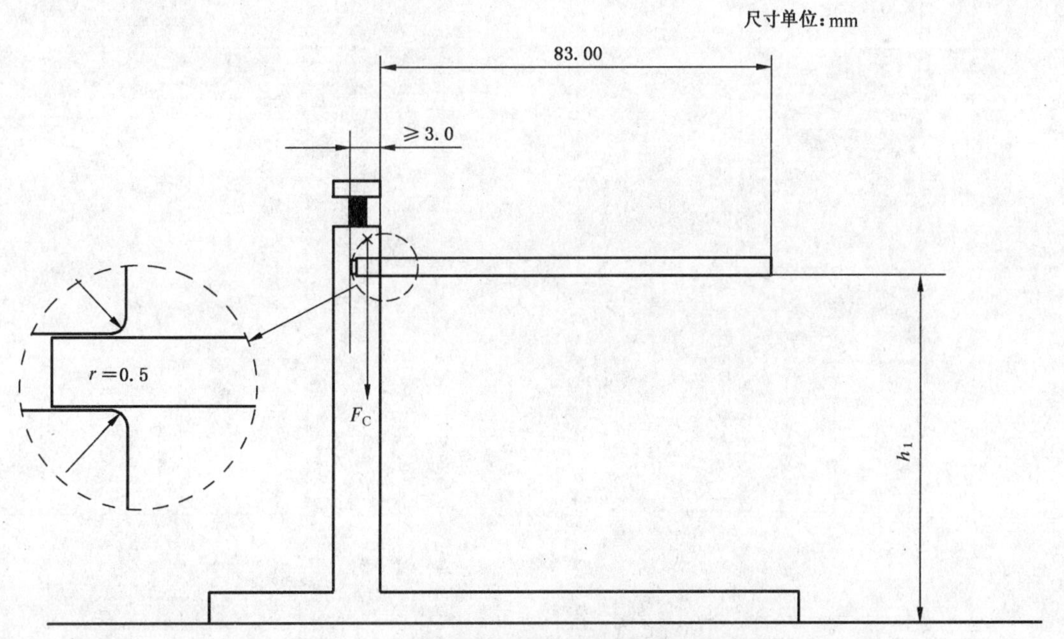

图 16 暴露在温度前卡在夹持装置上

把带卡的夹持装置放入到温湿度箱(温、湿度条件如基本标准中所描述)中 4 h。由于温湿度箱技术条件的限制温度在 50℃以上时可以没有湿度控制。确保测试卡没有被暴露在实验箱的气流中。

在测试周期的最后,从实验箱中移出带卡的夹持装置。在 4.1 定义的测试环境下经过至少 30 min 的冷却时间后测量图 17 中的 h_2。

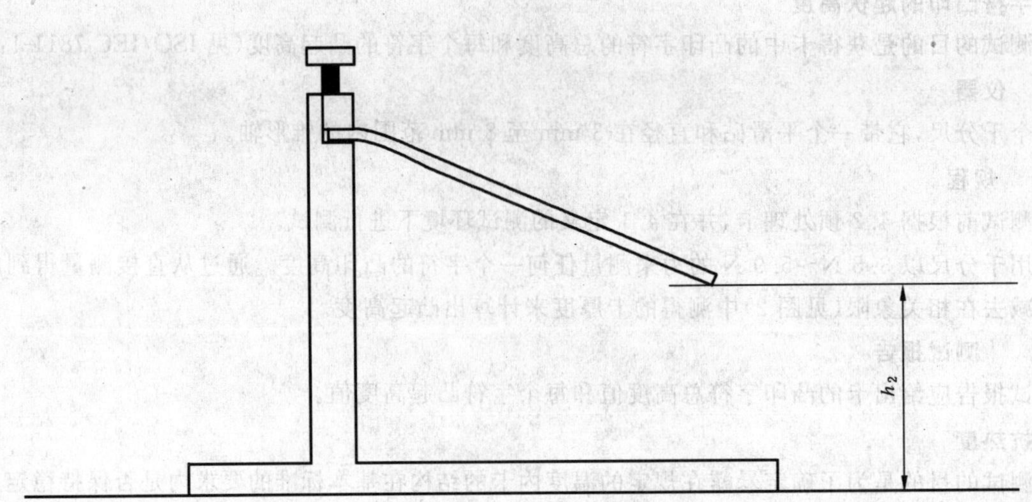

图 17 暴露在温度后卡在夹持装置上

计算 Δh_F:$\Delta h_F = h_1 - h_2$

用第 2 张相同质量的卡重复整个过程,这一次卡的反面朝上,并计算 Δh_B:$\Delta h_B = h_1 - h_2$

确定最大偏移 Δh:Maximum($|\Delta h_F|$,$|\Delta h_B|$)

目测卡是否分层和变色。

5.16.3 测试报告

测试报告应给出最大偏移 Δh 并说明在测试卡上是否发生了分层和变色。

ICS 35.240.15
L 64

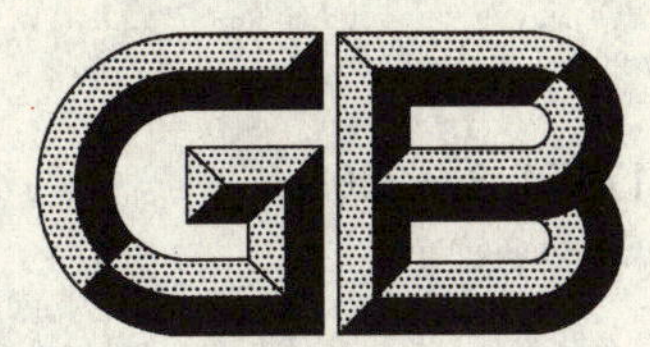

中华人民共和国国家标准

GB/T 17554.3—2006

识别卡 测试方法 第3部分：带触点的集成电路卡及其相关接口设备

Identification cards—Test methods—Part 3: Integrated circuit(s) cards with contacts and related interface devices

(ISO/IEC 10373-3:2001, MOD)

2006-03-14 发布 2006-07-01 实施

中华人民共和国国家质量监督检验检疫总局
中国国家标准化管理委员会 发布

前　言

GB/T 17554《识别卡　测试方法》拟分为7个部分：

——第1部分：一般特性测试

——第2部分：磁条卡

——第3部分：带触点的集成电路卡及其相关接口设备

——第4部分：无触点集成电路卡

——第5部分：光记忆卡

——第6部分：接近式卡

——第7部分：邻近式卡

本部分为GB/T 17554的第3部分。修改采用国际标准ISO/IEC 10373-3：2001《识别卡　测试方法　第3部分：带触点的集成电路卡及其相关接口设备》(英文版)。

本部分与ISO/IEC 10373-3：2001相比，增加和修改了下列内容：

a) 增加了4.6.2.2“参数定义”；

b) 附录A中增加了A.1.2“点压力测试”；

c) 附录A因增加A.1.2，其编号作了编辑性修改。

根据新版识别卡带触点的集成电路卡物理特性标准做了以上修改。

本部分的附录A是资料性附录。

本部分由中华人民共和国信息产业部提出。

本部分由中国电子技术标准化研究所归口。

本部分起草单位：中国电子技术标准化研究所。

本部分主要起草人：冯敬、蔡怀忠、耿力、金倩、刘华茂 。

识别卡 测试方法 第3部分:带触点的集成电路卡及其相关接口设备

1 范围

本部分定义了带触点的集成电路卡及其相关接口设备特性的测试方法,该方法与GB/T 16649给出的定义相适应。每一测试方法交叉引用一个或多个基础标准,这些基础标准可以是GB/T 14916,也可以是一个或多个定义了应用在识别卡应用的信息存储技术的补充标准。

注:接收标准不包含在本部分中,而是在以上提及的国家标准中。

本部分只定义了带触点的集成电路卡及其相关接口设备特性的测试方法;GB/T 17554.1定义了为一种或多种卡技术所共用的测试方法;其他部分则定义了各个专项技术的测试方法。

本部分中描述的若干测试方法可单独进行。规定的卡不要求顺序地通过所有测试。本部分中规定的测试方法基于GB/T 16649中的定义。

采用本部分中描述的测试方法确认合格的集成电路卡(ICC)和接口设备(IFD),不排除在实际使用时出现失效。本部分不包含可靠性测试的内容。

2 规范性引用文件

下列文件中的条款通过GB/T 17554的本部分的引用而成为本部分的条款。凡是注日期的引用文件,其随后所有的修改单(不包括勘误的内容)或修订版均不适用于本部分,然而,鼓励根据本部分达成协议的各方研究是否可使用这些文件的最新版本。凡是不注日期的引用文件,其最新版本适用于本部分。

GB/T 14916—2006 识别卡 物理特性(ISO/IEC 7810:1995,IDT)

GB/T 16649.1—2006 识别卡 带触点的集成电路卡 第1部分:物理特性(ISO/IEC 7816-1:1998,MOD)

GB/T 16649.2—2006 识别卡 带触点的集成电路卡 第2部分:触点的尺寸和位置(ISO/IEC 7816-2:1999,IDT)

GB/T 16649.3—2006 识别卡 带触点的集成电路卡 第3部分:电信号和传输协议(ISO/IEC 7816-3:1997,IDT)

GB/T 17554.1—2006 识别卡 测试方法 第1部分:一般特性测试(ISO/IEC 10373-1:1998,MOD)

GJB 548A—1996 微电子器件实验方法和程序 方法3015静电放电灵敏度的分类

ISO/IEC 7816-4:1995 识别卡 带触点的集成电路卡 第4部分:交换命令

3 术语和定义

下列术语和定义适用于本部分。

3.1

测试方法 test method

为了证实识别卡和相关接口设备符合若干标准而对其特性进行测试的方法。

3.2

可测试功能 testably functional

经受了某些可能的破坏性作用后,仍有以下功能:

a) 卡上的任何磁条示出了根据基本标准进行暴露前后信号幅度间的关系；

b) 卡上的任何集成电路仍然给出了符合基本标准的复位应答响应[1]；

c) 与卡上的任何集成电路相关的任何触点仍然给出了符合基本标准的电阻；

d) 卡上的任何光存储器仍然给出了符合基本标准的光学特性。

3.3

正常使用 normal use

涉及对卡技术而言是适当的设备处理的识别卡使用，以及设备操作之间个人文件的存储。

3.4

集成电路卡 ICC

GB/T 16649 系列标准定义的带触点的集成电路卡。

3.5

接口设备 IFD

GB/T 16649 系列标准定义的带触点的集成电路卡相关的接口设备。

3.6

被测器件 DUT

本部分中被测试的 ICC 或接口设备。

3.7

典型协议和特定应用通信 typical protocol and application specific communication

DUT 与相应测试设备之间的通信，该通信基于 DUT 中实现的协议和应用，能够代表 DUT 的正常使用。

3.8

测试方案 test scenario

规定的典型协议和特定应用通信用于本部分定义的测试方法。

4 测试方法的默认条款

4.1 测试环境

除非另有规定，物理、电学和逻辑特性测试应在温度为 23℃±3℃和相对湿度为 40%～60%的环境下进行。

4.2 预处理

若测试方法要求预处理，除非另有规定，则在测试前应将待测试的识别卡在测试环境中放置 24 h。

4.3 默认容差

除非另有规定，规定测试设备(例如，线性尺寸)和测试方法规程(例如，测试设备校准)的特性参数的默认容差为±5%。

4.4 总度量的不确定性

这些测试方法所确定的每个数值的总度量不确定性应在测试报告中予以说明。

4.5 电气测量的约定

电位差是相对于卡的 GND 触点定义的，流入卡的电流被认为是正的。

4.6 设备

4.6.1 默认 ICC 支架、参考轴和默认测试位置

当测试方法需要时，ICC 应放置于以下定义的默认位置。

1) 本部分并不定义建立全面起作用的集成电路卡的任何测试。这些测试方法仅要求验证最小功能度(可测试功能)。在适合的情况下，这可以通过进一步加以补充应用特定功能度准则，但该准则在一般情况下是不具有的。

默认的测试位置要求 ICC 放置于 ICC 支架上并由平板展平。采用该默认测试位置的所有测试应以图 1 给出的参考轴为准。

4.6.1.1 **默认的 ICC 支架和参考轴**

默认的 ICC 支架应与图 1 一致。

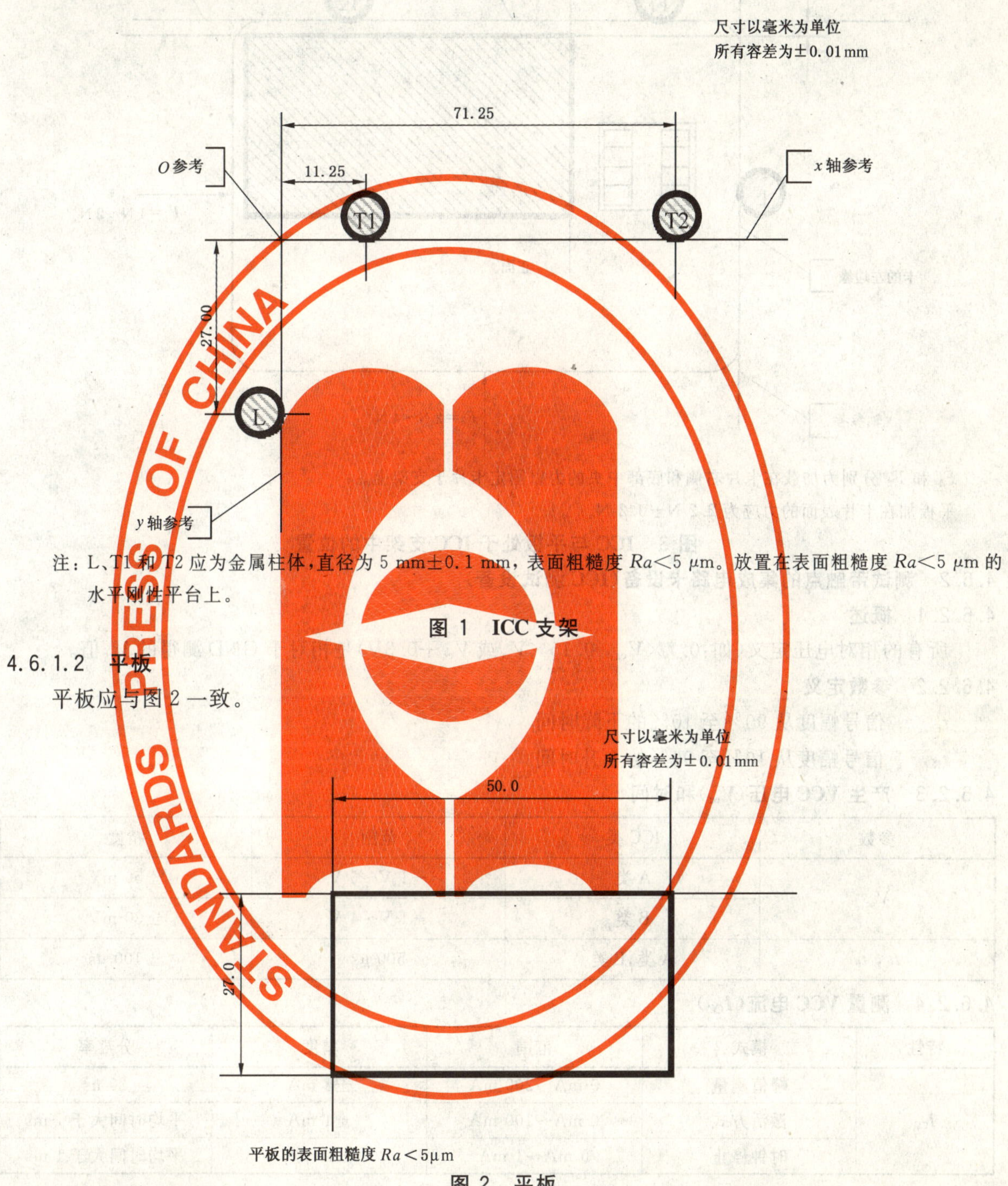

注：L、T1 和 T2 应为金属柱体，直径为 5 mm±0.1 mm，表面粗糙度 $Ra<5$ μm。放置在表面粗糙度 $Ra<5$ μm 的水平刚性平台上。

图 1 ICC 支架

4.6.1.2 **平板**

平板应与图 2 一致。

图 2 平板

4.6.1.3 **默认测试位置**

ICC 和平板应安装在 ICC 支架上，如图 3 所示：

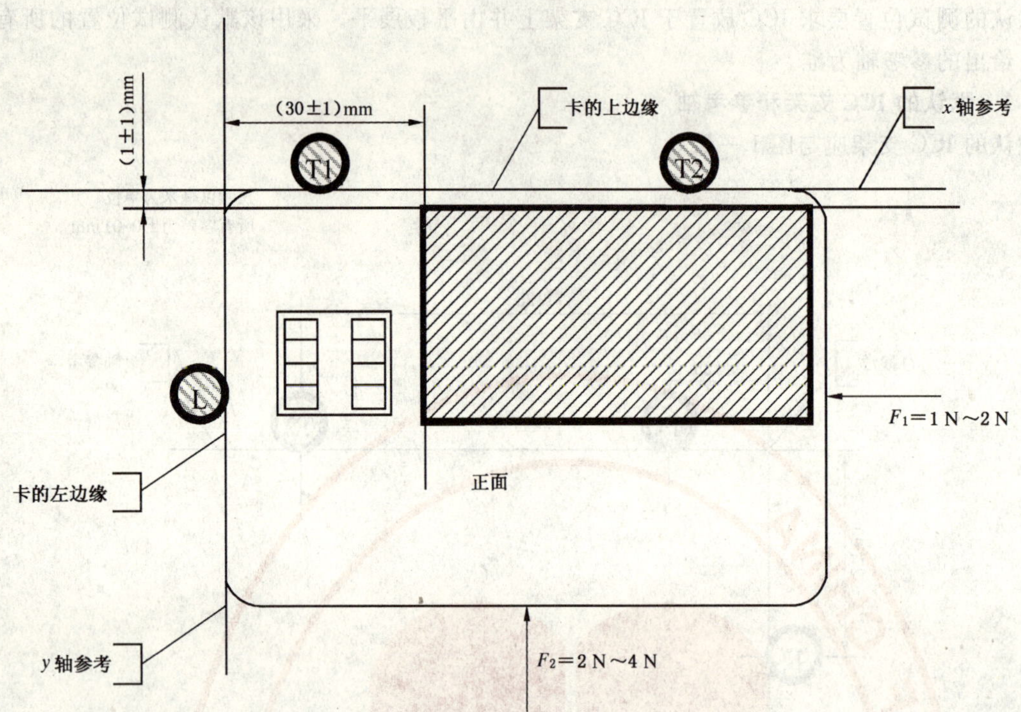

F_1 和 F_2 分别为加载在卡片右侧和底部中央的力以固定卡片于支架上。

平板加在卡片表面的力应为 2.2 N±0.2 N。

图 3　ICC 与平板处于 ICC 支架中的位置

4.6.2　测试带触点的集成电路卡设备(ICC 测试设备)

4.6.2.1　概述

所有的相对电压定义(如:0.7×V_{cc}，0.15×V_{cc}或 V_{cc}+0.3V)是相对于 GND 测得的 V_{cc}值。

4.6.2.2　参数定义

t_F　　信号幅度从 90%至 10%的下降时间

t_R　　信号幅度从 10%至 90%的上升时间

4.6.2.3　产生 VCC 电压(V_{cc})和时间

参数	ICC 类	范围	精度
V_{cc}	A 类	−1 V～6 V	±50 mV
	B 类	−1 V～4 V	±30 mV
t_R，t_F	A 类,B 类	500 μs	±100 μs

4.6.2.4　测量 VCC 电流(I_{CC})

特性	模式	范围	精度	分辨率
I_{CC}	峰值测量	0 mA～200 mA	±2 mA	20 ns
	激活方式	0 mA～100 mA	±1 mA	平均时间大于 1 ms
	时钟停止	0 mA～1 mA	±10 μA	平均时间大于 1 ms

4.6.2.5　产生 VPP 电压(V_{PP})和时间

参数	ICC 类	范围	精度	分辨率
V_{pp}	A 类	−1 V～26 V	±50 mV	20 ns
t_R,t_F	A 类	1 μs～220 μs	±1 μs	
注：ICC 中的应用可以不实现某些功能,在这种情况下 ICC 测试设备不要求具有相应的测试能力(如 V_{pp})。				

4.6.2.6 测量 VPP 电流(I_{PP})

特性	模式	范围	精度	分辨率
I_{pp}	激活（编程状态）	0 mA～100 mA	±1 mA	100 ns
	非激活(暂停)	0 mA～100 mA	±1 mA	100 ns
注：ICC 中的应用可以不实现某些功能，在这种情况下 ICC 测试设备不要求具有相应的测试能力(如 I_{pp})。				

4.6.2.7 产生 RST 电压和时间

参数	ICC 类	范围	精度
V_{IH}	A 类	2 V～6 V	±50 mV
	B 类	2 V～4 V	±30 mV
V_{IL}	A 类	−1 V～2 V	±50 mV
	B 类	−1 V～2 V	±30 mV
t_R , t_F		0 μs～2 μs	±20 ns

4.6.2.8 测量 RST 电流

特性	模式	范围	精度	分辨率
I_{IH}	激活	−30 μA～200 μA	±10 μA	100 ns
I_{IL}	激活	−250 μA～30 μA	±10 μA	100 ns

4.6.2.9 产生接收状态的 I/O 电压和时间

参数	状态	ICC 类	范围	精度
V_{IH}	ICC:接收，测量设备:发送	A 类	2 V～6 V	±50 mV
		B 类	2 V～4 V	±30 mV
V_{IL}	ICC:接收，测量设备:发送	A 类	−1 V～2 V	±50 mV
		B 类	−1 V～2 V	±30 mV
t_R , t_F	ICC:接收，测量设备:发送		0 μs～2 μs	±100 ns

4.6.2.10 测量接收模式的 I/O 电流

参数	模式	范围	精度	分辨率
I_{IH}	ICC:接收，测量设备:发送	−350 μA～30 μA	±1 μA	100 ns
I_{IL}	ICC:接收，测量设备:发送	−1.5 mA～30 μA	±10 μA	100 ns

4.6.2.11 产生的 I/O 电流

参数	模式	范围	精度	到达要求电平后的稳定时间
I_{OH}	ICC:发送，测量设备:接收	VCC 上接 20 kΩ 的上拉电阻或等效电路	±200 Ω	
I_{OL}	ICC:发送，测量设备:接收	0 mA～1.5 mA	±10 μA	<100 ns

4.6.2.12 **测量 I/O 电压和时间**

特性	ICC 类	范围	精度	分辨率
V_{IH}, V_{IL}	A 类	−1 V～6 V	±50 mV	20 ns
V_{IH}, V_{IL}	B 类	−1 V～4 V	±30 mV	20 ns
t_R, t_F		0 μs～2 μs	±20 ns	

4.6.2.13 **产生 CLK 电压**

参数	ICC 类	范围	精度	分辨率
V_{IH}	A 类	2 V～6 V	±50 mV	20 ns
	B 类	2 V～4 V	±30 mV	20 ns
V_{IL}	A 类	−1 V～2 V	±50 mV	20 ns
	B 类	−1 V～2 V	±30 mV	20 ns

4.6.2.14 **产生 CLK 波形(单周期测量)**

参数	范围	精度
占空比	周期的 35%～65%	±5 ns
频率	0.5 MHz～5.5 MHz	±5 kHz
频率	5 MHz～20.5 MHz	±50 kHz
t_R, t_F	周期的 1%～10%	±5 ns

4.6.2.15 **测量 CLK 电流**

特性	模式	范围	精度	分辨率
I_{IH}	激活	−30 μA～150 μA	±10 μA	20 ns
I_{IL}	激活	−150 μA～30 μA	±10 μA	20 ns

4.6.2.16 **测量 RST,CLK 和 I/O 的接触电容**

特性	范围	精度
C	0 pF～50 pF	±5 pF
注:接触点的接触电容应在接触点和地之间进行测量。		

4.6.2.17 **产生激活和停活触点的信号序列**

切换信号的范围	精度
0 s～1 s	±200 ns(或 1 个时钟周期,取其中的较小的一个)

4.6.2.18 **I/O 协议的仿真**

ICC 测试设备应能仿真 T=0 和 T=1 协议,并能仿真需要运行对应于 ICC 典型应用的特定通信程序的 IFD 应用。

注:ICC 可以不实现某些特定功能,这样在该情况下的 ICC 测试装置不需要对应的测试能力(如,ICC 可以不实现 T=1协议)

4.6.2.19 **在接收模式产生 I/O 字符时序**

ICC 测试设备应能按照 GB/T 16649.3—2006 的要求生成 I/O 位流。

所有的参数如位长,保护时间,错误标识信号等,应能进行配置。

参数	精度
所有时序参数	±4 个时钟周期

4.6.2.20 **I/O 协议的测试和监控**

ICC 测试设备应能测试和监控相对于 CLK 频率的 I/O 线上的逻辑高低电平的时序。

特征	精度
所有时序特征	±2 个时钟周期

4.6.2.21 **协议分析**

ICC 测试装置应能对符合 GB/T 16649.3—2006 中 T=0 和 T=1 协议的 I/O 位流进行分析，并能提取逻辑数据流以便进行进一步的协议和应用验证。

注：ICC 中的应用可能不实现某些功能，在该情况下的 ICC 测试装置不需要对应的测试能力(如，ICC 中的应用可能不实现 T=1 协议)。相反地，测试装置可能需要扩展功能，例如，如果 ICC 不支持标准命令 READ BINARY，应能产生 case 2 命令。(见 ISO/IEC 7816-4:1995)

4.6.3 **测试接口设备的装置(IFD 测试装置)**

4.6.3.1 **概述**

所有相对电压定义(如：$0.7\times V_{cc}$，$0.15\times V_{cc}$ 或 $V_{cc}+0.3$ V)是相对于 GND 的且以当时所测得的 V_{CC} 为参照。

4.6.3.2 **产生 VCC 电流(I_{CC})**

参数	模式	范围	精度	到达电平后的稳定时间
I_{CC}	产生尖峰	0 mA～120 mA	±2 mA[b]	<100 ns
	激活模式	0 mA～70 mA	±1 mA	<100 ns
	空闲模式(时钟停止)	0 mA～1.2 mA	±10 μA	<100 ns
	非激活[a]	−1.2 mA～0 mA	±10 μA	<100 ns
t_R，t_F		100 ns	±50 ns	
脉冲长度		100 ns～500 ns	±50 ns	
常规暂停长度		100 ns～1 000 ns	±50 ns	
随机暂停长度		10 μs～2 000 μs	±1 μs	

[a] 最大的输出电压应低于 5 V。

[b] 产生尖峰的动态条件。

4.6.3.3 **测量 VCC 电压(V_{cc})和时间**

特性	ICC 类	范围	精度	分辨率
V_{cc}	A 类	−1 V～6 V	±50 mV	20 ns
	B 类	−1 V～4 V	±30 mV	20 ns

4.6.3.4 **产生 VPP 电流(I_{pp})**

参数	模式	范围	精度	到达电平后的稳定时间
I_{pp}	激活	0 mA～100 mA	±1 mA	<100 ns
	非激活[a]	−1.2 mA～0 mA	±10 μA	<100 ns

[a] 输出电压应限制在 −0.5 V～V_{pp}。

STANDARDS PRESS OF CHINA

4.6.3.5 测量 VPP 电压(V_{pp})和时间

参数	ICC 类	电压范围	精度	分辨率
V_{pp}	A类	−1 V～25 V	±50 mV	20 ns
t_R, t_F	A类	1 μs～220 μs	±1 μs	

4.6.3.6 产生 RST 电流

参数	模式	电压范围	精度	到达电平后的稳定时间
I_{IH}	激活	−30 μA～200 μA	±10 μA	<100 ns
I_{IL}	激活	−250 μA～30 μA	±10 μA	<100 ns
I[a]	非激活	−1.2 mA～0 mA	±10 μA	<100 ns
a 输出电压应限制在−0.5 V～5.5 V。				

4.6.3.7 测量 RST 电压和时间

特性	ICC 类	范围	精度	分辨率
V_{IH}	A类	2 V～6 V	±50 mV	20 ns
	B类	2 V～4 V	±30 mV	20 ns
V_{IL}	A类	−1 V～2 V	±50 mV	20 ns
	B类	−1 V～2 V	±30 mV	20 ns
t_R, t_F		0 μs ～ 2 μs	±20 ns	

4.6.3.8 产生 I/O 电流

参数	方式	范围	精度	到达电平后的稳定时间
I_{IH}, I_{OH}	测试装置:接收和发送 IFD:发送和接收	−400 μA～50 μA	±5 μA	<100 ns
I_{IL}	测试装置:接收和发送 IFD:发送和接收	0 mA～1.5 mA	±10 μA	<100 ns
I_{OL}	IFD:接收	0 μA～1 200 μA	±10 μA	<100 ns
I[a]	非激活	−1.2 mA～0 mA	±10 μA	<100 ns
a 输出电压应限制在−0.5 V～5.5 V。				

4.6.3.9 测量 I/O 电压和时间

特性	ICC 类	范围	精度	分辨率
V_{IH}	A类	2 V～6 V	±50 mV	20 ns
	B类	2 V～4 V	±30 mV	20 ns
V_{IL}	A类	−1 V～2 V	±50 mV	20 ns
	B类	−1 V～2 V	±30 mV	20 ns
t_R, t_F		0 μs ～ 2 μs	±20 ns	

4.6.3.10 产生传输状态的 I/O 电压和时间

参数	ICC 类	范围	精度
V_{OH}	A 类	2 V～6 V	±50 mV
	B 类	2 V～4 V	±30 mV
V_{OL}	A 类	−1 V～2 V	±50 mV
	B 类	−1 V～2 V	±30 mV
t_R，t_F		0 μs～2 μs	±20 ns
注：因为上升沿的产生机制，只需要产生 V_{OH}，且在上升沿后的至少 10 μs 后应关闭。			

4.6.3.11 测试传输状态的 I/O 电流

参数	模式	范围	精度	分辨率
I_{OL}	发送	0 μA～1 200 μA	±10 μA	20 ns
I[a]	非激活	0 mA～1.2 mA	±10 μA	20 ns
a 输出电压应限制在−0.5 V～5.5 V。				

4.6.3.12 产生 CLK 电流

参数	模式	范围	精度	达到电平后的稳定时间
I_{IH}	激活	−30 μA～150 μA	±10 μA	<20 ns
I_{IL}	激活	−150 μA～30 μA	±10 μA	<20 ns
I[a]	非激活	−1.2 mA～0 mA	±10 μA	<100 ns
a 输出电压应限制在−0.5 V～5.5 V。				

4.6.3.13 测量 CLK 电压和时间

特性	ICC 类	范围	精度	分辨率
V_{IH}	A 类	2 V～6 V	±50 mV	20 ns
	B 类	2 V～4 V	±30 mV	20 ns
V_{IL}	A 类	−1 V～2 V	±50 mV	20 ns
	B 类	−1V～2 V	±30 mV	20 ns

4.6.3.14 测量 CLK 波形(单周期测量)

特性	范围	精度
占空比[a]	周期的 35%～65%	周期的±2.5%
频率[b]	0.5 MHz～20.5 MHz	周期的±2.5%
t_R，t_F	周期的 1%～10%	周期的±2.5%
IFD 测试装置在测试中应能检查每个周期。		
a 测定占空比应从 V_H 最小值(100%)上升沿的 50%到 V_L 最大值(0%)上升沿的 50%。		
b 频率应从相邻时钟周期上升沿的 V_H(100%)最小值到 V_L(0%)最大值之间进行测量。		

4.6.3.15 测量 GND 与 I/O 间的接触电容

特性	范围	精度
C	0 pF～50 pF	±5 pF

4.6.3.16 **I/O 协议的仿真**

IFD 测试装置应能仿真 T=0 和 T=1 协议及需要运行测试流程的 ICC 程序。

注：ICC 可以不实现某些特定功能，这样在该情况下的 ICC 测试装置不需要对应的测试能力(如，ICC 可以不实现 T=1 协议)。

4.6.3.17 **在发送状态产生 I/O 特征时序**

IFD 测试设备应能产生符合 GB/T 16649.3—2006 与时钟频率相关的 I/O 位流。

所有的参数如位长、保护时间、错误标识信号等，应能进行配置。

参　数	精　度
所有时序参数	±4 个时钟周期

4.6.3.18 **I/O 协议的测试和监控**

IFD 测试设备应能测试和监控相对于 CLK 频率的 I/O 线上的逻辑高低电平。

特征	精度
所有时序特征	±2 个时钟周期

4.6.3.19 **协议分析**

IFD 测试装置应能分析符合 GB/T 16649.3—2006 T=0 和 T=1 协议的 I/O 位流，并能提取逻辑数据流以便进行进一步的协议和应用验证。

注：ICC 可以不实现某些特定功能，这样在该情况下的 IFD 测试装置不需要对应的测试能力(如，ICC 可以不实现 T=1 协议)。

4.6.3.20 **总阻抗(电流和电压源处于停活状态)**

接触点	阻抗	精度	电容	精度
VCC	10 kΩ	±1 kΩ	30 pF	±6 pF
VPP	50 kΩ	±5 kΩ	30 pF	±6 pF
I/O	50 kΩ	±5 kΩ	30 pF	±6 pF
RST	50 kΩ	±5 kΩ	30 pF	±6 pF
CLK	50 kΩ	±5 kΩ	30 pF	±6 pF

4.6.4 **测试方案**

按第 6,7,8 和 9 章的定义对 DUT 进行测试需要执行一个测试方案。本测试方案是典型的应用通信协议，它基于 DUT 中可预见的常规应用专有功能协议和应用。

测试方案应定义为能完成所有测试，且应记录测试结果。该测试方案应包含一个代表性的子集，或如果实际情况允许，最好包括 DUT 在正常应用中的所有功能。测试方案应至少持续 1 s。

注：测试需要关于实现协议和 DUT 的专有应用信息，以便能为测试定义出测试方案。

4.7 各类测试方法和与之相关的基本标准

表 1　带触点 IC 卡的物理特性的测试方法

测试方法		相应要求	
章条号	名称	基本标准	章条号
5.1	触点的尺寸和位置	GB/T 16649.2—2006	3,4
5.2	静电	GB/T 16649.1—2006	4.2.7
5.3	触点的表面电阻	GB/T 16649.1—2006	4.2.5
5.4	触点表面轮廓	GB/T 16649.1—2006	4.2.3

表 2 带触点 IC 卡的电特性的测试方法

测试方法		相应要求	
章条号	名称	基本标准	章条号
6.1	VCC 触点	GB/T 16649.3—2006	4.3.2
6.2	I/O 触点	GB/T 16649.3—2006	4.3.3
6.3	CLK 触点	GB/T 16649.3—2006	4.3.4
6.4	RST 触点	GB/T 16649.3—2006	4.3.5
6.5	VPP 触点	GB/T 16649.3—2006	4.3.6

表 3 带触点 IC 卡的逻辑操作的测试方法——复位应答(ATR)

测试方法		相应要求	
章条号	名称	基本标准	章条号
7.1.1	冷复位和复位应答(ATR)	GB/T 16649.3—2006	5.2，5.3.2，6.3
7.1.2	热复位	GB/T 16649.3—2006	5.3.3
7.1.3	A 类操作的选择	GB/T 16649.3—2006	4.2.2

表 4 带触点 IC 卡的逻辑操作的测试方法——T=0 协议

测试方法		相应要求	
章条号	名称	基本标准	章条号
7.2.1	符合 T=0 协议下 I/O 传输时序	GB/T 16649.3—2006	6.3.1，6.3.2，8.2
7.2.2	符合 T=0 协议下 I/O 字符重发	GB/T 16649.3—2006	6.3.3，8.2
7.2.3	符合 T=0 协议下 I/O 接收时序和错误信号	GB/T 16649.3—2006	6.3.1，6.3.2，6.3.3，8.2

表 5 带触点 IC 卡的逻辑操作的测试方法——T=1 协议

测试方法		相应要求	
章条号	名称	基本标准	章条号
7.3.1	符合 T=1 协议下 I/O 发送时序	GB/T 16649.3—2006	6.3.1,6.3.2,6.5.3,9.3,9.4,9.5.2,9.5.3
7.3.2	符合 T=1 协议下 I/O 接收时序	GB/T 16649.3—2006	6.3.1,6.3.2,6.5.3,9.3,9.4,9.5.2,9.5.3
7.3.3	IC 卡字符等待时间(CWT)特性	GB/T 16649.3—2006	9.5.3.1
7.3.4	IC 卡对接口设备超过字符等待时间(CWT)的反应	GB/T 16649.3—2006	9.5.3.1
7.3.5	块保护时间(BGT)	GB/T 16649.3—2006	9.5.3.3
7.3.6	IC 卡的块排序	GB/T 16649.3—2006	9.7.3
7.3.7	IC 卡对协议差错的反应	GB/T 16649.3—2006	9.7.3
7.3.8	由 IC 卡恢复的传送差错	GB/T 16649.3—2006	9.7.3
7.3.9	重新同步	GB/T 16649.3—2006	9.7.3
7.3.10	IFSD 协商	GB/T 16649.3—2006	9.5.2
7.3.11	IFD 放弃	GB/T 16649.3—2006	9.7.3

STANDARDS PRESS OF CHINA

表 6 IFD 物理和电气特性的测试方法

测试方法		相应要求	
章条号	名称	基本标准	章条号
8.1	触点激活	GB/T 16649.3—2006	5.2,5.3.1,5.3.2
8.2	VCC 触点	GB/T 16649.3—2006	4.3.2
8.3	I/O 触点	GB/T 16649.3—2006	4.3.3
8.4	CLK 触点	GB/T 16649.3—2006	4.3.4
8.5	RST 触点	GB/T 16649.3—2006	4.3.5
8.5	VPP 触点	GB/T 16649.3—2006	4.3.6
8.6	触点停活	GB/T 16649.3—2006	5.4

表 7 IFD 逻辑操作的测试方法——复位应答(ATR)

测试方法		相应要求	
章条号	名称	基本标准	章条号
9.1.1	ICC 复位(冷复位)	GB/T 16649.3—2006	5.3.2
9.1.2	ICC 复位(热复位)	GB/T 16649.3—2006	5.3.3

表 8 IFD 逻辑操作的测试方法——T=0 协议

测试方法		相应要求	
章条号	名称	基本标准	章条号
9.2.1	符合 T=0 协议 I/O 发送时序	GB/T 16649.3—2006	6.3.1,6.3.2,8.2
9.2.2	符合 T=0 协议的 I/O 字符重发	GB/T 16649.3—2006	6.3.3,8.2
9.2.3	符合 T=0 协议的 I/O 接受时序和差错信号	GB/T 16649.3—2006	6.3.1,6.3.2, 6.3.3,8.2

表 9 IFD 逻辑操作的测试方法——T=1 协议

测试方法		相应要求	
章条号	名称	基本标准	章条号
9.3.1	符合 T=1 协议,I/O 发送时序	GB/T 16649.3—2006	6.3.1,6.3.2, 6.5.3,9.3,9.4, 9.5.2,9.5.3
9.3.2	符合 T=1 协议的 I/O 接收时序	GB/T 16649.3—2006	6.3.1,6.3.2, 6.5.3,9.3,9.4, 9.5.2,9.5.3
9.3.3	IFD 的字符等待时间(CWT) 特性	GB/T 16649.3—2006	9.5.3.1
9.3.4	IFD 对 ICC 超过字符等待时间(CWT)的反应	GB/T 16649.3—2006	9.5.3.1
9.3.5	块保护时间(BGT)	GB/T 16649.3—2006	9.5.3.3
9.3.6	IFD 的块排序	GB/T 16649.3—2006	9.7.3
9.3.7	由 IFD 传送差错的恢复	GB/T 16649.3—2006	9.7.3
9.3.8	IFSC 协商	GB/T 16649.3—2006	9.5.2
9.3.9	通过 ICC 终止	GB/T 16649.3—2006	9.7.3

5 带触点的集成电路卡物理特性的测试方法

5.1 触点的尺寸和位置

本测试的目的是测量 IC 卡触点的尺寸和位置与 GB/T 16649.2—2006 的兼容性。

5.1.1 设备

一个与 4.6.1 相符的 ICC 支架和平板。

任意在指定精度范围内的可执行测试规程的设备。

5.1.2 规程

a) 将 IC 卡固定在默认的位置上，如 4.6.1；

b) 在 IC 卡表面构造两条平行于 X 轴的线和两条平行于 Y 轴的线。形成一个最小区域包含触点 C1，符合 GB/T 16649.2—2006 定义，精度小于等于 0.01 mm；

c) 检查由这四条线构成的闭合区域是否完全包围了触点的金属部分，并记下结果；

d) 检查由这四条线构成的闭合区域包围的金属部分是否与其他的金属部分相连，并记下结果；

e) 对于触点 C2 到 C8 重复 b)到 d)。

5.1.3 测试报告

测试报告应给出每个触点是否符合规定的最小区域，并检查该区域是否完全由触点的金属表面覆盖、以及该触点是否与其他的触点相连。

5.2 静电

本测试的目的是测试 IC 卡静电是否符合基本标准的要求，测试方法见 GJB 548A—1996 方法 3015。

5.2.1 测试报告

测试报告应说明被测器件具体失效门限分类。

5.3 触点的表面电阻

本测试的目的是测量 IC 卡触点表面的电阻。

5.3.1 设备

范围为 10 mΩ 到 2 Ω，精度为±2 mΩ 的欧姆表，如图 4 的测试探针。

测量的电流应小于等于 100 mA，电压应小于等于 20 mV。

5.3.2 规程

将 IC 卡放置在平坦硬质平板上；

将两个测试探针加到 IC 卡触点上。触点定义如 GB/T 16649.2—2006；

测量加在两个触点上的测试探针之间的电阻。

注：在探针接触到触点后就开始施加电流和电压。

5.3.3 测试报告

测试报告应给出每个触点的电阻值。

5.3.4 初始要求

此标准不规定电阻的初始值，在标准修订之前，可设定触点表面的最大允许电阻为 500 mΩ。

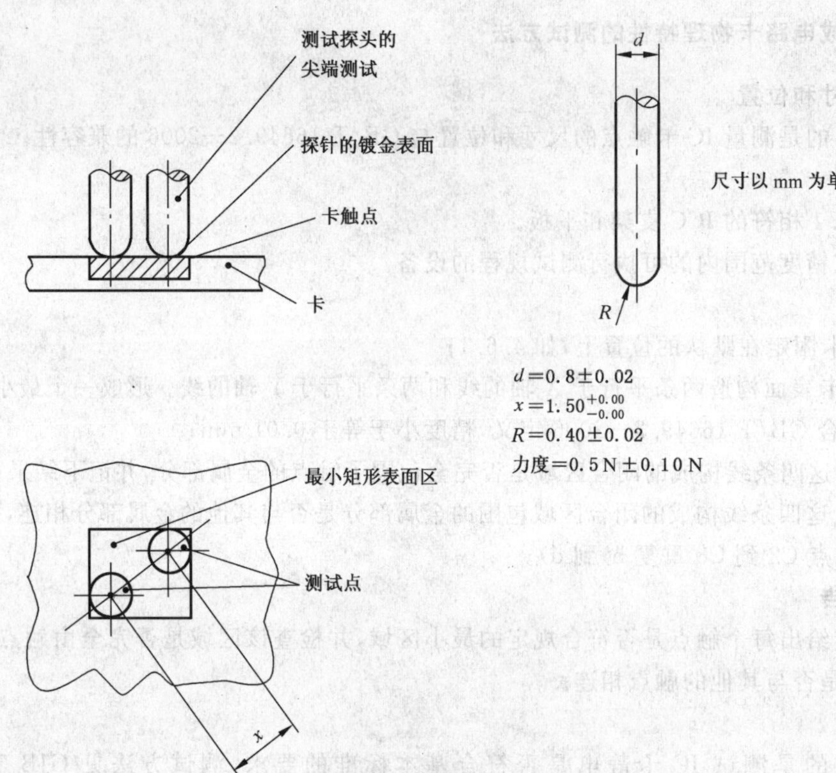

图 4 测试探针

5.4 触点表面轮廓

本测试的目的是测量 IC 卡触点和 IC 卡表面之间的厚度差别。

5.4.1 设备

一个与 4.6.1 相符的 ICC 支架和平板。

使用精度为 0.01 mm 的测量仪器测量刚性平板和 IC 卡表面的垂直距离，测量区域在所有方向上应大于被测 IC 卡的触点表面 2.5 mm。测量探针如图 5 所示。

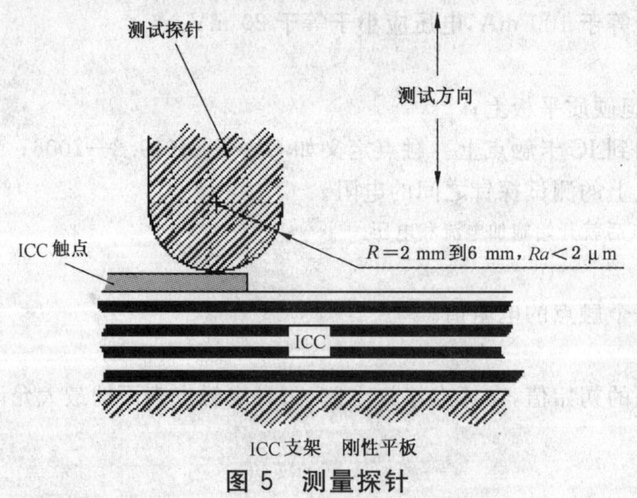

图 5 测量探针

5.4.2 规程

在如下规程中，探针到测量线的距离误差不能超过 0.5 mm。

a) 将 IC 卡放在如 4.6.1 定义的测量平板上；

b) 在 IC 卡表面沿着触点 C1 中心到 C5 中心画一条测量线，头和尾都留出 2 mm 的余量(如图 6)；

c) 测量刚性平台到测量线的头的距离和刚性平台到测量线的尾的距离，计算两个距离的平均值，以下称为“卡基厚度”；

d) 测量刚性平台到IC卡上测量线的最大距离和最小距离；

e) 计算卡基厚度和最大距离、最小距离的差值，大于卡基厚度的为正，小于的为负；

f) 画出C2到C6、C3到C7、C4到C8的测量线，重复b)到e)；

g) 得出由e)得到的各个值中的最大值和最小值。

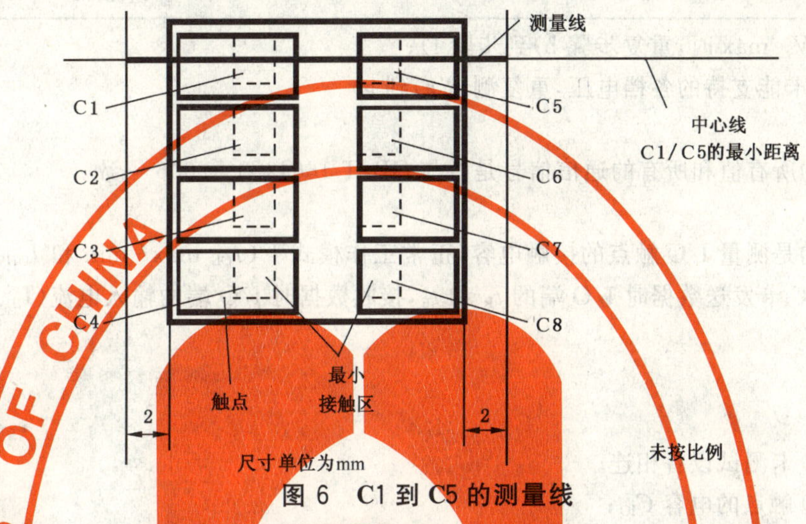

图6 C1到C5的测量线

5.4.3 测试报告

测试报告应给出规程中步骤g)的最大值和最小值，测量探针的半径。

6 带触点的集成电路卡电气特性的测试方法

6.1 VCC触点

本测试的目的是测量卡在VCC触点上所消耗的电流，并检测在给定的V_{CC}范围内IC卡能否工作。(见GB/T 16649.3—2006中4.3.2)。

6.1.1 设备

同4.6.2。

6.1.2 规程

将IC卡与IC卡测试设备相连。

a) 在IC卡测试设备上看如下参数(从IC卡能支持的最低的一挡电压开始)：

参数	设定值
V_{CC}	V_{CC} min
f_{CLK}	f_{CLK} max[a]
[a] f_{CLK} max与GB/T 16649.3—2006中6.5.2一致。	

b) 复位IC卡；

c) 运行一段测试程序，在通信过程中连续监测以下信号并得出其值：

电特性	值
I_{CC}	I_{CC} max

d) 如果IC卡支持时钟停止的功能，按GB/T 16649.3—2006中5.3.4的规定时钟停止。在时钟停止期间，连续监测以下信号并得出其值：

电特性	值
I_{CC}	I_{CC} max

e) 根据 GB/T 16649.3—2006 中 5.3.4 重新恢复时钟 f_{CLK}；

f) 运行一段测试程序，在通信过程中连续监测以下电特性并得出其值：

电特性	值
I_{CC}	I_{CC} max

g) 在 $V_{cc}=V_{cc}$ max 时，重复步骤 b)到步骤 f)；

h) 对于 IC 卡能支持的各档电压，重复测试 a)到 g)。

6.1.3 测试报告

报告规程中的所有值和所有的通信信号是否与 GB/T 16649.3—2006 一致。

6.2 I/O 触点

本测试的目的是测量 I/O 触点的接触电容，正常工作模式下（I_{OL} max/ min 和 I_{OH} max/min）输出电压（V_{OH}，V_{OL}），IC 卡发送数据时 I/O 端的 t_R 和 t_F，接收数据时 I/O 端的输入电流（I_{IL}）。

6.2.1 设备

同 4.6.2。

6.2.2 规程

将 IC 卡与 IC 卡测试设备相连。

a) 测量 I/O 触点的电容 C_{IO}；

b) 在 IC 卡测试设备上设置如下参数（从 IC 卡能支持的最低的一挡电压开始）：

参数	设置值
V_{CC}	V_{CC} max
V_{IH}	V_{IH} min
V_{IL}	V_{IL} min
I_{OH}	[a]
I_{OL}	I_{OL} max
t_R	t_R max
t_F	t_F max

[a] 为防止 IC 卡过压损坏，可通过在 VCC 上串一个 20 kΩ 的电阻来代替电流源的 I_{OH}，或用其他的等效电路。

c) 复位 IC 卡；

d) 运行一段测试程序，在通信过程中连续监测以下电特性并得出其值：

电特性	值
I_{IH}	I_{IH} max
I_{IL}	I_{IL} max
V_{OH}	V_{OH} min，V_{OH} max
V_{OL}	V_{OL} min，V_{OL} max
t_R	t_R max
t_F	t_F max

e) IC 卡下电；

f) 按如下参数设置 IC 卡测试设备：

信号	设置值
V_{CC}	V_{CC} min
V_{IH}	V_{IH} max
V_{IL}	V_{IL} max
I_{OH}	[a]
I_{OL}	I_{OL} max
t_R	t_R max
t_F	t_F max
[a] 为防止 IC 卡过压损坏，可通过在 VCC 上串一个 20 kΩ 的电阻来代替电流源的 I_{OH}，或用其他的等效电路。	

g) 复位 IC 卡；

h) 运行一段测试程序，在通信过程中连续监测以下电特性并得出其值：

电特性	值
I_{IH}	I_{IH} max
I_{IL}	I_{IL} max
V_{OH}	V_{OH} min, V_{OH} max
V_{OL}	V_{OL} min, V_{OL} max
t_R	t_R max
t_F	t_F max

i) IC 卡下电；

j) 对于 IC 卡能支持的各档电压，重复步骤 b)到 i)。

6.2.3 测试报告

给出 I/O 触点的电容，规程中的所有值和所有的通信信号是否与 GB/T 16649.3—2006 一致。

6.3 CLK 触点

本测试的目的是测量 IC 卡 CLK 触点的电流，检测 IC 卡在一给定时钟频率和波形下能否运行(见 GB/T 16649.3—2006 中 4.3.4 和 6.5.2)。

6.3.1 设备

同 4.6.2。

6.3.2 规程

将 IC 卡与 IC 卡测试设备相连。

a) 测量 CLK 触点的电容 C_{CLK}；

b) 在 IC 卡测试设备上设置如下参数(从 IC 卡能支持的最低的一挡电压开始)：

信号	设置值
V_{CC}	V_{CC} max
V_{IH}	V_{IH} min
V_{IL}	V_{IL} min
f_{CLK}	f_{CLK} min
占空比	大于 40%

c) 复位 IC 卡；

d) 根据 GB/T 16649.3—2006 中 6.5.2 将 f_{CLK} 设置为最大值；

e) 运行一段测试程序，在通信过程中连续监测以下电特性并得出其值：

电特性	值
I_{IH}	I_{IH} max
I_{IL}	I_{IL} max

f) IC 卡下电；

g) 按如下参数设置 IC 卡测试设备：

参数	设置值
V_{CC}	V_{CC} min
V_{IH}	V_{IH} max
V_{IL}	V_{IL} max
f_{CLK}	f_{CLK} max
占空比	大于 40％

h) 复位 IC 卡；

i) 运行一段测试程序，在通信过程中连续监测以下信号并得出其值：

电特性	值
I_{IH}	I_{IH} max
I_{IL}	I_{IL} max

j) IC 卡下电；

k) 对于 IC 卡能支持的各档电压，重复步骤 b)到 j)。

6.3.3 测试报告

报告 CLK 触点的电容，规程中的所有值和所有的通信信号是否与 GB/T 16649.3—2006 一致。

6.4 RST 触点

本测试的目的是测量卡在 RST 触点上所消耗的电流，并检测 RST 信号在允许的最小和最大时间值范围内和给定的电压值下 IC 卡能否正常工作。（见 GB/T 16649.3—2006 中 5.3.2）。

6.4.1 设备

同 4.6.2。

6.4.2 规程

将 IC 卡与 IC 卡测试设备相连

a) 测量 RST 触点的电容 C_{RST}；

b) 在 IC 卡测试设备上设置如下参数（从 IC 卡能支持的最低的一挡电压开始）：

参数	设置值
V_{CC}	V_{CC} max
V_{IH}	V_{IH} min
V_{IL}	V_{IL} min
f_{CLK}	f_{CLK} min

c) 复位 IC 卡；

d) 运行一段测试程序，在通信过程中连续监测以下信号并得出其值：

电特性	值
I_{IH}	I_{IH} max
I_{IL}	I_{IL} max

e) IC卡下电；

f) 按如下参数设置IC卡测试设备：

参数	设置值
V_{CC}	V_{CC} min
V_{IL}	V_{IL} max
V_{IH}	V_{IH} max
f_{CLK}	f_{CLK} max

g) 复位IC卡；

h) 运行一段测试程序，在通信过程中连续监测以下信号并得出其值：

电特性	值
I_{IH}	I_{IH} max
I_{IL}	I_{IL} max

i) IC卡下电；

j) 对于IC卡能支持的各档电压，重复步骤b)到i)。

6.4.3 测试报告

报告RST触点的电容，规程中的所有值和所有的通信信号是否与GB/T 16649.3—2006一致。

6.5 VPP触点

本测试适用于：在A类操作条件下，IC卡在ATR期间需要的V_{PP}的情形。如果IC卡需要V_{PP}，测试设备将根据IC卡的要求写一段流程(视应用和协议而定)。当IC卡处于编程状态时，IC卡测试设备提供V_{PP}并测量I_{PP}。

7 带触点的集成电路卡逻辑操作的测试方法

7.1 复位应答(ATR)

7.1.1 冷复位和复位应答(ATR)

本测试的目的是根据GB/T 16649.3—2006中5.3.2，测试IC卡在冷复位期间的性能。

7.1.1.1 设备

同4.6.2。

7.1.1.2 规程

将IC卡与IC卡测试设备相连。

在以下规程中，应连续监测下列信号，所有信号的变化(电平和时间)以及通信内容都应记录：

触点
VCC
RST
CLK
I/O

a) 按照GB/T 16649.3—2006中5.2激活IC卡；

b) 在CLK激活后，400个时钟周期后将RST设为高；

c) 如果IC卡复位应答，根据GB/T 16649.3—2006中6.3.3，从ATR中至少选择一个字符(随

STANDARDS PRESS OF CHINA

机选择),作为传输错误;

d) IC 卡运行一段测试程序;

e) IC 卡下电。

7.1.1.3 测试报告

报告记录的信号和 ATR。

7.1.2 热复位

本测试的目的是根据 GB/T 16649.3—2006 中 5.3.3,测试 IC 卡在热复位期间的性能。

7.1.2.1 设备

同 4.6.2。

7.1.2.2 规程

将 IC 卡与 IC 卡测试设备相连。

在以下规程中,应连续监测下列信号,所有信号的变化(电平和时间)以及通信内容都应记录:

触点
VCC
RST
CLK
I/O

a) 按照 GB/T 16649.3—2006 中 5.2 和 5.3.2 激活和复位 IC 卡;

b) IC 卡运行一段测试程序;

c) 根据 GB/T 16649.3—2006 中 5.3.3,产生一个 400 个时钟周期的热复位;

d) 如果 IC 卡有复位应答,根据 GB/T 16649.3—2006 中 6.3.3,从 ATR 中至少选择一个字符(随机选择),认为是传输错误;

e) IC 卡运行一段测试程序;

f) IC 卡下电。

7.1.2.3 测试报告

报告信号记录和 ATR。

7.1.3 A 类操作的选择

本测试的目的是根据 GB/T 16649.3—2006 中 4.2.1 和 4.2.2,测定 IC 卡在 A 类操作条件下 B 类的行为。

注:只有 B 类 IC 卡才有此操作。

7.1.3.1 设备

同 4.6.2。

7.1.3.2 规程

将 IC 卡与 IC 卡测试设备相连。

在以下规程中,应连续监测下列信号,所有信号的变化(电平和时间)以及通信内容都应记录:

触点
VCC
RST
CLK
I/O

a) 在 A 类条件下激活和复位 IC 卡;

b) 至少等待 1 s;

注：在A类条件下，只有B类卡对复位不响应。

c) 停活 IC 卡，等待 10ms，在B类条件下激活并复位 IC 卡；

d) IC 卡运行一段测试程序。

7.1.3.3 **测试报告**

报告信号记录。

7.2 T=0 协议

注：以下的测试只适用于支持 T=0 的协议的 IC 卡。

7.2.1 T=0 协议的 I/O 发送时序

本测试的目的是测试 IC 卡数据发送的时序(见 GB/T 16649.3—2006 中 6.3.1、6.3.2、8.2)。

7.2.1.1 **仪器**

同 4.6.2。

7.2.1.2 **规程**

将 IC 卡与 IC 卡测试设备相连。

在以下规程中，应连续监测下列信号，所有信号的变化(电平和时间)以及通信内容都应记录：

触点
VCC
RST
CLK
I/O

a) IC 卡以正常的位时序参数运行一段测试程序(见 GB/T 16649.3—2006 中 8.2)；

b) 按 GB/T 16649.3—2006 中 6.5.2 和第 7 章的描述，在 PPS 的控制下，每提供一个 ETU，重复 a)；

c) 对于所有的应用，重复 a)和 b)。

7.2.1.3 **测试报告**

报告协议的记录。

7.2.2 T=0 协议的 I/O 字符重发

本测试的目的是测试 IC 卡的字符重发的时序和用法(见 GB/T 16649.3—2006 中 6.3.3)。

7.2.2.1 **仪器**

同 4.6.2。

7.2.2.2 **规程**

将 IC 卡与 IC 卡测试设备相连。

a) IC 卡以正常的位时序参数运行一段测试程序(见 GB/T 16649.3—2006 中 8.2)；

b) 在以下规程中，应连续监测下列信号，所有信号的变化(电平和时间)以及通信内容都应记录：

触点
VCC
RST
CLK
I/O

c) 根据 GB/T 16649.3—2006，6.3.3，IC 卡每发送一个字节，就连续产生 5 个错误状态，该 5 个状态具有最小的宽度(1 etu $+\varepsilon_t$)，从起始位的前沿到错误位的前沿的时间最小((10.5−0.2) etu$+\varepsilon_t$)；

d) 根据 GB/T 16649.3—2006,6.3.3,IC 卡每发送一个字节,就连续产生 5 个错误状态,该 5 个状态具有最大的宽度(2 etu$-\varepsilon_t$),从起始位的前沿到错误位的前沿的时间最大((10.5 + 0.2) etu$-\varepsilon_t$);

e) 对于所有的复位应答,重复 c)到 d)(见 GB/T 16649.3—2006 中 6.6 中的模式选择)。

注:ε_t 是 IC 卡测试设备产生的位时序精度。

7.2.2.3 测试报告

报告协议的记录。

7.2.3 T=0 协议下,I/O 接收时序和出错信号

本测试的目的是检测 IC 卡的接收时序和出错信号(见 GB/T 16649.3—2006 中 6.3.1、6.3.2、6.3.3,8.2)。

7.2.3.1 仪器

同 4.6.2。

7.2.3.2 规程

将 IC 卡与 IC 卡测试仪器相连。

在以下规程中,应连续监测下列信号,所有信号的变化(电平和时间)以及通信内容都应记录:

触点
VCC
RST
CLK
I/O

a) 在 IC 卡测试设备上设置如下位时序参数:

参数	值	标准条款
字符帧长度	最大 ($tn=(n+0.2)$etu$-\varepsilon_t$)	GB/T 16649.3—2006 中 6.3
两个连续字符间的延时	9600etu	备注:在 GB/T 16649.3—2006 中,IC 卡没有最大值定义

b) IC 卡运行一段测试程序;

c) 在一个字节的有效位发送完成后,连续发送 5 个错误的奇偶校验位,下一个字节也同样处理;

d) 按 GB/T 16649.3—2006,6.5.2 的描述,在 PPS 的控制下,每提供一个 ETU 因子,重复 a)到 b);

e) 在 IC 卡测试设备上设置如下位时序参数:

参数	值	标准条款
字符帧长度	最小 ($tn=(n-0.2)$etu $+\varepsilon_t$)	GB/T 16649.3—2006 中 6.3
两个连续字符间的延时	12etu$+Q\times N/f+\varepsilon_t$	GB/T 16649.3—2006 中 6.3

f) 重复 b)到 d);

g) 对于所有的应用,重复 a)到 f)。

7.2.3.3 测试报告

报告协议的记录。

7.3 T=1 协议

注 1:以下的测试只适用于支持 T=1 协议的 IC 卡。

注 2:以下测试方法中有些描述包含一些测试程序,用于说明所描述的规程。有些测试程序是基于这样的假设:即 IC 卡内包含一个透明的文件,长度为 36 字节,内容为'31 32 33 34 ... 54',且认为 I(0,0)(INF ='00 B0 00 00 02')为读两字节的二进制命令。

7.3.1 **T=1 协议下 I/O 发送时序**

本测试的目的是测试 IC 卡数据传输的时序(见 GB/T 16649.3—2006 中 6.3.1、6.3.2、6.5.3、9.3、9.4、9.5.2、9.5.3)。

7.3.1.1 **仪器**

同 4.6.2。

7.3.1.2 **规程**

在以下规程中,应连续监测下列信号,所有信号的变化(电平和时间)以及通信内容都应记录:

触点
VCC
RST
CLK
I/O

a) IC 卡运行一段至少 1s、带有正常位时序(见 GB/T 16649.3—2006 中 9.3),在复位应答的 N 个字符中两个连续字符之间的延时最小(见 GB/T 16649.3—2006 中 6.5.3)、T=1 协议的典型应用程序;

b) 按 GB/T 16649.3—2006 中 6.5.2 和 7 的描述,在 PPS 的控制下,每提供一个 ETU 因子,重复 a);

c) 对于所有的应用程序,重复 a)到 f)。

7.3.1.3 **测试报告**

报告协议的记录。

7.3.2 **T=1 协议下 I/O 接收时序**

本测试的目的是测试 IC 卡在 T=1 协议下数据接收的时序(见 GB/T 16649.3—2006 中 6.3、9.3、9.4、9.5.2、9.5.3)。

7.3.2.1 **仪器**

同 4.6.2。

7.3.2.2 **规程**

将 IC 卡与 IC 卡测试仪器相连。

在以下规程中,应连续监测下列信号,所有信号的变化(电平和时间)以及通信内容都应记录:

触点
VCC
RST
CLK
I/O

a) 在 IC 卡测试仪器上设置如下位时序参数:

参数	值	标准条款
字符帧长度	最大 ($tn=(n+0.2)\mathrm{etu}-\varepsilon_t$)	GB/T 16649.3—2006 中 6.3
保护时间	最大	GB/T 16649.3—2006 中 6.3,9.5.3
两个连续字符间的延时	$(11+2^{\mathrm{CWI}})\ \mathrm{etu}-\varepsilon_t$)	GB/T 16649.3—2006 中 9.5.3.1

b) IC卡运行一段至少1s时间的T=1协议的应用程序；

c) 按GB/T 16649.3—2006中6.5.2和7的描述，在PPS的控制下，每提供一个ETU因子，重复a)到b)；

d) 在IC卡测试仪器上设置如下位时序参数：

参数	值	标准条款
字符帧长度	最小 ($tn=(n-0.2)\text{etu}+\varepsilon_t$)	GB/T 16649.3—2006中6.3
保护时间	最小	GB/T 16649.3—2006中6.3,9.5.3
两个连续字符间的延时	$12\ \text{etu}+Q\times N/f+\varepsilon_t$	GB/T 16649.3—2006中9.5.3.1

e) IC卡运行一段至少1 s时间的T=1协议的应用程序；

f) 按GB/T 16649.3—2006中6.5.2和7的描述，在PPS的控制下，每提供一个ETU因子，重复a)到b)。

7.3.2.3 测试报告

报告协议的记录。

7.3.3 IC卡字符等待时间特性

注：以下规程中的描述所用的符号由ISO/IEC 7816-4:1995定义。

本测试的目的是检测IC卡关于CWT的反应(见GB/T 16649.3—2006中6.3、9.5、3.1)。

7.3.3.1 仪器

同4.6.2。

7.3.3.2 规程

将IC卡与IC卡测试仪器相连。

a) 选定一个至少有两个字节的透明文件；

b) 按照复位应答指定的CWT，向IC卡发送具有n个字节的数据块；

c) 记录IC卡响应是否存在，响应的内容和时序。

方案1——字符等待时间(CWT)

IC卡测试仪器		IC卡
I(0, 0)(INF* ='00 B0 00 00 02')	——→	
	←——	IC卡响应
* 命令中的INF是读两字节的二进制命令		

7.3.3.3 测试报告

报告IC卡响应是否存在，响应的内容和时序。

7.3.4 IC卡对接口设备超过字符等待时间(CWT)的反应

本测试的目的是检测当接口设备超过字符等待时间(CWT)时，IC卡的反应。(见GB/T 16649.3—2006中4.3.3、6.3、9.3)。

7.3.4.1 仪器

同4.6.2。

7.3.4.2 规程

将IC卡与IC卡测试仪器相连。

a) 向IC卡发送一个长度为n个字节的数据块中的一部分，数据长度小于n个字节；

b) 记录IC卡响应是否存在，响应的内容和时间。

注：应查明由于中断造成IC卡可能发生冲突的原因。

7.3.4.3 测试报告

报告IC卡响应是否存在，响应的内容和时间。

7.3.5 **块保护时间**

本测试的目的是测量在相反方向上所发送的两个连续字符前沿之间的时间(见 GB/T 16649.3—2006 中 9.5.3.3)。

7.3.5.1 **仪器**

同 4.6.2。

7.3.5.2 **规程**

将 IC 卡与 IC 卡测试仪器相连。

7.3.5.2.1 **规程 1**

a) 选定一个至少有两个字节的透明文件;

b) 建立一个正确的 I 块;

c) 将 I 块发给 IC 卡;

d) 根据规则 1,IC 卡应返回一个正确的 I 块;

方案 2——块保护时间(BGT),规程 1

测试仪器		IC 卡
I(0,0)(INF = '00 B0 00 00 02')	——→	
	←——	I(0,0)(INF = '31 32 90 00')

e) 记录从测试仪器发出的数据的最后一个字节的起始位到 IC 卡返回数据的第一个字节的起始位之间的时间。

7.3.5.2.2 **规程 2**

a) 选定一个至少有两个字节的透明文件;

b) 建立一个错误的 EDC(错误检测字符)的 I 块;

c) 将 I 块发给 IC 卡;

d) 根据规则 7.1,IC 卡应正确地发送否定确认 R 块,以指示其协议控制字节(PCB)中的 EDC 差错;

方案 3——块保护时间(BGT),规程 2

测试仪器		IC 卡
I(0,0)(INF = '00 B0 00 00 02')	——→	
(EDC=错误)	←——	R(0)(PCB = '81')

e) 记录从测试仪器发出的数据的最后一个字节的起始位到 IC 卡返回数据的第一个字节的起始位之间的时间。

7.3.5.3 **测试报告**

报告记录的时间。

7.3.6 **IC 卡的块排序**

本测试的目的是分析 IC 卡对传输差错的反应(见 GB/T 16649.3—2006 中 9.4,9.7.3)。

出错的块:它遇到了传输差错的无效块,即,一个或多个字符的错误奇偶校验,或者结尾的一个差错。

7.3.6.1 **仪器**

同 4.6.2。

7.3.6.2 **规程**

将 IC 卡与 IC 卡测试仪器相连。

7.3.6.2.1 **规程 1**

a) 复位 IC 卡;

b) 发送一个出错的块给 IC 卡；

c) 如果卡在 BWT 内不开始发送块或发送 R(0)，则再次发送正确的块；

方案 4——IC 卡的块排序，规程 1

测试仪器		IC 卡
I(0,0)(INF = '00')(EDC=出错)	→	
	←	R(0)(PCB = '81')
I(0,0)(INF = '00 B0 00 00 02')	→	
	←	I(0,0)(INF = 响应)

d) 记录 IC 卡的响应。

7.3.6.2.2 **规程 2**

a) 复位 IC 卡；

b) 发送块 I(0,0)给 IC 卡，该块 I(0,0)带有包含由 IC 卡所支持命令的 INF 字段；

c) 等待 IC 卡的应答，并发送一个出错的块给 IC 卡；

d) 如果 IC 卡在 BWT 范围内不开始发送，或发送带有 PCB 的 b1 位置为 1 的 R(1)，则再次发送出错块最多 3 次；

方案 5——IC 卡的块排序，规程 2

测试仪器		IC 卡
I(0,0)(INF = '00 B0 00 00 02')	→	
	←	I(0,0)(INF='31 32 90 00')
I(1,0)(INF = '00')(EDC = 出错)	→	
	←	R(1)(PCB = '91')
I(1,0)(INF = '00')(EDC = 出错)	→	
	←	R(1)(PCB = '91')
I(1,0)(INF = '00')(EDC = 出错)	→	
	←	IC 卡响应

e) 记录 IC 卡的响应，包括 IC 卡接收到最后的数据块后是否静默。

7.3.6.2.3 **规程 3(使用块链)**

a) 复位 IC 卡；

b) 发送块 I(0,1)给 IC 卡，其 INF 字段包含 IC 卡所支持的需要链接的命令；

c) 等待 IC 卡的应答，并发送一个出错块给 IC 卡；

d) 如果 IC 卡在 BWT 内不开始发送，或发送带有 PCB 的 b1 位置为 1 的 R(1)，则再次发送错误块；

方案 6——IC 卡的块排序，规程 3

测试仪器		IC 卡
I(0,1)(INF = 命令开始)	→	
	←	R(1)(PCB = '90')
I(1,0)(INF = 命令结束)(EDC = 出错)	→	
	←	R(1)(PCB = '91')
I(1,0)(INF = 命令结束)(EDC = 出错)	→	
	←	R(1)(PCB = '91')
I(1,0)(INF = 命令结束)	→	
	←	IC 卡响应

e) 记录 IC 卡的响应。

7.3.6.3 **测试报告**

报告每个规程中 IC 卡的响应。

7.3.7 **IC 卡对协议差错的反应**

本测试的目的是分析 IC 卡对协议差错的反应(见 GB/T 16649.3—2006 中 9.7.3)。

错误块:无效块,它带有未知的 PCB 编码,或带有已知的错误的 N(S),N(R)或 M PCB 编码,或者 PCB 与期望的块不匹配。

7.3.7.1 **仪器**

同 4.6.2。

7.3.7.2 **规程**

将 IC 卡与 IC 卡测试仪器相连。

a) 复位 IC 卡;

b) 发送一个错误块给 IC 卡;

c) 如果卡在 BWT 内不开始发送块,或发送 PCB 的位 2 置为 1 的 R(0),则发送正确的块。如果卡仍然保持静默,则测试在这点上结束。

方案 7——IC 卡对协议差错的反应

测试仪器		IC 卡
I(0,0)(INF = '00 B0 00 00 02') (PCB=出错)	→	
	←	R(0)(PCB='82')或静默卡
I(0,0)(INF = '00 B0 00 00 02')	→	
	←	IC 卡响应

该测试可以使用不同类型的错误 PCB 进行重复。

7.3.7.3 **测试报告**

报告 IC 卡的反应。

7.3.8 **由 IC 卡恢复的传送差错**

本测试的目的是分析 IC 卡对否定确认的反应(见 GB/T 16649.3—2006)。

否定确认:带有失序的 N(R)的 R 块。

7.3.8.1 **仪器**

同 4.6.2。

7.3.8.2 **规程**

将 IC 卡与 IC 卡测试仪器相连。

a) 复位 IC 卡;

b) 发送块 I(0,0)给 IC 卡,而该块 I(0,0)带有由 IC 卡所支持命令的 INF 字段(无偏移的 READ BINARY 两个字节),并且等待包含在块 I(0,0)或 I(1,0)中的应答;

c) 发送 R(0)或 R(1)给 IC 卡。从 IC 卡得到响应;

d) IC 卡应重复 I 块。

方案 8——由 IC 卡恢复的传送差错

测试仪器		IC 卡
I(0,0)(INF = '00 B0 00 00 02')	→	
	←	I(0,0)(INF = '31 32 90 00')
R(0)(PCB = '81')	→	
	←	I(0,0)(INF = '31 32 90 00')
I(1,0)(INF = '00 B0 00 00 02')	→	
	←	I(1,0)(INF = '31 32 90 00')
R(1)(PCB = '91')	→	
	←	I(1,0)(INF = '31 32 90 00')

STANDARDS PRESS OF CHINA

7.3.8.3 **测试报告**

报告 IC 卡的响应。

7.3.9 **重新同步**

本测试的目的是在重新同步之后检验 IC 卡的行为(见 GB/T 16649.3—2006 中 9.7.3)。

7.3.9.1 **仪器**

同 4.6.2。

7.3.9.2 **规程**

将 IC 卡与 IC 卡测试仪器相连。

a) 复位 IC 卡;
b) 在每个方向上交换带有由 IC 卡所支持命令的两个 I 块;
c) 发送 2 个否定确认块,然后发送 S(RESYNCH request)块给 IC 卡;
d) 记录 IC 卡的响应;
e) 如果 IC 卡发送块 S(RESYNCH response)。就发送 I(0,0)块;
f) 记录 IC 卡的响应。

方案 9——重新同步

测试仪器		IC 卡
I(0,0)(INF = '00 B0 00 00 02')	→	
	←	I(0,0)(INF = '31 32 90 00')
I(1,0)(INF = '00 B0 00 00 03')	→	
	←	I(1,0)(INF = '31 32 33 90 00')
R(1)(PCB='91')	→	
	←	I(1,0)(INF = '31 32 33 90 00')
R(1)(PCB='91')	→	
	←	I(1,0)(INF = '31 32 33 90 00')
S(RESYNCH request)	→	
	←	S(RESYNCH response)
I(0,0)	→	
	←	IC 卡响应

7.3.9.3 **测试报告**

报告 IC 卡的响应。

7.3.10 **IFSD 协商**

本测试的目的是检验 IFSD 协商(见 GB/T 16649.3—2006 中 9.5.2)。

7.3.10.1 **仪器**

同 4.6.2。

7.3.10.2 **规程**

将 IC 卡与 IC 卡测试仪器相连。

a) 复位 IC 卡;
b) 在每个方向上交换带有由 IC 卡所支持命令的一个 I 块;
c) 发送块 S(IFS request)给 IC 卡;

方案 10——IFSD 协商

测试仪器		IC 卡
I(0,0)(INF = '00 B0 00 00 02')	→	
	←	I(0,0)(INF = '31 32 90 00')
S(IFS request)	→	
	←	IC 卡响应

d) 记录 IC 卡的响应。

7.3.10.3 测试报告

报告 IC 卡的响应。

7.3.11 由 IFD 放弃

本测试的目的是检验卡是否支持由 IFD 所要求的块链放弃(见 GB/T 16649.3—2006 中 9.7.3)。

7.3.11.1 仪器

同 4.6.2。

7.3.11.2 规程

a) 复位 IC 卡;

b) 在每个方向上交换带有由 IC 卡所支持命令的 I 块;

c) 送块 I(1,1)给卡,该块 I(1,1)带有包含由 IC 卡所支持需要块链命令的 INF 字段;

d) 等待 IC 卡的应答,并发送 S(ABORT request);

方案 11——由 IFD 放弃

测试仪器		IC 卡
I(0,0)(INF = '00 B0 00 00 02')	→	
	←	I(0,0)(INF = '31 32 90 00')
I(1,1)(INF = "00-B0")	←	R(0)(PCB="80")
	→	
S(ABORT request)	→	
	←	IC 卡响应

e) 记录 IC 卡是否存在,并记录 IC 卡的响应内容。

7.3.11.3 测试报告

报告 IC 卡的响应内容。

8 接口设备(IFD)物理和电气特性的测试方法

8.1 触点激活

测试目的是用来测定 IC 卡(ICC)激活时触点激活顺序。

激活状态(见 GB/T 16649.3—2006 中 5.2、5.3.1、5.3.2)。

8.1.1 仪器

同 4.6.3。

8.1.2 规程

将 IFD 连接到 IFD 测试仪器上。

a) 测量 IFD 上触点信号电平和时序至少 1s;

b) 激活 IFD;

c) 测量 IFD 上触点信号电平和时序至少 1s。

注:激活 IFD 所需要的行为紧密依赖于 IFD 的结构,除非在 GB/T 16649.3—2006 中 5.2 定义 IFD 提供"卡冷复位规程,否则他们将包括所有必要的行为。

8.1.3 测试报告

报告所有 IFD 触点记录的电平和时序。

注:由于在 GB/T 16649.3—2006 没有定义延迟时间,待 GB/T 16649.3—2006 定义其他值,否则在触点激活后面两个信号转换时使用最小 20 ns 延迟。

8.2 VCC 触点

测试目的是用来测量由 IFD VCC 触点提供的电压(见 GB/T 16649.3—2006 中 4.3.2)。

8.2.1 **仪器**

同4.6.3。

8.2.2 **规程**

将IFD连接到IFD测试仪器上。

a) 在IFD测试仪器上设置下列参数(开始用IFD支持的最低电压级):

信号	设置
I_{cc}	I_{cc} min

b) 激活IFD;

c) IFD复位IFD测试仪器(GB/T 16649.3—2006 中 5.3.2);

d) 由下列参数产生ATR:

参数	设置	标准条款
FI	最低可能值	GB/T 16649.3—2006 中 6.5.2
X	11	GB/T 16649.3—2006 中 6.5.5

e) 如果IFD生成PPS则响应请求参数;

f) 用IFD测试仪器使IFD运行测试方案,在整个通信期间,在GB/T 16649.3—2006 中 4.3.2 定义的范围内,从1kHz到100kHz随机产生电流尖峰。在此通信期间下列信号要连续监测和测定值:

特性	值
V_{cc}	V_{cc} min,V_{cc} max

g) 如果IFD发生时钟停止(见GB/T 16649.3—2006 中 5.3.4),在时钟停止时间设置IFD测试仪器I_{CC}参数为I_{CC} max。在时钟停止时下列信号要连续监测和测定值:

特性	值
V_{cc}	V_{cc} min,V_{cc} max

h) 停活IFD;

i) 在IFD测试仪器上设置下列参数(开始用IFD支持的最低电压级):

参数	设置
I_{cc}	I_{cc} min

j) 停活IFD;

k) IFD复位IFD测试仪器(GB/T 16649.3—2006 中 5.3.2);

l) 由下列参数产生ATR:

参数	设置	标准条款
FI	可能最低值	GB/T 16649.3—2006 中 6.5.2
X	11	GB/T 16649.3—2006 中 6.5.5

m) 如果IFD产生PPS则响应请求参数;

n) 用IFD测试仪器使IFD运行测试方案。在整个通信期间,在GB/T 16649.3—2006 中 4.3.2 定义的范围内,从1 kHz到100 kHz随机产生电流尖峰。在此通信期间下列信号要连续监测和测定值:

特性	值
V_{cc}	V_{cc} min,V_{cc} max

o) 如果 IFD 发生时钟停止(见 GB/T 16649.3—2006 中 5.3.4),在时钟停止时间设置 IFD 测试仪器 I_{CC} 参数为 I_{CC} max。在时钟停止时下列信号要连续监测和测定值:

特性	值
V_{cc}	V_{cc} min,V_{cc} max

p) 停活 IFD;

q) 对于 IFD 支持的所有电压级重复步骤 a)到 p)。

8.2.3 测试报告

报告上述所有情况和测试条件(I_{cc}和 FI)下的测定值 V_{cc} min,V_{cc} max。

8.3 I/O 触点

测试目的是用来测量 I/O 触点的触点电容,在正常工作条件(I_{OL} max/min I_{OH} max/min)下 I/O 输出电压(V_{OH},V_{OL}),IFD 发送模式下的 I/O t_R 和 t_F 和 IFD 接收模式下的 I/O 输入电流(I_{IL})。

8.3.1 仪器

同 4.6.3。

8.3.2 规程

将 IFD 连接到 IFD 测试仪器上。

a) 测量 I/O 触点电容 C_{IO};

b) 在 IFD 测试仪器上设置下列参数(开始用 IFD 支持的最低电压级):

参数	设置
I_{CC}	I_{CC} max
I_{IH}	I_{IH} max
I_{IL}	I_{IL} max
V_{OH}	V_{OH} min
V_{OL}	V_{OL} max
t_R	t_R min
t_F	t_F min

c) 激活 IFD;

d) IFD 复位 IFD 测试仪器(GB/T 16649.3—2006 中 5.3.2);

e) 产生 ATR;

f) 用 IFD 测试仪器使 IFD 运行测试方案,在此通信期间,下列特性要连续监测和测定值:

特性	数值
V_{IH}	V_{IH} min,V_{IH} max
V_{IL}	V_{IL} min,V_{IL} max
I_{OH}	I_{OH} max
I_{OL}	I_{OL} max
t_R	t_R max
t_F	t_F max

g) 停活 IFD;

h) 在 IFD 测试仪器上设置下列参数(开始用 IFD 支持的最低电压级):

参数	设置
I_{CC}	I_{CC} max
I_{IH}	I_{IH} min
I_{IL}	I_{IL} min
V_{OH}	V_{OH} min
V_{OL}	V_{OL} min
t_R	t_R max
t_F	t_F max

i) 复位 IC 卡(ICC)；

j) 运行测试方案，在此通信期间，下列特性要连续监测和测定值：

特性	数值
V_{IH}	V_{IH} min ,V_{IH} max
V_{IL}	V_{IL} min, V_{IL} max
I_{OH}	I_{OH} max
I_{OL}	I_{OL} max
t_R	t_R max
t_F	t_F max

k) 停活 IFD；

l) 对于所有电压级重复步骤 b)到 k)。

8.3.3 测试报告

测试报告将记录 I/O 触点电容，规程中测定值和所有的通信信号是否符合 GB/T 16649.3—2006。

8.4 CLK 触点

测试目的是用来测定 CLK 信号的特性(见 GB/T 16649.3—2006 中 4.3.4)。

8.4.1 仪器

同 4.6.3。

8.4.2 规程

将 IFD 连接到 IFD 测试仪器上。

a) 在 IFD 测试仪器上设置下列参数(开始用 IFD 支持的最低电压级)：

参数	设置
I_{CC}	I_{CC} max
I_{IH}	I_{IH} max
I_{IL}	I_{IL} max

b) 激活 IFD；

c) IFD 复位 IFD 测试仪器(GB/T 16649.3—2006 中 5.3.2)；

d) 由下列参数产生 ATR：

参数	设定	标准条款
FI	*FI* max	GB/T 16649.3—2006 中 6.5.2
DI	*DI* min	GB/T 16649.3—2006 中 6.5.2

e) 如果 IFD 产生 PPS 则响应请求参数;

f) 用 IFD 测试仪器使 IFD 运行测试方案。在此通信期间,下列特性要连续监测和测定值:

特性(CLK)	数值
V_{IH}	V_{IH} min ,V_{IH} max
V_{IL}	V_{IL} min, V_{IL} max
t_R	t_R max
t_F	t_F max
占空比	min, max

g) 停活 IFD;

h) 在 IFD 测试仪器上设置下列参数(开始用 IFD 支持的最低电压级):

参数	设置
I_{CC}	0 mA
I_{IH}	I_{IH} min
I_{IL}	I_{IL} min

i) 激活 IFD;

j) IFD 复位 IFD 测试仪器(GB/T 16649.3—2006 中 5.3.2);

k) 用下列参数产生 ATR:

参数	设定	标准条款
FI	FI max	GB/T 16649.3—2006 中 6.5.2
DI	DI min	GB/T 16649.3—2006 中 6.5.2

l) 如果 IFD 产生 PPS 则响应请求参数;

m) 用 IFD 测试仪器使 IFD 运行测试方案,在此通信期间,下列特性要连续监测和测定值:

特性(CLK)	数值
V_{IH}	V_{IH} min ,V_{IH} max
V_{IL}	V_{IL} min, V_{IL} max
t_R	t_R max
t_F	t_F max
占空比	min, max

n) 停活 IFD;

o) 对于所有电压级重复步骤 a)到 n)。

8.4.3 测试报告

测试报告将记录规程中的测试值和相应参数以及 GB/T 16649.3—2006 确定的所有通信信号。

8.5 RST 触点

测试目的是用来测定 RST 信号的特性(见 GB/T 16649.3—2006 中 4.3.4)

8.5.1 仪器

同 4.6.3。

8.5.2 规程

将 IFD 连接到 IFD 测试仪器上。

a) 在 IFD 测试仪器上设置下列参数(开始用 IFD 支持的最低电压级):

参数	设置
I_{CC}	I_{CC} max
I_{IH}	I_{IH} max
I_{IL}	I_{IL} max

b) 激活 IFD;

c) IFD 复位 IFD 测试仪器(GB/T 16649.3—2006 中 5.3.2);

d) 产生 ATR;

e) 如果 IFD 产生 PPS 则响应请求参数;

f) 用 IFD 测试仪器使 IFD 运行测试方案。在此通信期间,下列特性要连续监测和测定值:

特性(RST)	数值
V_{IH}	V_{IH} min ,V_{IH} max
V_{IL}	V_{IL} min, V_{IL} max
t_R	t_R max
t_F	t_F max

g) 停活 IFD;

h) 在 IFD 测试仪器上设置下列参数(开始用 IFD 支持的最低电压级):

参数	设置
I_{CC}	0 mA
I_{IH}	I_{IH} min
I_{IL}	I_{IL} min

i) 激活 IFD;

j) IFD 复位 IFD 测试仪器(GB/T 16649.3—2006 中 5.3.2);

k) 产生 ATR;

l) 如果 IFD 产生 PPS 则响应请求参数;

m) 用 IFD 测试仪器使 IFD 运行测试方案,在此通信期间,下列特性要连续监测和测定值:

特性(RST)	数值
V_{IH}	V_{IH} min ,V_{IH} max
V_{IL}	V_{IL} min, V_{IL} max
t_R	t_R max
t_F	t_F max

n) 停活 IFD;

o) 对于所有电压级重复步骤 a)到 n)。

8.5.3 测试报告

测试报告将记录规程中的测试值和相应参数。

8.6 VPP 触点

如果 IFD 应用要求加 V_{PP},则需要 VPP 触点测试(见 GB/T 16649.3—2006 中 4.3.6)。如果应用要求加 V_{PP}电源,则 IFD 测试仪器在应用和通信协议应要求编程状态,加 I_{PP} max 测量 V_{PP}。

8.7 触点停活

测试目的是用 IFD 来测定触点停活顺序。(见 GB/T 16649.3—2006 中 5.4)。

8.7.1 **仪器**

同4.6.3。

8.7.2 **规程**

将IFD连接到IFD测试仪器上。

a) 激活IFD;

b) IFD复位IFD测试仪器(GB/T 16649.3—2006中5.3.2);

c) 产生ATR;

d) 如果IFD产生PPS则响应请求参数;

e) 用IFD测试仪器使IFD运行测试方案。在通信过程中或结束时,对从RST信号下降沿开始的每次停活过程,连续监测下面触点并记录这些触点上的所有信号跃变时的电压和时序:

参数
VCC
VPP
RST
CLK
I/O

8.7.3 **测试报告**

报告记录的所有IFD触点信号的电平和时序。

注:由于在GB/T 16649.3—2006没有定义延迟时间,待GB/T 16649.3—2006定义其他值,否则在触点激活后面两个信号转换时使用最小20 ns延迟。

9 IFD逻辑操作测试方法

9.1 复位应答(ATR)

9.1.1 **ICC复位(冷复位)**

测试目的是确定由IFD提供的冷复位(见GB/T 16649.3—2006中5.3.2)。

9.1.1.1 **仪器**

同4.6.3。

9.1.1.2 **规程**

将IFD连到IFD测试仪上。

a) 激活IFD;

b) 持续监视复位信号至少1 s,并确定时序(与时钟信号相关)和在复位接触点的电压变化。

9.1.1.3 **测试报告**

报告复位接触点所有信号变化的电压和时序。

9.1.2 **ICC复位(热复位)**

测试目的是确定由IFD提供的热复位(见GB/T 16649.3—2006中5.3.3)。

9.1.2.1 **仪器**

同4.6.3。

9.1.2.2 **规程**

将IFD连到IFD测试仪上。

a) 激活IFD;

b) 用IFD复位IFD测试仪(GB/T 16649.3—2006中5.3.2);

c) 生成复位应答;

d) 若IFD生成PPS,则响应请求的参数;

STANDARDS PRESS OF CHINA

e) 让 IFD 用 IFD 仪器运行测试程序。在通信的过程中，将持续监视复位信号，并记录任何信号变化的电压和时序（与时钟信号相关）。

9.1.2.3 测试报告

报告由 IFD 提供的热复位的所有电压和时序。

9.2 T=0 协议

注：以下的测试只适用于可支持 T=0 协议的 IFD。

9.2.1 T=0 协议 I/O 传输时序

测试的目的是确定 IFD 数据传输时序。

9.2.1.1 仪器

同 4.6.3。

9.2.1.2 规程

将 IFD 连到 IFD 测试仪上。

在以下的规程中，应该持续监视下面的触点，并记录所有信号的变化（幅度和时间）和通信的逻辑内容：

触点
VCC
RST
CLK
I/O

a) 通过将 ATR 中参数 N 设置为 254，IFD 设置最大保护时间（见 GB/T 16649.3—2006 中 6.3.3）；

b) 让 IFD 运行测试程序；

c) 由 IFD 控制，每提供一个 ETU 因子重复一次 a）到 b）。通过模式选择来转换这个值（见 GB/T 16649.3—2006中 6.6）；

d) 对于所有支持的应用重复 a）和 c）。通过改变 ATR 和模式选择（见 GB/T 16649.3—2006 中 6.6 和 7 中）来选择应用方式。

9.2.1.3 测试报告

报告协议记录。

9.2.2 T=0 协议 I/O 字符重发

测试目的是确定 IFD 重复字符的使用和时序（见 GB/T 16649.3—2006 中 6.3.3）。

9.2.2.1 仪器

同 4.6.3。

9.2.2.2 规程

将 IFD 连到 IFD 测试仪上。

a) 让 IFD 运行测试程序；

b) 在以下的规程中，应该持续监视下面的触点，并记录所有信号的变化（幅度和时序）和通信的逻辑内容：

触点
VCC
RST
CLK
I/O

c) 根据 GB/T 16649.3—2006 中 6.3.3 从 IFD 的一个错误信号中收到的每一个字节上用最短的时间间隔(1etu+ε_t)生成 3 段时间和开始位的前沿和错误信号的前沿之间的最小时间((10.5−0.2)etu+ε_t);

d) 根据 GB/T 16649.3—2006 中 6.3.3 从 IFD 的一个错误信号中收到的每一个字节上用最长的时间间隔(2etu−ε_t)生成 3 段时间和开始位的前沿和错误信号的前沿之间的最大时间((10.5+0.2)etu−ε_t);

e) 对于所有由 IFD 控制、通过模式选择支持的 ETU 因子,重复 c)到 d)(见 GB/T 16649.3—2006 中 6.6);

f) 重复 c)到 e)但生成 5 段连续时间的错误信号,而非 3 段。

注:ε_t 为 IFD 测试仪的位时序生成准确度。

9.2.2.3 测试报告

报告协议记录。

注:参照 GB/T 16649.3—2006 附件,在第 f)步,IFD 应拒绝 ICC(IFD 测试仪)。对于 IFD,定义最大最小重复值以防止锁定是很必要的。

9.2.3 T=0 协议,I/O 接受时序和错误信号

测试目的是确定 IFD 接受时序和错误信号。

9.2.3.1 仪器

同 4.6.3。

9.2.3.2 规程

将 IFD 连到 IFD 测试仪上。

在以下的规程中,应该持续监视下面的触点,并记录所有信号的变化(幅度和时间)和通信的逻辑内容:

触点
VCC
RST
CLK
I/O

a) 在 IFD 测试仪上设置下列位-时序参数:

参数	值	标准条款
字符帧长度	最大($tn=(n+0.2)$ etu−ε_t)	GB/T 16649.3—2006 中 6.3
两连续字符的延迟	$960\times255\times(F_i/f)$	GB/T 16649.3—2006 中 6.3

b) 让 LFD 运行测试程序;

c) 为每个字节生成三段连续奇偶错误信号;

d) 由 IFD 控制,每提供一个 ETU 因子重复一次 a)到 c)。通过模式选择来转换这个值(见 GB/T 16649.3—2006中 6.6);

e) 在 ICC 测试仪上设置下列位时序参数:

参数	值	标准条款
字符帧长度	最小($tn=(n-0.2)$ etu+ε_t)	GB/T 16649.3—2006 中 6.5.3
两连续字符的延迟	12 etu+ε_t	GB/T 16649.3—2006 中 6.5.3

f) 重复 b)到 d);

g) 重复 a)到 f),但为每个字节生成五段连续奇偶错误信号,而不是三段。

9.2.3.3 **测试报告**

报告协议记录。

注:参照 GB/T 16649.3—2006 附录 A,在 9.2.3.2 的第 f)步,IFD 应拒绝 ICC(IFD 测试仪)。对于 IFD,定义最大最小重复值(最小值为 3;最大值为 5)以防止锁定是很必要的。

9.3 T=1 协议

注 1:以下的测试只应用于支持 T=1 协议的 IFD 中。

注 2:测试方法接下来的一些描述包括说明描述规程的程序。这些程序假设 ICC 测试仪包括一个长度为 36 字节、内容为'31 32 33 34 ...54'的透明的文件,并将 I(0,0)(INF='00 B0 00 00 02')理解为可读的两字节二进制数。

9.3.1 T=1 协议,I/O 发送时序

测试目的是确定 IFD 数据传输时序(见 GB/T 16649.3—2006 中 6.3.1、6.3.2、6.5.3、9.5.3)。

9.3.1.1 **仪器**

同 4.6.3。

9.3.1.2 **规程**

将 IFD 连到 IFD 测试仪上。

在以下的规程中,应该持续监视下面的触点,并记录所有信号的变化(幅度和时间)和通信的逻辑内容:

触点
VCC
RST
CLK
I/O

a) IFD 在这段时间内执行典型的 T=1 协议通过在 ATR 中将 N 设置为 254 定义的保护时间进行具体的通信应用;

b) 将 N 设置为 0,重复 a);

c) 将 N 设置为 12,重复 a);

d) 由 IFD 控制,每提供一个 ETU 因子重复一次 a)到 c)。通过模式选择来切换这个值(见 GB/T 16649.3—2006中 6.6);

e) 将 N 设置为 255,重复 a)和 d)。

9.3.1.3 **测试报告**

报告协议记录。

9.3.2 T=1 协议的 I/O 接收时间

测试目的是确定使用 T=1 协议时的 IFD 数据接受时序(见 GB/T 16649.3—2006 中 6.3 和 9.5.3)。

9.3.2.1 **仪器**

同 4.6.3。

9.3.2.2 **规程**

将 IFD 连到 IFD 测试仪上。

在以下的规程中,应该持续监视下面的触点,并记录所有信号的变化(幅度和时间)和通信的逻辑内容:

触点
VCC
RST
CLK
I/O

a) 在 IFD 测试仪上设置以下位时序参数：

参数	值	标准条款
字符帧长度	最大($tn=(n+0.2)$ etu$-\varepsilon_t$)	GB/T 16649.3—2006 中 6.3
块响应时间(BRT)	最大值	GB/T 16649.3—2006 中 9.5.3.3
两连续字符的延迟	最大($(11+2^{CWI})$etu$-\varepsilon_t$)	GB/T 16649.3—2006 中 9.5.3.1
两连续字符的延迟	最大(11 etu $+2^{BWI}\times960\times372/fs-\varepsilon_t$)	GB/T 16649.3—2006 中 9.5.3.2
注：块响应时间定义为块接收到的最后一个字符的前沿与下一个块送出的第一个字符的前沿之间的时间。		

b) 让 IFD 执行典型的 T=1 协议，进行具体的通信应用；

c) 由 IFD 控制，每提供一个 ETU 因子重复一次 a)。通过模式选择来切换这个值(见 GB/T 16649.3—2006中 6.6)；

d) 在 ICC 测试仪上设置以下位时序参数：

参数	值	标准条款
字符帧长度	最小($tn=(n-0.2)$ etu$+\varepsilon_t$)	GB/T 16649.3—2006 中 6.3
块响应时间(BRT)	最小值	GB/T 16649.3—2006 中 9.5.3.3
两连续字符的延迟	最小(11etu$-\varepsilon_t$)	GB/T 16649.3—2006 中 9.5.3.1
两连续字符前沿间的延迟	最小(22 etu $+\varepsilon_t$)	GB/T 16649.3—2006 中 9.5.3.2
注：块响应时间定义为块接收到的最后一个字符的前沿与下一个块送出的第一个字符的前沿之间的时间。		

e) 执行典型的 T=1 协议，与 ICC 进行具体的通信应用，维持至少 1 s；

f) 由 IFD 控制，每提供一个 ETU 因子重复一次 d)。通过模式选择来切换这个值(见 GB/T 16649.3—2006中 6.6)。

9.3.2.3 测试报告

报告协议记录。

9.3.3 IFD 字符等待时间(CWT)特性

测试的目的是确定对于在 CWT 内 ICC 响应的 IFD 的反应。(见 GB/T 16649.3—2006)。

9.3.3.1 仪器

同 4.6.3。

9.3.3.2 规程

将 IFD 连到 IFD 测试仪上。

a) IFD 发送一个 I 块；

b) 每一对连续字符形成 I 块，测量每对字节开始位之间的时间。

方案 12 IFD 字符等待时间(CWT)特性

IFD		IFD 测试仪
I(0,0)(INF=‘00 B0 00 00 02’)	⟶	
INF 是两字节的读二进制数命令		

STANDARDS PRESS OF CHINA

9.3.3.3 **测试报告**

报告在规程中 b)步获得的 IFD 响应时序。

9.3.4 **IFD 对 ICC 超过字符等待时间(CWT)的反应**

测试目的是确定超出 CWT,IFD 对 ICC 的响应(见 GB/T 16649.3—2006,4.3.3,6.3,9.3)。

9.3.4.1 **仪器**

同 4.6.3。

9.3.4.2 **规程**

将 IFD 连到 IFD 测试仪上。

a) IFD 给 IFD 测试仪发送一个 I 块。IFD 测试仪给 IFD 发送个数少于 n 的字节(正常返回的块应为 n 个字节);

b) 记录 IFD 响应的表现,内容和时序。

注:应该检查对于由于中断引起的 IFD 反应时的可能冲突。

方案 13 IFD 对 ICC 超过字符等待时间(CWT)的反应

IFD		IFD 测试仪
I(0,0)(INF='00 B0 00 00 02')	→	
	←	I(0,0)(INF='不完全')
IFD 响应	→	
INF 是两字节的读二进制数命令		

9.3.4.3 **测试报告**

报告 IFD 响应的表现,内容和时序。

9.3.5 **块保护时间(BGT)**

测试目的是测量反向发送的连续两字符前沿间时间(见 GB/T 16649.3—2006)。

9.3.5.1 **仪器**

同 4.6.3。

9.3.5.2 **规程**

将 IFD 连到 IFD 测试仪上。

a) IFD 发送一个 I 块;

b) IFD 测试仪发送否定确认 R 块;

c) IFD 重复以前发送的 I 块;

d) 测量并记录 R 块最后一个字符的前沿和第二个 I 块的第一个字符的前沿之间的时间。

方案 14 块保护时间(GBT)

IFD		IFD 测试仪
I(0,0)(INF='00 B0 00 00 02')	→	
	←	R(0)(PCB='81')
I(0,0)(INF='00 B0 00 00 02')	→	

9.3.5.3 **测试报告**

报告规程中 d)步获得的时间。

9.3.6 **IFD 的块排序**

测试目的是确定 IFD 对传输错误的反应(见 GB/T 16649.3—2006)。

9.3.6.1 **仪器**

同 4.6.3。

9.3.6.2 **规程**

将 IFD 连到 IFD 测试仪上。

9.3.6.2.1 **规程 1(GB/T 16649.3—2006 中 9 的规则 7.1,GB/T 16649.3—2006 中附录 A 的方案 9)**

a) 在 IFD 测试仪上复位协议;

b) IFD 给 IFD 测试仪发送一个 I(0,0)块;

c) IFD 测试仪给 IFD 发送一个无效块;

方案 15 IFD 的块排序,规程 1(GB/T 16649.3—2006 中 9 的规则 7.1,
GB/T 16649.3—2006 中附录 A 的方案 9)

IFD		IFD 测试仪
I(0,0)(INF='00 B0 00 00 02')	→	
	←	I(0,0)(EDC=wrong)
IFD 响应	→	

d) 记录所有 IFD 响应。

9.3.6.2.2 **规程 2(GB/T 16649.3—2006 中 9 的规则 7.4.2)**

a) 在 IFD 测试仪上复位协议;

b) IFD 给 IFD 测试仪发送一个 I(0,0)块;

c) IFD 测试仪给 IFD 发送一个无效块;

d) IFD 测试仪等待 IFD 响应,然后给 IFD 发送第二个无效块;

e) 记录所有来自于 IFD 的响应;

f) 若 IFD 的响应是一个 PCB=81 的 R 块,IFD 测试仪给 IFD 发送第三个无效块,否则根据测试标准评估响应并结束测试;

g) 记录所有来自于 IFD 的响应。

方案 16 IFD 的块排序,规程 2(GB/T 16649.3—2006 中 9 的规则 7.4.2)

IFD		IFD 测试仪
I(0,0)(INF='00 B0 00 00 02')	→	
	←	I(0,0)(EDC=wrong)
R(0)(PCB='81')	→	
	←	I(0,0)(EDC=wrong)
R(0)(PCB='81')	→	
	←	I(0,0)(EDC=wrong)[a]
IFD 响应	→	

[a] 少于三次实验之后,IFD 可能重新同步或复位 ICC。

9.3.6.2.3 **规程 3(链接)(GB/T 16649.3—2006 中 9 的规则 7.1 和 5)**

a) 在 IFD 测试仪上复位协议;

b) IFD 给 IFD 测试仪发送一个块 I(0,0),INF 域包括一个 IFD 测试仪支持的命令;

c) IFD 测试仪发送链接的第一块 I(0,1),并等待 IFD 响应;

d) IFD 测试仪给 IFD 发送一个无效块;

e) 记录所有来自于 IFD 的响应;

f) 评估规则 7.1 条的响应;若它不符合标准,结束测试,IFD 测试仪器无误的发送链中的第二块;

g) 从 IFD 如果有的话记录响应。

方案 17　IFD 的块排序，规程 3(链状)(GB/T 16649.3—2006 中 9 的规则 7.1 和 5)

IFD		IFD 测试仪
I(0,0)(INF=‘00 B0 00 00 24’)	→	
	←	I(0,1)(INF=‘31 32 ..50’)
R(1)(PCB=‘90’)	→	
	←	I(1,0)(EDC=出错)
R(1)(PCB=‘91’)	→	
	←	I(1,0)(INF=‘51 52 53 54 90 00’)
I(0,0)(INF=‘00 B0 00 00 24’)	→	

9.3.6.2.4　规程 4(**GB/T** 16649.3—2006 中 9 的规则 7.4.2，方案 34)

a)　一个复位应答序列到来之后，保持 IFD 测试仪器静默；

b)　IFD 给 IFD 测试仪发送一个块 I；

c)　连续记录所有来自于 IFD 的响应，至少三个 BWT 周期。

方案 18　IFD 的块排序，规程 4(GB/T 16649.3—2006，9 中规则 7.4.2，方案 34)

IFD		IFD 测试仪
I(0,0)(INF=‘00 B0 00 00 24’)	→	
	←	静默
R(0)(PCB=‘81’)或 R(0)(PCB=‘82’) 或复位	→	
	←	静默
R(0)(PCB=‘81’)或 R(0)(PCB=‘82’) 或复位	→	
	←	静默
IFD 响应	→	

9.3.6.2.5　**测试报告**

报告 IFD 每一个规程的所有响应。

9.3.7　**IFD 对传送错误的恢复**

测试的目的是根据标准检查 IFD 对否定确认的反应(见 GB/T 16649.3—2006)。

9.3.7.1　**仪器**

同 4.6.3。

9.3.7.2　**规程**

a)　向 IFD 请求一个 I 块；

b)　发送一个否定确认 R 块；

c)　记录 IFD 的反应。

方案 19　IFD 对传送错误的恢复

IFD		IFD 测试仪
I(0,0)(INF=‘00 B0 00 00 02’)	→	
	←	R(0)(PCB=‘81’)
IFD 响应	→	

9.3.7.3　**测试报告**

报告 IFD 的反应。

9.3.8　**IFSC 协商**

测试目的是检查 IFSC 协商(见 GB/T 16649.3—2006)。

9.3.8.1　**仪器**

同 4.6.3。

9.3.8.2 **规程**

将 IFD 连到 IFD 测试仪上

a) 复位 IFD 测试仪；

b) 用 IFD 测试仪支持的命令在每个方向交换一个 I 块信号，INF 域包含一个 IFD 支持的命令；

c) 将 S(IFS request)块送出给 IFD；

d) 记录 IFD 的反应。

9.3.8.3 **测试报告**

报告 IFD 的反应。

9.3.9 通过 ICC 终止

测试的目的是检查链终止(见 GB/T 16649.3—2006)。

9.3.9.1 **仪器**

同 4.6.3。

9.3.9.2 **规程**

将 IFD 连到 IFD 测试仪上。

a) 复位 IFD 测试仪；

b) IFD 给 IFD 测试仪送出 I 块，INF 域包括仿真器支持的命令(读无偏移的 36 字节二进制数(见 GB/T 16649.4—2006)；

c) IFD 测试仪发送链接的第一块 I(0,1)，IFD 将用 R(1)对其进行响应；

d) 向 IFD 发送"终止"请求；

方案 20 通过 ICC 终止

IFD		IFD 测试仪器
I(0,0)(INF='00 B0 00 00 24')	→	
	←	I(0,1)(INF='31 32...50')
R(1)(PCB='90')	→	
	←	S("终止"请求)
IFD 响应	→	

e) 记录 IFD 响应的存在和内容。

9.3.9.3 **测试报告**

报告 IFD 响应的存在和内容。

STANDARDS PRESS OF CHINA

附 录 A
（资料性附录）
附加测试方法

A.1 机械强度

A.1.1 三轮测试

测试的目的是，将ICC触点在三个钢制滚轮间往复移动，以确定ICC的机械可靠性（见GB/T 16649.1—2006）。

注：当芯片面积≥4 mm^2 时，采用此方法。

A.1.1.1 仪器

图A.1给出了仪器的原理。它由三个轮子组成，其中一个在ICC的上面，两个在下面。ICC在三个轮子之间往复移动，所以，接触区反复暴露在轮子施加的力下。

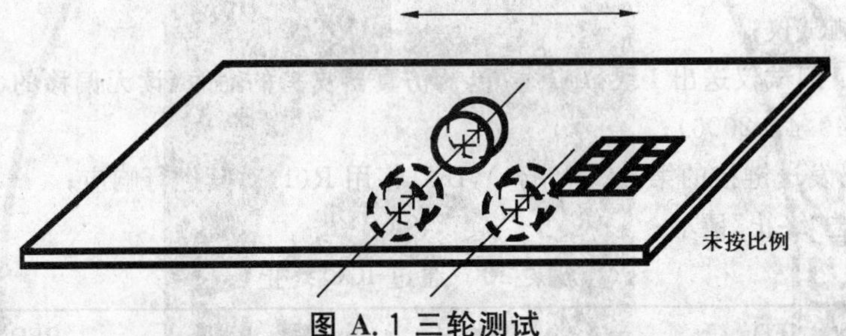

图 A.1 三轮测试

如图A.2安排仪器的三个滚轮。滚轮2和3固定，滚轮1可以在与ICC表面成直角的方向上移动（最大偏差不超过±5°），并在ICC上加一个力（如图A.2规定）。限制滚轮1的向下运动，图A.2中的轴B和滚轮1表面的距离不小于3 mm。

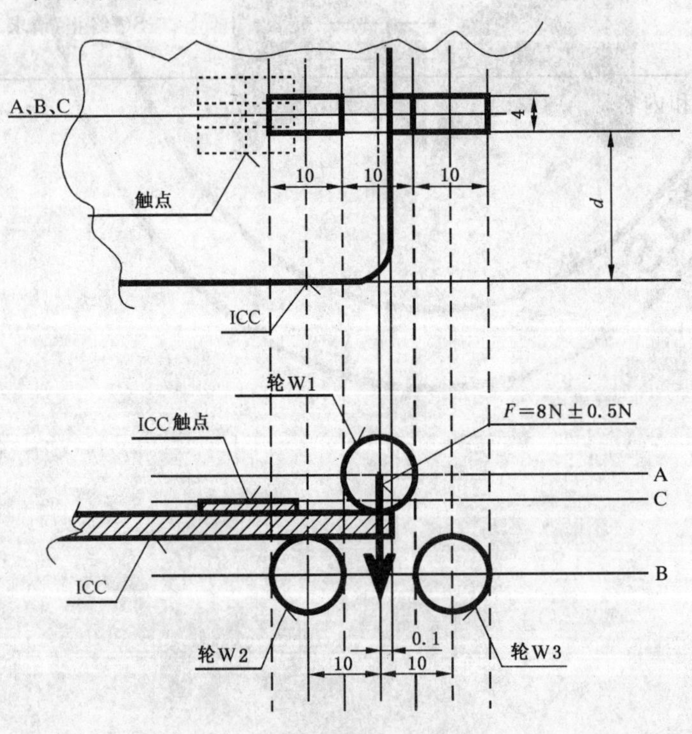

图 A.2 ICC位置和轮的位置

滚轮都应具有标准倒角，并采用低摩擦力的轴承，如球轴承。

注 1：以下为适合于滚轮的球轴承：ISO 623ZZ，例如“radiospares”ref＝747-721 或 NMB＝DDR 1030 ZZ RAS 或 AI-SI440C。

注 2：ICC 移过滚轮 2 之处应自由弯曲。

测量的 d 值应该是呈现的触点中心线轴(如图 A.2、A.3 的轴 C)与滚轮 1 的中心轴确定的平面(如图 A.2、A.3 所示的轴 A)，和滚轮 2、滚轮 3(如图 A.2、图 A.3 所示的轴 B)的间距，三个轮中任意上下的测量间距不超过 0.5mm。

注 3：“上和下”均应与 ICC 表面成直角。

注 4：由于在 GB/T 16649.2—2006 中已经规定了 ICC 的最小触点间距，测量的 d 值应为：

向上的触点：6 触点的 ICC 为 20.62 mm，8 触点的 ICC 为 21.89 mm。

向下的触点：6 触点的 ICC 为 29.36 mm，8 触点的 ICC 为 28.09 mm。

图 A.3　A、B、C 轴的位置

A.1.1.2　方法

在仪器内部的所有运动(下面将要描述)过程中，ICC 的速度不应超过 100 mm/s。

在所有运动过程中，C 轴和 A、B 轴确定的平面之间角度不应超过 2°。

a)　预条件采样；

b)　验证 ICC 的应答复位响应，以符合基本标准；

c)　如图 A.1 定义的将 ICC 触点向上插入仪器的初始位置；

d)　如图 A.4 定义，将 ICC 移至仪器中的插入位置；

e)　抽出 ICC 至初始位置；

注：c)和 e)之间定义为一次循环。

f)　以 0.5 Hz 的频率重复 c)到 e)，做 50 次循环；

g)　将 ICC 插入仪器至初始位置，但应触点向下；

h)　将 ICC 移至仪器中的插入位置；

i)　抽出 ICC 至初始位置；

j)　以 0.5 Hz 的频率重复 g)到 i)，做 50 次循环；

k)　检查 ICC 的复位响应是否符合基本标准，并记录结果。

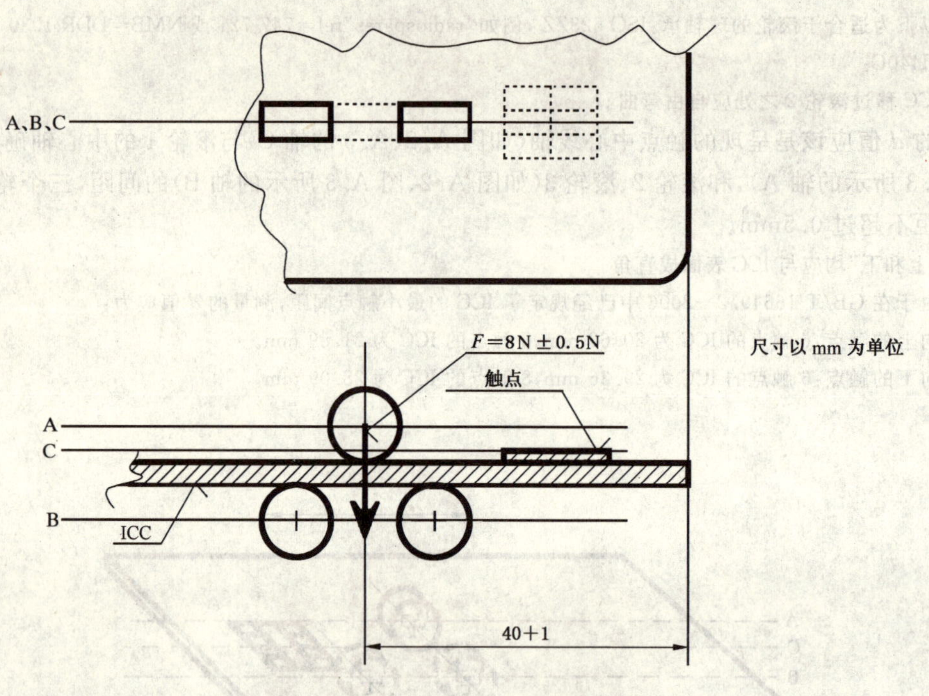

图 A.4 ICC 的插入位置

A.1.1.3 测试报告

报告应该记录 ICC 是否有符合基本标准的应答复位响应。

注：在标准的其他部分规定了可接受的标准。

A.1.2 点压力测试

本测试确定微模块某一点承受集中压力的能力。本测试的目标是确保微模块可以经受住正常使用中的合理程度的压力(见 GB/T 16649.1—2006)。

注：当芯片面积<4 mm^2 时，采用此方法。

A.1.2.1 仪器

见图 A.5。

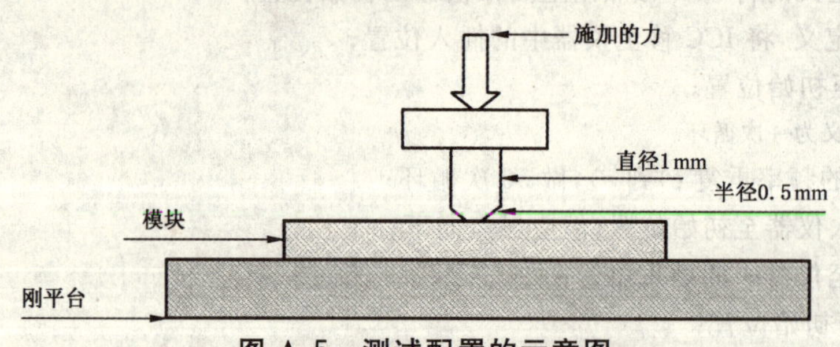

图 A.5 测试配置的示意图

A.1.2.2 规程

将卡背面放置在平坦的刚性平台上。通过直径为 1 mm 的钢球，施加到每个触点表面和触点区域(整个导电表面)1.5 N 的工作压力，持续 1 min。

测试 ICC 的复位应答。

A.1.2.3 测试报告

报告应该记录 ICC 是否有符合基本标准的应答复位响应。

A.2 IFD——IFD 对于无效 PCB 的响应

这个测试的目的是分析 IFD 对无效 PCB 的响应(见 GB/T 16649.3—2006)。

A.2.1 仪器

同 4.6.3。

A.2.2 规程

a) 为 IFD 测试仪复位;

b) IFD 将块 I(0,0)送给 IFD 测试仪,INF 域包含了一个 IFD 测试仪支持的命令(读无偏移的两字节二进制数(见 GB/T 16649.4—2006));

c) 将带有无效 PCB(未知编码)的错误块发送给 IFD。该块的奇偶校验和 EDC 应正确;

方案 21　IFD——IFD 对无效 PCB 的响应

IFD		IFD 测试仪
I(0,0)(INF='00 B0 00 00 02')	→	
	←	带有 PCB='FF'的块
IFD 响应	→	

d) 记录 IFD 响应是否存在及其内容。

A.2.3 测试报告

报告 IFD 响应是否存在及其内容。

ICS 31.200
L 56

中华人民共和国国家标准

GB/T 17574.9—2006/IEC 60748-2-9:1994
QC 790106

半导体器件　集成电路
第2-9部分:数字集成电路
紫外光擦除电可编程MOS只读存储器
空白详细规范

Semiconductor devices—Integrated circuits—
Part 2-9:Digital integrated circuits—
Blank detail specification for MOS ultraviolet light erasable electrically programmable read-only memories

(IEC 60748-2-9:1994,IDT)

2006-12-05 发布　　2007-05-01 实施

中华人民共和国国家质量监督检验检疫总局
中国国家标准化管理委员会　发布

前言

系列国家标准《半导体器件 集成电路》中的数字集成电路部分分为如下几部分:

——GB/T 17574—1998《半导体器件 集成电路 第2部分:数字集成电路》(idt IEC 60748-2:1985)

——GB/T 5965—2000《半导体器件 集成电路 第2部分:数字集成电路 第一篇 双极型单片数字集成电路门电路(不包括自由逻辑阵列)空白详细规范》(idt IEC 60748-2-1:1991)

——GB/T 17023—1997《半导体器件 集成电路 第2部分:数字集成电路 第二篇 HCMOS数字集成电路54/74HC、54/74HCT、54/74HCU系列族规范》(idt IEC 60748-2-2:1992)

——GB/T 17024—1997《半导体器件 集成电路 第2部分:数字集成电路 第三篇 HCMOS数字集成电路54/74HC、54/74HCT、54/74HCU系列空白详细规范》(idt IEC 60748-2-3:1992)

——GB/T 17572—1998《半导体器件 集成电路 第2部分:数字集成电路 第四篇 CMOS数字集成电路4000B和4000UB系列族规范》(idt IEC 60748-2-4:1992)

——GB/T 9424—1998《半导体器件 集成电路 第2部分:数字集成电路 第五篇 CMOS数字集成电路4000B和4000UB系列空白详细规范》(idt IEC 60748-2-5:1992)

——GB/T 7509—1987《半导体集成电路微处理器空白详细规范》(可供认证用)

——GB/T 14119—1993《半导体集成电路双极熔丝式可编程只读存储器空白详细规范》(可供认证用)

——GB/T 6648—1986《半导体集成电路静态读/写存储器空白详细规范》(可供认证用)

——GB/T 17574.9—2006《半导体器件 集成电路 第2-9部分:数字集成电路 紫外光擦除电可编程MOS只读存储器空白详细规范》(IEC 60748-2-9:1994,IDT)

——GB/T 17574.10—2003《半导体器件 集成电路 第2-10部分:数字集成电路 集成电路动态读/写存储器集成电路空白详细规范》(IEC 60748-2-10:1994,IDT)

——GB/T 17574.11—2006《半导体器件 集成电路 第2-11部分:数字集成电路 单电源集成电路电可擦可编程只读存储器空白详细规范》(IEC 60748-2-11:1999,IDT)

——GB/T 17574.12《半导体器件 集成电路 第2-12部分:数字集成电路 可编程器件(PLDs)空白详细规范》(IEC 60748-2-12)(待转化)

——GB/T 17574.20—2006《半导体器件 集成电路 第2-20部分:数字集成电路 低压集成电路族规范》(IEC 60748-2-20:2000,IDT)

本规范等同采用国际电工委员会(IEC)标准IEC 60748-2-9:1994(QC 790106)《半导体器件 集成电路 第2-9部分:数字集成电路 紫外光擦除电可编程MOS只读存储器空白详细规范》(英文版)。

本规范按照GB/T 1.1的要求编制国家标准,只对IEC原文作编辑性修改:

1)删除IEC原文中的前言。

2)IEC原文"静态特性表中'特性'项漏写'注5)',本规范已填写。

本规范的附录A为规范性附录。

本规范由中华人民共和国信息产业部提出。

本规范由全国半导体器件标准化技术委员会归口。

本规范起草单位:中国电子科技集团公司第四十七研究所。

本规范主要起草人:施华莎。

半导体器件　集成电路
第2-9部分:数字集成电路
紫外光擦除电可编程MOS只读存储器
空白详细规范

引言

IEC电子元器件质量评定体系遵循IEC的章程,并在IEC的授权下进行工作。该体系的目的是确定质量评定程序,以这种方式使一个参加国按有关规范要求放行的电子元器件无需进一步试验而为其他所有参加国同样接受。

本空白详细规范是半导体器件的一系列空白详细规范之一,并且与下列标准一起使用。

GB/T 4728.12—1996　电气简图用图形符号　第12部分:二进制逻辑元件(idt IEC 60 617-12:1991)

GB/T 4937—1995　半导体器件机械和气候试验方法(idt IEC 60749:1984,修改单1(1991),修改单2(1993))

IEC 60068-2-17:1978　环境试验　第2部分:试验　试验QC:密封

IEC 60134:1961　电子管、电真空管和类似的半导体器件的额定值体系

IEC 60747-10/QC 700000:1991　半导体器件　分立器件和集成电路　第10部分:分立器件和集成电路总规范

IEC 60748-11/QC 790100:1990　半导体器件　集成电路　第11部分:半导体集成电路分规范(不包括混合电路)

要求的资料

本页和后面括号内的数字与下列各项要求的资料相对应,这些资料应填入本规范相应的栏中。

详细规范的识别

[1] 授权发布详细规范的国家标准机构名称。

[2] 详细规范的IECQ编号。

[3] 总规范和分规范的编号及版本号。

[4] 详细规范的国家编号、发布日期及国家标准体系要求的其他资料。

器件的识别

[5] 主要功能和型号。

[6] 典型结构(材料、主要工艺)和封装资料。

器件若具有若干种派生产品,则应指出其特性差异。

详细规范应给出包括以下内容的简短描述:

——工艺(N MOS等);

——结构(字×位);

——输出电路的形式(例如三态);

——主要功能。

STANDARDS PRESS OF CHINA

[7] 外形图,引出端识别、标志和/或有关外形的参考文件。

[8] 按总规范 2.6 的质量评定类别。

[9] 参考数据。

[本规范下面方括号给出的条款构成了详细规范的首页,这些条款仅供指导详细规范的编写,而不应纳入详细规范中]

[当任一条款编写可能引起混淆时,应在括号内说明]

[国家代表机构(NAI)(和发布规范的团体)名称(地址)] [1]	[详细规范的 IECQ 编号、版本号和/或日期] [2] QC 790106
评定电子元器件的依据 [3] 总规范: 标准 60747-10/QC 700000 分规范: 标准 60748-11/QC 790100 [及编号不同时的国家编号]	[详细规范的国家编号] [4] [若国家编号与 IECQ 编号一致,本栏可不填]
单电源集成电路,电可擦可编程只读存储器 [5] [相关器件的型号] 订货资料:见本规范 1.2	
机械说明 [7] 外形依据: [应给出标准封装资料,IEC 编号(如有,则需遵循)和/或国家编号] 外形图: [更详细的资料应在本规范第 8 章给出] 引出端识别: [画出引出端排列图,包括图形符号] 标志:[字母和图形,或色码] [若有时,详细规范应规定器件上标志的内容] [见总规范 2.5 和/或本规范 1.1]	简要说明 [6] 应用: 功能: 典型结构:[硅、单片、MOS 工艺] 封装:[空封或非空封] [派生产品的特性对照表] 注意:静电敏感器件 质量评定类别 [8] [按总规范 2.6] 参考数据 [9] [能在各型号间比较的最重要性能的参考数据]
按本规范鉴定合格的器件,其有关制造厂的资料,可在现行合格产品目录中查到。	

1 标志和订货资料

1.1 标志

见总规范 2.5。

1.2 订货资料

[除另有规定外,订购器件至少需要下列资料:

——准确的型号(必要时,标称电压值);

——适用时,详细规范的 IECQ 编号、版本号/日期;

——分规范第 9 章规定的类别,及如果需要时,分规范第 8 章规定的筛选程序;

——发货包装;

——其他特殊的资料。

订货资料应包括:存储器是预先编程还是空白存储器,若是预先编程,应提供编程信息。]

2 应用说明

[应给出下列特性：
——标称电源电压；
——标称功耗电流(适用时)；
——静态功耗电流；
——工作模式；
——电气兼容(适用时)。
应标明该集成电路存储器是否同其他专用电路或集成电路族电气兼容，或是否需特殊接口。]

编程和擦除条件见详细规范的附录。

3 功能说明

3.1 框图

[框图应该充分描述存储器内部独立功能单元，并标明其主要输入、输出路径以及外部连接(片选允许，地址译码等)]

[应给出功能的图形符号。这可以从标准图形符号的目录中得到，或按 GB/T 4728.12 的规定编制。]

3.2 引出端标志和功能

[所有引出端应在框图中注明(电源、地址、数据和控制端等)。]

[引出端功能应在下表中注明。]

引出端编号	引出端符号	引出端名称	功能	引出端功能	
				输入/输出标识	电路输出的类别

3.3 功能说明

[应给出下列特性：
——存储器容量：在存储器电路中能存储的信息总位数；
——存储器结构：在存储器电路中能存储的每个字的位数；
——寻址方式(例如：多路选通、锁存等)；
——片选[1)](适用时)；
——输出允许[1)](适用时)；
——备用模式(适用时)；
——真值表(该表应能反映对应地址输入和选择输入不同组合的输出状态)。

产品应设计为电可编程和紫外光擦除。

应规定整个存储器初始的逻辑状态。

应该说明存储器未编程的存储单元的内容能否被改变。存储器的正常操作不会改变它的内容。编程的条件在第 7 章中规定。

擦除操作使整个存储器又回到未编程前的初始状态。]

4 极限值(绝对最大额定值体系)

见 IEC 60134。

1) 应区别片选和输出允许。

除另有规定外，这些极限值适用于整个工作温度范围。

[除另有规定外，应给出下列极限值：

——应该包括特定集成电路才有的警示状态，例如 MOS 电路的处置；

——应规定任何相关的极限值；

——应注明极限值适用的所有条件；

——若允许瞬时过载，应规定其幅值和持续时间。]

所有电压以一个确定参考端为基准。

参　　数	符号	最小值*	最大值*	单位
电源电压	V_{CC}	×	×	V
编程电压	V_{PP}	×	×	V
输入电压	V_I	×	×	V
输出电压	V_O	×	×	V
截止态电压[1)]	V_{OZ}	×	×	V
输出电流	I_O	×	×	mA
输入电流	I_I	×	×	mA
功耗	P_D	—	×	W
工作温度	T_{amb}	×	×	℃
贮存温度	T_{stg}	×	×	℃

1)　适用时。

*　代数值。

5　工作条件(在规定的工作温度范围内)

这些条件不考核但可用于质量评定。

参　　数	符号	最小值	最大值	单位
电源电压	V_{CC}	×	×	V
输入低电平电压	V_{IL}	×	×	V
输入高电平电压	V_{IH}	×	×	V
工作温度	T_{amb}	×	×	℃

6　电特性

除另有规定外，特性应适用于第 5 章全部工作条件。

[电路指定参数在工作温度范围内变化的，应给出 25℃下和高、低温下的输入、输出电压值和对应的电流。应给出每个不同功能类型的输入/输出对应的电流和电压值。

应规定特殊特性和时序要求。]

6.1　静态特性

所有电压以一个确定参考端为基准。

特　　性[5]	条件[4]	符号	最小值*	最大值*	单位
电源电流[1]	V_{CCmax}	I_{CC}, I_{DD}	×	×	mA
备用态电源电流	V_{CCmax}	I_{CCO}, I_{DDO}	—	×	μA
输出高电平电压	V_{CCmin}, I_{OHA}	V_{OH}	×	×	V
输出低电平电压	V_{CCmin}, I_{OLA}	V_{OL}	×	×	V
输入高电平电流或漏电流	V_{CCmax}, V_{IHB}	$I_{IH(1)}$	×	×	μA
输入高电平电流或漏电流[1]	V_{CCmax}, V_{IHA}	$I_{IH(2)}$	×	×	μA
输入低电平电流或漏电流	V_{CCmax}, V_{ILA}	$I_{IL(1)}$	×	×	μA
输入低电平电流或漏电流	V_{CCmax}, V_{ILB}	$I_{IL(2)}$	×	×	μA
输出高电平电流	V_{CCmin}, V_{OHB}	I_{OH}	×	×	μA
输出低电平电流	V_{CCmax}, V_{OLA}	I_{OL}	×	×	mA
输出高电平电流或漏电流[2]	V_{CCmax}, V_{OHA}	I_{OHX}	×	×	μA
输出低电平电流或漏电流[2]	V_{CCmax}, V_{OLB}	I_{OLX}	×	×	μA
三态输出的输出高电平漏电流(适用时)	V_{CCmax}, V_{OHB}	I_{OHZ}	×	×	μA
三态输出的输出低电平漏电流(适用时)	V_{CCmax}, V_{OLA}	I_{OLZ}	×	×	μA
输出短路电流[3]	V_{CCmax}, $V_O=0V$	I_{OS}	×	×	mA

1) 适用时。
2) I_{OHX} 和 I_{OLX} 仅适用于集电极开路(或源极/漏极开路)的输出,这种情况下它代替 I_{OH} 和 I_{OL}。
3) 应规定持续时间。
4) 应规定电源电压使相关特性测量处于最坏情况下。
5) 对于某些参数的测试对器件编程是必要的。
* 代数值。
适用时也应标出下列条件:若某些引出端既可作输入也可作输出,应规定所有的条件。

6.2 动态特性

特　　性	条件[1]	符号	最小值	最大值	单位
地址有效时间		$t_{a(A)}$			ns
片选允许有效时间		$t_{a(E)}$		×	ns
读操作有效时间[2] ——地址有效到输出 ——允许到输出 ——离开备用态后到输出		t_a			ns
输出有效时间[2] ——允许信号结束后 ——地址不再有效后 ——输出允许结束后 ——进入备用态后		t_v			ns
禁止及允许时间[2] 对于三态输出 输出允许无效到高阻态 输出允许有效到离开高阻态		t_{dis} t_{en}			ns ns

1) 应规定测试条件及负载电路。
2) 适用时。

6.3 时序图

[应给出时序图,包括完整信号集表明每个电路模式的操作。应注明需要用户了解的任一时间间隔以确保存储器正常工作。

所有 6.2 规定的参数都应在时序图中给出。]

6.4 电容

特性	条件	符号	最小值	最大值	单位
输入电容		C_{in}		×	pF
输出电容(适用时)		C_{out}		×	pF

6.5 编程操作的次数

每个可寻址单元的操作次数。

6.6 数据保持时间(见本规范 14.1)

应在详细规范中给出在规定温度下的数据动态、静态保持时间。

7 编程

在附录 A 中给出编程的数据和条件。

7.1 编程(写入内容)

这个产品被设计成可由用户用电写入的方式进行编程。

编程操作是在存储单元的浮栅上积累足够多的负电荷。这导致了它们的逻辑状态由初始的“1”态变成“0”态。

编程方法和条件应在详细规范中写明。

用电写入的方式可以改变未编程的存储单元的逻辑状态,但不能改变已编程的存储单元的逻辑状态。

具体器件的编程参数应在附录 A 中加以说明。在附录中这些参数出现在流程图中。编程所需的信号结构和逻辑电平也应加以描述。

7.2 擦除(回到初始逻辑状态)

擦除操作是除去存储单元浮栅上的全部负电荷。这使存储单元处于解锁状态,使其回到未编程前的初始逻辑状态。

擦除方法、擦除条件、紫外光源的特性(波长和紫外光的带宽)和保证擦除完全的最小剂量应在详细规范中给出。

7.3 擦除/编程操作次数

在详细规范中应给出存储器最多能擦除/编程的次数。这个数值可通过耐久试验得到(见本规范 14.2)。

8 机械和气候的额定值、特性和数据

见分规范 12.2。

9 附加资料

[作为最少设计数据可选下列附加资料。

——热阻。

应包括对应于推荐最严酷工作条件的额定功耗下允许在器件表面参考点产生的最高温度。

——抗扰度(输入、电源电压等)。

——电源电压。

应给出电源电流的典型变化范围(适用时,电源电压),包括脉冲电源的频率与典型值的偏差。

——负载水平:给出输出负载能力。

——输入或输出电路简图(适用时)。

——数据保持时间。

——编程次数。

应给出警示信息:窗口应遮盖起来防止自然光照射造成数据丢失。]

10 筛选程序(如要求)

见分规范第8章。

[老炼条件:应规定下列条件:

——环境温度:最高工作温度,除另有规定外;

——电源电压:额定值,除另有规定外;

——频率;

——电路图和条件。]

11 质量评定程序

下列任一程序都可用于鉴定。

11.1 鉴定批准程序

[见总规范3.1和分规范5.1。]

11.2 能力批准程序

[见总规范3.11。]

12 结构相似性程序

[见分规范第6章]

13 试验条件和检验要求

13.1 总则

13.1.1 电气和功能测试的通用条件

见总规范4.3.1。

测试程序是产品规范的一部分。[制造厂应向NSI(国家标准机构)证明功能测试程序是充分的,参照制造厂给出的定义(功能、试验范围等)。]该资料应由制造厂和NSI保密,没有制造厂允许不得公开。

13.1.2 功能验证

13.1.2.1 总则

见总规范。

13.1.2.2 功能定义和验证

[在详细规范或本空白详细规范第3章中应尽可能详细地描述集成电路实现的功能。]

[应用制造厂的测试程序进行功能验证,这个测试程序是产品规范的一部分。]

[制造厂应向NSI保证测试程序对于功能验证是充分的,另外,还应向其保证通过测试程序的功能验证在整个电源电压和工件温度范围内是有效的。]

[NSI可以要求制造厂说明测试程序及其任一变化,但该资料是保密的。]

[NSI有权向被制造厂认可的专家咨询。]

[测试程序中的功能验证不在详细规范中说明。]

13.1.2.3 编程能力和擦除能力的评定

这些试验在A2分组按下列条件进行:

应该对存储器的样品按照其在详细规范(见本空白详细规范7.1和7.2)中规定的试验条件(见附录A)进行编程,然后擦除。

在擦除后,用于编程的图形在变化状态中至少对50%的二进制单元进行编程,已编程的二进制单元应均匀地分布在芯片的整个存储器区域。

判据:当存储单元之一受到一个编程/擦除操作,而编程操作没有改变其逻辑状态,则认为该器件失效。

13.2 抽样要求和检验批构成

抽样要求见分规范第9章和总规范3.7。

A组试验应选AQL(接收质量限)体系。

检验批:见分规范第9章。

13.3 检验表

除另有规定外,试验在25℃下进行。

标有(D)的试验是破坏性的,标有(ND)的试验是非破坏性的。

表1 A组:逐批检验

分组	检验或试验	试验条件	极限值
A1	外部目检	见IEC 60747-10/QC 700000:1991 4.2.1.1	
A2	25℃的功能验证(除另有规定外)	按本规范13.1	
A2a	最低和最高工作温度下的功能验证(不适用于Ⅰ类)[1]		
A3	25℃下静态特性	见本规范6.1 对于输出参数,应给出预置顺序和负载。若需要,给出未用输入端电平	见本规范6.1
A3a	最低和最高工作温度下静态特性[1]	$T_{amb}=T_{amb}\min$ 和 $T_{amb}\max$	极限值可以与A3分组不同
A4	25℃下动态特性 (除另有规定外)	见本规范6.2, 在规定的控制序列图中应规定输入信号的电压序列和组合及由此产生的输出波形。 应规定适当的时序条件值。应规定输出负载	见本规范6.2
A4a	最低和最高工作温度下动态特性(不适用于Ⅰ类)[1]	$T_{amb}=T_{amb}\min$ 和 $T_{amb}\max$ 条件同A4	极限值可以与A4分组不同

1) 如果制造厂能定期证明2个极限温度下的试验结果与25℃下的试验结果相关,则可使用25℃下的结果。

表 2　B 组:逐批检验

(在Ⅰ类情况下见总规范 2.6)

分组	检验或试验	引用标准	详细条件	极限值
B1(ND)	尺寸	IEC 60747-10:1991,4.2.2和附录 B		见本规范第 8 章
B2c	电额定值验证	不适用		
B4(D)	可焊性	GB/T 4937—1995 第Ⅱ篇 2.1	按规定	浸润良好
B5 (ND) (D)	温度快速变化 a) 空封器件 温度快速变化,随后: ·电测试(A2、A3) ·密封　细检漏 ·密封　粗检漏 b) 非空封器件和环氧封接的空封器件 温度快速变化,随后 ·外部目检 ·稳态湿热 ·电测试 A2、A3 和 A4	 GB/T 4937—1995 第Ⅲ篇 1.1 及 A.1 GB/T 4937—1995 第Ⅲ篇 7.3(及 A.1)或 7.4 IEC 60068-2-17 Qc 检验 GB/T 4937—1995 第Ⅲ篇 1.1(及 A.1) IEC 60747-10:1991,4.2.1.1 GB/T 4937—1995(A.1)第Ⅲ篇 5B	 10 次循环 同 A2、A3 和 A4 按规定 按规定 10 次循环 严酷度 1,24 h, 同 A2、A3 和 A4	 同 A2、A3 和 A4 同 A2、A3 和 A4
B8b (ND)	已编程器件的电耐久性	见分规范 12.3	时间:168 h,按分规范 12.3 和(适用时)12.4 规定	见分规范 12.3
CRRL	就 B4、B5 和 B8 分组提供计数检查结果。			

表 3　C 组:周期检验

分组	检验或试验	引用标准	详细条件	极限值
C1(ND)	尺寸	IEC 60747-10:1991,4.2.2 和附录 B		
C2c(D)	瞬态能量额定值	按规定	按规定	
C3(D)	引出端强度	GB/T 4937—1995 第Ⅱ篇 1	按相应封装的规定	
C4(D)	耐焊接热	GB/T 4937—1995 第Ⅱ篇 2.2	按规定	
C5(ND) (D)	温度快速变化 a)空封器件 温度快速变化,随后: ·电测试(A2、A3 和 A4) ·密封　细检漏 ·密封　粗检漏 b)非空封和环氧封接的空封器件 温度快速变化,随后: ·外部目检 ·稳态湿热 ·电测试(同 A2、A3 和 A4)	 GB/T 4937—1995 第Ⅲ篇 1.1 及 A.1 GB/T 4937—1995 第Ⅲ篇 7.3(和 A.1)或 7.4 IEC 60068-2-17,Qc 试验 GB/T 4937—1995 第Ⅲ篇 1.1 及 A.1 IEC 60747-10:1991,4.2.1.1 GB/T 4937—1995(A.1)第Ⅲ篇 5B	 10 次循环 同 A2、A3 和 A4 按规定 按规定 500 次循环 严酷度 1,24 h 同 A2、A3 和 A4	 同 A2、A3 和 A4 同 A2、A3 和 A4

STANDARDS PRESS OF CHINA

表 3(续)

分组	检验或试验	引用标准	详细条件	极限值
C5a(D)	盐雾(适用时)	GB/T 4937—1995 第Ⅲ篇 8		
C6(D)	稳态加速度(适用于空封器件)	GB/T 4937—1995 第Ⅱ篇 5(和 A.1)	按规定	
C7(D)	稳态湿热 a) 空封器件 b) 非空封器件和环氧封接的空封器件 随后 电测试 A2、A3 和 A4	 GB/T 4937—1995(A.1)第Ⅲ篇 5A GB/T 4937—1995(A.1)第Ⅲ篇 5B	 严酷度: Ⅱ类、Ⅲ类为 56 天, Ⅰ类器件为 21 天 严酷度 1 偏置:按详细规范的规定 时间:Ⅱ类、Ⅲ类为 1 000 h Ⅰ类器件为 500 h 同 A2、A3 和 A4	同 A2、A3 和 A4
C8(D)	电耐久性	见分规范 12.3	时间:1 000 h,按分规范 12.3 和(适用时)12.4 的规定	见分规范 12.3
C9(D)	高温储存	GB/T 4937—1995 第Ⅲ篇 2	1 000 h,T_{stg}最大值	
C11(ND)	标志耐久性	GB/T 4937—1995 第Ⅳ篇 2	方法 1	
CRRL	按 C3,C4,C5,C6,C7,C8,C9 和 C11 分组提供计数检查结果。			

表 4 D 组周期检验

分组	检验或试验	引用标准	详细条件	极限值
D8a (D)	已编程器件电耐久性[1]	见分规范 12.3	Ⅰ类器件:不适用 Ⅱ类器件:2 000 h Ⅲ类器件:3 000 h 条件:按分规范 12.3 和(适用时)12.4	见分规范 12.3
D8b (D)	写/擦耐久性	见分规范 12.3 及本规范 14.2	Ⅱ类器件:50 次 Ⅲ类器件:100 次	见分规范 12.3
D8c (D)	数据保持检验	见本规范 14.1	见本规范 14.1	见本规范 14.1
D12(ND)	输入电容	见本规范 6.4	见本规范 6.4	见本规范 6.4
D13(ND)	输出电容(适用时)	见本规范 6.4	见本规范 6.4	见本规范 6.4
D14 (D)	锁定(适用时)	IEC 60748-2-4:1985 2.8	IEC 60748-2-4:1985 2.8	在详细规范中规定

1) D 组试验应在鉴定批准后立即进行,其后一年进行一次。

13.4 延迟交货

见 IEC 60747-10:1991 中 3.6.7 的规定。

14 附加测量方法

14.1 数据保持试验(破坏性试验)

按试验分组 D8c 进行测试,抽样为 $n=8$,$C=1$。

——在整个存储器写入测试图形。

——试验在静态条件下完成,器件加电。遮盖窗口。

——持续时间:1 000 h,温度:150℃。

——最终测试:检验存储器内容是否丢失,动态参数也需要测试。

[试验条件应在详细规范中描述]

14.2 写入(擦除)耐久性试验:编程的次数(破坏性试验)。

该试验按 D8b 分组实施,抽样为:$n=8$,$C=1$。

——试验过程:

- 向整个存储器写入测试图形(例如:随机图形)。
- 擦除存储内容。
- 按照详细规范(见空白详细规范 7.3)规定的次数重复操作,交替翻转图形。

[在详细规范中规定循环次数]

——每一循环结束进行测试验证功能(按 A2 分组)和静态及动态参数(按 A3、A4 分组)。

附 录 A
（规范性附录）
编程和擦除

A.1 编程

a) 应给出编程的方法(流程图等)。

b) 还应给出编程条件的表(不同型号的存储器所用编程参数可能不同)。

表 A.1

参 数	条件	符号	最小	最大	单位
编程电压		V_{PP}	×	×	V
编程电流(读输入端)		$I_{PP(1)}$	×	×	mA
编程脉冲期间的编程电流(读输入端)		$I_{PP(2)}$			mA
电源电压校验 (适用时)		V_{CCV}	×	×	V
高电平输入电压		V_{IH}	×	×	V
低电平输入电压		V_{IL}	×	×	V
编程操作的建立时间 (适用时) ——地址有效到编程脉冲或编程允许有效时间 ——允许信号有效到编程脉冲或编程允许有效时间 ——数据有效到编程脉冲有效时间 ——编程允许有效到编程脉冲有效或脉冲有效到编程脉冲有效时间		$t_{SU(.)PR}$	×		ns
编程操作保持时间(适用时) ——地址有效到编程脉冲或编程允许结束时间 ——允许信号有效到编程脉冲或编程允许结束时间 ——数据有效到编程脉冲结束时间 ——从地址有效到数据输入结束时间 ——从施加脉冲到编程脉冲结束时间		$t_{h(...)PR}$	×		ns
数据有效保持时间(适用时) ——允许信号结束后 ——地址信号无效后 ——输出允许无效后 ——进入备用模式后		$t_{V(...)PR}$	×		ns
编程脉冲或编程允许持续时间		t_{WPR}	×		ns
编程或编程允许的最大占空比(除其他参数反映了该特性以外)					
对每一编程单元的总编程时间					
最大可编程次数					
编程时的环境温度		T_{amb}	×	×	℃

A.2 擦除

a) 步骤

b) 条件和参数

——波长；

——窗口处的光强；

——温度；

——曝光时间；

——用于擦除的最小光通量(紫外光强度×曝光时间)。

A.3 应给出描述编程步骤的时序图

A.4 电路连接图

ICS 31.200
L 56

中华人民共和国国家标准

GB/T 17574.11—2006/IEC 60748-2-11:1999
QC 790108

半导体器件 集成电路 第2-11部分:数字集成电路 单电源集成电路电可擦可编程只读存储器 空白详细规范

Semiconductor devices—Integrated circuits—
Part 2-11:Digital integrated circuits—
Blank detail specification for single supply integrated circuit electrically erasable and programmable read-only memory

(IEC 60748-2-11:1999,IDT)

2006-12-05 发布 2007-05-01 实施

中华人民共和国国家质量监督检验检疫总局
中国国家标准化管理委员会 发布

前　言

系列国家标准《半导体器件　集成电路》中的数字集成电路部分分为如下几部分：

——GB/T 17574—1998《半导体器件　集成电路　第2部分：数字集成电路》(idt IEC 60748-2：1985)

——GB/T 5965—2000《半导体器件　集成电路　第2部分：数字集成电路　第一篇　双极型单片数字集成电路门电路(不包括自由逻辑阵列)空白详细规范》(idt IEC 60748-2-1：1991)

——GB/T 17023—1997《半导体器件　集成电路　第2部分：数字集成电路　第二篇　HCMOS数字集成电路54/74HC、54/74HCT、54/74HCU系列族规范》(idt IEC 60748-2-2：1992)

——GB/T 17024—1997《半导体器件　集成电路　第2部分：数字集成电路　第三篇　HCMOS数字集成电路54/74HC、54/74HCT、54/74HCU系列空白详细规范》(idt IEC 60748-2-3：1992)

——GB/T 17572—1998《半导体器件　集成电路　第2部分：数字集成电路　第四篇　CMOS数字集成电路4000B和4000UB系列族规范》(idt IEC 60748-2-4：1992)

——GB/T 9424—1998《半导体器件　集成电路　第2部分：数字集成电路　第五篇　CMOS数字集成电路4000B和4000UB系列空白详细规范》(idt IEC 60748-2-5：1992)

——GB/T 7509—1987《半导体集成电路微处理器空白详细规范》(可供认证用)

——GB/T 14119—1993《半导体集成电路双极熔丝式可编程只读存储器空白详细规范》(可供认证用)

——GB/T 6648—1986《半导体集成电路静态读/写存储器空白详细规范》(可供认证用)

——GB/T 17574.9—2006《半导体器件　集成电路　第2-9部分：数字集成电路　紫外光擦除电可编程MOS只读存储器空白详细规范》(IEC 60748-2-9：1994，IDT)

——GB/T 17574.10—2003《半导体器件　集成电路　第2-10部分：数字集成电路　集成电路动态读/写存储器集成电路空白详细规范》(IEC 60748-2-10：1994，IDT)

——GB/T 17574.11—2006《半导体器件　集成电路　第2-11部分：数字集成电路　单电源集成电路电可擦可编程只读存储器空白详细规范》(IEC 60748-2-11：1999，IDT)

——GB/T 17574.12《半导体器件　集成电路　第2-12部分：数字集成电路　可编程器件(PLDs)空白详细规范》(IEC 60748-2-12)(待转化)

——GB/T 17574.20—2006《半导体器件　集成电路　第2-20部分：数字集成电路　低压集成电路族规范》(IEC 60748-2-20：2000，IDT)

本规范等同采用IEC 60748-2-11：1999(QC 790108)《半导体器件　集成电路第2-11部分：数字集成电路　单电源电可擦可编程只读存储器空白详细规范》英文版。

本规范按照GB/T 1.1的要求编制国家标准，只对IEC原文作编辑性修改：删除IEC原文中的前言。

本规范由中华人民共和国信息产业部提出。

本规范由全国半导体器件标准化技术委员会归口。

本规范起草单位：中国电子科技集团公司第四十七研究所。

本规范主要起草人：施华莎。

半导体器件 集成电路 第2-11部分：数字集成电路 单电源集成电路电可擦可编程只读存储器 空白详细规范

引言

IEC电子元器件质量评定体系遵循IEC的章程，并在IEC的授权下进行工作。该体系的目的是确定质量评定程序，以这种方式使一个参加国按有关规范要求放行的电子元器件无需进一步试验而为其他所有参加国同样接受。

本空白详细规范是半导体器件的一系列空白详细规范之一，并且与下列标准一起使用。

IEC 60747-10/QC 700000:1991 半导体器件 分立器件和集成电路 第10部分：分立器件和集成电路总规范

IEC 60748-11/QC 790100:1990 半导体器件 集成电路 第11部分：半导体集成电路分规范（不包括混合电路）

IEC 60749:1984，修改单1(1991)，修改单2(1993)

要求的资料

本页和后面括号内的数字与下列各项要求的资料相对应，这些资料应填入本规范相应的栏中。

详细规范的识别

[1] 授权发布详细规范的国家标准机构名称。

[2] 详细规范的IECQ编号。

[3] 总规范和分规范的编号及版本号。

[4] 详细规范的国家编号、发布日期及国家标准体系要求的其他资料。

器件的识别

[5] 主要功能和型号。

[6] 典型结构（材料、主要工艺）和封装资料。

器件若具有若干种派生产品，则应指出其特性差异。

详细规范应给出包括以下内容的简短描述：

——工艺(N MOS等)；

——结构（字×位）；

——输出电路的形式（例如三态）；

——主要功能。

[7] 外形图，引出端识别、标志和/或有关外形的参考文件。

[8] 按总规范2.6的质量评定类别。

[9] 参考数据。

[本规范下页方括号给出的条款构成了详细规范的首页，这些条款仅供指导详细规范的编写，而不应纳入详细规范中]

[当任一条款编写可能引起混淆时,应在括号内说明]

<table>
<tr><td>[国家代表机构(NAI)(和发布规范的团体)　[1]
名称(地址)]</td><td>[详细规范的 IECQ 编号、版本号和/或日期]　[2]
QC 790108</td></tr>
<tr><td>评定电子元器件的依据　[3]
总规范:
标准 60747-10/QC 700000
分规范:
标准 60748-11/QC 790100
[及编号不同时的国家编号]</td><td>[详细规范的国家编号]　[4]
[若国家编号与 IECQ 编号一致,本栏可不填]</td></tr>
<tr><td colspan="2">单电源集成电路,电可擦可编程只读存储器式　[5]
[相关器件的型号]
订货资料:见本规范 1.2</td></tr>
<tr><td rowspan="3">机械说明　[7]
外形依据:
[应给出标准封装资料,IEC 编号(如有,则需遵循)和/或国家编号]
外形图:
[更详细的资料应在本规范第 8 章给出]

引出端识别:
[画出引出端排列图,包括图形符号]
标志:[字母和图形,或色码]
[若有时,详细规范应规定器件上标志的内容]
[见总规范 2.5 和/或本规范 1.1]</td><td>简要说明　[6]
应用:
功能:
典型结构:[硅、单片、MOS 工艺]
封装:[空封或非空封]
[派生产品的特性对照表]
注意:静电敏感器件</td></tr>
<tr><td>质量评定类别　[8]
[按总规范 2.6]</td></tr>
<tr><td>参考数据　[9]
[能在各型号间比较的最重要性能的参考数据]</td></tr>
<tr><td colspan="2">按本规范鉴定合格的器件,其有关制造厂的资料,可在现行合格产品目录中查到。</td></tr>
</table>

1 标志和订货资料

1.1 标志

见总规范 2.5。

1.2 订货资料

[除另有规定外,订购器件至少需要下列资料:

——准确的型号(必要时,标称电压值);

——适用时,详细规范的 IECQ 编号、版本号/日期;

——分规范第 9 章规定的类别,及如果需要时,分规范第 8 章规定的筛选程序;

——发货包装;

——其他特殊的资料。]

2 应用说明

[应给出下列特性:

——标称电源电压;

——标称功耗电流;

——静态功耗电流(适用时);

——工作模式；

——电气兼容(适用时)(应标注出集成电路存储器是否与其他集成电路或集成电路族电气兼容，或是否需要特殊接口)；

——总方框图；

——编程条件摘要(见本规范第7章)。]

3 功能说明

3.1 框图

[框图应该充分描述存储器内部独立功能单元，并标明其主要输入、输出路径来及外部连接(片选允许，地址译码等)]

[应给出功能的图形符号。这可以从标准图形符号的目录中得到，或按 GB/T 4728.12 的规定编制。]

3.2 引出端标志和功能

[所有引出端应在框图中注明(电源、地址、数据和控制端等)。]

[引出端功能应在下表中注明。]

引出端编号	引出端符号	引出端名称	功能	引出端功能	
				输入/输出标识	电路输出的类别

3.3 功能说明

[应给出下列特性：

——存储器容量：在存储器电路中能存储的信息总位数；

——存储器结构：在存储器电路中能存储的每个字的位数；

——工作模式(串行或并行)；

——寻址方式(例如：多路选通、锁存等)；

——片选[1)](适用时)；

——输出允许[1)](适用时)；

——备用模式(适用时)；

——真值表(该表应能反映对应地址输入和选择输入不同组合的输出状态)；

——存储器的初始逻辑状态；

产品应设计为电可擦可编程的(见7.3)。]

4 极限值(绝对最大额定值体系)

见 IEC 60134。

除另有规定外，这些极限值适用于整个工作温度范围。

[除另有规定外，应给出下列极限值：

——应该包括特定集成电路才有的警示状态，例如 MOS 电路的处置；

——应规定任何相关的极限值；

——应注明极限值适用的所有条件；

——若允许瞬时过载，应规定其幅值和持续时间。]

所有电压以一个确定参考端为基准。

1) 应区别片选和输出允许。

参　　数	符号	最小值*	最大值*	单位
电源电压	V_{CC}	×	×	V
输入电压	V_I	×	×	V
输出电压	V_O	×	×	V
截止态电压[1)]	V_{OZ}	×	×	V
输出电流	I_O	×	×	mA
输入电流	I_I	×	×	mA
功耗	P_D	—	×	W
工作温度	T_{amb}	×	×	℃
贮存温度	T_{stg}	×	×	℃

1）适用时。

*　代数值。

5　工作条件(在规定的工作温度范围内)

这些条件不考核但可用于质量评定。

参　　数	符号	最小值	最大值	单位
电源电压	V_{CC}	×	×	V
输入低电平电压	V_{IL}	×	×	V
输入高电平电压	V_{IH}	×	×	V
工作温度	T_{amb}	×	×	℃

6　电特性

除另有规定外,特性适用于第5章全部工作条件。

[电路指定参数在工作温度范围内变化的,应给出25℃下和高、低温下的输入、输出电压值和对应的电流。应给出每个不同功能类型的输入/输出对应的电流和电压值。

应规定特殊特性和时序要求。]

6.1　静态特性[5)]

特　　性	条件[4)]	符号	最小值*	最大值*	单位
电源电流[1)]	V_{CCmax}	I_{CC}	×	×	mA
备用态电源电流[1)]		I_{CC}	×	×	mA
输出高电平电压	V_{CCmin}, I_{OHA}	V_{OH}	×	×	V
输出低电平电压	V_{CCmin}, I_{OLA}	V_{OL}	×	×	V
输入高电平电流或漏电流	V_{CCmax}, V_{IHB}	$I_{IH(1)}$	×	×	μA
输入高电平电流或漏电流[1)]	V_{CCmax}, V_{IHA}	$I_{IH(2)}$	×	×	μA
输入低电平电流或漏电流	V_{CCmax}, V_{ILA}	$I_{IL(1)}$	×	×	μA
输入低电平电流或漏电流	V_{CCmax}, V_{ILB}	$I_{IL(2)}$	×	×	μA
输出高电平电流	V_{CCmin}, V_{OHB}	I_{OH}	×	×	μA

续表

特　　性	条件[4]	符号	最小值*	最大值*	单位
输出低电平电流	V_{CCmax}, V_{OLA}	I_{OL}	×	×	mA
输出高电平电流(漏电流)[2]	V_{CCmax}, V_{OHA}	I_{OHX}	×	×	μA
输出低电平电流(漏电流)[2]	V_{CCmax}, V_{OLB}	I_{OLX}	×	×	μA
三态输出的输出高电平漏电流(若适用)	V_{CCmax}, V_{OHB}	I_{OHZ}	×	×	μA
三态输出的输出低电平漏电流(若适用)	V_{CCmax}, V_{OLA}	I_{OLZ}	×	×	μA
输出短路电流[3]	V_{CCmax}, $V_O=0V$	I_{OS}	×	×	mA

1) 适用时。

2) I_{OHX} 和 I_{OLX} 仅适用于集电极开路(或源极/漏极开路)的输出,这种情况下它代替 I_{OH} 和 I_{OL}。

3) 应规定持续时间和最多可允许同时短路的输出端。

4) 应规定电源电压使相关特性测量处于最坏情况下。

5) 对于某些参数的测试对器件编程是必要的。

* 代数值。

适用时,下列信息应加以规定:有些端子既可做输入端也可做输出端,应规定相应的条件。

6.2 动态特性

特　　性	条件[1]	符号	最小值	最大值	单位
地址有效时间		$t_{a(A)}$		×	ns
片选允许有效时间		$t_{a(E)}$		×	ns
读操作有效时间[2] ——地址有效到输出 ——允许到输出 ——离开备用态后到输出		t_a	×		ns
输出有效时间[2] (数据保持有效时间) ——允许后输出 ——地址不再有效后 ——输出允许结束后 ——进入备用态后		t_v	×		ns
禁止及允许时间[2] 对于三态输出 三态输出及关断状态从输出允许 转换开始		t_{dis} t_{en}		×	ns
读周期时间[2]		$t_{a(R)}$	×		ns
时钟频率[2]			×	×	MHz

1) 应规定测试条件及负载电路。

2) 适用时。

6.3 时序图

[应给出时序图,包括完整信号集表明每个电路模式的操作。应注明需要用户了解的任一时间间隔

STANDARDS PRESS OF CHINA

以确保存储器正常工作。

所有6.2规定的参数都应在时序图中给出。]

6.4 电容

特　　性	条件	符号	最小值	最大值	单位
输入电容(适用时)	$V_{CC}=0$ V	C_{in}		×	pF
输出电容(适用时)	$V_{CC}=0$ V	C_{out}		×	pF

6.5 写/擦除耐久性——编程周期的次数

特　　性	条件	符号	最小值	最大值	单位
写/擦除耐久性	见14.2		×		周期[1]
1) 对每个可寻址单元进行操作(例如:位、字节、字、页等)。					

6.6 数据保持时间操作

特　　性	条件	符号	最小值	最大值	单位
数据保持时间	见14.1		×		y

7 编程

对于器件的编程来说下列信息是必需的:

1) 编程条件;

2) 时序图;

3) 操作条件应符合下表。

如果编程时的电源电压,输入电压及工件温度与本规范第5章不同,则应规定最大或最小值。

7.1 字节擦除及字节写操作(适用时)

特　　性	符号	最小值	最大值	单位
地址建立时间	$t_{su(A)}$	×		ns
写脉冲宽度	$t_{w(W)}$	×		ns
地址保持时间	$t_{h(A)}$	×		ns
数据建立时间	$t_{su(D)}$	×		ns
数据保持时间	$t_{h(D)}$	×		ns
写周期时间	$t_{c(W)}$	×		ns

7.2 页擦除及页写操作(适用时)

特　　性	符号	最小值	最大值	单位
地址建立时间	$t_{su(A)}$	×		ns
写脉冲宽度	$t_{w(W)}$	×		ns
地址保持时间	$t_{h(A)}$	×		ns
数据建立时间	$t_{su(D)}$	×		ns
数据保持时间	$t_{h(D)}$	×		ns
写周期时间	$t_{c(W)}$	×		ms
字节负载周期时间	$t_{c(BL)}$	×	×	μs

7.3 擦除/编程

详细规范应给出擦除(使存储器为初始逻辑状态)及编程(写存储器)的方法及条件。

8 机械和气候的额定值、特性和数据

见分规范12.2。

9 附加资料

[作为最少设计数据可选下列附加资料。

——热阻。

应包括对应于推荐最严酷工作条件的额定功耗下允许在器件表面参考点产生的最高温度。

——抗扰度(输入、电源电压等)。

——电源电压。

应给出控制信号频率范围(包括脉冲电源)内的电源电流(或者,适用时的电压)的典型变化(适用时)。

——负载规则:给出输出负载能力。

——输入或输出电路简图(适用时)。]

10 筛选程序(如要求)

见分规范第8章。

[老炼条件:如下列规定:

——环境温度:最高工作温度,除另有规定外;

——电源电压:额定值,除另有规定外;

——频率;

——电路图和条件。]

11 质量评定程序

下列任一程序都可用于鉴定。

11.1 鉴定批准程序

[见总规范3.1和分规范5.1。]

11.2 能力批准程序

[见总规范3.11。]

12 结构相似性程序

[见分规范第6章]

13 试验条件和检验要求

13.1 总则

13.1.1 电气和功能测试的通用条件

见总规范4.3.1。

测试程序是产品规范的一部分。[制造厂应向NSI(国家标准机构)证明功能测试程序是充分的,参照制造厂给出的定义(功能、试验范围等)。]该资料应在制造厂和NSI间保密,没有制造厂允许不得公开。

13.1.2 功能验证

13.1.2.1 总则

见总规范。

13.1.2.2 功能定义和验证

[在详细规范第 3 章中应尽可能详细地描述集成电路实现的功能。]

[应用制造厂的测试程序进行功能验证,这个测试程序是产品规范的一部分。]

[制造厂应向 NSI 保证程序对于该目的是充分的,另外,还应向其保证通过测试程序的功能验证在整个电源电压和工件温度范围内是有效的。]

[NSI 可以要求制造厂说明测试程序及其任一变化,但该资料是保密的。]

[NSI 有权向被制造厂的认可的专家咨询。]

[在该程序中,功能验证不在详细规范中描述。]

13.1.2.3 编程能力和擦除能力的评定

这些试验在 A2 分组按下列条件进行:

在编程和擦除条件有效时对器件样品进行编程并且再进行擦除,由详细规范规定(见本空白详细规范 7.1 和 7.2)。

在擦除后,用于编程的图形在变化状态中至少对 50% 的二进制单元进行编程,已编程的二进制单元应均匀地分布在芯片的整个存储器区域。

判据:当存储单元之一受到一个编程/擦除操作,而编程操作没有改变其逻辑状态,则认为该器件不合格。

13.2 抽样要求和检验批构成

抽样要求:见分规范第 9 章和总规范 3.7。

A 组试验应选 AQL 体系。

检验批:见分规范第 9 章。

13.3 检验表

除另有规定外,试验在 25℃下进行。

标有(D)的试验是破坏性的。标有(ND)的试验是非破坏性的。

表 1 A 组 逐批检验

分组	检验或试验	试验条件	极限值
A1	外部目检	见 IEC 60747-10:1991,4.2.1.1	
A2	25℃的功能验证(除另有规定外)	按本规范 13.1	
A2a	最低和最高工作温度下的功能验证(不适用于 I 类)1)		
A3	25℃下静态特性	见本规范 6.1 对于输出参数,应给出预置顺序和负载。若需要应规定未用输入端电平	见本规范 6.1
A3a	最低和最高工作温度下静态特性1)	$T_{amb}=T_{amb}\,max$ 和 $T_{amb}\,min$	极限值可以与 A3 分组不同
A4	25℃下动态特性 (除另有规定外) 2)	见本规范 6.2 在规定的控制序列图中给出电压、输入信号的序列和组合及由此产生的输出波形。规定基本时序条件的适当值及输出负载	见本规范 6.2

表 1(续)

分组	检验或试验	试验条件	极限值
A4a	最低和最高工作温度下动态特性(不适用于Ⅰ类)[1]	$T_{amb}=T_{ambb}$max 和 T_{am}min 条件同 A4	极限值可以与 A4 分组不同

1) 如果制造厂能定期证明 2 个极限温度下的试验结果与 25℃下的试验结果相关,则可使用 25℃下的结果。

2) 当需要对未编程的器件进行检验时,需要使用检验已编程器件的下列方法之一:

a) 要对足够多的样品编程,以满足 B8 的分组条件,进而符合 A 组检验的样品数量要求。或

b) 如果通过另外的测试路径(行、列),可使存储器电路的输出级在高低电平间切换,也是允许的。制造商应对这种附加的测试路径(行、列)加以充分的说明。

表 2 B组 逐批检验

分组	检验或试验	引用标准	详细条件	极限值
B1 (ND)	尺寸	IEC 60747-10:1991,4.2.2 和附录 B		见本规范机械描述
B2c	电额定值验证	不适用		
B4(D)	可焊性	IEC 60749:1984,2,2.1	按规定	浸润良好
B5 (ND)	温度快速变化 a) 空封器件 温度快速变化,随后: ·电测试(A2、A3) ·密封 细检漏 ·密封 粗检漏	 IEC 60749:1984,3,1.1 IEC 60749:1984,3,5.2 或 5.3 IEC 60749:1984,3,5.2.6	 10 次循环 同 A2 和 A3 按规定 按规定	 同 A2 和 A3
(D)	b) 非空封和环氧封接的空封器件 ·外部目检 ·稳态湿热 ·电测试 A2 和 A3	IEC 60749:1984,3,1.1 IEC 60747-10:1991,4.2.1.1 IEC 60749:1984,3,4C	10 次循环 严酷度 3,变化度为 C 同 A2 和 A3	 同 A2 和 A3
B8 (ND)	可编程[1]	见本规范 14.3	对于Ⅱ类和Ⅲ类	见本规范第 14 条 器件应按特定图形编程,至少应选择两种图形,以便使每个位置都被编程一次,这是棋盘图形及其位置。最终测试:A2,A3
(D)	电耐久性	见分规范 12.3	168 h,按分规范 12.3 和(适用时)12.4	见分规范 12.3
CRRL	按 B4,B5 和 B8 分组提供计数检查结果。			

1) 编程能力测试是作为电耐久性测试的预处理。

STANDARDS PRESS OF CHINA

表3 C组 周期检验

分组	检验或试验	引用标准	详细条件	极限值
C1(ND)	尺寸	IEC 60747-10:1991,4.2.2 和附录B		
C2c(D)	瞬态能量额定值	按规定	按规定	按规定
C3(D)	引出端强度	IEC 60749:1984,2,1	按相应封装的规定	按规定
C4(D)	耐焊接热	IEC 60749:1984,2,2.2	按规定	按规定
C5(ND)	温度快速变化 a)空封器件 温度快速变化,随后: ·电测试(A2、A3)	 IEC 60749:1984,3,1.1	 10次循环 同A2和A3	 同A2和A3
	·密封 细检漏 ·密封 粗检漏	IEC 60749:1984,3,5.2或5.3 IEC 60749:1984,3,5.2.6	按规定 按规定	
(D)	b)非密封和环氧封接的空封器件 ·外部目检 ·稳态湿热 ·电测试(A2和A3)	IEC 60749:1984,3,1.1 IEC 60747-10:1991,4.2.1.1 IEC 60749:1984,3,4C	200次循环 严酷度3,变化度为C 同A2和A3	 同A2和A3
C6(D)	稳态加速度(适用于空封器件)	IEC 60749:1984,2,5	按规定	按规定
C7(D)	稳态湿热 a)空封器件 b)非空封器件和环氧封接的空封器件 随后 电测试A2和A3	 IEC 60749:1984,3,4A IEC 60749:1984,3,4B	 严酷度: Ⅱ类和Ⅲ类为56天; Ⅰ类器件为21天 严酷度1 偏置:按详细规范的规定 时间:Ⅱ类和Ⅲ类为1 000 h Ⅰ类器件为500 h, 同A2和A3	 同A2和A3
C8(D)	电耐久性	见分规范12.3	时间:1 000 h,按分规范12.3和(适用时)12.4的规定	见分规范12.3
C9(D)	高温储存	IEC 60749:1984,3,2	1 000 h,T_{stg}最大值	按规定
C11(ND)	标志耐久性	IEC 60749:1984,4,2	方法1	
C12(ND)	输入电容	见本规范6.4	见本规范6.4	见本规范6.4
C13(ND)	输出电容(适用时)	见本规范6.4	见本规范6.4	见本规范6.4
CRRL	按C3,C4,C5,C6,C7,C8,C9和C11分组提供计数检查结果。			

表4 D组 周期检验

分组	检验或试验	引用标准	详细条件	极限值
D8a(D)	电耐久性[1)]	见分规范 12.3	Ⅰ类器件:不适用 Ⅱ类器件:2 000 h Ⅲ类器件:3 000 h 条件:按分规范 12.3 和(适用时)12.4	见分规范 12.3
D8b (D)	写/擦耐久性	见分规范 12.3 及本规范 14.2	Ⅰ类器件:不适用 Ⅱ类器件:10^4 Ⅲ类器件:10^5	见分规范 12.3
D8c (D)	数据保留检验	见本规范 14.1	见本规范 14.1	见本规范 14.1
1) D组试验应在鉴定批准后立即进行,其后一年进行一次。				

13.4 **延迟交货**

见 IEC 60747-10:1991 中 3.6.7 的规定。

14 附加测量方法

14.1 数据保持试验(破坏性试验)

按试验系按照 D8c 分组实施,抽样为 $n=8,c=1$。

——在整个存储器写入测试图形。

——试验在动态条件下完成,器件加电。

——持续时间:1 000 h,温度:150℃。

——最终测试:检查存储器内容是否丢失。

[试验条件应在详细规范中描述]

14.2 写入(擦除)耐久性试验:编程的次数(破坏性试验)。

该试验按 D8b 分组施行,抽样为:$n=8,c=1$。

——试验过程:

· 向整个存储器写入测试图形。

· 擦除存储内容。

[在详细规范中规定循环次数]

——终点测试:验证功能(分组 A2)。

14.3 编程能力测试

该试验系按分规范分组 B8 依下列条件施行:

对参与电老炼的样品进行编程,样品的数量随 PDA(允许不合格品率)而增加,器件制造厂应选择编程测试的状态,使每一项参数处于编程模式的允许范围之内,按真值表编程并将其写入存贮器应能够使至少 50%的二进制单元的状态改变,应注意的一点应使内部地址译码电路,将编程单元均匀分布在存储芯片表面。

编程样本大小(即样品数量)由下式确定:

设:S_E=电老炼样品数目

P_R=PDA 百分数

S_P=计算出的考查编程能力的样品数

则：$$S_{P}=\frac{S_{E}}{(1-P_{R})}$$向上取整，(如果不是整数)

设上式向上取整的结果为 S，则可接收的判据为(计算值)

编程以后最大的失效数$=P_{R}\times S$(允许的数)

如果结果不是整数，向下取整为可接收的数目，向上取整为拒收数目。

[注：如果一个器件的一个单元经编程以后，该处的逻辑状态不发生改变，则该器件被认为失效]

ICS 31.200
L 56

中华人民共和国国家标准

GB/T 17574.20—2006/IEC 60748-2-20:2000

STANDARDS PRESS OF CHINA

半导体器件 集成电路 第2-20部分:数字集成电路 低压集成电路族规范

Semiconductor devices—Integrated circuits—
Part 2-20: Digital integrated circuits—
Family specification—Low voltage integrated circuits

(IEC 60748-2-20:2000, IDT)

2006-12-05 发布 2007-05-01 实施

中华人民共和国国家质量监督检验检疫总局
中国国家标准化管理委员会 发布

前　言

国家标准《半导体器件　集成电路》中的数字集成电路部分分为如下几部分：

——GB/T 17574—1998《半导体器件　集成电路　第2部分：数字集成电路》(idt IEC 60748-2:1985)

——GB/T 5965—2000《半导体器件　集成电路　第2部分：数字集成电路　第一篇　双极型单片数字集成电路门电路(不包括自由逻辑阵列)空白详细规范》(idt IEC 60748-2-1:1991)

——GB/T 17023—1997《半导体器件　集成电路　第2部分：数字集成电路　第二篇　HCMOS数字集成电路54/74HC、54/74HCT、54/74HCU系列族规范》(idt IEC 60748-2-2:1992)

——GB/T 17024—1997《半导体器件　集成电路　第2部分：数字集成电路　第三篇　HCMOS数字集成电路54/74HC、54/74HCT、54/74HCU系列空白详细规范》(idt IEC 60748-2-3:1992)

——GB/T 17572—1998《半导体器件　集成电路　第2部分：数字集成电路　第四篇　CMOS数字集成电路4000B和4000UB系列族规范》(idt IEC 60748-2-4:1992)

——GB/T 9424—1998《半导体器件　集成电路　第2部分：数字集成电路　第五篇　CMOS数字集成电路4000B和4000UB系列空白详细规范》(idt IEC 60748-2-5:1992)

——GB/T 7509—1987《半导体集成电路微处理器空白详细规范》(可供认证用)

——GB/T 14119—1993《半导体集成电路双极熔丝式可编程只读存储器空白详细规范》(可供认证用)

——GB/T 6648—1986《半导体集成电路静态读/写存储器空白详细规范》(可供认证用)

——GB/T 17574.9—2006《半导体器件　集成电路　第2-9部分：数字集成电路　紫外光擦除电可编程MOS只读存储器空白详细规范》(IEC 60748-2-9:1994,IDT)

——GB/T 17574.10—2003《半导体器件　集成电路　第2-10部分：数字集成电路　集成电路动态读/写存储器集成电路空白详细规范》(IEC 60748-2-10:1994,IDT)

——GB/T 17574.11—2006《半导体器件　集成电路　第2-11部分：数字集成电路　单电源集成电路电可擦可编程只读存储器空白详细规范》(IEC 60748-2-11:1999,IDT)

——GB/T 17574.12《半导体器件　集成电路　第2-12部分：数字集成电路　可编程器件(PLDs)空白详细规范》(IEC 60748-2-12)(待转化)

——GB/T 17574.20—2006《半导体器件　集成电路　第2-20部分：数字集成电路　低压集成电路族规范》(IEC 60748-2-20:2000,IDT)

本规范等同采用国际电工委员会标准IEC 60748-2-20:2000《半导体器件　集成电路　第2-20部分：数字集成电路　低压集成电路族规范》(英文版)。

本规范按照GB/T 1.1的要求编制国家标准，只对IEC原文作编辑性修改：删除IEC原文中的前言。

本规范由中华人民共和国信息产业部提出。

本规范由全国半导体器件标准化技术委员会归口。

本规范起草单位：中国电子技术标准化研究所(CESI)。

本规范主要起草人：李锟。

引　言

集成电路器件的尺寸，不论是横向的还是纵向的，都不断的减小，以获得更好的性能和更高的器件密度。然而，如果不降低电源电压和接口电平，芯片内部的电场就会增大，从而使芯片的可靠性降低。增大的电场和增大的系统时钟频率，会增加电源电压和地之间的电磁干扰和电磁噪声，降低了噪声的容限，也增加了误操作的可能。为了持续地按比例降低半导体器件的尺寸，降低电源电压是关键。

为了使系统工作在低电源电压下，电源电压的容差和输入输出的电压必须被规定的相当接近。同时考虑到由于电池设备的市场发展很快，将其包含在内，对其进行规定也是很重要的。在本阶段规定这些标准值，制造商可以减少成本，用户可以更经济的设计系统。

半导体器件　集成电路
第2-20部分:数字集成电路
低压集成电路族规范

1 范围

本规范的目的是给出低压集成电路不同分组的接口规范,包括电源电压值、容差和最坏情况下的输入、输出电压极限值。

同时给出每类标称电源电压的两种接口规范:正常范围和宽范围。正常范围是依据工业标准制定的,典型容差大约是10%。宽范围是扩展到一个较宽的范围,可以使电池继续工作的实际值。

2 低于3.3 V的低电源电压接口规范

2.1 3.× V(3级)电源电压规范

适用全工作温度范围下的LVTTL和LVCMOS兼容电路。

2.1.1 正常工作电源电压范围

参　　数	符号	最小值	最大值	单位
电源电压极限	V_{DD}	−0.5	4.6	V
电源电压工作范围	V_{DD}	3	3.6	V
输入低电平电压工作范围	V_{IL}	−0.3	0.8	V
输入高电平电压工作范围	V_{IH}	2	V_{DD}+0.3	V

V_{DD}=3 V,V_{IL}=0.8 V,V_{IH}=2 V时的电特性

特　性	符号	条件	LVTTL		LVCMOS		单位
			最小值	最大值	最小值	最大值	
输出低电平电压	V_{OL}	I_{OL}=2 mA		0.4			V
		I_{OL}=100 μA				0.2	V
输出高电平电压	V_{OH}	I_{OH}=−2 mA	2.4				V
		I_{OH}=−100 μA			V_{DD}−0.2		V

2.1.2 宽工作电源电压范围

参　　数	符号	最小值	最大值	单位
电源电压极限	V_{DD}	−0.5	4.6	V
电源电压工作范围	V_{DD}	2.7	3.6	V
输入低电平电压工作范围	V_{IL}	−0.3	0.8	V
输入高电平电压工作范围	V_{IH}	2	V_{DD}+0.3	V

STANDARDS PRESS OF CHINA

V_{DD}=2.7 V,V_{IL}=0.8 V,V_{IH}=2 V 时的电特性

特　　性	符号	条件	LVCMOS		单位
			最小值	最大值	
输出低电平电压	V_{OL}	I_{OL}=100 μA		0.2	V
输出高电平电压	V_{OH}	I_{OH}=−100 μA	V_{DD}−0.2		V

2.2　2.×V(2 级)电源电压规范

适用于全工作温度范围下的 CMOS 兼容电路。

2.2.1　**正常工作电源电压范围**

参　　数	符号	最小值	最大值	单位
电源电压极限	V_{DD}	−0.5	3.6	V
电源电压工作范围	V_{DD}	2.3	2.7	V
输入低电平电压工作范围	V_{IL}	−0.3	0.7	V
输入高电平电压工作范围	V_{IH}	1.7	V_{DD}+0.3	V

V_{DD}=2.3 V,V_{IL}=0.7 V,V_{IH}=1.7 V 时的电特性

特　　性	符号	条件	最小值	最大值	单位
输出低电平电压	V_{OL}	I_{OL}=100 μA		0.2	V
		I_{OL}=1 mA		0.4	V
		I_{OL}=2 mA		0.7	V
输出高电平电压	V_{OH}	I_{OH}=−100 μA	2.1		V
		I_{OH}=−1 mA	2		V
		I_{OH}=−2 mA	1.7		V

2.2.2　**宽工作电源电压范围**

参　　数	符号	最小值	最大值	单位
电源电压极限	V_{DD}	−0.5	3.6	V
电源电压工作范围	V_{DD}	1.8	2.7	V
输入低电平电压工作范围	V_{IL}	−0.3	0.2×V_{DD}	V
输入高电平电压工作范围	V_{IH}	0.7×V_{DD}	V_{DD}+0.3	V

V_{DD}=1.8 V,V_{IL}=0.2×V_{DD},V_{IH}=0.7×V_{DD}时的电特性

特　　性	符号	条件	最小值	最大值	单位
输出低电平电压	V_{OL}	I_{OL}=100 μA		0.2	V
输出高电平电压	V_{OH}	I_{OH}=−100 μA	V_{DD}−0.2		V

2.3　1.×V(1 级)电源电压规范

适用于全工作温度范围下的 CMOS 兼容电路。

2.3.1 正常工作电源电压范围

参　　数	符号	最小值	最大值	单位
电源电压极限	V_{DD}	－0.5	2.5	V
电源电压工作范围	V_{DD}	1.65	1.95	V
输入低电平电压工作范围	V_{IL}	－0.3	$0.35\times V_{DD}$	V
输入高电平电压工作范围	V_{IH}	$0.65\times V_{DD}$	$V_{DD}+0.3$	V

$V_{DD}=1.65$ V, $V_{IL}=0.35\times V_{DD}$, $V_{IH}=0.65\times V_{DD}$时的电特性

特　　性	符号	条件	最小值	最大值	单位
输出低电平电压	V_{OL}	$I_{OL}=2$ mA		0.45	V
输出高电平电压	V_{OH}	$I_{OH}=-2$ mA	$V_{DD}-0.45$		V

2.3.2 宽工作电源电压范围

参　　数	符号	最小值	最大值	单位
电源电压极限	V_{DD}	－0.5	2.5	V
电源电压工作范围	V_{DD}	1.2	1.95	V
输入低电平电压工作范围	V_{IL}	－0.3	$0.3\times V_{DD}$	V
输入高电平电压工作范围	V_{IH}	$0.7\times V_{DD}$	$V_{DD}+0.3$	V

$V_{DD}=1.2$ V, $V_{IL}=0.3\times V_{DD}$, $V_{IH}=0.7\times V_{DD}$时的电特性

特　　性	符号	条件	最小值	最大值	单位
输出低电平电压	V_{OL}	$I_{OL}=100\ \mu A$		0.2	V
输出高电平电压	V_{OH}	$I_{OH}=-100\ \mu A$	$V_{DD}-0.2$		V

ICS 59.080.30
W 09

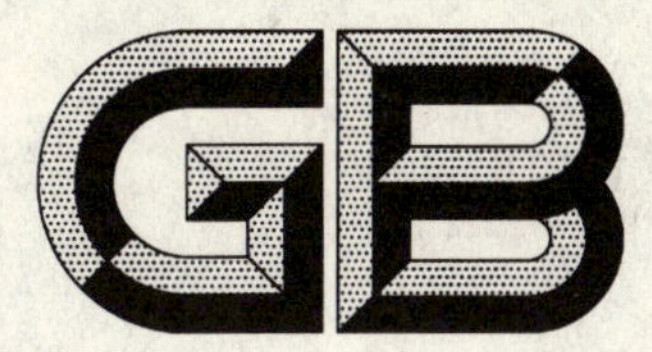

中华人民共和国国家标准

GB/T 17591—2006
代替 GB 17591—1998

阻 燃 织 物

Flame retardant fabrics

2006-05-25 发布 2006-12-01 实施

中华人民共和国国家质量监督检验检疫总局
中国国家标准化管理委员会 发布

前言

本标准代替 GB 17591—1998《阻燃机织物》。

本标准是对 GB 17591—1998《阻燃机织物》的修订，与 GB 17591—1998 相比主要变化如下：

——由强制性标准转为推荐性标准；

——将标准名称改为《阻燃织物》；

——适用范围由原来的机织物扩大为机织物和针织物，包括装饰用、交通工具内饰用和阻燃防护服用织物；

——产品由原来的按耐洗性能分类改为按最终用途分类，并规定了相应的燃烧性能指标；

——增加了内在质量和外观质量的要求。

本标准由中国纺织工业协会提出。

本标准由全国纺织品标准化技术委员会(SAC/TC 209)归口。

本标准由纺织工业标准化研究所和浙江阻燃控股集团负责起草，由绍兴县质量技术监督局协助起草。

本标准主要起草人：徐路、孙一飞、王世潮、孙荣昌。

本标准于 1998 年 11 月首次发布，本次为第一次修订。

阻 燃 织 物

1 范围

本标准规定了阻燃织物的产品分类、技术要求、试验方法、检验规则、包装和标志。

本标准适用于装饰用、交通工具(包括飞机、火车、汽车和轮船)内饰用、阻燃防护服用的机织物和针织物。其他阻燃纺织品的燃烧性能可参照本标准执行。

2 规范性引用文件

下列文件中的条款通过本标准的引用而成为本标准的条款。凡是注日期的引用文件,其随后所有的修改单(不包括勘误的内容)或修订版均不适用于本标准,然而,鼓励根据本标准达成协议的各方研究是否可使用这些文件的最新版本。凡是不注日期的引用文件,其最新版本适用于本标准。

GB 250 评定变色用灰色样卡(GB 250—1995,idt ISO 105/A02:1993)

GB/T 3917.3 纺织品 织物撕破性能 第3部分:梯形试样撕破强力的测定(GB/T 3917.3—1997,eqv ISO 9073-4:1989)

GB/T 3920 纺织品 色牢度试验 耐摩擦色牢度(GB/T 3920—1997,eqv ISO 105-X12:1993)

GB/T 3922 纺织品耐汗渍色牢度试验方法(GB/T 3922—1995,eqv ISO 105/E04:1994)

GB/T 3923.1 纺织品 织物拉伸性能 第1部分:断裂强力和断裂伸长率的测定 条样法

GB/T 4667—1995 机织物幅宽的测定(eqv ISO 3932:1976)

GB/T 5455 纺织品 燃烧性能试验 垂直法

GB/T 5711 纺织品 色牢度试验 耐干洗色牢度(GB/T 5711—1997,eqv ISO 105-D01:1993)

GB/T 5713 纺织品 色牢度试验 耐水色牢度(GB/T 5713—1997,eqv ISO 105-E01:1994)

GB/T 7742.1 纺织品 织物胀破性能 第1部分:胀破强力和胀破扩张度的测定 液压法

GB/T 8427—1998 纺织品 色牢度试验 耐人造光色牢度:氙弧(eqv ISO 105-B02:1994)

GB/T 8628 纺织品 测定尺寸变化的试验中织物试样和服装的准备、标记及测量(GB/T 8628—2001,eqv ISO3759:1994)

GB/T 8629—2001 纺织品 试验用家庭洗涤和干燥程序(eqv ISO/FDIS 6330:2000)

GB/T 8630 纺织品 洗涤和干燥后尺寸变化的测定(GB/T 8630—2002,ISO 5077:1984,MOD)

GB/T 12490—1990 纺织品耐家庭和商业洗涤色牢度试验方法(neq ISO 105-C06:1987)

GB/T 12704—1991 织物透湿量测定方法 透湿杯法

GB/T 13772.1—1992 机织物中纱线抗滑移性测定方法 缝合法

GB/T 14645—1993 纺织织物 燃烧性能 45°方向损毁面积和接焰次数测定

GB/T 14801 机织物与针织物纬斜和弓纬试验方法

GB/T 16990 纺织品 色牢度试验 颜色1/1标准深度的仪器测定(GB/T 16990—1997,eqv ISO/DIS 105-A06:1994)

GB/T 17596—1998 纺织品 织物燃烧试验前的商业洗涤程序

GB/T 18318 纺织品 织物弯曲长度的测定(GB/T 18318—2001,neq ISO 9073-7:1995)

GB 18401—2003 国家纺织产品基本安全技术规范

GB/T 19981.2—2005 纺织品 织物和服装的专业维护、干洗和湿洗 第2部分:使用四氯乙烯干洗和整烫时性能试验的程序(ISO 3175.2:1998,MOD)

FZ/T 01028 纺织织物 燃烧性能测定 水平法

3 产品的分类

阻燃织物按最终用途分为三类：

——装饰用织物，例如：窗帘、帷幔、沙发罩、床罩等用织物；

——交通工具内饰用织物；

——阻燃防护服用织物。

4 要求

4.1 燃烧性能

阻燃织物的燃烧性能应符合表 1 的规定。耐洗阻燃织物应按 5.6 规定的程序进行耐洗性试验，洗涤前后的燃烧性能均应达到表 1 中要求。

表 1 燃烧性能要求

产品类别		项 目		考核指标		试验方法
				B_1 级[a]	B_2 级[a]	
装饰用织物		损毁长度/mm	≤	150	200	GB/T 5455
		续燃时间/s	≤	5	15	
		阴燃时间/s	≤	5	15	
交通工具内饰用织物	飞机、轮船内饰用	损毁长度/mm	≤	150	200	GB/T 5455
		续燃时间/s	≤	5	15	
		燃烧滴落物		未引燃脱脂棉	未引燃脱脂棉	
	汽车内饰用	火焰蔓延速率/(mm/min)	≤	0	100	FZ/T 01028
	火车内饰用	损毁面积/cm^2	≤	30	45	GB/T 14645—1993 A 法
		损毁长度/cm	≤	20	20	
		续燃时间/s	≤	3	3	
		阴燃时间/s	≤	5	5	
		接焰次数[b]/次	>	3		GB/T 14645—1993 B 法
阻燃防护服用织物（洗涤前和洗涤后[c]）		损毁长度/mm	≤	150	—	GB/T 5455
		续燃时间/s	≤	5	—	
		阴燃时间/s	≤	5	—	
		熔融、滴落		无	—	

a 由供需双方协商确定考核级别。

b 接焰次数仅适用于熔融织物。

c 洗涤程序按耐水洗程序执行。

4.2 内在质量

4.2.1 装饰用织物和交通工具内饰用织物应符合表 2 的要求。

表 2 装饰用和交通工具内饰用织物内在质量要求

项目			考核指标	
			座椅用	其他
断裂强力[a]/N		≥	250	180
撕破强力[a]/N		≥	25	—
胀破强度[b]/kPa		≥	250	220
纱线抗滑移[c](定负荷 120 N)/mm		≤	6	—
水洗尺寸变化率[d]/(%)	机织物		+2～−3.0	+3.0～−3.0
	针织物		+2.0～−4.0	
干洗尺寸变化率[d]/(%)	机织物		+2～−2.5	+3.0～−3.0
	针织物		+2～−4.0	
色牢度/级 ≥	耐干洗[d](变色)		3—4	
	耐洗[d](变色/沾色)		4/3	
	耐水(变色/沾色)		4/3	
	耐干摩擦		3—4	
	耐湿摩擦		3(深色[e] 2—3)	
	耐光		3(窗帘类织物 4 级)	

a 断裂强力和撕破强力不适用于针织物。

b 胀破强度仅适用于针织物。

c 纱线抗滑移仅适用于座椅类机织物。

d 水洗和干洗尺寸变化率、耐洗和耐干洗色牢度仅适用于耐洗阻燃织物。

e 按 GB/T 16990，≥1/1 标准深度的为深色。

4.2.2 阻燃防护服用织物应符合表 3 的要求。

表 3 阻燃防护服用织物内在质量要求

项目			考核指标
断裂强力/N		≥	450
撕破强力/N		≥	25
纱线抗滑移(定负荷 180 N)/mm		≤	6
透湿量/[g/(m²·24 h)]		≥	4 000
弯曲长度/cm		≤	4.8
水洗尺寸变化率/(%)			+2.5～−2.5
色牢度/级 ≥	耐洗(变色/沾色)		4/3—4
	耐水(变色/沾色)		4/3—4
	耐干摩擦		3—4
	耐湿摩擦		3
	耐汗渍(变色/沾色)		3—4/3—4

STANDARDS PRESS OF CHINA

4.3 外观质量

阻燃织物的外观质量按表4要求。其中，局部性疵点的评分按表5规定，在疵点限度内计为1分，超过部分另行量计累计评分；宽度超过1 cm的条状疵点以1 cm为限连续划条计分。1处存在不同疵点时以评分较高的疵点计；距边1.5 cm内的疵点按表5减半评分；集中性疵点及连续性疵点每米内最多计4分。

如果需要，可根据供需双方协议对外观质量进行详细的规定。

表4 外观质量要求

项目			考核指标
色差/级	≥	同匹	4
		同批	3—4
		与确认样对比	3—4
机织物纬斜/(%)		≤	4.0
针织物纹路歪斜/(%)		≤	6.0
格斜、花斜/(%)		≤	2.5
幅宽偏差率/(%)不超过			+3.0～−2.5
散布性疵点			轻微
局部性疵点评分/(分/m)	≤	幅宽≤150 cm	0.5
		幅宽>150 cm	0.6

表5 局部性疵点限度要求　　单位为厘米

疵点类型		每分疵点限度
线状疵点[a]	轻微[c]	10～100
	明显[d]	1～20
	严重[e]	0.5～5
条状疵点[b]	轻微[c]	1～20
	明显[d]	0.5～5
	严重[e]	0.3～3
破损性疵点	破洞	≤0.3(以经纬共断2根纱或1个线圈为起点)，>0.3评4分
	跳纱	≤2(以连续3个以上组织点或针圈未交织为起点)，>2评4分

a 线状疵点：宽度0.2 cm及以内或1个针柱内的疵点。

b 条状疵点：宽度超过0.2 cm或1个针柱的疵点；以1 cm为宽度计量单位，宽度超过1 cm时以1 cm划条累计计分。

c 轻微：直观不明显、较难辨认清晰，不影响总体效果和使用(色泽性疵点4—5级)。

d 明显：直观可以看到，但对总体效果和使用影响不大(色泽性疵点4级)。

e 严重：疵点明显可见，并可明显影响总体效果和使用(色泽性疵点3—4级)。

4.4 其他

阻燃织物应符合GB 18401—2003及国家有关纺织品强制性标准的要求。

5 试验方法

5.1 装饰用织物的燃烧性能试验方法按 GB/T 5455 执行。

5.2 飞机和轮船内饰用织物的燃烧性能试验方法按 GB/T 5455 执行。

5.3 汽车内饰用织物的燃烧性能试验方法按 FZ/T 01028 执行。

5.4 火车内饰用织物的燃烧性能试验方法按 GB/T 14645—1993 中的 A 法执行;熔融织物按 GB/T 14645—1993中的 B 法执行。

5.5 阻燃防护服用织物的燃烧性能试验方法按 GB/T 5455 执行。

5.6 阻燃耐洗性试验按 GB/T 17596—1998 中“自动洗衣机(A 型)缓和洗涤程序”执行,洗涤次数不少于 12 次。需干洗的织物按 GB/T 19981.2—2005“正常材料的干洗程序”执行,干洗次数不少于 6 次。

5.7 断裂强力的测定按 GB/T 3923.1 的规定。

5.8 撕破强力的测定按 GB/T 3917.3 的规定。

5.9 胀破强度的测定按 GB/T 7742.1 的规定,试验面积为 50 cm^2。

5.10 纱线抗滑移性的测定按 GB/T 13772.1—1992 中方法 B 的规定,定负荷值根据各类产品规定。

5.11 水洗尺寸变化率的测定按 GB/T 8628 和 GB/T 8630 的规定,采用 GB/T 8629—2001 中的 5A 程序洗涤和程序 A 干燥。如果使用说明上为轻柔洗涤或手洗,则采用 7A 或仿手洗程序洗涤。

5.12 干洗尺寸变化率的测定按 GB/T 8628 和 GB/T 8630 的规定,采用 GB/T 19981.2 中的正常材料干洗程序。

5.13 耐干洗色牢度的测定按 GB/T 5711 的规定。

5.14 耐洗色牢度的测定按 GB/T 12490—1990 的规定,采用 A1S 的试验条件。如果使用说明上为轻柔洗涤或手洗,试验时不用钢珠。

5.15 耐水色牢度的测定按 GB/T 5713 的规定。

5.16 耐摩擦色牢度的测定按 GB/T 3920 的规定。

5.17 耐汗渍色牢度的测定按 GB/T 3922 的规定。

5.18 耐光色牢度的测定按 GB/T 8427—1998 中方法 3 的规定。

5.19 透湿量的测定按 GB/T 12704—1991 中方法 B 的规定。

5.20 弯曲长度的测定按 GB/T 18318 的规定。

5.21 色差按 GB 250 评定。

5.22 纬斜、纹路歪斜、格斜、花斜的测定按 GB/T 14801 的规定。

5.23 幅宽的测定按 GB/T 4667—1995 中方法 1 的规定,以协议值或标称值作为基准值计算幅宽偏差率,以百分率表示,精确至 0.1%。

5.24 外观疵点检验以产品正面为主。检验时采用正常白昼北光或日光灯照明,台面照度不低于 600 lx,目光与台面距离 60 cm 左右。

6 检验规则

6.1 抽样方案

按交货批号的同一品种、同一规格、同一色别的产品作为检验批。燃烧性能和内在质量的检验抽样方案见表 6,外观质量的检验抽样方案见表 7。

表 6 内在质量检验抽样方案

批量 N	样本量 n	接收数 Ac	拒收数 Re
≤50	2	0	1
51～500	3	0	1
>501	5	0	1

表 7 外观质量检验抽样方案

批量 N	样本量 n	接收数 Ac	拒收数 Re
≤15	2	0	1
16～25	3	0	1
26～90	5	0	1
91～150	8	1	2
151～280	13	1	2
281～500	20	2	3
501～1 200	32	3	4
>1 201	50	5	6

6.2 燃烧性能的判定

6.2.1 燃烧性能按 4.1 条判定，经(直)向和纬(横)向指标均达到 B_1 级要求者为 B_1 级；有一项未达到 B_1 级但达到 B_2 级者为 B_2 级。未达到 B_2 级规定的，不得作为阻燃产品。经耐洗性试验后未达到 B_2 级指标的不得作为耐洗阻燃产品。

6.2.2 如果所有样品的燃烧性能合格，或不合格样品数不超过表 6 的接收数 Ac，则该批产品燃烧性能合格。如果不合格样品数达到了表 6 的拒收数 Re，则该批产品燃烧性能不合格。

6.3 内在质量的判定

按 4.2 条对批样的每个样本进行内在质量测定，符合 4.2 对应类别要求的，则为内在质量合格，否则为不合格。如果所有样品的内在质量合格，或不合格样品数不超过表 6 的接收数 Ac，则该批产品内在质量合格。如果不合格样品数达到了表 6 的拒收数 Re，则该批产品质量不合格。

6.4 外观质量的判定

按 4.3 条对批样的每个样本进行外观质量评定，符合 4.3 对应等级要求的，则为外观质量合格，否则为不合格。如果所有样本的外观质量合格，或不合格样本数不超过表 7 的接收数 Ac，则该批产品外观质量合格。如果不合格样本数达到了表 7 的拒收数 Re，则该批产品质量不合格。

6.5 结果判定

按 6.2、6.3 和 6.4 判定均为合格，则该批产品合格。

7 包装和标志

7.1 产品按匹包装，匹长根据协议或合同规定。

7.2 应保证在储运中产品的包装不破损，产品不沾污、不受潮。

7.3 每个包装单元应附使用说明，包含下列内容：

a) 执行的标准编号；

b) 产品名称、类别和燃烧性能等级；

例如：阻燃织物 B_1 级(装饰用)

阻燃织物 B_2 级(装饰用，耐水洗 20 次)

阻燃织物 B_2 级(汽车内饰用)

阻燃织物 B_1 级(阻燃防护服用，耐水洗 12 次)

c) 产品主要规格(按合同或协议要求，例如，幅宽、织物密度、单位面积质量等)；

d） 纤维成分及含量；

e） 洗涤方法；

f） 检验合格证；

g） 生产企业名称和地址。

ICS 59.080.01
W 04

中华人民共和国国家标准

GB/T 17592—2006
代替 GB/T 17592.1～GB/T 17592.3—1998

纺织品　禁用偶氮染料的测定

Textiles—Determination of the banned azo colourants

2006-05-25 发布　　2006-12-01 实施

中华人民共和国国家质量监督检验检疫总局
中国国家标准化管理委员会
发布

前　言

本标准是对 GB/T 17592.1～17592.3—1998《纺织品　禁用偶氮染料的检测》的修订。

本标准与 1998 版标准的主要差异如下：

——1998 版标准包括三个部分，修订后的标准为 1 个单独标准，保留了第 1 部分的气相色谱/质谱法，将第 2 部分的高效液相法作为一种定量方法并入，取消了第 3 部分薄层层析法。

——扩大了适用范围，适用于经印染加工的纺织产品。

——增加了芳香胺的种类。增加的 4 种是：

1）　2,4-二甲基苯胺(2,4-xylidine)；

2）　2,6-二甲基苯胺(2,6-xylidine)；

3）　邻氨基苯甲醚 (*o*-anisidine)；

4）　4-氨基偶氮苯(4-aminoazobenzene)。

——增加了对聚酯纤维试样的前处理程序，作为规范性附录列入。

——增加了 HPLC/DAD 外标法和 GC/MS 内标法的定量方法。

——附录 A 中增加了 GC/ MS 选择特征离子。

——删除了在反应液中添加 NaOH 及乙醚提取液中加入 HCl 的步骤。

——删除了 1998 版 6.3 方法的可行性。

——删除了 1998 版试验报告中对结果的表述方法。

——删除了 1998 版附录 C 的保留时间表。

本标准的附录 A 和附录 B 为规范性附录，附录 C 和附录 D 为资料性附录。

本标准由中国纺织工业协会提出。

本标准由全国纺织品标准化技术委员会基础分会(SAC/TC 209/SC 1)归口。

本标准起草单位：上海市纺织科学研究院、纺织工业标准化研究所。

本标准主要起草人：陈芸、郑宇英、杨海英、朱缨、范瑛。

本标准 1998 年首次发布，本次为第一次修订。

纺织品　禁用偶氮染料的测定

警告——使用本标准的人员应有正规实验室工作的实践经验。本标准并未指出所有可能的安全问题。使用者有责任采取适当的安全和健康措施,并保证符合国家有关法规规定的条件。

1　范围

本标准规定了纺织产品中可分解出禁用芳香胺(见附录 A)的偶氮染料的检测方法。

本标准适用于经印染加工的纺织产品。

2　规范性引用文件

下列文件中的条款通过本标准的引用而成为本标准的条款。凡是注日期的引用文件,其随后所有的修改单(不包括勘误的内容)或修订版均不适用于本标准,然而,鼓励根据本标准达成协议的各方研究是否可使用这些文件的最新版本。凡是不注日期的引用文件,其最新版本适用于本标准。

GB/T 6682　分析实验室用水规格和试验方法(GB/T 6682—1992,neq ISO 3696:1987)

3　原理

纺织样品在柠檬酸盐缓冲溶液介质中用连二亚硫酸钠还原分解以产生可能存在的禁用芳香胺(见附录 A),用适当的液-液分配柱提取溶液中的芳香胺,浓缩后,用合适的有机溶剂定容,用配有质量选择检测器的气相色谱仪(GC/MSD)进行测定。必要时,选用另外一种或多种方法对异构体进行确认。用高压液相色谱-二极管阵列检测器(HPLC/DAD)或气相色谱-质谱仪进行定量。

4　试剂

除非另有说明,在分析中所用试剂均为分析纯和 GB/T 6682 规定的三级水。

4.1　乙醚:如需要,使用前取 500 mL 乙醚,用 100 mL 硫酸亚铁溶液(5%水溶液)剧烈振摇,弃去水层,置于全玻璃装置中蒸馏,收集 33.5℃～34.5℃馏分。

4.2　甲醇。

4.3　柠檬酸盐缓冲液(0.06 mol/L,pH=6.0):取 12.526 g 柠檬酸和 6.320 g 氢氧化钠,溶于水中,定容至 1 000 mL。

4.4　连二亚硫酸钠水溶液:200 mg/mL 水溶液。临用时取固体连二亚硫酸钠($Na_2S_2O_4$ 含量≥85%),新鲜制备。

4.5　标准溶液

4.5.1　芳香胺标准储备溶液(1 000 mg/L)

用甲醇或其他合适的溶剂将附录 A 所列的芳香胺标准物质分别配制成浓度约为 1 000 mg/L 的储备溶液。

注:标准储备溶液保存在棕色瓶中,并可放入少量的无水亚硫酸钠,置于冰箱冷冻室中,保存期一个月。

4.5.2　芳香胺标准工作溶液(20 mg/L)

从标准储备溶液中取 0.2 mL 置于容量瓶中,用甲醇或其他合适溶剂定容至 10 mL。

注:标准工作溶液现配现用,根据需要可配制成其他合适的浓度。

4.6　混合内标溶液(10 μg/mL)

用合适溶剂将下列内标化合物配制成浓度约为 10 μg/mL 的混合溶液。

萘-d8　　　　　　　　　CAS No.:1146-65-2;

2,4,5-三氯苯胺　　　　　CAS No.:636-30-6;

蒽-d10　　　　　　　　　CAS No.:1719-06-8。

4.7　硅藻土:多孔颗粒状硅藻土,于600℃灼烧4 h,冷却后贮于干燥器内备用。

5　设备和仪器

5.1　可控温超声波发生器:输出功率420 W,频率40 kHz,温差±2℃。

5.2　真空旋转蒸发器。

5.3　反应器:具密闭塞,约65 mL,由硬质玻璃制成管状。

5.4　恒温水浴:能控制温度(70±2)℃。

5.5　提取柱:20 cm×2.5 cm(内径)玻璃柱或聚丙烯柱,能控制流速,填装时,先在底部垫少许玻璃棉,然后加入20 g硅藻土(4.7),轻击提取柱,使填装结实。

5.6　高效液相色谱仪,配有二极管阵列检测器(DAD)。

5.7　气相色谱仪,配有质量选择检测器(MSD)。

6　分析步骤

6.1　试样的制备和处理

6.1.1　取有代表性试样,剪成约5 mm×5 mm的小片,混合。从混合样中称取1.0 g,精确至0.01 g,置于反应器(5.3)中,加入16 mL预热到(70±2)℃的柠檬酸盐缓冲溶液(4.3),将反应器密闭,用力振摇,使所有试样浸于液体中,置于水浴中,并在(70±2)℃保温30 min,使所有的织物充分润湿。

然后,打开反应器,加入3.0 mL连二亚硫酸钠溶液(4.4),并立即密闭振摇,将反应器再于(70±2)℃水浴中保温30 min,取出后2 min内冷却到室温。

6.1.2　涤纶产品按附录B规定的方法进行。

6.2　萃取和浓缩

6.2.1　萃取

用玻璃棒挤压反应器中试样,将反应液全部倒入提取柱内(5.5),任其吸附15 min,用4×20 mL乙醚分四次洗提反应器中的试样,每次需混合乙醚和试样,然后将乙醚洗液滗入提取柱中,控制流速,收集乙醚提取液于圆底烧瓶中。

6.2.2　浓缩

将上述收集的盛有乙醚提取液的圆底烧瓶置于真空旋转蒸发器上,于35℃左右的低真空下浓缩至近1 mL,再用缓氮气流驱除乙醚溶液,使其浓缩至近干。

6.3　气相色谱/质谱定性分析

6.3.1　GC/MS分析条件

由于测试结果取决于所使用的仪器,因此不可能给出色谱分析的普遍参数。采用下列操作条件已被证明对测试是合适的。

a)　毛细管色谱柱:DB-5 MS(HP-5 MS) 30 m×0.25 mm×0.25 μm,或相当者;

b)　进样口温度:250℃;

c)　柱温:50℃(0.5 min) $\xrightarrow{20℃/min}$ 150℃(8 min) $\xrightarrow{20℃/min}$ 230℃(20 min) $\xrightarrow{20℃/min}$ 260℃(5 min);

d)　质谱接口温度:270℃;

e)　质量扫描范围:35 amu～350 amu;

f)　进样方式:不分流进样;

g) 载气:氦气(≥99.999%),流量:1.0 mL/min;

h) 进样量:1 μL;

i) 离化方式:EI;

j) 离化电压:70 eV。

6.3.2 GC/MS 定性分析

准确移取 1 mL 甲醇或其他合适的溶液加入 6.2.2 浓缩至近干的圆底烧瓶中,混匀,静置。然后分别取 1 μL 标准工作溶液与试样溶液注入色谱仪,按 6.3.1 条件操作。通过比较试样与标样的保留时间及特征离子进行定性。必要时,选用另外一种或多种方法对异构体进行确认。

注:采用上述分析条件时,禁用芳香胺标准物 GC/MS 总离子流图参见附录 C。

6.4 定量分析方法

6.4.1 HPLC/DAD 分析方法

由于测试结果取决于所使用的仪器,因此不可能给出色谱分析的普遍参数。采用下列操作条件已被证明对测试是合适的。

a) 色谱柱:ODB C_{18}(5 μm),250 mm×4.6 mm,或相当者;

b) 流量:1.0 mL/min;

c) 柱温:30℃;

d) 进样量:15.0 μL;

e) 检测器:二极管阵列检测器(DAD);

f) 检测波长:240 nm,280 nm,305 nm;

g) 流动相 A:甲醇;

h) 流动相 B:0.575 g 磷酸二氢铵+0.7 g 磷酸氢二钠+100 mL 甲醇溶于 1 000 mL 二级水中,pH=6.9;

i) 梯度:见表 1。

表 1

时间/min	流动相 A/(%)	流动相 B/(%)	递变方式
0	10	90	—
50	50	50	线性
20	100	0	线性

准确移取 1 mL 甲醇或其他合适的溶液加入 6.2.2 浓缩至近干的圆底烧瓶中,混匀,静置。然后分别取 1 μL 标准工作溶液与试样溶液注入色谱仪,按上述条件操作,外标法定量。

6.4.2 GC/MS 分析方法

准确移取 1 mL 内标溶液加入 6.2.2 浓缩至近干的圆底烧瓶中,混匀,静置。然后分别取 1 μL 标准工作溶液与试样溶液注入色谱仪,按 6.3.1 条件操作,可选用离子选择方式进行定量。内标定量分组参见附录 D。

7 结果计算和表示

7.1 外标法

$$X_i = \frac{A_i \times c_i \times V}{A_{is} \times m} \quad \cdots\cdots (1)$$

式中:

X_i——试样中分解出芳香胺 i 的含量,单位为毫克每千克(mg/kg);

A_i——样液中芳香胺 i 的峰面积(或峰高);

A_{is}——标准工作溶液中芳香胺 i 的峰面积(或峰高);

c_i——标准工作溶液中芳香胺 i 的浓度,单位为毫克每升(mg/L);

V——样液最终体积,单位为毫升(mL);

m——试样量,单位为克(g)。

7.2 内标法

$$X_i = \frac{A_i \times c_i \times V \times A_{isc}}{A_{is} \times m \times A_{iss}} \quad \cdots\cdots\cdots\cdots\cdots\cdots (2)$$

式中:

X_i——试样中分解出芳香胺 i 的含量,单位为毫克每千克(mg/kg);

A_i——样液中芳香胺 i 的峰面积(或峰高);

c_i——标准工作溶液中芳香胺 i 的浓度,单位为毫克每升(mg/L);

V——样液最终体积,单位为毫升(mL);

A_{isc}——标准溶液中内标的峰面积;

A_{is}——标准工作溶液中芳香胺 i 的峰面积(或峰高);

m——试样量,单位为克(g);

A_{iss}——样液中内标的峰面积。

7.3 结果表示

试验结果以各种芳香胺的检测结果分别表示,计算结果表示到个位数。低于测定低限时,试验结果为未检出。

8 测定低限

本方法的测定低限为 5 mg/kg。

9 试验报告

试验报告至少应给出下述内容:

a) 使用的标准;

b) 样品来源及描述;

c) 采用的试样前处理方法;

d) 采用的定量方法;

e) 测试结果;

f) 任何偏离本标准的细节;

g) 试验日期。

附 录 A
（规范性附录）
禁用芳香胺名称及其标准物的 GC/MS 定性选择特征离子

表 A.1

序号	芳香胺名称	化学文摘编号（CAS No.）	特征离子/amu
1	4-氨基联苯(4-aminobiphenyl)	92-67-1	169
2	联苯胺(benzidine)	92-87-5	184
3	4-氯邻甲苯胺(4-chloro-*o*-toluidine)	95-69-2	141
4	2-萘胺(2-naphthylamine)	91-59-8	143
5	邻氨基偶氮甲苯(*o*-aminoazotoluene)	97-56-3	
6	对氯苯胺(*p*-chloroaniline)	106-47-8	127
7	2,4-二氨基苯甲醚(2,4-diaminoanisole)	615-05-4	138
8	4,4′-二氨基二苯甲烷(4,4′-diaminobiphenylmethane)	101-77-9	198
9	3,3′-二氯联苯胺(3,3′-dichlorobenzidine)	91-94-1	252
10	3,3′-二甲氧基联苯胺 (3,3′-dimethoxybenzidine)	119-90-4	244
11	3,3′-二甲基联苯胺(3,3′-dimethylbenzidine)	119-93-7	212
12	3,3′-二甲基-4,4′-二氨基二苯甲烷 (3,3′-dimethyl-4,4′-diaminobiphenylmethane)	838-88-0	226
13	2-甲氧基-5-甲基苯胺(*p*-cresidine)	120-71-8	137
14	4,4′-亚甲基-二-(2-氯苯胺) [4,4′-methylene-bis-(2-chloroaniline)]	101-14-4	266
15	4,4′-二氨基二苯醚(4,4′-oxydianiline)	101-80-4	200
16	4,4′-二氨基二苯硫醚(4,4′-thiodianiline)	139-65-1	216
17	邻甲苯胺(*o*-toluidine)	95-53-4	107
18	2,4-二氨基甲苯(2,4-toluylenediamine)	95-80-7	122
19	2,4,5-三甲基苯胺(2,4,5-trimethylaniline)	137-17-7	135
20	邻氨基苯甲醚(*o*-anisidine)	90-04-0	123
21	2,4-二甲基苯胺(2,4-xylidine)	95-68-1	121
22	2,6-二甲基苯胺(2,6-xylidine)	87-62-7	121
23	5-硝基-邻甲苯胺(5-nitro-*o*-toluidine)	99-55-8	
24	4-氨基偶氮苯(4-aminoazobenzene)	60-09-3	

注 1：邻氨基偶氮甲苯(CAS No. 97-56-3)、5-硝基-邻甲苯胺(CAS No. 99-55-8)经本方法处理后进样检测分解为邻甲苯胺和 2,4-二氨基甲苯。

注 2：4-氨基偶氮苯(4-aminoazobenzene)暂时没有合适的检测方法。

STANDARDS PRESS OF CHINA

附　录　B
（规范性附录）
涤纶试样的预处理方法

B.1　试剂

采用第4章所列及以下试剂。

B.1.1　氯苯。

B.1.2　二甲苯（异构体混合物）。

B.2　仪器与设备

采用图B.1所示的萃取装置或其他合适的装置。

图B.1　萃取装置

B.3　样品前处理

B.3.1　样品的预处理

取有代表性试样，剪成合适的小片，混合。从混合样中称取1.0 g（精确至0.01 g），用无色纱线扎紧，在萃取装置的蒸汽室内垂直放置，使冷凝溶剂可从样品上流过。

B.3.2　抽提

加入25 mL氯苯抽提30 min，或者用二甲苯抽提45 min。抽提液冷却到室温，在真空旋转蒸发器上45℃～60℃驱除溶剂，得到少量残余物，这个残余物用2 mL的甲醇转移到反应器中。

B.3.3　还原裂解

在上述反应器中加入15 mL预热到（70±2）℃的缓冲溶液（4.3），将反应器放入（70±2）℃的超声波浴中处理约30 min，然后加入3.0 mL连二亚硫酸钠溶液（4.4），并立即混合剧烈振摇以还原裂解偶氮染料，在（70±2）℃水浴中保温30 min，还原后2 min内冷却到室温。

附 录 C
（资料性附录）
禁用芳香胺标准物 GC/MS 总离子流图

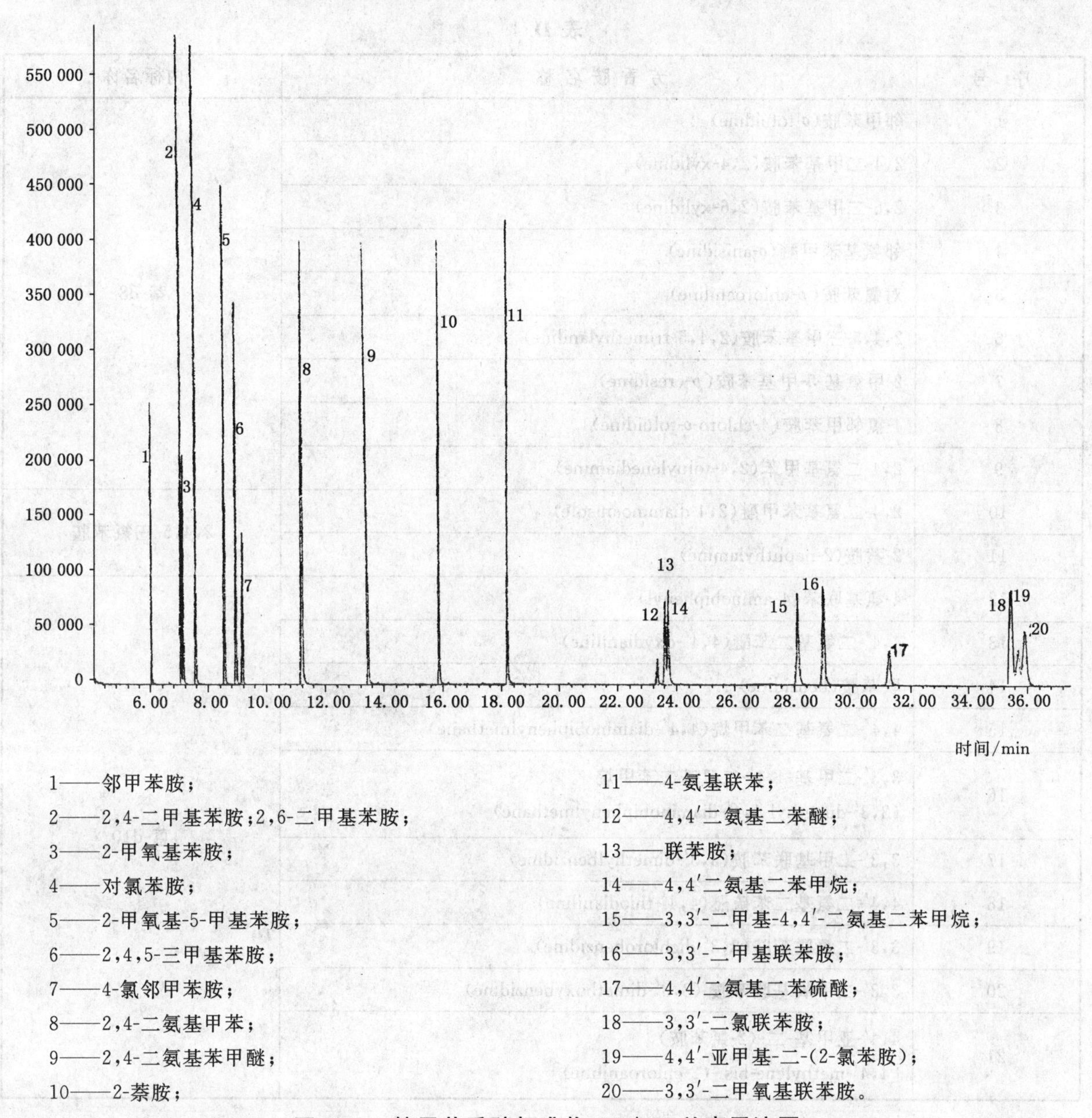

图 C.1 禁用芳香胺标准物 GC/MS 总离子流图

附 录 D
（资料性附录）
内标定量分组表

表 D.1

序 号	芳香胺名称	内标名称
1	邻甲苯胺(*o*-toluidine)	萘-d8
2	2,4-二甲基苯胺(2,4-xylidine)	
3	2,6-二甲基苯胺(2,6-xylidine)	
4	邻氨基苯甲醚(*o*-anisidine)	
5	对氯苯胺(*p*-chloroaniline)	
6	2,4,5-三甲基苯胺(2,4,5-trimethylaniline)	
7	2-甲氧基-5-甲基苯胺(*p*-cresidine)	
8	4-氯邻甲苯胺(4-chloro-*o*-toluidine)	
9	2,4-二氨基甲苯(2,4-toluylenediamine)	
10	2,4-二氨基苯甲醚(2,4-diaminoanisole)	2,4,5-三氯苯胺
11	2-萘胺(2-naphthylamine)	
12	4-氨基联苯(4-aminobiphenyl)	蒽-d10
13	4,4′-二氨基二苯醚(4,4′-oxydianiline)	
14	联苯胺(benzidine)	
15	4,4′-二氨基二苯甲烷(4,4′-diaminobiphenylmethane)	
16	3,3′-二甲基-4,4′-二氨基二苯甲烷 (3,3′-dimethyl-4,4′-diaminobiphenylmethane)	
17	3,3′-二甲基联苯胺(3,3′-dimethylbenzidine)	
18	4,4′-二氨基二苯硫醚(4,4′-thiodianiline)	
19	3,3′-二氯联苯胺(3,3′-dichlorobenzidine)	
20	3,3′-二甲氧基联苯胺 (3,3′-dimethoxybenzidine)	
21	4,4′-亚甲基-二-(2-氯苯胺) [4,4′-methylene-bis -(2-chloroaniline)]	

ICS 59.080.01
W 04

中华人民共和国国家标准

GB/T 17593.1—2006
代替 GB/T 17593—1998

纺织品　重金属的测定
第1部分:原子吸收分光光度法

Textiles—Determination of heavy metals—
Part 1: Atomic absorption spectrophotometry

STANDARDS PRESS OF CHINA

2006-05-25 发布　　　　2006-12-01 实施

中华人民共和国国家质量监督检验检疫总局
中国国家标准化管理委员会　发布

前　　言

GB/T 17593《纺织品　重金属的测定》包括以下部分：

——第1部分：原子吸收分光光度法；

——第2部分：电感耦合等离子体原子发射光谱法；

——第3部分：六价铬　分光光度法；

——第4部分：砷、汞　原子荧光分光光度法。

本部分为 GB/T 17593 的第1部分。

本部分是对 GB/T 17593—1998《纺织品　重金属离子检测方法　原子吸收分光光度法》的修订。本部分与 GB/T 17593—1998 相比主要变化如下：

——增加了石墨炉原子吸收法测定锑(Sb)的内容；

——增加了火焰原子吸收法测定铜(Cu)和锑(Sb)的内容；

——将原标准中“重金属游离量”改为“可萃取重金属”；

——删除了重金属总量的测定；

——删除了碱性汗液和唾液萃取试样的方法；

——简化了试样萃取步骤；

——对各待测元素标准储备溶液的配制方法重新规范；

——加入了各待测元素的测定低限；

——增加资料性附录，建议石墨炉原子吸收法测定时采用基体改进剂。

本部分代替 GB/T 17593—1998。

本部分的附录 A 为资料性附录。

本部分由中国纺织工业协会提出。

本部分由全国纺织品标准化技术委员会基础分会(SAC/TC 209/SC 1)归口。

本部分起草单位：中华人民共和国天津出入境检验检疫局、上海纺织科学研究院南测中心。

本部分主要起草人：郭维、于涛、闫婧、王彦生、诸乃彤、陈芸。

纺织品　重金属的测定
第1部分:原子吸收分光光度法

警告——使用GB/T 17593的本部分的人员应有正规实验室工作的实践经验。本部分并未指出所有可能的安全问题。使用者有责任采取适当的安全和健康措施,并保证符合国家有关法规规定的条件。

1　范围

GB/T 17593的本部分规定了用石墨炉或火焰原子吸收分光光度计测定纺织品中可萃取重金属镉(Cd)、钴(Co)、铬(Cr)、铜(Cu)、镍(Ni)、铅(Pb)、锑(Sb)、锌(Zn)八种元素的方法。

本部分适用于纺织材料及其产品。

2　规范性引用文件

下列文件中的条款通过GB/T 17593的本部分的引用而成为本部分的条款。凡是注日期的引用文件,其随后所有的修改单(不包括勘误的内容)或修订版均不适用于本部分,然而,鼓励根据本部分达成协议的各方研究是否可使用这些文件的最新版本。凡是不注日期的引用文件,其最新版本适用于本部分。

GB/T 3922　纺织品　耐汗渍色牢度试验方法(GB/T 3922—1995,eqv ISO 105-E04:1994)

GB/T 6682　分析实验室用水规格和试验方法(GB/T 6682—1992,neq ISO 3696:1987)

3　原理

试样用酸性汗液萃取,在对应的原子吸收波长下,用石墨炉原子吸收分光光度计测量萃取液中镉、钴、铬、铜、镍、铅、锑的吸光度,用火焰原子吸收分光光度计测量萃取液中铜、锑、锌的吸光度,对照标准工作曲线确定相应重金属离子的含量,计算出纺织品中酸性汗液可萃取重金属含量。

4　试剂和材料

除非另有说明,仅使用优级纯的试剂和符合GB/T 6682规定的二级水。

4.1　酸性汗液

根据GB/T 3922的规定配制酸性汗液,试液应现配现用。

4.2　单元素标准储备溶液

各元素标准储备溶液可使用标准物质或按如下方法配制。

4.2.1　镉(Cd)标准储备溶液(100 μg/mL)

称取0.203 g氯化镉($CdCl_2 \cdot 5/2H_2O$),溶于水,移入1 000 mL容量瓶中,稀释至刻度。

4.2.2　钴(Co)标准储备溶液(1 000 μg/mL)

称取2.630 g无水硫酸钴[用硫酸钴($CoSO_4 \cdot 7H_2O$)于500℃～550℃灼烧至恒重],加150 mL水,加热至溶解,冷却,移入1 000 mL容量瓶中,稀释至刻度。

4.2.3　铬(Cr)标准储备溶液(100 μg/mL)

称取0.283 g重铬酸钾($K_2Cr_2O_7$),溶于水,移入1 000 mL容量瓶中,稀释至刻度。

4.2.4　铜(Cu)标准储备溶液(100 μg/mL)

称取0.393 g硫酸铜($CuSO_4 \cdot 5H_2O$),溶于水,移入1 000 mL容量瓶中,稀释至刻度。

4.2.5　镍(Ni)标准储备溶液(100 μg/mL)

称取0.448 g硫酸镍($NiSO_4 \cdot 6H_2O$),溶于水,移入1 000 mL容量瓶中,稀释至刻度。

4.2.6 铅(Pb)标准储备溶液(100 μg/mL)

称取 0.160 g 硝酸铅[$Pb(NO_3)_2$],用 10 mL 硝酸溶液(1+9)溶解,移入 1 000 mL 容量瓶中,稀释至刻度。

4.2.7 锑(Sb)标准储备溶液(100 μg/mL)

称取 0.274 g 酒石酸锑钾($C_4H_4KO_7Sb \cdot 1/2H_2O$),溶于盐酸溶液(10%),移入 1 000 mL 容量瓶中,用盐酸溶液(10%)稀释至刻度。

4.2.8 锌(Zn)标准储备溶液(100 μg/mL)

称取 0.440 g 硫酸锌($ZnSO_4 \cdot 7H_2O$),溶于水,移入 1 000 mL 容量瓶中,稀释至刻度。

注:除另有规定外,标准储备溶液在常温(15℃~25℃)下,保存期为六个月,当出现浑浊、沉淀或颜色有变化等现象时,应重新制备。

4.3 标准工作溶液(10 μg/mL)

根据需要,分别移取适量镉、铬、铜、镍、铅、锑、锌、钴标准储备溶液中的一种或几种于加有 5 mL 浓硝酸的 100 mL 容量瓶中,用水稀释至刻度,摇匀,配制成浓度为 10 μg/mL 的单标或混标标准工作溶液。

注:此溶液有效期为一周,若出现浑浊、沉淀或颜色有变化等现象时,应重新配制。

5 仪器和装置

5.1 石墨炉原子吸收分光光度计:附有镉、钴、铬、铜、镍、铅、锑空心阴极灯。

5.2 火焰原子吸收分光光度计:附有铜、锑、锌空心阴极灯。

5.3 具塞三角烧瓶:150 mL。

5.4 恒温水浴振荡器:(37±2)℃,振荡频率为 60 次/min。

6 分析步骤

6.1 萃取液制备

取有代表性样品,剪碎至 5 mm×5 mm 以下,混匀,称取 4 g 试样两份(供平行试验),精确至 0.01 g,置于具塞三角烧瓶(5.3)中。加入 80mL 酸性汗液(4.1),将纤维充分浸湿,放入恒温水浴振荡器(5.4)中振荡 60 min 后取出,静置冷却至室温,过滤后作为样液供分析用。

6.2 测定

6.2.1 将标准工作溶液(4.3)用水逐级稀释成适当浓度的系列工作溶液。分别在 228.8 nm(Cd)、240.7 nm(Co)、357.9 nm(Cr)、324.7 nm(Cu)、232.0 nm(Ni)、283.3 nm(Pb)、217.6 nm(Sb)、213.9 nm(Zn)波长下,用石墨炉原子吸收分光光度计,按浓度由低至高的顺序测定系列工作溶液中镉、钴、铬、铜、镍、铅、锑的吸光度;或用火焰原子吸收分光光度计,按浓度由低至高的顺序测定系列工作溶液中铜、锑、锌的吸光度,以吸光度为纵坐标,元素浓度(μg/mL)为横坐标,绘制工作曲线。

6.2.2 按 6.2.1 所设定的仪器及相应波长上,测定空白溶液和样液(6.1)中各待测元素的吸光度,从工作曲线上计算出各待测元素的浓度。

注:为获得良好的检出限和精密度,建议在用石墨炉原子吸收分光光度计测定镉、钴、铬、铜、铅、锑时使用基体改进剂,石墨炉参数和基体改进剂可参考附录 A。

7 结果计算

试样中可萃取重金属元素 i 的含量,按式(1)计算:

$$X_i = \frac{(c_i - c_{i0}) \times V \times F}{m} \quad \cdots\cdots(1)$$

式中：

X_i——试样中可萃取重金属元素 i 的含量，单位为毫克每千克(mg/kg)；

c_i——样液中被测元素 i 的浓度，单位为微克每毫升(μg/mL)；

c_{i0}—— 空白溶液中被测元素 i 的浓度，单位为微克每毫升(μg/mL)；

V——样液的总体积，单位为毫升(mL)；

m——试样的质量，单位为克(g)；

F——稀释因子。

取两次测定结果的算术平均值作为试验结果，计算结果表示到小数点后两位。

8 测定低限和精密度

8.1 测定低限

本方法的测定低限见表 1。

表 1 可萃取重金属元素测定低限

元 素	测定低限/(mg/kg)	
	石墨炉原子吸收分光光度法	火焰原子吸收分光光度法
镉(Cd)	0.02	—
钴(Co)	0.16	—
铬(Cr)	0.06	—
铜(Cu)	0.26	1.03
镍(Ni)	0.48	—
铅(Pb)	0.16	—
锑(Sb)	0.34	1.10
锌(Zn)	—	0.32
注：不同仪器的检出限会有差异，本方法测定低限仅供参考。		

8.2 精密度

在同一实验室，由同一操作者使用相同设备，按相同的测试方法，并在短时间内对同一被测对象相互独立进行的测试获得的两次测试结果的绝对差值不大于这两个测定值的算术平均值的 10%，以大于这两个测定值的算术平均值的 10%的情况不超过 5%为前提。

9 试验报告

试验报告应包括下列内容：

a) 本部分的编号；

b) 样品的描述；

c) 使用的仪器；

d) 试验日期；

e) 样品中的各重金属的含量；

f) 与本部分的任何偏差。

STANDARDS PRESS OF CHINA

附 录 A
（资料性附录）
石墨炉（横向加热平台管）的参数及基体改进剂

A.1 石墨炉的参数及基体改进剂

表 A.1 是参考横向加热石墨炉温度条件，其他型号仪器可参照使用。一般样品进样量为 10 μL，其后再进 5 μL 改进剂。

表 A.1 横向加热石墨炉温度条件及推荐的基体改进剂

元素	最高灰化温度/℃	最高原子化温度/℃	线性范围/(ng/mL)	推荐的改进剂
Cd	700	1 400	0.2～5	0.05 mg $NH_4H_2PO_4$＋0.003 mg $Mg(NO_3)_2$
Co	1 400	2 400	2～50	0.015 mg $Mg(NO_3)_2$
Cr	1 500	2 300	1～30	0.015 mg $Mg(NO_3)_2$
Cu	1 200	1 900	2～50	0.005 mg Pd＋0.03 mg $Mg(NO_3)_2$
Ni	1 100	2 300	2～100	—
Pb	850	1 500	5～100	0.050 mg $NH_4H_2PO_4$＋0.003 mg $Mg(NO_3)_2$ 或 0.005 mg Pd＋0.003 mg $Mg(NO_3)_2$
Sb	1 300	1 900	5～200	0.005 mg Pd＋0.03 mg $Mg(NO_3)_2$

A.2 基体改进剂的配制方法

参照式(A.1)计算改进剂。

$$改进剂百分浓度=\frac{改进剂量(mg)\times 100}{注入体积(\mu L)} \qquad\cdots\cdots(A.1)$$

计算示例 1：

0.015 mg $Mg(NO_3)_2$ 按式(A.1)计算应配制的 $Mg(NO_3)_2$ 浓度为 $\frac{0.015\times 100}{5}=0.3(g/100\ mL)$

计算示例 2：

0.005 mg Pd＋0.003 mg $Mg(NO_3)_2$ 按式(A.1)计算出 Pd 应为 0.1 g，$Mg(NO_3)_2$ 应为 0.06 g。将两种溶解后混合，定容 100 mL 即可。

Pd 试剂使用硝酸钯（钯含量不少于 40%）。称取时应将硝酸钯量换算成 Pd 称取。$Mg(NO_3)_2$ 应是优级纯以上试剂。

ICS 59.080.01
W 04

中华人民共和国国家标准

GB/T 17593.3—2006

纺织品 重金属的测定
第3部分:六价铬 分光光度法

**Textiles—Determination of heavy metals—
Part 3:Chromium(Ⅵ)—Spectrophotometry**

2006-05-25 发布

2006-12-01 实施

中华人民共和国国家质量监督检验检疫总局
中国国家标准化管理委员会 发布

前　言

GB/T 17593《纺织品　重金属的测定》包括以下部分：

——第1部分：原子吸收分光光度法；

——第2部分：电感耦合等离子体原子发射光谱法；

——第3部分：六价铬　分光光度法；

——第4部分：砷、汞　原子荧光分光光度法。

本部分为GB/T 17593的第3部分。

本部分由中国纺织工业协会提出。

本部分由全国纺织品标准化技术委员会基础分会(SAC/TC 209/SC 1)归口。

本部分由纺织工业标准化研究所、中华人民共和国天津出入境检验检疫局负责起草。

本部分主要起草人：徐路、斯颖、张华、于涛。

纺织品　重金属的测定
第3部分：六价铬　分光光度法

警告——使用GB/T 17593的本部分的人员应有正规实验室工作的实践经验。本部分并未指出所有可能的安全问题。使用者有责任采取适当的安全和健康措施，并保证符合国家有关法规规定的条件。

1　范围

GB/T 17593的本部分规定了采用分光光度计测定纺织品萃取溶液中可萃取六价铬[Cr(Ⅵ)]含量的方法。

本部分适用于纺织材料及其产品。

2　规范性引用文件

下列文件中的条款通过GB/T 17593的本部分的引用而成为本部分的条款。凡是注日期的引用文件，其随后所有的修改单(不包括勘误的内容)或修订版均不适用于本部分，然而，鼓励根据本部分达成协议的各方研究是否可使用这些文件的最新版本。凡是不注日期的引用文件，其最新版本适用于本部分。

GB/T 3922　纺织品耐汗渍色牢度试验方法(GB/T 3922—1995,eqv ISO 105-E04:1994)

GB/T 6682　分析实验室用水规格和试验方法(GB/T 6682—1992,neq ISO 3696:1987)

3　原理

试样用酸性汗液萃取，将萃取液在酸性条件下用二苯基碳酰二肼显色，用分光光度计测定显色后的萃取液在540 nm波长下的吸光度，计算出纺织品中六价铬的含量。

4　试剂和材料

除非另有说明，仅使用分析纯试剂和符合GB/T 6682规定的三级水。

4.1　酸性汗液

根据GB/T 3922配制酸性汗液，试液应现配现用。

4.2　(1+1)磷酸溶液

磷酸(H_3PO_4，ρ=1.69 g/mL)与水等体积混合。

4.3　六价铬标准储备溶液(1 000 mg/L)

可使用标准物质或按如下方法配制：

重铬酸钾($K_2Cr_2O_7$，优级纯)在(102±2)℃下干燥(16±2) h后，称取2.829 g置于1 000 mL容量瓶中，用水稀释至刻度。

注：除非另有规定，标准储备溶液在常温(15℃～25℃)下，保存期为六个月，当出现浑浊、沉淀或颜色有变化等现象时，应重新制备。

4.4　六价铬标准工作溶液(1 mg/L)

移取1 mL标准储备溶液(4.3)于1 000 mL容量瓶中，用水稀释至刻度。当天配制。

4.5　显色剂

称取1 g二苯基碳酰二肼($C_{13}H_{14}N_4O$)，溶于100 mL丙酮中，滴加1滴冰乙酸。

注：溶液应放在棕色瓶内，置于4℃条件下保存，有效期为两周。

STANDARDS PRESS OF CHINA

5 仪器与设备

5.1 分光光度计：波长 540 nm，配有光程为 40 mm 或其他合适的比色皿。

5.2 具塞三角烧瓶：150 mL。

5.3 恒温水浴振荡器：(37±2)℃，振荡频率为 60 次/min。

6 测定步骤

6.1 萃取液制备

取有代表性样品，剪碎至 5 mm×5 mm 以下，混匀，称取 4 g 试样两份(供平行试验)，精确至 0.01 g，置于具塞三角烧瓶(5.2)中。加入 80 mL 酸性汗液(4.1)，将纤维充分浸湿，放入恒温水浴振荡器(5.3)中振荡 60 min 后取出，静置冷却至室温，过滤后作为样液供分析用。

6.2 测定

移取 20 mL 样液(6.1)，加入 1 mL 磷酸溶液(4.2)后，再加入 1 mL 显色剂(4.5)混匀；另取 20 mL 水，加 1 mL 显色剂和 1 mL 磷酸溶液，作为空白参比溶液。室温下放置 15 min，在 540 nm 波长下测定显色后样液的吸光度，该吸光度记为 A_1。

考虑到样品溶液的不纯和褪色，取 20 mL 的样液加 2 mL 水混匀，水作为空白参比溶液，在 540 nm 波长下测定空白样液的吸光度，该吸光度记为 A_2。

注：试样掉色严重并影响到测试结果时，可用硅镁吸附剂吸附或用其他合适方法，去除颜色干扰后，再按 6.2 测定，并在试验报告中说明。

7 标准工作曲线的绘制

7.1 分别取 0、0.5、1.0、2.0、3.0 mL 六价铬标准工作溶液(4.4)于 50 mL 的容量瓶中，加入水稀释至刻度，配制成浓度为 0、0.01、0.02、0.04、0.06 μg/mL 的溶液。

7.2 分别取 7.1 中不同浓度的溶液 20 mL，加入 1 mL 显色剂和 1 mL 磷酸溶液，摇匀；另取 20 mL 的水，加入 1 mL 显色剂和 1 mL 磷酸溶液作为空白溶液。室温下显色 15 min，在 540 nm 波长下测定吸光度。

7.3 以吸光度为纵坐标，六价铬离子浓度(μg/mL)为横坐标，绘制标准工作曲线。

8 计算和结果的表示

根据式(1)计算每个试样的校正吸光度：

$$A = A_1 - A_2 \qquad \cdots\cdots(1)$$

式中：

A——校正吸光度；

A_1——显色后样液的吸光度；

A_2——空白样液的吸光度。

用校正后的吸光度数值，通过工作曲线查出六价铬浓度。

根据式(2)计算试样中可萃取的六价铬含量：

$$X = \frac{c \times V \times F}{m} \qquad \cdots\cdots(2)$$

式中：

X——试样中可萃取的六价铬含量，单位为毫克每千克(mg/kg)；

c——样液中六价铬浓度，单位为毫克每升(mg/L)；

V——样液的体积，单位为毫升(mL)；

m——试样的质量，单位为克(g)；

F——稀释因子。

以两个试样的平均值作为样品的试验结果，计算结果表示到小数点后两位。

9 测定低限和精密度

9.1 测定低限

本方法的测定低限为 0.20 mg/kg。

9.2 精密度

在同一实验室，由同一操作者使用相同设备，按相同的测试方法，并在短时间内对同一被测对象相互独立进行的测试获得的两次测试结果的绝对差值不大于这两个测定值的算术平均值的 10%。大于这两个测定值的算术平均值的 10%的情况不超过 5%。

10 试验报告

试验报告包括下列内容：

a) 本部分的编号；

b) 样品的详细描述；

c) 试验结果；

d) 试验日期；

e) 试验中出现的异常情况；

f) 与规定程序的偏离。

ICS 59.080.01
W 04

中华人民共和国国家标准

GB/T 17593.4—2006

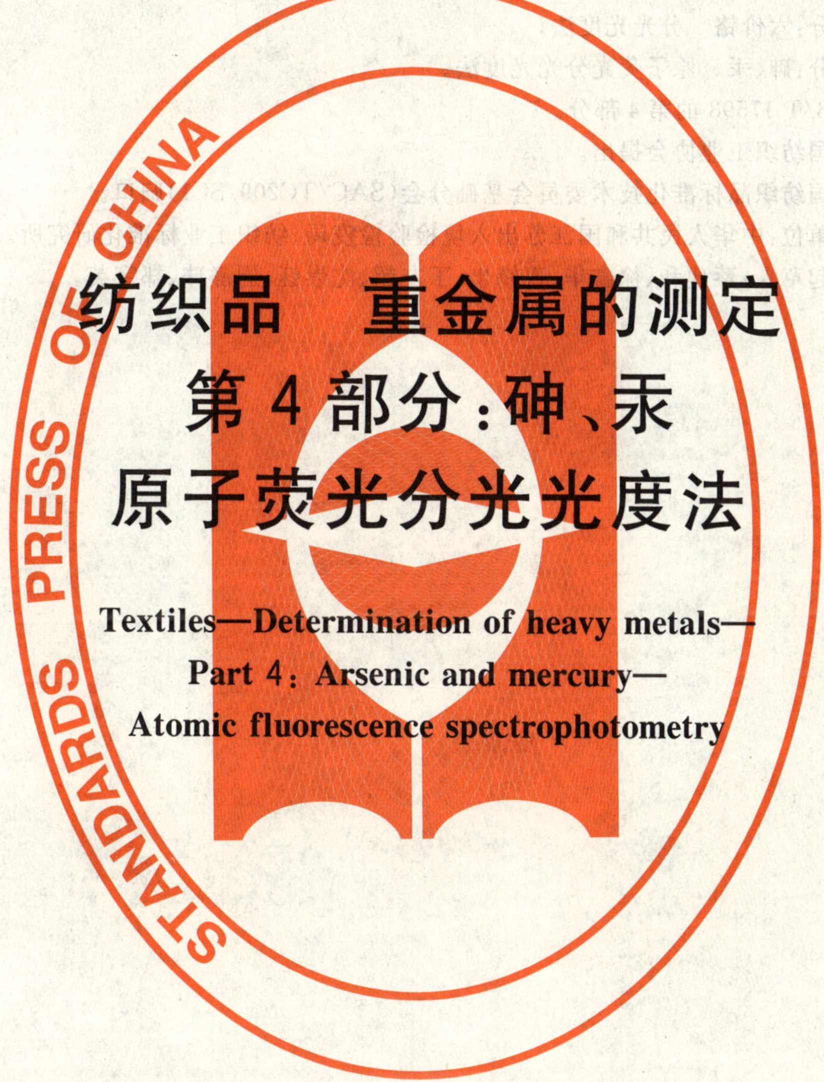

纺织品　重金属的测定 第4部分:砷、汞 原子荧光分光光度法

Textiles—Determination of heavy metals— Part 4: Arsenic and mercury— Atomic fluorescence spectrophotometry

2006-05-25 发布　　　　2006-12-01 实施

中华人民共和国国家质量监督检验检疫总局
中国国家标准化管理委员会　发布

前　言

GB/T 17593《纺织品　重金属的测定》包括以下部分：

——第1部分：原子吸收分光光度法；

——第2部分：电感耦合等离子体原子发射光谱法；

——第3部分：六价铬　分光光度法；

——第4部分：砷、汞　原子荧光分光光度法。

本部分为GB/T 17593的第4部分。

本部分由中国纺织工业协会提出。

本部分由全国纺织品标准化技术委员会基础分会(SAC/TC209/SC1)归口。

本部分起草单位：中华人民共和国江苏出入境检验检疫局、纺织工业标准化研究所。

本部分主要起草人：蔡建和、徐鑫华、曹锡忠、丁友超、沈崇钰、周静珠、郑宇英。

纺织品　重金属的测定
第4部分：砷、汞
原子荧光分光光度法

警告——使用 GB/T 17593 的本部分的人员应有正规实验室工作的实践经验。本部分并未指出所有可能的安全问题。使用者有责任采取适当的安全和健康措施，并保证符合国家有关法规规定的条件。

1　范围

GB/T 17593 的本部分规定了采用原子荧光分光光度仪(AFS)测定纺织品中可萃取砷(As)、汞(Hg)含量的方法。

本部分适用于纺织材料及其产品。

2　规范性引用文件

下列文件中的条款通过 GB/T 17593 的本部分的引用而成为本部分的条款。凡是注日期的引用文件，其随后的所有修改单(不包括勘误的内容)或修订版均不适用于本部分，然而，鼓励根据本部分达成协议的各方研究是否可使用这些文件的最新版本。凡是不注日期的引用文件，其最新版本适用于本部分。

GB/T 3922　纺织品耐汗渍色牢度实验方法(GB/T 3922—1995，eqv ISO 105-E04:1994)

GB/T 6682　分析实验室用水规格和试验方法(GB/T 6682—1992，neq ISO 3696:1987)

3　原理

3.1　砷测定

用酸性汗液萃取试样后，加入硫脲-抗坏血酸将五价砷转化为三价砷，再加入硼氢化钾使其还原成砷化氢，由载气带入原子化器中并在高温下分解为原子态砷。在 193.7 nm 荧光波长下，对照标准曲线确定砷含量。

3.2　汞测定

用酸性汗液萃取试样后，加入高锰酸钾将汞转化为二价汞，再加入硼氢化钾使其还原成原子态汞，由载气带入原子化器中。在 253.7 nm 荧光波长下，对照标准曲线确定汞含量。

4　试剂和材料

除另有规定外，仅使用优级纯试剂和符合 GB/T 6682 规定的一级水。

4.1　硝酸：65%～68%。

4.2　硝酸溶液(1+19)：量取 50 mL 硝酸(4.1)，缓缓倒入 950 mL 水中，混匀。

4.3　酸性汗液：按 GB/T 3922 配制。现配现用。

4.4　硼氢化钾溶液(10 g/L)：称取 0.5 g 氢氧化钠，用约 80 mL 水溶解，加入 10.0 g 硼氢化钾溶解后，再加水至 1 000 mL。当日使用。

4.5　硼氢化钾溶液(0.1 g/L)：称取 2 g 氢氧化钠，加水约 600 mL 溶解后，加入 0. 10 g 硼氢化钾溶解后，加水至 1 000 mL。现配现用。

4.6　硫脲-抗坏血酸混合液：分别称取 2.0 g 硫脲和 2.0 g 抗坏血酸，加水约 600 mL 溶解后，加入 10 mL硝酸(4.1)，加水至 100 mL。现配现用。

4.7 高锰酸钾溶液(4 g/L):0.4 g高锰酸钾溶解于100 mL水中,避光保存。

4.8 标准储备溶液

可使用标准物或按如下方法配制。

4.8.1 砷标准储备溶液(100 mg/L):精确称取于硫酸干燥器中干燥至恒重的三氧化二砷(As_2O_3)0.132 0 g,用10 mL100 g/L氢氧化钠溶液溶解,用适量水转移至1 000 mL容量瓶中,加硝酸溶液(4.2)50 mL,用水稀释至刻度,混匀。

4.8.2 汞标准储备溶液(100 mg/L):精确称取0.135 4 g干燥过的二氯化汞($HgCl_2$),加50 mL硝酸溶液(4.2)溶解后移入1 000 mL容量瓶中,用水稀释至刻度,混匀。

注:除另有规定外,标准储备液在常温(15℃~25℃)下,保存期为6个月,当出现浑浊、沉淀或有颜色变化等现象时,应重新配置。

4.9 标准工作溶液

4.9.1 砷标准工作溶液(20 μg/L):吸取1.00 mL砷标准储备溶液(4.8.1)于100 mL容量瓶中,用水稀释至刻度,摇匀,得到浓度为1mg/L的砷标准溶液。再吸取1mg/L的标准溶液2.00 mL置于100 mL容量瓶中,用酸性汗液(4.3)稀释至刻度。当日使用。

4.9.2 汞标准工作溶液 (1 μg/L):吸取1.00 mL汞标准储备溶液中(4.8.2)于100 mL容量瓶中,用水稀释至刻度,摇匀,得到浓度为1 mg/L的汞标准溶液。再吸取1 mg/L的标准溶液1.00 mL置于100 mL容量瓶中,用水稀释至刻度,得到10 μg/L的汞标准溶液。再吸取10 μg/L标准溶液10.00 mL置于100 mL容量瓶中,加入5 mL硝酸(4.1),用酸性汗液(4.3)稀释至刻度。当日使用。

5 仪器和设备

5.1 原子荧光分光光度仪:配置顺序注射进样装置。

5.2 空心阴极灯:砷灯和汞灯。

5.3 玻璃砂芯漏斗:60 mL,2号。

5.4 恒温水浴振荡器:(37±2)℃,60 r/min。

5.5 三角烧瓶:具塞,150 mL。

注:在检测过程中使用的所有玻璃器皿在使用前用硝酸溶液(4.2)浸泡至少24 h,再用水冲洗干净。

6 测定步骤

6.1 萃取液制备

从剪碎至5 mm×5 mm以下的混匀样品中称取4 g试样两份(供平行试验),精确至0.01 g,置于三角烧瓶(5.5)中。加入80 mL酸性汗液(4.3),盖上瓶塞,用力振摇使纤维充分浸润。置于恒温水浴振荡器(5.4)中振摇(60±5) min。静置,冷却至室温,用玻璃砂芯漏斗(5.3)过滤。

6.2 萃取液处理

6.2.1 砷试液制备

吸取5.00 mL萃取液,加入5.00 mL硫脲-抗坏血酸混合液(4.6),摇匀,待测。

注:由于溶液中的三价砷容易转化为五价砷,经过还原处理后的试液必须在当日内检测。

6.2.2 汞试液制备

吸取5.00 mL萃取液,加入0.50 mL硝酸(4.1),再加入1.00 mL高锰酸钾溶液(4.7),用酸性汗液(4.3)定容至10.00 mL,摇匀后静置1 h,待测。

注:由于低浓度汞的性质不稳定,经过氧化处理后的试液必须在当日内检测。

6.3 标准系列溶液配制

6.3.1 分别吸取砷标准工作溶液(4.9.1)0、1.00、2.00、4.00、5.00 mL,加入5.00 mL硫脲-抗坏血酸混合液(4.6),用酸性汗液(4.3)定容至10.00 mL,混匀。制成浓度为0、2.00、4.00、8.00、10.0 μg/L

的砷标准系列溶液。

6.3.2 分别吸取汞标准工作溶液(4.9.2)0、2.00、4.00、8.00、10.00 mL,用酸性汗液(4.3)定容至10.00 mL,混匀。制成浓度为0、0.200、0.400、0.800、1.000 μg/L的汞标准系列溶液。

6.4 测定

6.4.1 仪器分析条件

由于实验室拥有的仪器设备多种多样,因此不可能给出仪器分析的通用条件。下列给出的参数证明是可行的。

使用AFS-930原子荧光分光光度仪测量砷、汞的工作条件见表1,测量条件见表2。

表1 仪器工作条件

元　素	As	Hg
光电倍增管负高压/V	290	290
原子化器温度/℃	200	200
原子化器高度/mm	8	8
灯电流/mA	60	30
载气流量/(mL/min)	300	400
屏蔽气流量/(mL/min)	900	900

表2 测量条件

读数时间/s	7	测量方式	标准曲线
延迟时间/s	2	读数方式	峰面积
注入量/mL	1	重复次数	1

6.4.2 仪器测定

6.4.2.1 砷测定

以硼氢化钾溶液(4.4)作为还原剂,同时以硝酸溶液(4.2)作为洗液,在6.4.1条件下进行仪器测定。在193.7nm处测定标准系列溶液(6.3.1)的荧光强度,以浓度为横坐标,荧光强度为纵坐标绘制标准曲线。同样条件下测量砷试液(6.2.1)的荧光强度,与标准工作曲线比较定量。

6.4.2.2 汞测定

以硼氢化钾溶液(4.5)作为还原剂,同时以硝酸溶液(4.2)作为洗液,在6.4.1条件下进行仪器测定。在253.7nm处测定标准系列溶液(6.3.2)的荧光强度,以浓度为横坐标,荧光强度为纵坐标绘制标准曲线。同样条件下测量汞试液(6.2.2)的荧光强度,与标准工作曲线比较定量。

注:经过大量的样品检测后,原子荧光分光光度仪的自动进样塑料管中可能因沾附高锰酸钾的分解产物而显浅红色,但不影响测试结果。试验结束后,用硝酸溶液(4.2)清洗仪器20 min,可消除此现象。

6.4.3 空白试验

除不加试样外,均按上述操作步骤进行。

6.4.4 结果计算

试样中可萃取砷或汞含量按式(1)计算:

$$X = \frac{2 \times (C_1 - C_0) \times V \times F}{m \times 1\,000} \quad \cdots\cdots(1)$$

式中:

X——试样中可萃取砷或汞的含量,单位为毫克每千克(mg/kg);

C_1——样液中砷或汞的含量,单位为微克每升(μg/L);

C_0——试剂空白液中砷或汞含量,单位为微克每升(μg/L);

STANDARDS PRESS OF CHINA

V——样液体积，单位为毫升(mL)；

m——样品质量，单位为克(g)；

F——稀释因子。

检测结果取两次测定的平均值。计算结果表示到小数点后三位。

7 测定低限和精密度

7.1 测定低限

本方法砷测定低限为0.1 mg/kg，汞测定低限为0.005 mg/kg。

7.2 精密度

在同一实验室，由同一操作者使用相同设备，按相同的测试方法，并在短时间内对同一被测对象相互独立进行的测试获得的两次独立测试结果的绝对差值不大于这两个测定值的算术平均值的10%，以大于10%的情况不超过5%为前提。

8 试验报告

试验报告至少应给出以下内容：

a) 试样描述；

b) 使用的标准；

c) 试验结果；

d) 偏离标准的差异；

e) 在试验中观察到的异常现象；

f) 试验日期。

ICS 73.040
D 20

中华人民共和国国家标准

GB/T 17608—2006
代替 GB/T 189—1997、GB/T 17608—1998

煤炭产品品种和等级划分

Division of variety and grading for coal products

2006-09-12 发布　　2007-02-01 实施

中华人民共和国国家质量监督检验检疫总局
中国国家标准化管理委员会　发布

前　言

本标准代替 GB/T 17608—1998《煤炭产品品种和等级划分》和 GB/T 189—1997《煤炭粒度分级》。

本标准与 GB/T 17608—1998 相比主要作了如下修改和补充：

——将 GB/T 189 的内容改为标准正文第 3 章，原标准第 3、4……章改为第 4、5……章。

——标准正文中第 4 章表 3、第 5 章 5.1.3 和 5.3.1 中增加了对高炉喷吹精煤品种和等级的要求。

本标准由中国煤炭工业协会提出。

本标准由全国煤炭标准化技术委员会归口。

本标准起草单位：煤炭科学研究总院北京煤化工研究分院，山西国阳新能股份有限公司。

本标准主要起草人：姜英、任玉明、陈亚飞、丁自安。

本标准委托煤炭科学研究总院北京煤化工研究分院负责解释。

本标准所代替标准的历次版本发布情况为：

——GB/T 17608—1998；

——GB/T 189—1997，GB/T 189—1963。

煤炭产品品种和等级划分

1 范围

本标准规定了煤炭产品品种和煤炭质量指标等级的划分。

本标准适用于无烟煤、烟煤和褐煤的产品。

2 规范性引用文件

下列文件中的条款通过本标准的引用而成为本标准的条款。凡是注日期的引用文件，其随后所有的修改单(不包括勘误的内容)或修订版均不适用于本标准，然而，鼓励根据本标准达成协议的各方研究是否可使用这些文件的最新版本。凡是不注日期的引用文件，其最新版本适用于本标准。

GB/T 212　煤的工业分析方法(GB/T 212—2001,eqv ISO 11722:1999)

GB/T 213　煤的发热量测定方法(GB/T 213—2003,ISO 1928:1995,NEQ)

GB/T 214　煤中全硫的测定方法(GB/T 214—1996,eqv ISO 334:1992)

GB/T 477　煤炭筛分试验方法

GB/T 3715　煤质及煤分析有关术语

MT/T 1　商品煤含矸率和限下率的测定方法

3 粒度的划分

3.1 无烟煤和烟煤粒度划分

长焰煤、不黏煤、弱黏煤、1/2 中黏煤、气煤、气肥煤、焦煤、肥煤、1/3 焦煤、瘦煤、贫瘦煤、贫煤和无烟煤，根据粒度不同可以划分为 12 类，见表 1。

表 1　无烟煤和烟煤粒度划分

序　　号	粒度名称	粒度/mm
1	特大块	>100
2	大块	>50～100
3	混大块	>50
4	中块	>25～50,>25～80
5	小块	>13～25
6	混中块	>13～50,>13～80
7	混块	>13,>25
8	混粒煤	>6～25
9	粒煤	>6～13
10	混煤	<50
11	末煤	<13,<25
12	粉煤	<6

注 1：特大块最大尺寸不得超过 300 mm。

注 2：煤炭筛分应按 GB/T 477 执行。

STANDARDS PRESS OF CHINA

3.2 褐煤粒度划分

褐煤根据粒度不同可以划分为 6 类,见表 2。

表 2 褐煤粒度划分

序　　号	粒度名称	粒度/mm
1	特大块	＞100
2	大块	＞50～100
3	混大块	＞50
4	中块	＞25～50,＞25～80
5	小块	＞13～25
6	末煤	＜13,＜25
注 1:特大块最大尺寸不得超过 300 mm。 注 2:煤炭筛分应按 GB/T 477 执行。		

4 品种的划分

煤炭产品按其用途、加工方法和技术要求划分为五大类,29 个品种。煤炭产品的类别、品种名称和技术要求应符合表 3 的规定。

表 3 煤炭产品的类别、品种和技术要求

产品类别	品种名称	技术要求			
		粒度/mm	发热量($Q_{net,ar}$)/(MJ/kg)	灰分(A_d)/%	最大粒度[a]上限/%
1 精煤	1-1 冶炼用炼焦精煤	＜50,＜100		≤12.50	≤5
	1-2 其他用炼焦精煤	＜50,＜100		12.51～16.00	
	1-3 喷吹用精煤	＜25,＜50	≥23.50	≤14.00	
2 洗选煤	2-1 洗原煤	＜300	无烟煤、烟煤:≥14.50 褐煤:≥11.00	—	≤5
	2-2 洗混煤	＜50,＜100			
	2-3 洗末煤	＜13,＜20,＜25			
	2-4 洗粉煤	＜6			
	2-5 洗特大块	＞100			
	2-6 洗大块	50～100,＞50			
	2-7 洗中块	25～50			
	2-8 洗混中块	13～50,13～100			
	2-9 洗混块	＞13,＞25			
	2-10 洗小块	13～20,13～25			
	2-11 洗混小块	6～25			
	2-12 洗粒煤	6～13			

表 3(续)

产品类别	品种名称	技术要求			
		粒度/mm	发热量($Q_{net,ar}$)/(MJ/kg)	灰分(A_d)/%	最大粒度[a]上限/%
3 筛选煤	3-1 混煤	＜50	无烟煤、烟煤：≥14.50 褐煤：≥11.00	＜40	≤5
	3-2 末煤	＜13,＜20,＜25			
	3-3 粉煤	＜6			
	3-4 特大块	＞100			
	3-5 大块	50～100,＞50			
	3-6 中块	25～50			
	3-7 混块	＞13,＞25			
	3-8 混中块	13～50,13～100			
	3-9 小块	13～25			
	3-10 混小块	6～25			
	3-11 粒煤	6～13			
4 原煤	4-1 原煤,水采原煤	＜300	无烟煤、烟煤：≥14.50 褐煤：≥11.00	＜40	
5 低质煤[b]	5-1 原煤	＜300	无烟煤、烟煤：＜14.50 褐煤：＜11.00	＞40	
	5-2 煤泥,水采煤泥	＜1.0,＜0.5		16.50～49.00	

a 取筛上物累计产率最接近、但不大于 5%的那个筛孔尺寸，作为最大粒度。

b 如用户需要，必须采取有效的环保措施，不违反环保法规的情况下供需双方协商解决。

5 产品的质量指标的划分

5.1 灰分(A_d)

5.1.1 冶炼用炼焦精煤

冶炼用炼焦精煤灰分等级划分见表 4。煤炭的灰分(A_d)按 GB/T 212 的方法进行测定。

表 4 冶炼用炼焦精煤灰分等级划分

等 级	灰分(A_d)/%	等 级	灰分(A_d)/%
A-0	0～5.00	A-8	8.51～9.00
A-1	5.01～5.50	A-9	9.01～9.50
A-2	5.51～6.00	A-10	9.51～10.00
A-3	6.01～6.50	A-11	10.01～10.50
A-4	6.51～7.00	A-12	10.51～11.00
A-5	7.01～7.50	A-13	11.01～11.50
A-6	7.51～8.00	A-14	11.51～12.00
A-7	8.01～8.50	A-15	12.01～12.50

5.1.2 其他用炼焦精煤

其他用炼焦精煤灰分等级划分见表 5。煤炭的灰分(A_d)按 GB/T 212 的方法进行测定。

表 5　其他用炼焦精煤灰分等级划分

等　级	灰分(A_d)/%	等　级	灰分(A_d)/%
A-1	12.51～13.00	A-5	14.51～15.00
A-2	13.01～13.50	A-6	15.01～15.50
A-3	13.51～14.00	A-7	15.51～16.00
A-4	14.01～14.50	—	—

5.1.3　喷吹用洗精煤

喷吹用洗精煤灰分等级划分见表 6。煤炭的灰分(A_d)按 GB/T 212 的方法进行测定。

表 6　喷吹用精煤灰分等级划分

等　级	灰分(A_d)/%	等　级	灰分(A_d)/%
A-0	0～5.00	A-10	9.51～10.00
A-1	5.01～5.50	A-11	10.01～10.50
A-2	5.51～6.00	A-12	10.51～11.00
A-3	6.01～6.50	A-13	11.01～11.50
A-4	6.51～7.00	A-14	11.51～12.00
A-5	7.01～7.50	A-15	12.01～12.50
A-6	7.51～8.00	A-16	12.51～13.00
A-7	8.01 ～8.50	A-17	13.01～13.50
A-8	8.51～9.00	A-18	13.51～14.00
A-9	9.01～9.50	—	—

5.1.4　其他煤炭产品

其他煤炭产品灰分等级划分见表 7。煤炭的灰分(A_d)按 GB/T 212 的方法进行测定。

表 7　其他煤炭产品灰分等级划分

等　级	灰分(A_d)/%	等　级	灰分(A_d)/%
A-1	≤5.00	A-14	17.01～18.00
A-2	5.01～6.00	A-15	18.01～19.00
A-3	6.01～7.00	A-16	19.01～20.00
A-4	7.01～8.00	A-17	20.01～21.00
A-5	8.01～9.00	A-18	21.01～22.00
A-6	9.01～10.00	A-19	22.01～23.00
A-7	10.01～11.00	A-20	23.01～24.00
A-8	11.01～12.00	A-21	24.01～25.00
A-9	12.01～13.00	A-22	25.01～26.00
A-10	13.01～14.00	A-23	26.01～27.00
A-11	14.01～15.00	A-24	27.01～28.00
A-12	15.01～16.00	A-25	28.01～29.00
A-13	16.01～17.00	A-26	29.01～30.00

表 7(续)

等　级	灰分(A_d)/%	等　级	灰分(A_d)/%
A-27	30.01～31.00	A-32	35.01～36.00
A-28	31.01～32.00	A-33	36.01～37.00
A-29	32.01～33.00	A-34	37.01～38.00
A-30	33.01～34.00	A-35	38.01～39.00
A-31	34.01～35.00	A-36	39.01～40.00[a]

[a] 灰分(A_d)>40%的低质煤，如需要并能保证环境质量的条件下，可双方协商解决。

5.2 硫分($S_{t,d}$)

5.2.1 精煤

精煤硫分等级划分见表 8。煤炭硫分($S_{t,d}$)按 GB/T 214 规定的方法进行测定。

表 8 精煤硫分等级划分

等　级	硫分($S_{t,d}$)/%	等　级	硫分($S_{t,d}$)/%
S-1	0～0.30	S-6	1.26～1.50
S-2	0.31～0.50	S-7	1.51～1.75
S-3	0.51～0.75	S-8	1.76～2.00
S-4	0.76～1.00	S-9	2.01～2.25
S-5	1.01～1.25	S-10	2.26～2.50

5.2.2 其他煤炭产品

其他煤炭产品硫分等级划分见表 9。煤炭硫分($S_{t,d}$)按 GB/T 214 规定的方法进行测定。

表 9 其他煤炭产品硫分等级划分

等　级	硫分($S_{t,d}$)/%	等　级	硫分($S_{t,d}$)/%
S-1	0～0.30	S-8	1.76～2.00
S-2	0.31～0.50	S-9	2.01～2.25
S-3	0.51～0.75	S-10	2.26～2.50
S-4	0.76～1.00	S-11	2.51～2.75
S-5	1.01～1.25	S-12	2.76～3.00
S-6	1.26～1.50	S-13	>3.00[a]
S-7	1.51～1.75	—	—

[a] 如用户需要，必须采取有效的环保措施，在不违反环保法规的情况下，由供需双方协商解决。

5.3 发热量($Q_{net,ar}$)

5.3.1 喷吹精煤

喷吹精煤发热量等级划分见表 10。煤炭发热量($Q_{net,ar}$)按 GB/T 213 规定的方法进行测定。

STANDARDS PRESS OF CHINA

表 10 喷吹用精煤发热量等级划分

等级	编号	发热量($Q_{net,ar}$)/(MJ/kg)	等级	编号	发热量($Q_{net,ar}$)/(MJ/kg)
Q-1	305	>30.00	Q-9	265	26.01～26.50
Q-2	300	29.51～30.00	Q-10	260	25.51～26.00
Q-3	295	29.01～29.50	Q-11	255	25.01～25.50
Q-4	290	28.51～29.00	Q-12	250	24.51～25.00
Q-5	285	28.01～28.50	Q-13	245	24.01～24.50
Q-6	280	27.51～28.00	Q-14	240	23.51～24.00
Q-7	275	27.01～27.50	Q-15	235	23.01～23.50
Q-8	270	26.51～27.00		—	—

5.3.2 其他煤炭产品

其他煤炭产品煤炭发热量等级划分见表 11。煤炭发热量($Q_{net,ar}$)按 GB/T 213 规定的方法进行测定。

表 11 其他煤炭产品发热量等级划分

等级	编号	发热量($Q_{net,ar}$)/(MJ/kg)	等级	编号	发热量($Q_{net,ar}$)/(MJ/kg)
Q-1	295	>29.00	Q-20	200	19.51～20.00
Q-2	290	28.51～29.00	Q-21	195	19.01～19.50
Q-3	285	28.01～28.50	Q-22	190	18.51～19.00
Q-4	280	27.51～28.00	Q-23	185	18.01～18.50
Q-5	275	27.01～27.50	Q-24	180	17.51～18.00
Q-6	270	26.51～27.00	Q-25	175	17.01～17.50
Q-7	265	26.01～26.50	Q-26	170	16.51～17.00
Q-8	260	25.51～26.00	Q-27	165	16.01～16.50
Q-9	255	25.01～25.50	Q-28	160	15.51～16.00
Q-10	250	24.51～25.00	Q-29	155	15.01～15.50
Q-11	245	24.01～24.50	Q-30	150	14.51～15.00[a]
Q-12	240	23.51～24.00	Q-31	145	14.01～14.50[b]
Q-13	235	23.01～23.50	Q-32	140	13.51～14.00[b]
Q-14	230	22.51～23.00	Q-33	135	13.01～13.50[b]
Q-15	225	22.01～22.50	Q-34	130	12.51～13.00[b]
Q-16	220	21.51～22.00	Q-35	125	12.01～12.50[b]
Q-17	215	21.01～21.50	Q-36	120	11.51～12.00[b]
Q-18	210	20.51～21.00	Q-37	115	11.01～11.50[b]
Q-19	205	20.01～20.50	Q-38	—	—

[a] 发热量($Q_{net,ar}$)≤14.50 MJ/kg 的无烟煤、烟煤，如用户需要在不违反环保法规的情况下，由供需双方协商解决。

[b] 只适用于褐煤。发热量($Q_{net,ar}$)≤11.00 MJ/kg 的褐煤，如用户需要在不违反环保法规的情况下，由供需双方协商解决。

5.4 块煤限下率

块煤限下率等级划分见表12。块煤的限下率按MT/T 1的方法进行测定。

表12 块煤限下率划分等级

等级	1	2	3	4	5	6	7	8	9	10
块煤限下率/%	≤3.00	3.01～6.00	6.01～9.00	9.01～12.00	12.01～15.00	15.01～18.00	18.01～21.00	21.01～24.00	24.01～27.00	27.01～30.00